多体系统
流固耦合动力学

陈东阳　叶鹏程　黄桥高　施 瑶◎著

FSI

FLUID-STRUCTURE INTERACTION DYNAMICS
OF MULTIBODY SYSTEMS

化学工业出版社
·北京·

内容简介

本书深入探讨了复杂多刚柔耦合系统装备中的流固耦合动力学问题，内容涵盖柔性柱体结构、海洋立管、风力机以及水下航行器操舵系统等多刚柔耦合系统的线性与非线性流固耦合动力学，以及基于多体系统传递矩阵法的最新理论成果及利用计算流体力学和有限元方法解决传统流固耦合问题的技术手段。本书通过将理论知识与实际工程项目紧密结合，并辅以大量真实案例分析，使读者能够更加直观地理解相关概念和技术应用，掌握当前流固耦合动力学领域的最新发展动态及其在工程实践中的具体应用方法。对于部分算例，本书还提供了相应的软件二次开发代码及 MATLAB 仿真程序，便于读者进行实际操作练习。

本书适合力学、海洋工程、航空航天工程等领域科研技术人员及相关高等院校师生参考。

图书在版编目（CIP）数据

多体系统流固耦合动力学 / 陈东阳等著. -- 北京 : 化学工业出版社, 2025. 3. -- ISBN 978-7-122-47145-1

Ⅰ. O351. 2

中国国家版本馆 CIP 数据核字第 2025SC1612 号

责任编辑：金林茹
文字编辑：张　琳
责任校对：李　爽
装帧设计：王晓宇

出版发行：化学工业出版社
（北京市东城区青年湖南街 13 号　邮政编码 100011）
印　　装：三河市航远印刷有限公司
787mm×1092mm　1/16　印张 22　字数 564 千字
2025 年 11 月北京第 1 版第 1 次印刷

购书咨询：010-64518888
售后服务：010-64518899
网　　址：http://www.cip.com.cn
凡购买本书，如有缺损质量问题，本社销售中心负责调换。

定　　价：129.00 元

前言
PREFACE

现代航空、航天、船舶与海洋工程领域，日益追求航行器的高速度、高机动性，追求工程装备质量轻、性能好。这些需求使得航行器以及工程装备等多刚柔耦合系统呈现出轻结构、大柔性的特点。这些系统在流体的作用下，就会出现系统流固耦合振动的问题。在流体力的作用下，系统中柔性结构会发生弹性变形，而结构变形又改变流场分布，这种相互耦合作用会使多刚柔耦合系统的振动逐渐达到平衡状态，或者发散，这种发散现象就会导致结构的破坏。概括地讲，多体系统流固耦合动力学就是研究流体和多体系统相互耦合作用而产生的各种线性、非线性动力学问题。

以气体为流体介质的流固耦合问题称为气动弹性问题，以水为流体介质的流固耦合问题称为水弹性问题。许多的气动弹性、水弹性问题涉及流体力、弹性力和惯性力，这类问题称为动气动弹性或者动水弹性问题。另外一些气动弹性、水弹性问题只涉及流体力和弹性力，称为静气动弹性或静水弹性问题。随着计算机技术和数值方法的不断发展，流固耦合高保真仿真技术水平得到了很大提高，但计算代价依然很高，计算非常耗时。因此，探索工程实用的流固耦合快速建模和仿真方法具有重要意义。

本书基于笔者近些年来发表的论文以及结合自己在流固耦合动力学与多体系统动力学领域的科研体会，以柔性柱体系统、海洋立管多体系统、风力机多体系统、水下航行器舵系统等复杂多体系统为研究对象，介绍解决这些科研与工程实际问题对应的多体系统流固耦合仿真方法。本书由陈东阳主要撰写与统稿，叶鹏程、黄桥高、施瑶参与部分章节的撰写，顾超杰博士、徐瑞博士、张新盛博士、徐凌云硕士参与本书建模仿真与整理书稿工作。

本书献给已故的恩师——南京理工大学发射动力学研究所 Laith K. Abbas 教授。

感谢国家自然科学基金面上项目（52471342）、中国博士后科学基金（2023M743108）、广东省基础与应用基础研究基金（2024A1515011046）、姑苏青年创新领军人才项目（ZXL2023168）、浙江省领军型创新创业团队项目（2022R01012）的支持。

由于笔者水平有限，本书难免存在不当之处，恳请读者批评指正。

著者

扫码获取配套资源

目录
CONTENTS

第 1 章

多体系统流固耦合问题概述

扫码获取配套资源

随着现代计算机技术的高速发展，流固耦合分析已经逐步运用到航空航天工程、兵器工程、船舶与海洋工程、土木工程中的复杂多体系统装备研发设计中。如图 1.1 所示，飞行器的气动弹性设计、风力发电机（风机）的气动弹性导致的叶片断裂、气动弹性颤振引起的塔克马海峡大桥破坏、高层建筑的气动弹性设计等等问题，无一不需要进行多体系统流固耦合分析。

(a) 飞行器　(b) 风机

(c) 塔克马海峡大桥　(d) 高层建筑

(e) 海洋立管　(f) 风力机塔筒

图 1.1　不同领域的多体系统流固耦合问题 o

流固耦合现象会诱发许多工程问题，比如结构静发散、载荷重新分布、颤振、极限环振荡及涡激振动等等。特别是船舶与海洋工程领域，对流固耦合问题的分析至关重要。如图 1.2 所示，高速行驶的水翼船的水翼可能会发生颤振导致结构破坏，潜艇舵系统可能发生的持续的流固耦合振动会诱发水流噪声，导致潜艇的隐蔽性降低，Spar 平台（单柱式平台）上安装螺旋列板来抑制涡激振动，海洋立管的设计，都很大程度上涉及流固耦合分析。

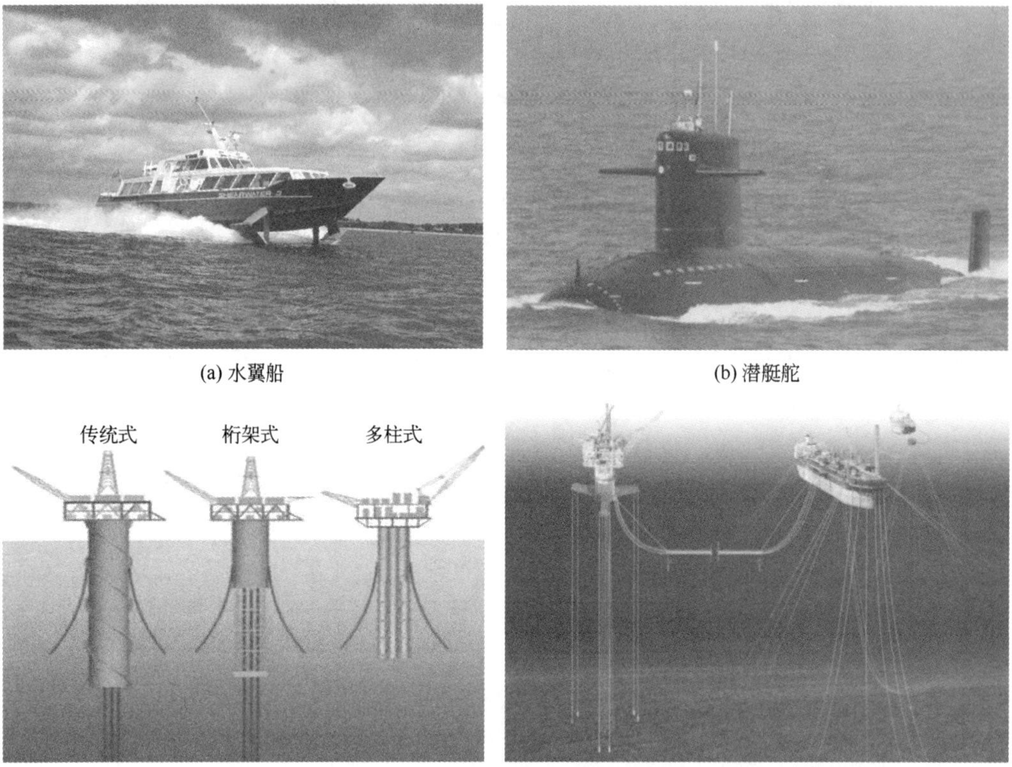

(a) 水翼船　(b) 潜艇舵

(c) Spar平台　(d) 海洋立管

图 1.2　船舶与海洋工程领域中的部分流固耦合问题

本书针对多刚柔耦合系统的流固耦合动力学问题，以包含结构间隙非线性的水下航行器舵系统，包含流体非线性的海洋立管多体系统、风力机多体系统、柔性柱体系统为研究对象，探索工程实用的、高效的建模和仿真方法，研究多刚柔耦合系统的振动特性、线性/非线性流固耦合动力响应等。不管是水下航行器的舵系统还是海洋立管或者风力机多体系统，这些多刚柔耦合系统的设计与开发都离不开多体系统流固耦合仿真与分析。特别是包含间隙非线性的水下航行器舵系统的非线性颤振、包含流体非线性的海洋柔性柱体结构的涡激振动等，都是典型的具有强烈非线性的复杂多体系统流固耦合问题，也是复杂装备系统疲劳损伤，降低其使用寿命的重要因素。因此，对复杂多体系统流固耦合动力学研究具有重要的科学意义。

多体系统流固耦合问题的复杂性和非线性，使其成为计算力学中最具挑战的问题之一。流固耦合动力学计算往往需要耗费大量的仿真时间，而且由于目前用于流体仿真的数值模拟方法还不完全成熟，计算复杂流场中的高度非线性问题时还经常面临计算精度较低，甚至无法得出计算结果的困难。但是，工程上往往要求快速计算分析，因此，针对不同的流固耦合问题，建立高效的数学模型，提出工程实用的多体系统流固耦合快速建模和仿真方法，也是流固耦合问题的至关重要的研究方向之一。鉴于此，在结合商业软件 ANSYS 仿真分析的基础上，本书还提出了基于多体系统传递矩阵法（MSTMM）的适用于工程多体系统流固耦合问题的快速建模与仿真方法，展示了基于 MSTMM 的最新研究成果。

1.1　柔性柱体系统涡激振动与控制研究进展

柱体结构是风工程和海洋工程中一种常见的结构，当其处于来流中时，由于流体力的作用会不可避免地产生一定程度的振动。而涡激振动（vortex-induced vibration，VIV，简称涡振）是流体流经钝体后，尾流中交替脱落的旋涡使结构周期性振动的现象[1-3]。当尾流中涡脱频率接近结构固有频率时，就会发生“频率”锁定现象，产生共振，共振作用下会产生远大于正常情况下振幅的振动[4-6]。涡激振动导致柱体结构受到周期性的疲劳应力，所产生的横向高振幅振动能导致结构产生疲劳损伤甚至结构破坏问题[7,8]。

柱体结构应用广泛，多用于重要支撑建筑结构或对外界载荷敏感的结构中。事实上，旋涡交替脱落产生的振动对此类结构都有一定影响。常见的海洋立管、风力机塔筒、高层建筑和电缆等细长结构物，在设计中都需要考虑其涡激振动，如图 1.3 所示。此类结构物通常对自身结构稳定性有严格要求，但又具有自振周期较长、阻尼较小的特点，因此产生的涡激振动效应较为明显，会对系统的正常运作产生影响。如美国 Oklahoma（俄克拉何马州）的一台风力机运行仅两年就发生了倒塌事故［图 1.4（a）］。事故发生时，附近地区都有强风、大风天气，虽然尚未公开倒塌的具体原因，但可以肯定的是大风诱发的柔塔涡激振动、疲劳破坏

(a) 海洋立管　(b) 风力机塔筒

(c) 高层建筑　(d) 电缆

图 1.3　不同领域中的柱体结构

(a) 风力机倒塌

(b) 东京湾大桥涡振

图 1.4　涡激振动引发的事故

是引起倒塌事故的重要因素之一[8,9]。东京湾大桥在垂直于桥轴向的盛行风下，观察到旋涡脱落产生的显著振动。如图 1.4（b）所示，记录了东京湾大桥在一段时间内的桥面最大上下位移，比较两张照片可以很清晰地看到主梁的大振幅振动[10]。海洋立管在洋流作用下，也会发生由旋涡交替脱落产生的振动，而剧烈的大幅振动可能会加速立管结构疲劳损伤。海洋立管一旦失效，将造成油气泄漏从而污染海洋环境、影响生态环境，并带来重大经济损失。柱体结构是在工程中常见的基本结构，遍及人类生活及生产活动中，而其在流场中产生的涡激振动影响了整个系统安全性、舒适性和经济性。因此，对柱体结构产生的涡激振动现象应有足够的重视，而对抑制柱体结构涡激振动的研究同样具有重要的现实意义。

柱体的涡激振动涉及流固耦合（fluid-structure interaction，FSI）动力学。流固耦合问题是流体力学与固体力学交叉而生成的一个力学分支，在流体的作用下，流场中的结构会发生弹性变形，这种结构的弹性变形又对流场分布产生影响，从而使流体和结构形成一个相互联系、相互作用的复杂系统[11-13]。同时，加入减振装置后结构的动力学行为更复杂，建立模型对减振装置作用下的柱体结构涡激振动预测可进一步指导工程实践，也将对工程中类似的减振装置的研究开发具有借鉴和参考意义。

在涡激振动现象研究方面：涡激振动本质上是非线性的、自激又自限的共振响应，涉及流体动力学中转捩、边界层分离等诸多复杂问题，单纯根据理论分析得出响应的精确解非常困难，且其中的一些非线性现象的机理解释仍然存在诸多争议[14,15]。涡激振动的重要性和复杂性，引起国内外许多学者的关注，并因此产生了一系列对涡激振动的基础研究。

在涡激振动实验研究方面：基于弹性支撑的刚性圆柱体上产生的涡激振动展开实验。此类实验本质上是二维的，不涉及柔性结构的复杂变形。Feng 等对高质量比的刚性圆柱体进行了风洞实验，首次发现柱体最大振幅随流速增大表现出初始分支和下端分支，其实验设计也为后期的实验研究提供参考。Williamson 和 Roshko[16]研究了一个圆柱体的尾流涡脱模式，并对圆柱尾流中的旋涡脱落（涡脱）模式进行了定义。Williamson[17]进行了大量实验，研究了柱体涡激振动振幅与质量阻尼系数之间的关系，提出了修正的 Griffin 曲线。Blevins[18]通过对比不同雷诺数下旋涡脱落的形式，将二维圆柱绕流划分为亚临界、超临界和过临界三个阶段。Vandiver 等[19]研究了圆柱二自由度（degree of freedom，DoF）涡激振动，并指出可以根据横向振动响应预测圆柱顺流向振动。Anagnostopoulos 和 Bearman[20]在水中低雷诺数下进行了圆柱涡激振动实验，测量了频率锁定区域附近流速下的圆柱振动频率、幅值和涡脱频率。Williamson[17]等进行了许多经典的涡激振动实验研究，并在对比低质量柱体的实验中观察到了最大振幅曲线的上端分支。这些研究表明了涡激振动是一个自限的过程，并且柱体横向振幅与升力、圆柱运动的相位差有强烈关系。在刚性柱体的涡激振动实验中，圆柱的长宽比通常小于 100。而在工程实际中，产生涡激振动的结构大多是细长的柔性圆柱体，弹性支撑的刚性圆柱体实验不能完全表征细长柔性圆柱的涡激振动特征。对于细长柔性圆柱的测试，需要大型的设备和相对复杂的仪器，因此对这类模型只进行了少数的大规模实验。Vandiver[21,22]对细长柔性管和电缆进行了涡激振动实验，并在剪切流中观察到管道发生频率锁定。对于剪切流中的细长圆柱体，频率锁定下的振动响应是不稳定的。Chaplin 等[23,24]利用大气压原理设计出一种巧妙的涡激振动实验装置，成功地进行了 13.12m 立管在阶梯流下的涡激振动实验，证实了细长柔管涡激振动中有多个模态参与。Trim 等[25]开展在均匀流及剪切流下的柔性立管涡激振动实验，结果表明立管的响应特性与部分覆盖或完全覆盖螺旋列板下有很大区别。Vandiver[26,27]在纽约进行了长度分别为 201 英尺❶和 401 英尺，直径为 1.31 英寸❷的立管涡激振动实验，研究了大长径比柔性管道在多阶模态、高阶模态下的涡激振动现象。他观察到，在许多情况下，振动响应主要是由行波决定的，而大部分的涡激振动能量集中在行波区域。由于旋涡脱落引起的柱体流向振动与横向振动的频率不同，因此具有多个固有频率的细长柔性圆柱在横向和流向上可能具有不同的激发模态。Huera-Huarte 和 Bearman[28,29]在水槽中开展的长宽比为 94.0 的柔性立管涡激振动实验，研究了在不同流速下的立管顺向及横向振动变化。Dahl[30,31]和 Huera-Huarte[28,29]的实验结果表明，柱体流向和横向的双共振具有以下的特点：高度重合的“8”字形运动轨迹、流向和横向振动的稳定相位差以及升力的三次谐波。Dai[32]对风力机塔筒进行了实地测试，测量出塔筒前二阶模态，并提出了一种柔性塔筒的二元有限元模型，采用现场测量方法来验证和更新有限元模型。这些经典的实验结果对后续的涡激振动预测模型的开发起到了重要的指导作用。

在涡激振动数值研究方面：相较于实验研究，数值仿真具有更多的便利性和可操作性。在实际操作中，实验方法难以保证不同工况下不同参数的准确性要求，而数值模拟则可通过简单的参数设置实现理想环境及状态的设定，十分便利，同时可实施性也更强。目前对于柱体结构涡激振动的计算方法可以大致分为两类：一类是通过计算流体力学（computational fluid dynamics，CFD）结合结构动力学方程进行柱体结构双向流固耦合模拟，能得到详细的流场信息，但对于全尺寸三维模拟计算成本过高；另一类是通过半经验方法，计算速度较快，但精度相比 CFD 方法较低，也无法得到流场的具体信息。CFD 方法是将流体动力学控制方程在空间区域上进行离散，建立代数方程，并利用计算机数值求解的方法。使用 CFD 方法对圆柱涡激振动进行仿真，也是一种基于精细流场模型且有耦合结构动力学响应的流固耦合方法，通过迭代求解控制流场和结构运动的方程，考虑了流体与结构之间的相互作用。在计算机硬件和数值模拟软件的快速发展下，采用 CFD 来研究柱体结构涡激振动问题也成为一种有效方法。二维柱体涡激振动计算量相对较小，适用于早期研究流固耦合机理。Newman 和 Karniadakis[33]采用直接数值模拟（direct numerical simulation，DNS）方法计算了低雷诺数下二维和三维无限长柔性管的涡激振动，结果显示三维模拟比二维模拟更依赖雷诺数。Zhou

❶ 1ft(英尺)=0.3048m。

❷ 1in(英寸)=0.0254m。

等[34]用离散涡方法计算了雷诺数 200 情况下的二维圆柱涡激振动，通过迭代的方式求解流体运动和圆柱体振动响应，研究了流体与结构之间的相互作用。Chen 等[35]采用 RANS（Reynolds-averaged Navier-Stokes）方法结合结构动力学方程计算了二维柱体的涡激振动。在二维理想情况计算的基础上，CFD 方法进一步扩展到接近实际三维结构的计算中。Holmes 等[36]对 Trim 实验中的柔性立管进行了三维 CFD 涡激振动仿真，正确处理了三维旋涡结构，可以直接研究不同螺旋列板参数对立管振动产生的影响。Cheng 等[37]采用 CFD 结合结构有限元的方法对风力机柔塔系统进行了双向流固耦合计算，为大型风力机柔塔系统在塔段耦合作用下的法兰结构动力学参数状态监测提供了参考。但对于全尺寸三维柔性柱体结构在高雷诺数下的双向流固耦合仿真，计算资源消耗巨大，工程实际中难以运用，因此也发展出一些准三维 CFD 计算模型。准三维 CFD 计算模型中常采用片条理论，其通常用于航空工程中预测机翼等细长部件的气动弹性行为。当片条理论用在柱体涡激振动仿真中，可将结构物和流场划分成若干平行于未扰动流体方向的片条，每一片条被当作无限展长圆柱体的一个部分。片条理论中假设了各片条中的流动互不干涉，即每一部分的升力仅仅是由与之相关片条中的流体流动所引起的。Herfjord 等[38]基于片条理论提出了一种计算立管涡激振动的方法，各片条上结构受到的流体力由 CFD 计算而得，并与实验结果比较验证了该方法。Yamamoto 等[39]同样基于片条理论采用离散涡方法计算结构上的流体力，柱体结构采用 Euler-Bernoulli 梁模型求解，双向耦合实现对立管涡激振动的仿真。Belver 等[40,41]使用片条原理将烟囱分为若干片条，基于 CFD 计算了烟囱在风中产生的涡激振动。上述对柱体结构涡激振动的 CFD 仿真，使其振动机理更加清晰，有助于采取相关措施针对性地削弱涡激振动对工程结构的危害。

在涡激振动工程模型研究方面：涡振预测常采用一些经验模型、半经验模型或者基于试验数据开发的商业软件。关于圆柱涡激振动的经验模型，Marshall[42]最先提出频率锁定区间内的横向力与振动速度的三次方有关。Hartlen 和 Currie[43]接着对该模型进行进一步改进，使涡激力与结构振动相耦合，用一个弱 Van der Pol 非线性振子来表示升力系数，提出了最早的尾流振子模型。Iwan 和 Blevins[44,45]根据动量守恒原理，推导出尾流振子与结构运动的耦合方程，使该模型的物理意义更加明确。Vickery 和 Basu[46]将尾流振子模型应用于对塔筒、烟囱等圆柱结构的横向振动的预测。Larsen[47]提出改进的 Van der Pol 尾流振子模型，使用最小二乘法结合实验获得关键经验参数。在尾流振子模型的概念得到推广后，目前大多数对尾流振子模型的进一步研究都是基于 Facchinetti 等[48,49]的工作。Facchinetti 等总结了前人的工作，进一步提出并对比了结构位移、速度、加速度与涡激升力耦合的尾流振子模型，结果显示加速度耦合模型的仿真结果最接近实际情况。Qu 和 Metrikine[50]基于圆柱流向振动和横向振动的耦合，提出了一种两自由度尾流振子模型。不同于其他两自由度尾流振子模型[51,52]，该模型中只用一个 Van der Pol 方程表达圆柱运动与动力学耦合。半经验模型一般只适用于圆柱体结构外形，且非常依赖于实验获得的参数及经验系数的选取，但是计算速度快，适用于工程上快速预测涡振响应。尾流振子模型及其改进模型，也是当前工程中应用最广泛的半经验模型。基于试验数据和经验模型，目前开发出了一系列商业软件用于工程中预测柱体结构的涡激振动，如 SHEAR7[53]、VIVA[54]、VIVANA[55]和 ABAVIV[56]等。这些软件的主要区别在于基于不同的模型试验数据开发。

在涡激振动控制研究方面：由于涡激振动带来的大振幅横向振动，柱体结构可能会发生疲劳失效。一旦发生结构失效，故障诊断和修复将非常困难，尤其在深海环境中。因此，有效抑制柱体结构产生的涡激振动，具有重要的工程价值和理论意义。近年来，国内外许多学者针对涡激振动控制进行研究，提出了不少抑振措施和方法。根据控制条件，对细长柔性柱体结构涡激振动控制的方法概括为：主动控制和被动控制。主动控制需要外部能量来对流体流动产生影响作用，其主要策略在于对边界层和尾流的控制。主动控制所需的控制机构比较复杂，成本较高，但理论上主动控制效果最好。在现有研究中，对于控制尾流及抑制旋涡脱落的主动控制方法可以分为七类：通过电气方法控制边界层[57]，通过反馈控制方法控制尾流[58]，通过产生二次流（抽吸、吹气、底部排气和自耦合射流）控制柱体周围流动[59]，通过磁场控制边界层[60]，通过旋转振荡控制边界层[61]，通过热效应控制边界层[62]和其他主动控制方法。由于主动控制方法相对复杂，大多数方法还处于研究阶段，实际工程中主要使用的还是被动控制方法[63]。被动控制方法在应用过程中不需要任何外部能量，具有较强的可实施性和便捷性，相比于主动控制方法更有利于在工程中应用。根据作用机理，柱体结构涡激振动被动控制方法可分为：改变表面流动和内置减振装置。一般来说，钝体几何外形的改变会影响柱体表面流动，从而改变其旋涡的脱落位置及运动。其目的主要在于改变结构表面所受的流体力，避免结构在激振力的作用下产生共振。常见的被动控制方法主要有：改变壁面表面粗糙度，使用多孔和可渗透的壁面或外置扰流装置等。表面粗糙度会影响边界层分离点的位置，从而影响柱体周围的非定常力和定常力。该方法主要适用于亚临界雷诺数内，目前已应用于海上平台支柱和海洋立管中[64]。多孔和可渗透的壁面能影响尾流中旋涡的形成，经过实验验证表面孔隙率对柱体下游大尺度旋涡结构的控制有显著效果，阻止了 Karman 涡街的形成[65]。但目前研究多基于二维仿真和刚性柱体实验，对三维的应用研究还比较少，同时也需要考虑工程中的应用对象是否能采用多孔和可渗透壁面的问题。为了减弱涡激振动对柱体结构疲劳寿命的影响，海洋工程中还采用外加控制柱[66]、螺旋列板[67]等扰流装置破坏旋涡结构或改变涡脱模式。当此类扰流装置放置在柱体外部时，尾流的涡脱特性、动力学行为以及尾流区域的输运现象都会发生变化，扰流装置与主结构之间的间隙、形状以及相对位置都是影响流动的不同因素。但这些扰流装置往往会使阻力增大，并且还会引发其他形式的振动。此外，如果工作环境在海洋中，还需要考虑海洋浮游生物对外置扰流装置的附着。

为了避免结构在激振力的作用下产生共振，另一种做法是通过对机构结构的优化，使其固有频率远离激振力的频率。在柱体结构上安装阻尼器减小结构振动的方法是广大学者认可的被动控制方法。常见的阻尼器包括调谐质量阻尼器（tuned mass damper，TMD）、调谐弹簧阻尼器（tuned spring damper，TSD）等，统称为调谐阻尼器，其原理是将其自振频率调谐到柱体结构的基频附近，以此来吸收柱体结构的振动能量，进而通过阻尼单元将其消耗[68]。调谐阻尼器原理简单，应用广泛，目前调谐阻尼器在传统高耸建筑减振中已有应用。但是调谐阻尼器频带较窄，吸振范围较小，对柱体结构特性、外激励特性的变化敏感。一旦其自振频率偏离主体结构的基频或者外激励的频带超过其减振频带就会产生失调效应，导致减振效果下降，严重时反而会加剧主体结构的振动。而对于实际中三维柱体结构，所处来流速度区间变化大，激振力可能会产生较宽的频率范围，进而激发出系统多阶振型，调谐阻尼器难以适用。

从以上对柱体系统涡激振动减振方法的总结中可以看到，现有振动控制方法很难同时满足气动性能、成本和结构简单的要求。以上方法都具有各自的局限性，因此仍然有足够的空间来开发更经济有效、简单和高效的被动控制装置。非线性能量阱（nonlinear energy sink，NES）[69]是能实现定向能量传递的非线性吸振器，具有宽频吸振特性。该装置可置于柱体结构内部，不改变柱体的几何外形，属于被动控制减振装置，具有使用方便可靠、质量轻、成本低的优点。Tumkur 等[70-72]首先将 NES 用于抑制柱体结构涡激振动的研究中。目前，用于圆柱体涡激振动控制的 NES 主要有两种：T-NES（translational NES，平动 NES）和 R-NES（rotational NES，旋转 NES）。国内外学者对使用 NES 抑制涡激振动的研究已有初步进展，并发现其具有良好的减振效果。但现有研究中多基于二维模型进行，缺乏对三维柔性柱体结构涡振减振效果的研究，并且对抑振的影响参数和减振机理尚不清晰，需要进一步对 NES 的涡振抑制效果进行系统的分析。

在利用涡激振动进行流动控制研究方面：改变叶片的形状和流动控制均可以抑制失速并提高叶片的气动性能[73]。流动控制的实现方式有多种，为了减少叶片发生的流动分离、提高大攻角来流时的升阻比和风能利用率，人们提出多种优化方法，如合成射流主动控制[74]、改变表面结构[75]、设计仿生叶片[76]、吹气控制流动[77]等，对风力机叶片影响进行了实验研究和数值模拟。陈珺[78]提出在叶片前缘前设置微小圆柱来抑制流动分离，研究发现可以提升垂直轴风力机的气动性能。Choudhry[79]基于对过程的深入分析，概述了对风力机失速的控制方法，研究了杆-翼型结构的流动分离情况。Zhong[80-82]发现前缘杆可以有效地增强翼型的气动特性并延迟失速角，提升最大升阻比，对于深度失速的翼型，从杆上脱落的反向旋转涡流将动能连续传递到机翼的边界层，能够消除前缘失速和抑制后缘气流分离。徐帅[83]在翼型前缘设置微小圆柱，发现振动的小圆柱拥有更佳的优化效果。Wang[84]振动小圆柱对大流量分离显示出明显的抑制作用，发现高振动频率的小圆柱可以比低振动频率的小圆柱更快地抑制表面流分离，以提高翼型的气动力性能。

在实际应用中，小圆柱体将通过多个连接器固定在叶片前缘，小圆柱体在来流下会在后方产生交替的涡，生成的涡又会反过来对小圆柱施加横向和流向的力。这就导致实际应用时细长柔性的小圆柱会产生振动，因此对于振动柱体的研究更加切合实际。振动柱体的影响因素主要为单位质量和刚度，可以通过改变不同的材料来确定不同的单位质量，通过拉紧与放松来改变其刚度。由于叶片前缘的小圆柱会产生涡激振动，且圆柱的涡激振动特性影响翼型上方流场，而双圆柱涡激振动特性往往表现出很大的不同性，为了研究不同振动状态的小圆柱对翼型的影响，考虑在翼型前缘加入振动的双圆柱。此前人们已经研究过静止柱体对翼型的影响、强迫振动柱体对翼型的影响，但对使用单、双涡激振动柱体改善翼型升阻比的研究还较少，考虑实际小圆柱的涡激振动对翼型边界层的流动分离抑制有着重要的研究意义。

1.2 风力机多体系统横风向涡激振动研究进展

风能是一种清洁无污染的可再生能源，风力发电是世界上发展最快的新能源技术。随着风力机机组单机容量和叶轮尺寸的日益增大，风力机塔筒也朝着高耸化发展[85,86]。

近年来，高柔塔筒（塔筒固有频率小于风轮额定旋转频率的塔筒简称为柔塔，反之称为传统塔筒）技术的发展与应用颇受行业关注。目前柔塔可以将风力机轮毂托举到 110～150m 的高度，相对传统塔筒增加的成本较少且能够有效提高机组发电能力。但柔塔为圆锥筒型薄壁结构，具有柔性大、阻尼小、重量轻等特点，由强风所引发的柔塔风力机流固耦合振动问题也日益突出，每年由塔筒结构破坏甚至倒塌引起的事故时有发生，造成了严重的经济损失。例如 2019 年 2 月 22 日，新墨西哥州 Casa Mesa 风能中心的一台运行不到半年的 GE 2.5-127 风机（风力机）倒塌；2019 年 5 月 21 日，俄克拉何马州格兰特郡 Chisholm View 2 号风场一台仅运行了两年的 GE 2.4MW 风机倒塌。根据当地媒体报道，两次事故发生时，附近地区都有强风、大风天气。再例如 2018 年 3 月初，山东省菏泽李村风电场的轮毂高度达 137m 的维斯塔斯 V110-2.0MW 柔塔风机仅运行半年就发生了倒塌事故，据当地媒体报道，该风机在强风天气柔塔便会随风摇动。毋庸置疑，强风、大风诱发的柔塔振动、疲劳破坏是引起倒塌事故的重要因素之一。

风力机结构破坏成因分布如图 1.5 所示，由强风和疲劳损伤引起的风力机结构破坏占 15.1%和 13.21%的比例[87]。根据伯明翰大学工程学院对 2000 年至 2016 年发生的 48 起典型风机倒塌事故的研究，多数事故是由多重因素共同作用导致的，而其中强风、极端大风引起的风激振动问题是最常见的。柔塔作为风力发电机组的重要承载部件，其变形和振动不仅会降低柔塔自身的结构强度和稳定性，而且会影响整个风力发电机组的安全运行[88]。

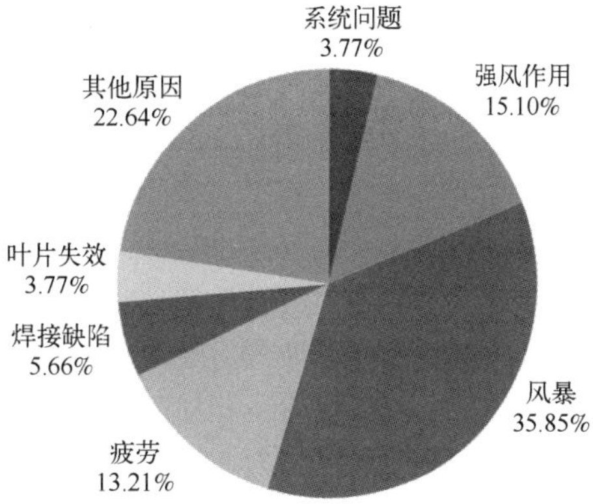

图 1.5　风力机结构破坏成因分布[88]

通常情况，风力机柔塔所受顺风向荷载的振动响应比横风向荷载要大很多，但当风速在亚临界和过临界工况，横风向荷载对风力机振动的影响变得尤为重要。具有圆截面的高耸结构横风向振动主要来自尾流旋涡脱落引起的涡激振动（vortex-induced vibration，VIV，简称涡振）。风力机柔塔在吊装和运输阶段，可能发生亚临界涡振“锁定”现象，导致柔塔晃动，不利于机组吊装，工程上一般采用扰流条来抑制柔塔亚临界涡振，在机组吊装完成后拆卸扰流条[89]。在风力机运行工况下，风速引起的风荷载对柔塔影响较小。而停机工况，风速大，这种情况下风速引起的风力机柔塔结构振动问题突出。当风速在过临界范围内，容易激发出柔塔一阶、二阶甚至更高阶的涡振（涡脱频率与柔塔某阶固有频率接近，可能激发出该阶模态的涡振），将导致几十倍于正常风力的效应，从而引起柔塔寿命急剧降低甚至结构直接破坏。北京鉴衡认证中心做过测算，对于 140m 的柔塔，过临界风速诱发柔塔二阶涡振 1min，相当于消耗机组 4 天寿命，累积涡振 30h 就会发生疲劳破坏。因此，过临界涡振对风力发电机组的安全造成巨大隐患。

另外，叶片停机位置和叶片的停机角度都会对柔塔绕流产生影响[90]。在强风作用下，如果叶片停机位置和角度不当，将发生叶片尾流干涉下的柔塔涡振问题，其振动机理更加复杂。通常尾流干涉下柱体结构涡振幅值会超过没有尾流干涉的情况。因此，叶片尾流干涉有可能更加威胁柔塔结构安全。柔塔设计过程中应尽量避免涡振，若在结构设计上无法避免，则应该采取相应的措施抑制振动，寻找一种行之有效的振动控制方法对柔塔风机的减振延寿设计具有重要的工程意义。同时，由于涡振和风力机多体系统结构的复杂性，要想获得风力机设计时所必须进行的固有振动特性、多体耦合结构涡振响应分析的解析结果是很困难的，必须依靠数值仿真方法。

风绕柔塔的流动可近似为圆柱绕流问题。风绕过柔塔结构，会不断出现旋涡脱落，按照雷诺数 Re 的范围，可大致分为三个区域：当 $3\times10^2 \leqslant Re \lesssim 3\times10^5$ 时为亚临界区域，旋涡的脱落有明显主频率，但风速小、激振力小，工程上已有成熟的规避措施和亚临界涡振控制方法；当 $3\times10^5 \lesssim Re < 3.5\times10^6$ 时为超临界区域，旋涡脱落具有随机性，没有明显的主频率，该区域气动力是随机的，此时的柔塔风激振动响应问题属于小阻尼系统在随机力作用下的响应问题；当 $Re \geqslant 3.5\times10^6$ 时为过临界区域，旋涡的脱落再次出现周期性，具有明显的主频率，在该区域内，当旋涡脱落频率与柔塔某阶固有频率接近时，一旦发生频率“锁定”现象，横风向将产生几十倍于正常风力的效应，快速消耗柔塔的寿命，甚至有可能产生极限载荷，让机组直接发生结构破坏。对于柔塔风机整机多体系统结构而言，叶片的停机位置和角度不当，尤其是当叶片刚好挡在柔塔前面的时候，会对柔塔绕流产生很大影响。通常叶片位于柔塔的

上游，强风作用下的叶片尾流干涉可能诱发下游柔塔发生较大振幅的涡振。叶片后方旋涡脱落不仅会影响下游的柔塔，还会影响自身的旋涡脱落过程，形成下游尾流。柔塔是沉浸在叶片的尾流扰动区域之中的，这种情况下的柔塔涡振响应与典型的涡振不一样，它的振幅会随着约化速度的增加而增加，且通常尾流干涉下柔塔涡振所引起的最大振幅比典型涡振引起的最大振幅要大[91]。叶片-柔塔多体耦合结构涡振研究的特点体现在需要同时考虑结构场上叶片-柔塔之间的多体耦合以及流场上叶片对柔塔的绕流干涉。通常工程方法无法预测尾流干涉下的柔塔涡振特性，现有研究中对过临界区域的叶片-柔塔多体耦合结构涡振的模态激发机理尚不明确，现有的工程方法对叶片-柔塔多体耦合情况下的涡振机理研究是无法实现的。目前对于尾流干涉下柱体结构涡振预测精度最好的数值方法是计算流体力学（CFD）方法，无需做线性、无粘或是经验系数的假设，且可以较详细地得到流场信息。但是，基于 CFD 高保真方法计算又避免不了由结构振动位移大引起的网格畸变和负网格问题，且计算量较大。

目前多柱体干涉效应逐渐成为研究的热点，但所见文献中对于柱体尾流干涉下的柱体结构涡振问题研究数量还相对较少，叶片尾流干涉下的柱体涡振问题研究更少，且对双柱体涡振的数值模拟大多局限于较低雷诺数。由于柱体与柱体干涉的强非线性，使下游柱体的振动特征都与单柱体的典型涡振特征有明显差别。大多学者是将两个柱体串联排列，研究两个柱体间距离、约化速度等对下游柱体涡振的影响，分析串列柱体的干涉效应。得到的主要结论是：尾流干涉下的柱体涡振相比典型的单柱体涡振引起的最大振幅更加大；柱间距比越小下游柱体受干涉影响越大；上游柱体开始离开其频率“锁定”区间时，下游柱体振幅迅速增长并大幅超过上游柱体，下游柱体达到其锁定区间的时间要明显滞后于上游柱体[92-95]。

风力机是一种多体系统结构，它是以一定方式相连接的多个物体组成的系统。多体系统动力学是在经典力学的基础上产生的新科学分支，是当今力学领域研究的热点和难点之一。求解多体系统动力学的方法有很多种，诸如有限元法（finite element method，FEM）、边界元法（boundary element method，BEM）等理论的发展，实现了结构分析的程式化，为解决复杂结构动力学问题提供了强有力的工具，开发了诸如 NASTRAN、ANSYS 等大型计算机软件。通常应用多体系统动力学方法研究复杂系统动力学时，会出现以下问题：①必须建立系统总体动力学方程，方程的建立和求解较为复杂，一旦拓扑结构发生改变，总体动力学方程必须重新推导；②复杂系统涉及系统矩阵阶次高，通常不小于系统自由度数，计算速度随系统规模增大而迅速减慢；③随着系统复杂度的增加，在计算系统振动特性时可能出现计算“病态”[96]。MSTMM 是近二十多年来由芮筱亭院士提出并逐步完善的一种多体系统动力学方法，该方法目前主要包括线性多体系统传递矩阵法、适用于一般多体系统动力学的离散时间多体系统传递矩阵法，以及将加速度和内力作为状态变量的可以直接计算非线性问题的新版多体系统传递矩阵法。其特点是无需建立系统总体动力学方程，矩阵阶次低，计算速度快，易编程，计算精度高，为工程上多体系统动力学分析提供了新的思路。MSTMM 已经在兵器、航空航天等军工领域得到了广泛应用[97,98]，但是在风力机等民用领域尚未普及。

通常的流固耦合问题的研究方法可简单分为两种，即分离耦合和直接耦合。分离耦合又分为单向耦合和双向耦合，一般双向耦合的常见问题即流体结构耦合振动分析问题。主流的 CFD/FEM 双向耦合方法在计算流固耦合问题上采用的都是分离耦合方法[99,100]。当两种场间相互不重叠、渗透时，两者的耦合作用通过界面力来起作用。双向耦合可以是顺序求解也可以是同时求解。即使是同时求解，本质上依然是分离耦合，即流体和固体分开算，同时在交界面上交换数据。而真正意义上的直接耦合是同时联立流体域和结构域的动力学方程，然后进行求解。目前很难做到 CFD 和 FEM 对于复杂结构同时联立，因此，如果是基于 CFD、FEM 等高精度方法，一般工程上只能接受分离耦合的方法。这样的双向耦合方法在工程上已经逐渐开始应用，一般采用如图 1.6 所示的耦合流程[101]。由于风力机叶片内部结构非常复杂，如何能够建立准确、有效的风力机整机结构模型成为流固耦合计算首先面临的难点[102]。

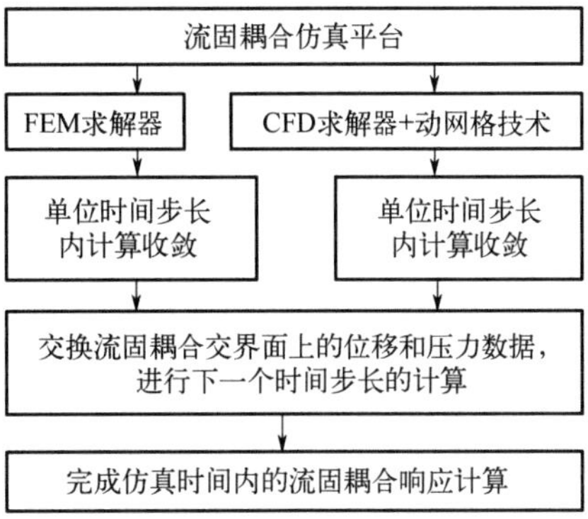

图 1.6　双向耦合流程图

1.3　海洋立管多体系统涡激振动研究进展

在国民经济高速发展的今天，石油和天然气资源的需求量急剧增长，石油和天然气已关系到人们生活的方方面面，成为关系国家安全、经济发展的重要战略物资。经过一百多年的开采，陆地油气资源已经日益匮乏。因此，向海洋油气资源开发进军已经成为全世界共同的目标。在我国的海洋资源开发中，很多海洋装备都是柱体结构，例如海洋立管、Spar 平台、锚缆、海底管线等。这些柱体结构在海洋洋流作用下无一不会遇到涡激振动问题，因此对于柱体结构涡激振动预测方法和机理的研究十分必要。

海洋立管是一种最为典型的海洋柔性柱体结构，其涡激振动问题是典型的包含流体非线性的复杂流固耦合问题。海洋立管作为海洋油气田开发系统最关键的结构之一，也是连接海洋平台和水下生产系统的关键结构，中间没有任何支撑。对其研究具有独特的挑战性，要求更大的创新和更高的技术含量。立管会发生涡激振动以及多立管干涉振动等。其中，涡激振动现象是美国 API 规范和挪威 DNV 规范认定的引起立管疲劳损伤的主要因素，当立管固有频率与外界激振力频率接近时，就会发生流固耦合振动“锁定”现象，使振幅显著加大，从而导致立管的疲劳破坏，造成立管失效。立管一旦发生结构破坏，将会产生巨大的经济损失。实际工程中的海洋平台-立管系统，如图 1.7 所示。立管系统的设计技术难度随着水深的增加越来越高，成本也越来越高。海洋立管没有统一的分类，主要根据其结构形式和用途，大致分为柔性立管、顶张力立管、钻井立管和塔式立管等。复合材料立管属于常见的柔性立管种类之一，具有重量轻、强度高、耐腐蚀、绝热性好、阻尼大等性能，慢慢被海洋开发领域所接受并开发使用。复合材料立管具有良好的可设计性，并且可在立管结构加强和完善的同时不对其他方面产生影响。在张力腿平台或者塔式平台上采用复合材料立管，可以大大降低平台的重量，减小海洋平台锚张力、立管顶张力，显著降低开采成本，满足绝大多数海洋油气田的开发需要。

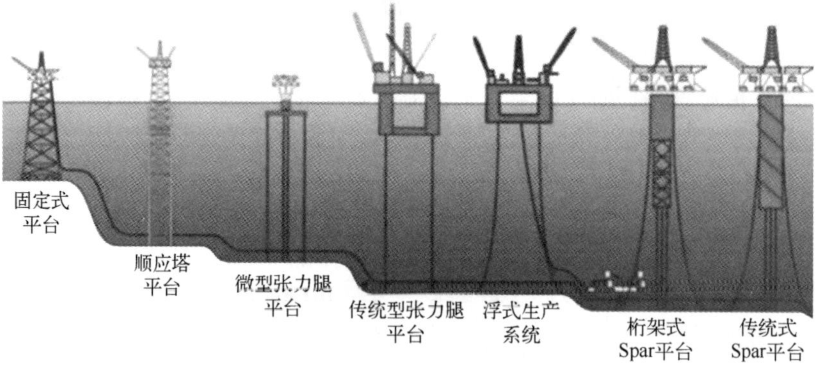

图 1.7　平台-立管系统

海洋热塑性增强管（reinforced thermoplastic pipe，RTP）是一种复合材料管道，可用作立管，具有可盘卷（数百米一卷）、海陆施工快捷、重量轻、耐疲劳、保温性能好，以及耐腐蚀等性能。使用 RTP 操作成本低，对系统其他构件的影响相对较小，相比传统的钢制立管有更多的优越性[103,104]。目前国内各种 RTP 的生产工艺、装备、材料和铺设条件已初步配套。RTP 产品种类繁多，大致有如下几类：预制增强带 RTP、多层钢复合 RTP、纤维纱缠绕 RTP、连续纤维带 RTP、钢丝缠绕 RTP、丝编织 RTP 等。我国海洋油气资源丰富，RTP 用于海洋立管、海底管线的优势突出，虽然使用 RTP 的投资大、技术要求高，但 RTP 产业发展迅猛，海洋用 RTP 市场将超过陆用市场[105-107]。

国内对复合材料立管的研究起步较晚，关于完全非金属的预制增强带 RTP 复合材料立管涡激振动的研究更少，能够适用于工程上快速评估复合材料立管涡激振动性能的方法未见报道。目前，以航天晨光为代表的主要产品是预制增强带 RTP，如图 1.8 所示，主要由热塑性塑料衬管+增强层+热塑性塑料外护套层组成。本书以复合材料预制增强带 RTP 的涡激振动问题作为研究对象之一，探索适合工程的复合材料立管的建模方法，以及研究其涡激振动响应，为工程上类似的细长柱体结构的流固耦合振动分析提供参考。

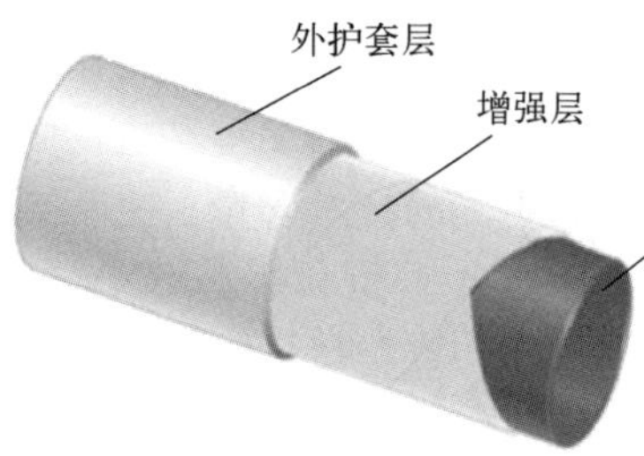

图 1.8　预制增强带 RTP 结构示意图

立管涡激振动即立管尾流涡脱落的频率与结构频率接近时发生的自激振动，一直以来是立管结构疲劳破坏的一个主要因素[108-111]，由于海流速度沿水深变化的非均匀性及流固耦合的复杂性，涡激振动长期以来是海洋工程中最具挑战性的问题之一。涡激振动的准确预报依然是一个巨大难题[112]，目前人们尚未能对海洋柔性柱体结构的涡激振动问题给出精确的理论解，尤其对其中的一些非线性现象的认识和机理解释仍然存在诸多争议[4,5,95,102,113]。涡激振动的研究一般有经验模型（常用的有 DNV 模型、LIC 模型、MARINTE 模型、MIT-Triantafyllou

模型、MIT-Vandiver 模型等[114]），还有半经验模型（如 Van der Pol 尾流振子模型）[43,48,115-117]，以及具有高精度的 CFD 等方法[118-124]。一般对海洋柔性柱体结构涡激振动的抑制方式有主动控制和被动控制两种。主动控制主要是通过自适应改变结构的阻尼系统，或者改变结构的固有频率等方式降低结构的振动响应，需要输入大量的能量[125-128]。而被动控制主要是通过安装一些扰流装置达到破坏旋涡结构或者改变涡脱模式的目的，从而减弱激振力。尽管主动控制方法可以在一定程度上抑制涡激振动，但相比被动控制其成本太高，且技术复杂。工程上一般通过在柱体结构表面安装扰流装置抑制旋涡的形成和泄放。但是，采用被动控制方式，即使用扰流装置，往往会使阻力显著增大，并且还会引起其他形式的振动。尽管如此，适当改变截面的形状对于涡激振动的抑制是十分有效的，国内外最常用的扰流装置是：控制柱[129,130]、螺旋列板[131]和整流罩[132]。

螺旋列板可以抑制所有方向的涡激振动，因此在海洋立管多体系统的涡激振动抑制中应用最为广泛。对于螺旋列板的设计，大多依靠计算流体力学（CFD）方法和拖曳槽实验方法。在 CFD 数值模拟中，经常通过对比海洋立管加螺旋列板和裸海洋立管的升力系数来研究海洋立管加螺旋列板的抑制效果。但是，该方法没有考虑海洋立管的动态行为影响，即海洋立管在涡激振动作用下的升力系数与静态刚性立管的升力系数完全不同。由于海洋立管的涡激振动效应，流场中的结构在流体的作用下会发生弹性变形，而这种结构的弹性变形又会影响流场的分布，使流体与结构形成一个相互联系、相互作用的复杂系统。因此，仅通过静态立管的 CFD 计算而不考虑涡激振动的影响，很难准确预测列板涡激振动的抑制效果。目前，有学者采用二维弹性支撑圆柱模型来计算低雷诺数下的螺旋列板抑制效果。然而，该方法忽略了螺旋列板引起的流体三维效应，没有考虑螺旋列板节距等参数的影响。同时，这种方法并没有对从三维模型简化到二维模型给出合理的解释。随着计算机科学的飞速发展，利用计算流体力学/有限元法（CFD / FEM）对全尺寸立管进行双向流固耦合仿真已经成为可能，该方法可以计算出全尺寸立管的涡激振动。然而，该方法需要非常高的计算资源，且计算非常耗时，因此不适合用于工程中螺旋列板的优化设计。

如前所述，根据雷诺数 Re 的范围，可以将圆柱周围的流动分为三个区域。在实际工程中，大型海洋立管的 Re 范围一般处于亚临界和超临界范围。当海洋立管发生涡激共振时，往往是低速主导了大振幅低频振动，而高速则激发了小振幅高频振动[133]。螺旋列板抑制涡激振动的主要原理是破坏旋涡结构，使旋涡脱落频率大大降低，远离海洋立管固有频率，从而避免涡激共振的发生。因此，从理论上讲，在亚临界和超临界范围内，如果设计的螺旋列板能够抑制海洋立管低速时的大幅度振动，那么高速时的涡激振动幅值也必须得到有效抑制。另外，当涡激共振发生时，速度会激发以某一模态为主的海洋立管振动。海洋立管的振动响应通常采用模态叠加法计算。对于涡激共振，除了受流速激励的海洋立管模式外，其他阶的能量都很小，可以忽略[134,135]。因此，涡激共振的模态可以直接作为系统建模的动力学参数。

表 1.1 总结了著名公司的螺旋列板设计参数。螺旋列板的形状可以用高度（H）、节距（P）和启动次数来表示。高度和节距通常表示为立管外径 D 的倍数。不同形状的螺旋列板抑制效果不同。根据现有的螺旋列板产品数据和前人的研究，得出以下结论：螺旋列板在相同高度和节距下，3 次启动和 4 次启动的螺旋列板抑制效率基本没有太大变化，考虑到 4 次启动的阻力系数高于 3 次启动，会对海洋立管造成疲劳损伤，一般选择 3 次启动的螺旋列板（启动均匀分布在同一圆周上）；在高度和启动次数一定的情况下，不同节距的螺旋列板的涡激振动抑制效率变化不大，当节距为 $5D$～$17.5D$ 时，能产生良好的抑制效果；然而，小节距螺旋列板的阻力系数略大于大节距螺旋列板的阻力系数，对于相同长度螺旋列板的涡激振动抑制装

置，小节距螺旋列板的重量更大，因此，螺旋列板的节距一般设置在 15D～17D。

表 1.1　著名公司的螺旋列板参数的比较

<table>
<tr><th rowspan="2">公司</th><th colspan="3">结构参数</th><th rowspan="2">抑制效率</th><th rowspan="2">阻力系数</th></tr>
<tr><th>启动次数</th><th>高度（×D）</th><th>节距（×D）</th></tr>
<tr><td>Lankhorst Mouldings</td><td rowspan="13">3</td><td>0.15～0.25</td><td>5～18</td><td rowspan="8">≥90%</td><td>≤1.6</td></tr>
<tr><td rowspan="2">Trelleborg</td><td>0.25</td><td>16～17.5</td><td>≥1.4</td></tr>
<tr><td>0.14</td><td>5</td><td>—</td></tr>
<tr><td rowspan="2">BOE</td><td>0.20～0.25</td><td>15～18</td><td>1.5～1.7</td></tr>
<tr><td>0.15</td><td>5</td><td>—</td></tr>
<tr><td rowspan="4">AIMS</td><td>0.15</td><td>15</td><td>1.35</td></tr>
<tr><td>0.2</td><td>15</td><td>1.45</td></tr>
<tr><td>0.25</td><td>15</td><td>1.6</td></tr>
<tr><td>0.15</td><td>5</td><td>≥80%</td><td>1.2</td></tr>
<tr><td rowspan="2">VIV Solutions</td><td rowspan="2">0.25</td><td>12～15</td><td rowspan="4">≥90%</td><td>1.45～1.8</td></tr>
<tr><td>15～18</td><td>1.35～1.6</td></tr>
<tr><td>Mark Tool</td><td>0.15～0.25</td><td>12～18</td><td>—</td></tr>
<tr><td>CNOOC</td><td>0.25</td><td>17.5</td><td>≤1.6</td></tr>
</table>

1.4　深海超大型航行器舵驱动系统水弹性振动研究进展

隐身性能是潜艇战斗力和生存能力的一个重要指标，辐射噪声直接决定了潜艇的隐身能力。潜艇辐射噪声主要包括机械噪声、螺旋桨噪声和水动力噪声。随着减振浮筏、泵喷推进等技术的应用，潜艇机械噪声和螺旋桨噪声得到有效控制，水动力噪声的影响愈发显著，其强度随航速增大成指数倍增加，在潜艇总辐射噪声中所占比例增加。水动力噪声主要是航行器航行时引起的湍流脉动压力直接产生的宽频辐射噪声和流体激励引起的弹性结构流固耦合振动产生的流激噪声。其中，弹性结构流固耦合振动情况下噪声传播机理是目前水动力噪声研究领域的重点和难点。潜艇主体流线型结构有一些凸出的附体结构，比如艏舵、围壳舵、艉舵等翼型结构，破坏了潜艇流场和压力场的整体连续性，会增加水动力噪声。如果舵面（也称控制面）同时还伴随流固耦合振动现象，则进一步加剧湍流，从而使水动力噪声大幅增加，使潜艇处于危险状态，尤其作为自噪声对潜艇声纳的影响十分显著。

操舵系统是保证深海超大型航行器安全航行的重要分系统，常规十字形艉舵和 X 型艉舵在深海超大型航行器艉部的布局形式如图 1.9 所示[136]。操纵性、安静性和可靠性是深海超大型航行器操舵（舵驱动）系统设计的三大重要指标。数据表明，中低航速下操舵系统噪声对全艇辐射噪声的贡献率可达到10%以上，严重影响深海超大型航行器隐蔽性[137]。因此，深海超大型航行器舵系统动力学性能和噪声控制还有很大提升空间。

(a) 美国虎鲸号超大型航行器X型艉舵　　(b) 十字艉舵与X型艉舵的布局

图 1.9　深海超大型航行器及艉舵布局

以深海超大型航行器 X 型艉舵系统为例，其结构形式如图 1.10（a）所示[101,138]。随着集成式电液混合舵机的研制以及传动装置结构形式简化，超大型水下航行器传统液压舵机的机械振动噪声得到较好的控制。但非线性舵面系统的水动力噪声组成复杂［来源见图 1.10（b）］，其中尾缘噪声占据主体部分，舵面流激振动辐射噪声量级与固定舵面水动力噪声相当，但都小于流固耦合振动情况下的舵面流致噪声[139,140]。

本书作者所在的团队在深海超大型无人航行器定向、回旋固定舵角航行试验中和国内研究所在航行器舵系统调研中发现，超大型水下航行器舵面系统由服役过程中的机械磨损引起的系统传动间隙、油缸气体析出而产生的液压刚度非线性等因素，会诱发舵面发生持续的、不衰减的非线性流固耦合振动现象，也称非线性弱颤振或极限循环振荡。图 1.11 为深海超大型无人航行器回旋运动时舵面出现持续振荡的试验数据图。这种类型的流固耦合振动不同于航空领域的经典颤振问题，属于非线性弱颤振问题，它的危害并非引起舵结构破坏，而是激发舵面流致噪声，形成极具特征的噪声源。

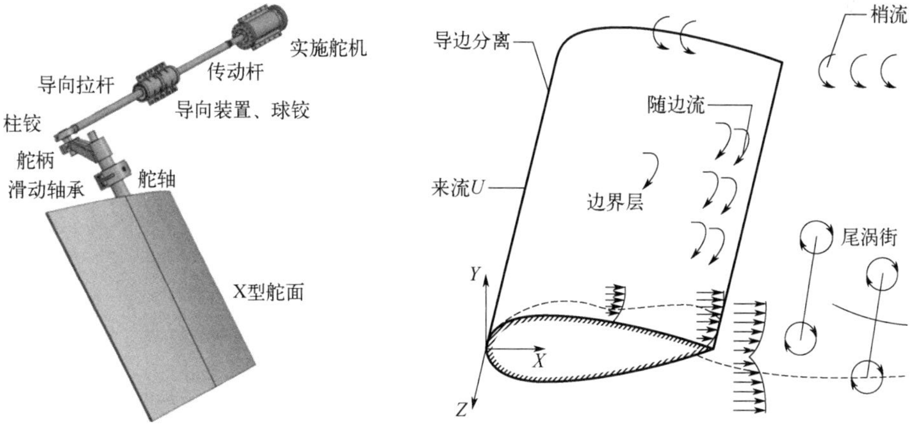

(a) X型艉舵系统结构示意图　　(b) 舵面翼型结构水动力噪声源示意图

图 1.10　X 型艉舵系统结构及舵面噪声源示意图[101,137]

早在 1980—1981 年间，俄罗斯在建造潜艇时就碰到了这样的问题，即在某航速下舵系统产生了离散的噪声，且该流致噪声和螺旋桨唱音在现象上很相近，容易混淆。同时在该航速下螺旋桨或其他附件水动力声源无法掩盖舵系统弱颤振激发的流致噪声[141]。20 世纪 60 年代开始，美国戴维泰勒海军研究中心对舵面等水翼结构水弹性问题进行了大量实验和基于二元颤振模型的仿真研究，图 1.12 为该研究中心的实验模型与仿真计算结果[142,143]。我国对舵系统水弹性的研究起步较晚，2000 年时，中国船舶科学研究中心张效慈教授基于俄罗斯二元颤振时域仿真程序对潜艇舵面进行了颤振计算，仿真结果表明结构参数匹配不合理有可能导致舵面发生弱颤振且激发出离散流致噪声。前人通过二元水翼颤振模型得到了丰富的计算结果和相关结论，但二元模型依然是对舵系统实际物理模型进行了大量简化，无法考虑具体的间隙、摩擦位置以及每个部件的刚度等参数对舵面流固耦合振动响应的影响，无法从系统层面详细描述舵系统的非线性振动特征。

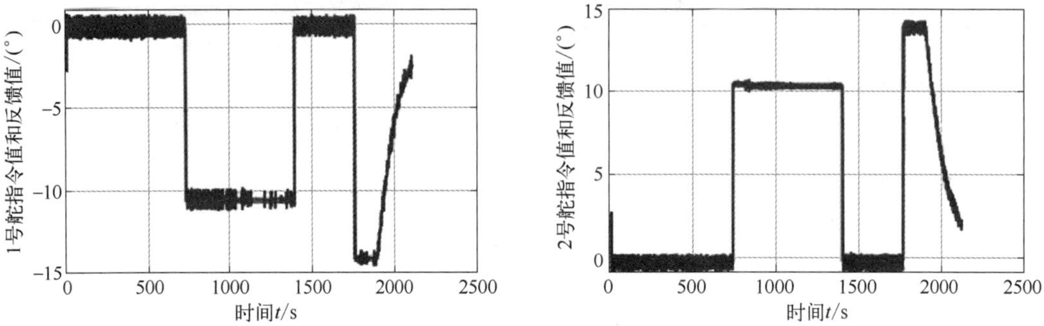

图 1.11　深海超大型无人航行器回旋航行时 X 型艉舵 1 号、2 号舵指令值（红色）与反馈值（蓝色）❶

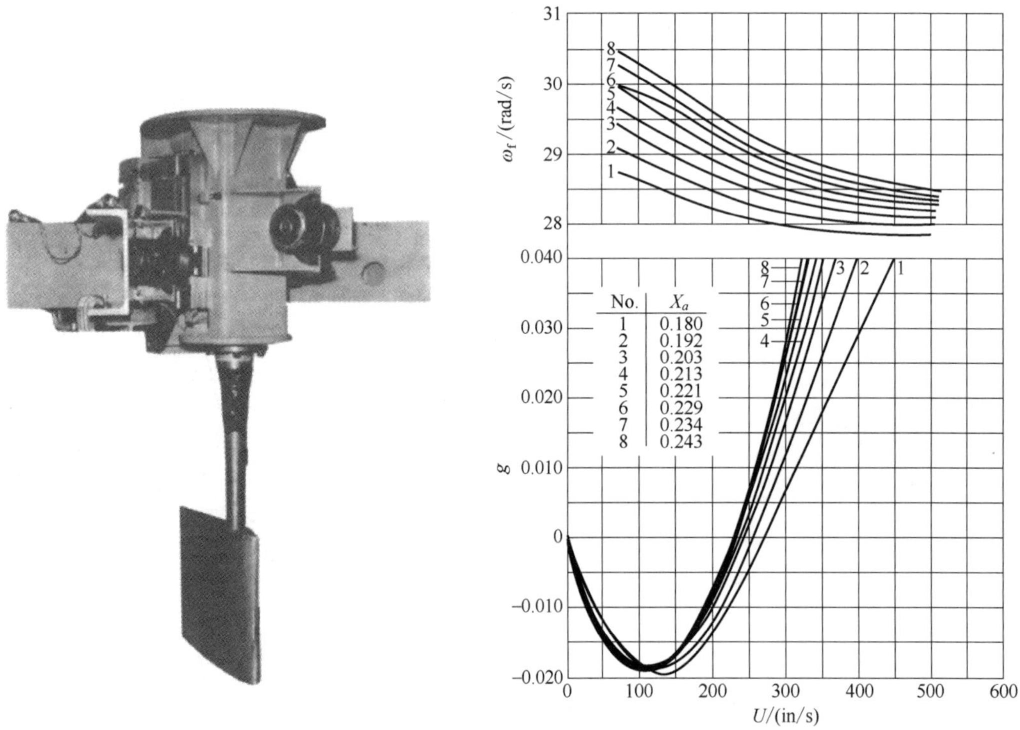

(a) 实验装置　　(b) 仿真结果

图 1.12　文献中的实验装置与仿真结果

❶ 见此图标可扫本书二维码查看彩图。

在近些年的水弹性研究中，随着计算流体力学（CFD）和计算机的快速发展，许多复杂的水弹性问题得以解决[144-146]。大多研究是基于 Navier-Stokes 方程建立考虑黏性流动的二元流固耦合动力学模型，可以用于预测水翼的流固耦合振动响应。也有一些学者基于大涡模拟求解器和有限元法（FEM）求解器，采用 CFD/FEM 双向流固耦合方法[147-149]，研究三维弹性水翼的流固耦合振动响应。

艉舵系统是一种各部件连接处包含间隙、舵机包含液压非线性刚度等因素的非线性多体耦合结构。本书作者及所在团队，在多体系统动力学建模、流固耦合动力学建模、振动控制、噪声仿真与实验测试等方面，开展了近 10 年的技术攻关，取得了一些研究成果：①从全系统角度建立了基于 MSTMM/势流理论的舵系统流固耦合动力学模型与快速仿真方法，揭示了超大型水下航行器舵系统异常振动噪声产生机制；②形成了复合材料艏、艉舵动力学优化设计方法，与中船 725 所合作，对全钢舵面和复合材料舵面进行了振动辐射噪声测试；③形成了“定量故障+优化动参+振动抑制”三位一体的深海超大型无人航行器舵驱动装置动力学性能优化新模式，提出了静音型直驱式电液混合舵驱动系统设计思路，与中船西南研究院合作，研制了新型集成式电液混合舵机，其振动噪声性能优异；④提出了基于 MSTMM 的风力机整机系统流固耦合动力学建模方法，形成了风力机柔塔涡激振动风洞实验测试方法；⑤建立了 MSTMM 和 Van der Pol 尾流振子模型相结合的流固耦合动力学模型，实现了复合材料立管的流固耦合动力学的快速仿真计算；⑥建立了垂直式和旋转式的非线性能量阱（NES）作用下的柱体结构涡激振动数值仿真系统，阐明了 NES 对柱体结构涡激振动的抑制机理。

1.5　多体系统流固耦合研究存在的问题及解决方法

多刚柔耦合系统的流固耦合问题主要可以分为多体系统线性流固耦合问题、结构非线性流固耦合问题、流体非线性流固耦合问题等。结构非线性主要包括材料非线性、几何非线性、间隙非线性等。流体非线性主要是流体绕过钝体结构引起的流动分离和旋涡产生等现象。本书以包含多体系统间隙非线性的水下航行器舵系统、包含流体非线性的海洋立管多体系统以及风力机多体系统作为研究对象，研究多体系统典型的流固耦合动力学问题。通常的高保真流固耦合数值模拟方法计算非常耗时，如果需要研究结构参数对多刚柔耦合系统流固耦合动力学响应的影响规律，将会产生非常庞大的计算量，无法满足工程需求。因此根据不同的流固耦合问题提出相应的工程实用的流固耦合快速建模和仿真方法非常必要。

大多数工程机械和系统结构在一定程度上都存在振动问题，它们的系统结构设计通常需要考虑其振动特性。为了提高多刚柔耦合系统的结构性能，更好地计算出多刚柔耦合结构系统的水弹性，就必须准确地计算出系统的固有频率和振型。在工程问题中，如果不能准确计算结构系统的振型和频率，就很难得到一个具有良好性能的结构系统，并且很难进行下一步的振动控制分析。芮筱亭教授及其团队建立的多体系统动力学新方法——多体系统传递矩阵法，先后实现了线性多体系统的固有振动特性和动力响应及非线性、时变、大运动、受控的一般多体系统动力学研究，无需系统总体动力学方程，程式化程度高，系统矩阵阶次低，可以实现复杂系统的快速建模与快速计算，为水下航行器舵系统和海洋立管多体系统以及风力机柔塔系统的振动特性和动力响应的快速计算提供了基础。

对于复杂多刚柔体的水下航行器舵系统，部分学者采用有限元法将舵系统的舵叶处理成柔性系统，将舵系统处理为单个柔性舵叶加一根扭簧的简化模型，计算出系统的振动模态，再结合势流理论或CFD理论，计算水翼系统的水弹性问题。前人很少从整个舵系统的角度出发，建立整个舵系统的动力学模型，考虑所有部件的影响。且采用有限元法对简化系统进行建模，依然存在单元数过多、矩阵阶次高、计算效率低且理论背景复杂、推导过程繁琐的问题。本书基于MSTMM推导了考虑轴向振动的弯扭耦合梁模型，对整个舵系统动力学进行快速建模和仿真。二维模型一般用于结构系统水弹性的原理性研究。前人对于舵系统的研究大多基于二元颤振模型，但几乎未提及如何将舵系统建立为二元颤振模型以及如何获取二元颤振模型的重要参数。另外，前人的研究中也很少涉及结构间隙非线性对水下航行器舵系统的影响。本书基于MSTMM提出二元颤振模型的建模思路以及采用MSTMM计算出二元颤振模型所需的舵系统纯弯、纯扭频率，建立舵系统的二元线性、非线性颤振模型，研究舵系统的结构参数和间隙非线性对舵系统的水弹性的影响规律。最后本书还提出了三维非线性多刚柔耦合系统流固耦合建模与仿真方法，研究了舵系统间隙非线性参数对系统流固耦合振动响应的影响规律。

本书所研究的柔性结构流固耦合动力学的另一类问题，即包含流体非线性的海洋立管多体系统或者风力机柔塔的流固耦合问题。海洋立管和风力机柔塔的流固耦合问题即具有强烈流体非线性的立管涡激振动问题。涡激振动是一种具有强烈流体非线性的流固耦合现象，对于涡激振动的数值计算和机理研究至今依然是海洋工程领域研究的热点和难点。对于海洋柔性柱体的涡激振动计算分析，前人大部分的研究仍然停留在经验性的描述上，其理论尚不成熟，大多使用半经验模型。基于CFD高保真计算又避免不了网格畸变，动网格出现负网格问题，计算量较大。本书基于CFD模型引入嵌套网格技术并进行CFD软件二次开发研究，建立二维弹性支撑柱体的涡激振动仿真系统，可以避免由于柱体运动幅度较大而产生的负网格问题，研究海洋柱体结构的涡激振动机理。同时，对比分析了采用Van der Pol尾流振子模型计算柱体涡激振动的计算误差和计算效率。由于海洋立管非常细长，采用有限元法对立管进行建模计算量大，如果改变立管长度、直径等结构参数每次都需重新进行建模、划分单元、定义复合材料铺层等工作，程式化程度低，且前人的研究中很少考虑立管的刚性接头等细节对涡激振动响应的影响。本书主要基于MSTMM和Van der Pol尾流振子模型建立海洋立管的流固耦合模型，可以实现快速计算不同立管长度、刚性接头个数、来流分布、顶张力大小等对海洋立管涡激振动的影响规律。同样地，针对风力机柔塔涡激振动问题，基于MSTMM建立风力机柔塔涡激振动快速仿真模型，研究了不同结构和流体参数对柔塔涡激振动的响应规律。

第 2 章

多体系统流固耦合问题的基本理论与方法

扫码获取配套资源

2.1 概述

流固耦合问题在很多技术领域得到了研究，例如涡轮机械设计、海岸海洋工程、高层建筑工程、流体管路输送以及生物医学工程等领域，而这些工程领域的共同特点就是流体和结构相互作用，不能单纯地只考虑流体对结构的作用，而忽略了结构变形对流场的影响。对流固耦合现象的研究有利于专家、学者、工程人员更好地了解流固耦合现象，避免工程上的流固耦合振动问题，甚至利用一些流固耦合振动现象来造福人类。

流固耦合力学是研究流体与结构相互作用的一门新兴学科，它是力学学科的一个分支。本书研究的主要是柔性结构的流固耦合动力学问题，即水弹性问题。为了了解气动弹性与其他学科之间的关系，Collar 利用图 2.1 的方式对气动弹性问题做了分类。类似地，水弹性也可以用图 2.1 的形式表达。图中有三种类型的力，即气/水动力、弹性力、惯性力。这三种力分别位于三个圆中，是气动/水弹性涉及的力的类型。这三种类型的力相互作用产生的力学问题可以从图 2.1 中直观地看到。如果三种力同时作用产生的便是动气动/水弹性问题，而仅仅气/水动力与弹性力相互作用产生的则是静气动/水弹性问题。

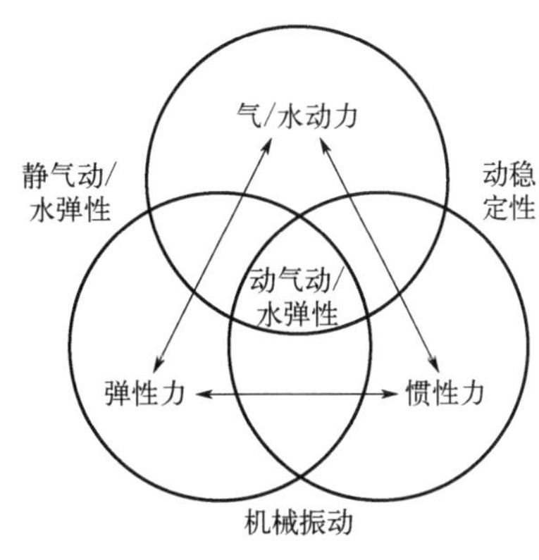

图 2.1 描述气动/水弹性的力三角形

流固耦合的数值求解方法在近三十年得到了较大的发展，并且依然是最热门的主题之一。本章主要针对本书所涉及的流固耦合计算的基本理论与研究方法进行论述。

2.2 多体系统动力学求解方法

2.2.1 多体系统传递矩阵法（MSTMM）基本理论

一个复杂的多刚柔体（多体）系统可以由刚体、弹性体、集中质量等体元件按照一定的铰接方式连接而成。“铰”是“体”与“体”之间的连接，包括球铰、滑移铰、柱铰、弹性铰、固结铰等。铰不计质量，其质量全部归入相邻的“体”中。这些元件在多刚柔体的连接点上传递力、力矩、位移、角度。在 MSTMM 中，将多体系统的某一边界点定义为传递末端，称为根，其他边界点称为梢，从梢往根的方向称为传递方向。沿着传递方向，进入元件的连接点称为输入点，用 I 表示。离开元件的连接点称为输出点，用 O 表示。在研究多体系统动力学时，采用相对描述方法建立多体系统各元件的运动学关系。基于 MSTMM 建立不同的拓扑结构，如链形、树形、闭环等。通常，一条传递路径上面有多个元件，两个元件之间的连接点是前一个元件的输出和后一个元件的输入。在线性多体系统传递矩阵法中，输入点和输出点的位移与坐标 x、y、z，角位移与转角 θ_x、θ_y、θ_z 的正向，均为惯性直角坐标系三个坐标轴的正向。如图 2.2（a）所示，输入点力矩 m_x、m_y、m_z 逆坐标轴正向为正，输入点力 q_x、q_y、q_z 沿坐标轴正向为正。如图 2.2（b）所示，输出点力矩 m_x、m_y、m_z 沿坐标轴正向为正，输出点力 q_x、q_y、q_z 逆坐标轴正向为正。

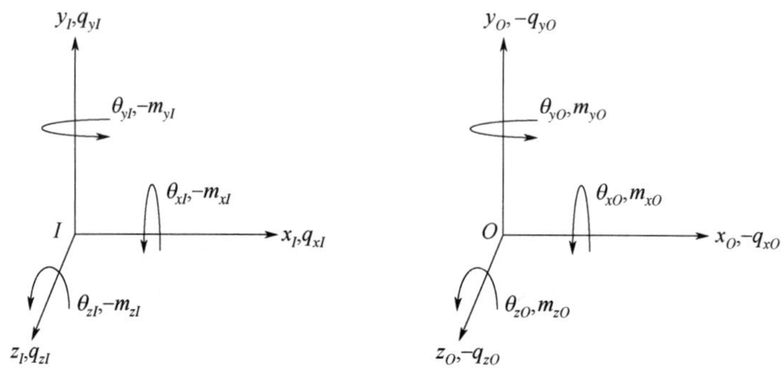

图 2.2　线位移、角位移、力、力矩的正向约定

在线性多体系统传递矩阵法中，用 $\boldsymbol{r}=[x,y,z]^{\mathrm{T}}$ 表示惯性坐标系下任一元件上某点相对于其平衡位置的线位移物理坐标列阵，用 $\boldsymbol{\theta}=[\theta_x,\theta_y,\theta_z]^{\mathrm{T}}$ 表示该点处相对于平衡位置的角位移物理坐标列阵，用 $\boldsymbol{m}=[m_x,m_y,m_z]^{\mathrm{T}}$ 表示该点处的内力矩（不包括阻尼力矩）物理坐标列阵，用 $\boldsymbol{q}=[q_x,q_y,q_z]^{\mathrm{T}}$ 表示该点处的内力（不包括阻尼力）物理坐标列阵。用 $\boldsymbol{R}=[X,Y,Z]^{\mathrm{T}}$ 表示线位移 $\boldsymbol{r}$ 对应的模态坐标列阵，用 $\boldsymbol{\Theta}=[\Theta_x,\Theta_y,\Theta_z]^{\mathrm{T}}$ 表示角位移 $\boldsymbol{\theta}$ 对应的模态坐标列阵，$\boldsymbol{M}=[M_x,M_y,M_z]^{\mathrm{T}}$ 表示内力矩 $\boldsymbol{m}$ 对应的模态坐标列阵，$\boldsymbol{Q}=[Q_x,Q_y,Q_z]^{\mathrm{T}}$ 表示内力 $\boldsymbol{q}$ 对应的模态坐标列阵。也就是说小写字母表示物理坐标，大写字母表示对应的模态坐标。在线性时不

变振动系统中，物理坐标可以用模态坐标表示为：

$$\boldsymbol{r}=\sum_{k=1}^{n}\boldsymbol{R}^{k}\boldsymbol{q}^{k}(t),\boldsymbol{\theta}=\sum_{k=1}^{n}\boldsymbol{\Theta}^{k}\boldsymbol{q}^{k}(t),\boldsymbol{m}=\sum_{k=1}^{n}\boldsymbol{M}^{k}\boldsymbol{q}^{k}(t),\boldsymbol{q}=\sum_{k=1}^{n}\boldsymbol{Q}^{k}\boldsymbol{q}^{k}(t) \tag{2.1}$$

式中，k 表示模态阶数；n 表示系统的自由度数；t 表示时间；$\boldsymbol{q}^{k}(t)$ 表示广义坐标。

用 $\boldsymbol{z}_{i,j}$ 代表物理坐标下连接点处的状态矢量（SV），对应的模态坐标下的状态矢量用 $\boldsymbol{Z}_{i,j}$ 表示：

$$\begin{aligned}\boldsymbol{z}_{i,j}&=[x,y,z,\theta_x,\theta_y,\theta_z,m_x,m_y,m_z,q_x,q_y,q_z]^{\mathrm{T}}\\ \boldsymbol{Z}_{i,j}&=[X,Y,Z,\Theta_x,\Theta_y,\Theta_z,M_x,M_y,M_z,Q_x,Q_y,Q_z]^{\mathrm{T}}\end{aligned} \tag{2.2}$$

讨论单个元件时，为叙述和书写方便、直观，用 $\boldsymbol{Z}_I(\boldsymbol{z}_I)$ 和 $\boldsymbol{Z}_O(\boldsymbol{z}_O)$ 分别表示元件输入端和输出端的状态矢量。状态矢量中的位移通常包括线位移和角位移，位置坐标包括位置和转角，力通常包括力和力矩。为书写简洁，在不引起混淆的情况下，一般不再专门说明。用 $\boldsymbol{U}_i$ 表示元件的传递矩阵，其中 i 表示元件的序号；用 $\mathbf{I}_n$ 表示 n 阶单位矩阵；用 $\mathbf{0}_{m\times n}$ 表示 m 行 n 列的零矩阵。线性多体系统传递矩阵法对任一线性多体系统均可“化整为零”，“分割”成若干个元件。为了方便地写出系统的总传递方程和总传递矩阵，以图 2.3 为例，链式系统有 j 个元件和 $j+1$ 个连接点。对于通常单入单出的元件的传递方程（TE）可以写为 $\boldsymbol{Z}_O=\boldsymbol{U}_j\boldsymbol{Z}_I$。一旦得到元件的传递矩阵，根据系统结构特性，拼装各元件的传递矩阵可得系统总传递方程和总传递矩阵：

$$\begin{aligned}\boldsymbol{Z}_O&=\boldsymbol{T}\,\boldsymbol{Z}_I\\ \boldsymbol{U}_{\mathrm{all}}\boldsymbol{Z}_{\mathrm{all}}&=\mathbf{0}\end{aligned} \tag{2.3}$$

其中，$\boldsymbol{T}=\prod_{k=0}^{j-1}\boldsymbol{U}_{j-k}$；$\boldsymbol{Z}_{\mathrm{all}}=\begin{bmatrix}\boldsymbol{Z}_I^{\mathrm{T}} & \boldsymbol{Z}_O^{\mathrm{T}}\end{bmatrix}$；$\boldsymbol{U}_{\mathrm{all}}=\begin{bmatrix}\boldsymbol{T} & -\mathbf{I}_{n_s}\end{bmatrix}$。这里的 $\boldsymbol{U}_{\mathrm{all}}$ 是系统的总传递矩阵；$\boldsymbol{Z}_{\mathrm{all}}$ 是系统边界点状态矢量；$\boldsymbol{T}$ 表示从系统根边界点到系统梢边界点的路径上所有元件传递矩阵的依序连乘积。

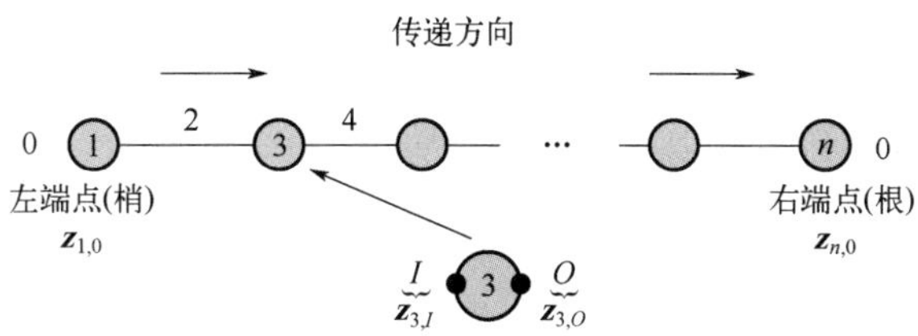

图 2.3　传递矩阵法中链式系统的拓扑图

将系统边界条件代入式，可得系统特征方程：

$$\bar{\boldsymbol{U}}_{\mathrm{all}}\bar{\boldsymbol{Z}}_{\mathrm{all}}=\mathbf{0} \tag{2.4}$$

其中，$\bar{\boldsymbol{Z}}_{\mathrm{all}}$ 为 $\boldsymbol{Z}_{\mathrm{all}}$ 去掉零元素后得到的列阵；$\bar{\boldsymbol{U}}_{\mathrm{all}}$ 为消去 $\boldsymbol{U}_{\mathrm{all}}$ 中与 $\boldsymbol{Z}_{\mathrm{all}}$ 中零元素对应的列得到的方阵。从上面的推导过程可见，无论 $\bar{\boldsymbol{U}}_{\mathrm{all}}$ 还是 $\boldsymbol{U}_{\mathrm{all}}$ 都只与系统的结构参数和固有频率 $\omega_k(k=1,2,\cdots)$ 有关，对于实际的线性振动系统，式（2.4）必有非零解，则系统的固有频率对应的矩阵 $\bar{\boldsymbol{U}}_{\mathrm{all}}$ 需满足下面的条件：

$$\det\left(\bar{\boldsymbol{U}}_{\mathrm{all}}\right)=0 \tag{2.5}$$

式（2.5）即为系统的特征方程，求解式（2.5）即可得系统的固有频率，求解式（2.4）可得到对应于固有频率 ω_k 的系统边界点状态矢量 $\bar{\boldsymbol{Z}}_{\mathrm{all}}$ 和 $\boldsymbol{Z}_{\mathrm{all}}$，进而通过元件传递方程得到对应于固有频率 ω_k 的系统全部连接点的状态矢量，即为系统的振型。以上为 MSTMM 中的基本符号约定和最简单的链式系统的振动特性求解方法。

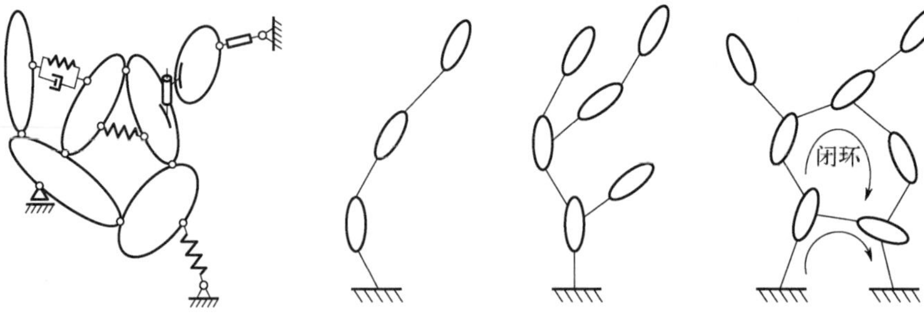

(a) 一般多体系统　(b) 链式　(c) 树形　(d) 闭环

图 2.4　多体系统传递矩阵法中一般多体系统和基本拓扑图形式

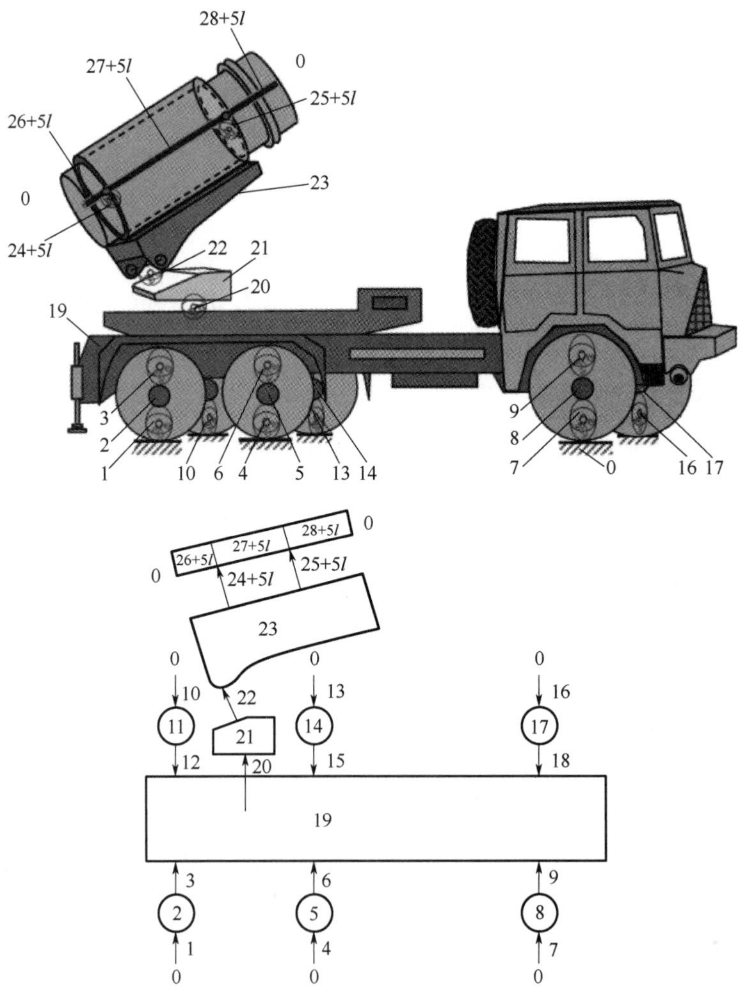

(a) 多管火箭模型及其拓扑图

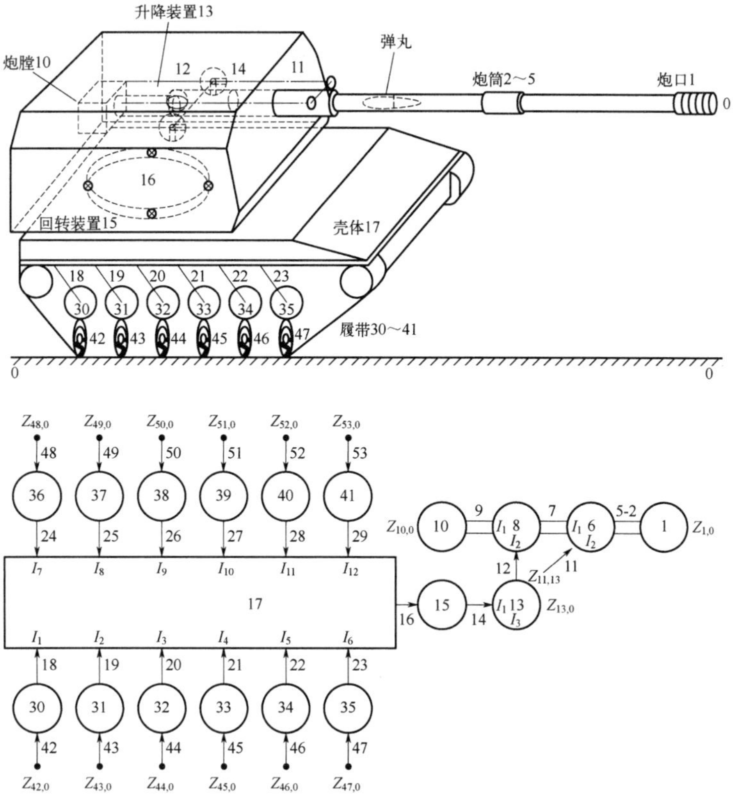

(b) 自行火炮模型及其拓扑图

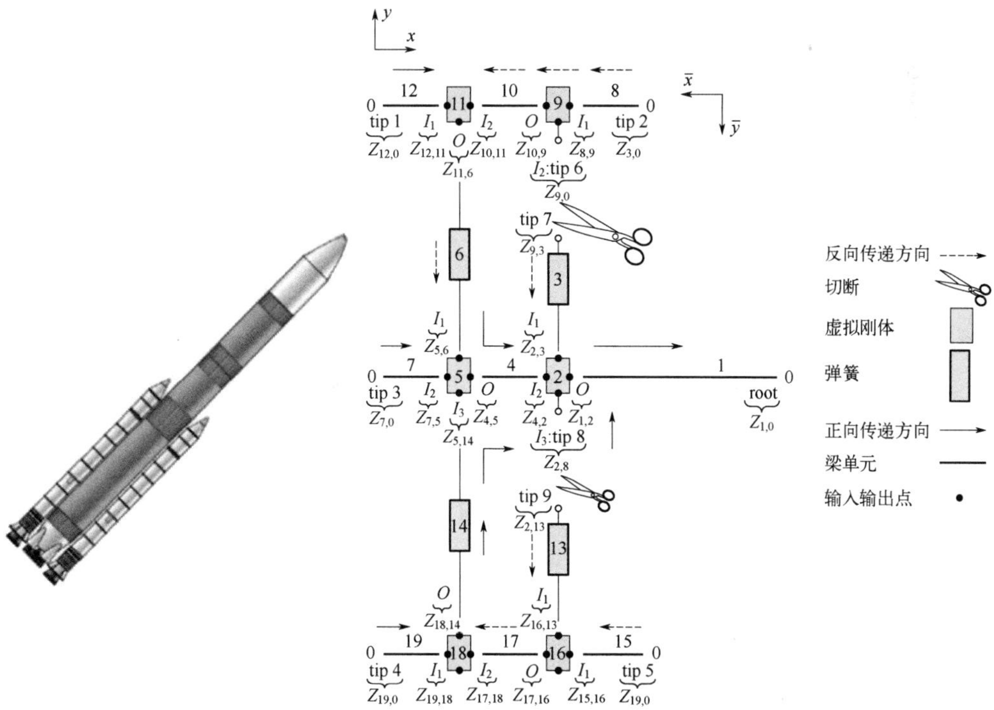

(c) 运载火箭模型及其拓扑图

图 2.5 MSTMM 及其拓扑方法在工程领域的应用[97,98,155]

多体系统传递矩阵法（MSTMM）中常见的拓扑图如图 2.4 所示，一般多体系统由链式系统、树形系统、闭环系统组成。在 MSTMM 的思想中，处理复杂多体系统动力学问题的宗旨是把复杂多体系统分解成许多可用矩阵形式表达的力学特征元件。把每个元件的传递矩阵视为一个“建筑砌块”，将这些“建筑砌块”按系统动力学模型拓扑图及系统总传递方程自动推导定理进行拼装，就可得整个多体系统的动力学特征[98,150-154]。多体系统传递矩阵法及其拓扑方法可以大大简化求解过程，在近些年已经成功地应用于多项国家重大项目及许多工程设计和基础理论研究中，如应用于图 2.5 所示的多管火箭发射系统、自行火炮系统、多级运载火箭等[97,98,155]。

在 MSTMM 中，用 $\boldsymbol{V}$ 表示系统的增广特征矢量，第 k 阶模态对应的增广特征矢量用 $\boldsymbol{V}^k$ 表示，对应的物理坐标列阵用 $\boldsymbol{v}$ 表示，$\boldsymbol{v}$ 对时间 t 的 1 阶导数用 $\boldsymbol{v}_t$ 表示，$\boldsymbol{v}$ 对时间 t 的 2 阶导数用 $\boldsymbol{v}_{tt}$ 表示。

无阻尼多刚柔体系统的体动力学方程为：

$$\boldsymbol{M}\boldsymbol{v}_{tt} + \boldsymbol{K}\boldsymbol{v} = \boldsymbol{f} \tag{2.6}$$

式中，$\boldsymbol{f}$ 为外力；$\boldsymbol{M}$、$\boldsymbol{K}$ 分别为质量和刚度矩阵。用增广特征矢量用 $\boldsymbol{V}^k$ 将动力响应物理坐标展开成

$$\boldsymbol{v} = \sum_{k=1}^{n} \boldsymbol{V}^k q^k(t) \tag{2.7}$$

将式（2.7）代入式（2.6），得到：

$$\sum_{k=1}^{n} \boldsymbol{M}\boldsymbol{V}^k \ddot{q}^k(t) + \sum_{k=1}^{n} \boldsymbol{K}\boldsymbol{V}^k q^k(t) = \boldsymbol{f} \tag{2.8}$$

用增广特征矢量用 $\boldsymbol{V}^p$ ($p=1,2,\cdots,n$)对上式两边取内积，并利用增广特征矢量的正交性[156]：

$$\left\langle \boldsymbol{M}\boldsymbol{V}^k, \boldsymbol{V}^p \right\rangle = \delta_{k,p} M_p, \left\langle \boldsymbol{K}\boldsymbol{V}^k, \boldsymbol{V}^p \right\rangle = \delta_{k,p} K_p \tag{2.9}$$

得

$$\ddot{q}^p(t) + \omega_p^2 q^p(t) = \frac{\left\langle \boldsymbol{f}, \boldsymbol{V}^p \right\rangle}{M_p} \quad (p=1,2,\cdots,n) \tag{2.10}$$

假设该多刚柔体系统的初始条件为

$$\boldsymbol{v}(t)\big|_{t=0} = \boldsymbol{v}_0, \quad \boldsymbol{v}_t(t)\big|_{t=0} = \dot{\boldsymbol{v}} \tag{2.11}$$

系统的固有频率 $\omega_p(p=1,2,\cdots,n)$ 及其对应的增广特征矢量 $\boldsymbol{V}^p$ 可由式（2.5）求出。通过求解式（2.9）～式（2.11）可以计算出系统的动力响应。

2.2.2 有限元法（FEM）基本理论

有限元法（FEM）是一种有效解决数学物理问题的数值计算近似方法，主要用来解决结构中力与位移的关系，FEM 最先应用于航空工程结构力学分析。

FEM 基本求解思想是基于变分原理和加权余量法，把连续系统分割成有限个互不重叠的单元，在每个单元内，选择一些合适的节点作为求解函数的插值点，将微分方程中的变量改写成由各变量或其导数的节点值与所选用的插值函数组成的线性表达式，从而达到对微分方

程进行离散求解的目的[157,158]。FEM 最早应用于结构力学，后来随着计算机技术的高速发展，FEM 迅速扩展到流体力学、传热学、电磁学、声学等其他领域。图 2.6 为有限元法（FEM）形成的历程[157]。

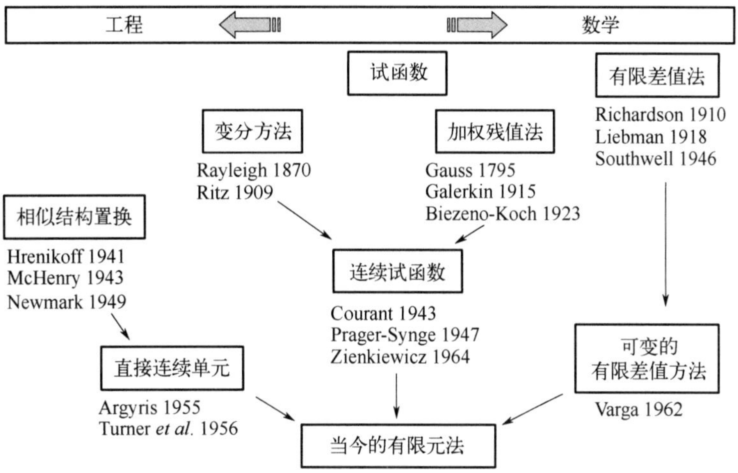

图 2.6　有限元法的形成[157]

有限元法基于“离散逼近”的基本策略，可以采用较多数量的简单函数的组合来“近似”代替非常复杂的原函数。有两种典型的函数逼近思想：

① 经典瑞利-里兹（Rayleigh-Ritz）思想：基于全域的展开（如采用傅里叶级数展开），如图 2.7（a）所示。

② 有限元法的思想：基于子域的分段函数组合（如采用分段线性函数的连接），如图 2.7（b）所示。该思想就是现代力学分析中的有限元法的思想，其中的分段就是“单元”的概念。

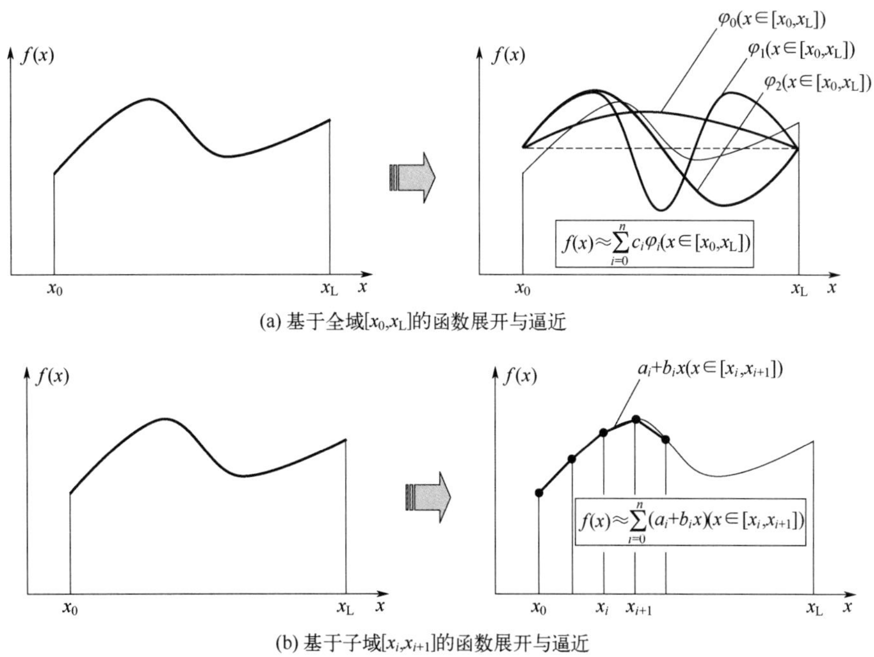

图 2.7　函数的展开与逼近方法[157]

有限元法的基本思想是用离散单元的集合体代替原来的连续体。随着计算机技术的飞速发展，目前已经出现了大量的基于有限元方法原理的优秀软件，如 ANSYS、NASTRAN、ABAQUS、ADINA 等，并在工程实践中发挥了重要作用[159,160]。

有限元分析的最大特点就是标准化和规范化，单元是实现有限元分析标准化和规范化的载体。这些单元就类似于建筑施工中一些标准的预制构件（如梁、楼板等），可以按设计要求搭建出各种各样的复杂结构，如图 2.8 所示。ANSYS 软件中常用的一些单元如图 2.9 所示[159,160]。

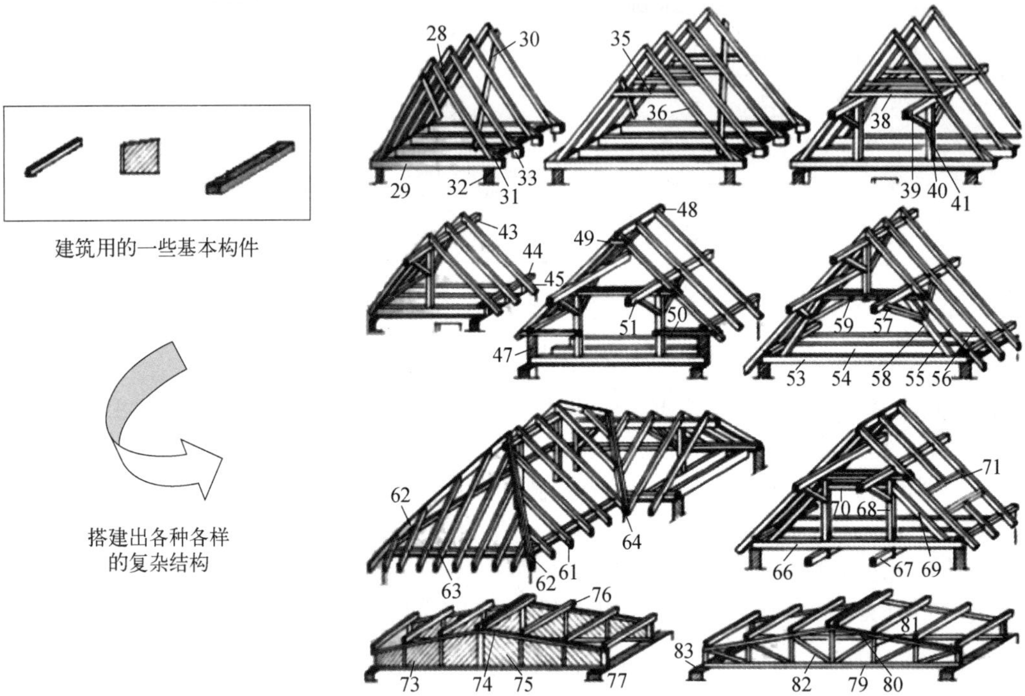

图 2.8 在建筑中采用一些基本构件可以搭建出各种各样的复杂结构[158]

有限元法求解问题主要分为以下几步：

① 将连续体离散成单元组合体，即划分网格；

② 利用弹性力学的平衡方程、几何方程、物理方程和虚功原理得到单元节点力和节点位移之间的力学关系，即建立单元刚度矩阵；

③ 建立整个结构的所有节点载荷与节点位移之间的关系（整体结构平衡方程），即建立结构的总体刚度矩阵；

④ 边界条件，即排除结构发生整体刚性位移的可能性；

⑤ 求解线性方程组，即方程组有唯一解，即得到结构中各节点的位移，单元内部位移通过插值得到。

基于 FEM 的模态计算方法如下：

对于具有 n 个自由度的系统，其结构动力方程为：

$$\boldsymbol{M}\ddot{\boldsymbol{x}}+\boldsymbol{C}\dot{\boldsymbol{x}}+\boldsymbol{K}\boldsymbol{x}=\boldsymbol{F} \tag{2.12}$$

式中，$\boldsymbol{M}$ 为质量矩阵；$\boldsymbol{C}$ 为阻尼矩阵；$\boldsymbol{K}$ 为刚度矩阵；$\boldsymbol{x}$、$\dot{\boldsymbol{x}}$、$\ddot{\boldsymbol{x}}$ 为节点的位移、速度、加速度矢量；$\boldsymbol{F}$ 为作用在海洋柔体结构表面的流体力，可以由 CFD 势流理论模型、半经验

模型计算得到。

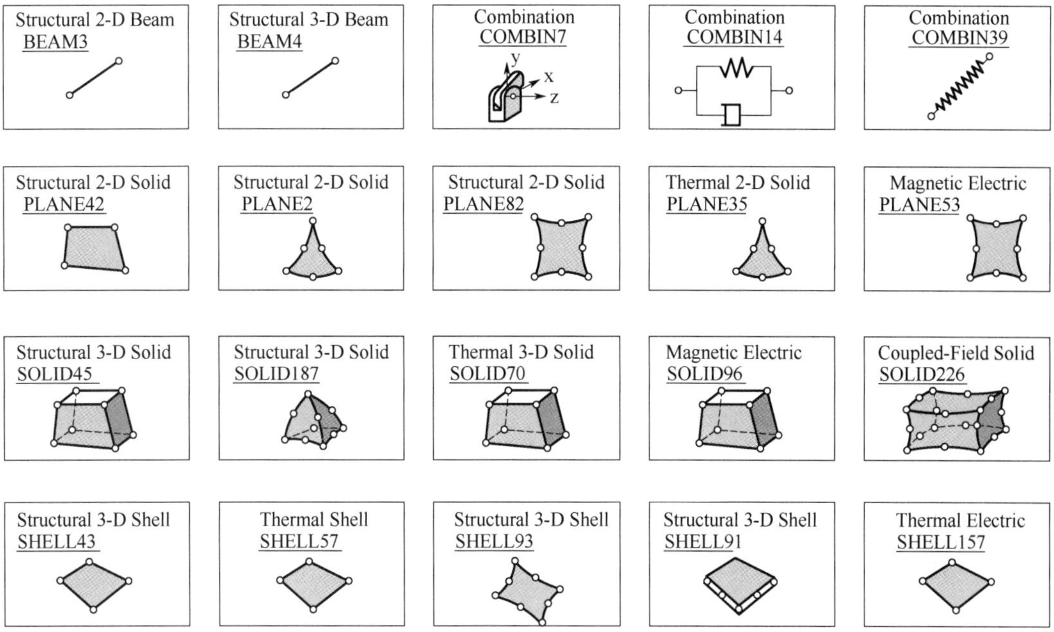

图 2.9　常用的一些典型单元（ANSYS 软件）[159,160]

当不计阻尼作用，系统做自由振动，即阻尼和流体力为 0 时，方程改写为

$$\boldsymbol{M}\ddot{\boldsymbol{x}}+\boldsymbol{K}\boldsymbol{x}=\boldsymbol{0} \tag{2.13}$$

在系统自由振动时，假设所有的质点都做简谐运动，则方程解的形式如下

$$\boldsymbol{x}_i=\boldsymbol{A}^{(i)}\sin(\omega_{ni}t+\varphi_i) \tag{2.14}$$

式中，ω_{ni}、φ_i 分别为第 i 阶振型对应的固有频率和相位角；$\boldsymbol{x}_i$ 为第 i 阶振型的诸位移的列阵；$\boldsymbol{A}^{(i)}$ 为第 i 阶振型中的位移最大值或振幅向量。

将式（2.14）代入式（2.13），得到

$$(\boldsymbol{K}-\omega_{ni}^2\boldsymbol{M})\boldsymbol{A}^{(i)}=\boldsymbol{0} \tag{2.15}$$

令

$$\boldsymbol{K}-\omega_{ni}^2\boldsymbol{M}=\boldsymbol{H}^{(i)} \tag{2.16}$$

$\boldsymbol{H}^{(i)}$称作特征矩阵。

对于振动系统，式（2.15）中振幅 $\boldsymbol{A}^{(i)}$ 必有非零解，则必有

$$\left|\boldsymbol{K}-\omega_{ni}^2\boldsymbol{M}\right|=0 \tag{2.17}$$

由上式可得出不同的 ω_{ni}^2，共有 n 个根，此根即为特征值，开方后即得固有频率 ω_{ni} 的值，系统有多少个自由度，便存在多少个对应的固有频率，而其对应的特征向量 $\boldsymbol{A}^{(i)}$ 便为该固有频率对应的振型。如果质量矩阵 $\boldsymbol{M}$ 是正定的，且刚度矩阵 $\boldsymbol{K}$ 是正定或者半正定的，则式（2.17）的特征值 ω_{ni}^2 全部为正数，特殊情况下会存在重根或者零根，将 n 个固有频率由小到大排列：

$$0\leqslant\omega_{n1}\leqslant\omega_{n2}\leqslant\cdots\leqslant\omega_{nn} \tag{2.18}$$

本书 FEM 建模的部分主要采用 SHELL181 壳单元、SOLID186 实体单元、SOLID187 实

体单元进行建模，其中 SHELL181 还可以用于复合材料铺层建模，壳单元节点为 6-DoF，实体单元节点为 3-DoF。求解结构的动力学响应可以采用模态叠加法或者直接积分法。对于本书所需解决的海洋工程瞬态动力学问题，运动方程保持为时间的函数，并且可以通过显式或隐式的方法求解。本书有限元计算部分主要基于商业软件 ANSYS 完成。

2.3 流体载荷求解方法

2.3.1 Theodorsen 非定常流体理论

对于经典线性颤振计算方法，其气动力模型基于平板气动力理论建立，而其中 Theodorsen 理论就是一种常用的方法，适用于不可压缩气体，也可以用于水动力计算。其计算方法简单，计算效率高，在颤振初步设计阶段有非常好的适用性，主要用在二元机翼、水翼和大展弦比机翼的线性、非线性颤振计算中。图 2.10 所示是一个单位展长的二元水翼。水翼的半径长为 b，刚心（弹性轴位置）E 距离翼弦中点为 ab， a 为翼弦中点到刚心的距离占半弦长的百分比，刚心在翼弦中点后时 $a>0$，刚心在翼弦中点前时 $a<0$。水翼的运动由刚心的沉浮位移 h 和水翼绕刚心的俯仰角 α（迎风抬头为正）来描述。Theodorsen 理论的推导极其复杂，这里直接给出频域上 Theodorsen 非定常流体理论的表达式，即在不可压缩流中的二元水翼，当它以角频率 ω 做简谐运动和俯仰运动时，水翼单位展长的升力 L（向上为正）和对刚心的俯仰力矩 T_α（迎风抬头为正）分别为[161]：

$$L=\pi\rho b^2\left(\ddot{h}+V\dot{\alpha}-ba\ddot{\alpha}\right)+2\pi\rho VbC(k)\left[V\alpha+\dot{h}+b\left(\frac{1}{2}-a\right)\dot{\alpha}\right] \tag{2.19a}$$

$$\begin{aligned}T_\alpha=&\pi\rho b^2\left[ba\ddot{h}-Vb\left(\frac{1}{2}-a\right)\dot{\alpha}-b^2\left(\frac{1}{8}+a^2\right)\ddot{\alpha}\right]\\&+2\pi\rho Vb^2\left(a+\frac{1}{2}\right)C(k)\left[V\alpha+\dot{h}+b\left(\frac{1}{2}-a\right)\dot{\alpha}\right]\end{aligned} \tag{2.19b}$$

式中，V 为来流速度；ρ 为不可压缩流体的密度；$C(k)$ 为 Theodorsen 函数，其值与折合频率 $k=\dfrac{\omega b}{V}$ 有关。$C(k)$ 函数的具体表达式见文献[161]。

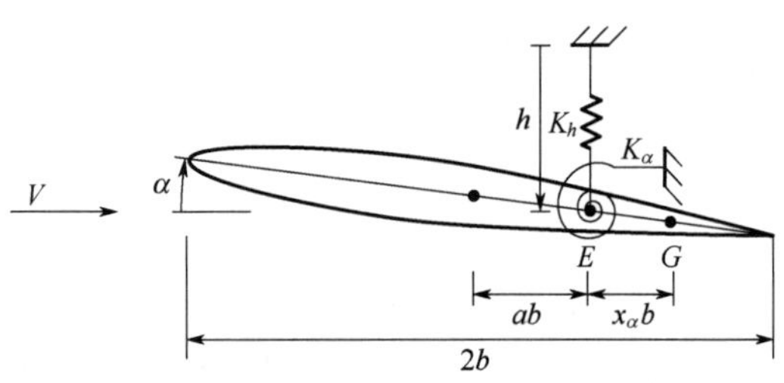

图 2.10 Theodorsen 理论计算非定常气动力

任意运动时域水动力的计算对结构非线性水弹性系统的响应计算都具有重要意义。首先从做简谐沉浮和俯仰运动的二元水翼所受的水动力出发，来建立二元水翼任意运动水动力的表达式。

在处理不可压缩流中水翼做任意运动时所受的非定常水动力时，式（2.19）中的环量部分和非环量部分是可以分开来处理的。式（2.19）中与 $C(k)$ 无关的部分属于非环量部分，代表的是惯性效应，对于非环量部分中的 $\dot{\alpha}$ 项，它虽然是产生环量的基础，但与 k 无关。式（2.19）中与 $C(k)$ 相关的部分属于环量部分。所以，当水翼做任意沉浮和俯仰运动时，非环量部分的表达式是保持不变的，但对于包含 $C(k)$ 的环量部分则需要进一步处理。

Theodorsen 理论表达式［式（2.19）］中，有环量升力是作用在 1/4 弦点，并且对非定常水动力的环量部分起决定作用的只是 3/4 弦长处的下洗：

$$W_{3/4}(t)=-\left[V\alpha+\dot{h}+b\left(\frac{1}{2}-a\right)\dot{\alpha}\right]=-Q_{3/4}(t) \tag{2.20}$$

将 $W_{3/4}(t)$ 看作 $f(\omega)$ 的 Fourier（傅里叶）逆变换：

$$W_{3/4}(t)=-\frac{1}{2\pi}\int_{-\infty}^{\infty}f(\omega)\,\mathrm{e}^{\mathrm{i}\omega t}\mathrm{d}\omega \tag{2.21}$$

而 $f(\omega)$ 是 $W_{3/4}(t)$ 的 Fourier 正变换：

$$f(\omega)=\int_{-\infty}^{\infty}W_{3/4}(t)\,\mathrm{e}^{-\mathrm{i}\omega t}\mathrm{d}t \tag{2.22}$$

设由单位幅值的谐和下洗诱导产生的单位翼展有环量升力幅值为 ΔL_{c}，则 ΔL_{c} 可表示为：

$$\Delta L_{\mathrm{c}}=-2\pi\rho VbC(k) \tag{2.23}$$

于是，由 $W_{3/4}(t)$ 诱导的总的升力由 Fourier 逆变换给出：

$$\begin{aligned}L_{\mathrm{c}}&=\frac{1}{2\pi}\int_{-\infty}^{\infty}f(\omega)\Delta L_{\mathrm{c}}\mathrm{e}^{\mathrm{i}\omega t}\mathrm{d}\omega\\&=-\rho Vb\int_{-\infty}^{\infty}C(k)f(\omega)\,\mathrm{e}^{\mathrm{i}\omega t}\mathrm{d}\omega\end{aligned} \tag{2.24}$$

这样，升力和力矩就可表示为：

$$L=\pi\rho b^2\left(\ddot{h}+V\dot{\alpha}+ba\ddot{\alpha}\right)-\rho Vb\int_{-\infty}^{\infty}C(k)f(\omega)\mathrm{e}^{\mathrm{i}\omega t}\mathrm{d}\omega \tag{2.25a}$$

$$\begin{aligned}T_{\alpha}=&\pi\rho b^2\left[ba\ddot{h}-Vb\left(\frac{1}{2}-a\right)\dot{\alpha}-b^2\left(\frac{1}{8}+a^2\right)\ddot{\alpha}\right]\\&-\rho Vb^2\left(a+\frac{1}{2}\right)\int_{-\infty}^{\infty}C(k)f(\omega)\mathrm{e}^{\mathrm{i}\omega t}\mathrm{d}\omega\end{aligned} \tag{2.25b}$$

Wagner（瓦格纳）问题考虑的是水翼攻角做阶跃变化情形。设攻角阶跃变化的幅值为 α_0，则有：

$$\alpha=\begin{cases}0, & t<0\\ \alpha_0, & t\geqslant 0\end{cases}\quad h=0 \tag{2.26}$$

因此，当 $t\geqslant 0$ 时，有 $\dot{h}=\dot{\alpha}=0$，根据式（2.21）可知此时在翼型 3/4 弦点的下洗可写为：

$$W_{3/4}=\begin{cases}0, & t<0\\ -V\alpha_0, & t\geqslant 0\end{cases} \tag{2.27}$$

上式中的下洗 $W_{3/4}$ 的 Fourier 变换为：

$$\int_{-\infty}^{\infty} W_{3/4}(t)\mathrm{e}^{-\mathrm{i}\omega t}\mathrm{d}t = -V\alpha_0\frac{1}{\mathrm{i}\omega},\ \omega \neq 0 \tag{2.28}$$

所以，下洗$W_{3/4}$是$-V\alpha_0/(\mathrm{i}\omega)$的 Fourier 逆变换，写为：

$$W_{3/4} = \frac{-V\alpha_0}{2\pi}\int_{-\infty}^{\infty}\frac{1}{\mathrm{i}\omega}\mathrm{e}^{-\mathrm{i}\omega t}\mathrm{d}\omega,\ \omega \neq 0 \tag{2.29}$$

根据式（2.28）和式（2.29），得到水翼攻角做幅值为α_0的阶跃变化时产生的单位展长上有环量升力为：

$$\begin{aligned}L_{\mathrm{cstep}} &= \frac{-V\alpha_0}{2\pi}\int_{-\infty}^{\infty}\frac{1}{\mathrm{i}\omega}\Delta L_{\mathrm{c}}\mathrm{e}^{\mathrm{i}\omega t}\mathrm{d}\omega \\ &= \rho V^2 b\alpha_0\int_{-\infty}^{\infty}\frac{C(k)}{\mathrm{i}\omega}\mathrm{e}^{\mathrm{i}\omega t}\mathrm{d}\omega \\ &= \rho V^2 b\alpha_0\int_{-\infty}^{\infty}\frac{C(k)}{\mathrm{i}k}\mathrm{e}^{\mathrm{i}k\hat{\tau}}\mathrm{d}k\end{aligned} \tag{2.30}$$

式中，$\hat{\tau} = \dfrac{Vt}{b}$为无量纲时间。通常将式（2.30）用 Wagner 函数$\phi_\omega(\hat{\tau})$来表示，即：

$$L_{\mathrm{cstep}} = 2\pi\rho V^2 b\alpha_0\phi_\omega(\hat{\tau}) \tag{2.31}$$

式中

$$\phi_\omega(\hat{\tau}) = \frac{1}{2\pi}\int_{-\infty}^{\infty}\frac{C(k)}{\mathrm{i}k}\mathrm{e}^{\mathrm{i}k\hat{\tau}}\mathrm{d}k \tag{2.32}$$

为考察$\phi_\omega(\hat{\tau})$的物理意义，将式（2.31）改写为：

$$\frac{L_{\mathrm{norm}}}{V\alpha_0} = \phi_\omega(\hat{\tau}) \tag{2.33}$$

式中，$L_{\mathrm{norm}} = L_{\mathrm{cstep}}/(2\pi\rho Vb)$，表示正则化有环量升力。由上式可清楚看出$\phi_\omega$的物理意义是：水翼 3/4 弦点处的单位阶跃下洗所诱导的正则化有环量升力。

直接计算式（2.33）给出的 Wagner 函数是比较困难的。经推导，式（2.33）还可表示为如下形式：

$$\phi_\omega(\hat{\tau}) = \frac{2}{\pi}\int_0^{\infty}\frac{F(k)}{k}\sin(k\hat{\tau})\mathrm{d}k = 1 + \frac{2}{\pi}\int_0^{\infty}\frac{G(k)}{k}\cos(k\hat{\tau})\mathrm{d}k \tag{2.34}$$

式中，$F(k)$、$G(k)$分别是 Theodorsen 函数$C(k)$的实部和虚部。

可根据式（2.34）得到 Wagner 函数的近似表达式：

$$\phi_\omega(\hat{\tau}) = 1 - A_1\mathrm{e}^{-b_1\hat{\tau}} - A_2\mathrm{e}^{-b_2\hat{\tau}} \tag{2.35}$$

式中，$A_1 = 0.165$；$A_2 = 0.335$；$b_1 = 0.0455$；$b_2 = 0.3$。这个近似表达式的精度在 1%以内。Wagner 函数的另一种近似形式为：

$$\phi_\omega(\hat{\tau}) = \frac{\hat{\tau}+2}{\hat{\tau}+4} \tag{2.36}$$

式（2.36）可进行简单的 Laplace（拉普拉斯）变换，因此实际应用中多采用式（2.36）给出的 Wagner 函数形式。

如果现在已知水翼 3/4 弦点处单位阶跃下洗与诱导的正则化有环量升力（即 Wagner 函

数），则根据叠加原理就可把任意时间函数的下洗 $W_{3/4}(t)$ 诱导产生的非定常水动升力表示为 Duhamel（杜阿梅尔）积分的形式。水翼任意运动所受升力与力矩表达式为[142]：

$$L = \pi\rho b^2\left(\ddot{h} + V\dot{\alpha} - ba\ddot{\alpha}\right) + 2\pi\rho Vb\left[Q_{3/4}(0)\phi_\omega(\hat{\tau}) + \int_0^{\hat{\tau}} \frac{\mathrm{d}Q_{3/4}(\sigma)}{\mathrm{d}\sigma}\phi_\omega(\hat{\tau}-\sigma)\mathrm{d}\sigma\right] \tag{2.37a}$$

$$T_\alpha = \pi\rho b^2\left[ba\ddot{h} - Vb\left(\frac{1}{2}-a\right)\dot{\alpha} - b^2\left(\frac{1}{8}+a^2\right)\ddot{\alpha}\right] + 2\pi\rho Vb^2\left(a+\frac{1}{2}\right)\left[Q_{3/4}(0)\phi_\omega(\hat{\tau}) + \int_0^{\hat{\tau}} \frac{\mathrm{d}Q_{3/4}(\sigma)}{\mathrm{d}\sigma}\phi_\omega(\hat{\tau}-\sigma)\mathrm{d}\sigma\right] \tag{2.37b}$$

2.3.2 Van der Pol 尾流振子模型

当流体流过圆柱体边缘时，流动压力上升，速度减小，边界层发生分离，在柱体的后面会产生旋涡，这种旋涡的出现具有周期性，而且在一定的条件下会形成流体与结构之间的耦合作用。旋涡泄放会产生垂直于来流方向的周期性变化的升力 F_L，进而引起立管发生横向涡激振动（cross-flow vibration）；同样，旋涡泄放还会引起柱体顺流向拖曳力 F_D 周期性变化，引起柱体发生顺流向涡激振动（in-line vibration）。每一个单一旋涡的产生和泄放构成 F_D 的一个周期。一般 F_D 的周期为 F_L 的一半，但 F_D 比 F_L 小很多，甚至小一个数量级，因此，拖曳力产生的顺流向结构响应要比脉动升力产生的结构响应小很多。工程上往往直接只计算横向涡激振动响应，忽略顺流向涡激振动响应。

如图 2.11 所示，流体绕过柱体产生的旋涡的形态和雷诺数（Re）有关，Re 是黏性力和惯性力之比：

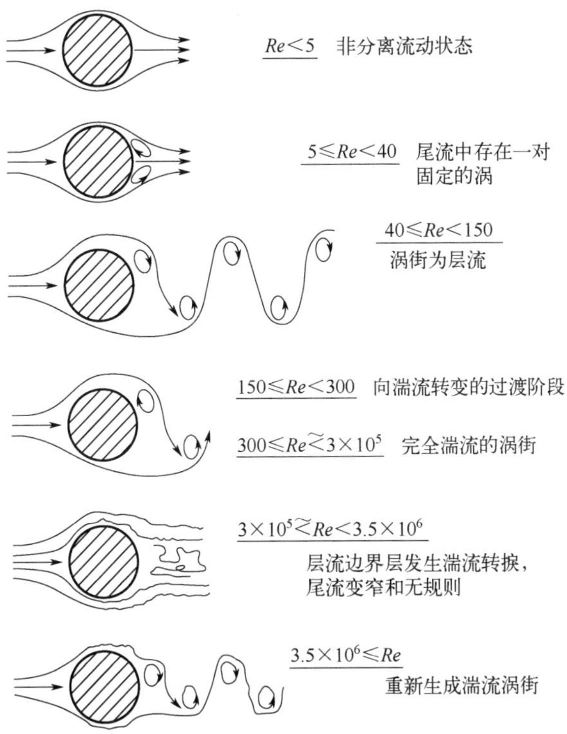

图 2.11　旋涡脱落与 Re 的关系[162]

$$Re = \frac{\rho UD}{\mu} \tag{2.38}$$

式中，ρ 是流体密度；U 是来流速度；D 是特征长度，一般是柱体结构的外径；μ 是动力黏性系数。

当 Re 小于 5 时，流体为理想绕流形式，无分离现象发生。当 $5 \leqslant Re < 40$ 时，由于圆柱体后端的压力梯度不断增大，使流体边界层发生分离，并在柱体后端形成一对稳定的小旋涡。当 $40 \leqslant Re < 150$ 时，旋涡逐渐拉长并交替脱离柱体表面，柱体后面产生周期性交替的层流旋涡。当 $150 \leqslant Re < 300$ 时，尾流逐渐由层流开始向湍流形式过渡。当 $300 \leqslant Re \lessapprox 3\times10^5$ 时，柱体表面边界层也逐渐向湍流状态过渡，周期性交替泄放湍流旋涡，该段区域称为亚临界范围（区域）。当 $3\times10^5 \lessapprox Re < 3\times10^6$ 时，柱体尾流变化进入过渡状态，旋涡泄放没有明确频率，此时柱体曳力会急剧下降。当 $Re \geqslant 3.5\times10^6$ 时，即达到超临界状态，涡街再次建立起来[162]。在亚临界范围内，旋涡以一个相当明确的频率周期性地脱落，本书的 Re 研究范围主要是亚临界范围。

描述圆柱绕流现象的一个重要参数是施特鲁哈尔数（St），St 代表流体的非定常性质。St 与旋涡脱落的频率 Ω_f 的关系式为：

$$St = \frac{\Omega_f D}{U} \tag{2.39}$$

式中，Ω_f 为旋涡脱落的频率，通过对升力系数时间响应做快速傅里叶变换（FFT）得到，因此又叫升力频率；D 为柱体的外径；U 为来流速度。国外大量实验研究得到 St 与 Re 的关系图，如图 2.12 所示，在亚临界范围，$St \approx 0.2 \sim 0.23$ [163]。

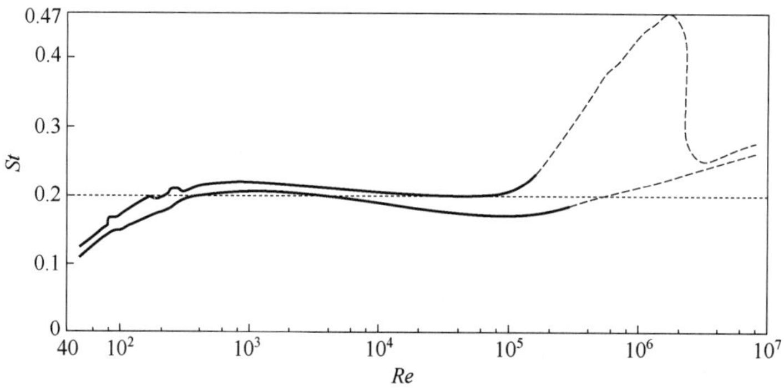

图 2.12　St 与 Re 关系图[163]

涡激振动研究中经常用到的约化速度 U_r 的定义式：

$$U_r = \frac{U}{f_n D} \tag{2.40}$$

式中，f_n 一般指的是柱体的湿模态固有频率。

在涡激振动研究领域，经常涉及频率“锁定”这个概念。频率“锁定”现象是涡激振动的主要特点之一，“锁定”现象即结构的振动频率与旋涡脱落频率一起锁定在结构固有频率 f_n 附近，造成流体与结构之间的非线性流固耦合作用。这是造成柱体结构疲劳损坏的主要因素。当频率“锁定”发生时，图 2.12 的关系便不再成立，而是在一个较大的流速范围内锁定在结构的自然频率 f_n 附近。涡激振动机理研究一般采用 CFD 方法，但是计算量较大。寻找一种适合工程上快速计算分析的方法十分重要。

工程上，尾流振子模型是用以描述流体与结构耦合作用的一种常用的半经验方法，模型中的系数主要依赖于模型实验和经验。尾流振子是一个抽象的概念，它对应着旋涡交替脱落的尾迹特征，可以用一个隐含流场变量来表示，并对应结构的升力变化[164]。该模型的原理是用一个非线性振荡器来代替相应流体力，通过简单的数学方法模拟流体与结构之间复杂的相互关系。在这一过程中，不考虑流场的详细变化，只用于结构振动稳定后的计算。采用该方法可以快速地解决工程中涡激振动的难题，该方法也被称为唯象模型（phenomenological model）[162]。随着尾流振子模型的不断改进及发展，目前其已广泛应用于解决二维、三维问题。但尾流振子模型只在模拟振幅较大的动力响应时可取得较好的效果，且该模型只能得到数据曲线图，无法像 CFD 一样分析流场，具有一定的局限性。

工程上用于涡激振动分析的尾流振子模型有很多种，如 Van der Pol 尾流振子模型、Iwan 尾流振子模型、Blevins 尾流振子模型等[32,45,165]。本书主要采用的是 Van der Pol 尾流振子模型。根据 Van der Pol 尾流振子模型，某柱体结构的外部激励可以写为：

$$f(x,t)=f_{\mathrm{D}}(x,t)+f_{\mathrm{L}}(x,t) \tag{2.41}$$

外部激励由旋涡泄放产生的涡激升力 f_{L} 和柱体结构横向振动产生的流体拖曳力 f_{D} 组成（Morison公式中的阻尼力项）。实际上柱体结构外部激励还包括由于振动产生的附加惯性力（Morison 公式中的惯性力项），这一部分力一般合并到结构动力学方程中去，一般不单独列在外部激励项中。因此，$f(x, t)$中不再包含惯性力项。

式（2.41）中，$f_{\mathrm{D}}(x, t)$和$f_{\mathrm{L}}(x, t)$分别为：

$$f_{\mathrm{D}}(x,t)=-\frac{1}{2}C_{\mathrm{D}}\rho DU\frac{\partial y(x,t)}{\partial t},f_{\mathrm{L}}(x,t)=-\frac{1}{4}C_{\mathrm{L}_0}\rho DU^2q_{\mathrm{v}}(x,t) \tag{2.42}$$

式中，ρ 是流体密度；D 是柱体结构外径；C_{L_0} 是刚性固定柱体的升力系数；U 是流速，可以是均匀来流，也可以是剪切流；C_{D} 是曳力系数。

考虑柔性立管与流体之间的流固耦合影响，基于如下方程描述旋涡的尾流特性：

$$\ddot{q}_{\mathrm{v}}+\varepsilon\Omega_{\mathrm{f}}(q_{\mathrm{v}}^2-1)\dot{q}_{\mathrm{v}}+\Omega_{\mathrm{f}}^2q_{\mathrm{v}}=\frac{A\ddot{y}}{D} \tag{2.43}$$

式中，变量 q_{v} 可以表示局部脉动的升力系数 C_{L} 与固定圆柱升力系数 C_{L_0} 之比，$q_{\mathrm{v}}=2C_{\mathrm{L}}/C_{\mathrm{L}_0}$；$\Omega_{\mathrm{f}}$ 是旋涡脱落的圆频率，$\Omega_{\mathrm{f}}=2\pi StU/D$；$A$ 和 ε 是系数，由实验确定；$\ddot{y}$ 是 $y(x,t)$ 的二阶导数。

2.3.3　计算流体力学（CFD）理论

CFD 数值模拟技术能够预测冷/热流体、多相流的流动特性和热传递、化学反应等物理现象，是一门独立的新学科[166,167]。CFD 数值模拟可以很好地预测具有复杂几何外形模型的流场结构，可以更加深刻地理解问题产生的机理，为实验提供指导，模拟实验无法模拟的条件，节省实验所需的人力、物力和时间，并对实验结果整理和总结规律起到很好的指导作用。目前，CFD 技术已具备模拟三维黏性流场绕流的能力，为柔性结构提供精确的海洋环境流体响应载荷，成为海洋工程领域研究的重要工具。

流体流动通常需要遵守质量、动量、能量等守恒定律，流动是湍流状态，需要添加湍流模型[166,167]。

（1）质量守恒方程

质量守恒方程又称为连续性方程：

$$\frac{\partial\rho}{\partial t}+\frac{\partial\rho u}{\partial x}+\frac{\partial\rho v}{\partial y}+\frac{\partial\rho w}{\partial z}=0 \tag{2.44}$$

式中，u、v、w 分别为 x、y、z 方向上的速度。

矢量符号 $\mathrm{div}\boldsymbol{a}=\frac{\partial a_x}{\partial x}+\frac{\partial a_y}{\partial y}+\frac{\partial a_z}{\partial z}$，则式（2.44）的矢量形式为：

$$\frac{\partial\rho}{\partial t}+\mathrm{div}(\rho\boldsymbol{u})=0 \tag{2.45}$$

式中，ρ为密度；t 为时间；$\boldsymbol{u}$ 为速度矢量。

（2）动量守恒方程

x、y 和 z 三个方向的动量方程为：

$$\frac{\partial\rho u}{\partial t}+\mathrm{div}(\rho u\boldsymbol{u})=-\frac{\partial p}{\partial x}+\frac{\partial\tau_{xx}}{\partial x}+\frac{\partial\tau_{yx}}{\partial y}+\frac{\partial\tau_{zx}}{\partial z}+F_x \tag{2.46a}$$

$$\frac{\partial\rho v}{\partial t}+\mathrm{div}(\rho v\boldsymbol{u})=-\frac{\partial p}{\partial y}+\frac{\partial\tau_{xy}}{\partial x}+\frac{\partial\tau_{yy}}{\partial y}+\frac{\partial\tau_{zy}}{\partial z}+F_y \tag{2.46b}$$

$$\frac{\partial\rho w}{\partial t}+\mathrm{div}(\rho w\boldsymbol{u})=-\frac{\partial p}{\partial z}+\frac{\partial\tau_{xz}}{\partial x}+\frac{\partial\tau_{yz}}{\partial y}+\frac{\partial\tau_{zz}}{\partial z}+F_z \tag{2.46c}$$

式中，p 为流体微元上的压力；τ_{xx}、τ_{xy} 和 τ_{xz} 为作用在流体微元表面上的黏性应力 τ 的分量；F_x、F_y 和 F_z 为微元体上的体积力。

对于牛顿流体，黏性应力 τ 和流体变形率成比例：

$$\begin{cases}\tau_{xx}=2\mu\frac{\partial u}{\partial x}+\lambda\mathrm{div}\boldsymbol{u}\\ \tau_{yy}=2\mu\frac{\partial v}{\partial y}+\lambda\mathrm{div}\boldsymbol{u}\\ \tau_{zx}=2\mu\frac{\partial w}{\partial z}+\lambda\mathrm{div}\boldsymbol{u}\\ \tau_{xy}=\tau_{yx}=\mu\left(\frac{\partial u}{\partial y}+\frac{\partial v}{\partial x}\right)\\ \tau_{xz}=\tau_{zx}=\mu\left(\frac{\partial u}{\partial z}+\frac{\partial w}{\partial x}\right)\\ \tau_{yz}=\tau_{zy}=\mu\left(\frac{\partial v}{\partial z}+\frac{\partial w}{\partial y}\right)\end{cases} \tag{2.47}$$

式中，μ 是动力黏度；λ 是第二黏度，此处取 $\lambda=-2/3$。将式（2.47）代入式（2.46），得到：

$$\frac{\partial(\rho u)}{\partial t}+\mathrm{div}(\rho u\boldsymbol{u})=\mathrm{div}(\mu\times\mathrm{grad}u)-\frac{\partial p}{\partial x}+S_x \tag{2.48a}$$

$$\frac{\partial(\rho v)}{\partial t}+\mathrm{div}(\rho v\boldsymbol{u})=\mathrm{div}(\mu\times\mathrm{grad}v)-\frac{\partial p}{\partial y}+S_y \tag{2.48b}$$

$$\frac{\partial(\rho w)}{\partial t}+\mathrm{div}(\rho w\boldsymbol{u})=\mathrm{div}(\mu\times\mathrm{grad}w)-\frac{\partial p}{\partial z}+S_z \tag{2.48c}$$

式中，矢量符号 grad()=$\frac{\partial()}{\partial x}+\frac{\partial()}{\partial y}+\frac{\partial()}{\partial z}$；$S_x$、$S_y$ 和 S_z 是动量守恒方程的广义源项。$S_x=F_x+s_x$，$S_y=F_y+s_y$，$S_z=F_z+s_z$，其中的 s_x、s_y、s_z 是小量，当为黏性系数是常数的不可压缩流体时，$s_x=s_y=s_z=0$。s_x、s_y、s_z 的表达式如下：

$$s_x=\frac{\partial}{\partial x}\left(\mu\frac{\partial u}{\partial x}\right)+\frac{\partial}{\partial y}\left(\mu\frac{\partial v}{\partial x}\right)+\frac{\partial}{\partial z}\left(\mu\frac{\partial w}{\partial x}\right)+\frac{\partial}{\partial x}(\lambda\mathrm{div}\boldsymbol{u}) \tag{2.49a}$$

$$s_y=\frac{\partial}{\partial x}\left(\mu\frac{\partial u}{\partial y}\right)+\frac{\partial}{\partial y}\left(\mu\frac{\partial v}{\partial y}\right)+\frac{\partial}{\partial z}\left(\mu\frac{\partial w}{\partial y}\right)+\frac{\partial}{\partial y}(\lambda\mathrm{div}\boldsymbol{u}) \tag{2.49b}$$

$$s_z=\frac{\partial}{\partial x}\left(\mu\frac{\partial u}{\partial z}\right)+\frac{\partial}{\partial y}\left(\mu\frac{\partial v}{\partial z}\right)+\frac{\partial}{\partial z}\left(\mu\frac{\partial w}{\partial z}\right)+\frac{\partial}{\partial z}(\lambda\mathrm{div}\boldsymbol{u}) \tag{2.49c}$$

式（2.48）即为动量守恒方程，也称为 Navier-Stokes 方程。

（3）能量守恒方程

能量守恒定律也称为热力学第一定律，方程如下：

$$\frac{\partial(\rho T)}{\partial t}+\mathrm{div}(\rho\boldsymbol{u}T)=\mathrm{div}\left(\frac{k}{c_p}\mathrm{grad}T\right)+S_T \tag{2.50}$$

式中，c_p 是比热容；T 是热力学温度；k 是传热系数；S_T 是内热源以及黏性耗散项。

综合以上的方程组，可以发现有五个方程，有六个未知量，它们分别是 u、v、w、ρ、T、p，因此方程组是不封闭的，需要添加理想气体状态方程，即：

$$p=\rho RT \tag{2.51}$$

式中，R 是气体摩尔常数。

（4）Reynolds N-S 方程

在工程上，一般采用时间平均的方法对 N-S 方程进行处理，就是将两种流动进行叠加来描述湍流的运动，两种流动分别是时间平均后的流动和瞬态的脉动流动，把瞬态脉动部分分离出来，便于处理和研究。这种方法称为 Reynolds 平均法，对场变量的时间平均定义为[166]：

$$\overline{\varphi}=\frac{1}{\Delta t}\int_t^{t+\Delta t}\varphi(t)\,\mathrm{d}t \tag{2.52}$$

式中，符号“－”代表时间平均。

$$\varphi=\overline{\varphi}+\varphi' \tag{2.53}$$

式中，φ 代表瞬时值；$\overline{\varphi}$ 代表平均值；φ' 代表脉动值。

采用平均值和脉动值之和来代替流动变量的瞬时值，则：

$$\boldsymbol{u}=\overline{\boldsymbol{u}}+\boldsymbol{u}',u=\overline{u}+u',v=\overline{v}+v',w=\overline{w}+w',p=\overline{p}+p' \tag{2.54}$$

将式（2.54）代入式（2.45）、式（2.46）、式（2.50），然后对时间作平均，可以得到湍流时均的流动控制方程（除了脉动值的时均值以外，去掉了表示时均值的符号“－”）：

质量守恒定律：

$$\frac{\partial\rho}{\partial t}+\mathrm{div}(\rho\boldsymbol{u})=0 \tag{2.55}$$

动量守恒定律：

$$\begin{aligned}
&\frac{\partial(\rho u)}{\partial t}+\operatorname{div}(\rho u\boldsymbol{u})=\operatorname{div}(\mu\times\operatorname{grad}u)-\frac{\partial p}{\partial x}+\left[-\frac{\partial(\rho\overline{u'^2})}{\partial x}-\frac{\partial(\rho\overline{u'v'})}{\partial y}-\frac{\partial(\rho\overline{u'w'})}{\partial z}\right]+S_u\\
&\frac{\partial(\rho v)}{\partial t}+\operatorname{div}(\rho v\boldsymbol{u})=\operatorname{div}(\mu\times\operatorname{grad}v)-\frac{\partial p}{\partial y}+\left[-\frac{\partial(\rho\overline{u'v'})}{\partial x}-\frac{\partial(\rho\overline{v'^2})}{\partial y}-\frac{\partial(\rho\overline{v'w'})}{\partial z}\right]+S_v\\
&\frac{\partial(\rho w)}{\partial t}+\operatorname{div}(\rho w\boldsymbol{u})=\operatorname{div}(\mu\times\operatorname{grad}w)-\frac{\partial p}{\partial z}+\left[-\frac{\partial(\rho\overline{u'w'})}{\partial x}-\frac{\partial(\rho\overline{v'w'})}{\partial y}-\frac{\partial(\rho\overline{w'^2})}{\partial z}\right]+S_w
\end{aligned} \tag{2.56}$$

其他变量的输运方程可以写为：

$$\frac{\partial(\rho\varphi)}{\partial t}+\operatorname{div}(\rho\varphi\boldsymbol{u})=\operatorname{div}(\varGamma\times\operatorname{grad}\varphi)+\left[-\frac{\partial(\rho\overline{u'\varphi'})}{\partial x}-\frac{\partial(\rho\overline{v'\varphi'})}{\partial y}-\frac{\partial(\rho\overline{w'\varphi'})}{\partial z}\right]+S \tag{2.57}$$

式（2.55）称为时均化的连续方程；式（2.56）称为时均化的 N-S 方程，也称为 Reynolds 平均的 N-S 方程；式（2.57）称为场变量 φ 的时均输运方程。

对式（2.55）～式（2.57）引入张量符号，则：

$$\frac{\partial\rho}{\partial t}+\frac{\partial}{\partial x_i}(\rho u_i)=0 \tag{2.58}$$

$$\frac{\partial(\rho u_i)}{\partial t}+\frac{\partial}{\partial x_j}(\rho u_i u_j)=-\frac{\partial p}{\partial x_i}+\frac{\partial}{\partial x_j}\left(\mu\frac{\partial u_i}{\partial x_j}-\rho\overline{u_i'u_j'}\right)+S_i \tag{2.59}$$

$$\frac{\partial(\rho\varphi)}{\partial t}+\frac{\partial}{\partial x_j}(\rho u_j\varphi)=\frac{\partial}{\partial x_j}\left(\varGamma\frac{\partial\varphi}{\partial x_j}-\rho\overline{u_j'\varphi'}\right)+S \tag{2.60}$$

式中，下标 i 和 j 的取值范围是（1, 2, 3）。定义 $-\rho\overline{u_i'u_j'}$ 为 Reynolds 应力项，即：

$$\tau_{ij}=-\rho\overline{u_i'u_j'}=-\rho\begin{Bmatrix}\overline{u'u'} & \overline{u'v'} & \overline{u'w'}\\ \overline{v'u'} & \overline{v'v'} & \overline{v'w'}\\ \overline{w'u'} & \overline{w'v'} & \overline{w'w'}\end{Bmatrix} \tag{2.61}$$

τ_{ij} 对应六个 Reynolds 应力，即三个正应力和三个切应力。

综合以上公式可以发现，式（2.51）、式（2.58）～式（2.60）构成了方程组，而现在又增加了 6 个 Reynolds 应力项，再加上 6 个未知量 u、v、w、ρ、φ、p，共有 12 个未知量，此时，方程组没有封闭，无法求解，必须增加湍流模型才能使方程组封闭。

湍流数值模拟方法主要有两大类：第一类是直接数值模拟方法，就是直接求解瞬态的 N-S 方程组；第二类就是非直接数值模拟方法，就是对湍流进行近似和简化，然后求解。例如，Reynolds 平均方程就是一种典型的非直接方法。根据近似和简化的程度和方法不同，湍流数值模拟的大致分类方法如图 2.13 所示[168]。

直接求解瞬态的 N-S 方程的方法就是直接数值模拟（DNS）法，它不需要对湍流流动作简化和近似，这是这个方法最大的优点。从理论上来讲，可以得到相对最准确的数值模拟结果[166]。但是，直接模拟对计算机要求太高，因为在模拟高 Re 的湍流运动中，湍流包含的尺度是 10～100μm 的涡，即便是只模拟 0.1m×0.1m 大小的流动区域，计算的网格的节点数也将达到 10^9～10^{12} 个。如果湍流是 10kHz 的脉动频率，那么时间步长则必须取到 100μs 以下。

DNS 法对计算机的内存和性能要求太高，无法应用于实际工程的计算中。但是随着计算机技术的不断提高，这种直接数值模拟法也可能适用于实际的工程计算当中。

大涡模拟（LES）方法对计算机的内存以及 CPU 的性能要求依然非常高，但是低于直接数值模拟法[166]。目前主要在工作站和高端的个人电脑上可以采用 LES 方法工作，这个方法是当前进行 CFD 研究的重要手段，也是 CFD 研究的热点之一。RANS 法也就是对 N-S 方程做时间平均化处理。从式（2.59）可以看到，方程中和湍流脉动值相关的 Reynolds 应力项 $-\rho\overline{u_i'u_j'}$ 是新的未知量，为了使方程组封闭，必须对 Reynolds 应力做出假设，就是说需要引进湍流模型[167]。一般根据假设和处理方式的不同把湍流模型分为两大类，也就是 Reynolds 应力模型和涡黏模型。其中 Reynolds 应力模型直接用于构建 Reynolds 应力方程，并将其与式（2.58）～式（2.60）联立求解。而 Reynolds 应力方程是微分形式，如果将该微分形式转变为代数方程形式，则模型变为代数应力方程模型。在应用涡黏模型的方法中，一般 Reynolds 应力项并不直接处理，而是增加湍流黏度或者涡黏系数，湍流黏度的函数由这些湍流应力表示，那么整个计算的关键就是在于求解湍流黏度[169]。

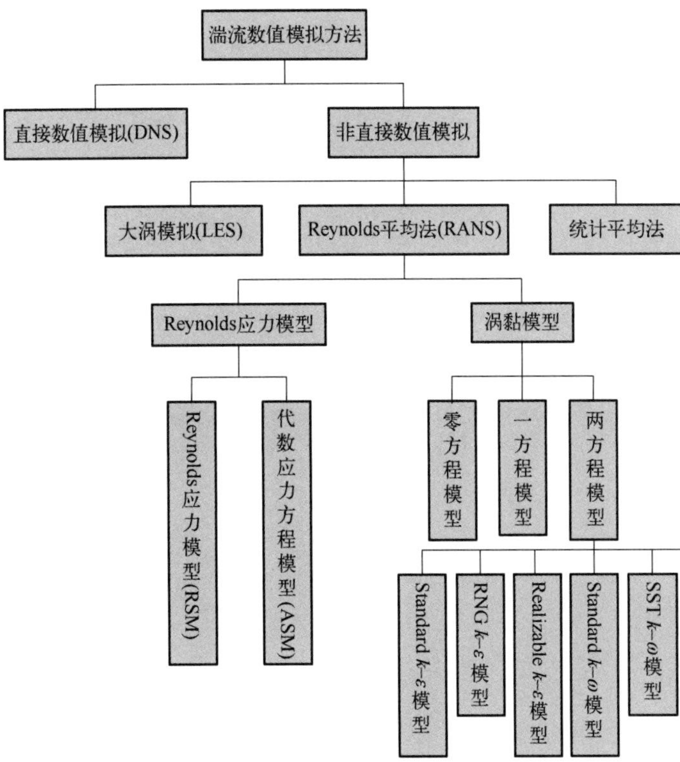

图 2.13　湍流数值模拟方法和对应的湍流模型

Boussinesq 在早期针对二维流动的流动特性提出了涡黏性假设，该假设建立了平均速度梯度与 Reynolds 应力之间的关系，也就是湍流黏度和平均速度梯度的乘积用速度脉动的二阶关联量表示，即：

$$-\rho\overline{u_1'u_2'} = \mu_t \frac{\partial u_1}{\partial x_2} \tag{2.62}$$

将其推广到三维问题，有：

$$-\rho\overline{u_i'u_j'}=\mu_t\left(\frac{\partial u_i}{\partial x_j}+\frac{\partial u_j}{\partial x_i}\right)-\frac{2}{3}\left(\rho k+\mu_t\frac{\partial u_i}{\partial x_i}\right)\delta_{ij} \tag{2.63}$$

式中，μ_t为湍流黏度，是空间坐标的函数，取决于流动状态，而不是物性参数，下标“t”表示湍流；u_i为时均速度；δ_{ij}是“Kronecker delta”符号，就是当$i=j$时，$\delta_{ij}=1$，当$i\neq j$时，$\delta_{ij}=0$；k为湍动能，$k=\frac{\overline{u_i'u_j'}}{2}=\frac{1}{2}(\overline{u'^2}+\overline{v'^2}+\overline{w'^2})$。

引入 Boussinesq 假设后，湍流的数值模拟最重要的步骤就是求解湍流黏度μ_t，而涡黏模型就是把湍流黏度和湍流时均参数联系起来的一种关系式[167]。根据确定湍流黏度μ_t的微分方程个数，涡黏模型可以划分成多种类型的模型。其中，两方程涡黏模型在工程上应用最广，本书采用的是两方程 SST k-ω 湍流模型。

最通用的k-ε湍流模型，在边界层中修正后的壁面函数也很难解决实际特征与计算模型之间的差距问题，相比 SST k-ω 在边界层内的模拟能力相对较弱。文献[168]对几种湍流模型的计算进行了比较分析，Standard（标准）k-ω 和 SST k-ω 对摩阻的数值模拟效果较好。剪切应力传输（shear stress transport，SST）k-ω 模型混合了 Standard k-ω 模型在边界层内能很好地模拟低雷诺数流动和 Standard k-ε 模型在边界层外能很好地模拟完全湍流流动的优势，适用于计算较大速度范围的来流和由逆压梯度引起的分离问题。该湍流模型包含了修正了的湍流黏性公式，并且考虑了湍流剪切应力产生的效应。考虑了湍流剪切应力的 SST k-ω 模型不会对湍流黏度造成过度预测，这是它的最大的优点之一[168]。

本书选用的是涡黏模型（EVM）中的 SST k-ω 模型，k和ω的输运方程如下所示[169]：

$$\frac{\mathrm{d}(\rho k)}{\mathrm{d}t}=\tau_{ij}\frac{\partial u_i}{\partial x_j}-\beta^*\rho\omega k+\frac{\partial}{\partial x_j}\left[(\mu+\sigma_k\mu_t)\frac{\partial k}{\partial x_j}\right] \tag{2.64}$$

$$\frac{\mathrm{d}(\rho\omega)}{\mathrm{d}t}=\frac{\gamma\rho}{\mu_t}\tau_{ij}\frac{\partial u_i}{\partial x_j}-\beta\rho\omega^2+\frac{\partial}{\partial x_j}\left[(\mu+\sigma_\omega\mu_t)\frac{\partial\omega}{\partial x_j}\right]+2\rho(1-F_1)\sigma_{\omega 2}\frac{1}{\omega}\frac{\partial k}{\partial x_j}\frac{\partial\omega}{\partial x_j} \tag{2.65}$$

式中

$$\tau_{ij}=\mu_t\left(\frac{\partial u_i}{\partial x_j}+\frac{\partial u_j}{\partial x_i}-\frac{2}{3}\frac{\partial u_k}{\partial x_k}\delta_{ij}\right)-\frac{2}{3}\rho k\delta_{ij}$$

混合函数F_1：

$$F_1=\tanh(arg_1^4) \tag{2.66}$$

式中

$$arg_1=\min\left[\max\left(\frac{\sqrt{k}}{0.09\omega y},\frac{500\upsilon}{y^2\omega}\right),\frac{4\rho\sigma_{\omega 2}k}{CD_{k\omega}y^2}\right],\quad CD_{k\omega}=\max\left(2\rho\sigma_{\omega 2}\frac{1}{\omega}\frac{\partial k}{\partial x_j}\frac{\partial\omega}{\partial x_j},10^{-20}\right)$$

式中，μ_t定义为：

$$\mu_t=\frac{\rho\alpha_1 k}{\max(\alpha_1\omega,\Omega F_2)} \tag{2.67}$$

式中，Ω是涡量的绝对值。

混合函数F_2定义为：

$$F_2 = \tanh(arg_2^2) \tag{2.68}$$

式中

$$arg_2 = \max\left(\frac{2\sqrt{k}}{0.09\omega y}, \frac{500\mu}{\rho y^2 \omega}\right)$$

SST k-ω 模型中常数通过式（2.69）混合：

$$\phi = F_1\phi_1 + (1 - F_1)\phi_2 \tag{2.69}$$

式中，集合 ϕ_1 代表标准的 k-ω 湍流模型中的常数；集合 ϕ_2 代表标准的 k-ε 湍流模型中的常数。

集合 ϕ_1 中的常数为：

$$\sigma_{k1} = 0.5，\sigma_{\omega1} = 0.5，\beta_1 = 0.075，\beta^* = 0.09，\kappa = 0.41，\gamma_1 = (\beta_1/\beta^*) - (\sigma_{\omega1}\kappa^2/\sqrt{\beta^*})$$

集合 ϕ_2 中的常数为：

$$\sigma_{k2} = 1.0，\sigma_{\omega1} = 0.856，\beta_2 = 0.0828，\beta^* = 0.09，\kappa = 0.41，\gamma_2 = (\beta_2/\beta^*) - (\sigma_{\omega2}\kappa^2/\sqrt{\beta^*})$$

其他参数见文献[169]。

流体力学计算中，在一定的初始条件和边界条件的情况下求解 Euler 或 N-S 方程组时，它们的解才是唯一的。求解 Euler 和 N-S 方程组的关键问题之一就是边界条件的选择和设置以及离散方式的处理。另外，数值计算和模拟的精度在较大程度上受边界条件的处理方法的影响。若处理不当，则很可能导致数值模拟计算发散。有了封闭的方程组，再给出合理的初始条件和边界条件，才能得到方程组的解。本书主要用到的 CFD 流场边界条件为速度入口边界、压力出口边界、滑移壁面、无滑移壁面等。本书采用的 CFD 控制方程的离散方法为有限体积法，采用隐式时间推进。

2.4　流固耦合问题研究的基本方法

流固耦合问题的研究方法可简单分为分离耦合和直接耦合，分离耦合又分为单向（流固）耦合和双向（流固）耦合。如图 2.14 所示，本书作者在早先的研究工作中，对细长火箭弹的静气动弹性问题研究，采用的就是双向流固耦合方法。双向流固耦合分为流体域和结构域两个场，这两个场分别各自计算，通过耦合平台传递两个场上面的数据，然后流体力插值到结构上，结构变形反馈给流场，通过动网格技术重新得到新的流场域，然后进行下一步计算[170,171]。这样的双向流固耦合方法在工程上已经逐渐开始应用。但是计算量依然较大，无法实现快速分析计算。一般工程上采用合适的势流理论、经验模型也可以得到符合工程要求的流体力计算结果。而对于多刚柔体结构，芮筱亭[156]团队创立的多体系统传递矩阵法可以实现多刚柔体结构的振动特性、动力响应的快速计算。而且，采用多体系统传递矩阵法和势流理论或经验模型可以直接联立动力学方程，直接耦合求解，无需分离耦合求解。

不管是分离耦合还是直接耦合，在船舶与海洋工程领域，柔性结构的动力学方程都可以写成式（2.12）的形式。式（2.12）中的 $\boldsymbol{F}$ 随着时间变化，根据具体的物理作用，$\boldsymbol{F}(x,y,z,t) = \boldsymbol{F}_1 + \boldsymbol{F}_2 + \boldsymbol{F}_3$，其中 $\boldsymbol{F}_1$、$\boldsymbol{F}_2$、$\boldsymbol{F}_3$ 分别是来流引起的水动力、海洋柔体结构振动加速度和速度引起的辐射力、结构振动位移引起的回复力。所以，$\boldsymbol{F}_2$、$\boldsymbol{F}_3$ 可以写为：

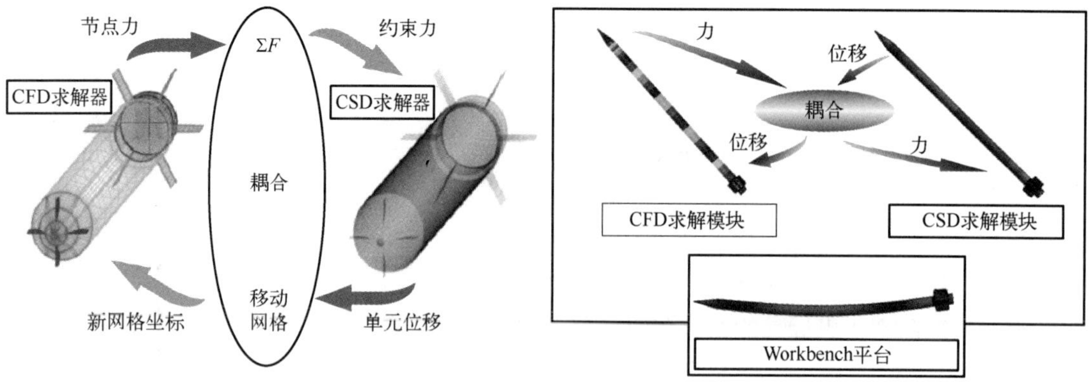

图 2.14 火箭弹双向流固耦合流程图[170,171]

$$F_2 = -(\bar{M}\ddot{x} + \bar{C}\dot{x}), F_3 = -\bar{K}x \tag{2.70}$$

式中，$\bar{M}$、$\bar{C}$、$\bar{K}$ 分别表示流体附加质量、阻尼和刚度矩阵。因此，水弹性方程可以写为：

$$(M + \bar{M})\ddot{x} + (C + \bar{C})\dot{x} + (K + \bar{K})x = F_1 \tag{2.71}$$

现代对柔性结构进行振动响应分析主要基于 FEM 对柔性结构系统进行动力学特性分析的方法、基于 CFD/FEM 双向流固耦合的方法。这些方法的理论背景和分析流程都非常复杂且计算比较耗时，无法满足工程实际快速计算的需要。多体系统传递矩阵法是描述元件力学状态间传递关系的多体系统动力学新方法。该方法采用积木式建模，方便地实现复杂多体系统的快速建模。该方法无需系统总体动力学方程，程式化程度高、系统矩阵阶次低，可以实现线性多体系统的固有振动特性和动力响应快速计算。合适的势流理论模型、半经验模型也可以满足工程上非定常流体计算的需要。建立适合工程上的流固耦合力学模型和计算方法至关重要。因此，本书主要基于多体系统传递矩阵法和势流理论模型以及降阶的高保真模型研究水下航行器舵系统动力学特性、线性和非线性颤振，以及海洋立管的振动特性、涡激振动响应等，并与 FEM、CFD/FEM 双向耦合的方法、国外经典实验的实验数据进行对比验证。

2.5 本章小结

本章对本书所用到的流固耦合基本理论和研究方法进行了论述。首先介绍了用于多刚柔体动力学计算的多体系统传递矩阵法、有限元法、基本理论，介绍了用于气动弹性、水弹性流体激励计算的 Theodorsen 非定常流体理论和用于涡激升力计算的尾流振子模型，接着介绍了计算流体力学基本理论，最后给出了本书所用的流固耦合问题的基本研究方法。下一章开始详细介绍柔性结构的流固耦合动力学模型快速建模和仿真方法。

第3章

二元多体耦合结构涡激振动特征与涡振应用

扫码获取配套资源

3.1 概述

柱体结构涡激振动（vortex-induced vibration，VIV）现象就是一种典型的具有强烈流体非线性的流固耦合振动现象，常见于有细长结构的工程领域，如桥梁缆绳、烟囱、海洋立管和风力机塔筒等。当流体流过钝体时，钝体下游流场持续产生和脱落旋涡，从而导致结构受到周期变化的流体力作用[1,2]。

由于流体来流速度沿高度变化的非均匀性、流固耦合的复杂性以及涡激振动现象本身的复杂性，涡激振动的准确预报一直是一个巨大的难题。目前对于涡激振动响应预测主要包括半经验模型和 CFD 模型，预测精度最好的是 CFD 模型。但是基于 CFD 高保真计算又避免不了网格畸变，动网格出现负网格问题，且计算量较大。对于复杂涡激振动现象的研究一般从二维入手，即从降阶的高保真模型入手，然后扩展到三维。

本章首先分别基于 Van der Pol 尾流振子模型和 CFD 模型（基于 CFD 商业软件引入嵌套网格技术，解决负网格问题；对 CFD 软件进行二次开发研究，实现涡激振动数值模拟）建立二维弹性支撑柱体的涡激振动模型，研究柱体结构的涡激振动机理，讨论两种模型的优缺点，并与文献实验数据、文献计算方法对比，验证本章计算方法的正确性；进一步在二维弹性支撑柱体模型的基础上，通过数值仿真探索了不同装置对抑制柱体结构涡激振动的效果。目前对于涡激振动抑制装置的设计主要采用水槽或风洞实验，但直接采用水槽、风洞实验，实验次数多、准备周期长、实验代价高，无法获得详细的流场信息，欠缺对涡激振动抑制装置流固耦合特性的机理研究。因此，如果先采用数值仿真方法对涡激振动抑制装置进行设计，然后再进行水槽、风洞实验，可以大大减小实验成本，同时提高产品设计效率。

近些年，大多数学者对于涡激振动抑制装置的数值模拟都是采用二维模型，未考虑旋涡结构的三维效应[172]。对于二维柱体结构涡激振动的计算，经验模型基本适用，能捕获到柱体流固耦合振动的基本特性。相比 CFD 方法，经验模型具有较高的计算效率并且节约计算成本，适合作为涡激振动抑制装置前期设计的参考。而随着计算机技术和数值模拟技术的快速发展，基于 CFD 理论的数值模拟技术现已发展到完全可以模拟复杂几何外形的黏性流场绕流等问题的程度，可以为柱体结构涡激振动抑制装置计算出精确的瞬态流场载荷，因此 CFD 仿真可成为研究三维柱体结构涡激振动抑制装置的重要手段。

针对柱体结构涡激振动的特点，本章详细地介绍了目前主要的涡激振动抑制方法。NES 是一种新型被动减振装置，具有宽频吸振的特性，其主要原理是靠共振俘获能量，将能量从结构传递给振子，并通过阻尼消耗掉能量。近几年，陆续有学者将其用于柱体结构涡激振动抑制研究，但都是针对单自由度振动的柱体，低雷诺数（<200）情况进行的研究[122-125]。本章在 Van der Pol 尾流振子模型中，又嵌入了新型被动减振装置 NES，研究了 NES 对柱体结构涡激振动的抑制效果。然后，建立基于 CFD 实现的 NES 作用下的柱体涡激振动仿真程序，进一步计算出流场信息。

3.2 二维弹性支撑柱体涡激振动（VIV）动力学模型

对于二维弹性支撑柱体的研究，国外著名学者 A. Khalak、C. H. K. Williamson 等人做了许多经典的实验[173-175]。许多学者基于二维弹性支撑柱体的数值模拟来实现准三维立管涡激振动研究。一般是将立管等细长柔性柱体简化为多质点模型，采用静力等效方法获得各质点刚度参数，因此各质点被简化为弹簧-阻尼模型。然后分别对每个二维弹簧-阻尼模型进行涡激振动计算，获得各质点的涡激振动响应。近似认为立管等细长柔性柱体上各质点响应幅值为柔性柱体结构在流体作用下的涡激振动响应幅值[176,177]。总之，进行二维弹性支撑柱体的数值模拟是研究海洋柱体结构涡激振动现象和机理的重要手段。

第 2 章介绍了 Van der Pol 尾流振子模型和 CFD 模型的基本理论，本章将采用经典的 Van der Pol 尾流振子模型和高保真的 CFD 模型建立二维弹性支撑柱体 VIV 动力学模型，并研究其振动机理。

根据牛顿第二定律，2-DoF 弹性支撑的柱体运动的控制方程可以写为：

$$\begin{aligned} m\ddot{x}+c\dot{x}+kx&=F_{\mathrm{D}}(t)\\ m\ddot{y}+c\dot{y}+ky&=F_{\mathrm{L}}(t) \end{aligned}\tag{3.1}$$

式中，m 为圆柱体的质量；c 为结构阻尼系数；k 为结构刚度系数。

式（3.1）又可以写为：

$$\begin{aligned} \ddot{x}+2\zeta\omega_0\dot{x}+\omega_0^2x&=F_{\mathrm{D}}(t)/m\\ \ddot{y}+2\zeta\omega_0\dot{y}+\omega_0^2y&=F_{\mathrm{L}}(t)/m \end{aligned}\tag{3.2}$$

式中，柱体固有频率 $\omega_0=\sqrt{\dfrac{k}{m}}$；阻尼比 $\zeta=\dfrac{c}{2\sqrt{km}}$。

3.2.1 基于 Van der Pol 尾流振子模型的弹性支撑柱体 VIV 模型

当流体绕过柱体结构时，在横向和流向都会产生涡激振动（VIV）响应。但当柱体结构的质量比较大时，其在流向的振幅很小，可忽略不计。因此许多学者在进行数值模拟或模型实验时都没考虑流向振动的影响，即将柱体结构视为单自由度结构。Van der Pol 尾流振子模型是用于涡激振动计算分析的有效模型，该模型计算时不需要对流场进行分析，方程的系数主要来源于模型实验或经验，且 Van der Pol 尾流振子模型只能计算涡激升力。采用 Van der Pol 方程作为瞬时升力系数的控制方程，并同二维弹性支撑柱体运动方程联立，以建立二维弹性支撑柱体 VIV 的预报模型。基于 Van der Pol 尾流振子模型，考虑阻尼作用的单自由度弹性支撑刚性柱体的结构示意图如

图 3.1（a）所示，对应的二维单自由度弹性支撑刚性柱体的示意图如图 3.1（b）所示。图中 m 为圆柱体质量，k 为支撑弹簧的刚度，c 为支撑阻尼器的阻尼，U 为来流流速。

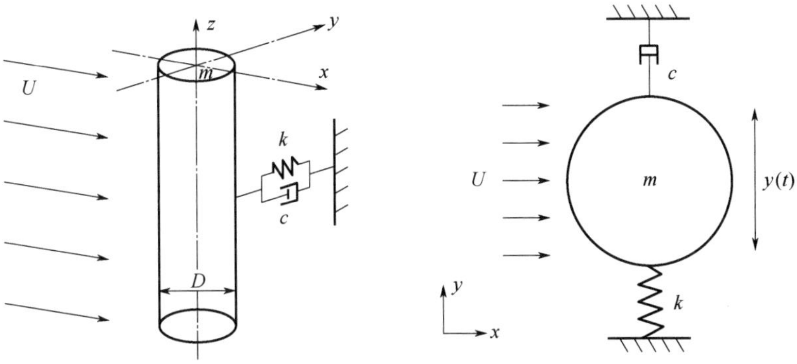

(a) 单自由度弹性支撑刚性柱体　　(b) 二维单自由度弹性支撑刚性柱体

图 3.1　单自由度弹性支撑柱体 VIV 模型示意图

根据第 2 章介绍的 Van der Pol 尾流振子模型和式（3.1），得到基于 Van der Pol 尾流振子模型的单自由度弹性支撑柱体 VIV 模型如下：

$$(m+m_{\text{fluid}})\ddot{y}+c\dot{y}+ky=-\frac{1}{2}C_{\text{D}}\rho_{\text{f}}DU\dot{y}_1+\frac{1}{4}C_{\text{L}_0}\rho_{\text{f}}DU^2q_{\text{v}}(t) \tag{3.3}$$

$$\ddot{q}_{\text{v}}+\varepsilon\Omega_{\text{f}}(q_{\text{v}}^2-1)\dot{q}_{\text{v}}+\Omega_{\text{f}}^2q_{\text{v}}=\frac{A\ddot{y}}{D} \tag{3.4}$$

式中，$q_{\text{v}}=2C_{\text{L}}/C_{\text{L}_0}$；$\Omega_{\text{f}}=2\pi StU/D$；$A$、$\mathcal{E}$、$C_{\text{D}}$、$C_{\text{L}_0}$ 等系数由实验和经验确定；m 为柱体的质量；m_{fluid} 为柱体所排开水的质量。

式（3.3）可以写为：

$$\ddot{y}+2\zeta\omega_0\dot{y}+\omega_0^2y=-\frac{C_{\text{D}}\rho_{\text{f}}DU\dot{y}}{2(m+m_{\text{fluid}})}+\frac{C_{\text{L}_0}\rho_{\text{f}}DU^2q_{\text{v}}(t)}{4(m+m_{\text{fluid}})} \tag{3.5}$$

式（3.4）、式（3.5）可以通过 4 阶变步长的 Runge-Kutta 法求解，初始条件给 y 一个小值，$\dot{y}=q_{\text{v}}=\dot{q}_{\text{v}}=0$。编制的单自由度弹性支撑柱体 VIV 模型的 MATLAB 程序如下：

```
clc;
clear;
global Ue rou CLo P nameda CD M D
global omqs ome_ga ke_si
Ur=16;
D=0.0554;
L=0.4432;
rou=1003.5;
watermass=rou*L*(pi*D^2)/4;
mass_ratio=6.54;
M=(mass_ratio+1)*watermass;
K=453;
ome_ga=(K/M)^0.5;
f0=ome_ga/2/pi;
Ue=Ur*f0*D;
```

```
CD=1.2;
CLo=0.3;
P=15;
nameda=0.24;
St=0.2;
omqs=2*pi*St*Ue/D;
c=0.006*(2*(K*mass_ratio*watermass)^0.5);
ke_si=c/((2*(K*M)^0.5));
Re=rou*Ue*D/0.001003
[t,y]=ode45(@dynew,[0:0.01:100],[0.00001 0 0 0]);
response=y(:,1)/D;
sy=y(:,1);
Fs=1/0.01;
nfft= length(sy)-1;
X=fft(sy,nfft);
X = X(1:nfft/2);
mx = 10*log10(abs(X)/(nfft/2));
f =(0:nfft/2-1)*Fs/nfft;
figure_FontSize=30;
figure(1);
plot(f,mx,'-k','LineWidth',2);
xlabel('f(Hz)')
ylabel('\alpha(db)')
set(gca,'fontsize',30)
axis([0 20 -100 0])
set(gca,'FontName','Time New Roman')
figure(2)
plot(t,response);
xlabel('t')
ylabel('A/D')

function dy=dynew(t,y)
  global Ue rou CLo P nameda CD M D omqs ome_ga ke_si

    y1=y(1);
    y2=y(2);
    y3=y(3);
    y4=y(4);

    dy1=y2;
dy2=(-0.5*(1/M)*CD*rou*D*Ue*y2+0.25*(1/M)*CLo*rou*D*((Ue^2)*y3)-2*ke_si*
ome_ga*y2-(ome_ga^2)*y1);
    dy3=y4;

dy4=(P/D)*(-0.5*(1/M)*CD*rou*D*Ue*y2+0.25*(1/M)*CLo*rou*D*((Ue^2)*y3)-2*
ke_si*ome_ga*y2-(ome_ga^2)*y1)-nameda*omqs*(y3^2-1)*y4-y3*(omqs^2);

    dy=[dy1;
        dy2;
```

```
        dy3;
        dy4];

end
```

3.2.2 基于 CFD 模型的弹性支撑柱体 VIV 建模与二次开发

对于涡激振动的数值模拟以柱体的横向振动研究为主，同时考虑横向和来流向的耦合振动研究相对较少。其主要原因在于：对柱体结构涡激振动数值模拟，必须保证柱体周围网格质量非常好，才能有效预测涡激振动响应。一般使用网格质量高的结构化网格，但是当柱体结构发生较大振动位移时，周围流场网格会发生畸变，甚至产生负网格，导致计算失败。如果再考虑流向耦合振动，计算难度将非常大，计算成功率也将明显降低。如果采用非结构化网格，且采用网格重构技术，可以吸收柱体较大的振动位移，但是非结构化网格质量相比结构化网格质量较差，且采用非结构化网格必定需要大大增加网格量，从而大大增加了计算时间。此外，对涡激振动抑制装置设计研究，也就是在柱体结构表面形状变复杂的情况下，网格划分难度和计算难度也将大大增加。因此，寻求一种既可以保证网格质量，又能不大幅度增加网格数量，且可以避免网格畸变或者负网格问题的方法十分重要。

基于 CFD 商业软件 FLUENT 和结构动力学原理，通过用户自定义函数（UDF）及嵌套网格技术，可以建立 2-DoF（两自由度）弹性支撑柱体结构 VIV 数值模型。根据流体力学基本理论，得到非定常不可压缩流体 RANS 方程为：

$$\frac{\partial \overline{u}_i}{\partial x_i}=0 \tag{3.6}$$

$$\frac{\partial \overline{u}_i}{\partial t}+\frac{\partial \overline{u_i u_j}}{\partial x_j}=-\frac{1}{\rho_{\mathrm{f}}}\frac{\partial \overline{p}}{\partial x_i}+\mu\nabla^2\overline{u}_i-\frac{\partial \overline{u_i' u_j'}}{\partial x_j} \tag{3.7}$$

式中

$$\overline{u_i' u_j'}=\mu_{\mathrm{t}}\left(\frac{\partial u_i}{\partial x_j}+\frac{\partial u_j}{\partial x_i}\right)+\frac{2}{3}k_{\mathrm{t}}\delta_{ij}$$

式中，ρ_{f} 为不可压缩流体的密度；u_i 表示 i 方向上的瞬时速度分量；u_i' 为 i 方向上速度脉动量；$\overline{u}_i$ 为速度的时间平均值；x_i、t、p、μ 分别表示笛卡儿坐标系横坐标值、时间、压力、运动黏度；μ_{t} 为湍流黏度，下标“t”表示湍流；k_{t} 为湍动能；δ_{ij} 是“Kronecker delta”符号，就是当 $i=j$ 时，$\delta_{ij}=1$；当 $i\neq j$ 时，$\delta_{ij}=0$。

湍流模型选用 SST k-ω 模型。通过计算流场，可以得到二维柱体表面的压力分布，进而可以得到作用在二维柱体上的升力和阻力系数：

$$F_{\mathrm{D}}=\frac{1}{2}C_{\mathrm{D}}\rho_{\mathrm{f}}U^2 D \tag{3.8}$$

$$F_{\mathrm{L}}=\frac{1}{2}C_{\mathrm{L}}\rho_{\mathrm{f}}U^2 D \tag{3.9}$$

结合式（3.2），2-DoF 弹性支撑的柱体运动的控制方程可以写为：

$$\begin{aligned}\ddot{x}+2\zeta\omega_0\dot{x}+\omega_0^2 x&=\frac{1}{2m}C_{\mathrm{D}}\rho_{\mathrm{f}}U^2 D\\ \ddot{y}+2\zeta\omega_0\dot{y}+\omega_0^2 y&=\frac{1}{2m}C_{\mathrm{L}}\rho_{\mathrm{f}}U^2 D\end{aligned} \tag{3.10}$$

两自由度弹性支撑刚性柱体在流体作用下的结构示意图如图 3.2（a）所示，二维两自由度弹性支撑刚性柱体 VIV 模型示意图如图 3.2（b）所示。一般柱体流场的尾迹区域需要大于等于 22.5D（D 为柱体直径），整体局域高度一般需要大于等于 20D，柱体振动才不受流体区域边界的影响。因此，综合考虑计算条件的情况下，流场域的尺寸大小如图 3.2 中标注所示，尾迹区域为 30D，柱体前端和上下距离柱体都是 10D。包围着柱体的组分网格外边界直径大小为 3D。流场入口边界条件为速度入口，出口为压力出口，上下壁面为滑移壁面，柱体表面（即动边界）为无滑移壁面。

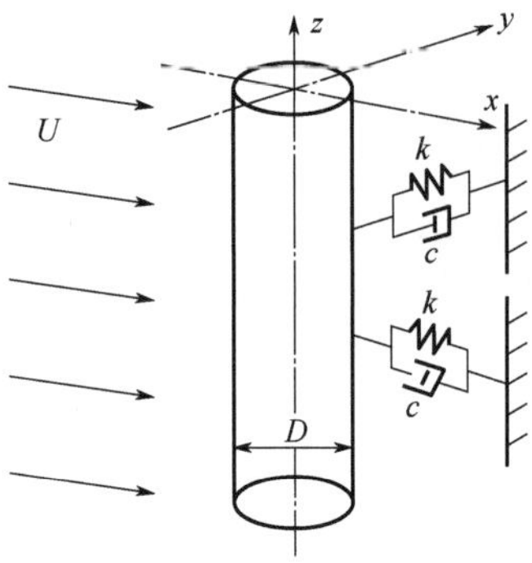

(a) 两自由度弹性支撑刚性柱体

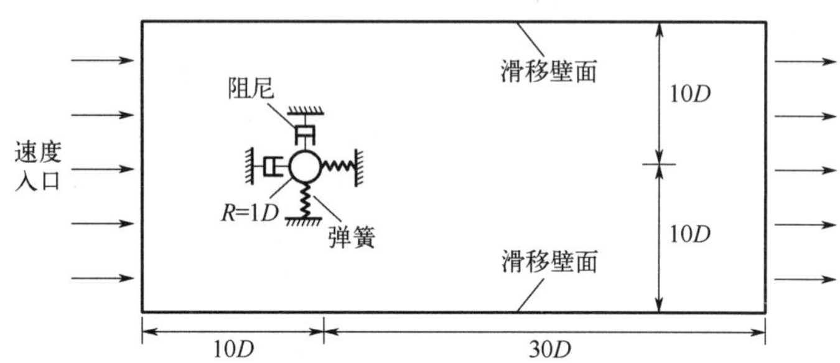

(b) 二维两自由度弹性支撑刚性柱体VIV模型

图 3.2　2-DoF（两自由度）弹性支撑刚性柱体 VIV 模型示意图

流场随着柱体边界的改变而改变，通过动网格技术来实现流场中柱体边界的运动。嵌套网格技术是最新的动网格技术，主要适用于刚性边界运动问题。如图 3.3 所示，流场域网格划分采用的是嵌套网格。背景网格和嵌套网格都使用结构化网格，靠近柱体表面部分为边界层网格（$Y^+<1$），较好地保证了网格质量。采用嵌套网格技术，无需担心网格畸变以及负网格导致求解失败等问题。同时，不会较多地增加计算量。嵌套网格即多重网格相互重叠组合成的一组网格，有可能存在两套或者两套以上的网格相互重叠。嵌套网格求解的大致思路为：首先划分包裹柱体的组分网格和外流场的背景网格［图 3.3（a）］；求解器识别嵌套网格边界，对被组分网格遮蔽的背景网格部分进行“挖洞”，然后将背景区域的边界单元变量信息插值到嵌套区域的边界单元，如图 3.3（b）所示；最后进行流场计算[178]。整个流场（流体域）的计算网格如图 3.3（c）所示。对于流场的数值计算，时间项采用全隐式积分方法，对流项则采用二阶迎风离散格式，控制方程中速度分量与压力的耦合则采用 COUPLED 算法进行处理。初始条件为 $x(0)=\dot{x}(0)=y(0)=\dot{y}(0)=0$。

本章流场求解基于 CFD 商业软件 FLUENT，根据边界条件获得流场和二维柱体表面的压力、速度等信息。提取作用在柱体表面的力，然后代入柱体的结构运动方程，通过求解二维柱体的运动方程，得到当前时间步长下的柱体运动的位移和速度。同时利用得到的柱体位移和瞬时速度，更新流场网格，然后进行下一个时间步长的计算。这个双向流固耦合仿真过程是通过 FLUENT 软件的用户自定义函数（UDF）来实现的。

UDF 中可以使用标准 C 语言的库函数，也可使用 FLUENT 中预定义的宏。通过预定义宏可以获得 FLUENT 计算过程中的流场数据。FLUENT 中用户自定义函数是通过 DEFINE 宏来实现的。基于 CFD 的 2-DoF 弹性支撑柱体 VIV 数值求解的计算流程图如图 3.4 所示。图中的虚线框内为通过 C 语言编制的 UDF 程序实现，编制的 2-DoF 弹性支撑柱体 VIV 模型的 UDF 程序如下：

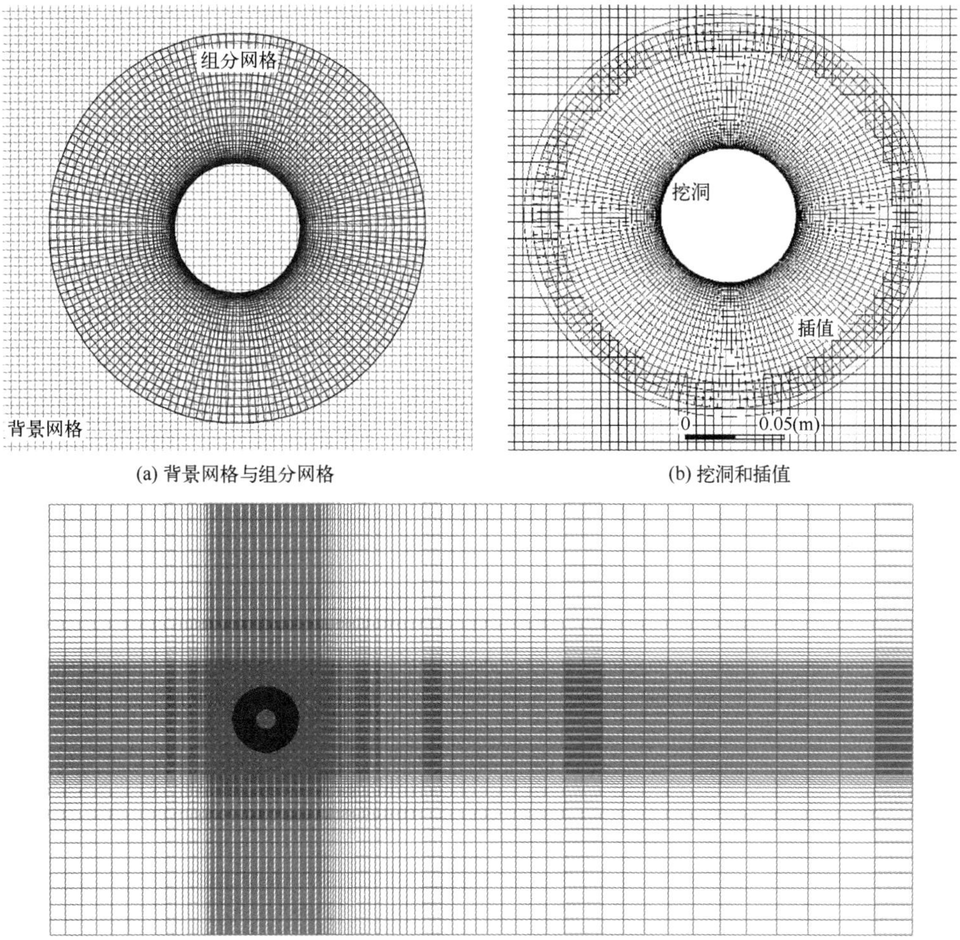

(a) 背景网格与组分网格　　(b) 挖洞和插值

(c) 整个流体域的网格

图 3.3　2-DoF 弹性支撑柱体流场计算网格

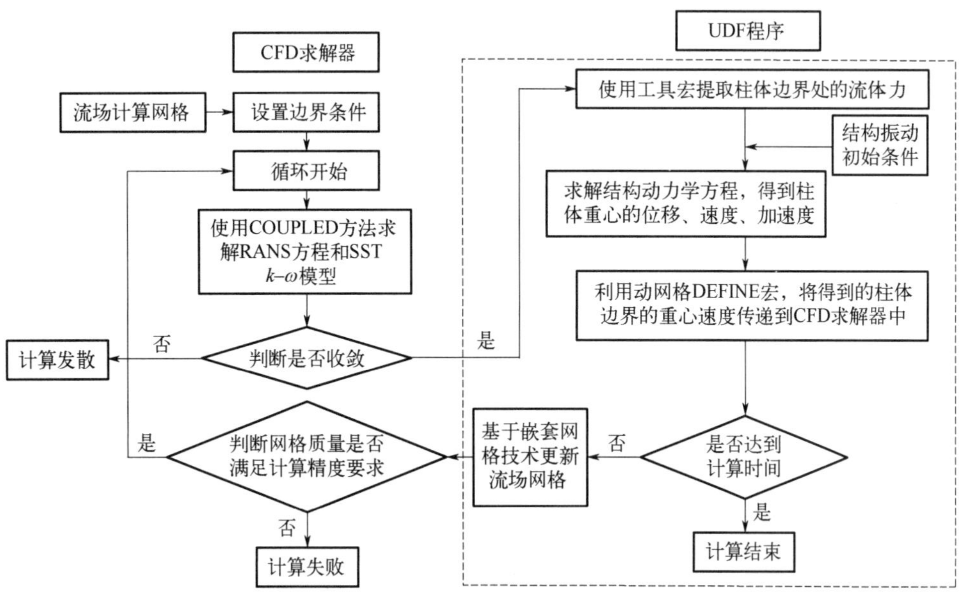

图 3.4　2-DoF 弹性支撑柱体 VIV 计算流程图

```
#include "udf.h"
#include "sg_mem.h"
#include "dynamesh_tools.h"
#define PI 3.1415926
#define ball1_ID 2
#define usrloop(n,m)for(n=0;n<m;++n)
#define mass 0.1
#define dtm 0.5
#define ke_si 0.002
#define ome_ga 0.306
real v_body1[ND_ND];
real a1_ctr;
real b1_ctr;
real t=0.0;
FILE *fp;

DEFINE_EXECUTE_AT_END(save_weiyi)
{
int n;
real un,xn,Un,Xn;
real K11,K22,K33,K44;
real vn,yn,Vn,Yn;
real K1,K2,K3,K4;
real x_cg1[3],f_glob1[3],m_glob1[3];

Domain *domain=Get_Domain(1);
Thread
*tf1=Lookup_Thread(domain,ball1_ID);
usrloop(n,ND_ND)

x_cg1[n]=f_glob1[n]=m_glob1[n]=0;
x_cg1[0]=a1_ctr;
x_cg1[1]=b1_ctr;

if(!Data_Valid_P())
return;
Compute_Force_And_Moment(domain,tf1,x_cg1,f_glob1,m_glob1,False);

un=v_body1[0];
xn=a1_ctr;
K1=f_glob1[0]/mass-2*ke_si*ome_ga*un-ome_ga*ome_ga*xn;
K2=f_glob1[0]/mass-(un+dtm*K1/2)*2*ke_si*ome_ga-ome_ga*ome_ga*(xn+un*dtm/2);
K3=f_glob1[0]/mass-(un+dtm*K2/2)*2*ke_si*ome_ga-ome_ga*ome_ga*(xn+un*dtm/2
+dtm*dtm*K1/4);
K4=f_glob1[0]/mass-(un+dtm*K3)*2*ke_si*ome_ga-ome_ga*ome_ga*(xn+un*dtm+dtm
*dtm*K2/2);
Un=un+dtm*(K1+2*K2+2*K3+K4)/6;
```

```
    Xn=xn+dtm*un+dtm*dtm*(K1+K2+K3)/6;
    v_body1[0]=Un;
    a1_ctr=Xn;

    vn=v_body1[1];
    yn=b1_ctr;
    K11=f_glob1[1]/mass-2*ke_si*ome_ga*vn-ome_ga*ome_ga*yn;
    K22=f_glob1[1]/mass-(vn+dtm*K11/2)*2*ke_si*ome_ga-ome_ga*ome_ga*(yn+vn*dtm/2);
    K33=f_glob1[1]/mass-(vn+dtm*K22/2)*2*ke_si*ome_ga-ome_ga*ome_ga*(yn+vn*dtm/
2+dtm*dtm*K11/4);
    K44=f_glob1[1]/mass-(vn+dtm*K33)*2*ke_si*ome_ga-ome_ga*ome_ga*(yn+vn*dtm+
dtm*dtm*K22/2);
    Vn=vn+dtm*(K11+2*K22+2*K33+K44)/6;
    Yn=yn+dtm*vn+dtm*dtm*(K11+K22+K33)/6;
    v_body1[1]=Vn;
    b1_ctr=Yn;
    t+=dtm;

    fp=fopen("ball1_x.txt","a+");
    fprintf(fp,"%5f,%.16f\n",t,x_cg1[0]);
    fclose(fp);
    fp=fopen("ball1_y.txt","a+");
    fprintf(fp,"%5f,%.16f\n",t,x_cg1[1]);
    fclose(fp);
    }

    DEFINE_CG_MOTION(ball1,dt,vel,omega,time,dtime)
    {
    NV_S(vel,=,0.0);
    NV_S(omega,=,0.0);
    vel[0]=v_body1[0];
    vel[1]=v_body1[1];
    }
```

3.3　二维弹性支撑柱体 VIV 机理

3.3.1　基于 Van der Pol 模型的弹性支撑柱体 VIV 模型计算结果

首先采用 Van der Pol 尾流振子模型（简称 Van der Pol 模型）和文献[174]的基本参数进行仿真计算，然后与 Stappenbelt[174]的实验数据进行对比。选取文献[174]中的两组参数：一组是柱体直径 $D = 0.0554\text{m}$，柱体的阻尼比 $\zeta = 0.0056$，柱体的圆频率 $\omega_0 = 7.486\text{rad/s}$，质量比 $m^* = 6.54$；另一组是 $D = 0.0554\text{m}$，$\zeta = 0.0057$，$\omega_0 = 6.0276\text{rad/s}$，$m^* = 10.63$。直接采用 Runge-Kutta 法计算立柱的涡激振动的结构动力学方程，得到涡激振动响应的振幅。图 3.5（a）为圆柱的无量纲振幅随着约化速度的数据分布与实验数据对比图。从图中可以看出 Van der Pol 尾流振子模型质量比较大时，基本上可以较好地捕捉到柱体的最大振幅，且整体趋势和实验数据基本吻合。

文献[174]对不同质量比、相同尺寸、相同支撑刚度的柱体做了实验，质量比越小，来流向对横向振动的影响越大。从 Van der Pol 的计算结果可以看出，质量较小时，误差较大，但是该方法计算效率非常高。图 3.5（b）为 $U_r = 7$ 时，两种质量比情况下的柱体振动响应。图 3.5（c）为 $U_r = 7$ 时，两种质量比情况下的柱体振动响应对应的频谱图，从图中可以读出结构的振动响应频率。计算出两种高质量比情况下所有 U_r 对应的响应频率，并除以柱体的固有频率得到图 3.5（d）。从图 3.5（d）可以看出，柱体的实际振动频率 f_v 与固有频率 f_n 之比在约化速度为 4～8 之间接近于 1。说明此时发生了频率“锁定”现象，对应着图 3.5（a），在该区间内振幅相对于其他的约化速度区间显著变大。因此，用于描述涡激升力的 Van der Pol 尾流振子模型计算效率高，也基本上可以捕捉到柱体的涡激振动特性。

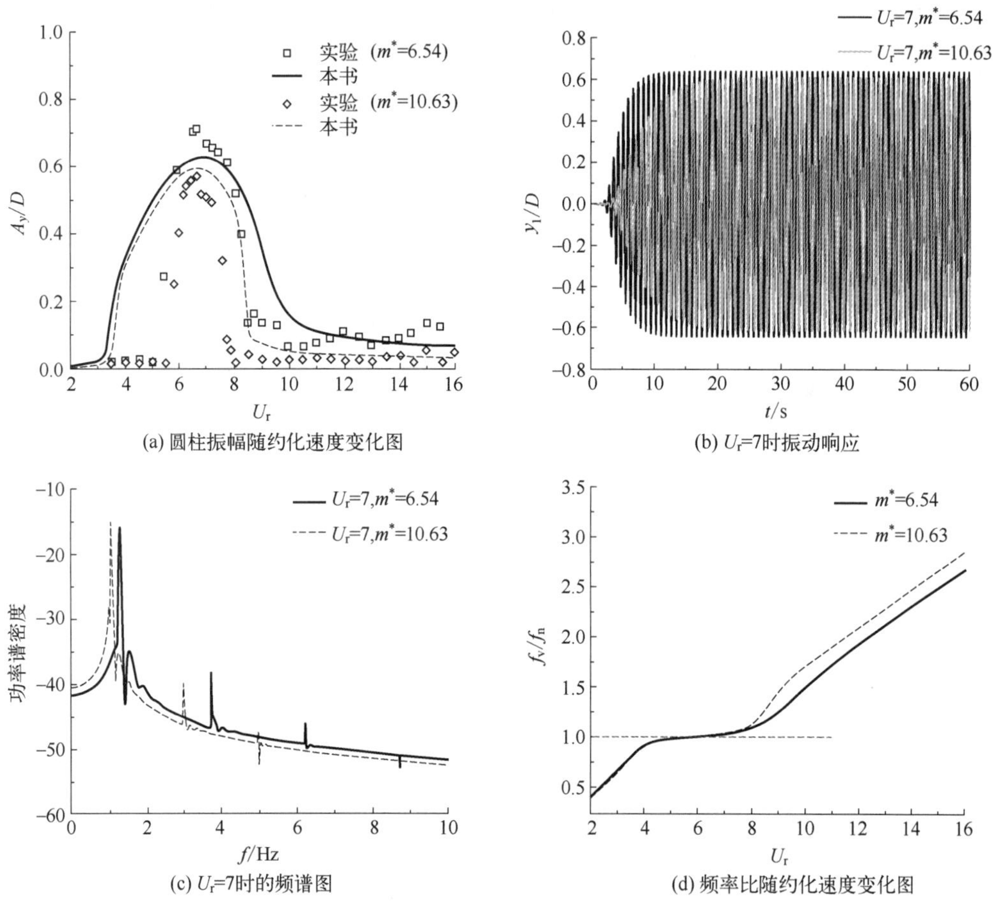

图 3.5　基于 Van der Pol 尾流振子模型的 1-DoF 柱体 VIV 计算结果

3.3.2　基于 CFD 模型的弹性支撑柱体 VIV 模型计算结果

为了建立更加准确的 VIV 模型，且考虑柱体流向对横向振动的影响，采用高保真 CFD 耦合结构动力学方程的方法研究低质量比柱体结构的涡激振动特性。低质量比柱体的涡激振动特性相比高质量比的要复杂很多，更难准确预测其涡激振动特性。以著名的 Khalak 和 Williamson 的实验模型为例验证本节基于 CFD 的 2-DoF 柱体 VIV 模型的准确性。实验模型中弹性支撑的刚性圆柱的结构参数为：$m = 2.7325\text{kg}$，$\zeta = 0.00542$，$k = 17.26\text{N}/\text{m}$，$f_n = 0.4\text{Hz}$，质量比 $m^* = 2.4$，质

量阻尼比 $m^{*}\zeta = 0.013$，约化速度 U_r 的变化范围是 0～16，相应的雷诺数从 0 增加到 7000，时间步长取 0.005s。计算模型如图 3.2 所示，所使用的嵌套网格如图 3.3 所示，计算流程如图 3.4 所示。

图 3.6（a）为计算出的弹性支撑柱体在不同约化速度下的运动轨迹，从图中可以看出，运动

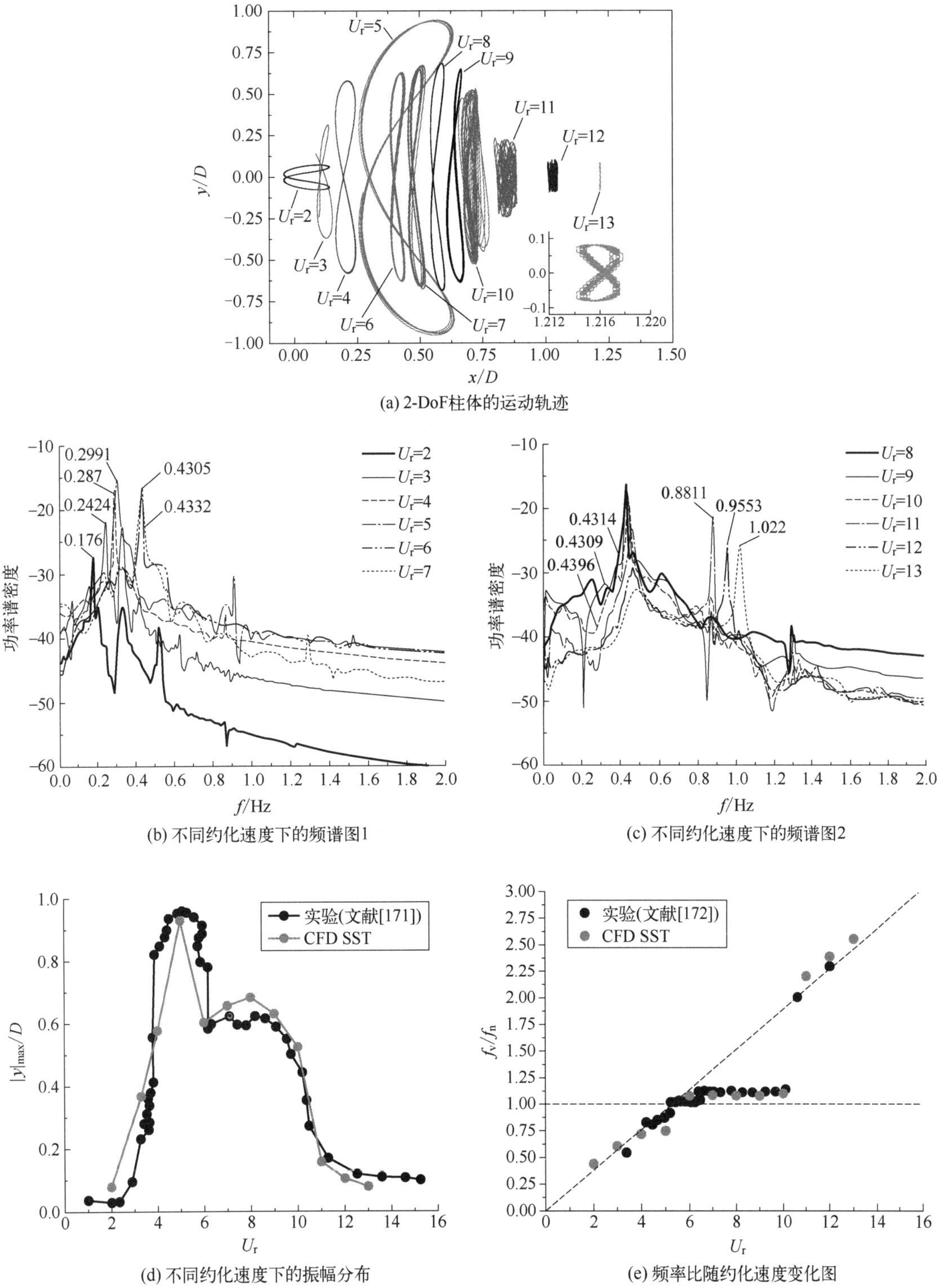

(a) 2-DoF柱体的运动轨迹

(b) 不同约化速度下的频谱图1

(c) 不同约化速度下的频谱图2

(d) 不同约化速度下的振幅分布

(e) 频率比随约化速度变化图

图 3.6　基于 CFD 模型的 2-DoF 柱体 VIV 计算结果

轨迹基本上都是“8”字形，横向振幅比来流向振幅大很多。U_r=4～10时，柱体的振幅相对其他的约化速度较大。对图3.6（a）中的柱体的振动响应一一作频谱分析，得到图3.6（b）、（c）。用图3.6（a）中的运动轨迹的最大幅值以及图3.6（b）、（c）里的频率响应画出图3.6（d）和（e），与实验数据对比，误差较小，验证了此计算方法的正确性。从图3.6（d）可以看出，数值仿真出3种响应分支：当U_r=3～4时，原始分支向上端分支转变；当U_r=5～6时，出现下端分支；从U_r=11开始，圆柱体的响应位移又回落到一个很小的数值。在上端分支中振幅达到最大值0.98，而在下端分支中振幅最大值0.642。从图3.6（e）可以看出，在频率“锁定”区间U_r=4～10内，柱体的实际振动频率f_v与固定柱体的涡脱频率f_{St}分离，不再符合St与Re关系图。同时，柱体的实际振动频率f_v与柱体固有频率f_n比值稳定在1.15附近。而在解锁区域，柱体的实际振动频率f_v与固定柱体的涡脱频率f_{St}相同，这与前人的实验结果大致相同。相比图3.5（a），从图3.6也可以看出低质量比情况下频率“锁定”区间较大。

如图3.7所示，增加了U_r=4.3、4.5时的柱体最大横向振幅计算结果，并对比了文献[118]、[175]的仿真结果，本节的计算结果更贴近实验数据，尤其在上分支处，文献[118]、[175]都未能较好地预测到上分支。文献[118]、[175]采用的都是非结构化网格，单自由度柱体振动模拟，且文献[161]的非结构化网格数量相比文献[118]少很多，因此文献[175]计算结果误差最大。相比之下，体现了本节所采用的嵌套网格技术具有突出优势，不仅可以使用高质量的结构化网格，又可以考虑来流向振动，且不会出现负网格导致计算失败的问题。

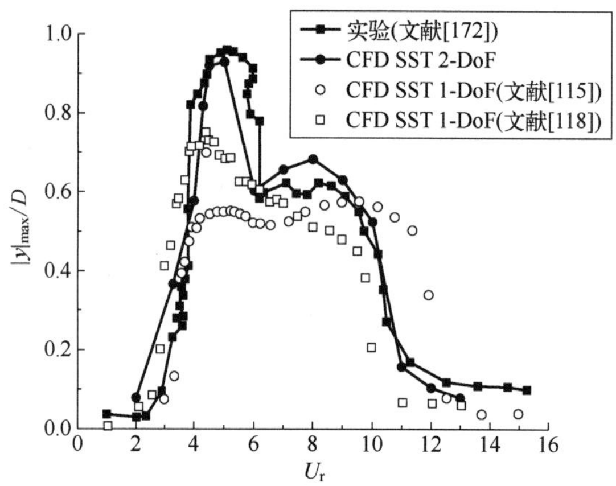

图3.7　不同约化速度下的柱体最大横向振幅分布

由图3.6（b）可知，$U_r=5$时的响应频率为0.2991Hz，那么周期T=3.34s，$U_r=5$时的横向振幅最大。图3.8给出了$U_r=5$时弹性支撑柱体75～78.5s的涡量云图，包含了一个周期的运动。从图中可以看出，$U_r=5$时的涡脱模式为P+S模式（即一个涡脱周期内有1个单个涡+1对涡形成）。Govardhan 和 Williamson 的实验研究表明一般在柱体振幅较大时候涡脱模式为P+S或者2P（即在一个涡脱周期内有2对尾涡形成），在振幅较小的时候涡脱模式为2S（即在一个涡脱周期内有2个单独的尾涡形成）。图3.8中的黑虚线为柱体的原始位置，红点为柱体当前时刻的中心位置，从图中可以看出，柱体振动游走的轨迹是一个“8”字形，与图3.6（a）仿真结果一致。

图3.9、图3.10分别为$U_r=2$和13时弹性支撑柱体75～78.5s的涡量云图。从图3.9和图3.10都可以看出，柱体尾迹的涡脱模式为2S，同时可以看到柱体相对原始位置振幅很小。另外，从图3.10中还可以看出，当$U_r=13$时，柱体相对原始位置来流向方向有较大的变形，但

是来流向的振幅很小（图中黑色虚线为柱体原始位置）。本节对于柱体涡量云图仿真结果与前人实验研究结论一致。

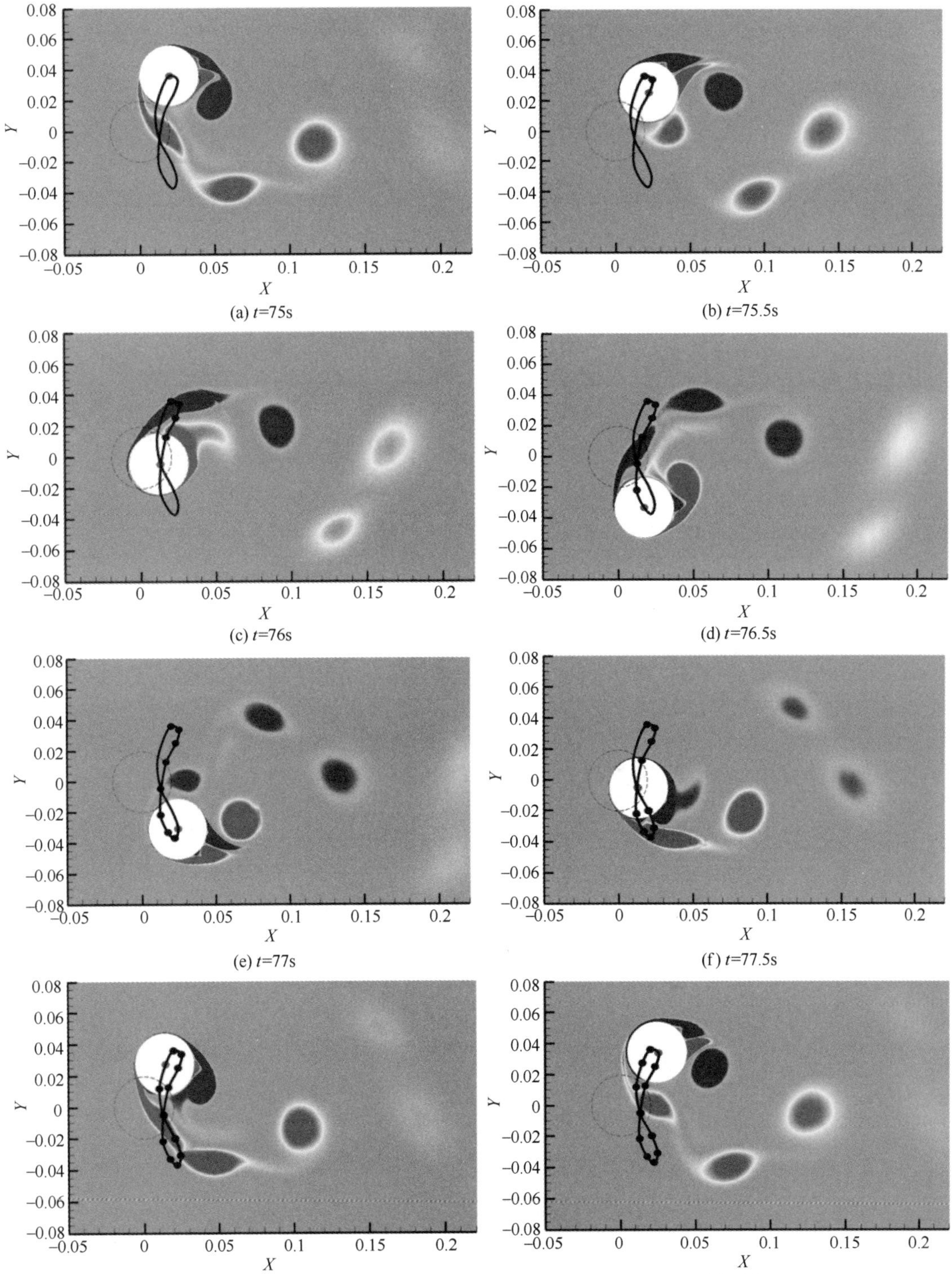

(a) t=75s　(b) t=75.5s

(c) t=76s　(d) t=76.5s

(e) t=77s　(f) t=77.5s

(g) t=78s　(h) t=78.5s

图 3.8　$U_r=5$ 时，不同时刻的涡量云图（周期 T=3.34s）

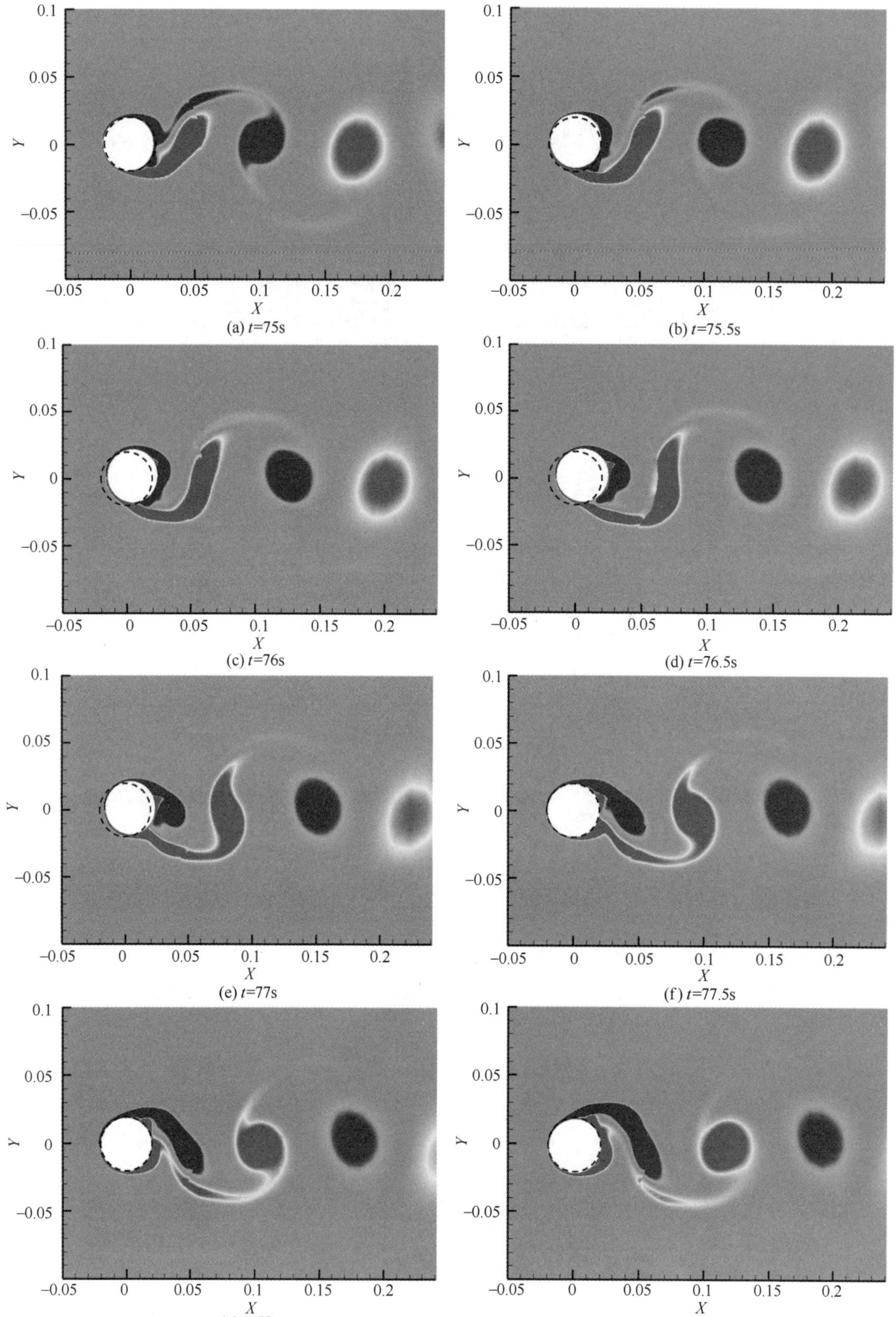

(a) t=75s (b) t=75.5s (c) t=76s (d) t=76.5s (e) t=77s (f) t=77.5s (g) t=78s (h) t=78.5s

图 3.9 $U_r = 2$ 时，不同时刻的涡量云图（周期 T=5.68s）

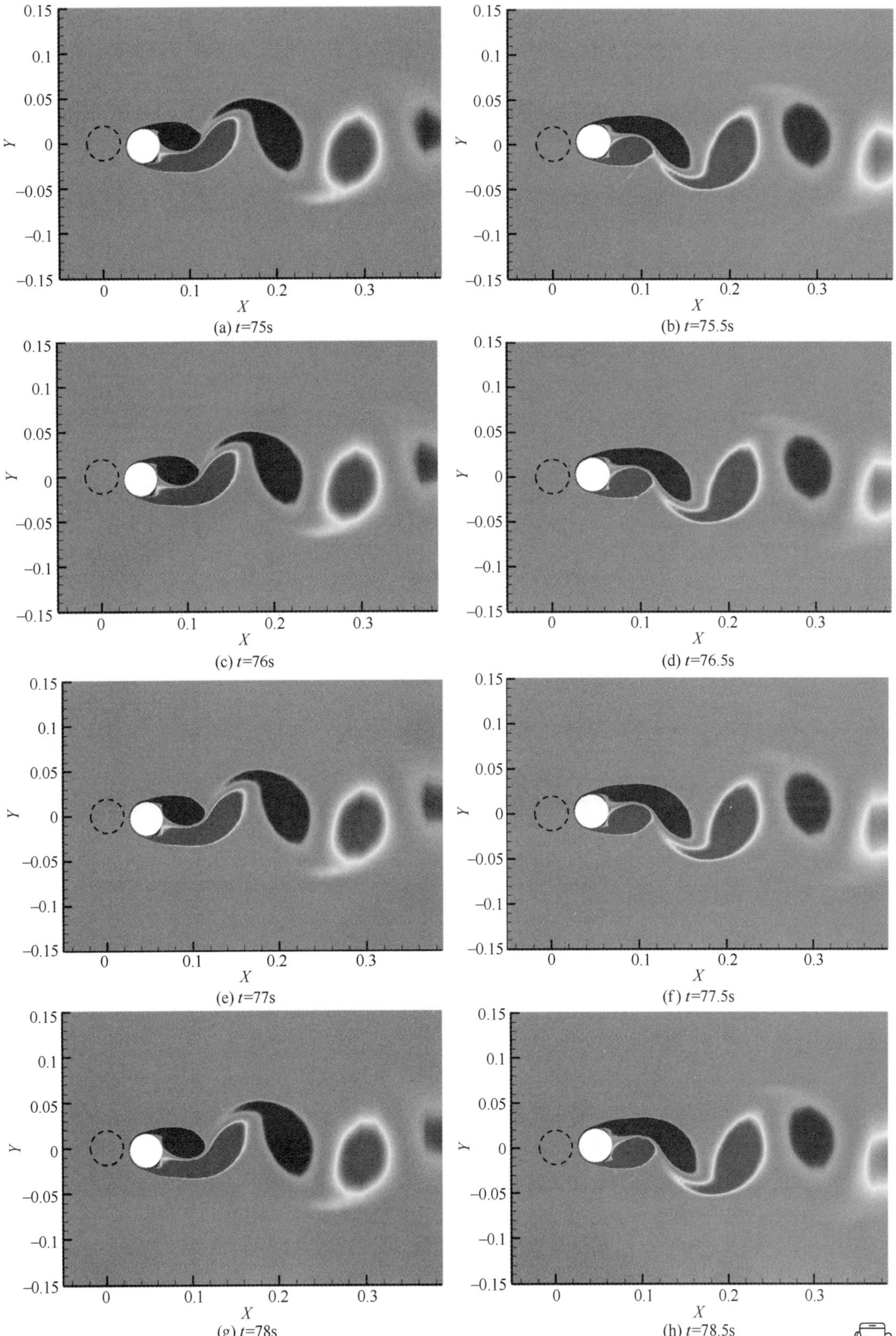

图 3.10　$U_r=13$ 时，不同时刻的涡量云图（周期 T=0.98s）

本书建立的CFD柱体涡激振动模型计算结果如图3.11所示。计算结果表明，基于CFD双向耦合的涡激振动模型具有较高的仿真精度，相比Van der Pol 尾流振子模型能更好地捕捉到“锁定”区间内的最大振幅以及可以更为准确地预测频率“锁定”区间范围，但是计算效率远远小于Van der Pol尾流振子模型。同样的单核CPU计算条件下，采用CFD二维弹性支撑柱体涡激振动仿真系统计算一个工况需要50h左右，而采用Van der Pol尾流振子模型仅需要10s左右的时间。因此本章建立的CFD模型更适用于涡激振动现象的机理研究。而对于计算量巨大的三维柱体结构涡激振动，则可以使用Van der Pol尾流振子模型结合MSTMM进行快速仿真预测。

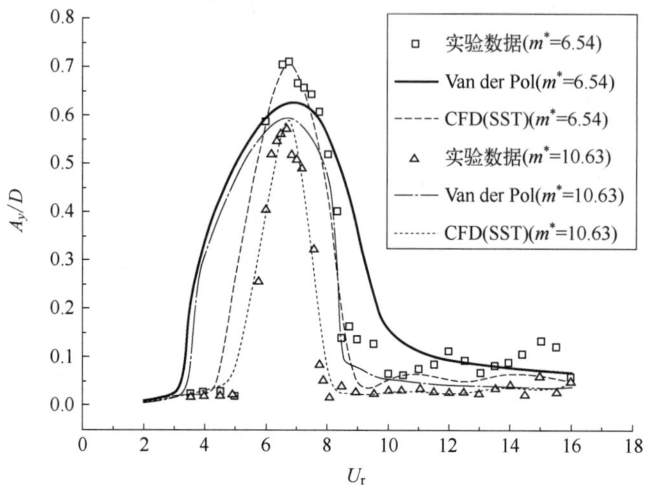

图3.11　圆柱振幅随约化速度变化图

3.4 安装NES的二维弹性支撑柱体涡激振动减振

3.4.1 NES简介

NES是一种无优先抑制频率的被动减振器[179,180]，与调谐质量阻尼器（TMD）和调谐液体阻尼器（TLD）的窄频带不同，它能在较宽的频率范围内实现能量捕获，将主要结构中的能量传递到NES并通过其阻尼器耗散掉。NES已应用于各种工程领域，以减轻不必要的结构振动，如复合材料层合板、航天器和汽车传动系统[181-183]。由于其强烈的惯性非线性，NES具有定向能量传递（TET）的特性，即能量从主结构单向不可逆地传递到NES[179,184]。

目前，被用于抑制柱体涡激振动的NES主要有两种类型，即平动非线性能量阱（translational NES，T-NES）和旋转非线性能量阱（rotational NES，R-NES）。如图3.12所示为两种NES作用在柱体内部的结构示意图。从图中可以看出，T-NES由具有立方非线性的弹簧k_{nes}、线性阻尼器c_{nes}和质量振子m_{nes}构成，质量振子通过弹簧和阻尼器与柱体结构相连。而R-NES由一顶端附有质量块m_N的刚性杆构成，该质量块能以固定半径r绕圆柱体轴线旋转，传递到R-NES上的能量通过其上的线性阻尼器c_N耗散。由于NES对柱体结构振动的改变，来流中流体力作用也会因为柱体运动轨迹的变化而产生相应改变，即产生流固耦合作用。因此，需建立合理的NES作用下的2-DoF柱体涡激振动模型对柱体减振进行研究。本节分别使用CFD模型和Van der Pol尾流振子模型对 NES 作用下的柱体涡激振动进行预测。

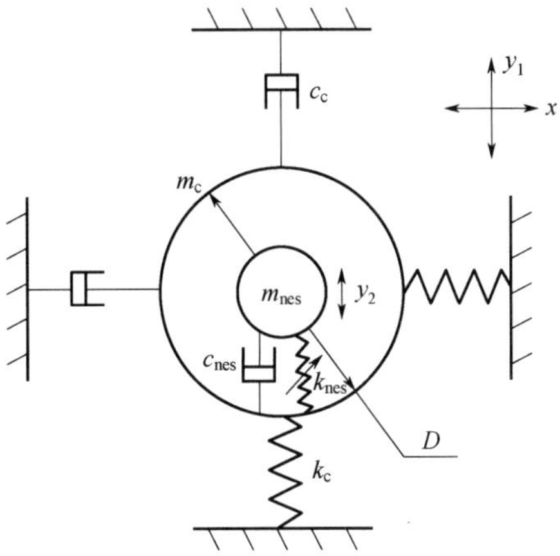

(a) 包含T-NES的二维弹性支撑柱体

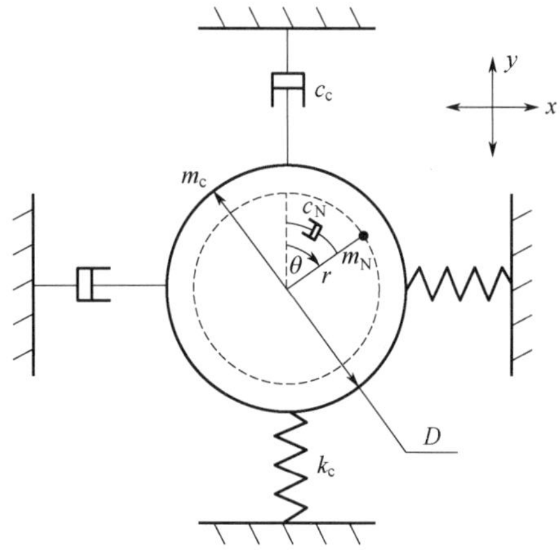

(b) 包含R-NES的二维弹性支撑柱体

图 3.12　包含 NES 的 2-DoF 柱体

3.4.2　基于 Van der Pol 尾流振子模型的 R-NES 减振

从图 3.12（b）中包含 R-NES 的柱体结构中可以看出，该结构的非线性本质为 R-NES 中质量块的转动与圆柱结构运动之间的惯性耦合。同样，R-NES 可以放置在空心圆柱的内部，不改变柱体几何外形。定义本节模型中无量纲参数如下：

$$X=\frac{x}{D},\quad Y=\frac{y}{D},\quad \tau=\omega_{St}t \tag{3.11}$$

式中，ω_{St} 为旋涡脱落频率，则 $St=\omega_{St}D/(2\pi U)$。

由于 R-NES 中质量块为圆周运动，单自由度模型难以表现出旋转质量块对圆柱的作用，因此选择改进的双自由度尾流振子模型[50]对柱体中的流体力进行仿真。该模型考虑了柱体流向和横向振动耦合，无量纲形式的模型如下：

$$\ddot{X}+2\zeta_x\Omega\dot{X}+\Omega^2X=\frac{C_{VX}}{2\pi^3St^2(m^*+C_a)} \tag{3.12a}$$

$$\ddot{Y}+2\zeta_y\Omega\dot{Y}+\Omega^2Y=\frac{C_{VY}}{2\pi^3St^2(m^*+C_a)} \tag{3.12b}$$

$$\ddot{q}+\varepsilon(q^2-1)\dot{q}+q-\kappa\frac{\ddot{X}}{\ddot{X}^2+1}q=A\ddot{Y} \tag{3.12c}$$

式中，$q=2C_{VL}/C_{L_0}$；$\Omega=\omega_0/\omega_{St}$；$\varepsilon$、$A$ 和 κ 都为调谐参数；上标（•）代表对时间的导数；C_a 为附加质量系数。

其中流向力系数和横向力系数为：

$$\begin{aligned}C_{VX}=&\left[C_{DM}(1-2\pi St\dot{X})+C_{VL}2\pi St\dot{Y}\right]\sqrt{(1-2\pi St\dot{X})^2+(2\pi St\dot{Y})^2}\\&+\alpha C_{VL}^2(1-2\pi St\dot{X})\,|1-2\pi St\dot{X}|\end{aligned} \tag{3.13a}$$

$$C_{VY}=\left[-C_{DM}2\pi St\dot{Y}+C_{VL}(1-2\pi St\dot{X})\right]\sqrt{(1-2\pi St\dot{X})^2+(2\pi St\dot{Y})^2} \tag{3.13b}$$

式中，$C_{\mathrm{VL}}=qC_{\mathrm{L}_0}/2$；$C_{\mathrm{DM}}=C_{\mathrm{D}_0}-\alpha C_{\mathrm{L}_0}^2/2$；$C_{\mathrm{L}_0}$ 为静止刚性圆柱的升力系数，取 0.3；C_{D_0} 为静止刚性圆柱的阻力系数，取 1.2；α 为经验参数，取 2.2[50]。

根据 R-NES 结构原理图，结构内一个质量块 m_{N} 以一定旋转半径 r 绕中心轴转动，NES 内线性阻尼 c_{N} 同时将质量块运动能量耗散。系统总质量为 $M=m_{\mathrm{a}}+m_{\mathrm{c}}+m_{\mathrm{N}}$。R-NES 与流体之间没有直接接触，因此来流中的能量通过柱体的振动传递到 NES 中耗散。结合尾流振子模型，建立在 R-NES 作用下的 2-DoF 弹性支撑柱体的涡激振动模型：

$$\ddot{X}+\beta\hat{r}\left[\cos\theta\times\ddot{\theta}-\sin\theta\times(\dot{\theta})^2\right]+2\zeta\Omega\dot{X}+\Omega^2X=\frac{C_{\mathrm{V}X}}{2\pi^3St^2(m^*+C_{\mathrm{a}})} \tag{3.14a}$$

$$\ddot{Y}-\beta\hat{r}\left[\sin\theta\times\ddot{\theta}+\cos\theta\times(\dot{\theta})^2\right]+2\zeta\Omega\dot{Y}+\Omega^2Y=\frac{C_{\mathrm{V}Y}}{2\pi^3St^2(m^*+C_{\mathrm{a}})} \tag{3.14b}$$

$$\ddot{\theta}+\frac{1}{\hat{r}}(\cos\theta\times\ddot{X}-\sin\theta\times\ddot{Y})+2\zeta_\theta\Omega\dot{\theta}=0 \tag{3.14c}$$

$$\ddot{q}+\varepsilon(q^2-1)\dot{q}+q-\kappa\frac{\ddot{X}}{\ddot{X}^2+1}q=A\ddot{Y} \tag{3.14d}$$

式中，θ 为旋转角度，以图 3.12（b）中所示虚线位置为起点，ζ_θ 为 NES 阻尼比，$\zeta_\theta=c_{\mathrm{N}}/(2m_{\mathrm{N}}r^2\omega_0)$。式中还包含 R-NES 的无量纲结构参数：无量纲质量参数 $\beta=m_{\mathrm{N}}/(m_{\mathrm{c}}+m_{\mathrm{a}}+m_{\mathrm{N}})$，无量纲阻尼参数 $\zeta=c_{\mathrm{N}}/c_{\mathrm{c}}$，无量纲旋转半径 $\hat{r}=r/D$。

编制的在 R-NES 作用下的 2-DoF 弹性支撑柱体 VIV 模型的 MATLAB 程序如下：

```
clc
clear
global CD0 CL0 CDM omega St epsilon mratio ca kappa ke_si A alpha mnew rr kesi_thi
Ur=8;
d=0.0554;
rou=1000;
ca=1;
St=0.2;
alpha=2.2;
CL0=0.3;
CD0=1.2;
CDM=CD0-alpha*CL0^2/2;
A=10;
epsilon=0.08;
kappa=5;
ke_si=0.006;
mratio=2.36;
f0=1.711;
wn=2*pi*f0;
U=Ur(i)*f0*d;
wst=2*pi*St*U/d;
omega=wn/wst;
mnew=0.1;
cc=0.008;
rr=0.3;
r=rr*d;
```

```
M=(mratio+1)*rou*d^2*pi/4*(mnew/(1-mnew)+1);
c=2*wn*M*ke_si;
cnes=cc*c;
kesi_thi=cnes/(2*mnew*M*r^2*wn);

[t,y]=ode45(@rotativeNES2,[0:0.01:1500],[0 0 0 0 0 0 0.01 0]);
responsex=y(:,3);
responsexx=y(:,4)*wst*d;
responsey=y(:,5);
responseyy=y(:,6)*wst*d;
responsethi=y(:,1);
responsethii=y(:,2)*wst;
tt=t/wst;
figure(1)
plot(tt,responsex,'r');
figure(2)
plot(tt,responsey,'b');
figure(3)
plot(tt,responsethi,'k');
figure(4)
plot(tt,responsethii,'k');

sy=y(:,5);
Fs=1/0.01*wst;
nfft= length(sy)-1;
X=fft(sy,nfft);
X = X(1:nfft/2);
mx = 10*log10(abs(X)/(nfft/2));
f =(0:nfft/2-1)*Fs/nfft;
figure(5)
plot(f,mx,'-k','LineWidth',2);

function dy=rotativeNES2(t,y)
  global CL0 CDM omega St epsilon mratio ca kappa ke_si A alpha mnew rr kesi_thi

    y1=y(1);
    y2=y(2);
    y3=y(3);
    y4=y(4);
    y5=y(5);
    y6=y(6);
    y7=y(7);
    y8=y(8);

    CVL=0.5*y7*CL0;
CVX=(CDM*(1-2*pi*St*y4)+CVL*2*pi*St*y6)*sqrt((1-2*pi*St*y4)^2+(2*pi*St*
y6)^2)+alpha*CVL^2*(1-2*pi*St*y4)*abs(1-2*pi*St*y4);
CVY=(-CDM*2*pi*St*y6+CVL*(1-2*pi*St*y4))*sqrt((1-2*pi*St*y4)^2+(2*pi*St*
y6)^2);
```

```
        CX=CVX/(2*pi^3*St^2*(mratio+ca));
        CY=CVY/(2*pi^3*St^2*(mratio+ca));

        dy1=y2;
dy2=-((cos(y1)*CX-sin(y1)*CY+sin(y1)*2*ke_si*omega*y6-cos(y1)*2*ke_si*
omega*y4+sin(y1)*omega^2*y5-cos(y1)*omega^2*y3)/rr+2*kesi_thi*omega*y2)/(1-
mnew);
        dy3=y4;

dy4=CX-2*ke_si*omega*y4-omega^2*y3-mnew*rr*(cos(y1)*(dy2)-sin(y1)*y2^2);
        dy5=y6;

dy6=CY-2*ke_si*omega*y6-omega^2*y5+mnew*rr*(sin(y1)*(dy2)+cos(y1)*y2^2);
        dy7=y8;

dy8=A*(dy6)-epsilon*(y7^2-1)*y8-y7+kappa*(dy4/(1+dy4^2))*y7;

        dy=[dy1;
            dy2;
            dy3;
            dy4;
            dy5;
            dy6;
            dy7;
            dy8];
    end
```

使用变步长的 4 阶 Runge-Kutta 法对式（3.14）求解即可得到 R-NES 作用下的柱体振动响应。计算时间步长取 $\Delta\tau = 0.01$，计算初始条件为 $X = \dot{X} = Y = \dot{Y} = \dot{q} = 0$，$q = 0.01$。现以如下柱体的结构参数为例来研究 R-NES 对两种不同质量比的柱体结构涡激振动的影响及机理：$m^* = 2.36$，$\zeta = 0.006$，$\omega_0 = 10.75$；$m^* = 6.54$，$\zeta = 0.006$，$\omega_0 = 7.92$。

$m^* = 6.54$ 的圆柱内安装的 R-NES 结构参数为 $\beta = 0.1$，$\hat{r} = 0.3$，$\xi = 0.002$。如图 3.13 所示为柱体横向振幅随着来流速度的数据分布。图中还对四种不同的来流速度捕捉到了具有代表性的几种柱体运动轨迹。从图中可以看出，当来流速度在柱体共振区间时，R-NES 作用效果比较强（$U_r = 7$、$U_r = 6$ 柱体振幅有效减小），圆柱运动轨迹都呈现出比较混乱的状态，没有体现出运动规律。带有 R-NES 的柱体虽然流向振动振幅增大，但运动轨迹在流向上更接近初始位置。当 $U_r = 8$ 时，柱体振幅较小，R-NES 也并没有体现出对柱体振动的抑制效果，圆柱按固定的轨迹运动，并且流向上的振幅反而有些许增大。在 $U_r = 4.6$ 的来流中，VIV 处于频率锁定初期，柱体运动轨迹不同于原来单个柱体时的“8”字形运动，也不是毫无规律的混乱运动，而是沿着另一种复杂的固定轨迹运动。有序的运动轨迹反映出 R-NES 可能并不能发挥出定向能量传递作用。

当 R-NES 对圆柱 VIV 抑制效果比较强烈时，柱体的运动路径比较无序，此时 R-NES 内置质量块运动方式也会产生变化。如图 3.14 所示为圆柱在四种流速下的柱体横向振动响应和质量块位移，横向振动响应图中的虚线表示单个圆柱 VIV 时的振幅。当 $U_r = 8$ 时，R-NES 质量块只在较小的固定角度内往返运动，此时柱体中能量只有较少一部分能传到 R-NES 中并通过 R-NES 线性阻尼耗散掉。而在 $U_r = 7$ 和 $U_r = 6$ 时，当 R-NES 作用效果比较强时，质量块运动方式较无规则，质量块在不定时间段内进行单向高速的圆周运动。在图 3.14（b）、（c）中的标底色部分，柱体横向振动的减弱通常都伴随着在这个时间段内质量块以较高的角速度单向旋转。当圆柱从来流中获得的能量传递到了质量块的运动中，质量块以较高的角速度旋转。在高速运动中 R-NES 线性阻尼

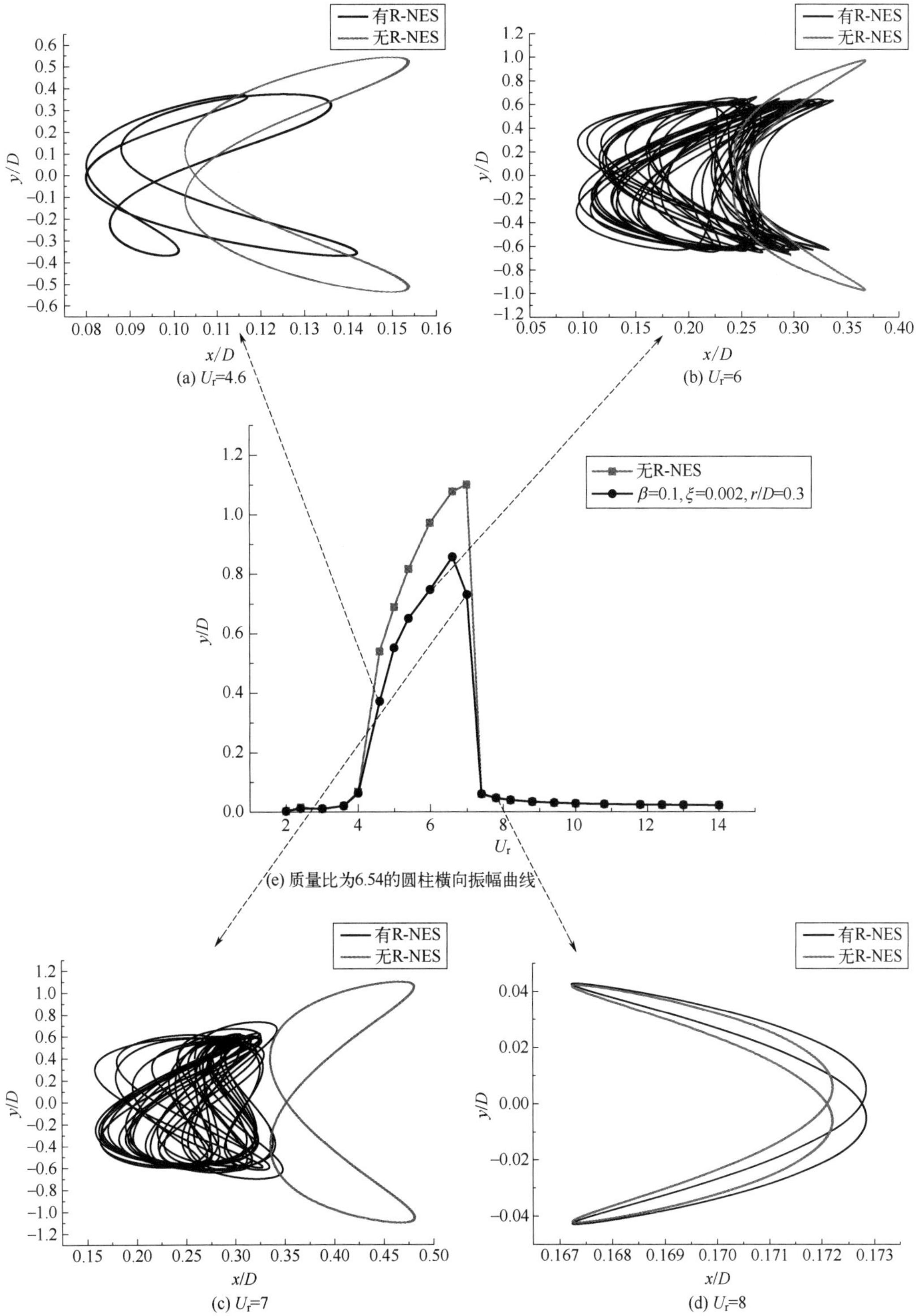

(a) U_r=4.6　(b) U_r=6

(e) 质量比为6.54的圆柱横向振幅曲线

(c) U_r=7　(d) U_r=8

图 3.13　质量比为 6.54 的圆柱在各流速下的计算结果

对能量消耗的效率也更高，最终反映在柱体横向振动的减弱上。在该质量比圆柱的三种 R-NES 作用机制中，R-NES 质量块以高角速度无序转动时最能达到对柱体 VIV 抑制的理想状态，此时柱体的运动轨迹也比较无序。

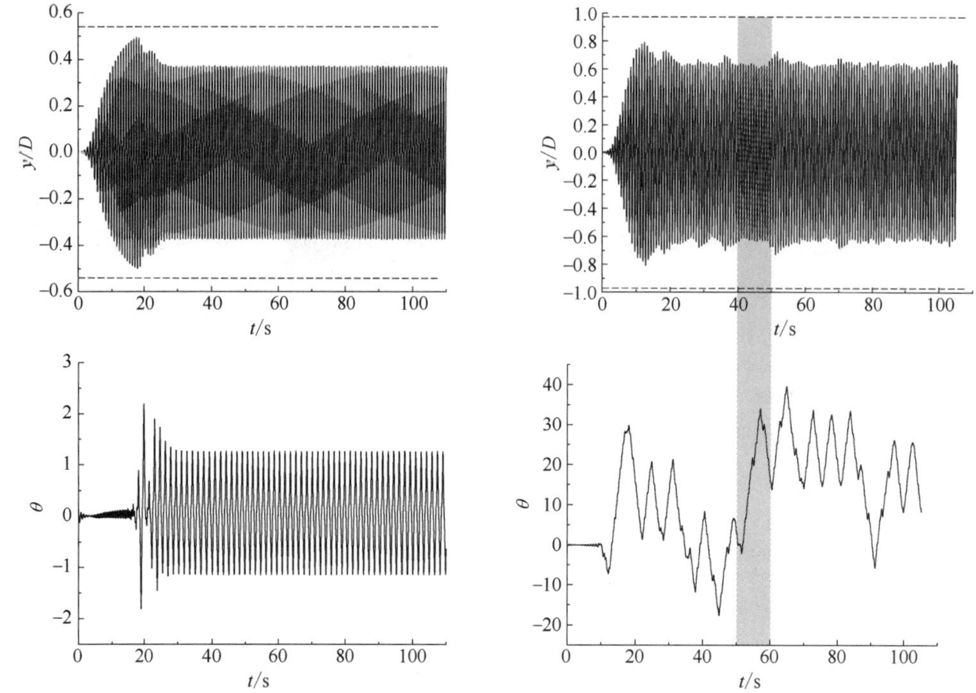

(a) U_r=4.6　　(b) U_r=6

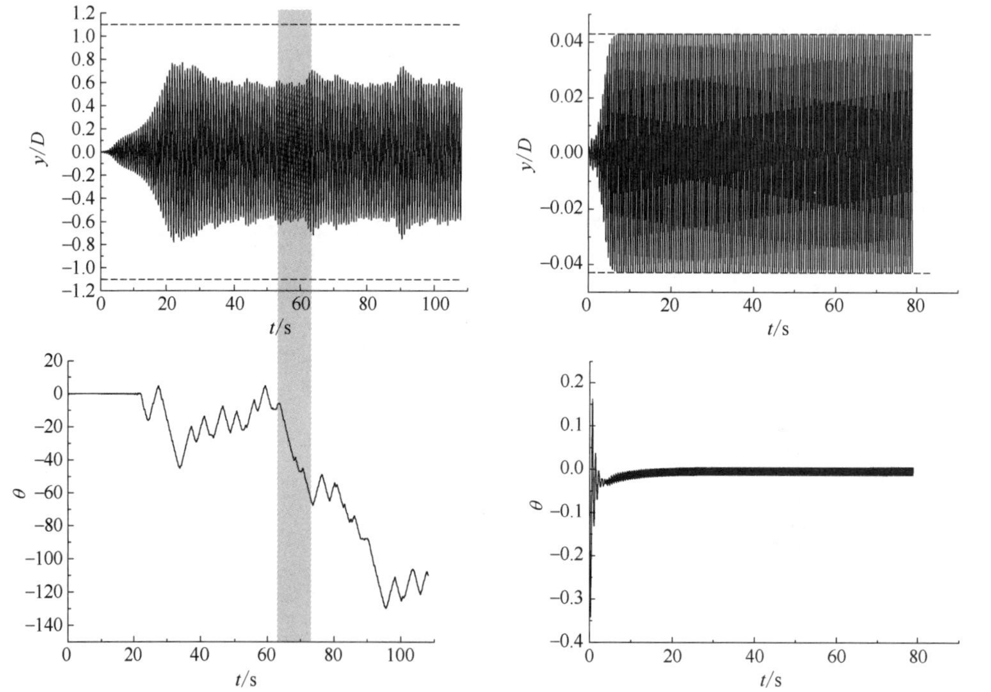

(c) U_r=7　　(d) U_r=8

图 3.14　质量比为 6.54 的圆柱横向振动响应和 R-NES 质量块位移

图 3.15 给出柱体在不同速度下横向振动的频率，图 3.15（a）～（d）为横向振动响应经过小波变换后生成的时频云图。从图中可以看出，在 R-NES 作用下柱体横向振动的主要频率保持不变，频率锁定现象依旧发生。但在柱体涡激振动得到明显抑制的风速下，柱体振动频率出现波动，如图 3.15（b）、（c）中所展示的。柱体振动频率的波动由 R-NES 的间歇作用产生，因此此时也对柱体的涡激振动产生了抑制效果。

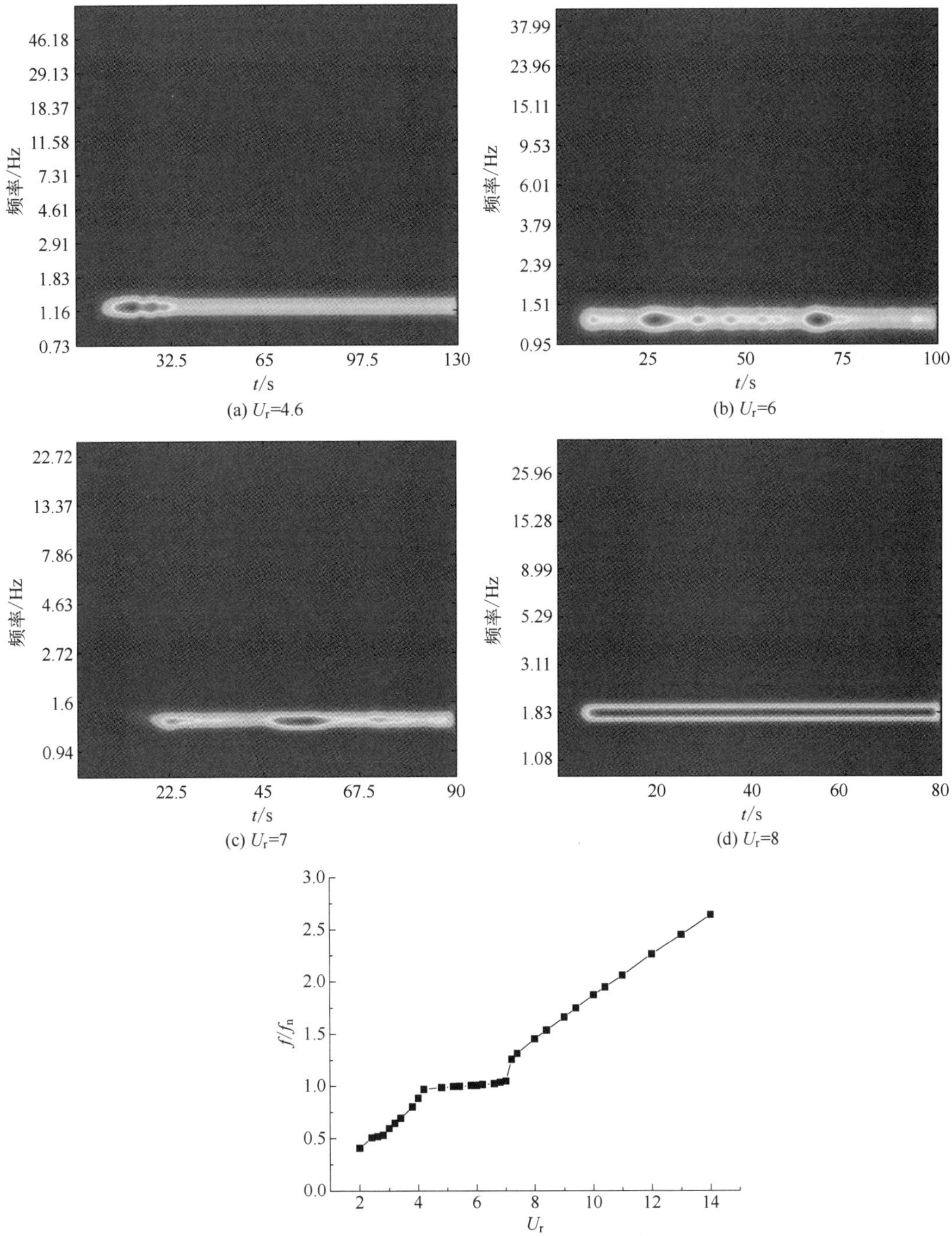

(a) U_r=4.6

(b) U_r=6

(c) U_r=7

(d) U_r=8

(e) 质量比为6.54的圆柱在不同约化速度下的频率比分布

图 3.15　质量比为 6.54 的圆柱的横向振动频谱

为了观察到更清晰的柱体动力学特征，针对 $m^* = 2.36$ 的圆柱选择的 R-NES 结构参数为 $\beta = 0.1, \xi = 0.008, \hat{r} = 0.3$。如图 3.16 所示为 $m^* = 2.36$ 的柱体在 R-NES 作用下的振幅曲线对比和两种来流速度下的运动轨迹。在两种速度下，柱体都按固定轨迹运动，与单个柱体 VIV 时的运动轨迹相似。图中没有出现 $m^* = 6.54$ 圆柱中出现的无规则运动现象，而柱体的横向振幅也几乎没有减小。

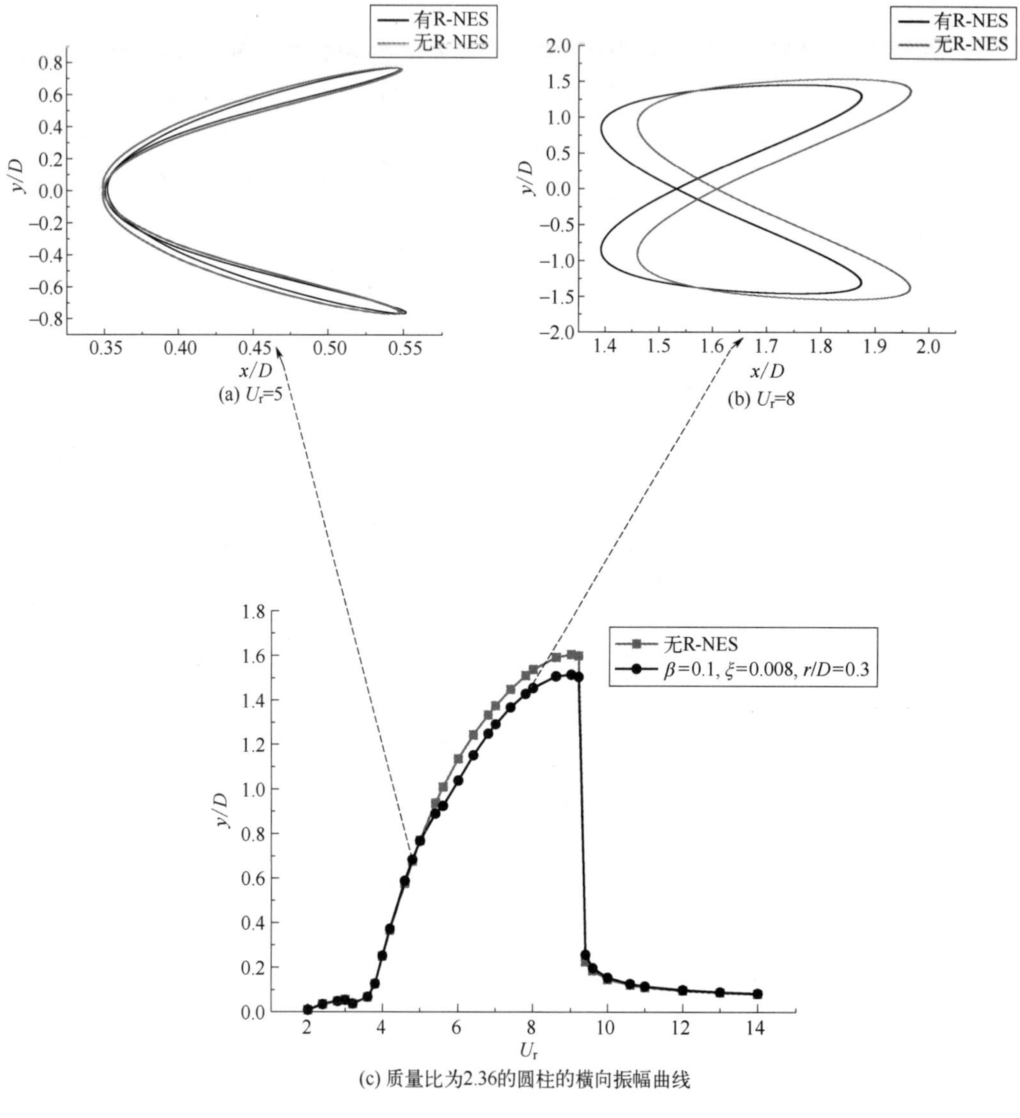

图 3.16　质量比为 2.36 的圆柱在各流速下的计算结果

图 3.17 中展示了在 $U_r = 5$ 和 $U_r = 8$ 情况下，柱体的横向振动响应和 R-NES 中旋转质量块的位移。图中显示，在两种流速下 R-NES 质量块都以相同模式运动。两者的区别在于，共振区间内的流速下，质量块来回振荡的范围更大、速度更快，因此 R-NES 线性阻尼单位时间内耗散的能量更多。所以当 $U_r = 8$ 时，R-NES 对柱体横向 VIV 的减振效果比 $U_r = 5$ 时更明显。同样基于小波变换展示出柱体在这两种速度下横向振动频率随时间的变化，如图 3.18 所示。图中柱体振动频率随

时间保持不变，对应 R-NES 产生的减振效果也较差。根据以上的现象可以推断，当 R-NES 对柱体 VIV 产生明显的抑制作用时，柱体振动频率通常存在波动变化。

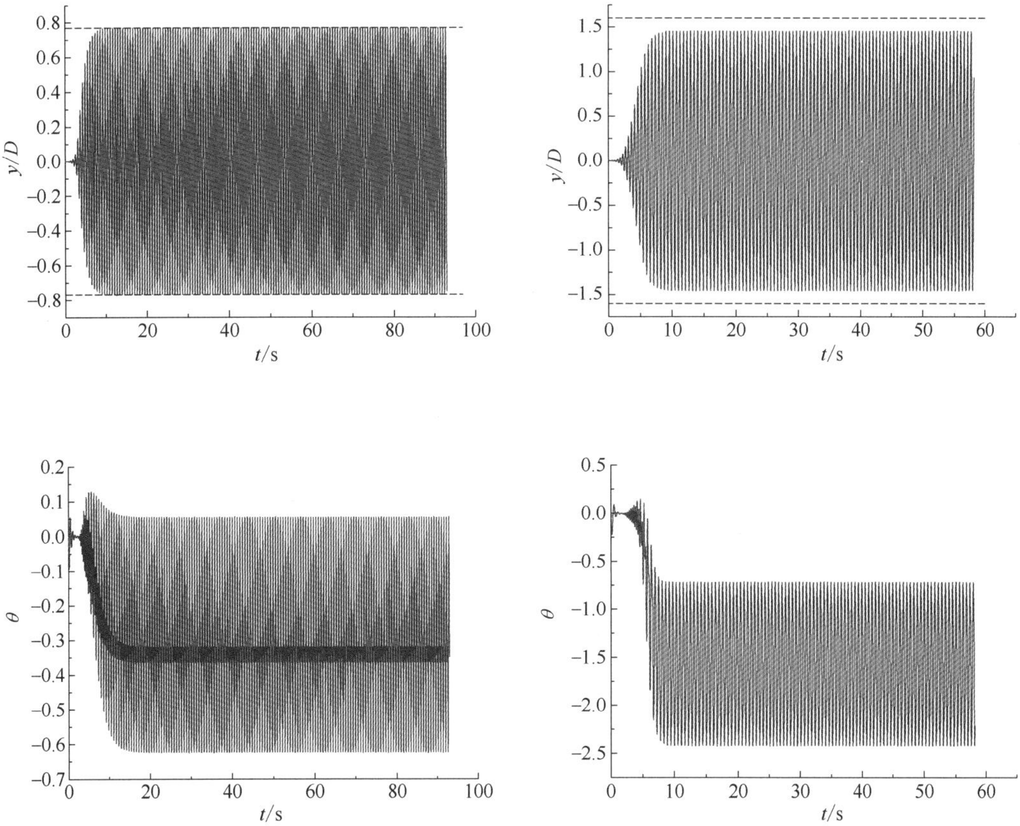

(a) U_r=5　　(b) U_r=8

图 3.17　质量比为 2.36 的圆柱的横向振动响应和 R-NES 质量块位移

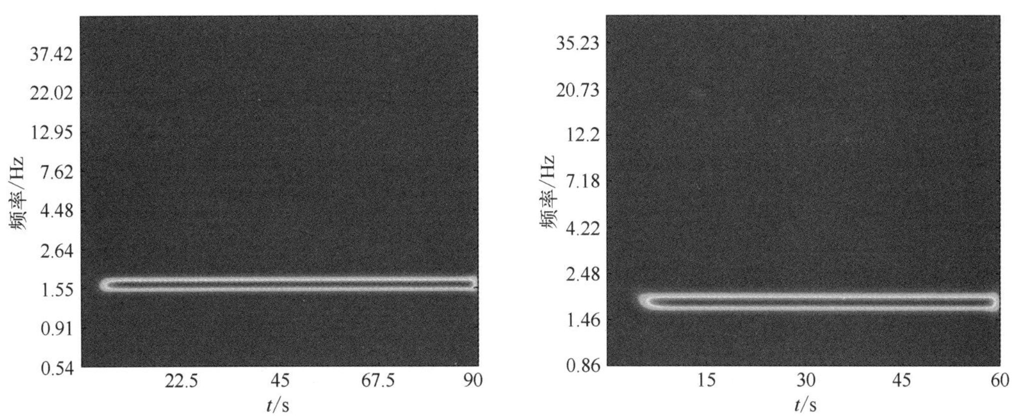

(a) U_r=5　　(b) U_r=8

图 3.18

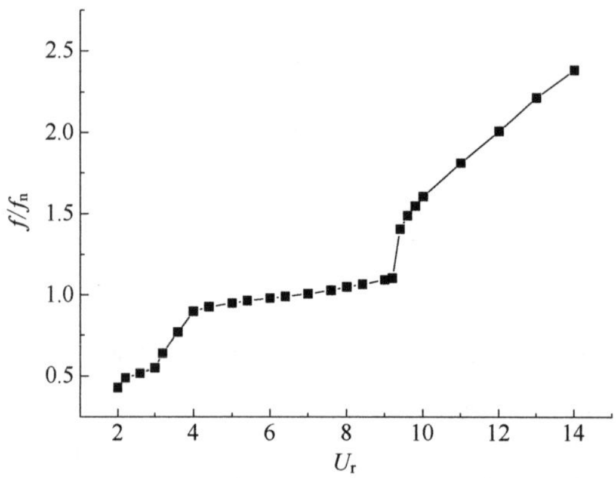

(c) 质量比为2.36的圆柱在不同约化速度下的频率比分布

图 3.18　质量比为 2.36 的圆柱的横向振动频谱

3.4.3　基于 CFD 模型的 T-NES 减振

根据图 3.12（a）中安装在柱体内部的 T-NES 结构示意图，可以建立 T-NES 作用下的柱体结构动力学模型。图中 T-NES 的质量为 m_{nes}、阻尼为 c_{nes}、立方非线性弹簧刚度为 k_{nes}。非线性的回复力满足关系式：$F = k_{\mathrm{nes}} y_2^3$，即 T-NES 具有硬化立方非线性刚度的特性。柱体自身质量为 m_{c}，阻尼为 c_{c}，弹簧刚度为 k_{c}。结合式（3.1），T-NES 作用下的 2-DoF 弹性支撑的柱体运动的控制方程为：

$$m_{\mathrm{c}}\ddot{x}_1 + c_{\mathrm{c}}\dot{x}_1 + k_{\mathrm{c}}x_1 = F_{\mathrm{D}}(t) \tag{3.15a}$$

$$(m_{\mathrm{c}} - m_{\mathrm{nes}})\ddot{y}_1 + c_{\mathrm{c}}\dot{y}_1 + k_{\mathrm{c}}y_1 + c_{\mathrm{nes}}(\dot{y}_1 - \dot{y}_2) + k_{\mathrm{nes}}(y_1 - y_2)^3 = F_{\mathrm{L}}(t) \tag{3.15b}$$

$$m_{\mathrm{nes}}\,\ddot{y}_2 + c_{\mathrm{nes}}(\dot{y}_2 - \dot{y}_1) + k_{\mathrm{nes}}(y_2 - y_1)^3 = 0 \tag{3.15c}$$

式中，x_1、y_1 表示柱体 x 和 y 方向的振动位移；y_2 是 T-NES 振子 y 方向的振动位移。式（3.15）又可以写为：

$$\ddot{x}_1 + 2\zeta\omega_0\dot{x}_1 + \omega_0^2 x_1 = \frac{1}{2}\times\frac{C_{\mathrm{D}}\rho_{\mathrm{f}}U^2 D}{m_{\mathrm{c}}} \tag{3.16a}$$

$$(1-\beta)\ddot{y}_1 + 2\zeta\omega_0\dot{y}_1 + \omega_0^2 y_1 + 2\zeta_{\mathrm{nes}}\,\omega_0(\dot{y}_1 - \dot{y}_2) + \frac{\gamma}{D^2}\omega_0^2(y_1 - y_2)^3 = \frac{1}{2}\times\frac{C_{\mathrm{L}}\rho_{\mathrm{f}}U^2 D}{m_{\mathrm{c}}} \tag{3.16b}$$

$$\beta\ddot{y}_2 + 2\zeta_{\mathrm{nes}}\,\omega_0(\dot{y}_2 - \dot{y}_1) + \frac{\gamma}{D^2}\omega_0^2(y_2 - y_1)^3 = 0 \tag{3.16c}$$

式中

$$\omega_0 = \sqrt{\frac{k}{m_{\mathrm{c}}}},\quad \zeta = \frac{c}{2\sqrt{km_{\mathrm{c}}}},\quad \zeta_{\mathrm{nes}} = \frac{c_{\mathrm{nes}}}{2\sqrt{km_{\mathrm{c}}}},\quad \beta = \frac{m_{\mathrm{nes}}}{m_{\mathrm{c}}},\quad \gamma = \frac{k_{\mathrm{nes}}D^2}{k}$$

同时，令 $\xi = \zeta_{\mathrm{nes}} / \zeta$。

以如下柱体的结构参数为例来研究 T-NES 对柱体结构涡激振动的影响及机理。柱体结构参数：$m = 15.708\mathrm{kg}$、$k = 2530.1\mathrm{N/m}$、$\zeta = 0.0013$、$D = 0.02\mathrm{m}$；柱体的湿模态频率 f_{n}=2Hz；雷诺数范围为 2300～5600，属于较高的雷诺数。包含边界条件的 T-NES 作用下的 2-DoF 柱体涡激振动模型示意图如图 3.19 所示。流场入口边界条件为速度入口，出口为压力出口，上下壁面为滑移壁面，柱体表面即动边界为无滑移壁面。初始条件为 $x_1(0) = \dot{x}_1(0) = y_1(0) = \dot{y}_1(0) = y_2(0) = \dot{y}_2(0) = 0$，时间步长为 0.005s。

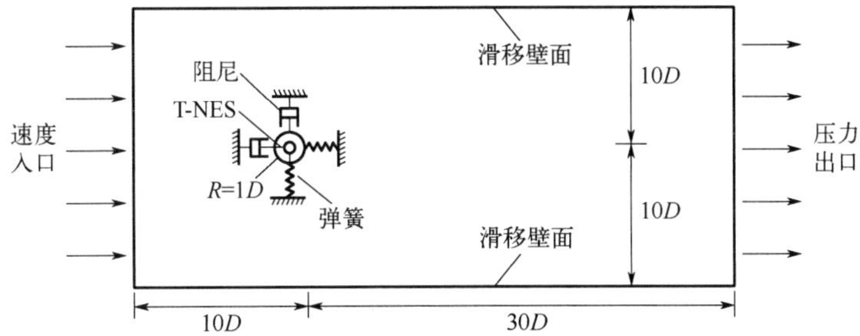

图 3.19　包含 T-NES 的 2-DoF 柱体流场

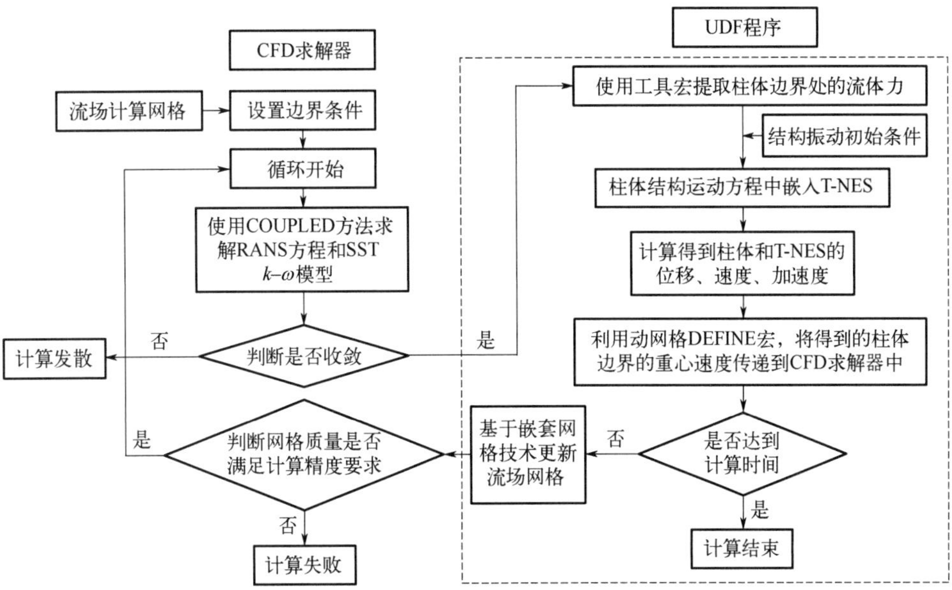

图 3.20　T-NES 作用下的 2-DoF 弹性支撑柱体 VIV 计算流程图

根据流场的边界条件开始计算，首先获得流场信息，得到柱体上的压力，然后代入包含 T-NES 的柱体结构运动方程，得到柱体边界的位移和瞬时速度，采用嵌套网格技术更新流场，并进行下一个时间的双向流固耦合计算。T-NES 作用下的 2-DoF 弹性支撑柱体 VIV 的计算流程如图 3.20 所示，编制的包含 T-NES 的 UDF 程序如下：

```
#include "udf.h"
#include "sg_mem.h"
#include "dynamesh_tools.h"
#define PI 3.1415926
#define ball1_ID 3
#define usrloop(n,m)for(n=0;n<m;++n)
#define mass 6.193536
#define beta 0.5
#define dtm 0.01
#define ke_si 0.0045
#define ke_si_nes 0.0036
#define k_nes 34.8
```

```
#define ome_ga 2.6502
real v_body1[ND_ND];
real vv_body1[2]={0.0,0.0};
real a1_ctr;
real b1_ctr;
real bb1_ctr=0;
real t=0.0;
FILE *fp;

DEFINE_EXECUTE_AT_END(save_weiyi)
{
int n;
real un,xn,Un,Xn;
real K1,K2,K3,K4;
real vn,yn,Vn,Yn,vvn,yyn,VVn,YYn;
real T1,T2,T3,T4;
real M1,M2,M3,M4;
real N1,N2,N3,N4;
real L1,L2,L3,L4;
real x_cg1[3],f_glob1[3],m_glob1[3];

Domain *domain=Get_Domain(1);
Thread
*tf1=Lookup_Thread(domain,ball1_ID);
usrloop(n,ND_ND)

x_cg1[n]=f_glob1[n]=m_glob1[n]=0;
x_cg1[0]=a1_ctr;
x_cg1[1]=b1_ctr;

if(!Data_Valid_P())
return;
Compute_Force_And_Moment(domain,tf1,x_cg1,f_glob1,m_glob1,False);

un=v_body1[0];
xn=a1_ctr;
K1=f_glob1[0]/mass-2*ke_si*ome_ga*un-ome_ga*ome_ga*xn;
K2=f_glob1[0]/mass-(un+dtm*K1/2)*2*ke_si*ome_ga-ome_ga*ome_ga*(xn+un*dtm/2);
K3=f_glob1[0]/mass-(un+dtm*K2/2)*2*ke_si*ome_ga-ome_ga*ome_ga*(xn+un*dtm/2+
dtm*dtm*K1/4);
K4=f_glob1[0]/mass-(un+dtm*K3)*2*ke_si*ome_ga-ome_ga*ome_ga*(xn+un*dtm+dtm*
dtm*K2/2);
Un=un+dtm*(K1+2*K2+2*K3+K4)/6;
Xn=xn+dtm*un+dtm*dtm*(K1+K2+K3)/6;
v_body1[0]=Un;
a1_ctr=Xn;

vn=v_body1[1];
```

```
    vvn=vv_body1[1];
    yn=b1_ctr;
    yyn=bb1_ctr;
    T1=vn;
    M1=(1/(1-beta))*(f_glob1[1]/mass-2*ke_si*ome_ga*vn-ome_ga*ome_ga*yn-2*ke_
si_nes*ome_ga*(vn-vvn)-(k_nes/mass)*(yn-yyn)*(yn-yyn)*(yn-yyn));
    N1=vvn;
    L1=(1/beta)*(-2*ke_si_nes*ome_ga*(vvn-vn)-(k_nes/mass)*(yyn-yn)*(yyn-yn)*(
yyn-yn));

    T2=vn+dtm*M1/2;
    M2=(1/(1-beta))*(f_glob1[1]/mass-2*ke_si*ome_ga*(vn+dtm*M1/2)-ome_ga*ome_
ga*(yn+dtm*T1/2)-2*ke_si_nes*ome_ga*((vn+dtm*M1/2)-(vvn+dtm*L1/2))-(k_nes/mass)*
((yn+dtm*T1/2)-(yyn+dtm*N1/2))*((yn+dtm*T1/2)-(yyn+dtm*N1/2))*((yn+dtm*T1/2)-
(yyn+dtm*N1/2)));
    N2=vvn+dtm*L1/2;
    L2=(1/beta)*(-2*ke_si_nes*ome_ga*((vvn+dtm*L1/2)-(vn+dtm*M1/2))-(k_nes/mass)*
((yyn+dtm*N1/2)-(yn+dtm*T1/2))*((yyn+dtm*N1/2)-(yn+dtm*T1/2))*((yyn+dtm*N1/2)-
(yn+dtm*T1/2)));

    T3=vn+dtm*M2/2;
    M3=(1/(1-beta))*(f_glob1[1]/mass-2*ke_si*ome_ga*(vn+dtm*M2/2)-ome_ga*ome_
ga*(yn+dtm*T2/2)-2*ke_si_nes*ome_ga*((vn+dtm*M2/2)-(vvn+dtm*L2/2))-(k_nes/mass)*
((yn+dtm*T2/2)-(yyn+dtm*N2/2))*((yn+dtm*T2/2)-(yyn+dtm*N2/2))*((yn+dtm*T2/2)-
(yyn+dtm*N2/2)));
    N3=vvn+dtm*L2/2;
    L3=(1/beta)*(-2*ke_si_nes*ome_ga*((vvn+dtm*L2/2)-(vn+dtm*M2/2))-(k_nes/mass)*
((yyn+dtm*N2/2)-(yn+dtm*T2/2))*((yyn+dtm*N2/2)-(yn+dtm*T2/2))*((yyn+dtm*N2/2)-(yn+
dtm*T2/2)));

    T4=vn+dtm*M3;
    M4=(1/(1-beta))*(f_glob1[1]/mass-2*ke_si*ome_ga*(vn+dtm*M3)-ome_ga*ome_ga*
(yn+dtm*T3)-2*ke_si_nes*ome_ga*((vn+dtm*M3)-(vvn+dtm*L3))-(k_nes/mass)*((yn+
dtm*T3)-(yyn+dtm*N3))*((yn+dtm*T3)-(yyn+dtm*N3))*((yn+dtm*T3)-(yyn+dtm*N3)));
    N4=vvn+dtm*L2;
    L4=(1/beta)*(-2*ke_si_nes*ome_ga*((vvn+dtm*L3)-(vn+dtm*M3))-(k_nes/mass)*((yyn
+dtm*N3)-(yn+dtm*T3))*((yyn+dtm*N3)-(yn+dtm*T3))*((yyn+dtm*N3)-(yn+dtm*T3)));

    Yn=yn+dtm*(T1+2*T2+2*T3+T4)/6;
    Vn=vn+dtm*(M1+2*M2+2*M3+M4)/6;
    YYn=yyn+dtm*(N1+2*N2+2*N3+N4)/6;
    VVn=vvn+dtm*(L1+2*L2+2*L3+L4)/6;

    v_body1[1]=Vn;
    vv_body1[1]=VVn;
    b1_ctr=Yn;
```

```
bb1_ctr=YYn;
t+=dtm;

fp=fopen("ball1_x.txt","a+");
fprintf(fp,"%5f,%.16f\n",t,x_cg1[0]);
fclose(fp);
fp=fopen("ball1_y.txt","a+");
fprintf(fp,"%5f,%.16f\n",t,x_cg1[1]);
fclose(fp);
fp=fopen("ball1_y2.txt","a+");
fprintf(fp,"%5f,%.16f\n",t,bb1_ctr);
fclose(fp);
}

DEFINE_CG_MOTION(ball1,dt,vel,omega,time,dtime)
{
NV_S(vel,=,0.0);
NV_S(omega,=,0.0);
vel[0]=v_body1[0];
vel[1]=v_body1[1];
}
```

本节基于 CFD 模型和结构动力学原理分别建立安装和未安装 T-NES 的 2-DoF 柱体涡激振动模型，研究 T-NES 作用下的弹性支撑 2-DoF 柱体涡激振动特性。图 3.21～图 3.23 分别为不同约化速度或计算参数情况下的安装和未安装 T-NES 的二维柱体的运动轨迹、最大横向振幅、频率比分布图。表 3.1 为$U_r=5$情况下，安装和未安装 T-NES 的柱体涡量云图对比列表。图 3.21（a）给出了未安装 T-NES 情况下柱体的运动轨迹，这些轨迹都呈“8”字形，锁定区间的范围$U_r=5$～6，在该区域内振幅较大。图 3.22（a）也给出了同样的规律。如图 3.23（a）中的未安装 T-NES 的柱体在$U_r=5$～6 区间内，频率比$f_v/f_n\approx1$，此时柱体旋涡泄放频率接近柱体固有频率。表 3.1 的左边一列为$U_r=5$，一个周期内的未安装 T-NES 柱体的涡量云图，从图中可以看出，旋涡以 2P 模式泄放，说明此时柱体振幅较大。

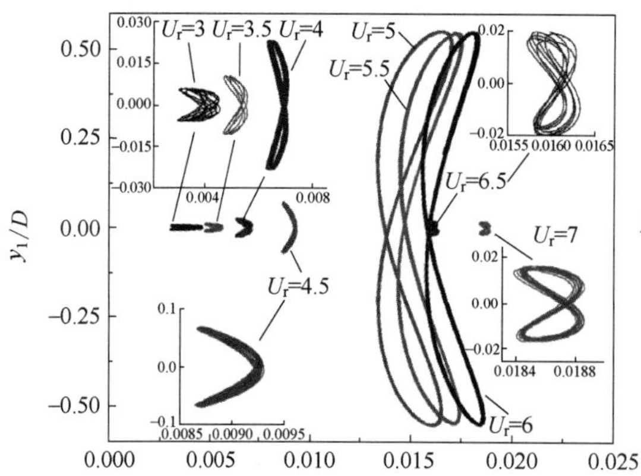

(a) 不包含(安装)T-NES

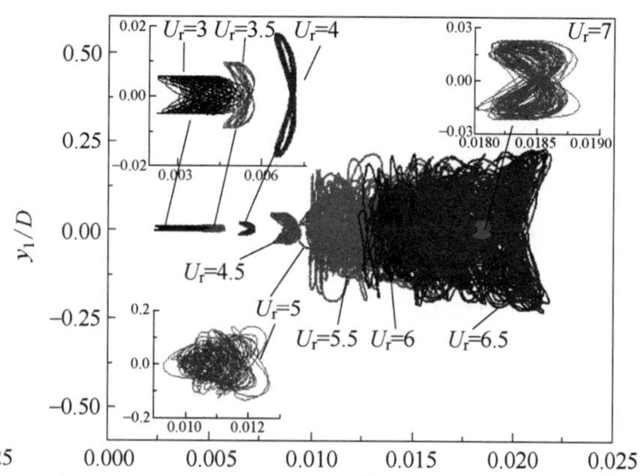

(b) 包含T-NES，β=0.1，γ=0.8，ξ=0.8

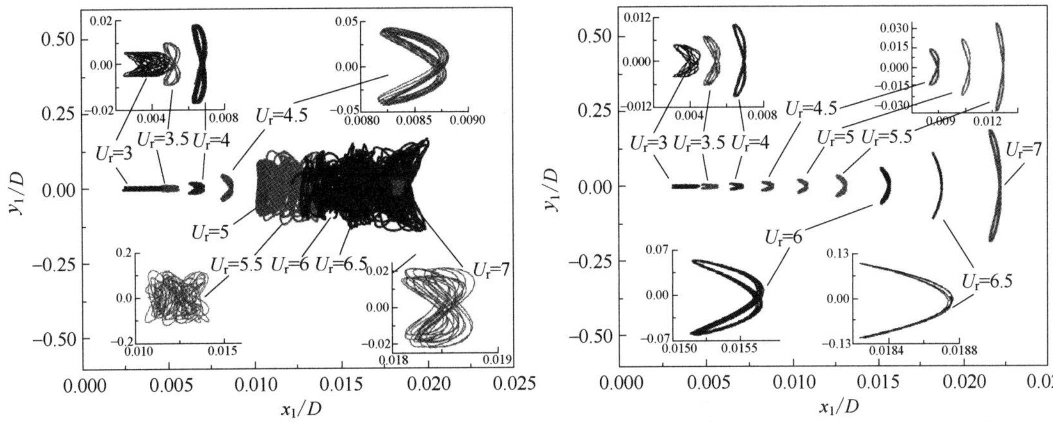

(c) 包含T-NES，β=0.1，γ=2，ξ=0.8

(d) 包含T-NES，β=0.5，γ=0.8，ξ=0.8

图 3.21　不同计算参数情况下的 2-DoF 柱体 VIV 运动轨迹

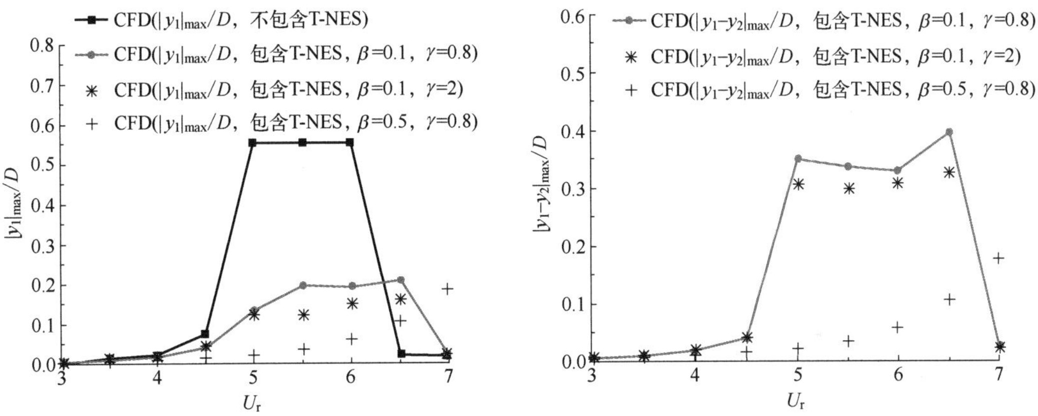

(a) 柱体最大振幅分布

(b) NES与柱体的相对位移

图 3.22　不同约化速度情况下的柱体与 T-NES 振子的振幅分布

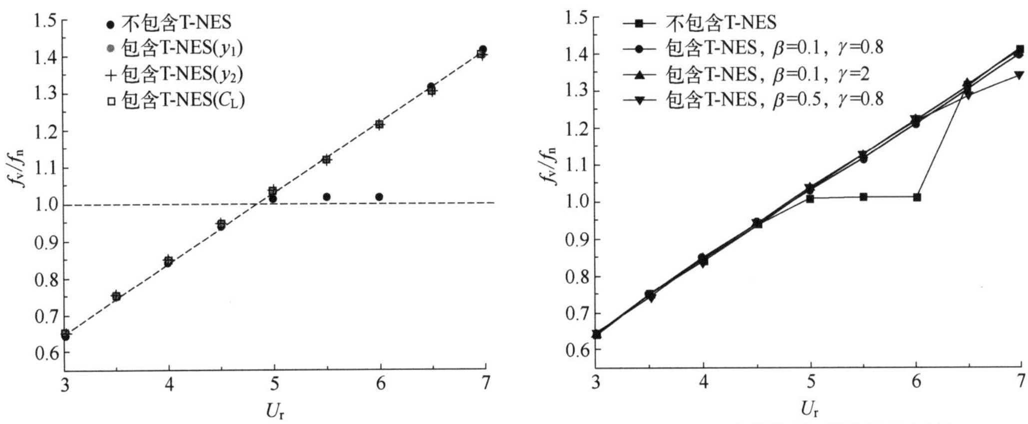

(a) 柱体、振子、升力系数大的响应频率(β=0.1，γ=0.8，ξ=0.8)

(b) 不同参数情况下的柱体响应频率

图 3.23　不同约化速度情况下的频率比分布

吸振器的主要参数包括T-NES与柱体的质量比β、T-NES的立方刚度与柱体的支撑刚度比γ、T-NES与柱体的阻尼之比ξ。文献[120-123]研究了不同T-NES参数对单自由度、低雷诺数情况下的弹性支撑柱体的涡激振动的影响规律，选取参数集中在$\beta = 0.1$，$\gamma = 0.8$，$\xi = 0.8$附近。本节以三组T-NES参数（组Ⅰ：$\beta = 0.1$，$\gamma = 0.8$，$\xi = 0.8$；组Ⅱ：$\beta = 0.1$，$\gamma = 2$，$\xi = 0.8$；组Ⅲ：$\beta = 0.5$，$\gamma = 0.8$，$\xi = 0.8$）为例，研究这三组T-NES参数对两自由度、中等雷诺数弹性支撑柱体涡激振动的影响规律。

如图3.21（b）～（d）所示，计算了三组T-NES参数、不同约化速度情况下的装有T-NES的柱体的运动轨迹。组Ⅱ参数相比组Ⅰ参数仅增加刚度比，组Ⅲ参数相比组Ⅰ参数仅增加质量比。从图中可以看出，安装T-NES后，原柱体锁定区间$U_r = 5$～6内的横向振幅明显减小。图3.21（b）、（c）中可以看出，采用组Ⅰ和组Ⅱ的参数，在$U_r = 5$～6.5内，柱体运动轨迹混乱，而在锁定区间外，柱体运动是“8”字形。图3.21（d）表明柱体在$U_r = 3$～7内运动轨迹都是“8”字形，横向振幅随着U_r增大而缓慢增大。三组T-NES参数都可以大大抑制柱体的涡激振动横向振幅。从图3.22（a）可以看出，三组T-NES参数的仿真结果都使锁定区间发生了右移。增大刚度比γ或者增大质量比β都可以进一步降低横向振幅。如图3.22（b）所示，对应的振子和柱体的相对位移的最大值都小于0.5D，即T-NES振子不会碰到柱体壁面。

对前面三组T-NES参数计算出的横向振动响应、升力系数响应作频谱分析，安装T-NES的柱体不同约化速度情况下频率比分布如图3.23所示。从图3.23（a）可以看出，不同约化速度下组Ⅰ参数的柱体升力系数响应、柱体横向振动响应、T-NES振子振动响应的频率都相等。表明T-NES是一种没有固有频率的具有强烈非线性的被动控制装置，根据驱动力的能量和频率，T-NES可以实现共振俘获，将柱体振动能量耗散掉。从图3.23（b）可以看出，三组T-NES参数都使原柱体锁定区间（$U_r = 5$～6）内的频率比不再接近于1，这也是T-NES能抑制柱体涡激振动横向振幅的本质原因。原柱体未安装T-NES，$U_r = 5$时的横向振幅最大，表3.1的右列给出了$U_r = 5$时安装T-NES后的弹性支撑柱体的一个周期内的涡量云图，从图中可以看出，涡脱模式为2S模式，说明此时柱体的振幅较小。

表3.1　不同时刻的涡量云图（$U_r = 5, \beta = 0.1, \gamma = 0.8, \xi = 0.8$）

没有T-NES（T=0.5s）	包含T-NES（T=0.48s）
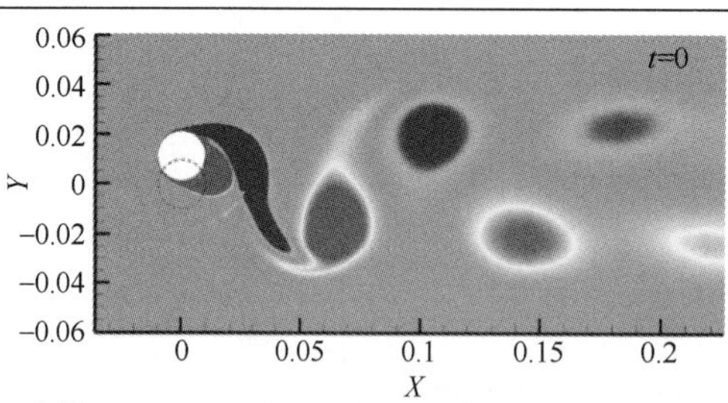	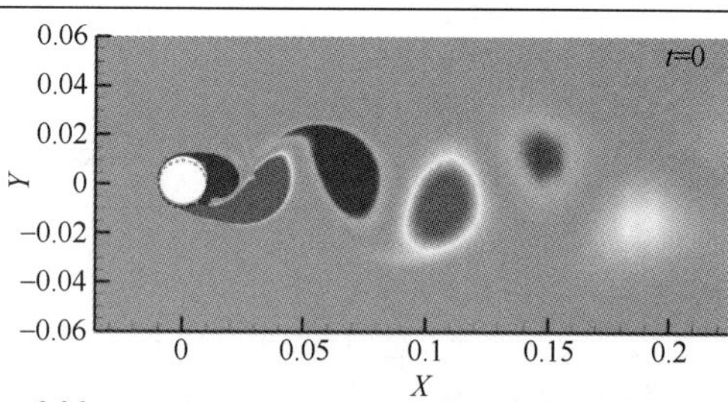
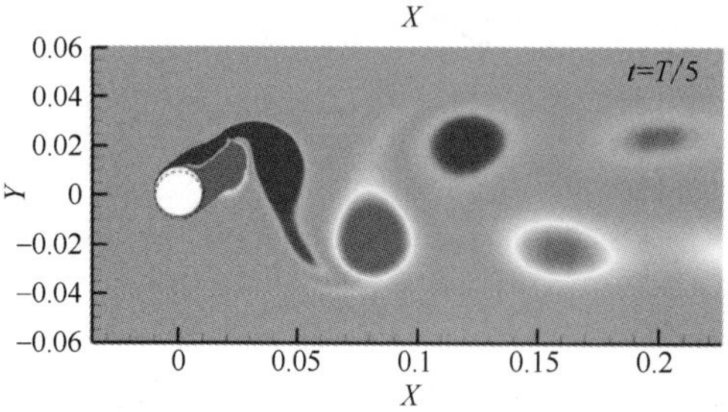	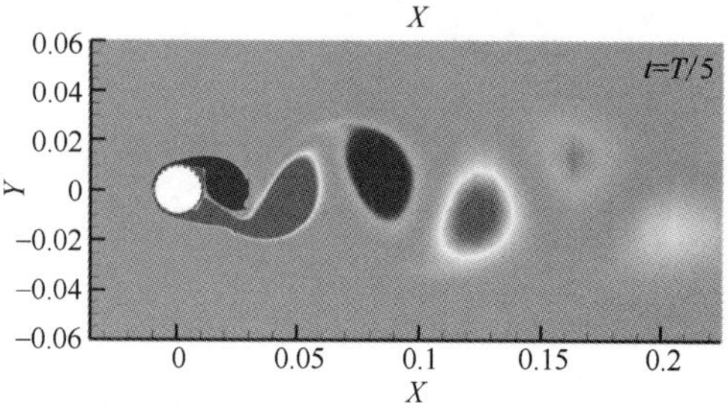

续表

没有 T-NES（T=0.5s）	包含 T-NES（T=0.48s）
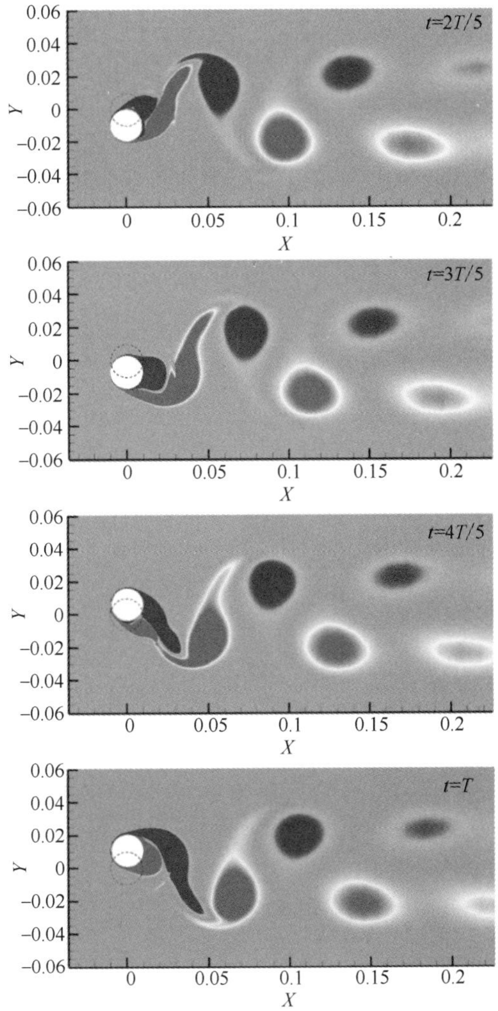	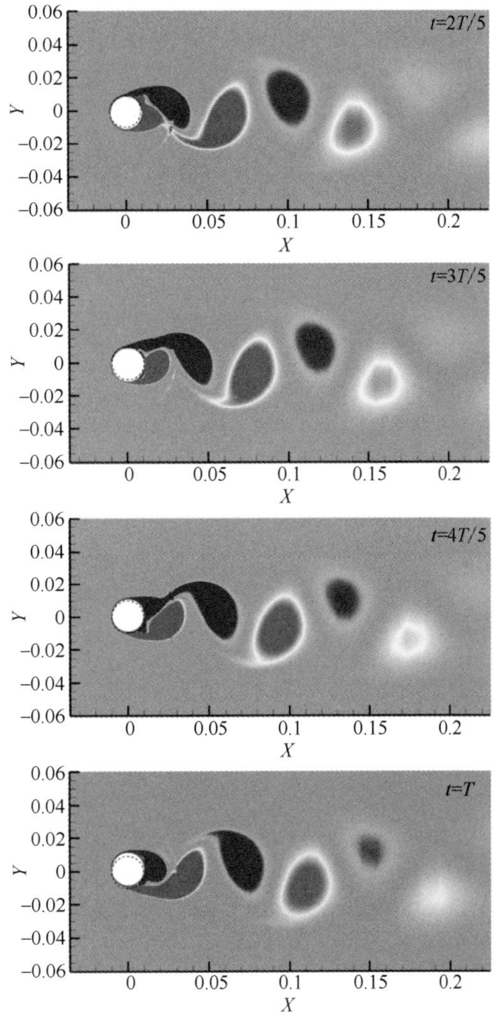

图 3.24 分别给出了 U_r = 3.5、5、7，组Ⅰ参数，T-NES 作用下的柱体和质量振子的横向振动响应图。U_r = 3.5、7 时，柱体的横向振动振幅本身就很小，因此，T-NES 起到抑制涡激振动的效果较弱。U_r = 5 时，加有 T-NES 的柱体相对原柱体的振幅降低了 76.4%。T-NES 振子的振幅均小于 0.5D，可以实现工程设计。

综上所述，T-NES 是一种具有强烈非线性的被动控制装置，其频率带宽较大，可以捕捉到柱体的振动频率，实现共振俘获，将柱体振动能量耗散掉，从而导致锁定区间内的柱体响应频率和柱体固有频率比不再接近于 1，从而抑制了柱体涡激振动的振幅。本章所建立的包含 T-NES 的 CFD 模型和仿真结果可以为海洋 Spar 平台等柱体结构的减振设计提供参考，降低了海洋平台的振动也就等于降低了立管顶端由平台振动引起的立管振动，同时也为涡激振动抑制装置的设计提供了新思路。

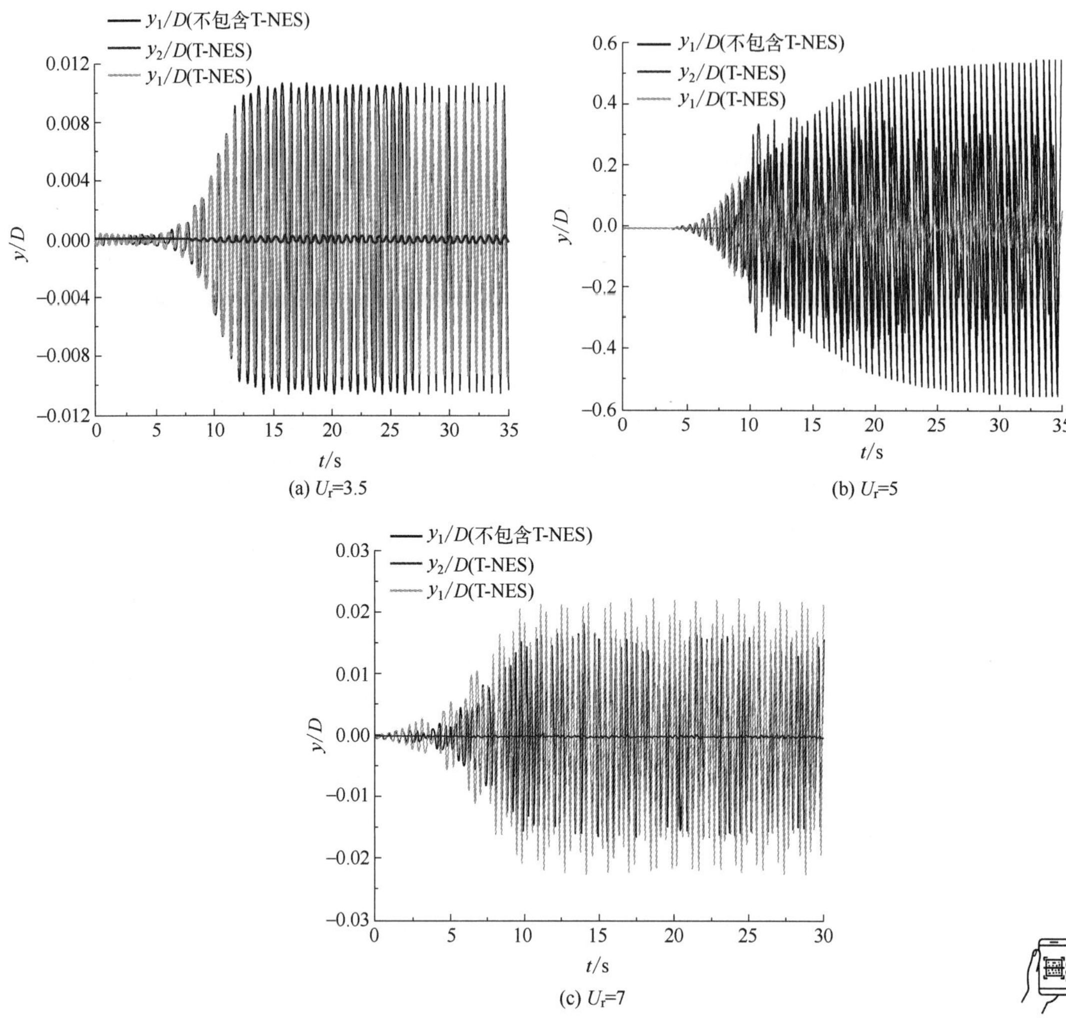

图 3.24　柱体与 T-NES 振子的振动响应图（$\beta=0.1, \gamma=0.8, \xi=0.8$）

3.4.4　基于 Van der Pol 尾流振子模型的 T-NES 涡振控制

采用 NES 来抑制涡激振动时，不同参数的 NES 对柱体振动的抑制效果不同。但在实际设计中，人为选取 NES 的参数，通常设计出的 NES 并不能达到最优的抑制效果，同时效率较低。因此本节为了避免漫无目的地选取 NES 参数，建立了用于柱体结构涡激振动抑制的 T-NES 减振装置优化设计仿真模型，使用优化算法快速设计出合适的 T-NES 来有效抑制柱体结构的涡激振动，为实物设计提供参考设计目标。

基于尾流振子模型，建立 T-NES 作用下的柱体涡激振动模型：

$$
\begin{aligned}
&(1-\beta)\ddot{y}_1+2\zeta\omega_0\dot{y}_1+\omega_0^2 y_1+2\zeta_{\text{nes}}\omega_0(\dot{y}_1-\dot{y}_2)+\gamma\frac{\omega_0^2}{D^2}(y_1-y_2)^3 \\
&=-\frac{1}{2m}C_{\text{D}}\rho_{\text{f}}DU\dot{y}_1+\frac{1}{4m}C_{\text{L}_0}\rho_{\text{f}}DU^2 q(t)
\end{aligned}
\tag{3.17a}
$$

$$
\beta\ddot{y}_2+2\zeta_{\text{nes}}\omega_0(\dot{y}_2-\dot{y}_1)+\gamma\frac{\omega_0^2}{D^2}(y_2-y_1)^3=0 \tag{3.17b}
$$

$$\ddot{q}_{v} + \varepsilon\omega_0(q_v^2 - 1)\dot{q}_v + \omega_0^2 q_v = \frac{A}{D}\ddot{y}_1 \tag{3.17c}$$

式中，A、ε、C_D、C_{L_0} 等系数由实验和经验确定。通过 4 阶的 Runge-Kutta 法求解该方程组，可得到柱体的振动响应。

使用优化算法与 VIV 仿真模型相结合，以 T-NES 对柱体涡激振动的抑制要求作为优化目标，对 T-NES 参数进行优化设计，建立 T-NES 减振装置优化设计仿真模型。优化模块中，以 T-NES 的三个参数（无量纲质量比 β、无量纲阻尼比 ξ 和无量纲刚度比 γ）为设计参数。

考虑到 NES 的工程实际应用，优化设计中对 T-NES 的无量纲质量比、阻尼比和刚度比进行约束。工程实际中，需要 T-NES 质量越小越好，一方面减小柱体结构的承重，另一方面便于安装在柱体结构内部，所以对 β 进行约束，令 $0<\beta<0.3$。同理，工程上也难以生产出过高阻尼和过高或者过柔刚度的 T-NES，所以对 T-NES 的 ξ 和 γ 做出限制：$0<\xi<2$、$0<\gamma<3$。这样使 T-NES 在有效抑制横向振动的同时，也符合实际情况。为防止该风速段内某一风速下出现极大振幅造成结构损坏，对该风速段内出现的最大振幅进行限制，使 T-NES 作用下的柱体在设定风速段内出现的最大无量纲振幅都在 0.2 以下，即 $(y_1/D)_{max}<0.2$。同时为了防止放置在柱体结构内部的 NES 振动与柱体内壁发生碰撞，限制 $|y_1-y_2|/D<0.5$。

优化流程主要是基于柱体 VIV 模型对一定设计参数（变量）下的柱体振动响应进行模拟，在此基础上优化模块对设计参数进行优化使柱体振动响应接近目标条件，最后判断 NES 对柱体涡激振动的抑制效果是否满足输出条件。满足后输出设计参数，若不满足则将优化后的设计参数再代入第一步循环，直到输出满足条件的 NES 参数。具体优化流程如图 3.25 所示。

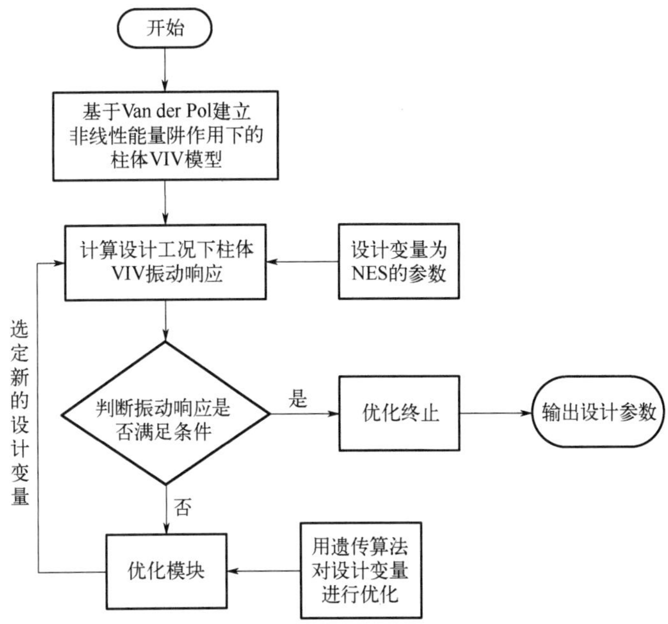

图 3.25　优化流程图

运用上述建立的优化设计仿真模型，为质量 $m=15.708\text{kg}$、刚度 $k=2530.1\text{N/m}$、阻尼比 $\zeta=0.0013$、圆柱直径 $D=0.02\text{m}$、固有频率 $f_n=2\text{Hz}$ 的圆柱结构设计 T-NES，减小其在折减（约化）速度 $U_r=5\sim7$ 时的横向振动。编制的 MATLAB 程序如下：

```
function gentic
```

```
x0=[0.03 1 0.7];
A = [];
B = [];
Aeq = [];
Beq = [];
ub =[0.3;2;3];
lb = zeros(3,1);
nvars=3;
[x,fval] = ga(@myfun,nvars,A,B,Aeq,Beq,lb,ub);

function CC = myfun(X)
  [m,ss]=duan(X);
  CC=ss;

function [m,ss]=duan(Q)
global Ue rou CLo P nameda CD M D omqs ome_ga ke_si beta ke_si_nes K_nes m ss
Q=Q';
zhiliangbi=Q(1);
zunibi=Q(2);
gangdubi=Q(3);
Ur=[5:0.1:7];
for i=1:length(Ur)
f0=2;
D=0.02;
Ue=Ur(i)*f0*D;
rou=1000;
CLo=0.3;
P=15;
nameda=0.24;
CD=1.2;
Mwater=rou*pi*D^2/4;
Mcylinder=50*Mwater;
M=Mcylinder+Mwater;
St=0.2;
omqs=2*pi*St*Ue/D;
ome_ga=2*pi*f0;
ke_si=0.0013;
mu=0.001003;
re=rou*Ue*D/mu;
ratio=Mcylinder/Mwater;
beta=zhiliangbi;
ke_si_nes=ke_si*zunibi;
K_nes=gangdubi*M*ome_ga^2/(D^2);
kkkkk=M*ome_ga^2;
[t,y]=ode45(@dynew,[0:0.001:100],[0.0000001 0 0 0 0 0]);
response1=y(:,1)/D;
response2=y(:,5)/D;
response3=abs(max(y(:,5)/D)-max(y(:,1)/D));
 ydmax(i)=max(y(50000:end,1)/D);
end
m=max(ydmax)
```

```
for i=1:length(Ur)-1
    ss(i)=[ydmax(i)+ydmax(i+1)]/2*0.1;
end
ss=sum(ss)
disp(Q')

function dy=dynew(t,y)
  global Ue rou CLo P nameda CD M D omqs ome_ga ke_si beta ke_si_nes K_nes

    y1=y(1);
    y2=y(2);
    y3=y(3);
    y4=y(4);
    y5=y(5);
    y6=y(6);

    dy1=y2;

dy2=(-0.5*(1/M)*CD*rou*D*Ue*y2+0.25*(1/M)*CLo*rou*D*((Ue^2)*y3)-2*ke_si*
ome_ga*y2-(ome_ga^2)*y1-2*ke_si_nes*ome_ga*(y2-y6)-(K_nes/M)*((y1-y5)^3))*(1/
(1-beta));
    dy3=y4;

dy4=(P/D)*((-0.5*(1/M)*CD*rou*D*Ue*y2+0.25*(1/M)*CLo*rou*D*((Ue^2)*y3)-
2*ke_si*ome_ga*y2-(ome_ga^2)*y1-2*ke_si_nes*ome_ga*(y2-y6)-(K_nes/M)*((y1-y5)
^3))*(1/(1-beta)))-nameda*omqs*(y3^2-1)*y4-y3*(omqs^2);
    dy5=y6;

dy6=(1/beta)*(-2*ke_si_nes*ome_ga*(y6-y2)-(K_nes/M)*((y5-y1)^3));

    dy=[dy1;
        dy2;
        dy3;
        dy4;
        dy5;
        dy6];

end
```

最终优化获得 T-NES 参数为 $\beta=0.1316$ 、 $\xi=1.1356$ 、 $\gamma=1.6496$ ，求得在此 T-NES 作用下折减速度 $U_r=5\sim7$ 内的柱体涡激振动最大振幅为 $y_{1_{max}}/D=0.1553$ ，此时折减速度 $U_r=6$ 。对该 T-NES 作用下的柱体涡激振动情况进行验证，在该 T-NES 作用下，设计折减速度内的计算结果如图 3.26 所示。图 3.26（a）为最大振幅随折减速度变化曲线图，从图中可看出，无 T-NES 情况下，折减速度 $U_r=5.5$ 时，振幅接近 0.5 并达到最大值；优化 T-NES 作用情况下，在折减速度 $U_r=3$～4.5 和 $U_r=6.5$～7 时，振幅都几乎为 0，而在折减速度 $U_r=4.5$～6.5 区间，柱体横向振幅显著增加，并在 $U_r=6$ 时，振幅达到最大值。在折减速度 $U_r=6$ 时，柱体产生最大振幅，但此时 $y_{1_{max}}/D$ 依然在 0.2 以内，说明在该折减速度范围内柱体的涡激振动振幅都较小，满足设计减振要求。其中增加了文献[176]中 T-NES 参数（ $\beta=0.05$ 、 $\xi=0.8$ 、 $\gamma=0.8$ ）下的振幅随折减速度变化曲线，从图中可看到，该 T-NES 作用下柱体振幅略小于无 T-NES 情况，可见减振效果尚未达到目标。图 3.26（b）为频率比随折减速度变化曲线对比图。从图中可以看出，单个柱体在折减速度$U_r = 4.5 \sim 5.5$时，发生了频率锁定现象，对应于图3.26（a）中振幅也达到较大值；而加了T-NES以后，频率比在$U_r = 4.5 \sim 5.5$这一区间依旧继续上升，避免了涡激共振的产生，以此达到减振效果。由此可知，通过本方法设计完成的T-NES对柱体涡激振动具有良好的抑制作用，可将本模型设计方法应用于柱体减振装置设计。观察到优化T-NES与文献[176]中T-NES主要区别是β的变化，所以同样将文献[176]中T-NES的β修改为0.1和0.15进行对比，得到如图3.26（c）所示的最大振幅随折减速度变化曲线图。从图中可以看出，随着β的增大，T-NES对柱体涡激振动的抑制效果更好。优化T-NES的效果要优于文献[176]中T-NES $\beta = 0.15$的情况，同时β也小于0.15，证明了本模型的优化作用。

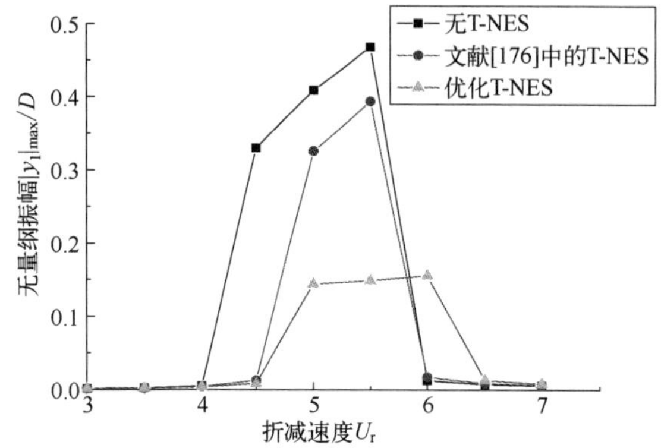

(a) 最大振幅随折减速度变化曲线图1

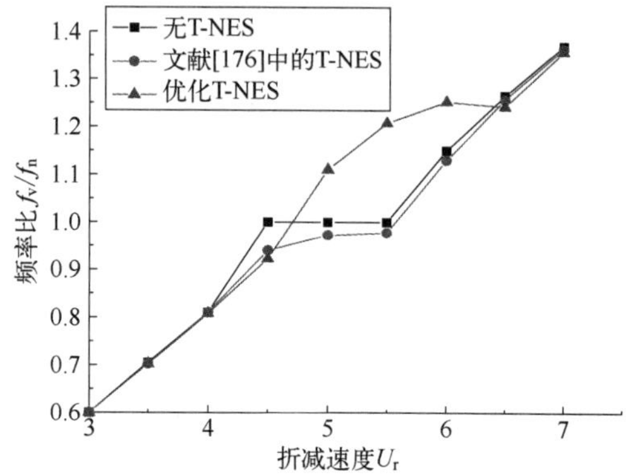

(b) 频率比随折减速度变化曲线对比图

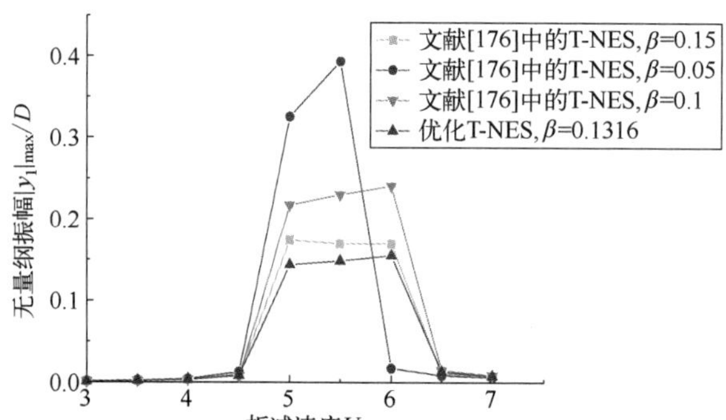

(c) 最大振幅随折减速度变化曲线图2

图3.26　设计速度下的计算结果

柱体有无T-NES作用的振动响应对比如图3.27所示。图3.27（a）为振动位移对比图，振幅小的曲线为在设计T-NES作用下柱体产生最大振幅来流速度下$U_r = 6$的振动位移，振幅大的曲线则是单个柱体产生最大振幅来流速度下$U_r = 5.5$的涡激振动位移图。从图中可以看出，无T-NES情况下的柱体最大无量纲振幅将达到0.5，远大于有T-NES作用情况，说明在该折减速度范围内柱体的涡激振动都得到了较好的抑制，满足了设计要求。图3.27（b）则是对应于图（a）中振动位移曲线的功率谱密度，从图中可以看出，无T-NES情况下频谱曲线在2Hz处到达峰值，对应于柱体的固有频率处，代表在该折减速度下正发生着涡激共振；在T-NES作用情况下，频谱曲线产生了更多的波动，但频谱曲线峰值避开了柱体固有频率2Hz，避免了频率锁定的发生，这也是T-NES能抑制涡激共振的主要原因。

当$U_r = 5.5$时，柱体有无T-NES情况下涡激振动二维相图如图3.28所示，图中横坐标为柱体的横向位移，纵坐标为柱体横向振动速度，外部曲线为无 T-NES 情况下的柱体振动相图，内部曲线为有 T-NES 作用的柱体振动相图。可以从图中看出，无 T-NES 情况下的曲线相轨被限制在极限环上，此时柱体发生等幅振动；而有 T-NES 作用的相轨则在一定范围内波动，说明在 T-NES 作用下柱体横向振动变得不规律，但 T-NES 作用下的曲线最大半径远小于另一条曲线，说明此时 T-NES 对柱体振动起到了限制作用。

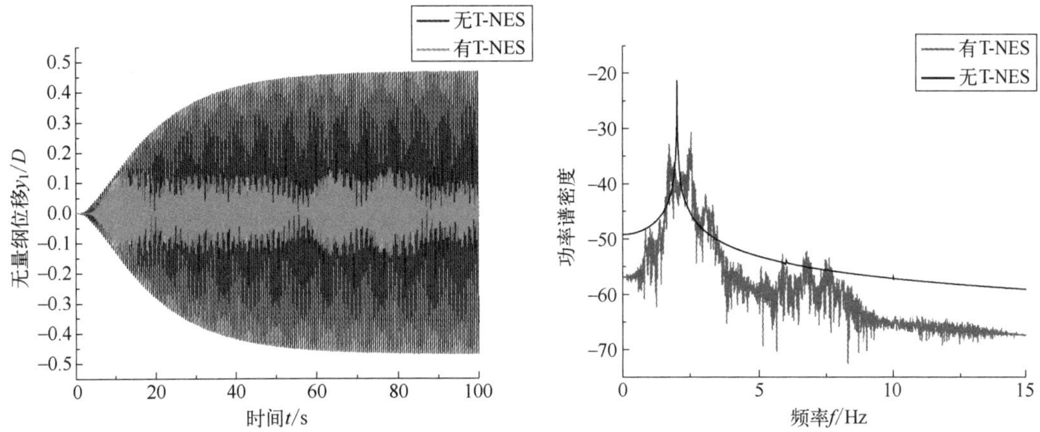

(a) 振动位移对比图　　(b) 功率谱密度

图 3.27　振动响应对比图

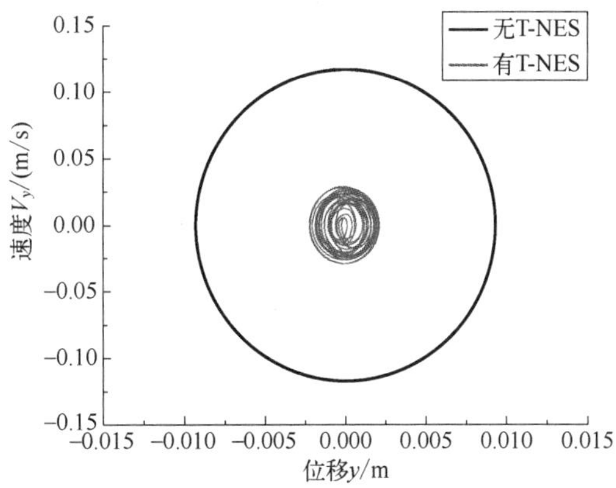

图 3.28　柱体涡激振动二维相图

3.5　翼型-涡振圆柱多体耦合结构涡激振动特征及翼型流动控制

3.5.1　翼型-涡振圆柱多体耦合结构动力学建模

根据叶素理论，风力机可在展向分为很多个微段，叶片的气动性能可由微段的气动力叠加而成，叶片每个微段的截面均为一个翼型，翼型气动性能的高低是决定叶片特性的关键，也是决定风力机功率的根本因素。图 3.29 为本节研究的二维翼型示意图，翼型的气动力取决于来流攻角的大小，本节主要对翼型-涡振柱体（圆柱）多体耦合结构进行机理研究，暂时不考虑实际风场中强风中的脉动和大气近地面层等因素的影响。因此，本节研究假设模型入口均为均匀来流。

涡激振动多在弹性支撑的圆柱体的基础上研究，即柔性柱体结构，其可简化为二维的质量-弹簧-阻尼系统。如图 3.30 所示，二自由度的弹性支撑柱体在均匀来流下，受到线性阻尼器和弹簧在垂直和水平方向的限制，可以较准确地模拟柱体结构的涡激振动现象。

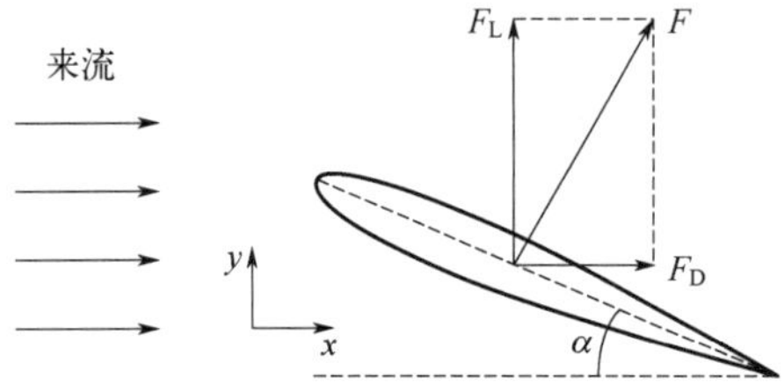

图 3.29　翼型示意图

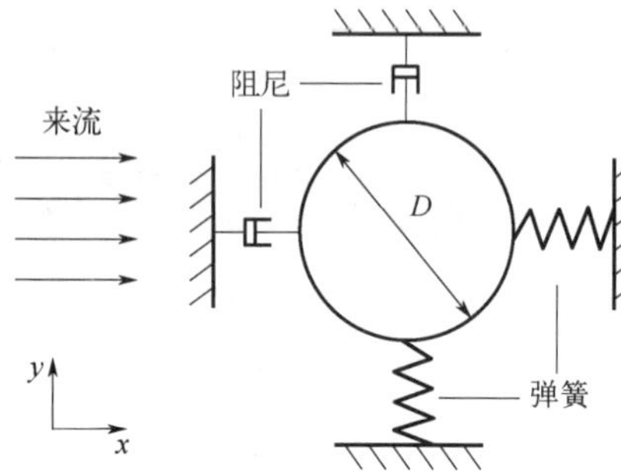

图 3.30　弹性支撑柱体示意图

涡激振动的数值模拟大多数是对于横向振动的研究，同时考虑流向和横向两个自由度振动的研究较少。为了使柱体结构的涡激振动模拟有效，柱体周围需要保证有很高的网格质量，当柱体发生位移时网格也会随之发生变化，较差的网格质量容易形成网格畸变，导致计算结果的误差较大甚至计算失败。如果同时考虑两个方向的位移，计算量会大幅增加，难度也会随之提升。非结构化网格可以吸收柱体的较大位移，但由于网格质量远不如结构化网格高，计算量又很大，不适合用于涡激振动的模拟计算。

因此，本节选用一种最新的动网格技术——嵌套网格。动网格技术可以模拟柱体在流场中的运动，在保证网格质量的同时减少过多的计算量。如图 3.31 所示，本节对于研究的翼型和柱体均使用嵌套网格，在模型周围划分一个圆形的组分网格，将其与整个流场的背景网格插值，可以减

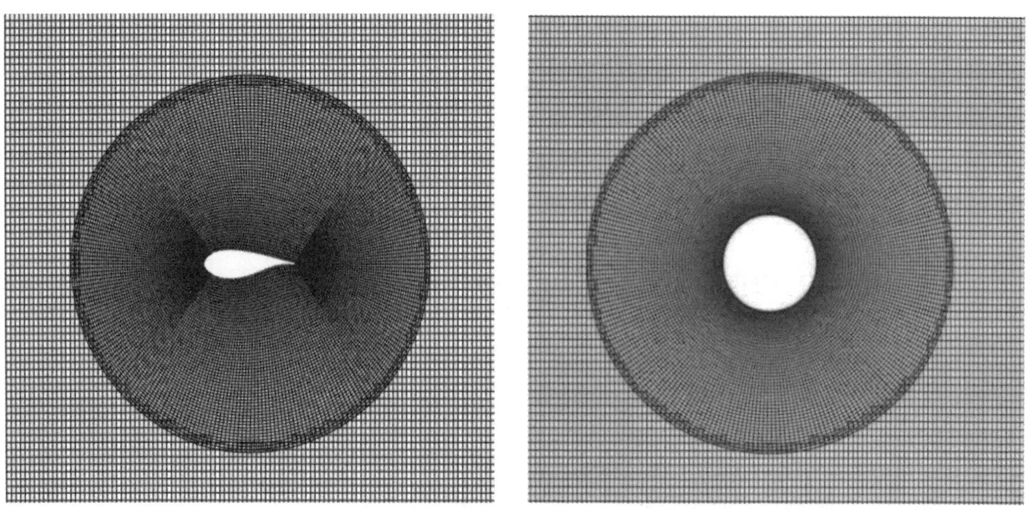

(a) 翼型周围网格　　(b) 柱体周围网格

图 3.31　嵌套网格

少网格畸变和计算失败等问题。嵌套网格求解的大致思路为：划分整个流场的背景网格与模型边界的组分网格，用求解器来识别组分网格的范围和边界，对背景网格中与组分网格重叠的部分进行挖洞，对两套网格交接的边界网格进行插值，流场中的信息通过背景网格进入组分网格，在保证网格质量的同时能够很好地模拟柱体的运动。

为验证 CFD 数值模拟的准确性，本节对 NACA0012 翼型画出了四种密度不同的网格，将四种网格计算的结果进行对比，通过网格无关性验证以及计算资源综合考虑，模拟单个 NACA0012 翼型在 Re=4×10^6 情况下的升阻力系数（C_L、C_D）随来流攻角改变而变化的情况，并与实验结果[125]进行对比。如表 3.2 所示，网格 1 的偏差（误差）最大，由网格 2、网格 3 和网格 4 计算的升力和阻力系数相对接近。在翼型的高攻角导致显著气流分离的区域，该数值偏差在可接受范围内。考虑到数值精度、计算时间和上述原因，本研究选择网格 2 作为背景网格。

表 3.2　翼型网格无关性验证

网格编号	网格增长比	网格数量	C_L（实验结果为 1.5489）/实验误差	C_D（实验结果为 0.0266）/实验误差
网格 1	1.1	2.3×10^4	1.4932/3.6%	0.0361/35.71%
网格 2	1.05	4.1×10^4	1.5088/2.59%	0.0344/29.32%
网格 3	1.03	5.4×10^4	1.5097/2.53%	0.0339/27.44%
网格 4	1.02	6.7×10^4	1.5102/2.5%	0.0336/26.31%

选择网格 2 进行翼型在 0～20°的攻角范围的数值模拟，并将数值模拟的气动力与实验结果[125]对比。从图 3.32 中可以发现，来流攻角小于 17°时，仿真模拟结果与实验结果非常接近，在大攻角时由于产生了复杂的流动分离，仿真结果与实验值略有偏差。总体而言，模拟的翼型升阻力系数与实验数据的变化规律基本一致，说明本节所使用的模型和网格较为可靠。

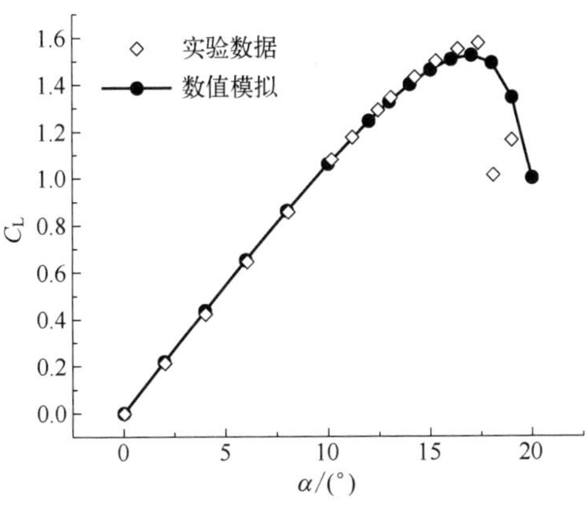

(a) 升力系数

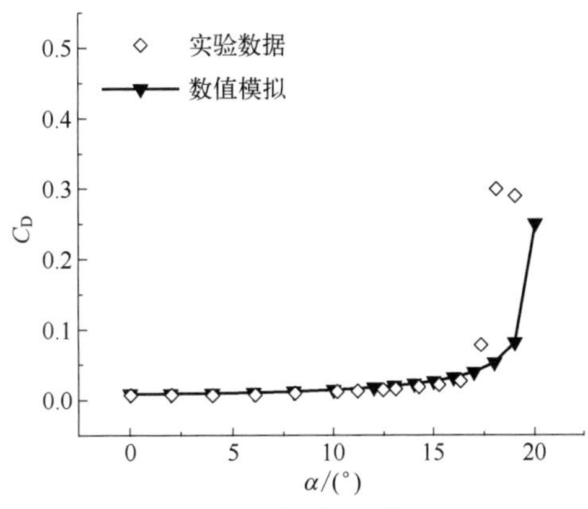

(b) 阻力系数

图 3.32　模拟与实验的气动力系数对比

本节基于 CFD 方法和嵌套网格技术建立的涡振小圆柱-翼型耦合结构模型如图 3.33 所示。翼型选用 NACA0012 作为计算对象，翼型弦长 C=1m，攻角为α，空气密度ρ=1.225kg/m^3，动力黏度μ=1.7894×10^{-5}kg/(m・s)，雷诺数 $Re=\rho UC/\mu$=6.2×10^5。翼型被视为刚性静止的，两个相同的弹性圆柱被布置在翼型前缘附近，小圆柱直径 D=0.01C。图 3.33（a）显示了位于前缘正上方 6D 处的涡振小圆柱，在其上游添加具有相同直径的第二个涡振小圆柱。

弹性支撑的小圆柱简化为质量-弹簧-阻尼的二维模型，如图 3.33（b）所示，圆柱受到线性弹簧和阻尼器在垂直和水平方向的限制，圆柱质量比 $m^*=4m/(\rho\pi D^2)=10.4$，阻尼比 $\zeta=c/(2\sqrt{mk})=0$，固有频率 f_n=200Hz。L_H 是上游圆柱中心和下游圆柱中心之间的水平距离，L_V 是上游圆柱中心与翼型弦线的垂直距离。通过计算在不同攻角下单、双小圆柱尾流干扰下翼型的气动力，研究不同位置的涡振小圆柱对翼型的气动力影响，分析圆柱的振动响应和抑制流动分离的机理。由于设置的小圆柱会产生新的升阻力，本节研究的翼型气动力为涡振小圆柱-翼型耦合结构的气动力总和。

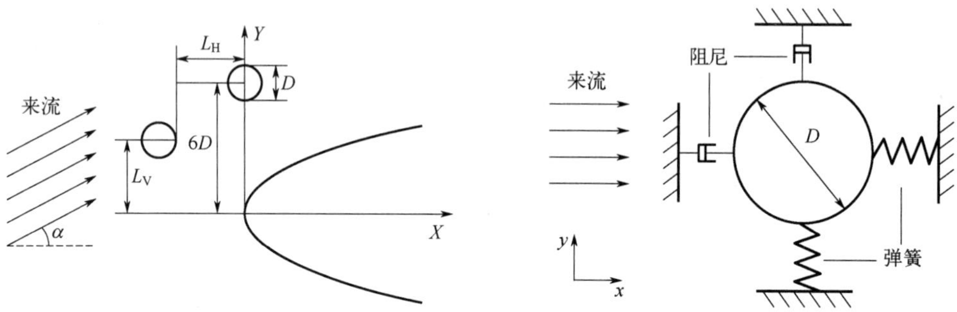

(a) 翼型前缘设置涡振小圆柱示意图　　(b) 二自由度圆柱模型

图 3.33　涡振小圆柱-翼型耦合结构模型

流场计算域示意图如图 3.34 所示，为了确保流场不受边界影响，计算域的大小为 $60C\times40C$。以翼型中心为坐标原点，翼型中心距离入口和上下边界均为 $20C$，距离出口边界 $40C$。入口设置为速度入口，出口设置为压力出口，翼型和小圆柱壁边界条件均设置为非滑移边界。流场随圆柱体边界的变化而变化，采用嵌套网格技术实现圆柱边界在流场中的运动模拟。

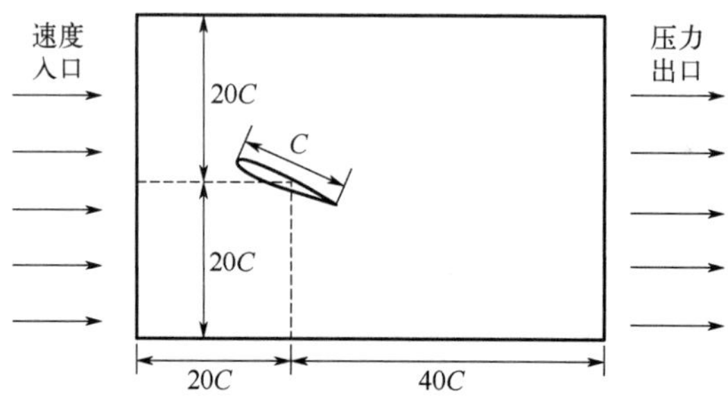

图 3.34　涡振小圆柱-翼型耦合结构流场计算域

图 3.35 显示了流场中的计算网格，翼型和小圆柱周围均使用嵌套网格进行插值。翼型周围的组分网格是一个以翼型中心为中心、半径为 $4C$ 的圆。小圆柱周围的组分网格是一个半径为 $2D$ 的圆。整个流场都采用结构化网格，翼型壁附近的第一层网格的高度为 2.2×10^{-5}m，小圆柱壁附近的第一层网格的高度为 1.8×10^{-5}m，两者均满足 $Y^+<1$，并在翼型前缘与尾缘进行加密，确保较好网格的质量。

计算中数值方法采用二阶迎风离散格式，压力速度方案采用耦合算法。选用 SST k-ω 模型求解不可压缩非定常 RANS 方程，以模拟翼型和小圆柱周围的二维不稳定流场。在求解非定常不可压缩流体 RANS 方程后，计算作用在二维圆柱上的升力系数和阻力系数，结合结构动力学方程求解小圆柱的振动响应。计算初始条件为 $x(0)=\dot{x}(0)=y(0)=\dot{y}(0)=0$。在每个时间步长中，升力和阻力被代入小圆柱的结构动力学方程中，使用 Runge-Kutta 方法迭代微分方程，以计算当前时间步长下圆柱的速度和位移，通过嵌套网格根据当前时间步长的圆柱速度和位移来更新流场，以计算下一时间步长的值。本章时间步长$\Delta t \leqslant U/(10D)$，各工况时间步长统一取 0.0005s。通过添加用 C 语言编写的 UDF 程序来实现计算过程，小圆柱的位移计算流程图如图 3.36 所示。

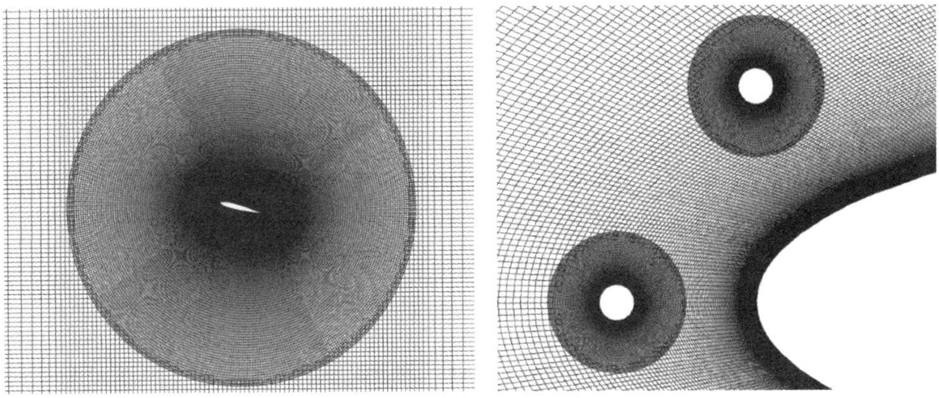

(a) 翼型周围组分网格　　(b) 圆柱周围组分网格

图 3.35　计算网格

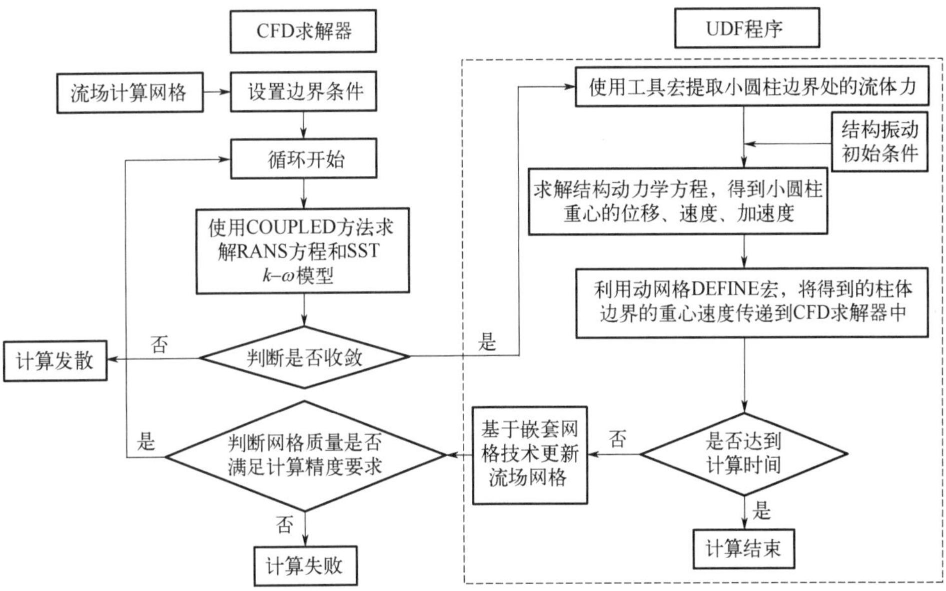

图 3.36　小圆柱位移计算流程图

3.5.2　多涡振圆柱-翼型多体耦合结构流动控制仿真分析

串联圆柱之间的不同距离会影响圆柱振幅的变化。本节对距离分别为 L_H=3D～7D，L_V=0 的两个涡振圆柱进行了仿真模拟，圆柱参数与上一节相同。由于圆柱在涡激振动（涡振）时的横向振幅响应会远大于流向振幅，因此本节研究在来流速度为 5 的情况下，通过调整串联双圆柱的距离，计算其最大横向无量纲振幅$|y|_{max}/D$的变化，以便为后续在翼型前安装小圆柱确定合适的距离范围。

图 3.37 为不同距离下双圆柱横向振幅的变化。随着距离的增加，上游圆柱（柱体）的最大横向振幅从 0.58 增加至 0.6。而下游圆柱的最大横向振幅则先增大至 0.96，然后减小。从图中可以看出，在 L_H=4D～6D 时，下游圆柱的振幅较大。

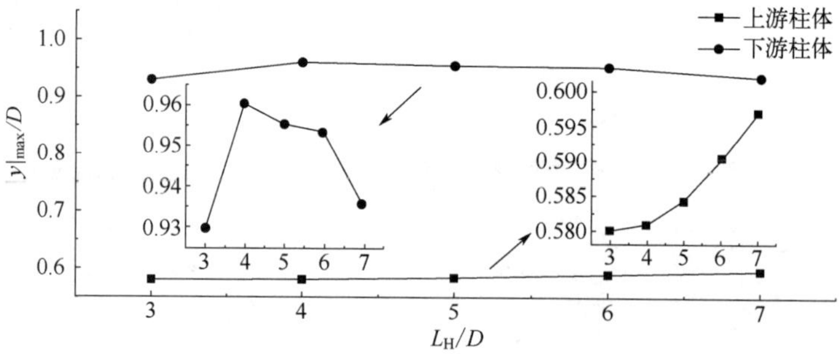

图 3.37　不同距离的串联圆柱最大横向振幅

为了研究串联双圆柱在不同约化速度下的振动响应，固定两圆柱之间的距离为 L_H=5D，计算约化速度 U_r=3～7 时串联双圆柱的最大横向振幅，并将其与单个圆柱（单柱体）的最大横向振幅进行对比分析。从图 3.38 中可以看出，当 U_r＜5 时，两个圆柱随着约化速度的振幅变化近似于单个圆柱的情况。当 U_r=5 时，上游圆柱的振幅和单圆柱的振幅增加到约 0.6，而下游圆柱的振幅未增加。当 U_r=5～6 时，上游圆柱的振幅仍然接近于单个圆柱的振幅，保持在约 0.6 的位置。受到上游圆柱尾流的影响，下游圆柱的振幅增加，显著超过单个圆柱的振幅。此时，频率不再随着减小速度而增加，涡流强度得到增加，流体和圆柱之间的强烈非线性动力相互作用导致圆柱的剧烈振动。在上游圆柱的影响下，当 U_r=6 时，下游圆柱的振幅增加了 57.6%。当 U_r＞6 时，上游圆柱和单个圆柱的频率不再锁定，振幅减小到约 0.1。由于上游圆柱导致流场变化，下游圆柱可以继续保持较大的振幅。

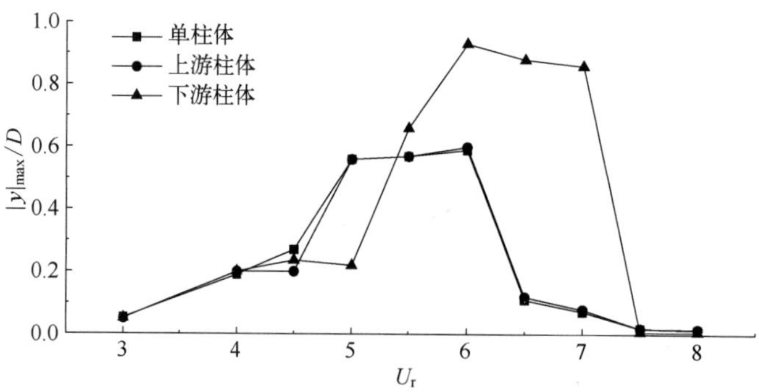

图 3.38　双圆柱最大横向振幅与单个圆柱对比

为了详细研究串联圆柱在不同约化速度下的振动响应，本节通过图 3.39 给出了 U_r=3、5 和 7 时上下游圆柱的位移轨迹。当 U_r=3 时，上下游圆柱的振幅范围很小，相较于初始位置几乎无偏移。当 U_r=5 时，上游圆柱频率锁定，横向振幅显著增大，轨迹呈现“8”字形，下游圆柱振幅略有增加。当 U_r=7 时，上游圆柱脱离频率锁定区间，横向振幅减小至约 0.02，而下游圆柱的横向振幅和流向振幅显著增加。由于上游圆柱的尾流影响，下游圆柱的锁定区间发生右移，并且振动幅度大于上游圆柱在涡激振动时的幅度。

为了增强翼型前缘小圆柱的振动效应，本节选取来流风速为 U = 9m/s，上游圆柱的位置

范围设定为 $L_H = 3D \sim 5D$，$L_V = 0 \sim 6D$，计算不同位置的双圆柱对翼型气动力的影响，并将其与原始翼型及单圆柱影响下的翼型升阻力系数进行比较。

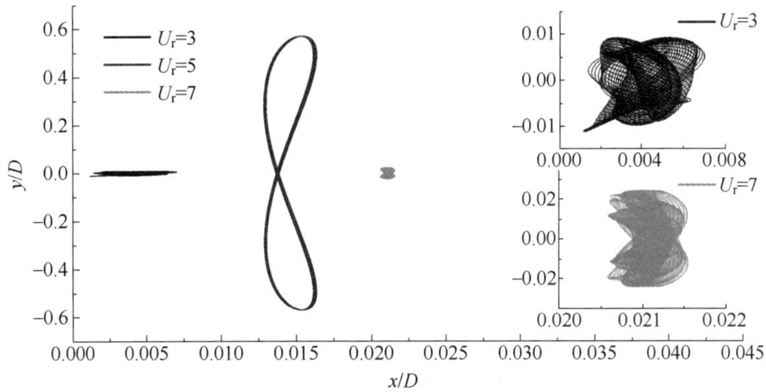

(a) 上游圆柱

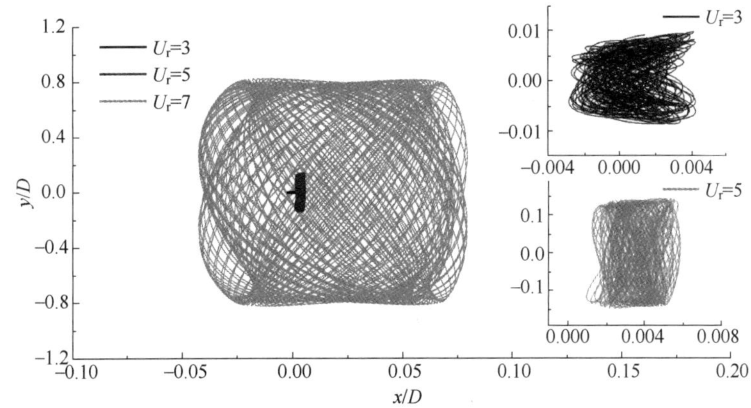

(b) 下游圆柱

图 3.39　串联圆柱的位移轨迹

图 3.40 为双圆柱不同位置对翼型升阻力系数及升阻比的影响。与原始翼型相比，单圆柱（柱体）控制下的翼型升力系数更高，阻力系数更低，其中涡振圆柱（振动柱体）的翼型升阻比大于固定圆柱。如图 3.40（a）所示，双涡振圆柱控制下的翼型升力系数在 $L_V = 2D$ 时最小，之后逐渐升高，在 $L_V = 6D$ 时达到最大值，当 $L_V > 6D$ 时逐渐趋近于单涡振圆柱控制下的升力系数。如图 3.40（b），安装双涡振圆柱的翼型阻力系数在 $L_V < 4D$ 时均大于原翼型的阻力系数，在 $L_V > 4D$ 时逐渐降低趋近于单涡振圆柱控制下的阻力系数。

图 3.40（c）为在不同小圆柱控制下翼型的升阻比变化。与原始翼型相比，单圆柱控制下的翼型具有更高的升阻比，其中单涡振圆柱控制下的升阻比相较于单固定圆柱控制的提高了 20.7%。在 $L_V < 4D$ 时，双涡振圆柱控制下的翼型升阻比均低于单涡振圆柱控制下的翼型升阻比。当 $L_V > 2D$ 时，双涡振圆柱控制下的翼型升阻比逐渐升高，在 $L_H = 4D$、$L_V = 6D$ 时达到最大值 7.98，比单涡振圆柱控制时提高了 24.3%。当 $L_V > 6D$ 时，两个小圆柱之间的距离逐渐增大，上游小圆柱的尾流影响逐渐减弱，双涡振圆柱的控制效果逐渐接近单涡振圆柱控制。不同位置的小圆柱对于流动分离的控制效果有所不同，适当设置圆柱可以有效限制流动分离并提高翼型升阻比。

参考对不同位置设置小圆柱对翼型气动力优化的研究，选取升阻比较高的上游小圆柱

$L_H = 4D$、$L_V = 6D$ 与 $L_H = 4D$、$L_V = 0$，图 3.41 显示了不同攻角下无圆柱、单涡振圆柱（单小圆柱）和双涡振圆柱（双小圆柱）对于翼型气动力的影响。

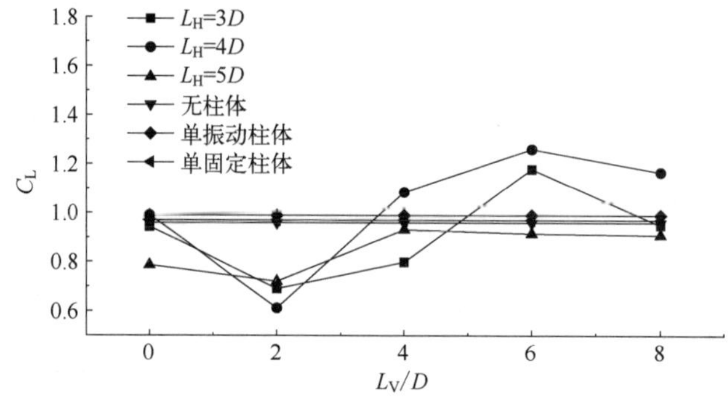

(a) 翼型升力系数

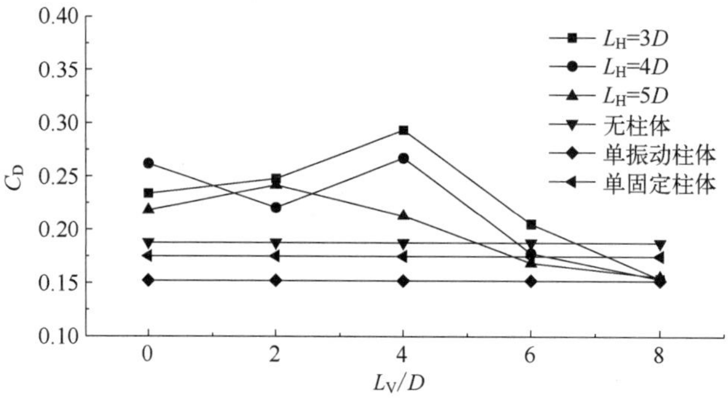

(b) 翼型阻力系数

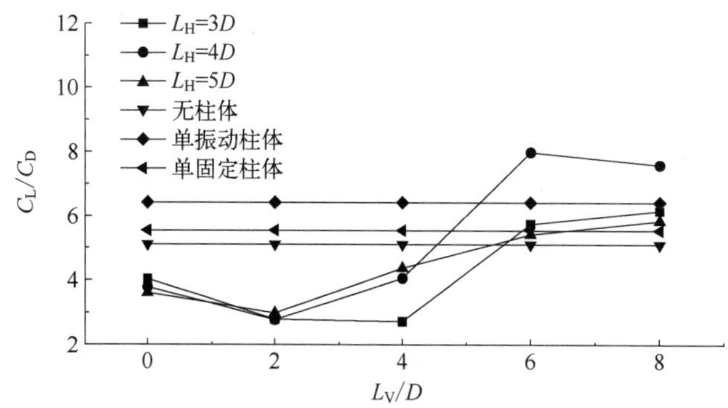

(c) 翼型升阻比

图 3.40　不同位置的圆柱影响下的翼型升阻力系数与升阻比

在来流攻角 α=17°～19°时，设置单或双小圆柱时翼型的升力系数均大于原始翼型，同时阻力系数也比没有小圆柱控制时小。因此在这个攻角范围内，设置单或双小圆柱于翼型前缘的气动力优化效果最为显著。在这个攻角范围内，单小圆柱控制下的翼型升阻比大于双小圆柱控制下的翼型升阻比。当 α=18°时，单小圆柱控制下的翼型升阻比相对原始翼型提高了 340.6%，而双小圆柱控制下的翼型升阻比则提高了 179.4%。当来流攻角 α=20°～23°时，单小圆柱控制下的翼型升力系数持续下降并小于原翼型的升力系数，而双小圆柱（$L_V = 6D$ 时）控制下的翼型升力系数与原翼型的升力系数相近。虽然单或双小圆柱控制下的翼型阻力系数均有所增大，但仍然比没有小圆柱控制时的阻力系数小，因此设置了小圆柱的翼型升阻比仍然大于原翼型的升阻比。在这个攻角范围内，双小圆柱控制下的翼型升阻比高于单小圆柱控制下的翼型升阻比。当 α =21°时，单小圆柱控制下的翼型升阻比比原始翼型提高了 18.8%，而双小圆柱控制下的翼型升阻比则提高了 49.1%。当来流攻角 $\alpha \geqslant 23°$时，单小圆柱控制下的翼型升力系数下降后缓慢上升，阻力系数缓慢上升，此时设置小圆柱的翼型升阻比与原翼型升阻比基本相同，对翼型的气动力优化效果微弱。

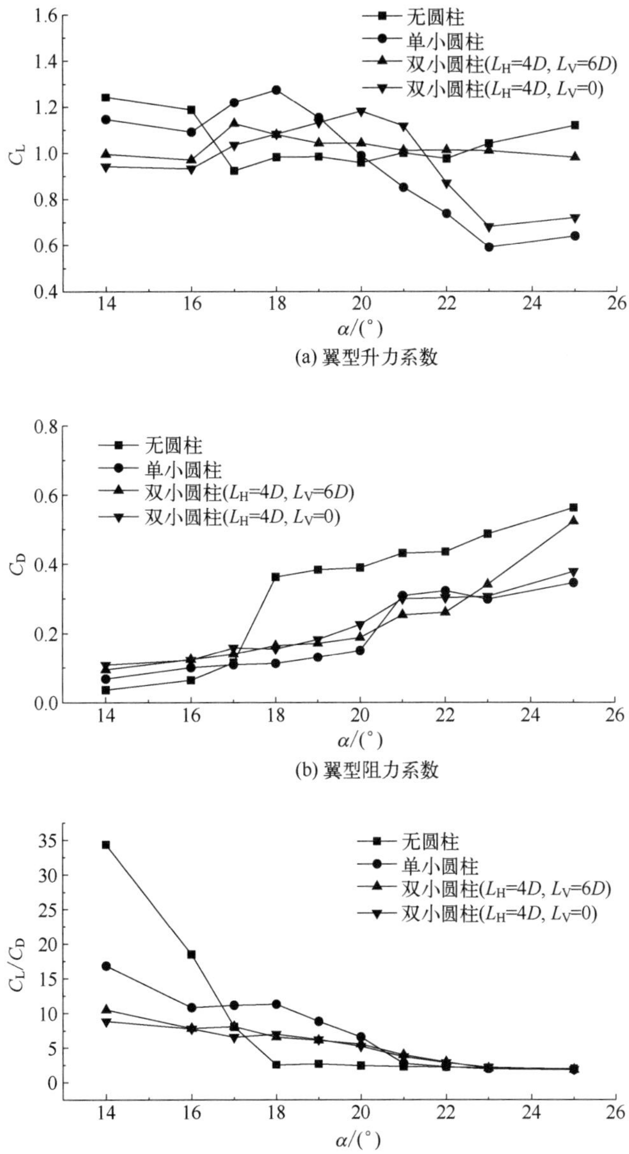

(a) 翼型升力系数

(b) 翼型阻力系数

(c) 翼型升阻比

图 3.41　设置涡振圆柱的翼型与原翼型的升阻力系数与升阻比

为了研究涡振圆柱对流场的影响，选择攻角为 14°、18°、21°和 25°的不同工况进行了涡量云图和流线图的分析。图 3.42 为 14°攻角下翼型的流线图和涡量云图，原翼型未出现流动分离现象，翼型上方的负涡区与翼型吸力面贴合良好，从而得到了较高的升阻比。然而，加入单涡振圆柱后，翼型上方的涡并没有明显变化，反而由于圆柱的滞止作用，使翼型前缘负涡区减小，导致涡振圆柱影响了翼型前缘流体的加速，从而使气动性能不如原始翼型。而加入双涡振圆柱后，由于双涡振圆柱更加不稳定的涡振使后方流体减速，翼型吸力面的流场被扰乱，从而使翼型的升力系数下降，气动性能更加恶化。

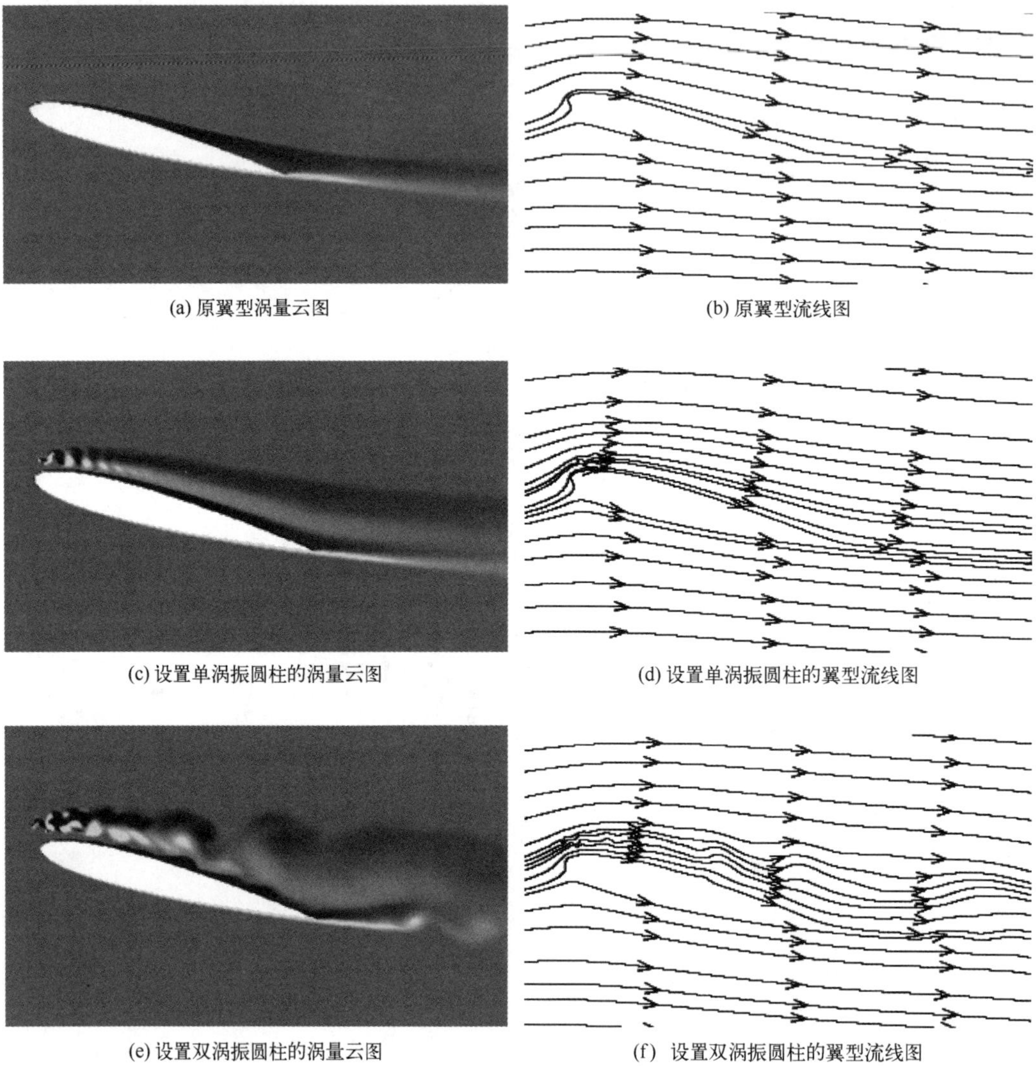

(a) 原翼型涡量云图　(b) 原翼型流线图

(c) 设置单涡振圆柱的涡量云图　(d) 设置单涡振圆柱的翼型流线图

(e) 设置双涡振圆柱的涡量云图　(f) 设置双涡振圆柱的翼型流线图

图 3.42　14°攻角下翼型的流线图和涡量云图

图 3.43 为 18°攻角下翼型的流线图和涡量云图。从翼型前缘开始，形成了一个细长上翘的负涡区，并伴随着一个强的细长顺时针方向旋转的涡区。这导致在该细长上翘的负涡区与翼型之间形成了流动分离区，整个翼型吸力面被大尺度的分离涡所占据，翼型进入失速状态。同时，翼型表面的扰动涡巨大，在翼型尾缘区域出现了较大的分离泡。添加单个涡振小圆柱后，翼型吸力面的流动分离被消除，前缘负压区增大。涡振小圆柱后方下部产生一个沿翼型方向的正涡区，同时紧贴翼型吸力面边界层的负涡区增大。更大的负涡区具有引导流体顺时

针旋转的力量，使吸力面上方的流体沿着翼型边缘流动。这有效地抑制了流动分离，使翼型气动力得到优化。添加两个涡振小圆柱也可以减弱流动分离，但其优化效果不如单涡振圆柱。优化效果主要是涡振圆柱刺激了主翼的边界层而产生涡流，使主翼边界层内流体变为能量更高的紊流，有效地抑制了涡。

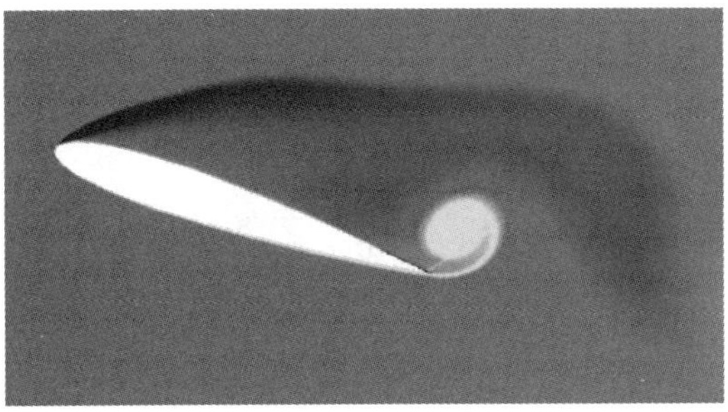

(a) 原翼型涡量云图

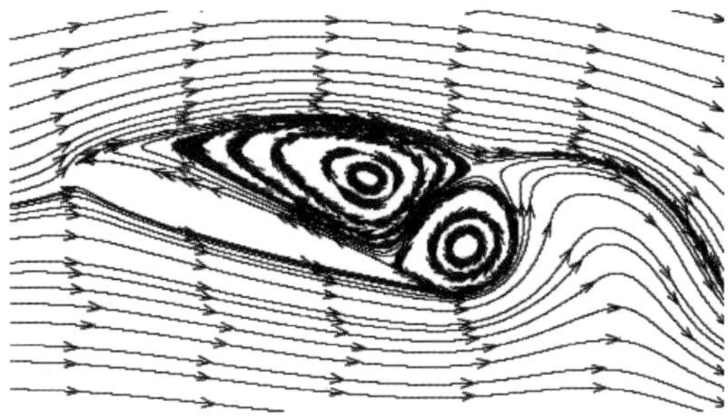

(b) 原翼型流线图

(c) 设置单涡振圆柱的涡量云图

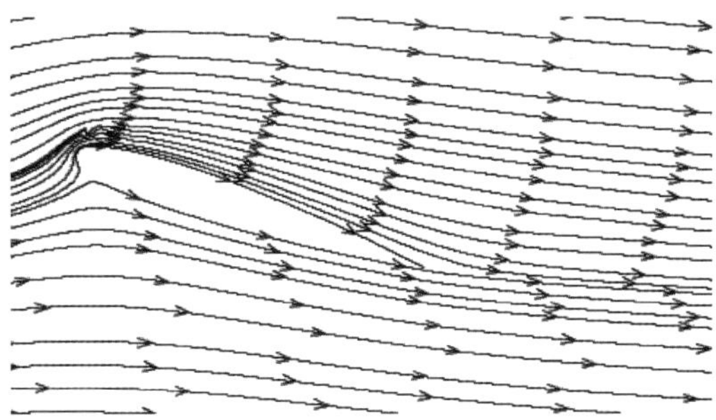

(d) 设置单涡振圆柱的翼型流线图

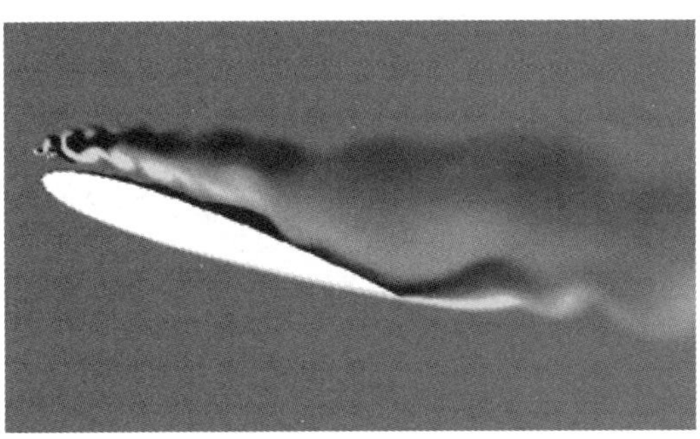

(e) 设置双涡振圆柱的涡量云图

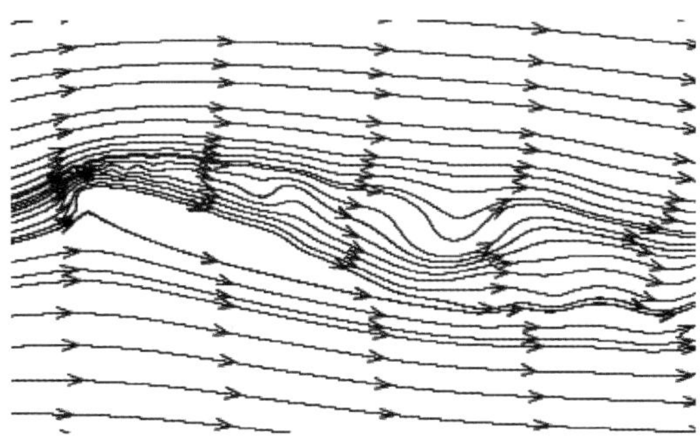

(f) 设置双涡振圆柱的翼型流线图

图 3.43　18°攻角下翼型的流线图和涡量云图

图 3.44 为 21°攻角下翼型的流线图和涡量云图。在单涡振圆柱的设置下，虽然减小了翼型尾缘的涡，但未能很好地改善上翘的负涡区，流动分离依然存在。而在双涡振圆柱的设置下，圆柱脱落的尾涡抑制了翼型吸力面上负涡区的上翘，使之更加贴合翼型的吸力面，控制翼型前缘的负压区范围比原翼型更大，产生的分离泡也小于设置单涡振圆柱时的情况，有效减缓了翼型吸力面的流动分离。双涡振圆柱的尾缘涡会给主翼吸力面上方的主流区带来微小扰动，刺激边界层由能量较低的层流边界层到能量较高的湍流边界层过渡，湍流边界层往往能更好地抵御壁面上的逆压。

图 3.45 为 25°攻角下翼型的流线图和涡量云图。相比 21°攻角，原翼型的涡区变化不大，

但是翼型吸力面存在较大的流动分离。在这种情况下，无论是单涡振圆柱还是双涡振圆柱的设置，对于翼型前缘上翘的涡都没有很好的改善作用。由于攻角过大，圆柱脱落的涡不能有效地影响翼型的吸力面流场。从流线图可以看出，翼型的流动分离仍然存在。因此，升阻比没有有效地提高。

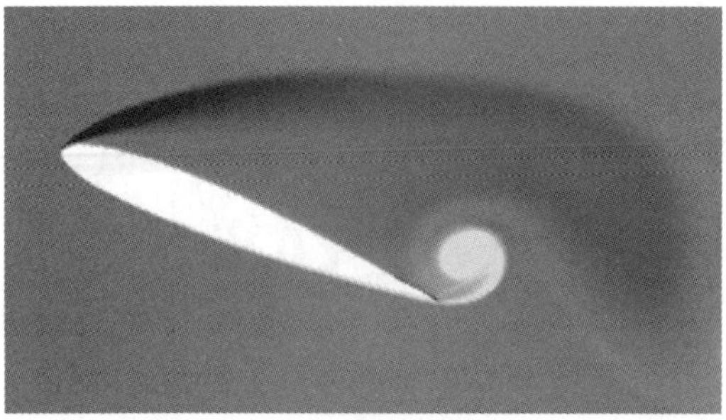

(a) 原翼型涡量云图

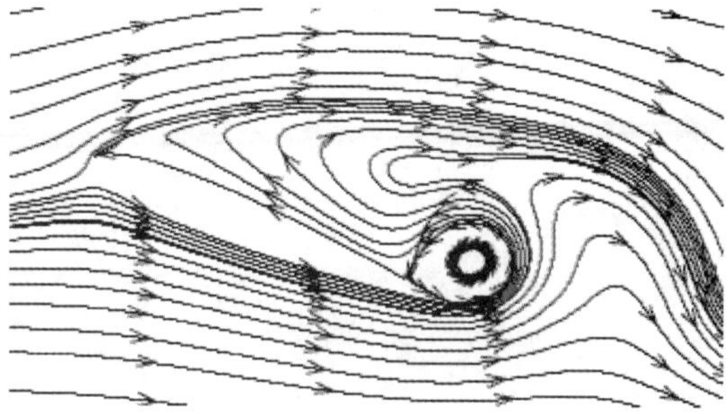

(b) 原翼型流线图

(c) 设置单涡振圆柱的涡量云图

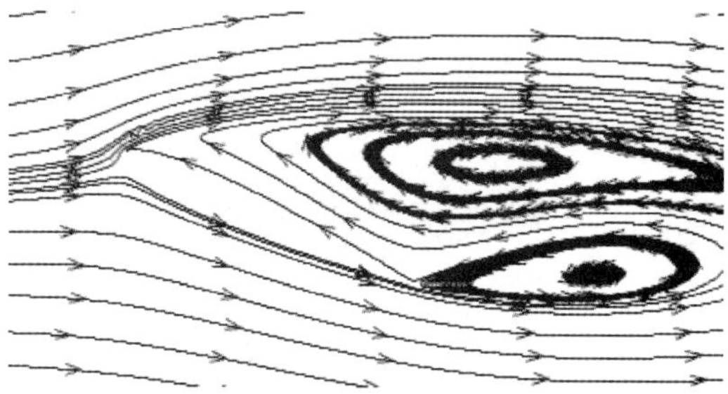

(d) 设置单涡振圆柱的翼型流线图

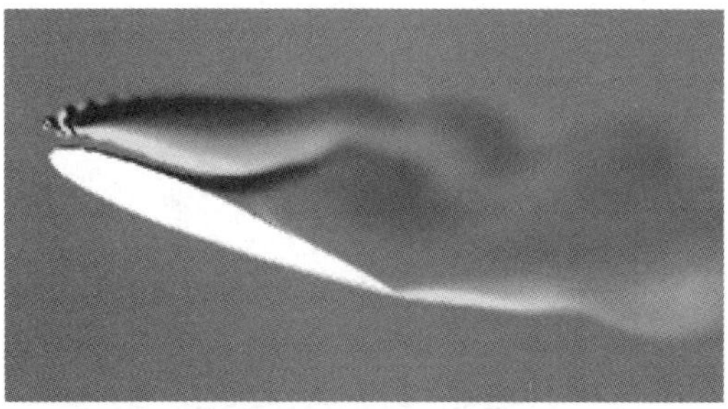

(e) 设置双涡振圆柱的涡量云图

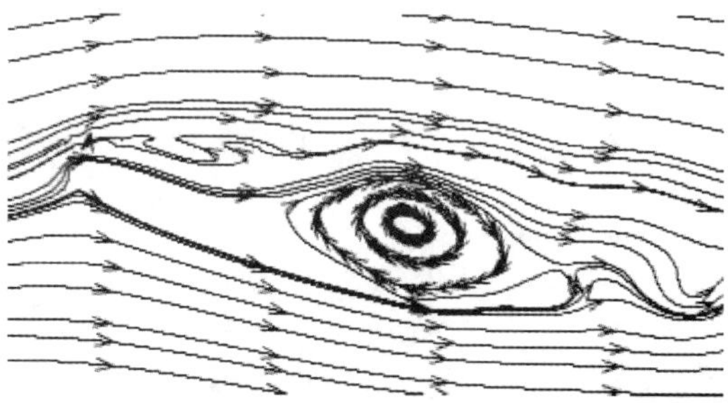

(f) 设置双涡振圆柱的翼型流线图

图 3.44　21°攻角下翼型的流线图和涡量云图

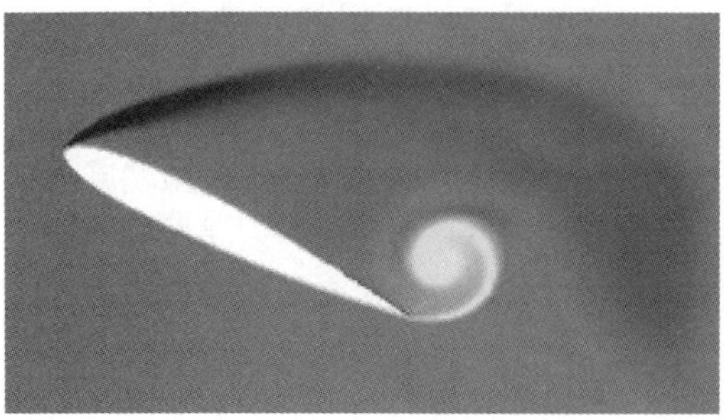

(a) 原翼型涡量云图

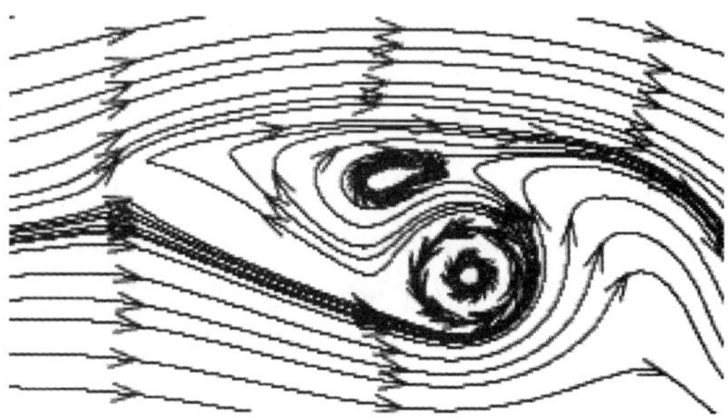

(b) 原翼型流线图

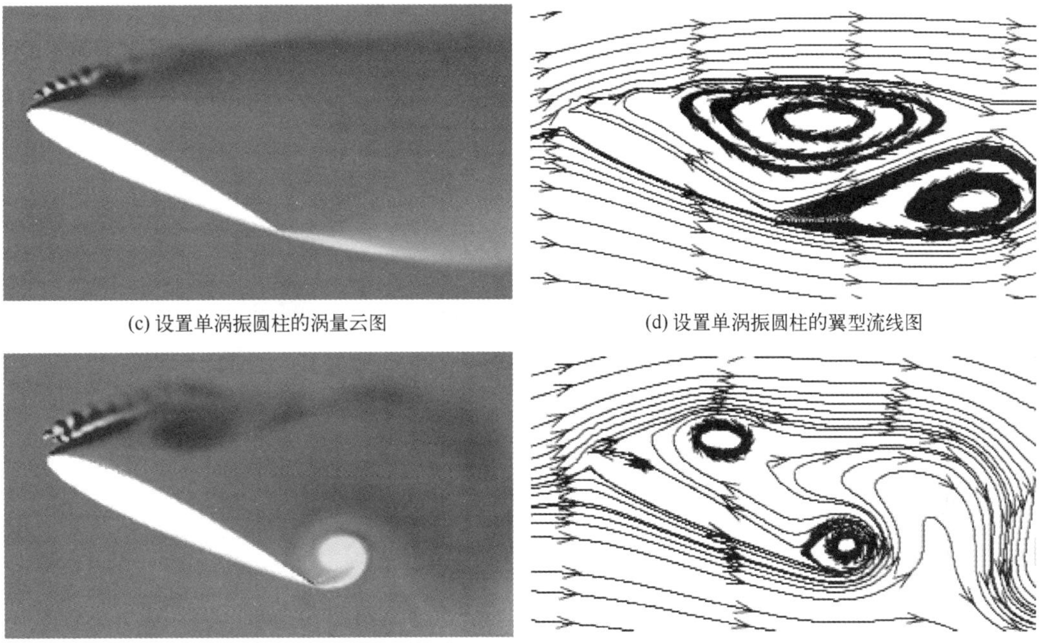

(c) 设置单涡振圆柱的涡量云图　　(d) 设置单涡振圆柱的翼型流线图

(e) 设置双涡振圆柱的涡量云图　　(f) 设置双涡振圆柱的翼型流线图

图 3.45　25°攻角下翼型的流线图和涡量云图

为了研究翼型前缘小圆柱的振动响应，选取了攻角为 14°、18°、21°和 25°的不同工况，对单涡振圆柱和双涡振圆柱的位移轨迹进行了对比分析。图 3.46 为设置的单涡振圆柱和双涡振圆柱在不同攻角下的位移轨迹。攻角为 14°和 18°时，单涡振圆柱的位移轨迹相对稳定，横向最大无量纲振幅约为 0.6。当来流攻角增加到 21°时，受翼型前缘压力变化的影响，涡振圆柱的轨迹变得不稳定，此时的横向振幅要大于低攻角时的情况。当攻角继续增大至 25°时，涡振圆柱脱离锁频区间，振动轨迹得到缩小。上游涡振圆柱的位移轨迹受攻角影响较小，横向最大无量纲振幅均在 0.6 左右，位移轨迹呈细长的条状。下游涡振圆柱在上游涡振圆柱涡振的影响下，流向振幅增大，位移轨迹从细长的条状转变为椭圆形。在各攻角下，下游涡振圆柱的横向最大无量纲振幅约为 0.7，能够保持较大的位移轨迹。上游涡振圆柱的脱落涡减小了翼型前缘部分的压力梯度，使下游涡振圆柱的振幅增大且相对稳定。

图 3.47 为单涡振圆柱和双涡振圆柱在不同攻角下的功率谱密度图。在攻角为 14°和 18°时，圆柱的振动频率约为 200Hz，与圆柱的固有频率接近。当攻角为 21°时，功率谱密度出现两个高峰和多个小峰，旋涡脱落频率开始脱离固有频率，圆柱的振动轨迹变得复杂。当攻角增大到 25°时，旋涡脱落频率已完全脱离固有频率，此时振动轨迹不固定且振幅较小。在攻角为 14°、18°和 21°时，上游涡振圆柱的振动频率锁定在 200Hz 附近，而当攻角为 25°时，其涡脱频率低于圆柱的固有频率。下游涡振圆柱在各攻角下均处于频率锁定状态，圆柱的振动频率被锁定在固有频率附近。相比于单涡振圆柱，双涡振圆柱具有更广的锁定区间，在高攻角下仍能产生共振，优化攻角范围更大。

为了深入研究双涡振圆柱对翼型流动分离的影响，选取 α =19°，展示涡振圆柱在一个振动周期内的涡量云图，如图 3.48 所示，揭示旋涡脱落随时间的演变情况。当设置单个涡振圆柱时，圆柱会在后方形成交替脱落的两排涡，这些涡与翼型前缘上翘涡区近乎平行，单涡振圆柱的脱落涡只能在翼型前半段对流场产生干扰，不能完全抑制流动分离。而当涡振圆柱变为双涡振圆柱时，上游和下游圆柱脱落的涡相互混合，在翼型吸力面上方形成更大的对涡。双涡振圆柱脱落的尾涡抑制了翼型吸力面上负涡区的上翘，使之更加贴合翼型的吸力面，对翼型的流动分离具有很好的抑制作用。

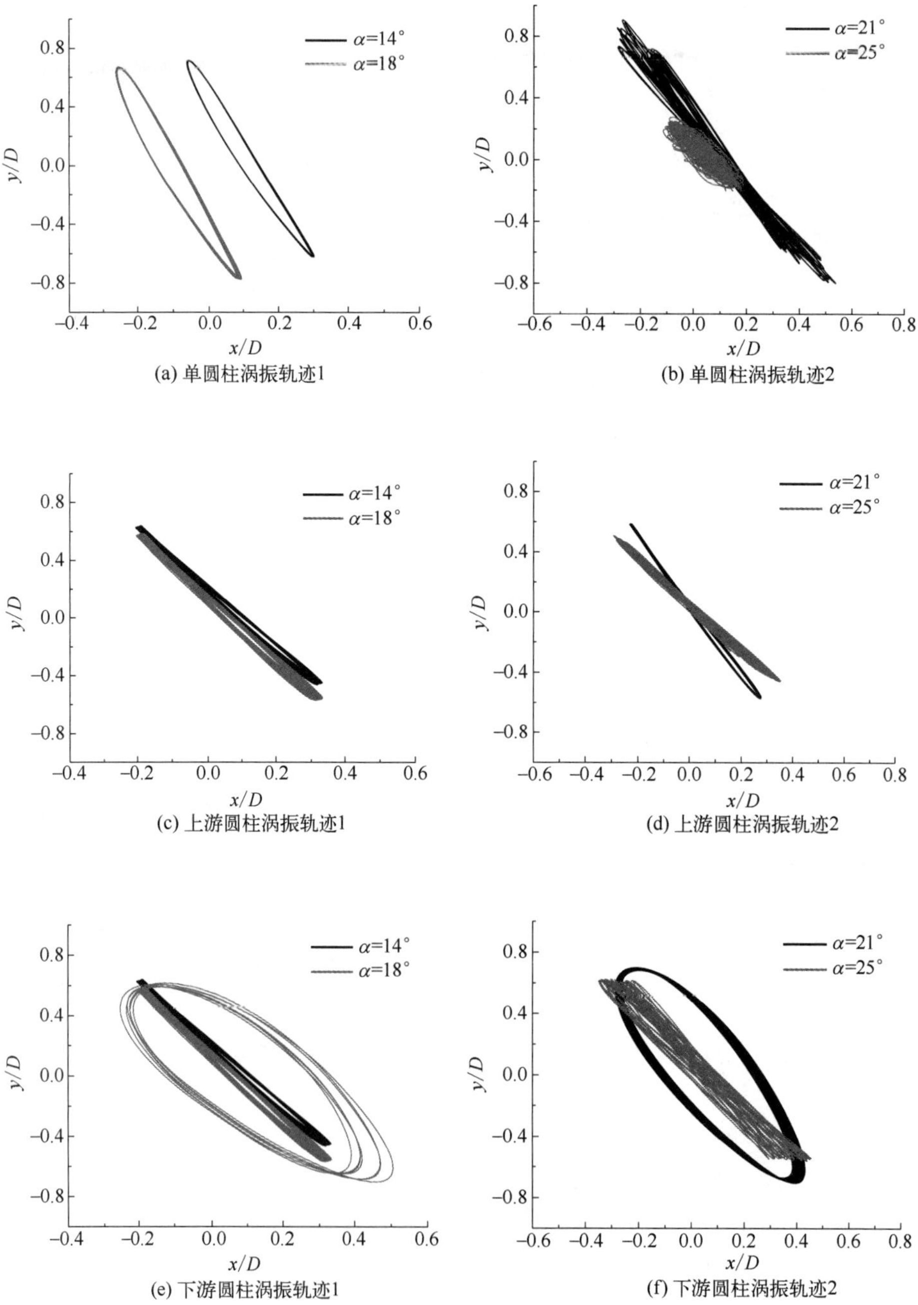

图 3.46　涡振圆柱在不同攻角来流下的位移轨迹

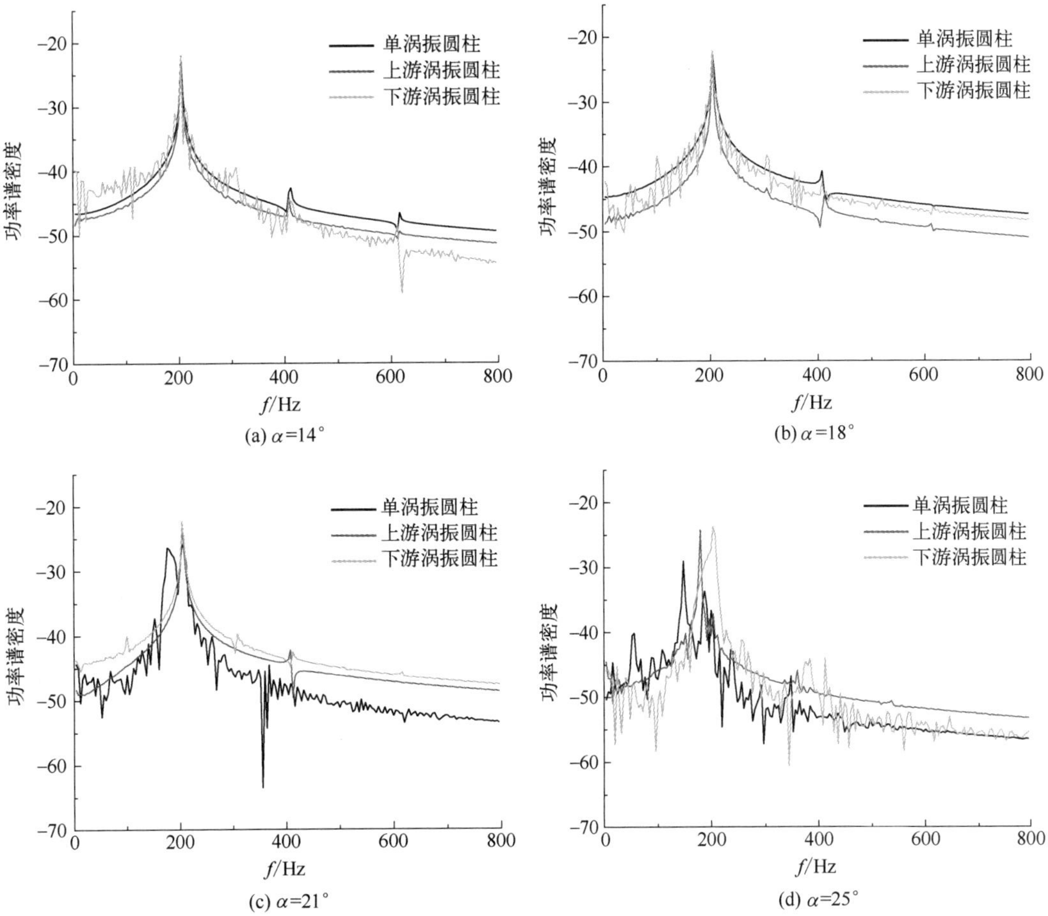

(a) α=14°　(b) α=18°　(c) α=21°　(d) α=25°

图 3.47　涡振圆柱在不同攻角来流下的功率谱密度图

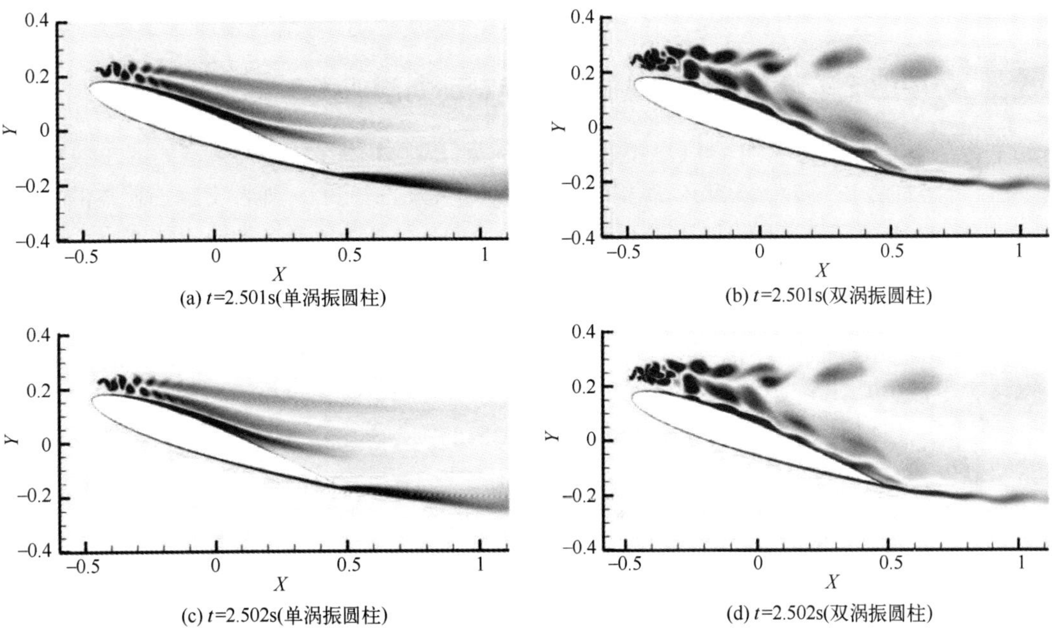

(a) t=2.501s(单涡振圆柱)　(b) t=2.501s(双涡振圆柱)　(c) t=2.502s(单涡振圆柱)　(d) t=2.502s(双涡振圆柱)

图 3.48

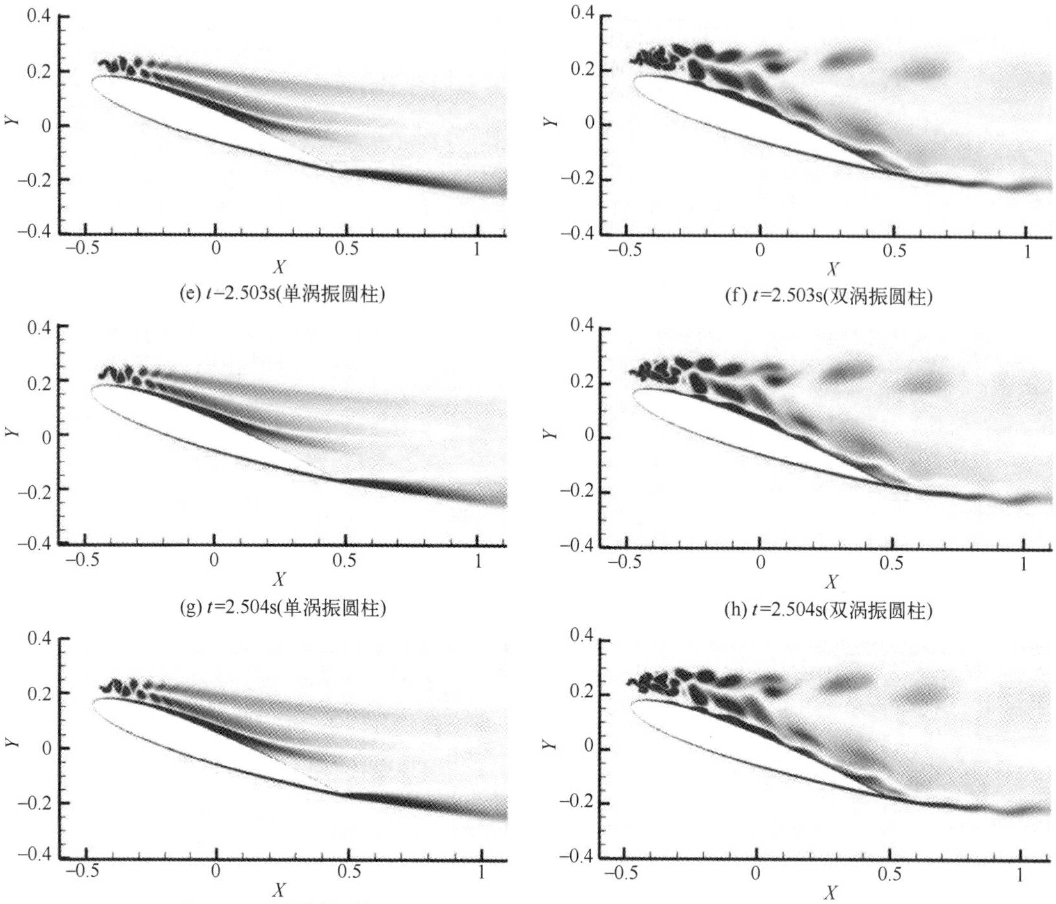

(e) t–2.503s(单涡振圆柱)　(f) t=2.503s(双涡振圆柱)

(g) t=2.504s(单涡振圆柱)　(h) t=2.504s(双涡振圆柱)

(i) t=2.505s(单涡振圆柱)　(j) t=2.505s(双涡振圆柱)

图 3.48　不同时刻设置单、双涡振圆柱的涡量云图

3.5.3　翼型尾流干涉下柱体涡激振动与控制动力学建模

本节基于 CFD 方法和嵌套网格技术建立的翼型-涡振柱体耦合结构模型如图 3.49 所示，翼型的弦长=柱体直径 D=0.02m，翼型中心与柱体中心距离为 L，弹性支撑的柱体的单位质量 m=15.708kg，阻尼 ζ=0.0013，柱体固有频率 f_n=2Hz。流场计算域如图 3.50 所示，入口设置为速度入口，距离柱体中心 20D，出口设置为压力出口，距离柱体中心 40D，上下壁面距离柱体中心 20D，上下壁面设置为对称面，柱体表面设置为无滑移壁面。

图 3.51 为流场的计算网格，同样使用嵌套网格技术，计算网格分为翼型与柱体周围的组分网格和覆盖整个计算域的背景网格。翼型周围的组分网格是一个以翼型中心为中心、半径为 2C 的圆。柱体周围的组分网格是一个半径为 2D 的圆。整个流场都采用结构化网格，边界层网格高度 Y^+<1，较好地保证了网格质量。在流场域中，对靠近柱体的网格区域进行加密，可以更好地捕捉到柱体的涡激振动情况，同时不会造成过多的计算量。

对结构机理的技术思路如图 3.52 所示，根据边界条件获得流场和柱体表面的压力、速度等信息；提取作用在柱体表面的力，然后代入结构运动方程，通过求解柱体的运动方程，得到当前时间步长下运动的位移和速度；同时利用得到的柱体位移和瞬时速度，基于嵌套网格技术更新流场网格，然后进行下一个时间步长的计算。本节时间步长 $\Delta t \leqslant U/(10D)$，各工况时间步长统一取 0.005s。

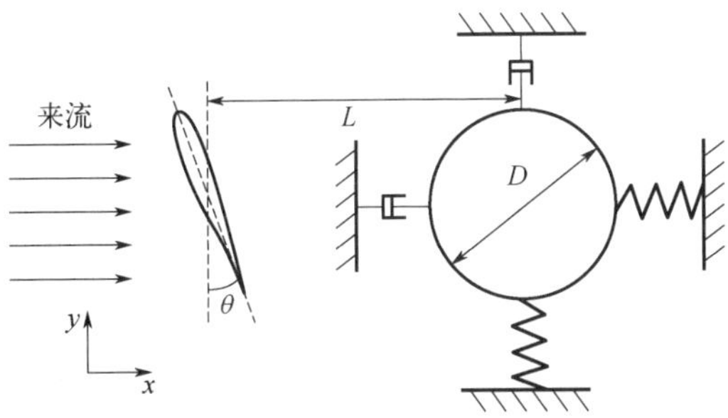

图 3.49　翼型-涡振柱体耦合结构模型

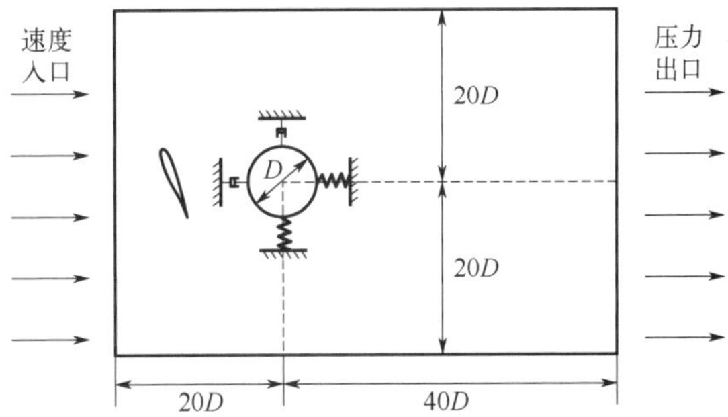

图 3.50　翼型-涡振柱体耦合结构流场计算域

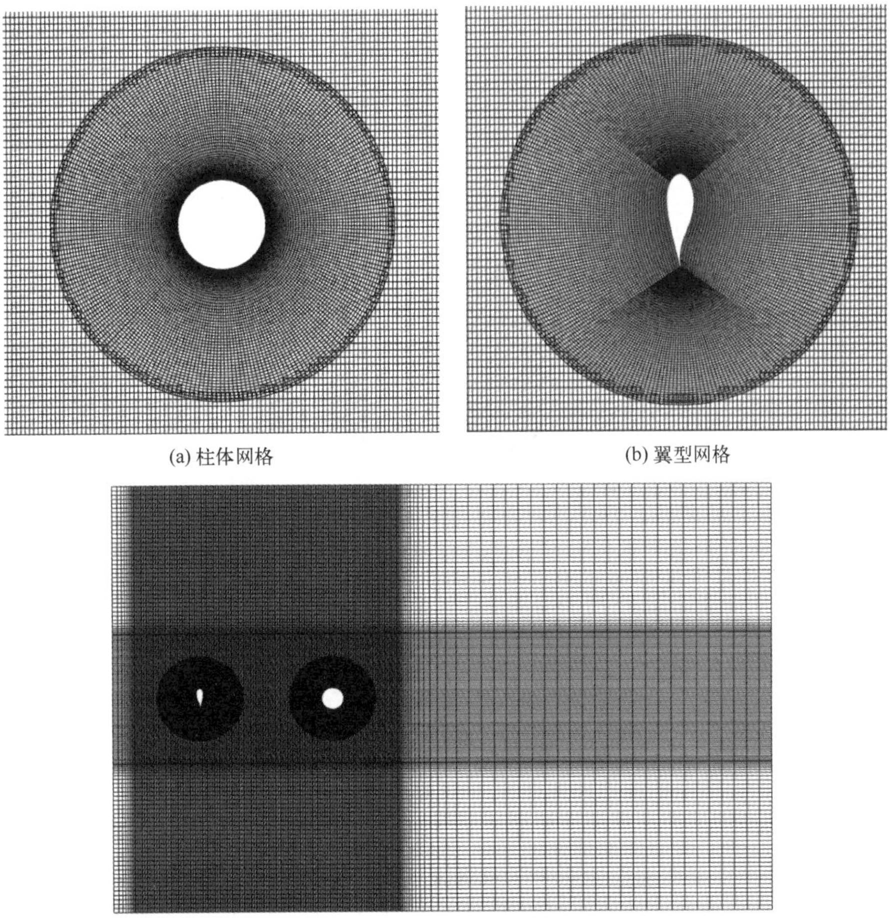

(a) 柱体网格

(b) 翼型网格

(c) 整个流场域网格

图 3.51　翼型干涉下柱体的流场计算网格

通过仿真计算得到不同动力学参数情况下的柱体的振动规律和流场特征，分析涡脱模式、涡脱频率与激发的某阶模态频率之间的关系及影响因素，从而分析出柱体涡振模态激发机理及形成机制。

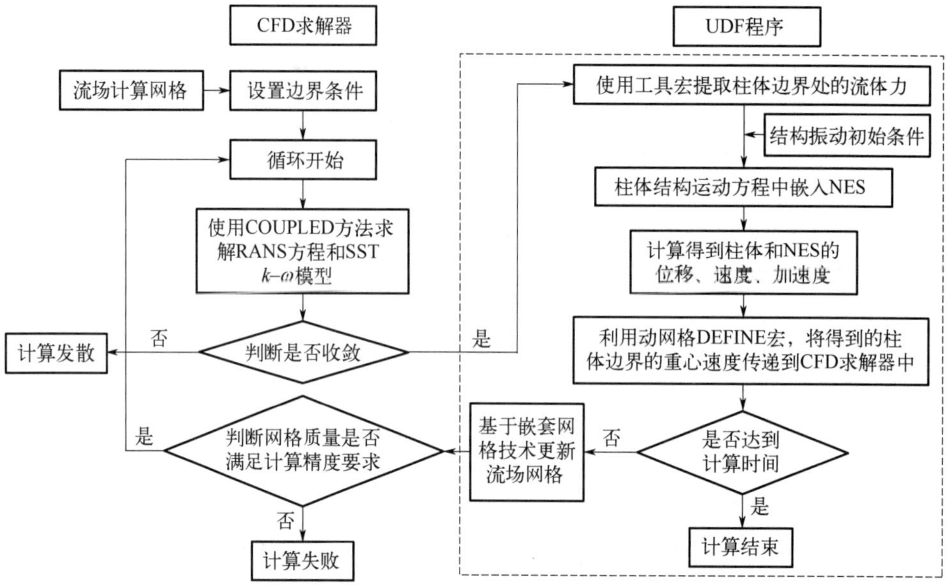

图 3.52 翼型-涡振柱体耦合结构机理技术思路

考虑到实际风场中风的来流方向不确定，初步提出双自由度 NES 模型，可吸收不同来流方向的涡振。在图 3.49 模型的基础上添加双自由度 NES 后所形成的 NES 作用下的耦合结构模型如图 3.53 所示。流场计算域如图 3.54 所示，入口设置为速度入口，距离柱体中心 $20D$，出口设置为压力出口，距离柱体中心 $40D$，上下壁面距离柱体中心 $20D$，上下壁面设置为对称面，柱体表面设置为无滑移壁面。

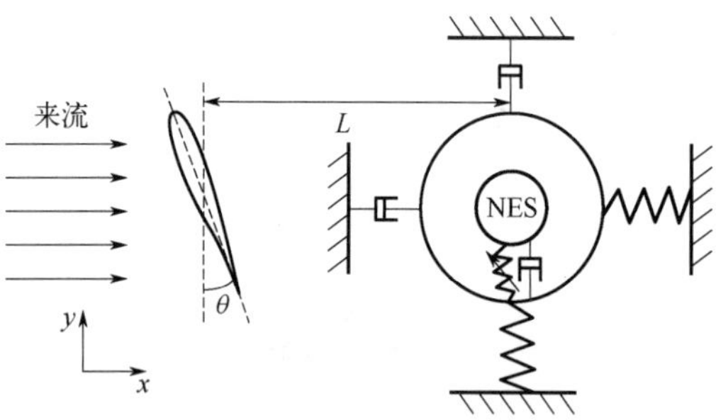

图 3.53 NES 作用下的耦合结构模型

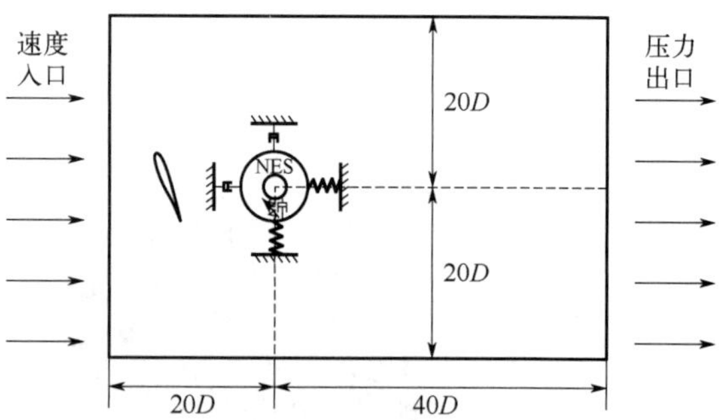

图 3.54 NES 作用下的耦合结构流场计算域

建立 NES 作用下的柱体涡振模型的关键是建立流体和被动控制模型相互作用的耦合方程。用数值方法模拟流固耦合问题通常采用迭代形式，即分别求解流场与被动控制模型方程，将各自的计算结果在某一时间步内进行相互耦合迭代，通过动网格技术实现流场域变形，当结果收敛后再进行下一步计算。所形成的 NES 作用下的翼型-涡振柱体耦合结构控制机理的技术思路如图 3.55 所示。

本节建立仿真模型计算得到不同结构参数的 NES 作用下的柱体涡振的流场结构、涡脱模式等信息，通过判断耦合振动频率与实际柱体某阶固有频率之间的关系以及 NES 结构参数对柱体动力学响应的影响，来得出 NES 对柱体的宽频减振机理。

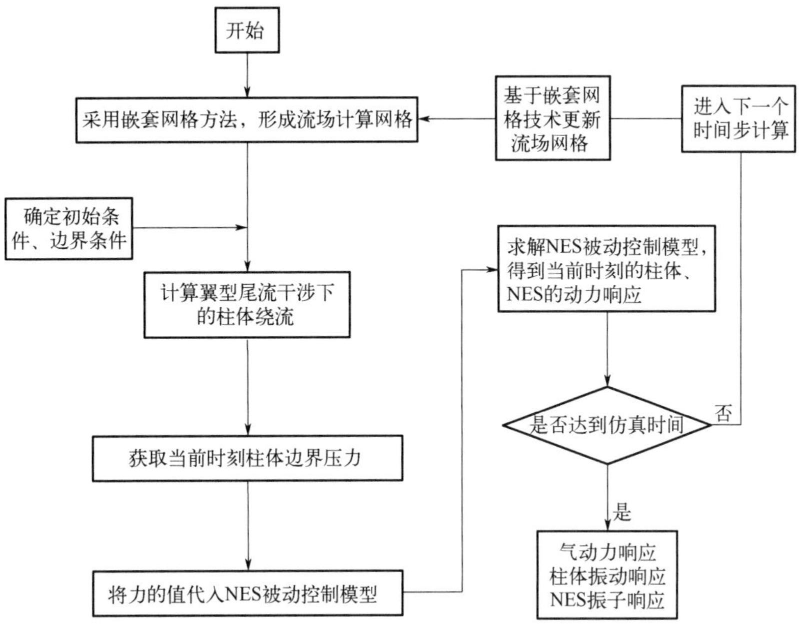

图 3.55　NES 作用下的耦合结构控制机理技术思路

3.5.4　翼型尾流干涉下柱体涡激振动与控制仿真结果分析

3.5.4.1　不同位置的翼型对柱体涡振的影响

研究大风速下柔塔涡振特征是柔塔风机设计和振动控制的前提。现有研究中缺乏对大风速下叶片尾流干涉下的柔塔涡振特征和机理研究。因此，本节模拟不同停机位置和角度情况，分析翼型尾流干涉下的柱体涡振特性，探索风诱发的柱体涡振模态激发情况、流场特征、振动规律及影响因素。

柱体的振幅大小受翼型和柱体之间的距离影响。选择 3.5.3 节中描述的翼型和柱体进行模拟，约化速度的范围 U_r=3～9，控制翼型和柱体之间的距离 L，计算 L=2D～6D 时柱体的横向无量纲振幅 $|y_1|_{max}/D$ 和频率比 f_v/f_n，并与单个柱体的横向振幅和频率比进行比较，结果如图 3.56 所示。

图 3.56（a）、（b）显示了柱体在与翼型不同距离情况下的横向最大无量纲振幅。单柱体在 U_r=5 时振幅显著增大到 0.5 左右；翼型尾流影响下的柱体在 U_r=6～7 时振幅显著增大，超过了单个柱体时的振幅。在 $L=2D$ 时，柱体的最大振幅达到了 0.9 左右；随着翼型和柱体之间距离的增大，在 $L=6D$ 时，柱体最大振幅减小到 0.5 左右。图 3.56（c）、（d）显示了柱体在与翼型不同距离工况下的频率比。当 U_r=4.5～5 时，单柱体发生频率锁定现象，频率比保持在 0.95 左右。翼型尾流影响下的柱体频率比在 U_r=6.5 前后发生锁定，柱体在此区间发生剧烈振动，当 L>2D 时不同距离的翼型对于柱体频率比的影响不大。

柱体的振幅大小还受翼型旋转角度的影响。为探究翼型的不同角度对后方柱体的影响，控制翼型与柱体之间的距离 $L=4D$，选择翼型逆时针旋转角度 θ 为 30°、45°、60°和 90°的情况进行模拟，计算约化速度范围 U_r= 3～9 内柱体的横向无量纲振幅 $|y_1|_{max}/D$ 和频率比 f_v/f_n，并与没有旋转的模型进行比较，结果如图 3.57 所示。

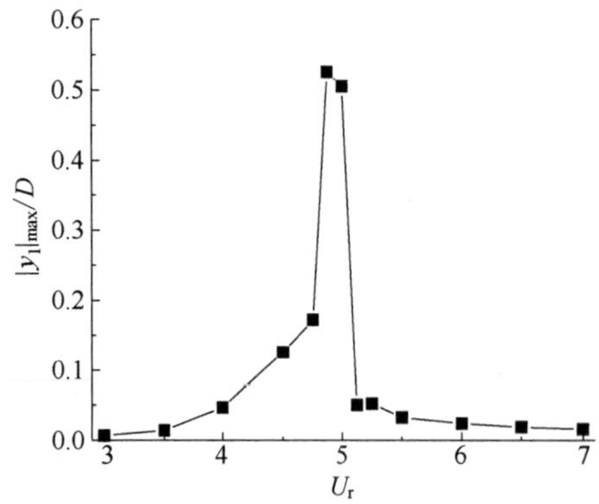

(a) 单柱体振幅

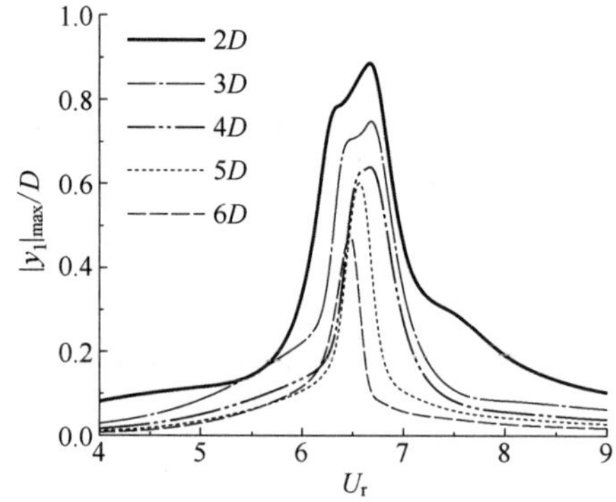

(b) 翼型尾流下柱体的振幅

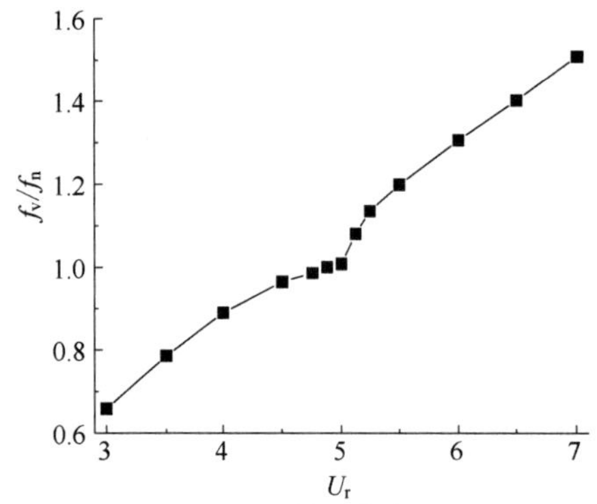

(c) 单柱体频率比

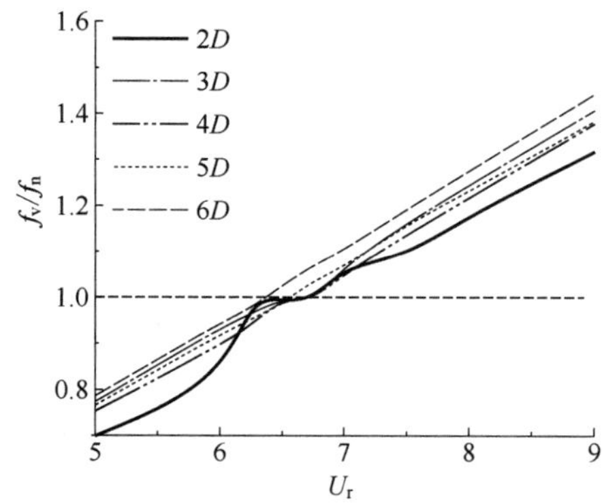

(d) 翼型尾流下柱体的频率比

图 3.56　不同距离翼型后柱体的无量纲横向振幅与频率比

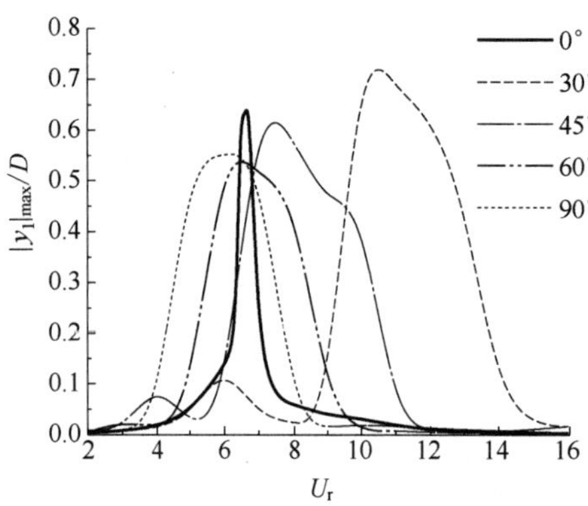

(a) 振幅

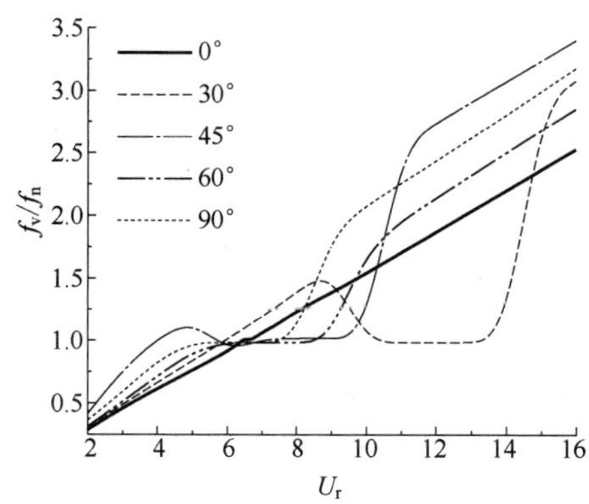

(b) 频率比

图 3.57　旋转不同角度的翼型后柱体的无量纲横向振幅与频率比

如图 3.57 所示，不同角度翼型后的柱体最大横向振幅在 0.5～0.7 之间。当 θ =30°时，柱体的锁定区间发生了很大的右移，锁定区间在 U_r =10～14 的范围。当 θ =45°时，锁定区间右移至 U_r =6～10。当 θ =60°时，锁定区间发生微小左移至 U_r =5～9。当 θ =90°时，锁定区间继续左移，在 U_r =4～8 的范围内。

3.5.4.2 基于 NES 的翼型-涡振柱体多体耦合系统涡振抑制效果与机理分析

NES 具有宽频吸振、质量轻等优点，近几年陆续有学者将其用于柱体结构涡振抑制研究，本节开展 NES 对耦合结构下的柱体涡振控制效果、宽频减振机理及实验研究。

为了与不含 NES 的单柱体进行对比分析，参考前期的研究工作选取 NES 参数为 β =0.1，ξ =0.8，γ =0.8，翼型和柱体之间的距离 $L=2D\sim 6D$，计算在不同约化速度下 NES 对不同距离翼型后柱体的振动影响。如图 3.58（a）所示，单柱体在两种情况下的最大振幅均出现在 U_r =5 时，加入 NES 后柱体振幅减小，锁定范围接近。如图 3.58（b）～（f）所示，在不同距离翼型后的柱体加入 NES，柱体的锁定范围右移，横向最大振幅均得到很好的抑制。

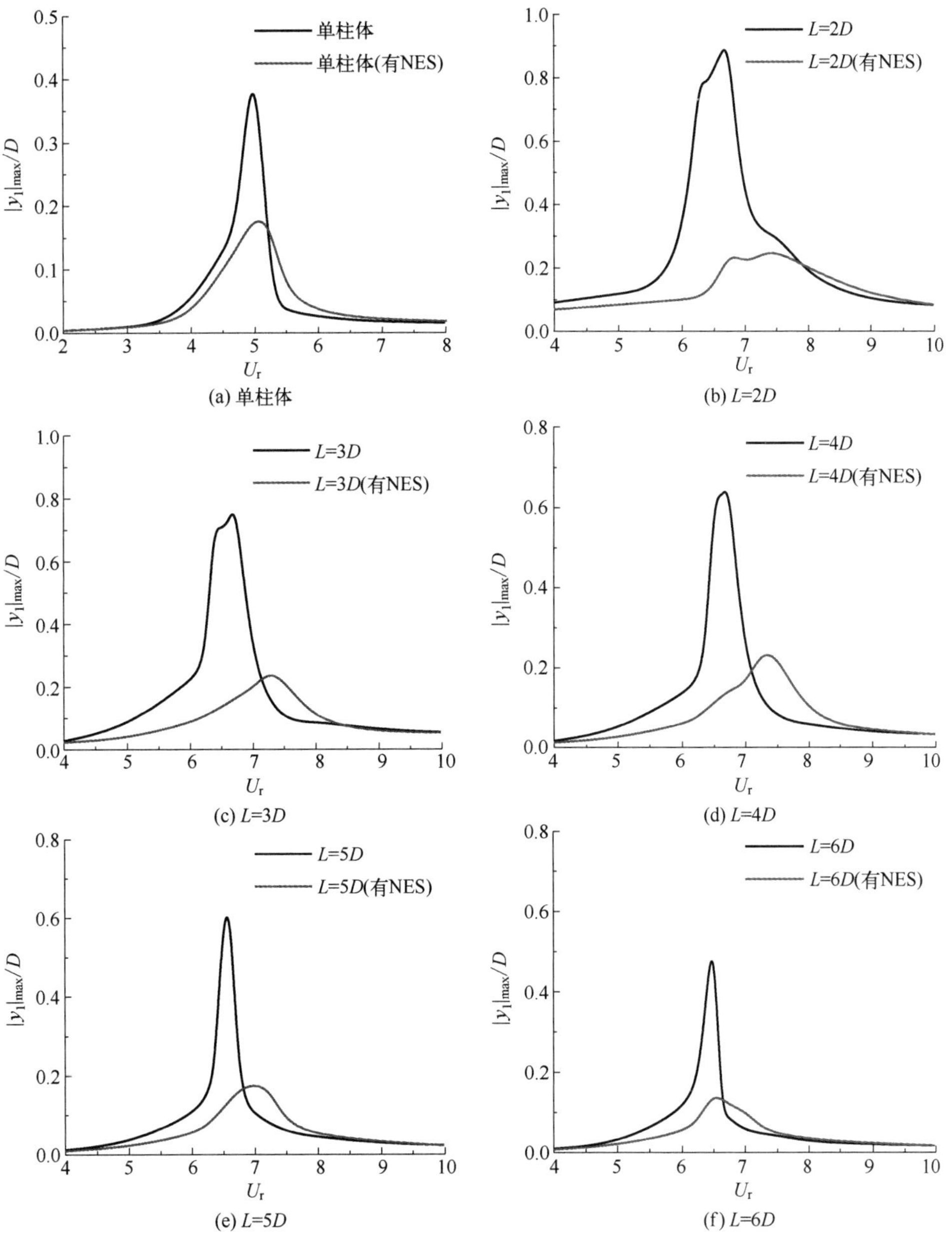

图 3.58　不同距离翼型后柱体有无 NES 的横向无量纲振幅

图 3.59（a）为没有翼型尾流干扰的单柱体频率比，安装 NES 后的频率比随着U_r增大而增大，降低了原本锁定区间的涡激振动响应。图 3.59（b）～（d）中可以看出，没有安装 NES 的柱体会在U_r=6.5 附近时有一小段的锁频区间，f_v / f_n保持在 1 左右。加入 NES 后，当干涉翼型与柱体较近时，频率比会在U_r＞6.5 时小幅减小，锁定区间右移，这表明 NES 能抑制锁频区间的涡激振动。当L=5D和 6D时，如图 3.59（e）、（f）所示，此时由于距离过长，翼型尾流对柱体的影响逐渐减弱，柱体的锁定区间不明显。

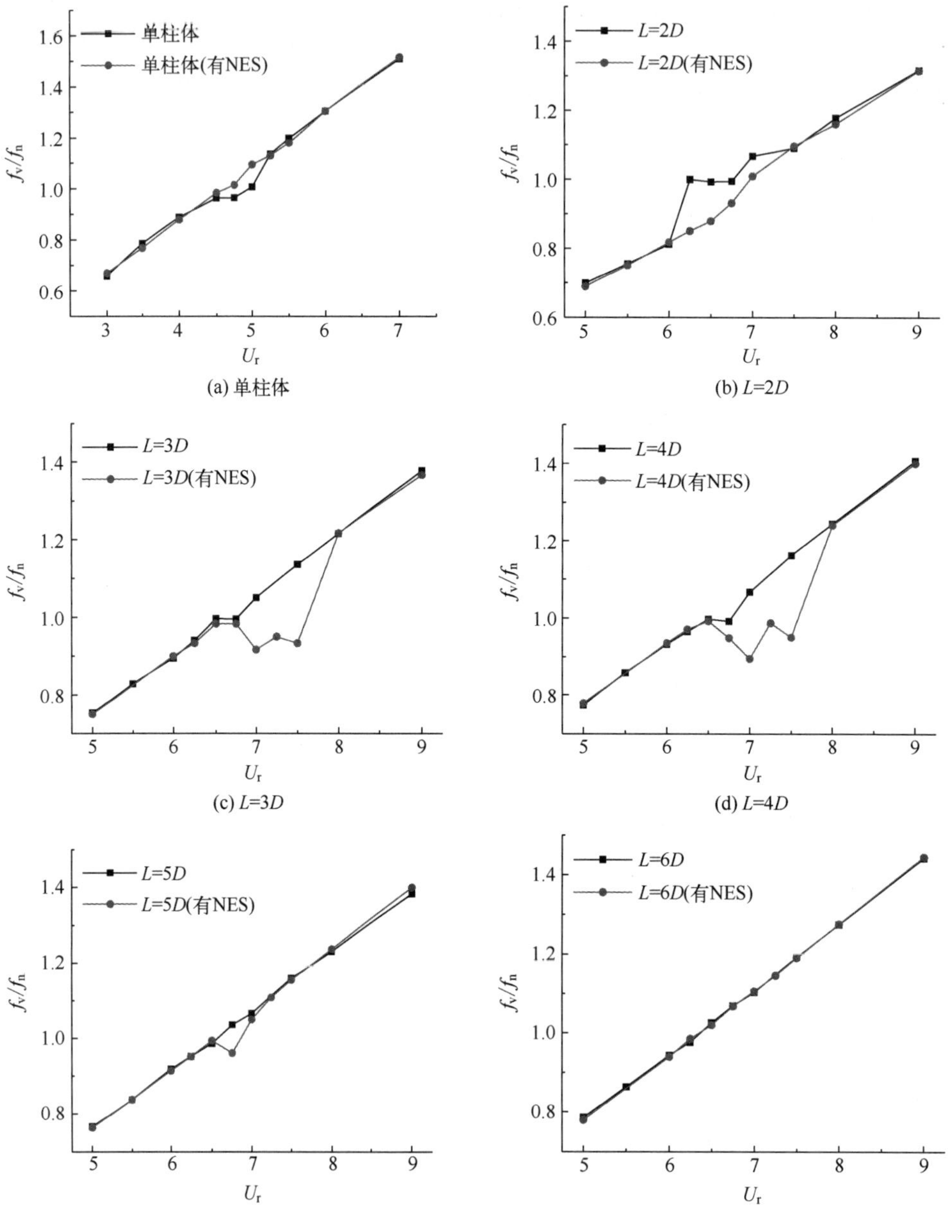

(a) 单柱体　(b) L=2D　(c) L=3D　(d) L=4D　(e) L=5D　(f) L=6D

图 3.59　不同距离翼型后柱体有无 NES 的频率比

图 3.60 为U_r=6.5 时，与翼型距离不同的后方柱体在加入 NES 前后的无量纲振幅时程图与功率谱密度图。如图 3.60（a）所示，柱体与 NES 发生非周期响应，柱体在加入 NES 之后

的振幅减小了 88%。由于未加入 NES 时单柱体的振幅随与翼型之间距离的增大而减小，NES 对于翼型后柱体的振动抑制效果随距离的增加而减弱，如图 3.60（c）、（e）、（g）、（i）所示，柱体与 NES 均发生非周期响应，振幅的抑制效果逐渐减弱为 74%。为进一步研究柱体和 NES 的动态响应，观察功率谱密度图［图 3.60（b）、（d）、（f）、（h）、（j）］，可以发现 NES 频率峰值与柱体一致，相较于未安装 NES 的柱体振动峰值频率发生左移，偏移出频率锁定区间。根据上述现象可以得出，安装在柱体的 NES 可以吸收振动能量，能较好抑制柱体的横向振幅。

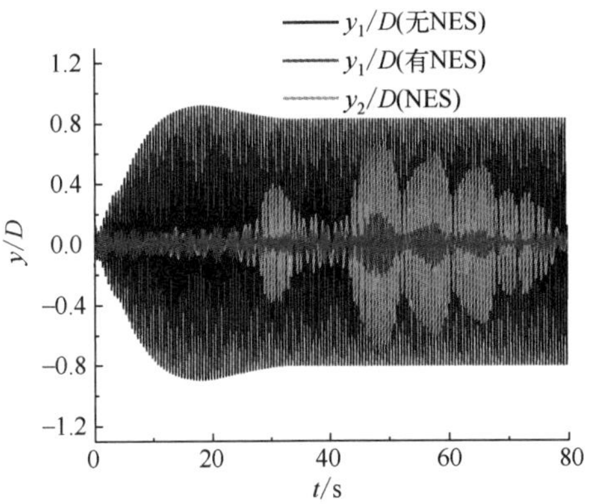

(a) L=2D振幅

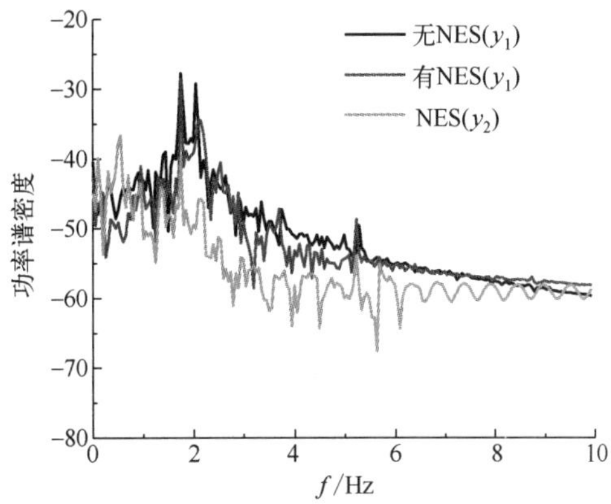

(b) L=2D功率谱密度

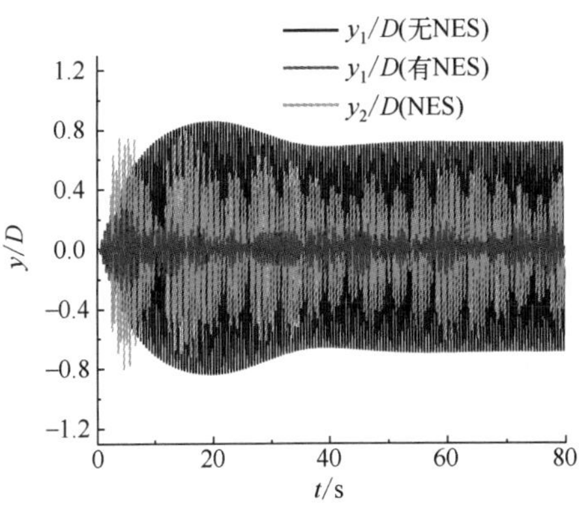

(c) L=3D振幅

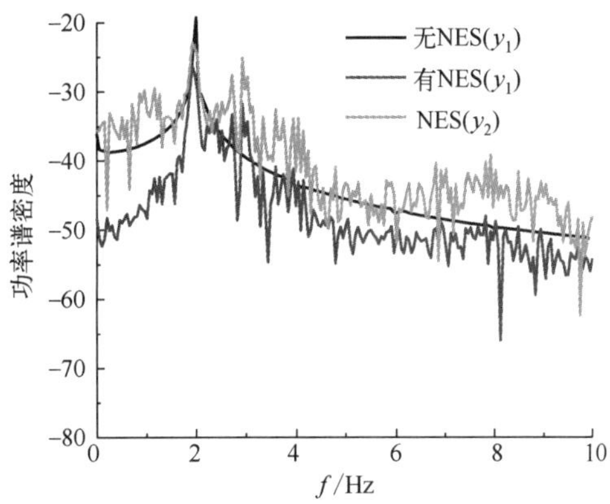

(d) L=3D功率谱密度

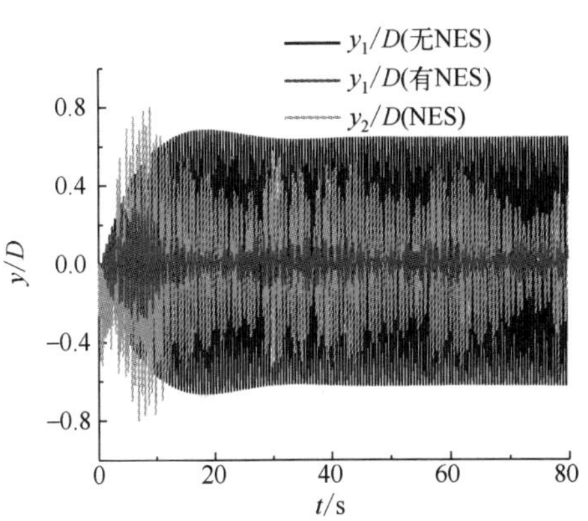

(e) L=4D振幅

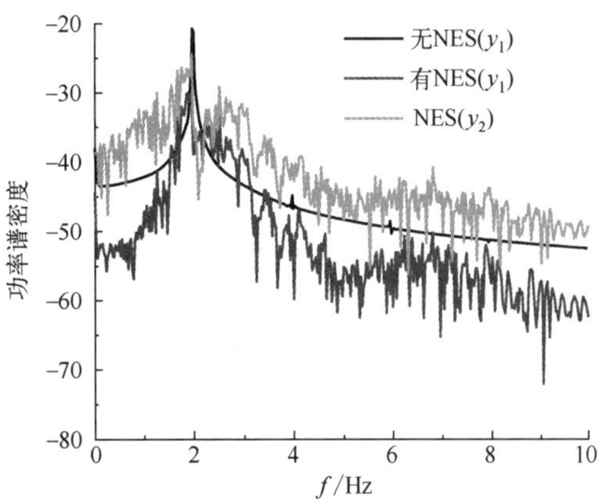

(f) L=4D功率谱密度

图 3.60

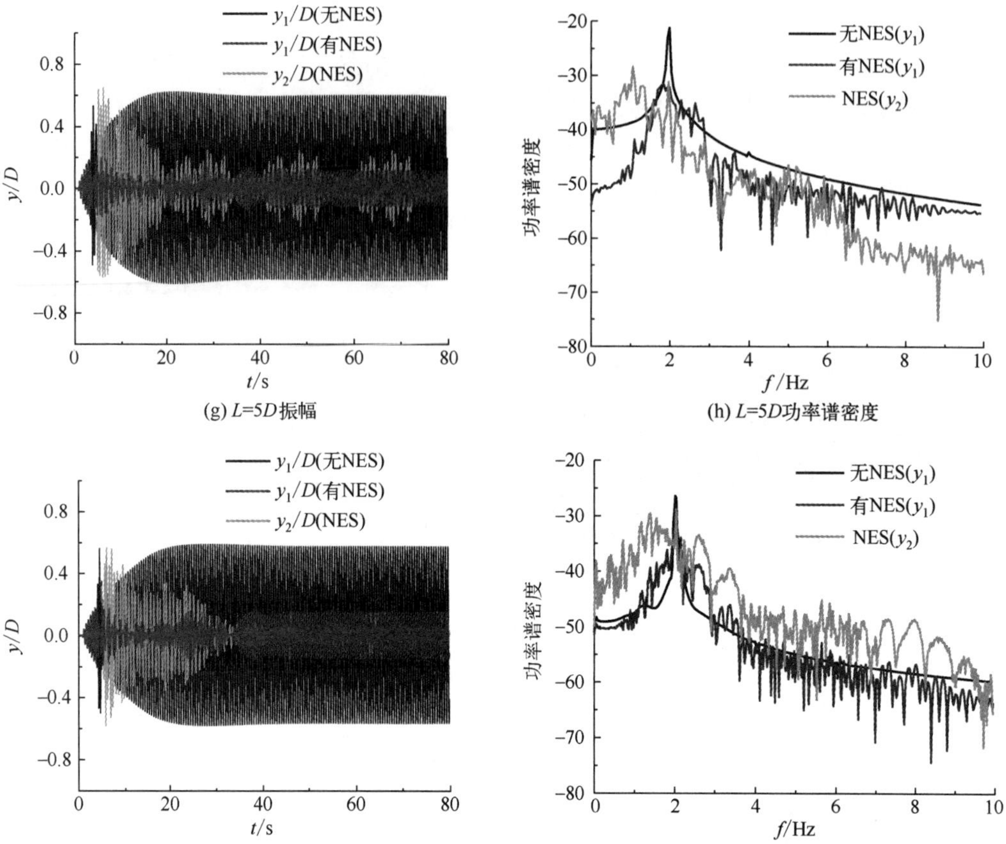

(g) L=5D振幅

(h) L=5D功率谱密度

(i) L=6D振幅

(j) L=6D功率谱密度

图 3.60 $U_r = 6.5$时不同距离翼型后柱体有无 NES 的横向时程振幅与功率谱密度

为探究 NES 不同角度翼型后的柱体涡激振动的影响，选取翼型和柱体之间的距离 $L = 4D$，NES 参数为 β=0.1，ξ=0.8，γ=0.8，计算在不同约化速度下 NES 对于不同角度翼型后柱体的振动影响。

图 3.61 显示了不同角度翼型后柱体在加入 NES 前后的横向振幅和频率比，在翼型旋转的多种角度下，NES 均能使柱体在频率锁定区间的振幅减小，抑制效果明显。安装 NES 后柱体的频率锁定区间变短，减少了柱体在锁定区间内的涡激振动响应。

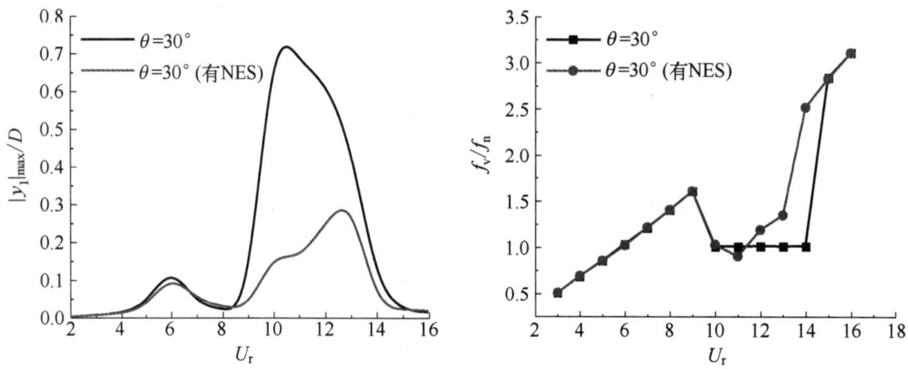

(a) θ=30° 振幅

(b) θ=30° 频率比

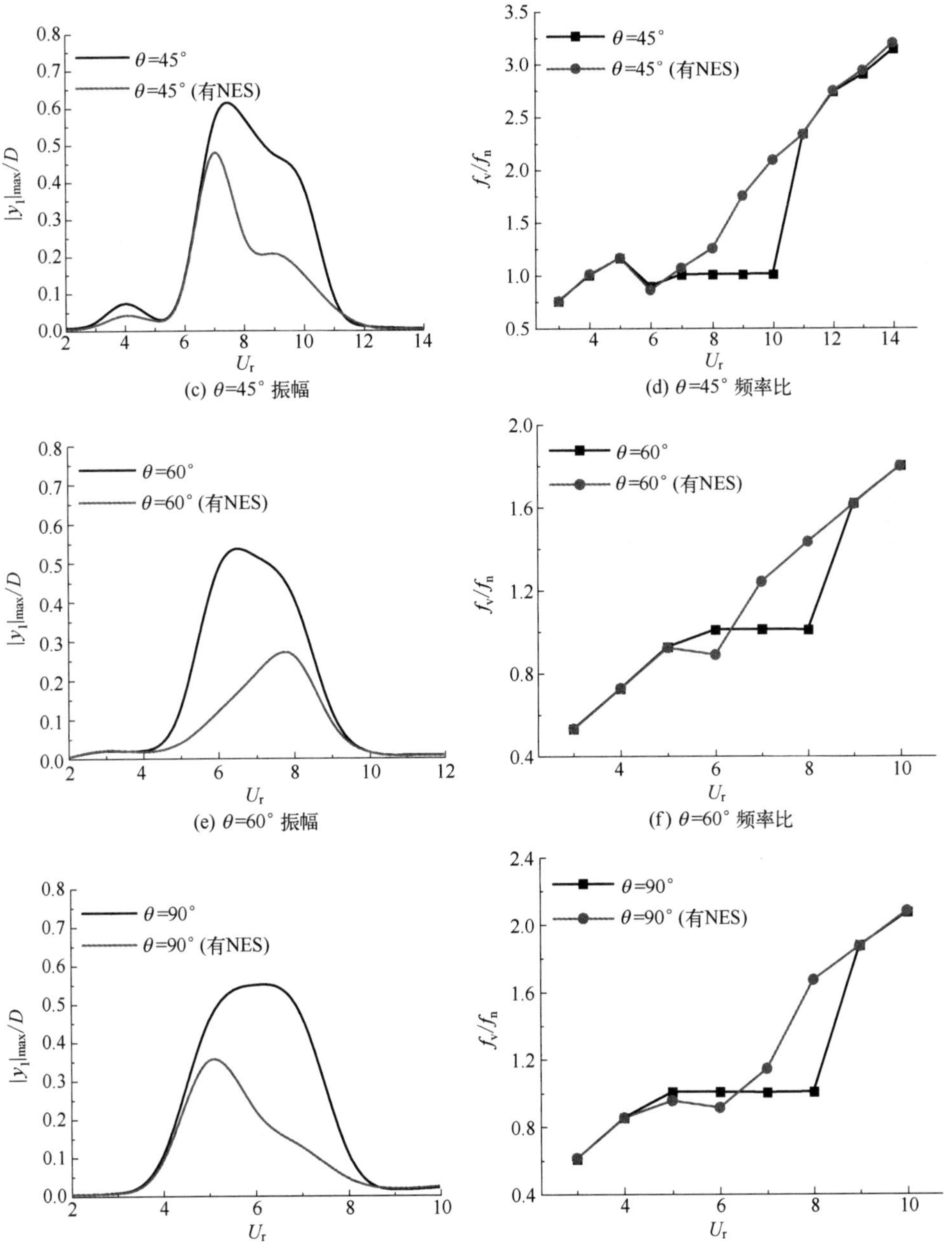

(c) θ=45° 振幅　(d) θ=45° 频率比

(e) θ=60° 振幅　(f) θ=60° 频率比

(g) θ=90° 振幅　(h) θ=90° 频率比

图 3.61　不同角度翼型后柱体有无 NES 的横向振幅和频率比

考虑到风力机停机时的变桨作用，电机会在需要停机时开始驱动变桨，使桨叶角变为 90°，选取旋转角度 θ=90°，即翼型弦线平行于来流方向时的情况，研究翼型和柱体之间的不同距离对柱体涡振效应的影响。如图 3.62 所示，不同距离对于柱体的横向最大振幅与锁频区间影响不大，在不同距离的翼型后 NES 均能有效降低柱体的横向最大振幅，在 U_r=6～8 时减振效果尤为明显，加入 NES 的柱体横向最大振幅由原来的 0.6 下降到 0.2 左右。

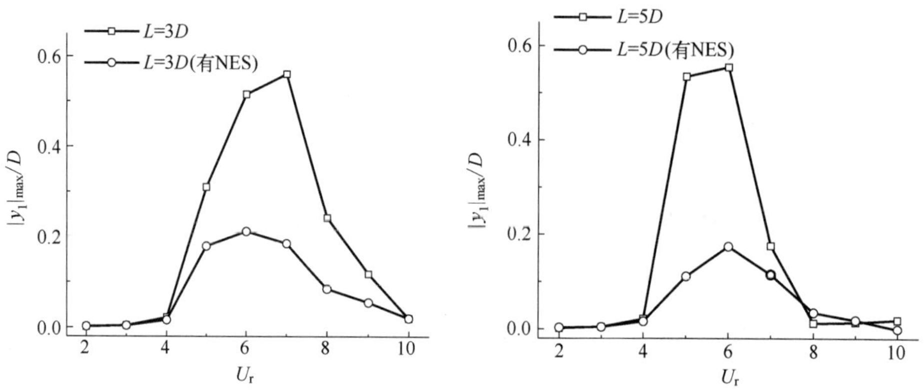

(a) L=3D　　(b) L=5D

图 3.62　旋转 90°的翼型尾流下的柱体横向振幅

3.5.4.3　NES 参数对翼型尾流干涉下的柱体减振效果的影响

（1）质量比

保持 NES 其他的无量纲参数不变，研究不同质量比 β 对柱体涡激振动响应的影响。本小节中，β 在 0.02～0.3 范围内变化，阻尼比 ξ 和刚度比 γ 均设置为 0.8，其他条件均与上述模型一致。图 3.63 为不同质量比 β 对柱体横向最大振幅的影响。

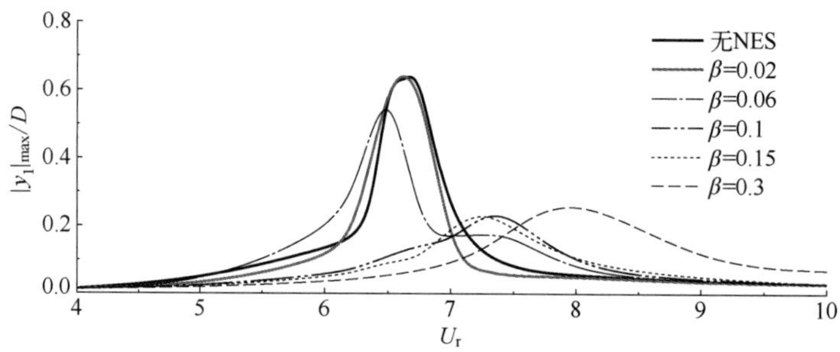

图 3.63　γ=0.8，ξ=0.8 时不同 β 的柱体横向最大振幅

如图 3.63 所示，当没有 NES 时，柱体的锁定区间在 U_r=6～7 范围内。当 β=0.02 时，柱体锁定范围和横向振幅几乎不受 NES 的影响，此时 NES 很难抑制柱体的涡激振动。当 β=0.06 时，锁定区间出现了小幅度的左移，最大振幅也略微减小。当 β=0.1 和 0.15 时，锁定区间右移至 U_r=6.5～8，最大振幅减小为 0.22。当 β 增大至 0.3 时，锁定区间继续右移，脱离了原先的锁定区间，在 U_r=7～9 范围内。柱体的最大振幅随 β 的增大整体呈减小趋势，锁定区间随 β 的增大先左移再右移。

图 3.64 为 U_r=6.5，$\xi=0.8$ 时，柱体在不同 β 的选值下的振幅时程图。从图 3.64 中可以看到，当 β=0.02 时，柱体和 NES 呈现异步周期性响应，柱体振幅变化很小。当 β 增加到 0.1 时，柱体和 NES 变成非周期性响应，柱体涡激振动的能量转入 NES，振动幅度显著减小。当 β=0.3 时，由于高质量比 NES 的加入，柱体的锁频区间发生右移，在此来流速度下的柱体还没有发生频率锁定，因此柱体的振幅并没有明显增大。

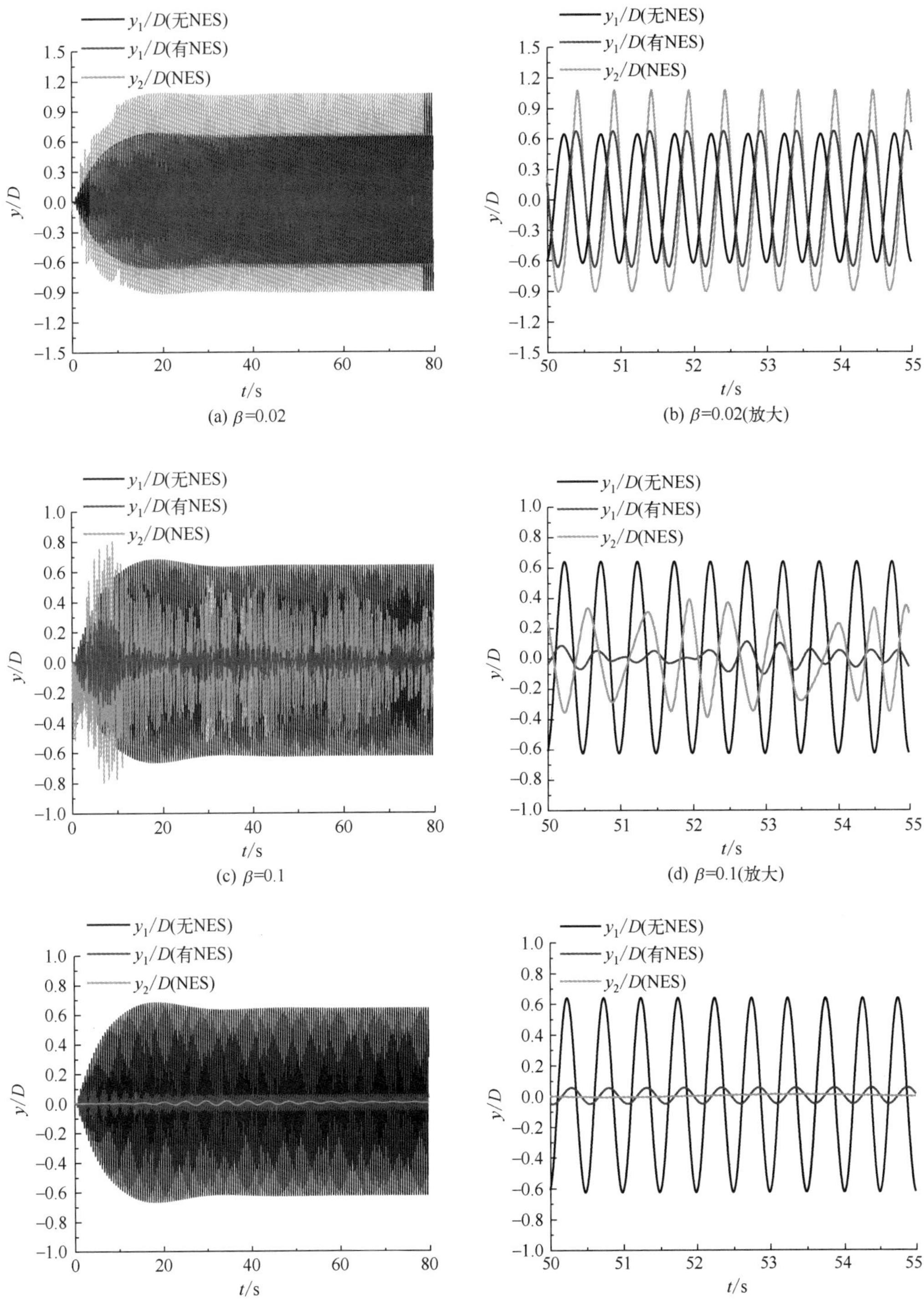

(a) β=0.02　(b) β=0.02(放大)

(c) β=0.1　(d) β=0.1(放大)

(e) β=0.3　(f) β=0.3(放大)

图 3.64　U_r=6.5，ξ=0.8，γ=0.8 时不同 β 的柱体振幅时程图

图 3.65（a）为 β 选取不同值时柱体振动的频率比随 U_r 的变化图，当 β=0.02、0.15 和 0.3 时，柱体的频率比与不安装 NES 时的柱体频率比相近。当 β=0.06 和 0.1 时，在区间 U_r=6.5～7 内的频率比出现了减小，此时 NES 吸收了柱体振动的能量，这与图 3.63 中的振

幅减小形成对应。图 3.65（b）～（d）分别为在 $U_r=7$ 时 β=0.02、0.1 和 0.3 的柱体与 NES 的功率谱密度图。从图中可见，当 β=0.02 和 0.3 时，柱体与 NES 的频率比与没安装 NES 时的柱体频率比一致。当 β=0.1 时，柱体与 NES 的频率比高峰发生了左移，频率比小于没有安装 NES 时的柱体频率比，此时旋涡脱落频率没有锁定在柱体固有频率附近，柱体振动受到抑制。NES 控制涡激振动的本质就是改变耦合响应的频率，以避免频率锁定在柱体的固有频率。

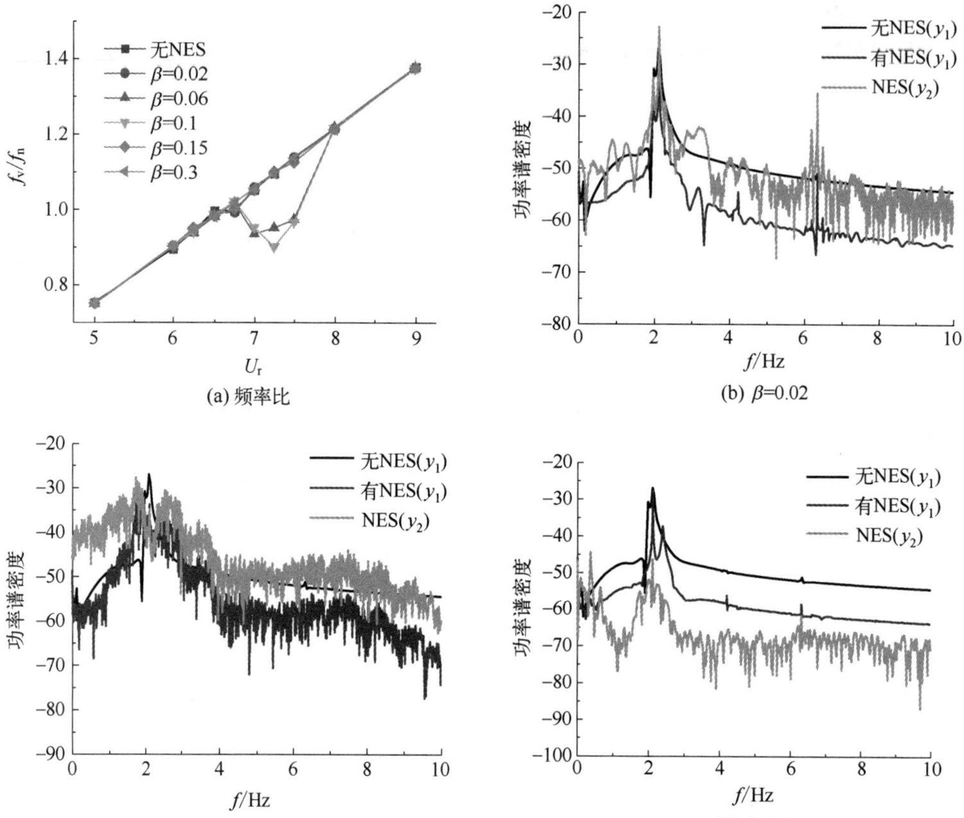

(a) 频率比　(b) β=0.02　(c) β=0.1　(d) β=0.3

图 3.65　不同 β 的柱体与 NES 的频率比与功率谱密度图

（2）刚度比

NES 系统的第二个参数是非线性刚度比 γ。为研究不同刚度比 γ 对柱体涡振的影响，保持 NES 其他的无量纲参数不变，质量比 β 为 0.1，阻尼比 ξ 为 0.8，选取 γ 在0.2～2 的范围内变化，图 3.66 为不同刚度比 γ 对柱体横向最大振幅的影响。

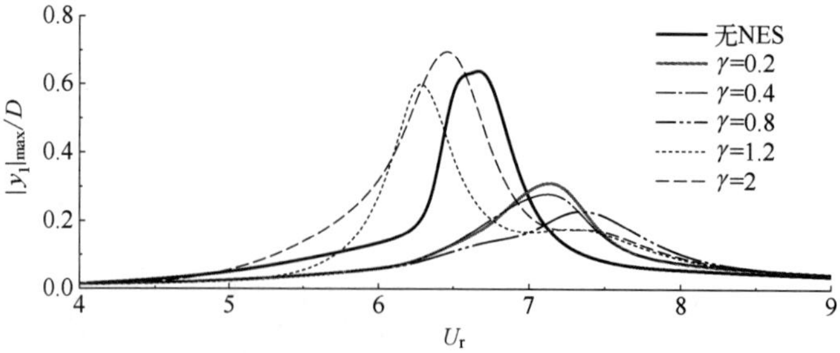

图 3.66　β=0.1，ξ=0.8 时不同 γ 的柱体横向最大振幅

如图 3.66 所示，当 $0.2 \leqslant \gamma \leqslant 0.8$ 时，柱体的最大振幅随着 γ 的增大而逐渐降低，锁定区间也相应地产生右移。当 γ =1.2 和 2 时，NES 不能很好地抑制柱体的涡激振动，此时柱体的横向最大振幅接近于不加 NES 时的振幅，锁定区间产生轻微的左移。图 3.67 显示了 NES 与柱体的最大相对运动为柱体直径的 40%，在实际实施中最大相对运动幅度必须小于柱体直径的 50%。

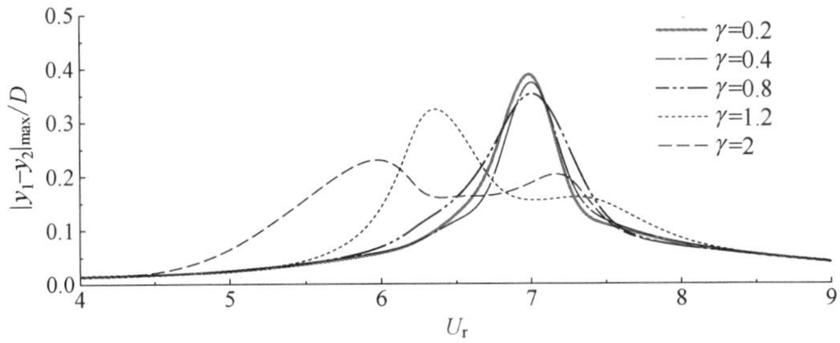

图 3.67　NES 与柱体相对运动的横向最大振幅

图 3.68 为 U_r =6.5， β =0.1， ξ =0.8 时，柱体在不同 γ 的选值下的振幅时程图。当 γ =0.2 时，柱体和 NES 呈现同步周期性响应，柱体振幅得到一定程度上的抑制。当 γ 增加到 0.8 时，柱体和 NES 的周期性响应消失，此时 NES 能发挥较好的振动抑制效果。当 γ =2 时，柱

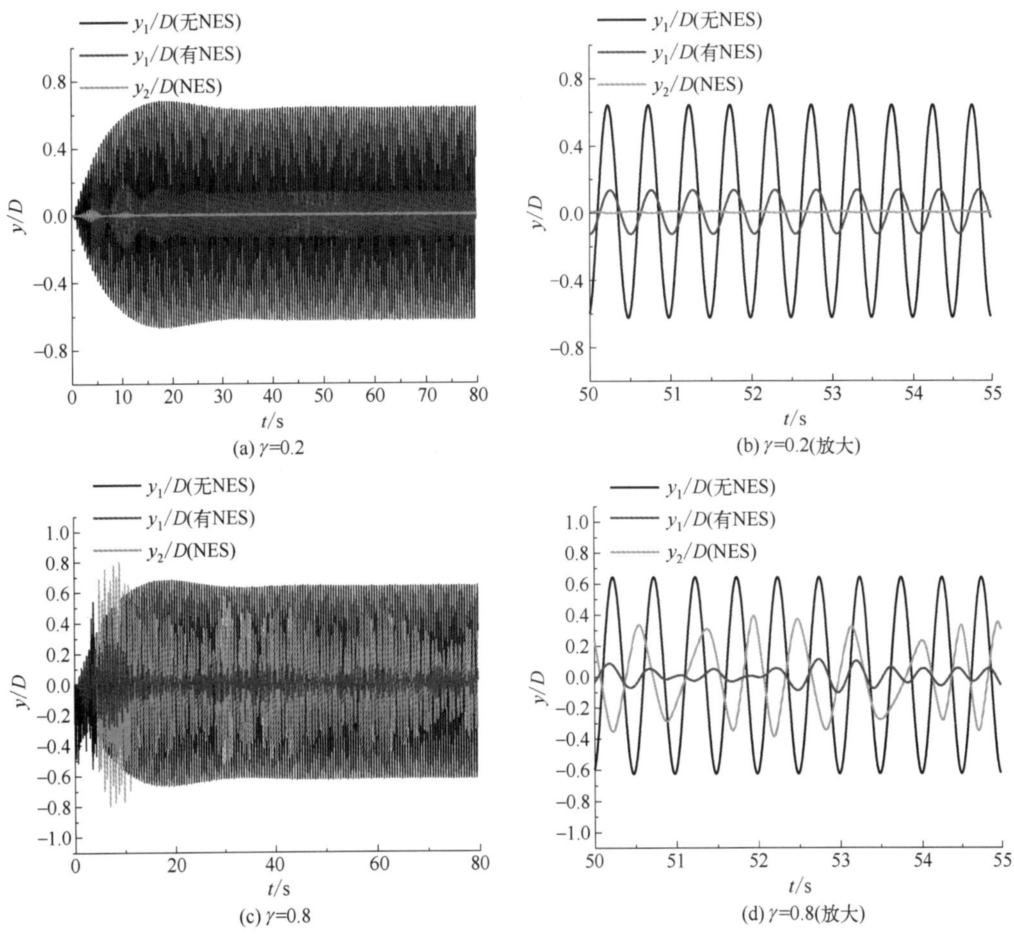

图 3.68

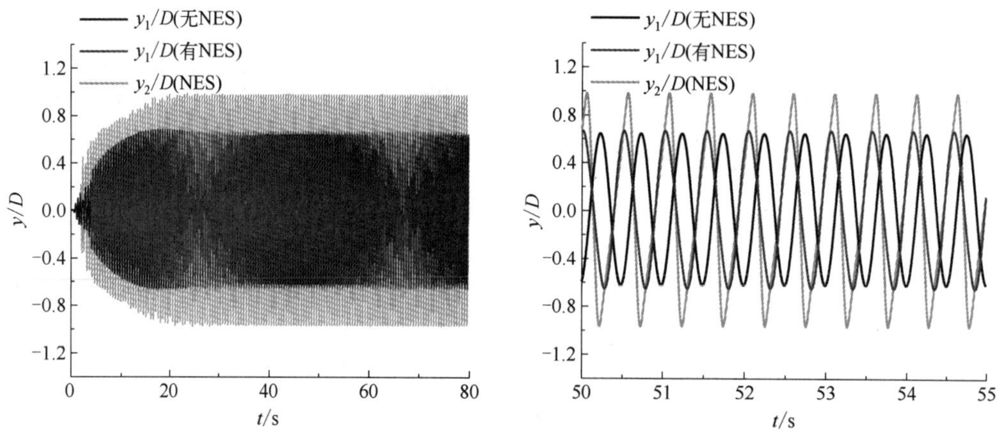

(e) γ=2　　(f) γ=2(放大)

图 3.68　U_r=6.5，β=0.1，ξ=0.8 时不同γ的柱体振幅时程图

体和 NES 又恢复为周期性响应，与 γ=0.2 不同的是，这时表现的是异步周期响应，NES 没有发挥应有的抑制效果，柱体振幅变化不大。

图 3.69（a）为不同 γ 取值的柱体在不同的约化速度下的频率比。安装 NES 后的柱体会与 NES 显示出相近的频率比，选取 γ=0.8，如图 3.69（b）所示，NES 频率比在U_r=5～7 区间内贴合柱体振动的频率比曲线；当U_r=7～8 时，安装了 NES 的柱体频率比和 NES 频率比均出现先减小再增大的趋势，此时柱体振动频率发生改变，振动幅度受到抑制；当U_r=8～9 时，安装了 NES 的柱体频率比和 NES 频率比再次与不安装 NES 的柱体频率比相近。

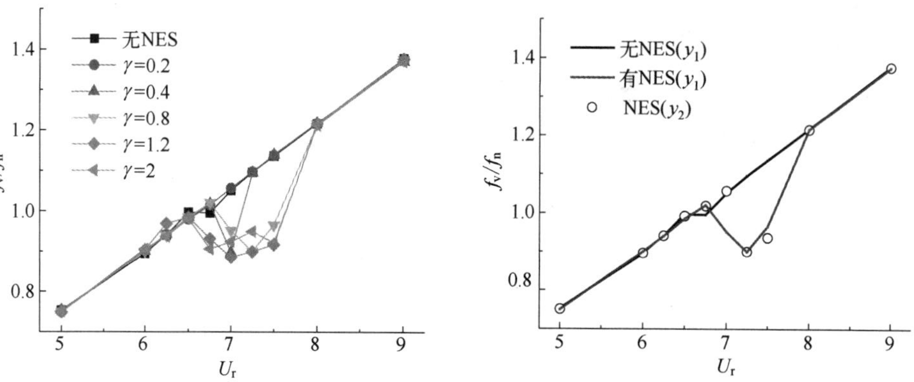

(a) 不同γ的柱体频率比　　(b) γ=0.8的柱体和NES频率比

图 3.69　NES 与柱体频率比随 U_r 的变化

为了直接比较升力系数 C_L 和柱体横向位移，选取U_r=6.5，升力系数和横向位移的时程如图 3.70 所示。当 γ=0.4 和 0.8 时，升力系数相较于未安装 NES 时增大，横向位移减小。此时升力系数的周期变得更长，频率小于无 NES 时柱体的振动频率，脱离了频率锁定区间，柱体的涡激振动得到抑制。当 γ=2 时，升力系数的周期和频率又回到未安装 NES 时的值，此时抑制振动的效果较弱。

（3）阻尼比

NES 系统的第三个参数是无量纲阻尼比 ξ。为了确定 ξ 对柱体涡激振动响应的影响，在保持 NES 其他参数不变的情况下，研究 ξ 的范围在 0.2～2 内对柱体振动的影响，

质量比 β 设置为 0.1，刚度比 γ 设置为 0.8。图 3.71 为不同阻尼比 ξ 对柱体最大横向振幅的影响。

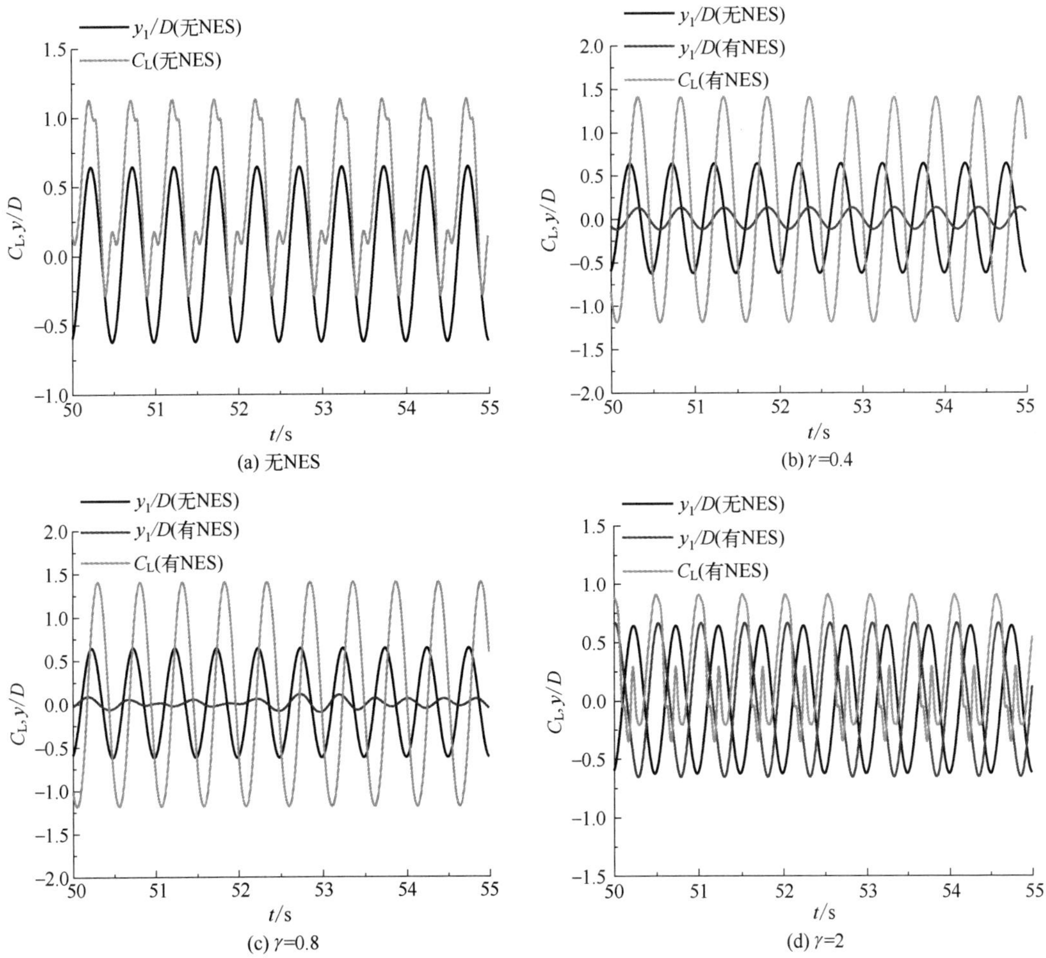

图 3.70 $U_r=6.5$ 时升力系数与横向位移时程图

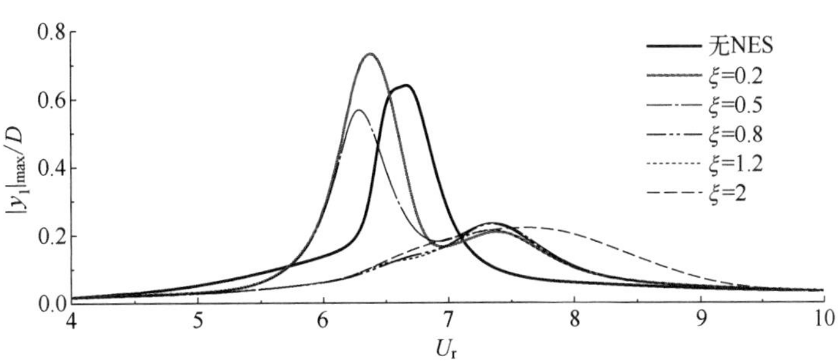

图 3.71 β=0.1，γ=0.8 时不同 ξ 的柱体最大横向振幅

如图 3.71 所示，当 ξ=0.2 和 0.5 时，NES 无法有效抑制柱体的涡激振动，此时柱体的锁定区间有轻微的左移。随着 ξ 的增加，柱体的振幅减小至 0.23 左右，振动得到很好的抑制，锁定区间也右移至 U_r=7～8 范围内。

图 3.72 显示了U_r=6.5，β=0.1，γ=0.8 时，柱体在不同 ξ 的选值下的振幅随时间的变化。如图3.72（a）和（b）所示，当 ξ=0.2 时，柱体与NES显示出异步周期响应，此时NES起

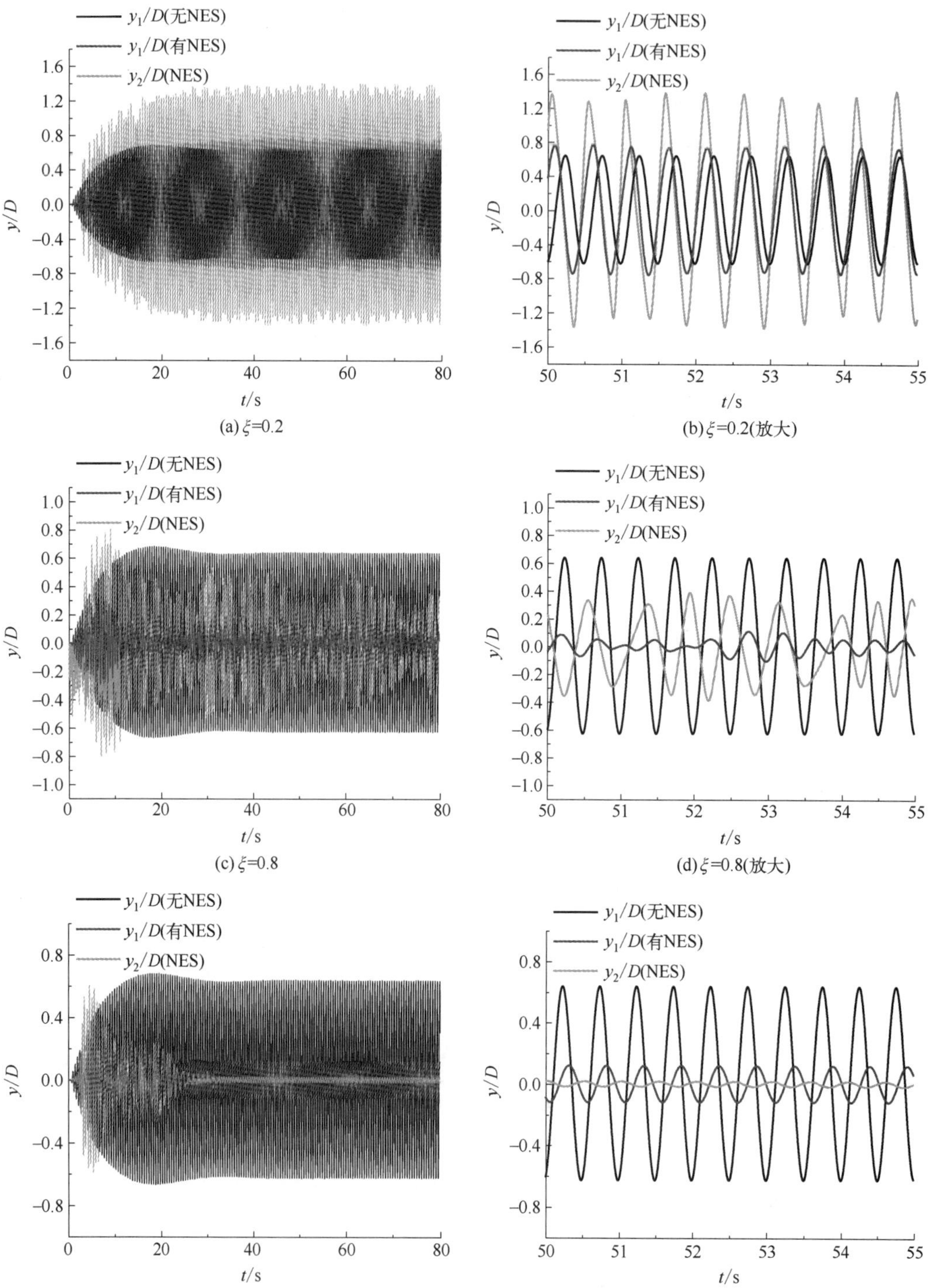

(a) ξ=0.2　(b) ξ=0.2(放大)

(c) ξ=0.8　(d) ξ=0.8(放大)

(e) ξ=2　(f) ξ=2(放大)

图 3.72　U_r=6.5，β=0.1，γ=0.8 时不同 ξ 的柱体振幅时程图

到的抑制作用微弱。如图 3.72（c）和（d）所示，当 ξ=0.8 时，观察到柱体振幅得到显著降低，此时柱体与 NES 显示非周期响应，安装 NES 后的振幅约为原来的 18.8%。如图 3.72（e）和（f）所示，当 ξ=2 时，柱体与 NES 显示出异步周期响应，此时 NES 没有达到最佳的效果，柱体振幅也有所增大。改变 NES 与柱体的周期响应可以避免柱体进入锁定区间，从而能够达到抑制涡激振动的效果。

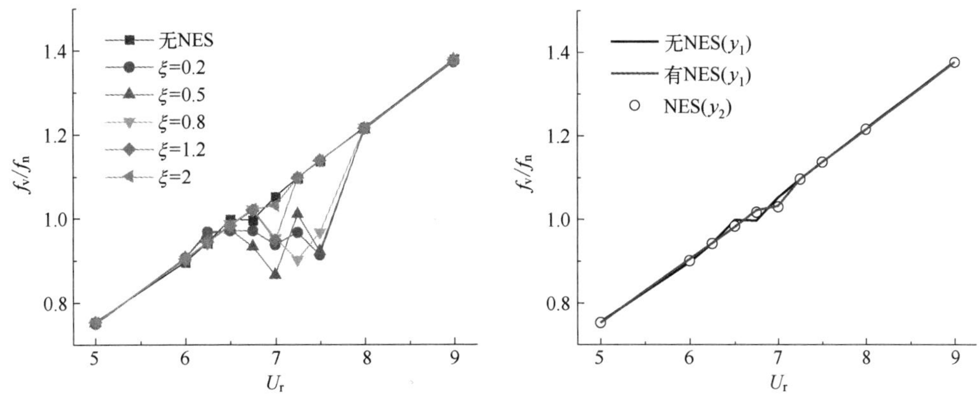

(a) 频率比随U_r的变化　　(b) ξ=2时柱体和NES频率比

图 3.73　NES 与柱体频率比随 U_r 的变化

图 3.73（a）为不同 ξ 取值的柱体在不同的约化速度下的频率比，发现 ξ=0.2～1.2 时的频率比会在 U_r=6.5～7 范围内减小。ξ=2 时，如图 3.73（b）所示，NES 与柱体显示出相近的频率比。

研究升力系数在加入 NES 后与柱体的频率比较，如图 3.74 所示，在 ξ=0.2 时升力系数的频率均与柱体振动频率相同；ξ=0.8 时，柱体和 NES 的振动显示非周期性，此时升力系数仍然保持周期性，旋涡脱落的频率略高于柱体的振动频率，此时柱体振动受到 NES 的减振影响，频率减小；当 ξ=2 时，旋涡脱落频率与柱体振动频率再次重合。

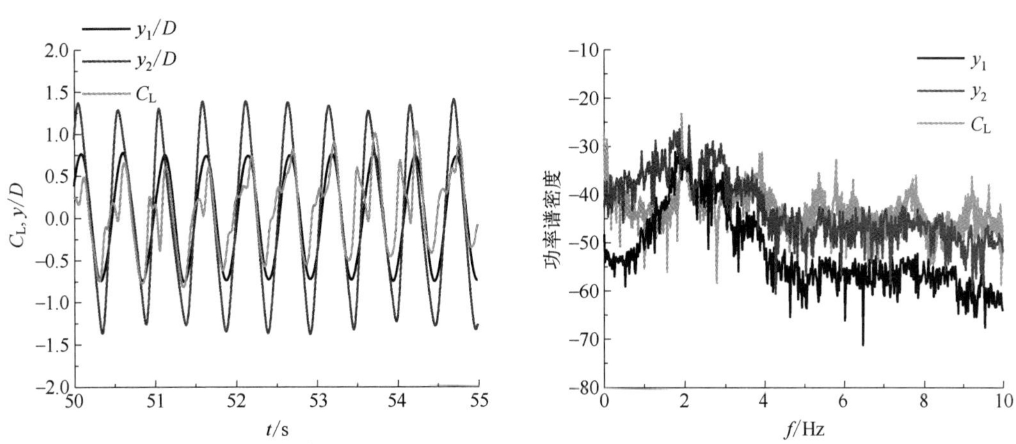

(a) ξ=0.2位移与升力系数　　(b) ξ=0.2功率谱密度

图 3.74

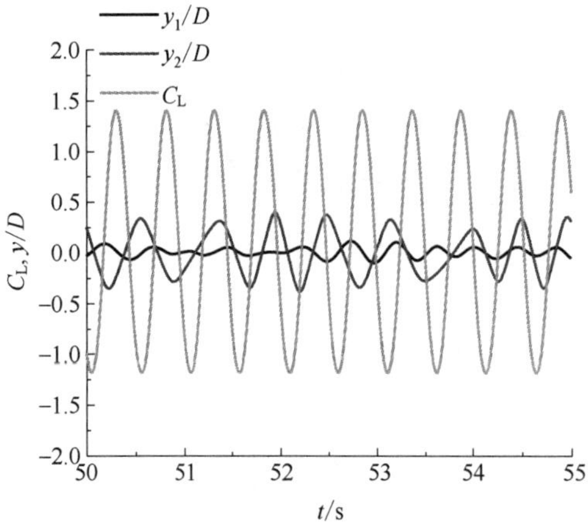

(c) ξ=0.8位移与升力系数

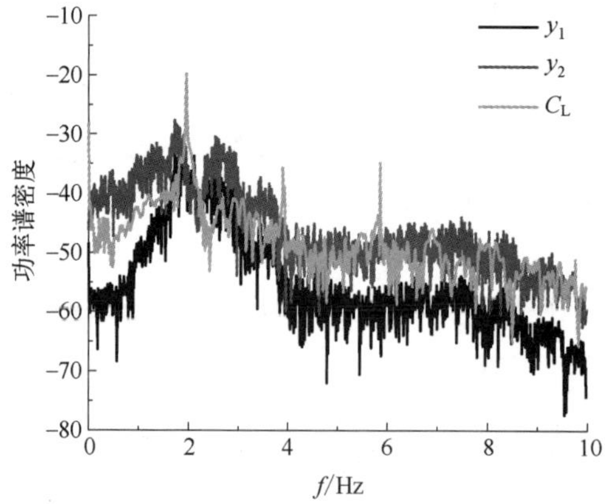

(d) ξ=0.8功率谱密度

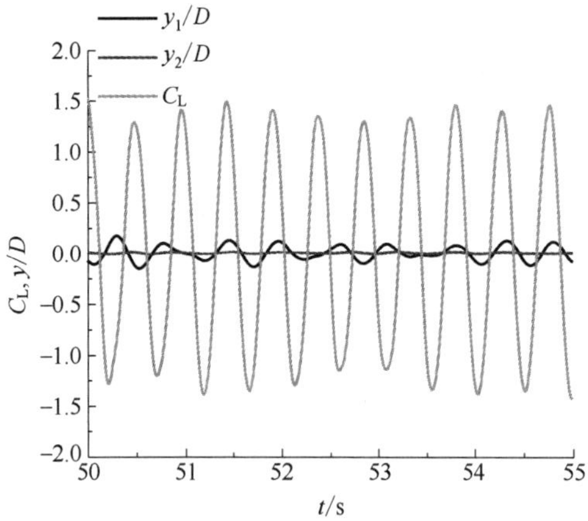

(e) ξ=2位移与升力系数

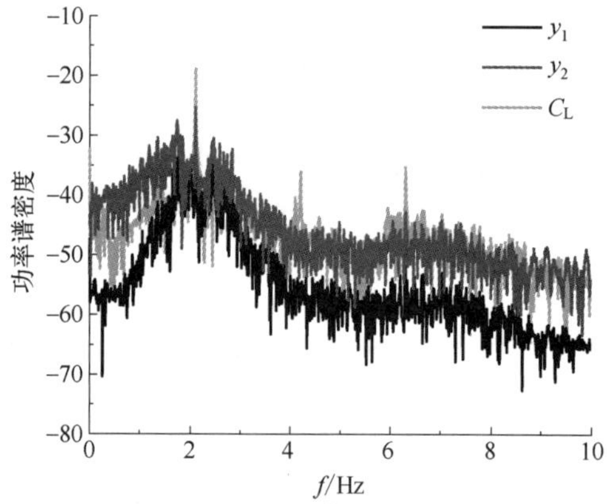

(f) ξ=2功率谱密度

图 3.74　柱体、NES 位移与升力系数时程图和功率谱密度图

为了研究翼型后柱体在有无 NES 影响下的动力学响应，本节进行了双自由度柱体模型的模拟。图 3.75 为柱体在不同U_r下的涡激振动轨迹图。当U_r=5 和 6 时，柱体振幅较小，y/D最大值分别为 0.02 和 0.08。当U_r增大到 6.5 和 6.75 时，柱体的横向振幅和流向振幅显著增大，位移轨迹为细长的椭圆，最大横向振幅y/D达到 0.6 左右。$U_r \geqslant 7$时，柱体脱离频率锁定区间，横向振幅大幅减小，y/D减小到 0.2 以下。

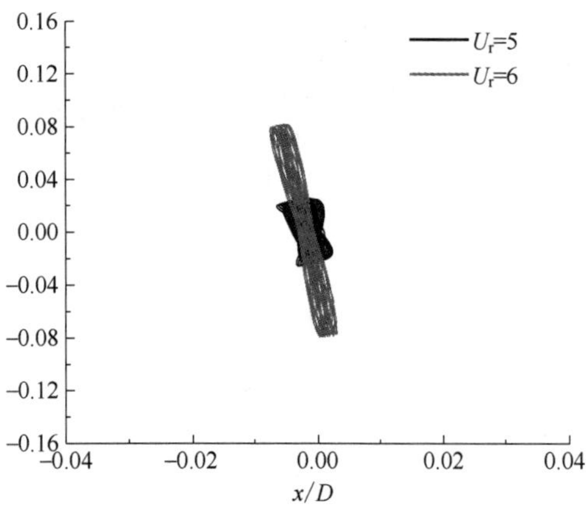

(a) U_r=5、6

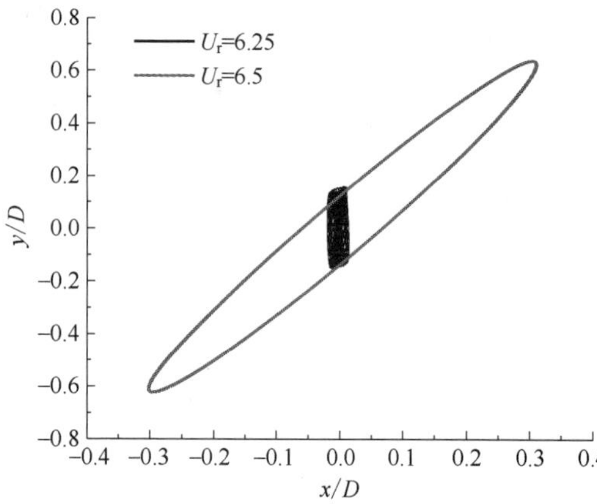

(b) U_r=6.25、6.5

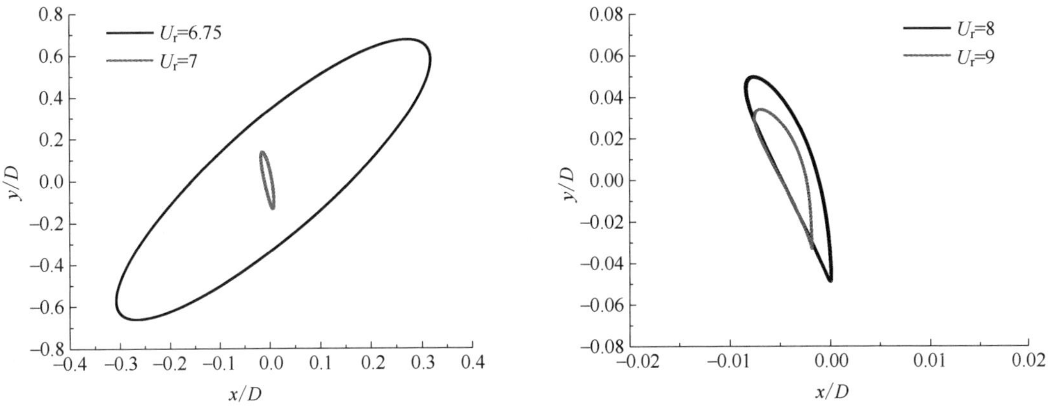

(c) U_r=6.75、7　　(d) U_r=8、9

图 3.75　无 NES 的柱体在不同 U_r 下的轨迹图

图 3.76 为加入 NES 的翼型后柱体在不同 U_r 下的涡激振动轨迹图。如图 3.76（a）所示，当 U_r=5 和 6 时，柱体呈“8”字形运动，最大横向振幅 y/D 接近 0.06。图 3.76（b）中，当 U_r=6.5 时，柱体的振动开始变得无规律，流向振幅增大，最大横向振幅 y/D 达到 0.12 左右。

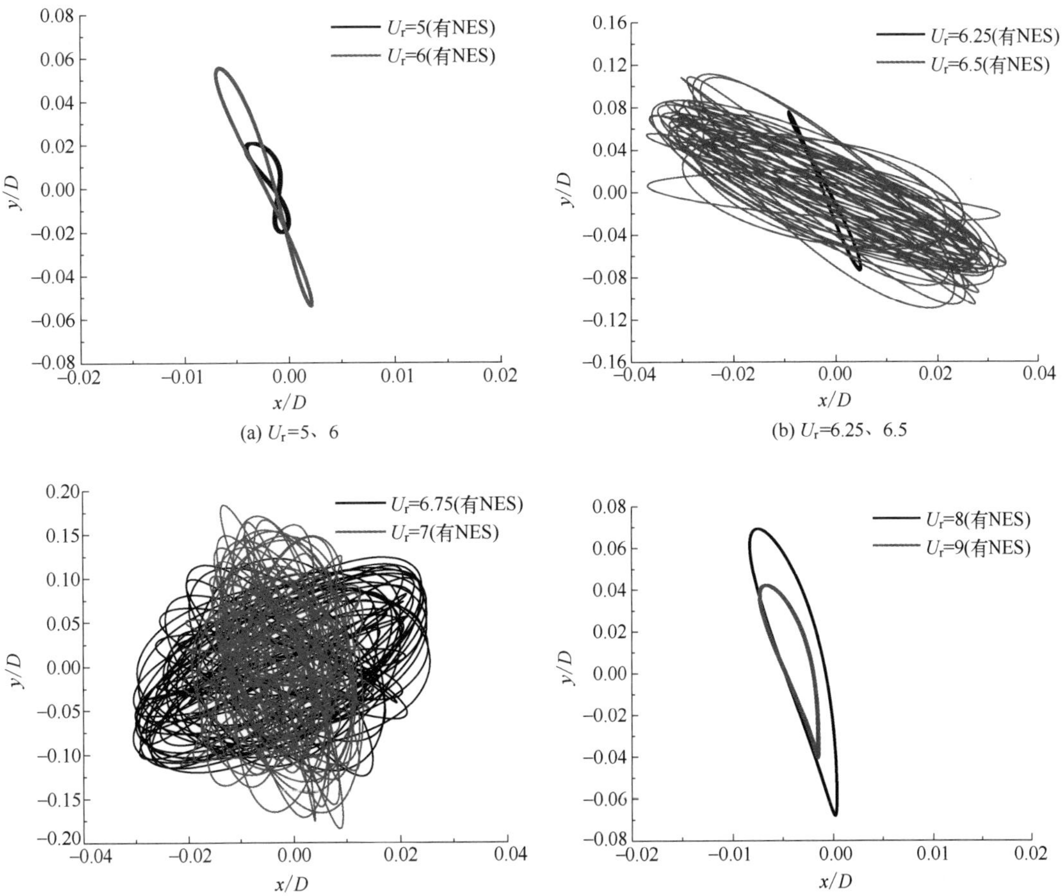

(a) U_r=5、6　　(b) U_r=6.25、6.5

(c) U_r=6.75、7　　(d) U_r=8、9

图 3.76　有 NES 的柱体在不同 U_r 下的轨迹图

当 U_r =6.75 和 7 时，如图 3.76（c）所示，此时柱体处于锁定区间，在一定范围内无规律振动，最大横向振幅 y/D 增大到 0.17 左右。当 U_r =8 和 9 时，如图 3.76（d）所示，此时约化速度超出了锁定区间，柱体的轨迹呈扁圆形，流向振幅减小，最大横向振幅 y/D 分别减小到 0.07 和 0.04 左右。

NES 通过与结构相连的耦合机制，将结构振动的能量传递到 NES 系统中。NES 通常包含一个辅助系统，该系统的特性使能量在主系统和辅助系统之间进行转移和耗散。辅助系统可以是一个质点、弹性体或者其他适当设计的元件。通过调整 NES 系统的特性，可以实现结构振动能量的有效转移和耗散。为了直观地体现 NES 对翼型后柱体的振动抑制效果，图 3.77 将柱体在加入 NES 前后的轨迹进行了对比，发现在 U_r =6～6.75 时，加入 NES 后柱体的位移轨迹显著缩小，减振装置很好地抑制了柱体在横向和流向的振幅。尤其在 U_r =6.5 和 6.75 时，不加 NES 柱体的最大横向振幅 y/D 超过了 0.6，加入 NES 后其最大横向振幅 y/D 维持在 0.1 左右。

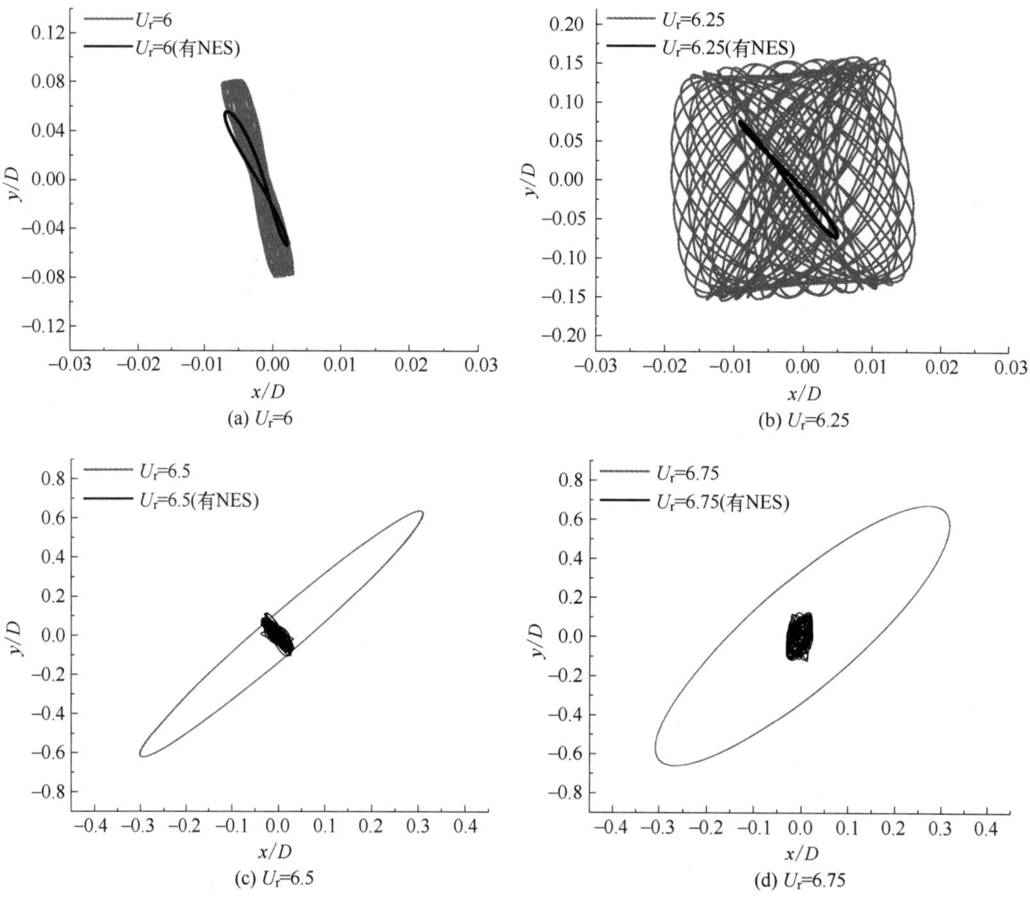

(a) U_r=6　(b) U_r=6.25　(c) U_r=6.5　(d) U_r=6.75

图 3.77　柱体在加入 NES 前后的轨迹对比

当气体流过翼型和柱体时，尾部会形成尾涡并以特定的频率脱落。柱体的旋涡脱落模式和自身振动之间存在密切的联系，旋涡脱落通常伴随着周期性的流动变化，导致柱体在流体作用下出现振动。尾流涡流（尾涡）的存在和相互作用会影响柱体的涡激振动特性，包括振动的强度、频率、阻尼效应和共振现象等。

图 3.78 显示了 U_r =6.5 时无 NES 的柱体在 t=80.1～80.6s 的涡量云图，可以发现柱体振动的位置远离初始位置，尾流出现了柱体剧烈振动时出现的涡流结构脱落现象。剧烈的旋涡脱落模式可能会引发柱体产生较大的压力脉动，进而激励柱体产生更大的振动响应。柱体振幅的增大可能会进一步影响旋涡脱落模式，使旋涡脱落更加剧烈，在柱体周围产生更大的压力变化，从而形成一种相互作用强化的效应，导致柱体的自身振动增强。

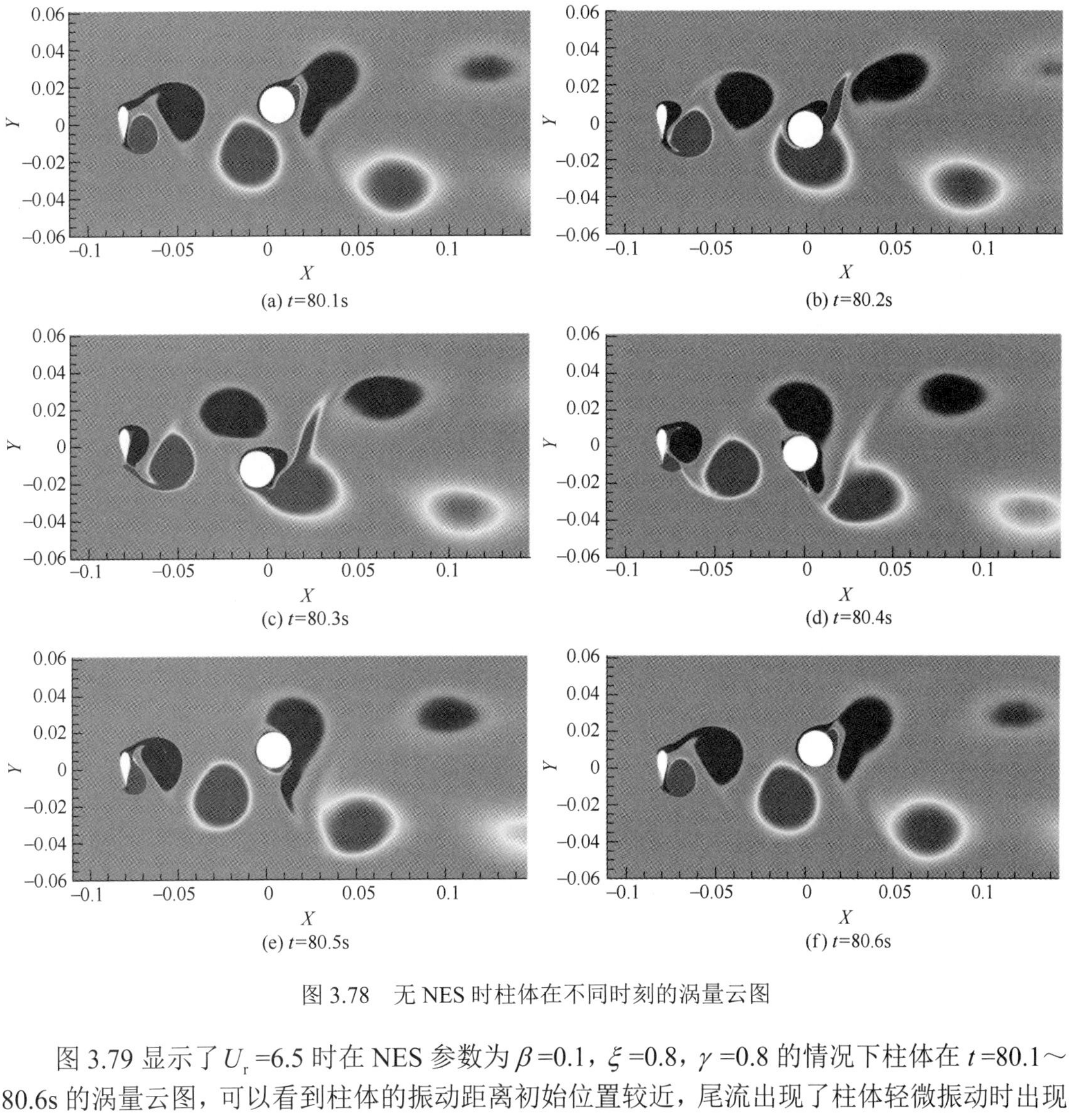

(a) t=80.1s　(b) t=80.2s　(c) t=80.3s　(d) t=80.4s　(e) t=80.5s　(f) t=80.6s

图 3.78　无 NES 时柱体在不同时刻的涡量云图

图 3.79 显示了 U_r =6.5 时在 NES 参数为 β=0.1，ξ=0.8，γ=0.8 的情况下柱体在 t=80.1～80.6s 的涡量云图，可以看到柱体的振动距离初始位置较近，尾流出现了柱体轻微振动时出现的涡流结构脱落现象。旋涡脱落模式的变化会导致柱体表面的压力分布发生变化，从而改变了作用在柱体上的激振力。这种激振力的变化可能会引起柱体的自身振动模式的改变，从而导致柱体的振动变化。旋涡脱落模式和柱体的自身振动可能相互作用并产生强化效应。柱体振动的能量传入 NES 内，通过减振装置内部的阻尼耗散掉。

当柱体振幅较大时，尾迹（尾流）的阻力作用会更加明显，因为当柱体振动时，其周围的流场也会产生变化，进而影响尾迹的形成和阻力的大小。随着振幅的减小，尾迹的阻力作用也会减小，因此柱体的振幅会逐渐降低。

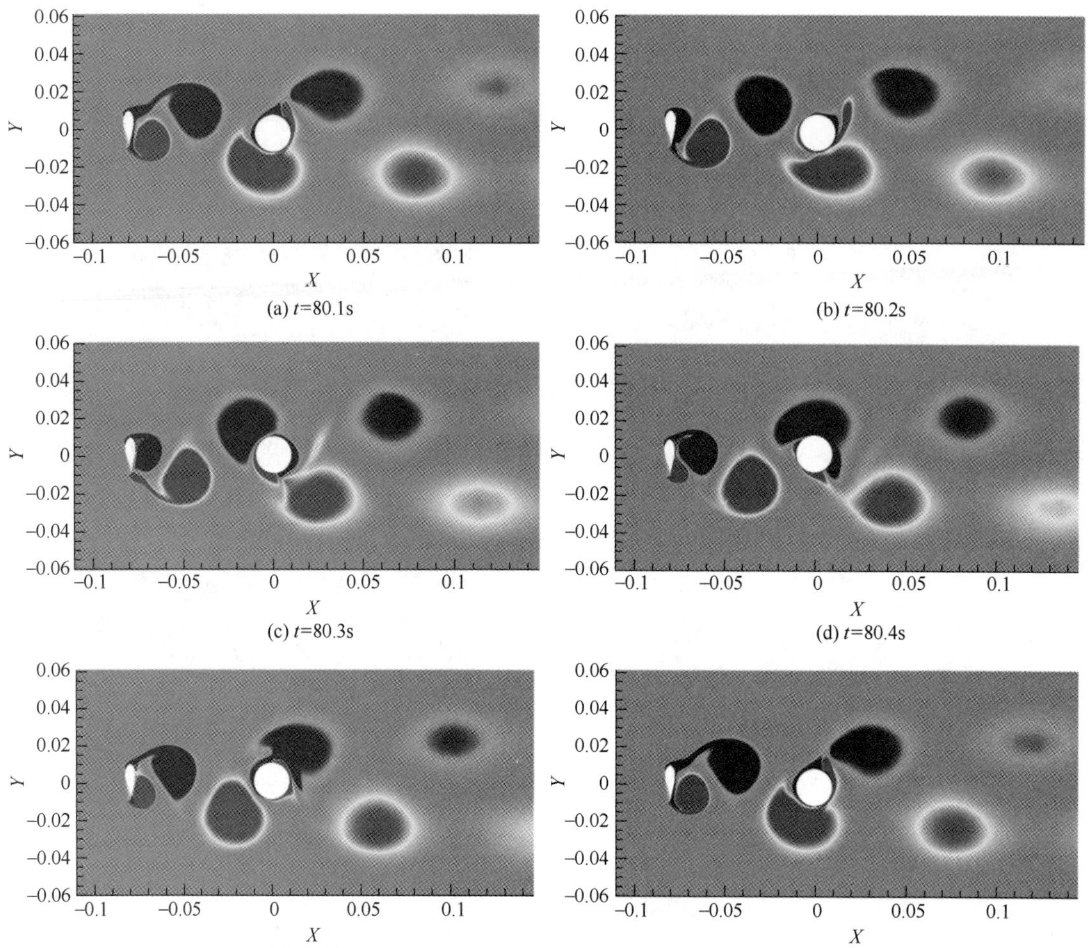

(a) t=80.1s (b) t=80.2s (c) t=80.3s (d) t=80.4s (e) t=80.5s (f) t=80.6s

图 3.79 有 NES 时柱体在不同时刻的涡量云图

3.6 刚性连接四柱体耦合结构涡激振动特征及流动控制

3.6.1 刚性连接四柱体耦合结构动力学建模

采用的刚性连接四柱体 VIV 模型如图 3.80 所示，柱体直径 D，各圆柱间距均为 $5D$，上游圆柱中心距离入口处 $10D$，下游圆柱距离出口处 $19D$，上下边界距离四柱体系统中心 $10D$，矩形计算域为 $20D\times34D$。流场入口设置为速度入口，出口设置为压力出口，上下壁面设置为对称面，柱体表面设置为无滑移壁面。

柱体的涡激振动会导致流场发生变化，对网格质量有着较高的要求。当柱体发生较大振动时，可能造成负网格或网格畸变，这样会导致计算的失败。如图 3.81 所示，采用嵌套网格的动网格技术，既不会造成网格畸变，又不会导致网格的计算量过大。嵌套网格包括背景网格和组分网格；柱体的组分网格（网格数为 23364）在柱体外划分一个与柱体同圆心的外边界，直径为 $2D$，采用“O”型剖切，靠近柱体边界的网格 $Y^+<1$，这样可以较好地保证网格

质量；背景网格（网格数为 40349）与组分网格交界区域进行“挖洞”和插值，实现嵌套，从而生成流场域网格，如图 3.82 所示。在流场域中，对柱体网格区域进行局部加密，可以更好地捕捉到柱体的涡激振动情况，同时不会造成过大的网格计算量。

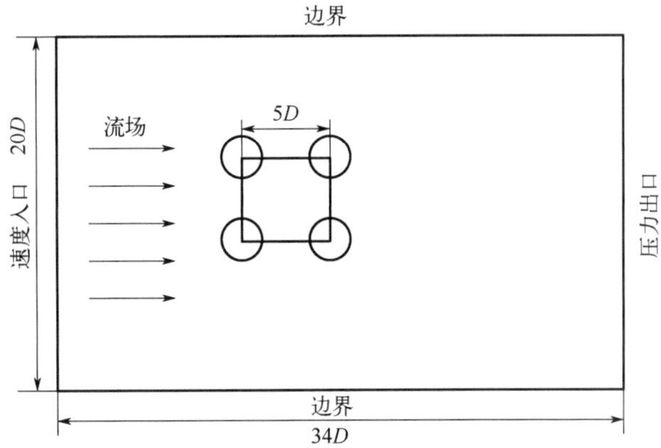

图 3.80　刚性连接四柱体 VIV 模型示意图

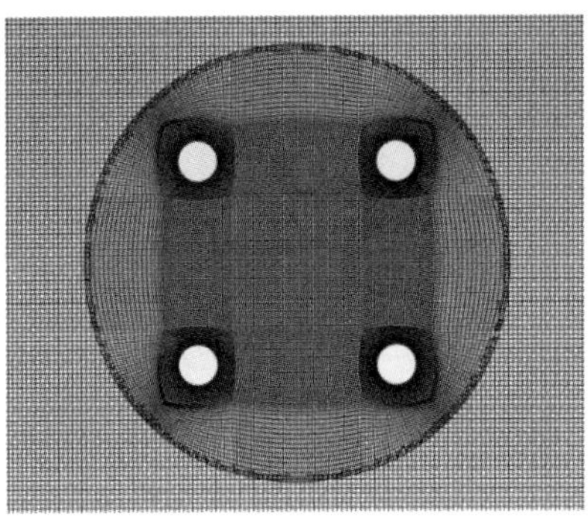

图 3.81　刚性连接四柱体网格

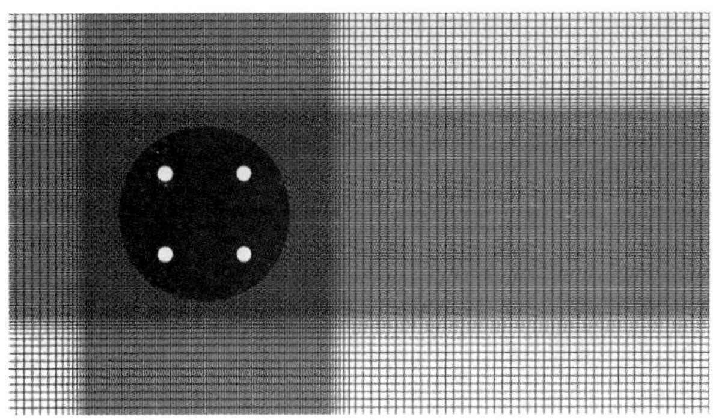

图 3.82　流场域网格

采用 FLUENT 进行流场域的计算，湍流模型选择 SST k-ω 模型，采用二阶迎风离散格式，速度分量与压力的耦合采用 COUPLED 算法进行处理。根据设置的初始条件获取流场和柱体表面的压力和速度，依据结构动力学方程计算出柱体相应的速度和位移，在此基础上完成流场网格的更新，以便进行下一步的计算。整个计算过程基于龙格-库塔法编写的用户自定义函数（UDF）来实现。

3.6.2　刚性连接四柱体耦合结构流动仿真分析

3.6.2.1　刚性连接四柱体耦合结构在不同约化速度的涡激振动特性

图 3.83 展示了 6 个典型约化速度下的刚性连接四柱体系统的横向无量纲振幅时程曲线。在 $U_r = 0.5 \sim 2.5$ 范围内，结构几乎不发生振动；$U_r = 4$ 时，结构刚开始有明显的运动，有轻微的低频调制，各周期的振幅有细微的差别。低频调制是结构自我限制的机制，其作用等效于流体阻尼。

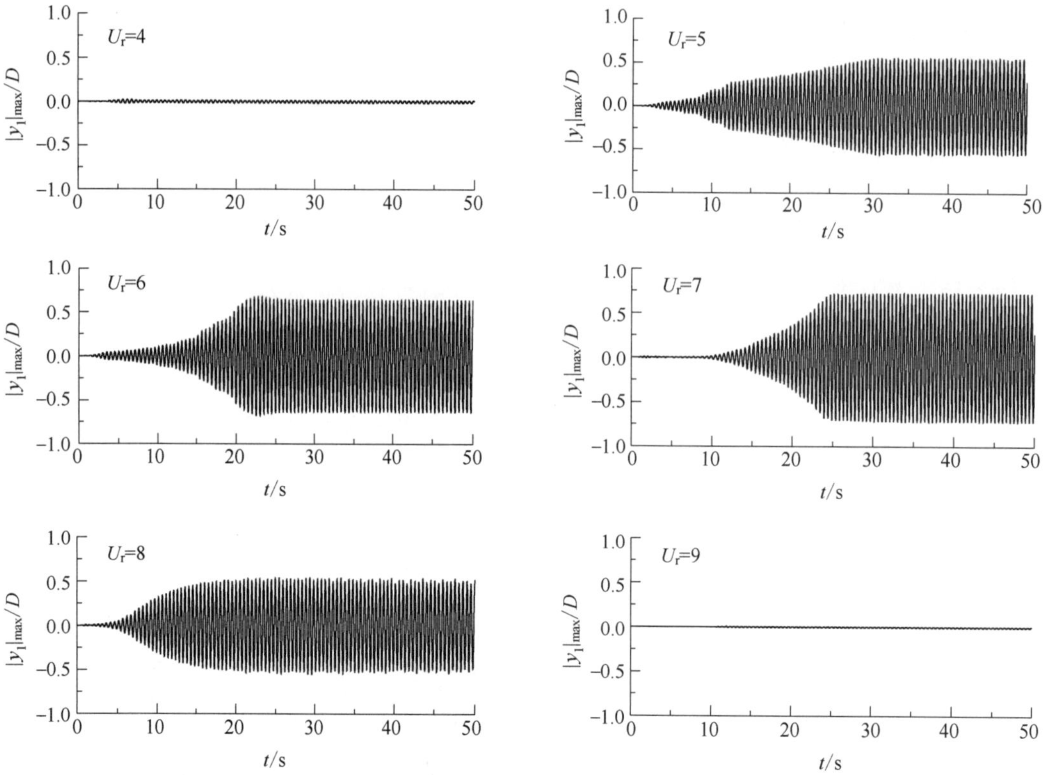

图 3.83　刚性连接四柱体在不同约化速度下的横向无量纲振幅时程曲线

图 3.84 展示了 6 个典型约化速度下的刚性连接四柱体系统的功率谱密度图。在 $U_r = 4$ 时，

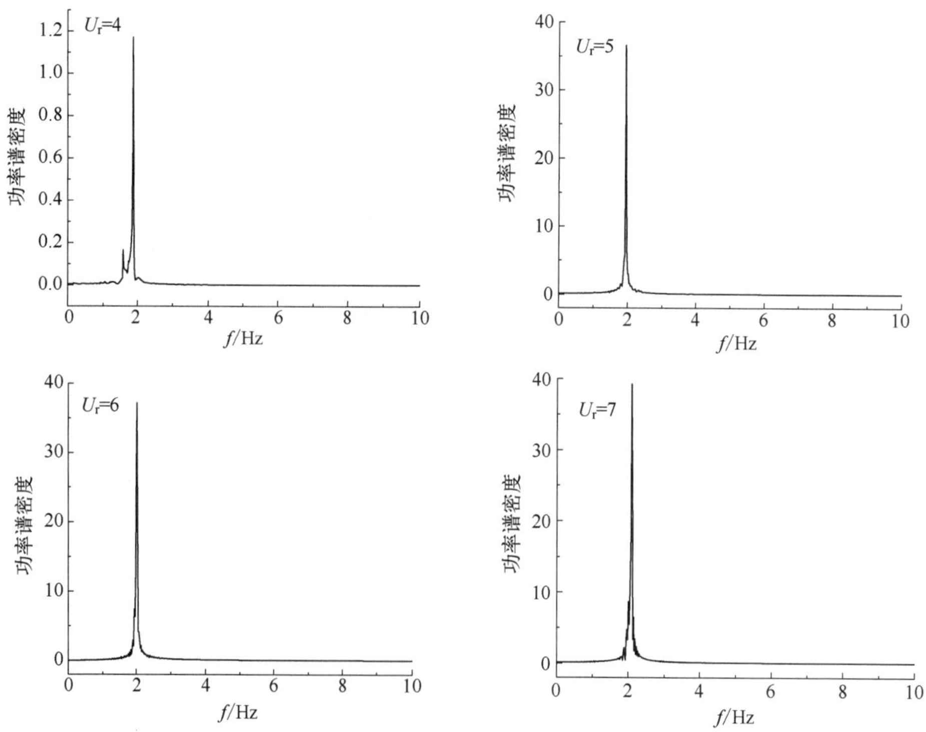

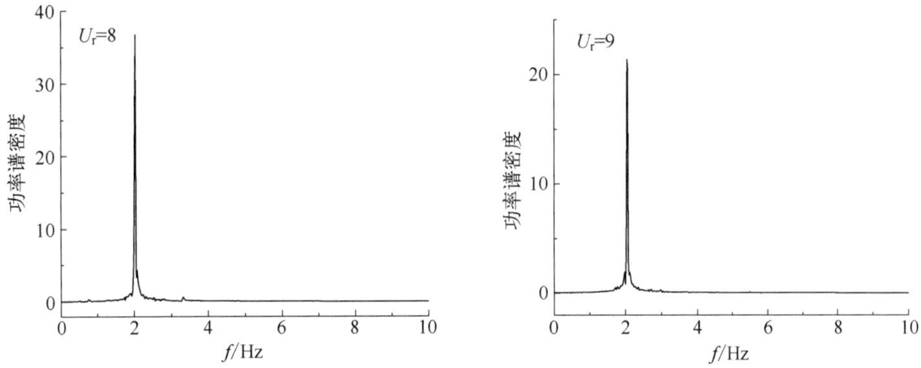

图 3.84　刚性连接四柱体在不同约化速度下的功率谱密度图

功率谱密度图中除了主频之外，还有低于主频的频率，这两个频率之间的差异导致结构的横向无量纲振幅时程曲线出现低频调制现象。在其他约化速度内，功率谱密度图只含有主频，结构做单一频率的周期运动。

图 3.85 展示了刚性连接四柱体系统在 6 种典型约化速度下的涡量云图。在 $U_r = 4$ 时可以

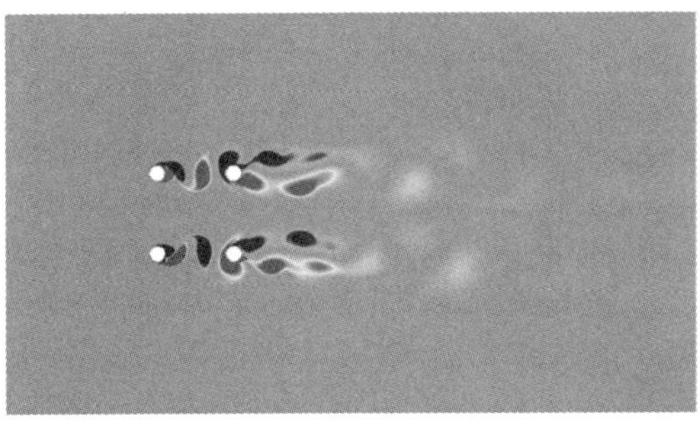

(a) U_r=4

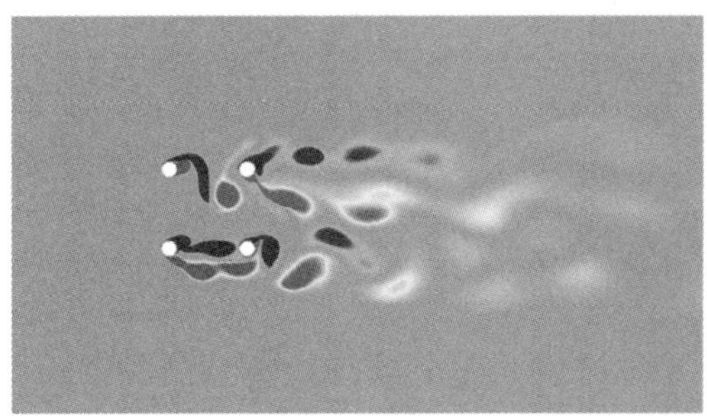

(b) U_r=5

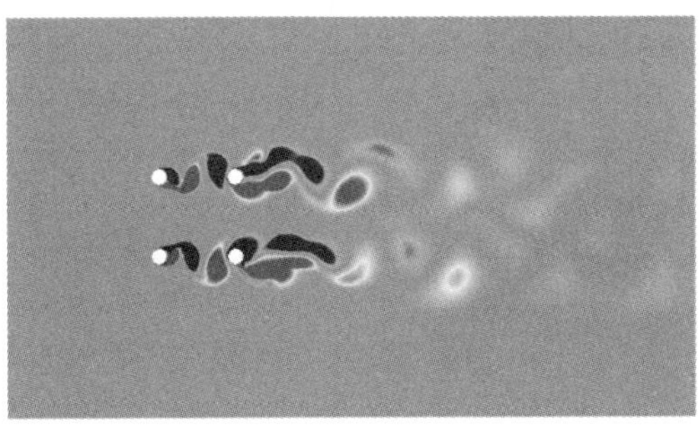

(c) U_r=6

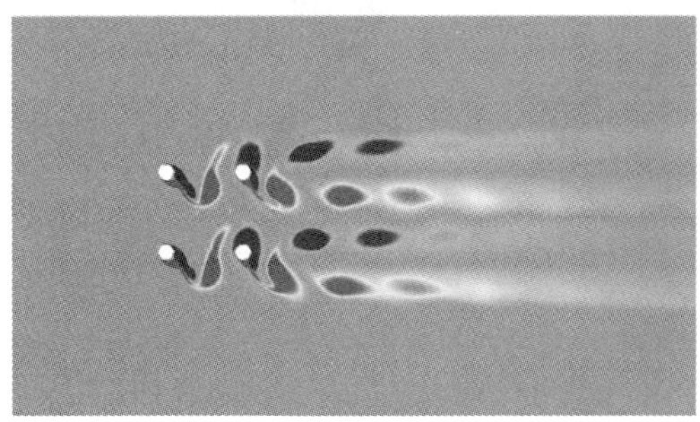

(d) U_r=7

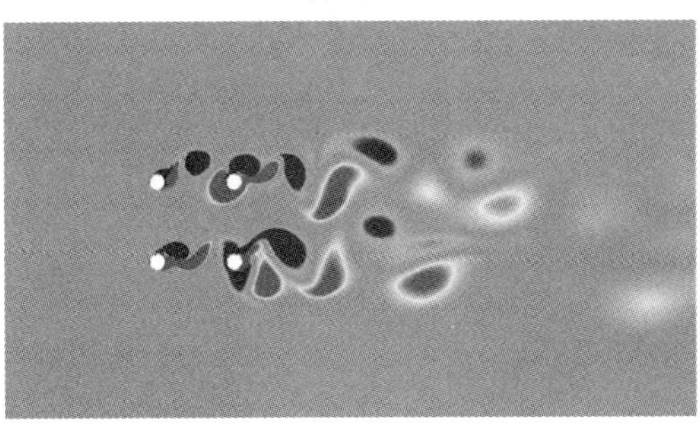

(e) U_r=8

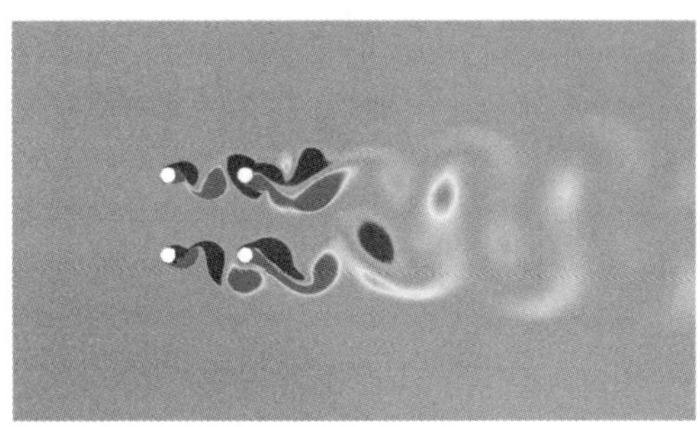

(f) U_r=9

图 3.85　刚性连接四柱体系统涡量云图

看到旋涡在上游圆柱成形，贴着下游圆柱继续发展，在尾流中与之前形成的旋涡合并。在$U_r=5$、6时，旋涡同样在上游圆柱处成形，贴着下游圆柱继续发展，但具体的旋涡脱落行为比较复杂，旋涡会具有周期性的合并。在$U_r=7$时，形成于上游圆柱的旋涡导致上游圆柱上下侧流速差增加，这会导致上游圆柱的升力增大，而下游圆柱所处的剪切层的水流速度低于上游圆柱所处的自由来流速度，其上下压差相对较小，进一步导致上游圆柱的升力系数大于下游圆柱的升力系数。在$U_r=8$、9时，两圆柱周围的涡量场为再附着状态，上游圆柱分离的剪切层重新附着到下游圆柱上，旋涡只从下游圆柱脱落，尾流中的涡量场表现为 2S 的涡脱模式，这样的涡脱模式导致下游圆柱升力系数均方差超越上游圆柱。

图 3.86 展示了 6 个典型约化速度下刚性连接四柱体系统的运动轨迹，在$U_r=4$时，结构的运动轨迹比较杂乱无章，这是低频调制的结果；在$U_r=5$、6时，结构的运动轨迹表现为不

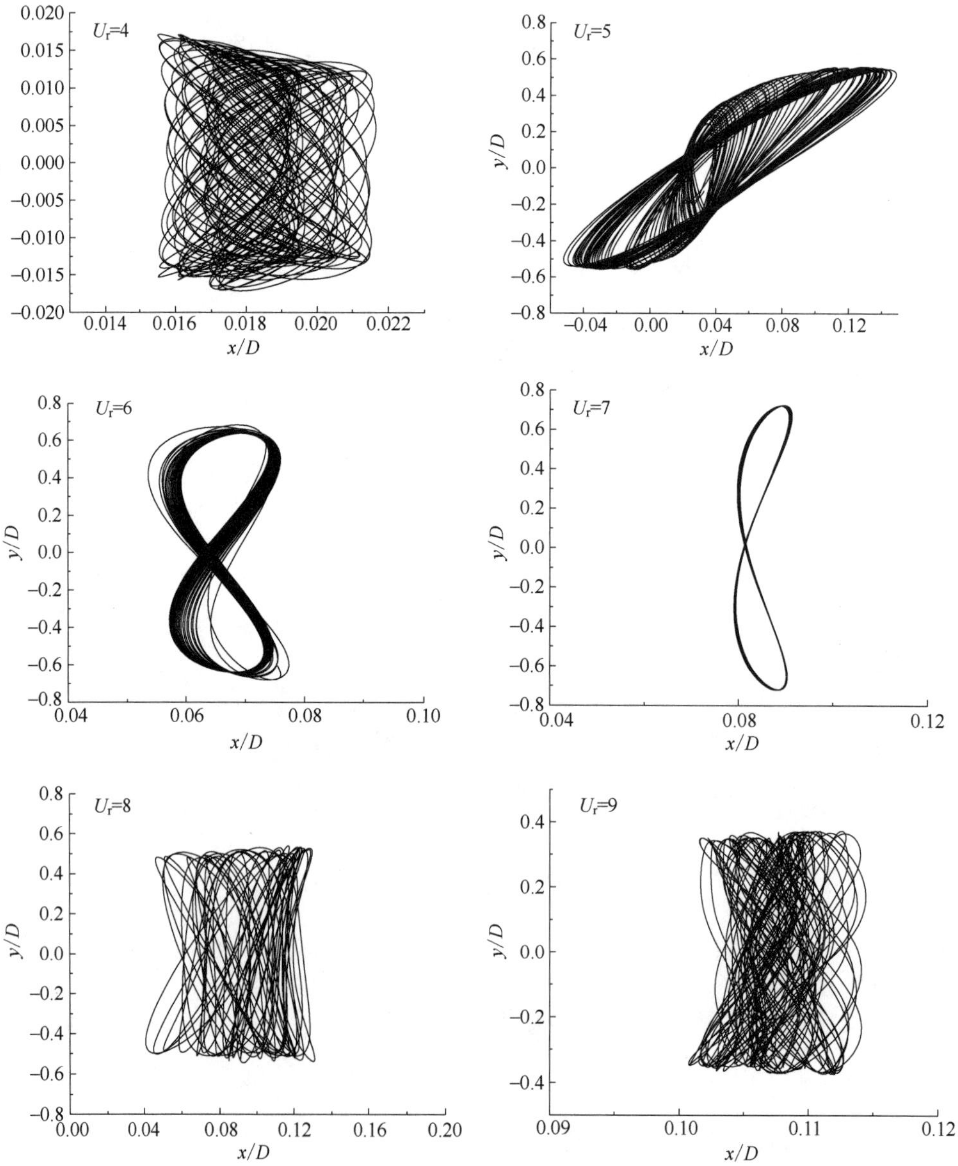

图 3.86　刚性连接四柱体在不同约化速度下的运动轨迹

重合的"8"字形；在$U_r = 7$，结构的运动轨迹表现为典型的"8"字形；而在$U_r = 8、9$时，运动轨迹再次混乱。

3.6.2.2　刚性连接四柱体耦合结构在不同来流角度的涡激振动特性

刚性连接的四柱体振幅大小受到来流角度的影响。依据所建立的模型进行模拟，约化速度的范围$U_r = 3 \sim 9$，选取来流角度为0°、30°、45°，计算柱体的横向无量纲振幅$y^* = |y_1|_{max} / D$和频率比f_v / f_n，结果如图 3.87 所示。

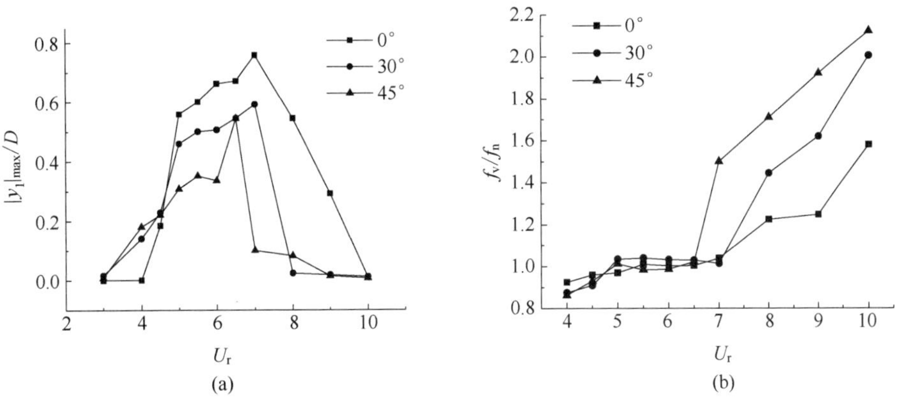

图 3.87　刚性连接四柱体的横向无量纲振幅和频率比

如图 3.87（a）所示，四柱体系统振幅随约化速度呈现先增大后减小的趋势，当来流角度为 0° 时，$U_r = 7$时振幅最大，为 0.75 左右。以$0.95 \leqslant f_v / f_n \leqslant 1.05$为频率锁定区域，此时对应的约化速度锁定区域为$U_r = 4.5 \sim 7$，如图 3.87（b）所示。当来流角度增大，四柱体系统的最大振幅减小，对应的约化速度U_r减小，同时锁定区域范围减小。当流体流过四柱体系统时，尾部会形成尾涡并以特定的频率脱落。

图 3.88～图 3.90 分别为当来流角度为 0°、30°和 45°时，刚性连接四柱体系统在一个振荡周期内的涡量云图，由图 3.89（c）和图 3.90（c）可以看到，当下游圆柱向上运动还未达到最高点时，上游圆柱脱落的旋涡遇到下游圆柱继续发展，并跟侧面的两个圆柱所产生的旋涡相结合，从下游圆柱的两侧向尾流移动，对下游圆柱的振动产生了相反的作用力，一定程度上抑制了刚性连接四柱体系统的振动。当来流角度变大时，上游处圆柱所产生的旋涡脱落，遭到下游圆柱的碰撞发生破坏，将会有更多的旋涡与侧方圆柱产生的旋涡结合，从而增大对刚性连接四柱体系统的振动抑制，这也使得刚性连接四柱体系统的尾流旋涡脱落形态更为复杂。

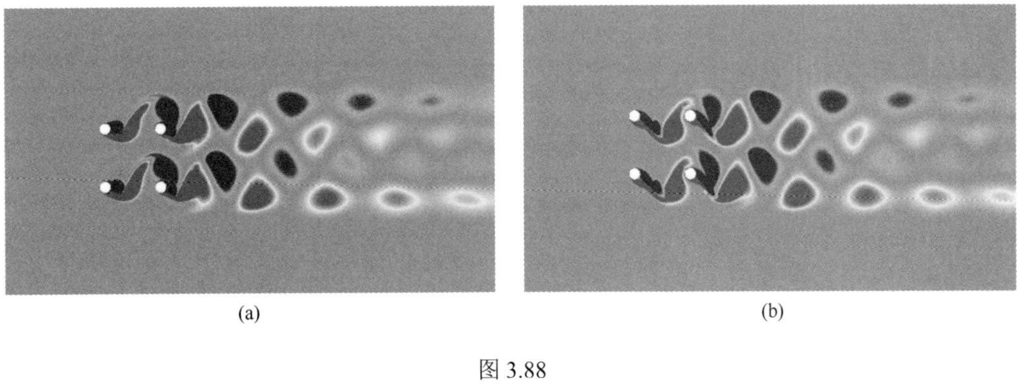

图 3.88

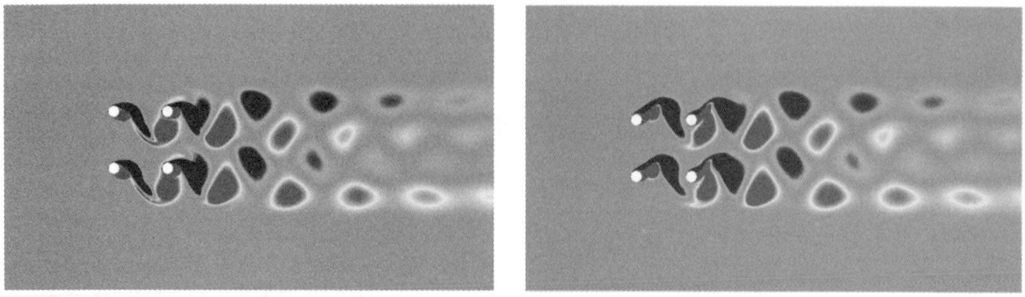

(c) (d)

图 3.88　来流角度为 0° 时刚性连接四柱体系统的涡量云图（$U_r=7$）

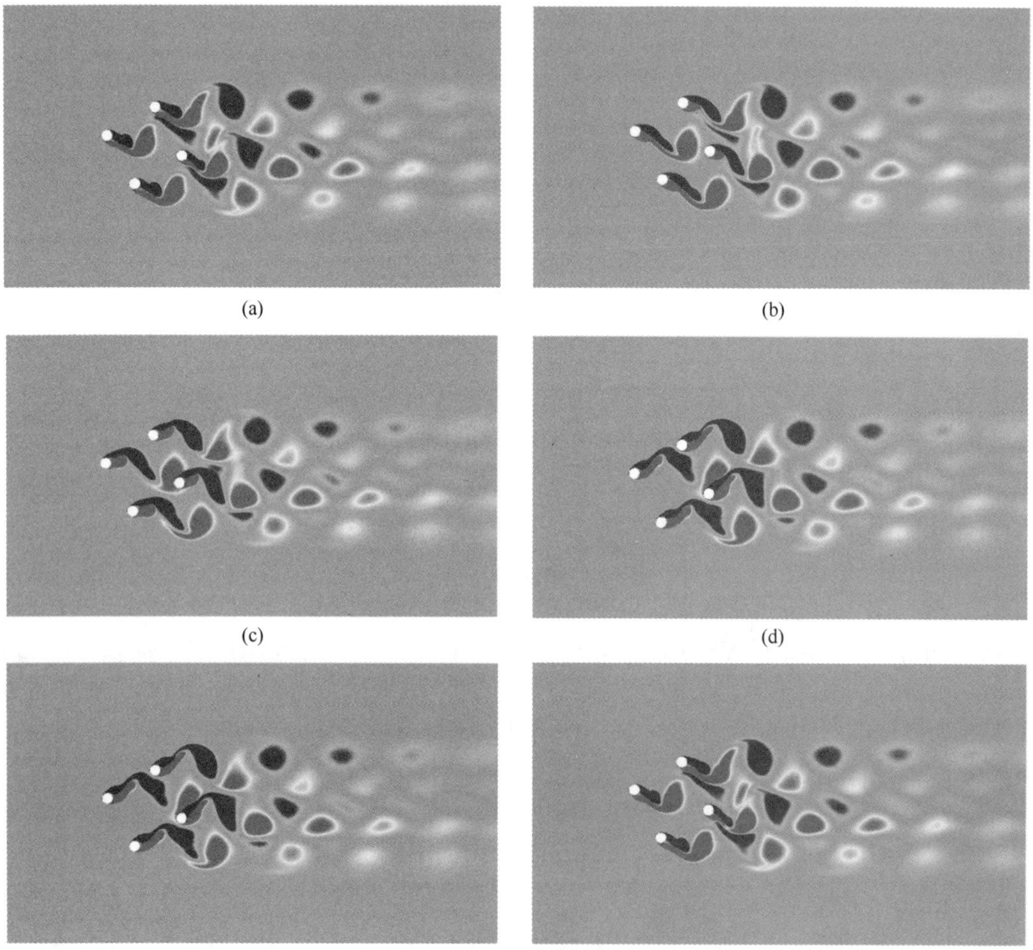

(a) (b)

(c) (d)

(e) (f)

图 3.89　来流角度为 30° 时刚性连接四柱体系统的涡量云图（$U_r=7$）

为进一步分析横流向位移与气动升力的关系，图 3.91～图 3.93 给出了刚性连接四柱体系统的位移、升力系数时程曲线及功率谱图。位移与升力系数的时程曲线为反相。从功率谱图可以得到，当来流角度发生变化时，升力系数出现两个峰值，其三倍固有频率处分量大于固有频率处的分量，但位移的主频仍然在固有频率处，这与锁定区间内的特性相符合。

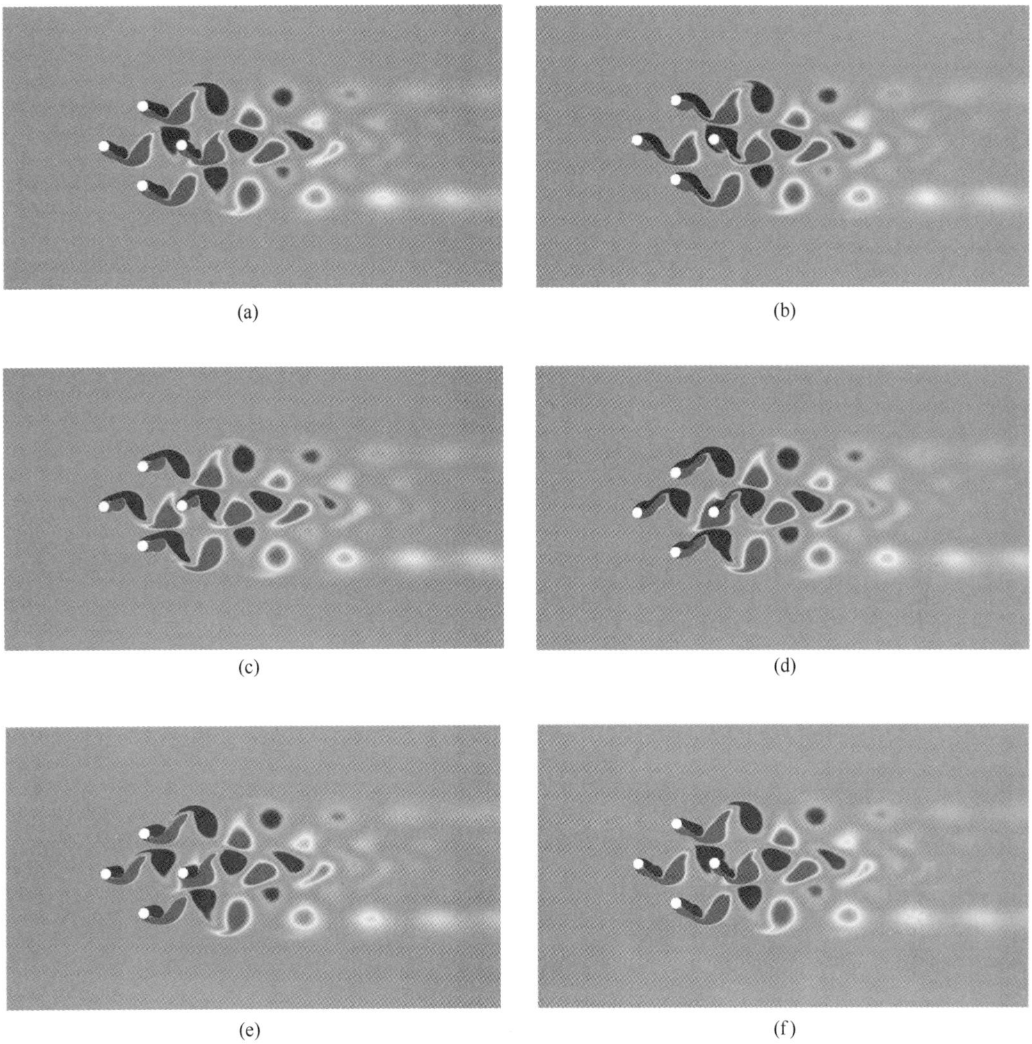

图 3.90　来流角度为 45° 时刚性连接四柱体系统的涡量云图（$U_r = 6.5$）

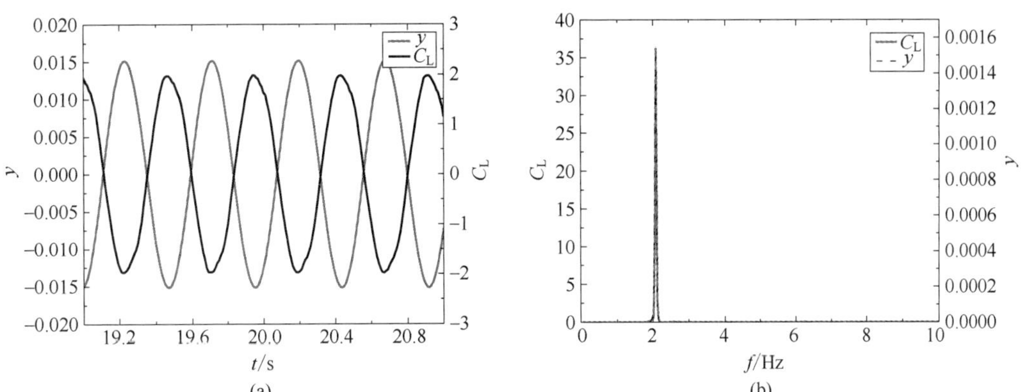

图 3.91　来流角度为 0°时刚性连接四柱体系统的位移、升力系数时程曲线和功率谱图（$U_r = 7$）

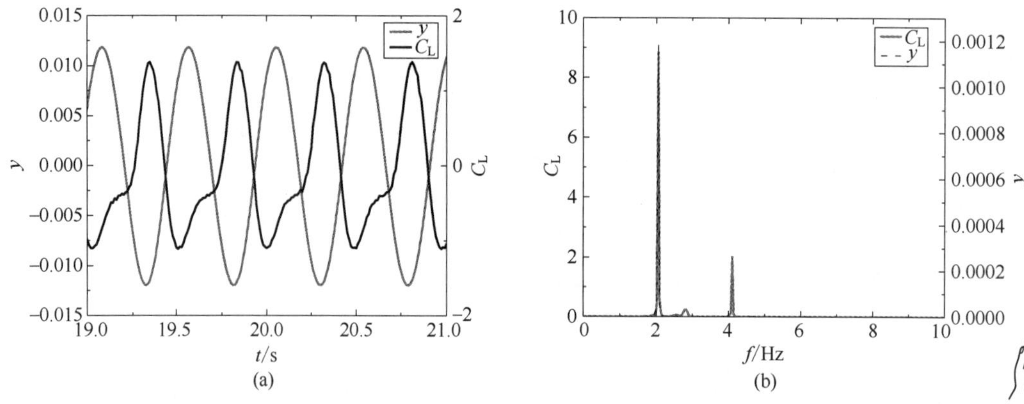

图 3.92　来流角度为 30° 时刚性连接四柱体系统的位移、升力系数时程曲线和功率谱图（$U_r = 7$）

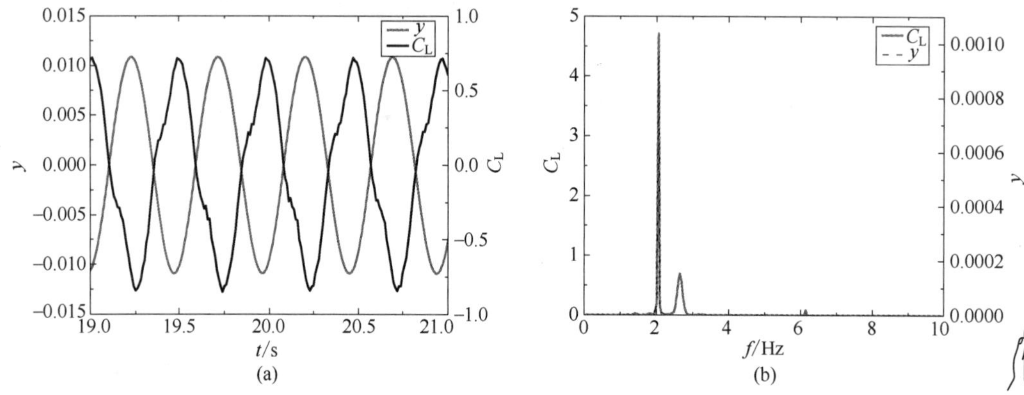

图 3.93　来流角度为 45° 时刚性连接四柱体系统的位移、升力系数时程曲线和功率谱图（$U_r = 6.5$）

3.6.3　刚性连接四柱体耦合结构流动控制仿真分析

引入非线性能量阱（NES）可以抑制圆柱结构的涡激振动，从而使工程中的柱体结构物具有更长的寿命和更好的性能。本节来流角度为 0°，选择了不同 NES 参数，包括质量比 β、阻尼比 ξ 和非线性刚度比 γ，研究了刚性连接四柱体系统在不同流速下的振动响应。

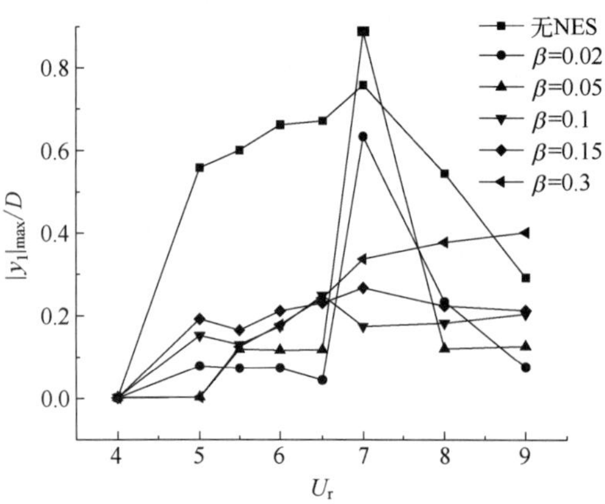

图 3.94　$\xi = 0.8$，$\gamma = 0.8$ 时不同 β 的四柱体系统横向振幅随 U_r 变化的对比图

（1）质量比 β

保持 NES 其他的无量纲参数不变，研究不同质量比 β 对四柱体系统涡激振动响应的影响。β 在 0.02～0.3 的范围内变化，阻尼比 ξ 和刚度比 γ 均设置为 0.8。图 3.94 为不同质量比 β 对圆柱最大横向无量纲振幅的影响。

如图 3.94 所示，当没有 NES 时，四柱体系统在 $U_r = 5～8$ 时，横向振幅具有较大值，对应其锁定区间也为 $U_r = 5～8$。当 $\beta = 0.02$ 和 $\beta = 0.05$ 时，对于 $U_r = 7$ 的横向振幅峰值处，NES 没有起到抑制作用。当 $\beta = 0.1$ 时，对于 $U_r = 7$ 的横向振幅峰值处，NES 具有较好的抑制作用，同时横向振幅的峰值出现了小幅度的左移。当 $\beta = 0.15$ 时，锁定区间右移至 $U_r = 6.5 \sim 8$，最大振幅减小为 0.26。当 β 增大至 0.3 时，锁定区间继续右移，脱离了原先的锁定区间，在 $U_r = 7 \sim 9$ 范围内。

图 3.95 显示了 β 选取不同值时四柱体系统在 $U_r = 7$ 时的功率谱密度图，当 $\beta = 0.02$ 时，柱体的频率比与不安装 NES 时的频率比相近。当 $\beta = 0.1$ 时，装有 NES 的四柱体系统的频率小于未安装 NES 的四柱体系统的频率，此时 NES 吸收了柱体振动的能量，这与图 3.94 中的振幅减小形成对应。NES 控制涡激振动的本质就是改变耦合响应的频率，以避免频率锁定在柱体的固有频率。当 $\beta = 0.15$ 和 0.3 时，NES 在固有频率处具有较大的功率谱密度，同时二倍频处仍然存在少量的分支，此时 NES 相较于 $\beta = 0.1$ 未充分吸收柱体振动的能量，因此对涡激振动的抑制效果不如 $\beta = 0.1$ 时。

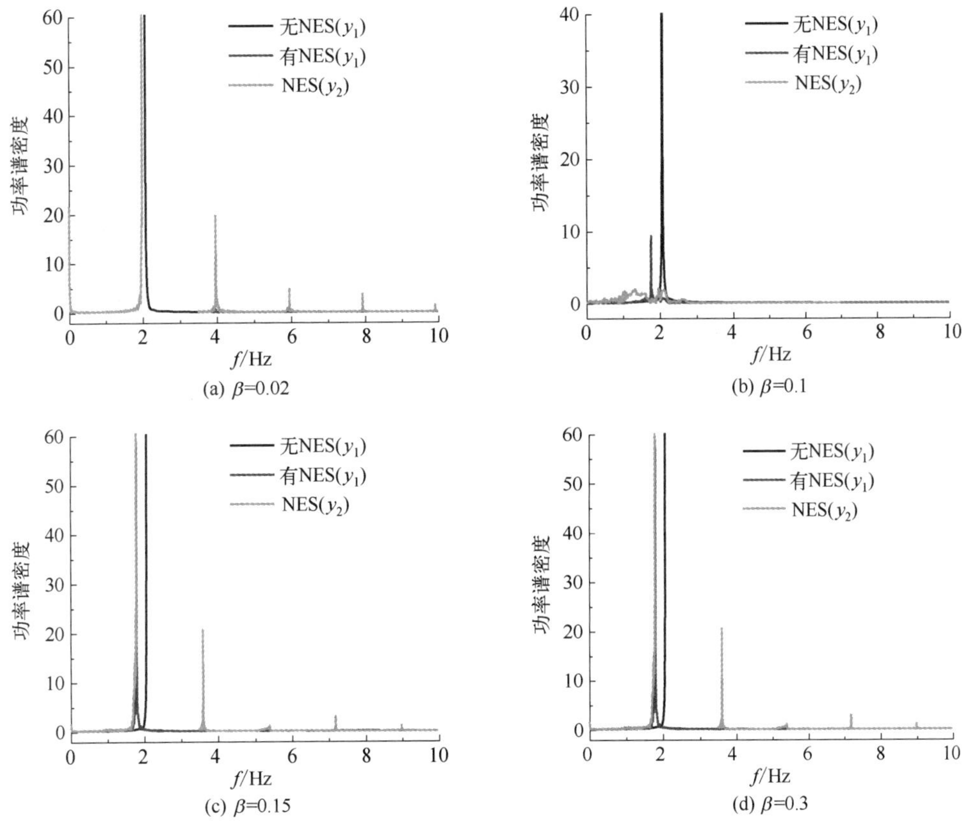

图 3.95　刚性连接四柱体系统功率谱密度图

图 3.96 展示了四柱体系统振动频率随时间的变化情况，其中高强度区域对应于结构振动主频率。从图 3.96（a）和（b）中可以看出，柱体结构振动频率随时间保持不变。此时，NES 对振动频率的能量分布影响不大，这也表明参数不合适的 NES 对涡激振动的抑制效果很小。在图 3.96（c）和（d）中，随时间变化，频率出现了分支，这表明 NES 开始起作用，改变了四柱体系统的振动频率。该时频云图也显示出不同质量比的 NES 的三种作用模式。当 $\beta = 0.02$ 时，柱体振动频率保持不变，对应升力系数与振动变化周期不同。当 $\beta = 0.1$ 时，振动频率的能量分布开始出现波动现象，柱体涡激振动受到控制。当 $\beta = 0.3$ 时，振动频率的能量分布发生波动现象所对应的时间提前，涡激振动抑制效果显著提高。

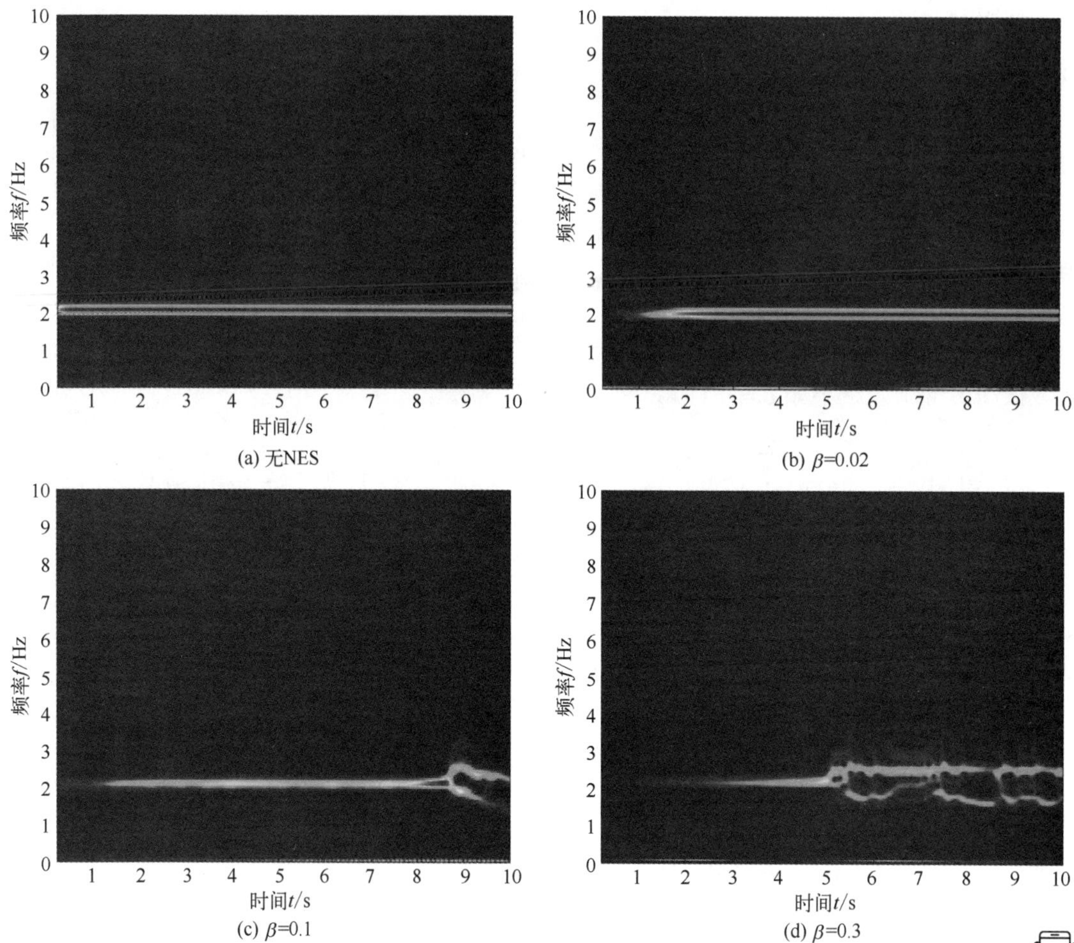

图 3.96　刚性连接四柱体系统振动时频云图

图 3.97 为四柱体系统横向振动二维相图，其中图 3.97（a）为刚性连接四柱体的涡激振动二维相图，柱体振动由极限环控制，处于稳态振动状态，在稳定平衡位置做等幅运动。图 3.97（b）～（d）显示了在具有不同质量比 β 的 NES 作用下的柱体涡激振动二维相图，此时振动有了一些规律性的变化，四柱体系统不再是等幅振动。当 β=0.02 时，相图是一条未闭

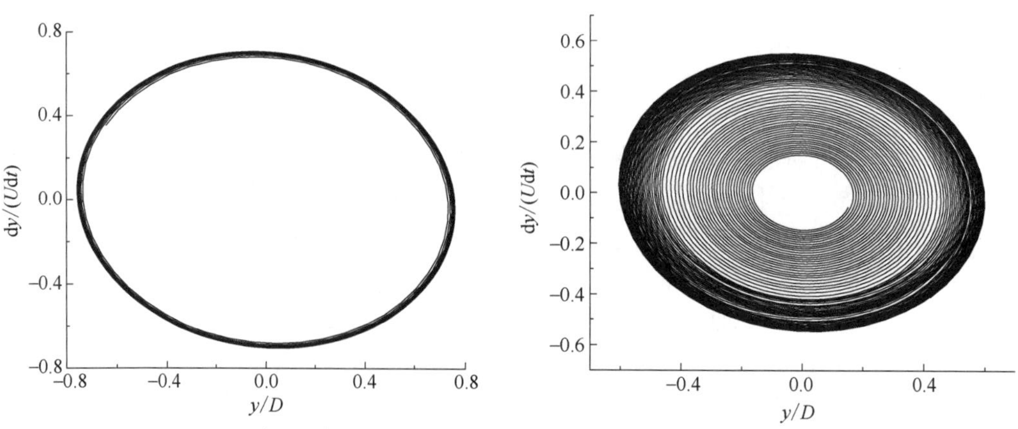

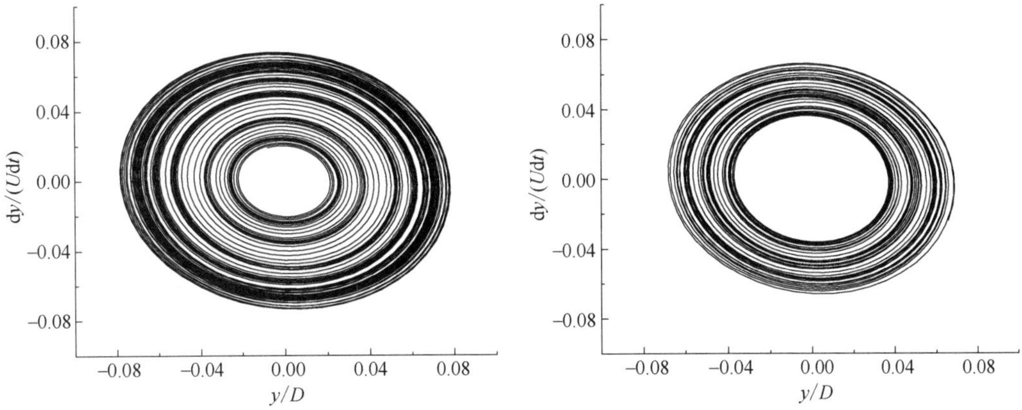

(c) β=0.1　　(d) β=0.3

图 3.97　刚性连接四柱体系统横向振动二维相图

合的非周期曲线，其中柱体在约束范围内随机振动，此时涡激振动的振幅减小。β=0.3 与 β=0.1 的相图相似，该情况下相轨形成具有一定宽度的圆环，此外涡激振动的振幅非常小。尽管此时柱体的振动仍然是稳定的，但不同振幅的振动存在一定规律性的变化。

柱体横向振动的庞加莱截面如图 3.98 所示，庞加莱截面的周期是柱体的主振动频率。无 NES 或 NES 质量比 $\beta=0.1$ 时，柱体的运动具有明显的周期性。$\beta=0.1$ 时，庞加莱截面上存

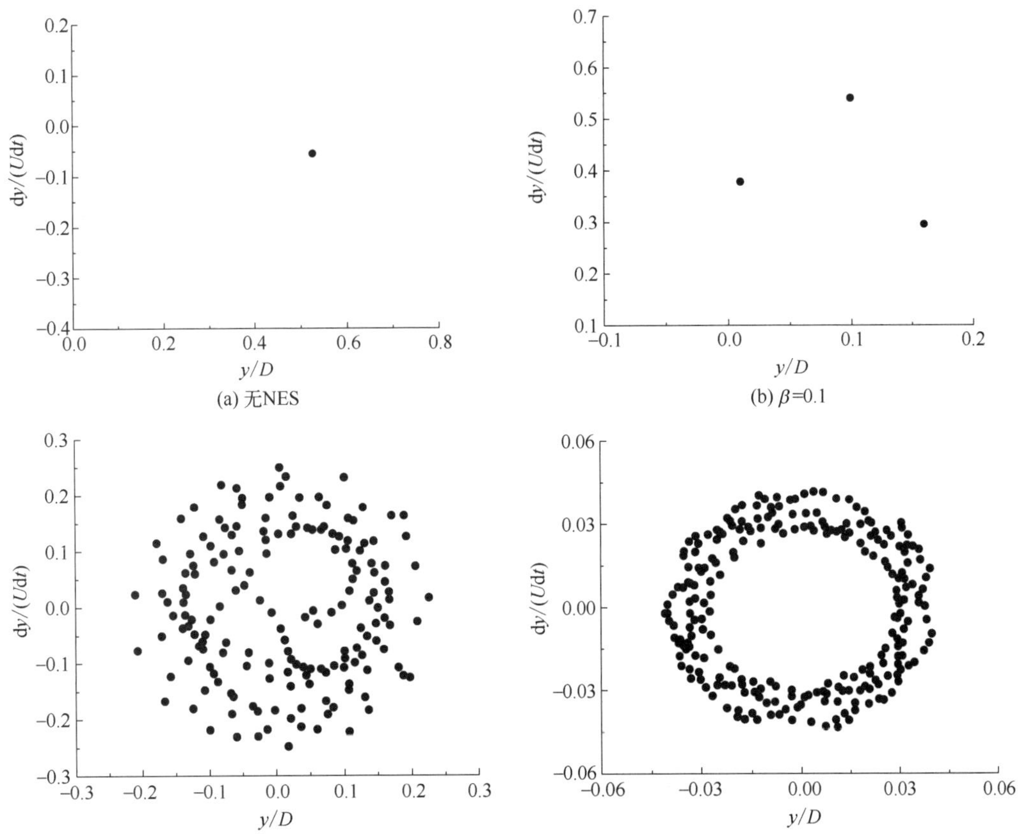

(a) 无NES　　(b) β=0.1

(c) β=0.2　　(d) β=0.3

图 3.98　刚性连接四柱体系统横向振动的庞加莱截面

在三点，对应于三倍周期运动。而当 $\beta = 0.2$ 和 $\beta = 0.3$ 时，庞加莱截面中的点具有随机性。$\beta = 0.3$ 相较于 $\beta = 0.2$ 的庞加莱截面中，点的混沌性加剧，这表明在具有大质量比 β 的 NES 作用下，柱体涡激振动表现出更为复杂的动力学行为。

（2）阻尼比 ξ

NES 系统的第二个参数是无量纲阻尼比 ξ 。为了确定 ξ 对圆柱体涡激振动响应的影响，在保持 NES 其他参数不变的情况下，研究 ξ 在 0.2～2 范围内对圆柱振动的影响，质量比 β 设置为 0.1，刚度比 γ 设置为 0.8。图 3.99 为不同阻尼比 ξ 对圆柱最大横向无量纲振幅的影响。

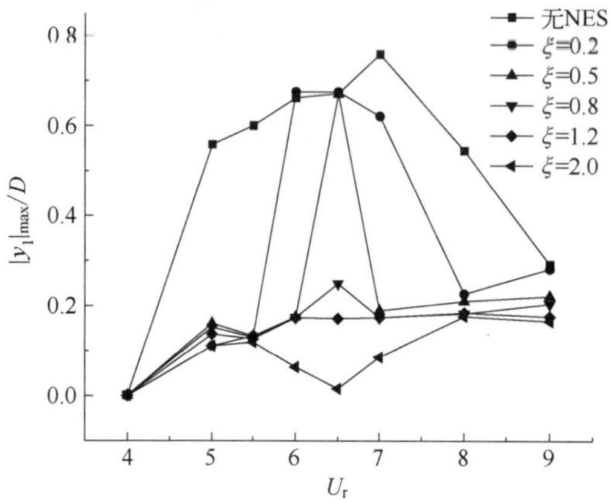

图 3.99　$\beta = 0.1$ ，$\gamma = 0.8$ 时不同 ξ 的四柱体系统横向振幅随 U_r 变化的对比图

如图 3.99 所示，当 $\xi = 0.2$ 时，出现了双峰值的现象，在 $U_r = 6$～7 时 NES 无法有效抑制圆柱的涡激振动，此时圆柱的锁定区间有轻微的左移。随着 ξ 的增加，NES 对于圆柱振动有越来越好的抑制。

图 3.100 显示了 $U_r = 7$ 时，圆柱在不同 ξ 下的振幅随时间的变化。如图 3.100（a）和（b）所示，当 $\xi = 0.2$ 时，柱体与 NES 显示出异步周期响应，此时 NES 起到的抑制作用微弱。如图 3.100（c）和（d）所示，当 $\xi = 0.5$ 时，观察到柱体振幅得到降低，此时柱体与 NES 显示非周期响应，NES 开始振动所对应的时间推迟到 70s。如图 3.100（e）和（f）所示，当 $\xi = 0.8$ 时，观察到柱体振幅得到显著降低，此时柱体与 NES 显示非周期响应，安装 NES 后的振幅约为原来的 22.6%，NES 开始振动所对应的时间进一步推迟到 140s。如图 3.100（g）和（h）所示，当 $\xi = 1.2$ 时，柱体与 NES 显示出同步周期响应，此时 NES 的振幅减小，对应的柱体振幅也轻微减小。如图 3.100（i）和（j）所示，当 $\xi = 2$ 时，柱体与 NES 显示出异步周期响应，NES 振动微弱，此时 NES 没有达到最佳的效果，柱体振幅也有所减小。通过改变 NES 的阻尼比 ξ ，可以影响 NES 与柱体的周期响应，进而避免柱体进入锁定区间，从而能够达到抑制涡激振动的效果。

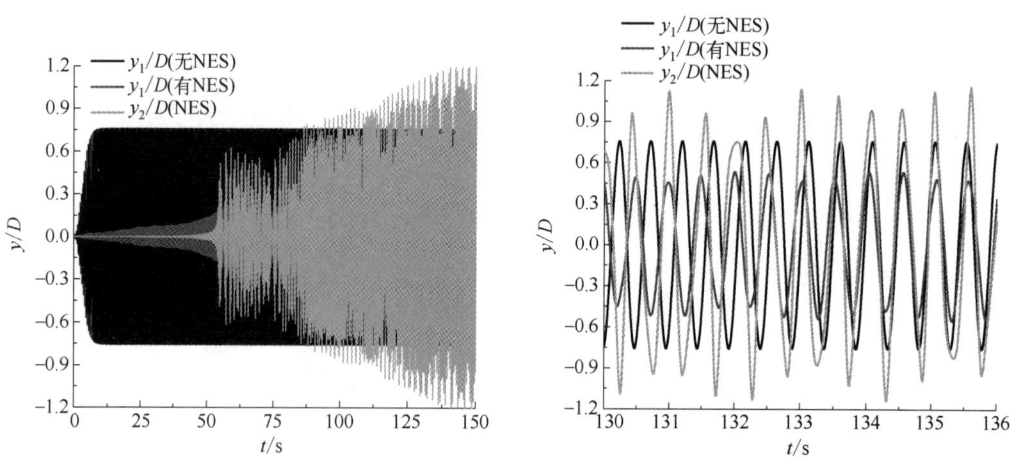

(a) ξ=0.2　　(b) ξ=0.2(放大)

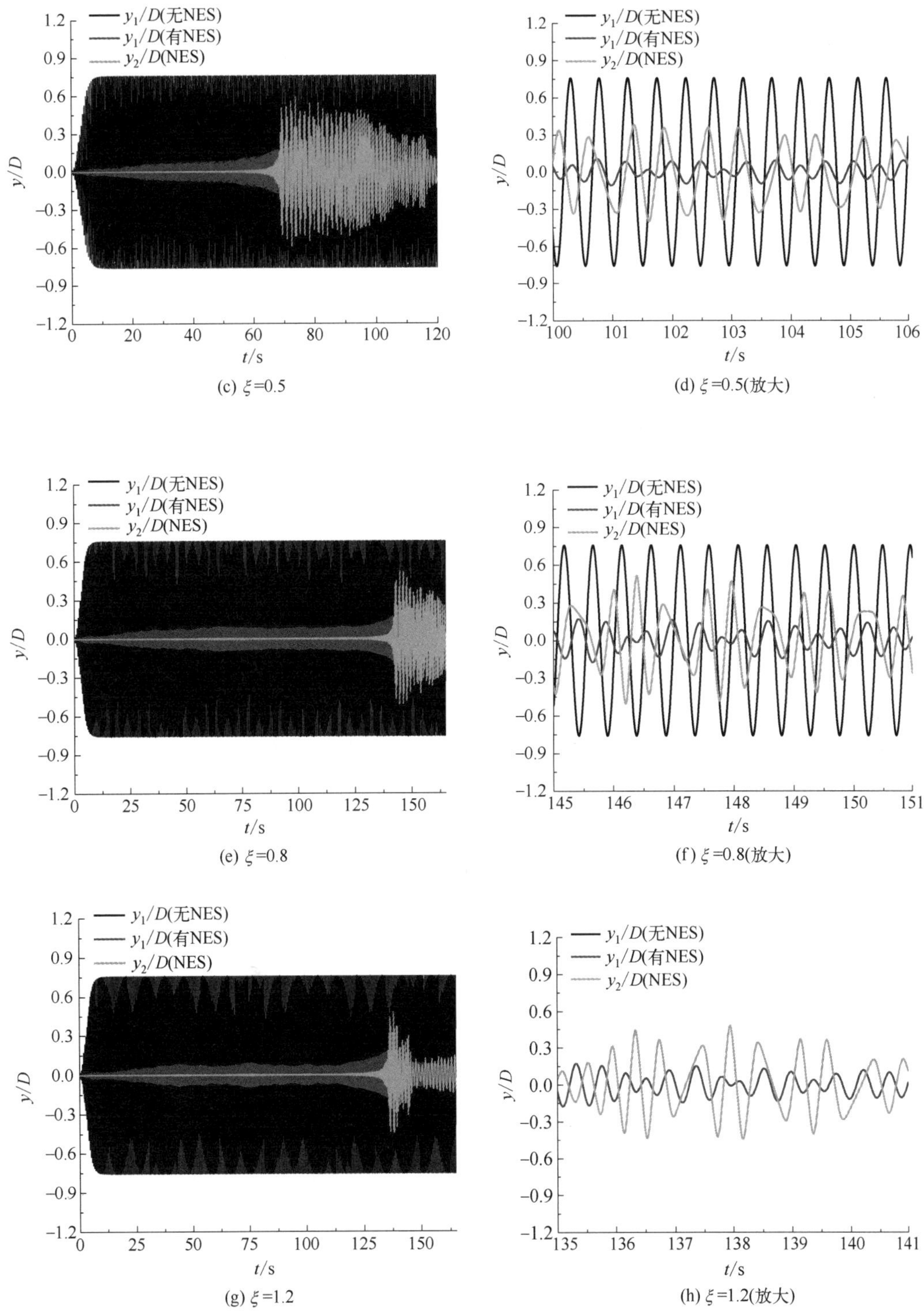

(c) ξ=0.5　(d) ξ=0.5(放大)

(e) ξ=0.8　(f) ξ=0.8(放大)

(g) ξ=1.2　(h) ξ=1.2(放大)

图 3.100

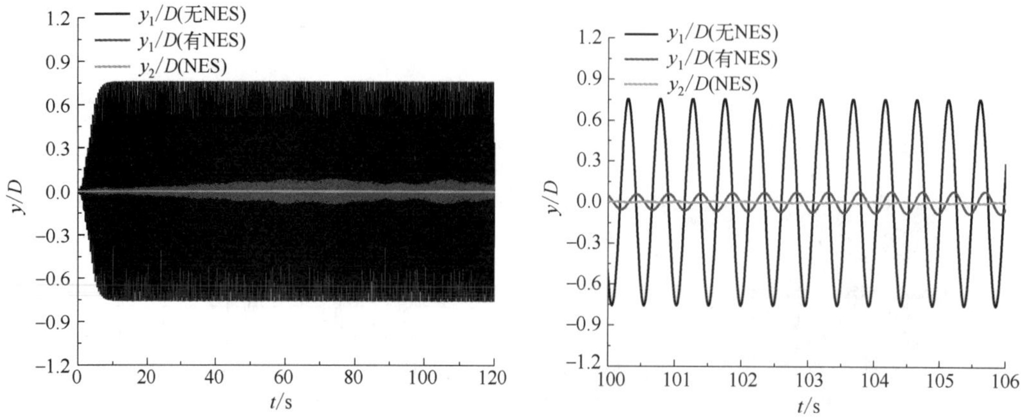

(i) ξ=2.0　　(j) ξ=2.0(放大)

图 3.100　$U_r=7$，$\beta=0.1$，$\gamma=0.8$ 时不同 ξ 的四柱体系统时程位移图

（3）刚度比 γ

为研究不同刚度比 γ 对圆柱涡激振动的影响，保持 NES 其他的无量纲参数不变，质量比 β 设置为 0.1，阻尼比 ξ 设置为 0.8，选取 γ 在 0.2～2 范围内变化，图 3.101 为不同刚度比 γ 对圆柱最大横向无量纲振幅和频率比的影响。

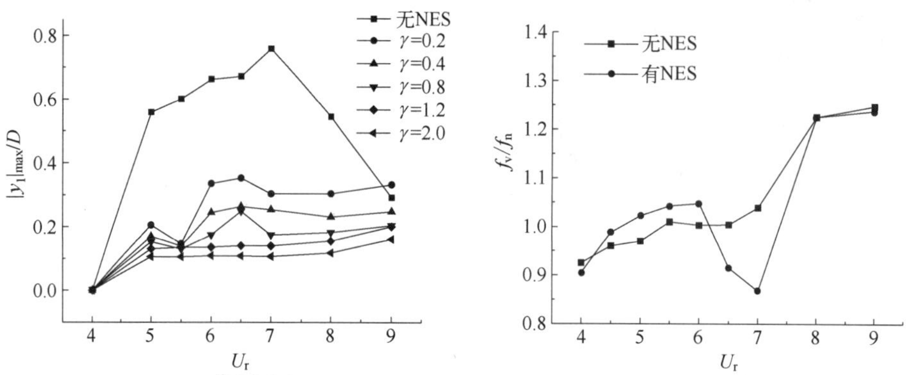

(a) 横向振幅　　(b) 频率比

图 3.101　$\beta=0.1$，$\xi=0.8$ 时不同 γ 的四柱体系统随 U_r 变化的横向振幅和频率比

如图 3.101（a）所示，四柱体系统的横向振幅随 γ 的增大而逐渐降低，锁定区间也相应地产生右移。四柱体系统在 $\gamma=0.8$ 时的频率比如图 3.101（b）所示，安装 NES 后在锁定区间内频率比减小，进一步缩短了锁定区域，对涡激振动进行了抑制。为了直接比较四柱体系统的升力系数和横向振幅，绘制 $U_r=7$，$\beta=0.1$，$\xi=0.8$ 时不同升力系数和横向振幅的时程曲线，如图 3.102 所示。当四柱体系统发生振动时，横向振幅和升力系数呈反向。当 $\gamma=0.2$ 时，升力系数比未安装 NES 时增大，横向振幅减小。此时，升力系数的周期变长。当 $\gamma=0.4$ 和 0.8 时，升力系数比未安装 NES 时减小，频率低于无 NES 的系统的振动频率，偏离锁定区域，系统的涡激振动受到抑制。当 $\gamma=1.2$ 和 2.0 时，升力系数略有增大，但仍小于未安装 NES 时，升力系数和横向振幅时程曲线保持同向，系统的涡激振动受到较大的抑制。

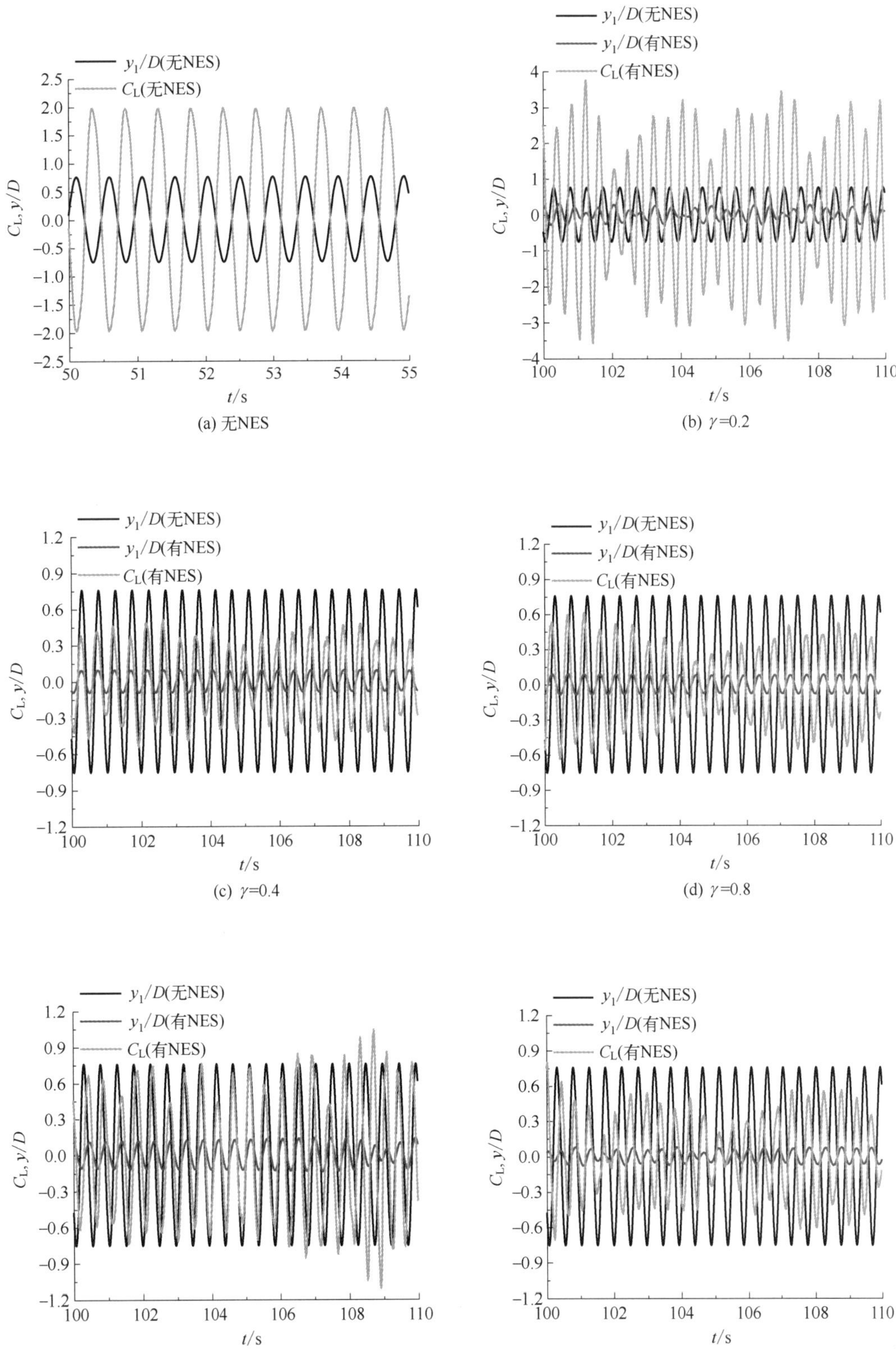

(a) 无NES　(b) γ=0.2　(c) γ=0.4　(d) γ=0.8　(e) γ=1.2　(f) γ=2

图 3.102　$U_r=7$，$\beta=0.1$，$\xi=0.8$ 时不同 γ 的四柱体系统的升力系数和横向振幅时程位移图

3.7 非线性弹簧支撑柱体结构涡激振动特征及流动控制

3.7.1 非线性弹簧支撑柱体结构动力学建模

对于由非线性弹簧（这里采用三次非线性弹簧）所支撑的圆柱系统，弹性恢复力满足关系式：$F = k_1 y + k_2 y^3$，其中 k_1 为结构刚度系数，k_2 为弹簧的非线性刚度系数，那么顺流向和横流向均为三次非线性弹簧的结构动力学方程为：

$$m\ddot{x} + c\dot{x} + k_1 x + k_2 x^3 = \frac{1}{2} C_{\mathrm{D}} \rho_{\mathrm{f}} U^2 D \tag{3.18}$$

$$m\ddot{y} + c\dot{y} + k_1 y + k_2 y^3 = \frac{1}{2} C_{\mathrm{L}} \rho_{\mathrm{f}} U^2 D \tag{3.19}$$

对其进行无量纲化，则对应的结构动力学方程为：

$$\ddot{X} + 2\zeta_x \varOmega \dot{X} + \varOmega^2 X + \frac{\gamma}{D^2} \varOmega^2 X^3 = \frac{C_{\mathrm{V}X}}{2\pi^3 St^2 (m^* + C_{\mathrm{a}})} \tag{3.20}$$

$$\ddot{Y} + 2\zeta_y \varOmega \dot{Y} + \varOmega^2 Y + \frac{\gamma}{D^2} \varOmega^2 Y^3 = \frac{C_{\mathrm{V}Y}}{2\pi^3 St^2 (m^* + C_{\mathrm{a}})} \tag{3.21}$$

其中，$\gamma = \dfrac{k_{\mathrm{nes}} D^2}{k}$。

则仅在横流向为三次非线性弹簧，顺流向为线性弹簧的结构动力学方程为：

$$\dot{X} + 2\zeta_x \varOmega \dot{X} + \varOmega^2 X = \frac{C_{\mathrm{V}X}}{2\pi^3 St^2 (m^* + C_{\mathrm{a}})} \tag{3.22}$$

$$\ddot{Y} + 2\zeta_y \varOmega \dot{Y} + \varOmega^2 Y + \frac{\gamma}{D^2} \varOmega^2 Y^3 = \frac{C_{\mathrm{V}Y}}{2\pi^3 St^2 (m^* + C_{\mathrm{a}})} \tag{3.23}$$

与尾流振子模型共同组成非线性弹簧支撑柱体结构动力学模型。

3.7.2 非线性弹簧支撑柱体结构流动仿真分析

3.7.2.1 双向非线性弹簧支撑柱体结构的涡激振动特性

此处顺流向和横流向均使用非线性弹簧，同时二者为完全相同的三次非线性弹簧。非线性弹簧的频率会随着振幅发生变化，因此没有固定的固有频率，不能使用约化速度来理解涡激振动振幅响应。因此采用振幅随雷诺数的变化来理解圆柱涡激振动响应，如图 3.103 所示。

观察可以发现圆柱的振幅随着雷诺数（*Re*）呈现先增大后减小的趋势，其中横流向振幅在 *Re* 处于 0～170000 时快速增长，而顺流向振幅则在 *Re* 处于 30000～170000 时缓慢增长。在 *Re*=170000 时圆柱系统可达到最大振幅，此时对应的横流向振幅为 0.598，顺流向振幅为 0.155。在圆柱振幅达到最高点后，横流向和顺流向振幅均迅速降低。在圆柱系统涡激振动响应中，重点关注其横流向的振动响应，对圆柱系统在四个雷诺数下的横流向时程曲线、功率谱密度图以及时频云图进行绘制，如图 3.104～图 3.106 所示。

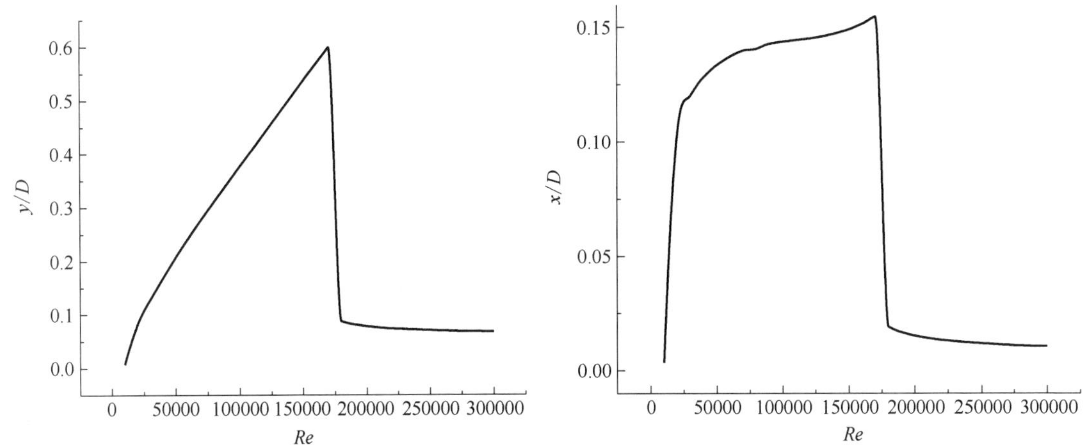

(a) 横流向无量纲振幅随雷诺数变化

(b) 顺流向无量纲振幅随雷诺数变化

图 3.103　双向非线性弹簧支撑圆柱系统（柱体结构）振幅响应

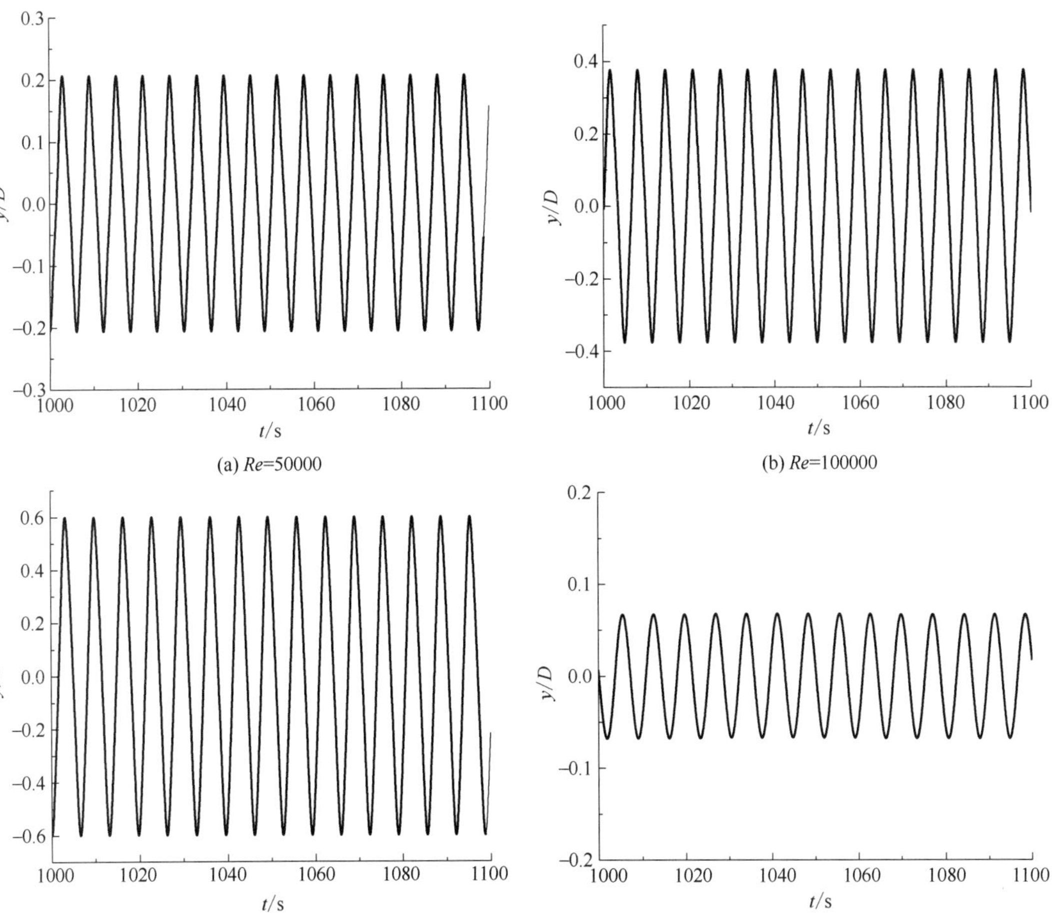

(a) Re=50000

(b) Re=100000

(c) Re=170000

(d) Re=300000

图 3.104　圆柱系统横流向时程曲线

圆柱系统横流向时程曲线如图 3.104 所示，通过观察发现圆柱系统振动均为周期性振动，振动周期相同而振幅会随雷诺数（Re）发生变化，Re=170000 时，圆柱系统振幅最大。观察相对应的功率谱密度图，如图 3.105 所示，可以发现图（a）、（b）、（c）主要含有四个功率密度峰值，其中第四个峰值相对较小，可以忽略，其余三个对应不同的频率，分别为主频、二倍频和三倍频。而当 *Re*=170000 时，主频能量最高，对应时程曲线中振幅最大。而当雷诺数过大，圆柱系统的功率谱密度图像仅含有主频和二倍频，且主频能量较小，如图 3.105（d）所示，对应时程曲线中振幅较小。观察时频云图，可以发现均为一条直线，直线初始所对应的时间不同，这表明达到相应雷诺数下的振幅最高点的时间不同。同时在其他频率处不存在分支，则表明圆柱系统的主频能量较大，对整个圆柱系统的涡激振动响应起着决定性的作用。

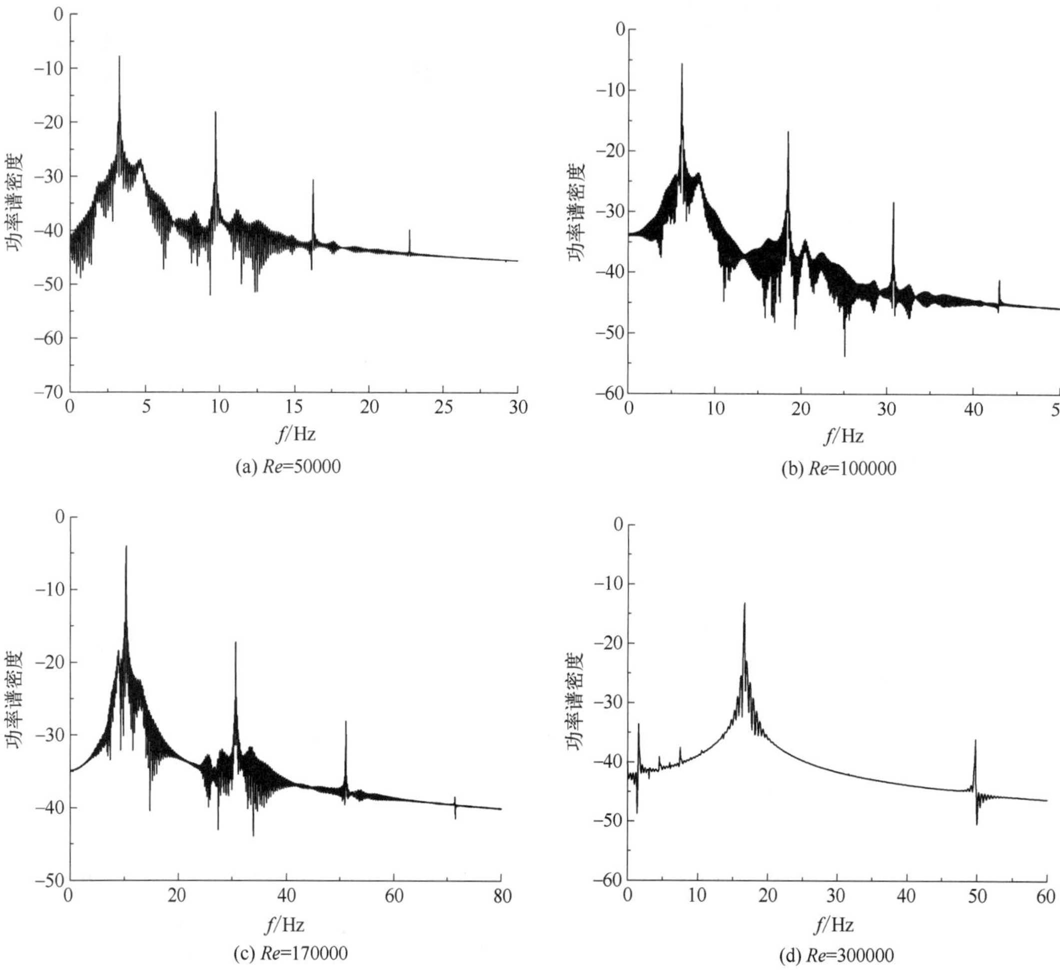

(a) *Re*=50000　(b) *Re*=100000　(c) *Re*=170000　(d) *Re*=300000

图 3.105　圆柱系统横流向功率谱密度图

圆柱系统横流向振动庞加莱截面如图 3.107 所示，其中庞加莱截面的周期是圆柱系统的主振动频率。当圆柱系统开始振动时，其周期较为混乱，对应庞加莱截面中心处的离散点，而当系统振动达到稳定时，庞加莱截面上的点以线的方式分布着，这时可以认为圆柱系统达到一种准周期振动。其中，图 3.107（c）中心处的离散点较多，表明圆柱系统在此状态下达到准周期振动需要时间较长。

圆柱系统在四个雷诺数（*Re*）下的轨迹图如图 3.108 所示，通过观察可以发现，当圆柱的振幅随雷诺数增大而增大时，对应的运动轨迹均为“8”字形。随着雷诺数的增大，“8”字形轨迹得到进一步的发展，表现为横流向和顺流向范围进一步扩大。当 *Re*=170000，达到最大振幅时，其运动轨迹的对称点相较于原点最远，这表明整个运动过程中，圆柱系统在顺流向是随着来流方向逐渐远离初始位置的。而当雷诺数过大，此时圆柱系统的振动较小。圆柱系统在四个雷诺数下的相图如图 3.109 所示，观察可以发现当圆柱的振幅随雷诺数增大而增大时，相图中的包围曲线逐渐向外扩大，这表明随着雷诺数的增大，圆柱系统的横流向振幅的变化速度逐渐加快，当 Re=170000，振幅的变化速度达到最大。而当 Re=300000 时，相图为一个较小的包络圆曲线，横流向振幅及其变化速度均较小。

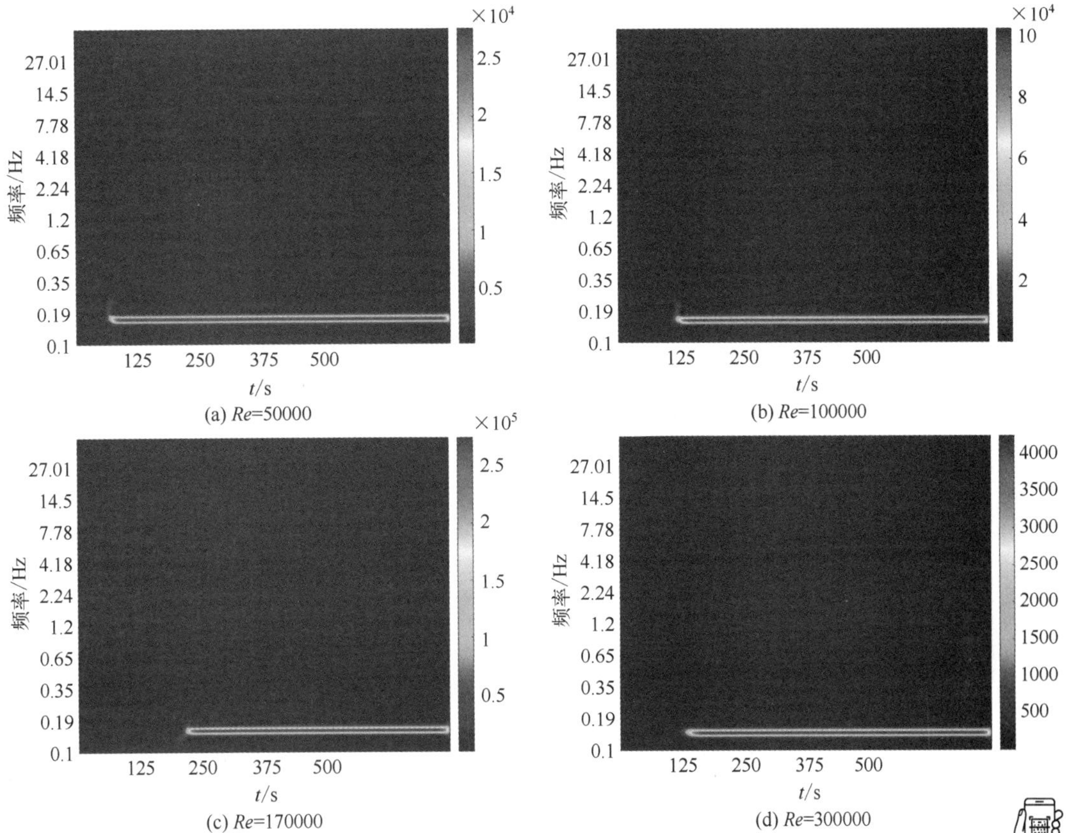

图 3.106　圆柱系统横流向时频云图

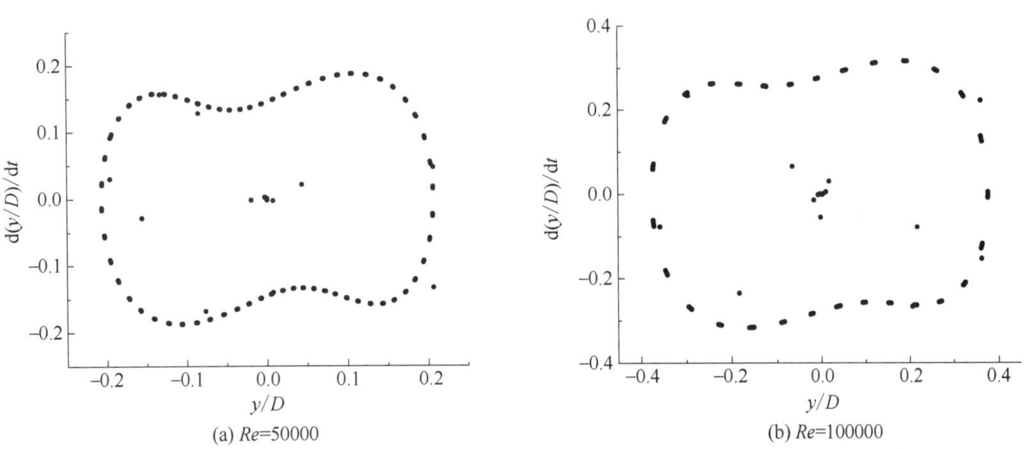

图 3.107

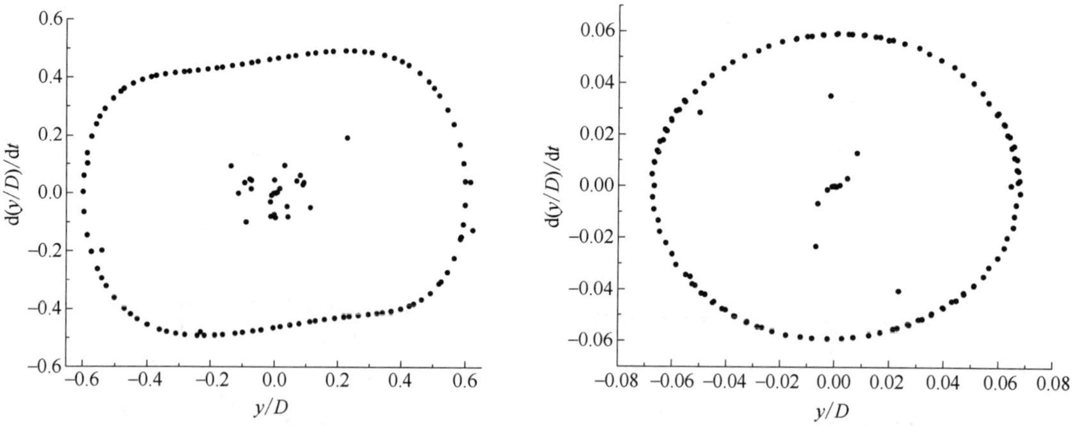

(c) Re=170000　　(d) Re=300000

图 3.107　圆柱系统横流向振动庞加莱截面

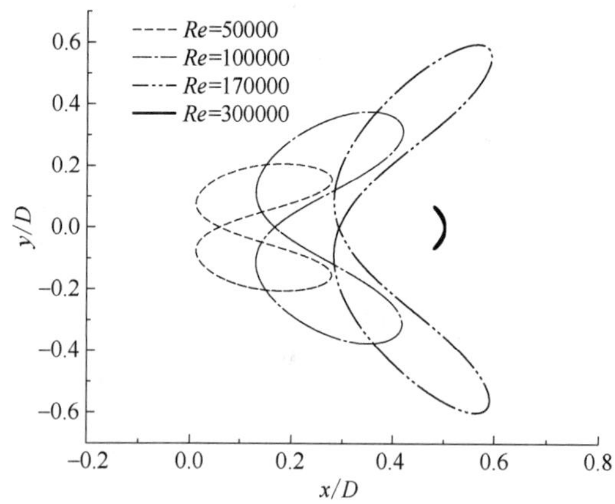

图 3.108　圆柱系统轨迹图

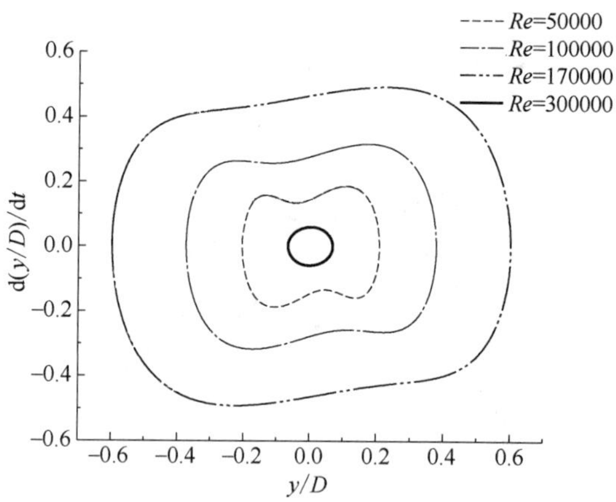

图 3.109　圆柱系统相图

3.7.2.2　不同类型支撑弹簧的圆柱系统的涡激振动特性

为了研究非线性弹簧对圆柱涡激振动响应的影响，分别对以下三种工况进行数值计算：工况 A，顺流向和横流向均使用线性弹簧；工况 B，顺流向使用线性弹簧，横流向使用非线性弹簧；工况 C，顺流向和横流向均使用非线性弹簧。其中，上述工况所使用的线性弹簧频率、阻尼等参数均相同，非线性弹簧均为三次非线性刚度弹簧。采用振幅响应随雷诺数的变化来理解圆柱在三种不同工况下的涡激振动响应。

圆柱系统在 $m^* = 2.36$ 和 $m^* = 1.5$ 的振幅响应随雷诺数（Re）的变化如图 3.110 和图 3.111 所示，就峰值处振幅而言，工况 B 小于工况 C 小于工况 A；就峰值处振幅所对应的雷诺数来看，工况 A 小于工况 B 小于工况 C。其中，当 $m^* = 2.36$ 时，工况 A 在 Re=46000 时达到振幅峰值，对应横流向振幅 1.743，顺流向振幅 0.306；工况 B 在 Re=80000 时达到振幅峰值，对应横流向振幅 0.319，顺流向振幅 0.019；工况 C 在 Re=170000 时达到振幅峰值，对应横流向振幅 0.598，顺流向振幅 0.155。而当 m^*=1.5 时，工况 A 在 Re=60000 时达到振幅峰值，对应横流向振幅 1.937，顺流向振幅 0.385；工况 B 在 Re=170000 时达到振幅峰值，对应横流向振幅 0.546，顺流向振幅 0.052；工况 C 在 Re=480000 时达到振幅峰值，对应横流向振幅 1.272，顺流向振幅 0.292。同时，当 $m^* = 1.5$ 时，工况 B 在雷诺数较小的范围内会出现超分支现象，这可以进一步验证数值模型的准确性。由上述分析可以得到，将两个方向的支撑弹簧由线性弹簧改变成非线性弹簧，会使峰值处的振幅降低，但会使峰值处振幅对应的雷诺数增大。即使用非线性弹簧可以使在较大的雷诺数范围内，圆柱均保持一个较高的振幅。

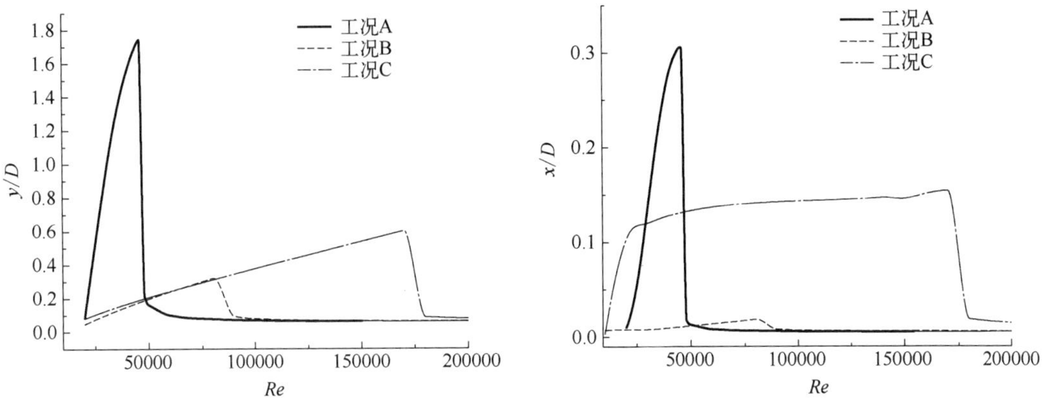

(a) 横流向无量纲振幅随雷诺数的变化　　(b) 顺流向无量纲振幅随雷诺数的变化

图 3.110　$m^* = 2.36$ 的圆柱系统的振幅响应

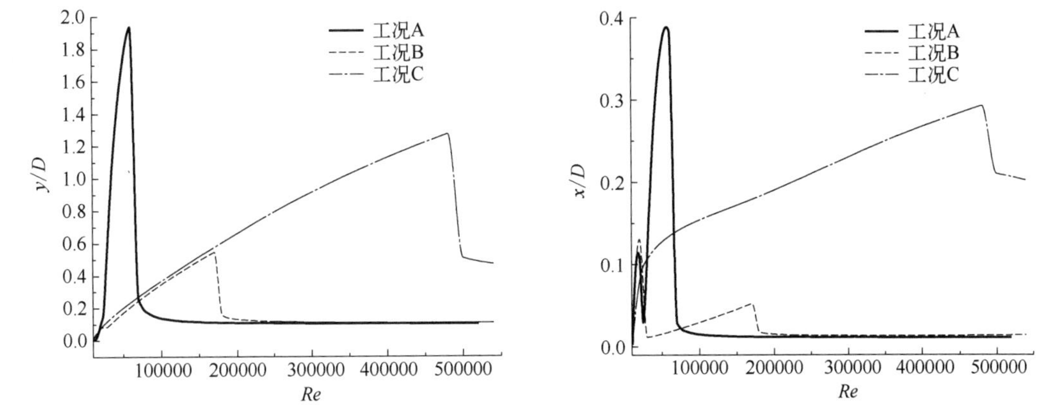

(a) 横流向无量纲振幅随雷诺数的变化　　(b) 顺流向无量纲振幅随雷诺数的变化

图 3.111　$m^* = 1.5$ 的圆柱系统的振幅响应

圆柱系统在不同工况下的功率谱密度图如图 3.112 和图 3.113 所示，观察可以发现，当 $m^* = 2.36$ 时，其主要含有四个功率密度峰值，其中第四个峰值相对较小，可以忽略，将与峰值对应的不同频率分别命名为主频、二倍频和三倍频。而在工况 A 中，其主频能量最高，对应响应曲线中峰值的振幅最大。而在工况 B 和工况 C 中，各峰值频率旁能量分支较多，对应其响应曲线中峰值振幅小于工况 A。对应工况 A 时频云图（图 3.114）中，工况 A 仅在开端存在点状，表明其主频能量大，而二倍频和三倍频附近能量较小。而在工况 B 和工况 C 的时频云图中，均为一条直线，直线初始所对应的时间不同，这表明达到相应雷诺数下的振幅最高点的时间不同。当 $m^* = 1.5$ 时，其主要含有四个功率密度峰值，其略大于 $m^* = 2.36$ 时的功率密度峰值，对应其响应曲线中峰值振幅大于 $m^* = 2.36$ 的峰值振幅，其时频云图见图 3.115。圆柱系统在不同工况下振幅峰值的庞加莱截面图如图 3.116 和图 3.117

所示，观察可以发现，当 $m^{*}=2.36$ 时，工况 B 图像为少数的离散点，这表明系统运动是周期性的；而工况 A 和工况 C 的图像中心为离散点，外圈的点以线的形式存在，这表明系统是以准周期的形式运动。准周期运动和周期运动的主要区别在于它们的运动特性。准周期运动发生在两个相互垂直的简谐振动的频率之比是无理数时，它们的合成运动将永远不再重复已走过的轨道。圆柱系统在工况 A 和工况 C 下运动的轨迹将分布在由振幅限定的面积内。当 $m^{*}=1.5$ 时，三种工况下的图像中心为离散点，外圈的点以线的形式存在，这表明系统在三种工况下都是以准周期的形式运动。对于工况 B，圆柱系统在不同质量比下的运动形式不同，具体表现为 $m^{*}=2.36$ 时圆柱系统为周期运动，$m^{*}=1.5$ 时圆柱系统为准周期运动，这表明当来（顺）流向和横流向弹簧不一致时，会对质量比较大的圆柱系统产生较大的影响，会使其运动形式由准周期运动转变为周期运动。

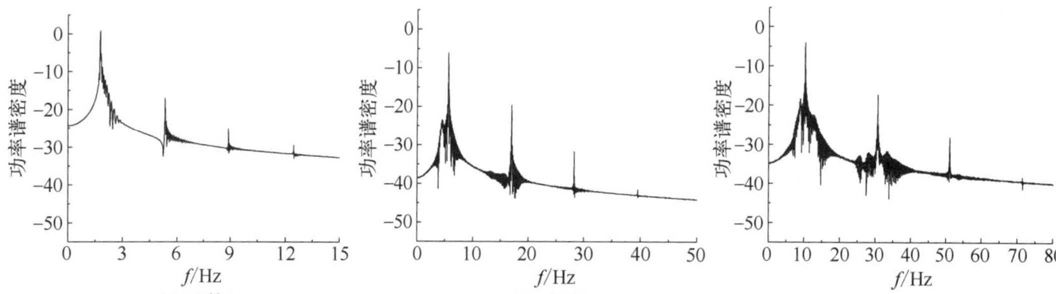

(a) 工况A (b) 工况B (c) 工况C

图 3.112 $m^{*}=2.36$ 的圆柱系统在振幅峰值处的功率谱密度图

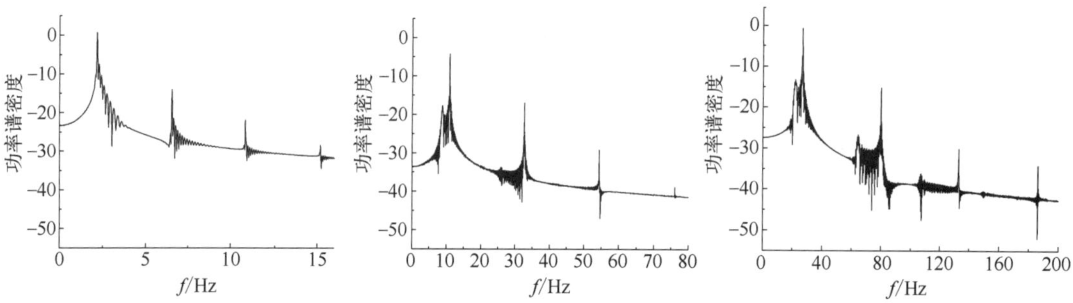

(a) 工况A (b) 工况B (c) 工况C

图 3.113 $m^{*}=1.5$ 的圆柱系统在振幅峰值处的功率谱密度图

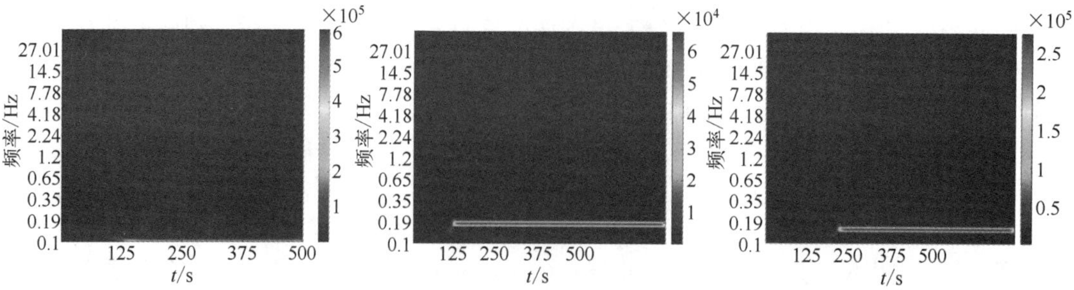

(a) 工况A (b) 工况B (c) 工况C

图 3.114 $m^{*}=2.36$ 的圆柱系统在振幅峰值处的时频云图

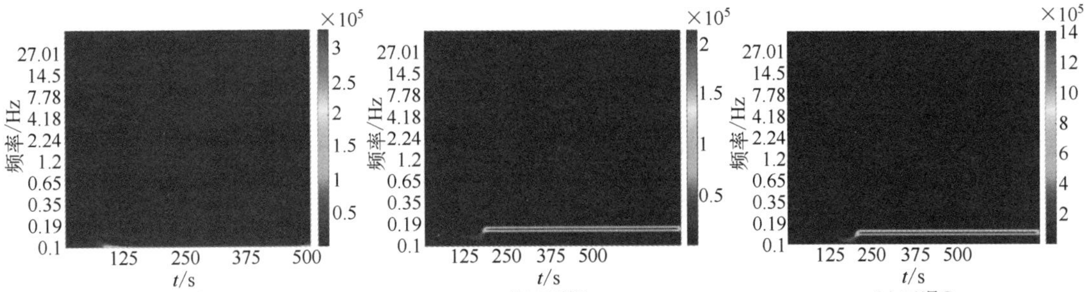

(a) 工况A　(b) 工况B　(c) 工况C

图 3.115　$m^*=1.5$ 的圆柱系统在振幅峰值处的时频云图

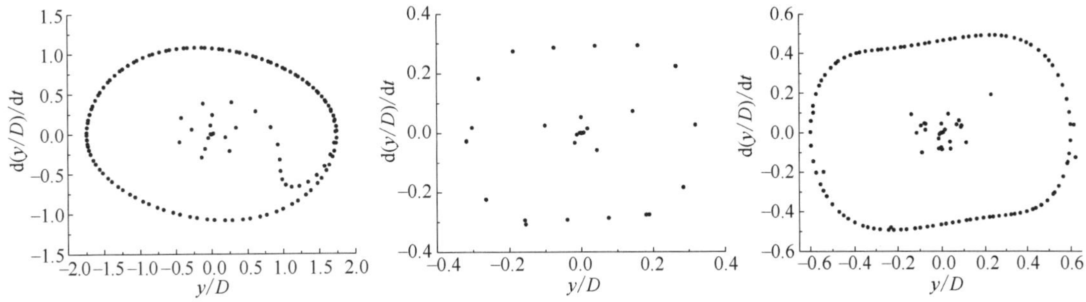

(a) 工况A　(b) 工况B　(c) 工况C

图 3.116　$m^*=2.36$ 的圆柱系统在振幅峰值处的庞加莱截面图

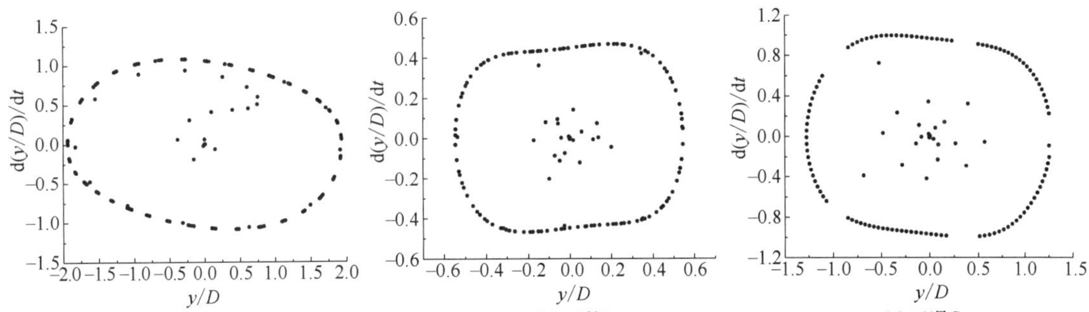

(a) 工况A　(b) 工况B　(c) 工况C

图 3.117　$m^*=1.5$ 的圆柱系统在振幅峰值处的庞加莱截面图

圆柱系统不同工况下振幅峰值处的轨迹图如图 3.118 所示，三种工况在振幅峰值处所对应的运动轨迹均为典型的“8”字形。对于工况 B 而言，在横流向用非线性弹簧、顺流向用线性弹簧支撑，两个方向不能时刻保持同样频率，因此其运动轨迹的对称点相较于原点较远。圆柱系统不同工况下振幅峰值处的相图如图 3.119 所示，观察可以发现包络曲线由外到内的顺序依次为工况 A、工况 C、工况 B，这表明在工况 A 中，圆柱系统的横流向振幅及振幅的变化速度最大；而在工况 B 中，圆柱系统的横流向振幅及振幅的变化速度均较小。

3.7.2.3　非线性弹簧不同特性下的圆柱系统的涡激振动特性

（1）刚度比

这里引入无量纲参数 λ 来描述非线性弹簧的刚度比，$\lambda = D/\sqrt{k_1/k_2}$ 。以下分别研究不同刚度比下非线性弹簧对圆柱涡激振动响应的影响。

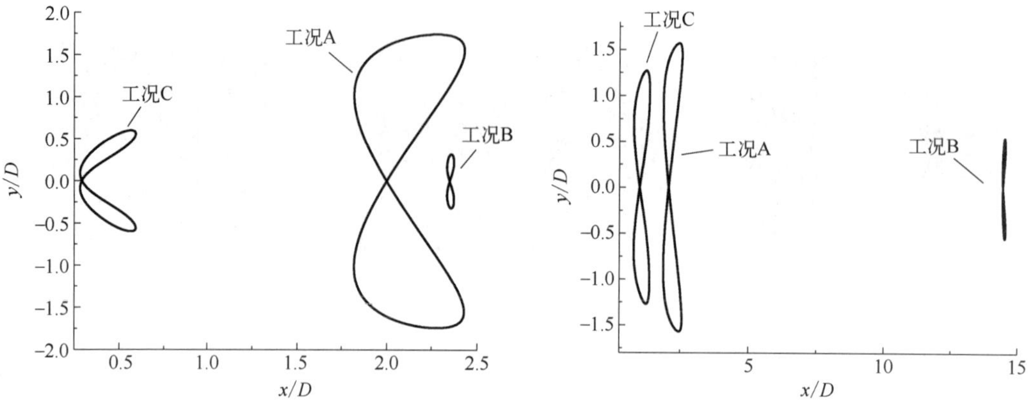

(a) m^*=2.36　(b) m^*=1.5

图 3.118　圆柱系统不同工况下振幅峰值处的轨迹图

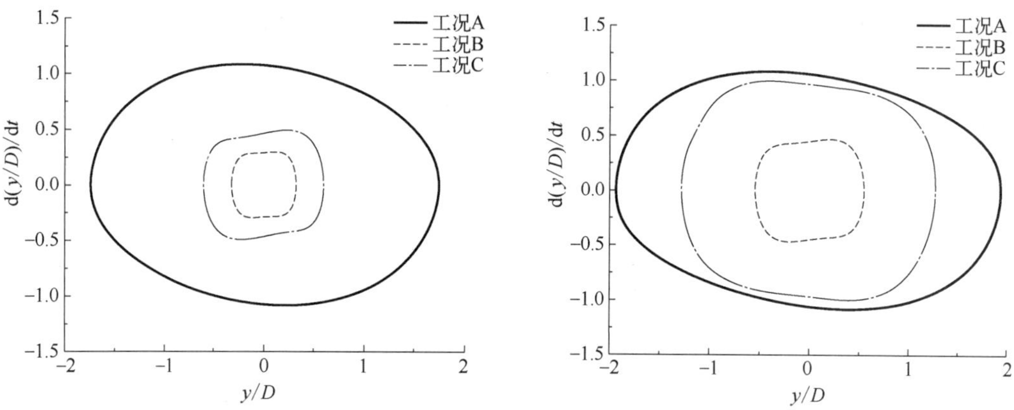

(a) m^*=2.36　(b) m^*=1.5

图 3.119　圆柱系统不同工况下振幅峰值处的相图

圆柱系统在 $m^* = 2.36$ 和 $m^* = 1.5$ 时的振幅响应如图 3.120 和图 3.121 所示，通过观察可以发现，当 $m^* = 2.36$ 时，圆柱系统在 $\lambda = 0.38$ 时横流向无量纲振幅峰值为 0.6095，对应雷诺数 Re=90000；圆柱系统在 $\lambda = 0.76$ 时横流向无量纲振幅峰值为 0.5868，对应雷诺数 Re=170000；圆柱系统在 $\lambda = 1.2$ 时横流向无量纲振幅峰值为 0.5988，对应雷诺数 Re=260000。当 $m^* = 1.5$ 时，圆柱系统在 $\lambda = 0.38$ 时横流向无量纲振幅峰值为 1.3296，对应雷诺数 Re=260000；圆柱系统在 $\lambda = 0.76$ 时横流向无量纲振幅峰值为 1.2718，对应雷诺数 Re=480000；圆柱系统在 $\lambda = 1.2$ 时横流向无量纲振幅峰值为 1.2758，对应雷诺数 Re=760000。以上结果表明，当非线性弹簧的刚度比增大时，其振幅峰值基本保持不变，但振幅峰值所对应的雷诺数增大。这表明增大非线性弹簧的刚度比，可以使得圆柱在较大的雷诺数范围内保持一个较高的振幅。当质量比越小时，效果越显著。

圆柱系统在不同刚度比下峰值振幅处的轨迹图如图 3.122 所示，通过观察可以发现非线性弹簧处于不同的刚度比下，圆柱系统运动轨迹基本相同，这表明改变非线性弹簧的刚度比对圆柱涡激振动峰值振幅处的响应特性不会产生影响。圆柱系统在不同刚度比下峰值振幅处的相图如图 3.123 所示，通过观察可以发现，此时的圆柱涡激振动响应具有单幅、单周期振荡和高度可重复的特点。

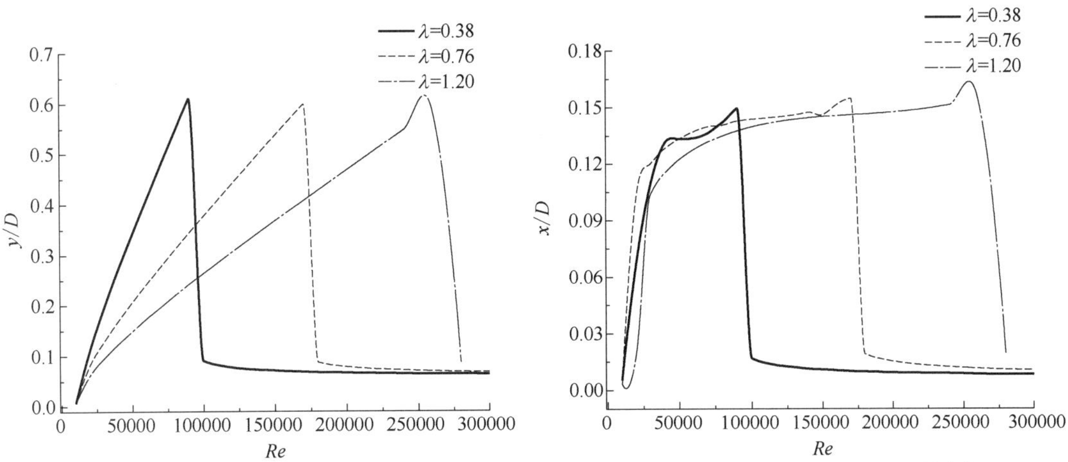

(a) 横流向无量纲振幅随雷诺数的变化　　(b) 顺流向无量纲振幅随雷诺数的变化

图 3.120　$m^*=2.36$ 的圆柱系统的振幅响应

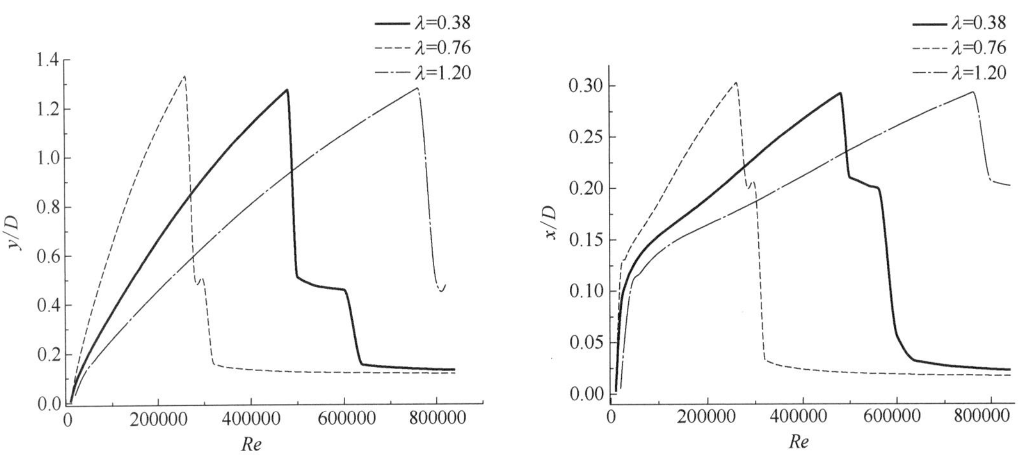

(a) 横流向无量纲振幅随雷诺数的变化　　(b) 顺流向无量纲振幅随雷诺数的变化

图 3.121　$m^*=1.5$ 的圆柱系统的振幅响应

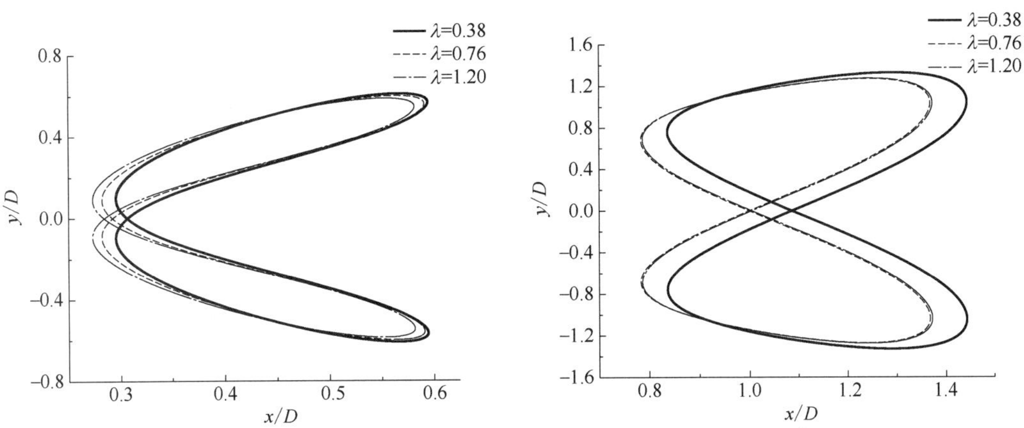

(a) m^*=2.36　　(b) m^*=1.5

图 3.122　圆柱系统在不同刚度比下峰值振幅处的轨迹图

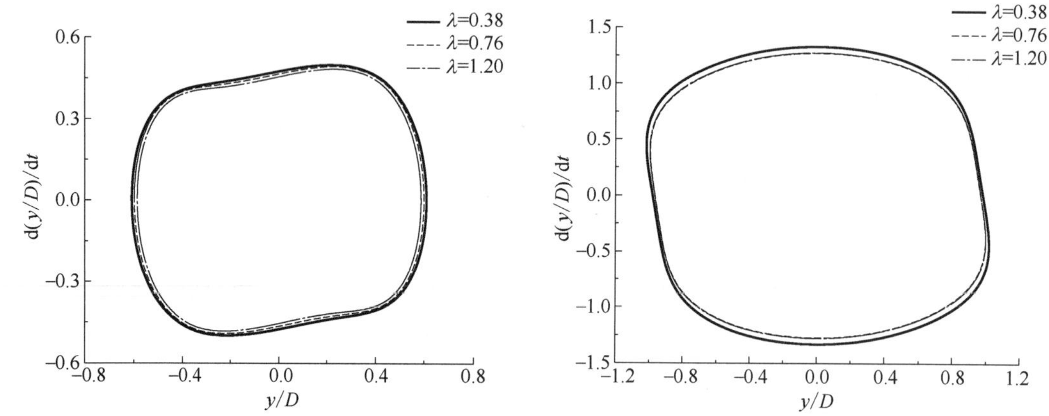

(a) m^*=2.36　　(b) m^*=1.5

图 3.123　圆柱系统在不同刚度比下峰值振幅处的相图

圆柱系统在不同刚度比下振幅峰值处的功率谱密度图如图 3.124 和图 3.125 所示，观察可以发现，当 $m^* = 2.36$ 时，其主要含有四个功率密度峰值，其中第四个峰值相对较小，可以忽略，将其余峰值对应的不同频率分别命名为主频、二倍频和三倍频。在工况 A 中，其主频能量最高，对应响应曲线中峰值振幅最大。而在工况 B 和工况 C 中，各峰值频率旁能量分支较多，对应其响应曲线中峰值振幅小于工况 A。对应的工况 A 时频云图（图 3.126 和图 3.127）中，工况 A 仅在开端存在点状，表明其主频能量大，而二倍频和三倍频附近能量较小。而在工况 B 和工况 C 的时频云图中，均为一条直线，直线初始所对应的时间不同，这表明达到主频的响应时间不同。当 $m^* = 1.5$ 时，其主要含有四个功率密度峰值，其大于 $m^* = 2.36$ 时的功率密度峰值，对应其响应曲线中峰值振幅大于 $m^* = 2.36$ 的峰值振幅。

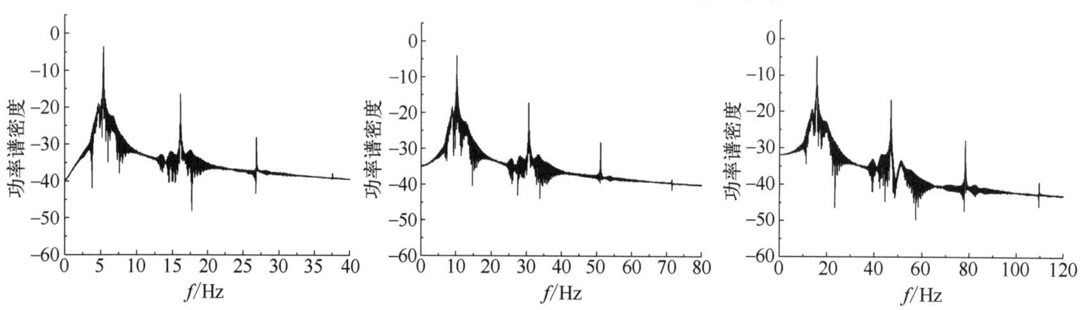

(a) λ=0.38　　(b) λ=0.76　　(c) λ=1.2

图 3.124　$m^* = 2.36$ 的圆柱系统在不同刚度比下振幅峰值处的功率谱密度图

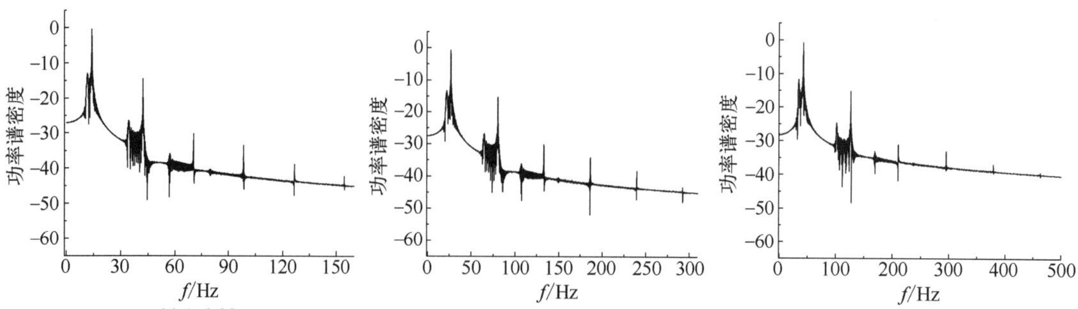

(a) λ=0.38　　(b) λ=0.76　　(c) λ=1.2

图 3.125　$m^* = 1.5$ 的圆柱系统在不同刚度比下振幅峰值处的功率谱密度图

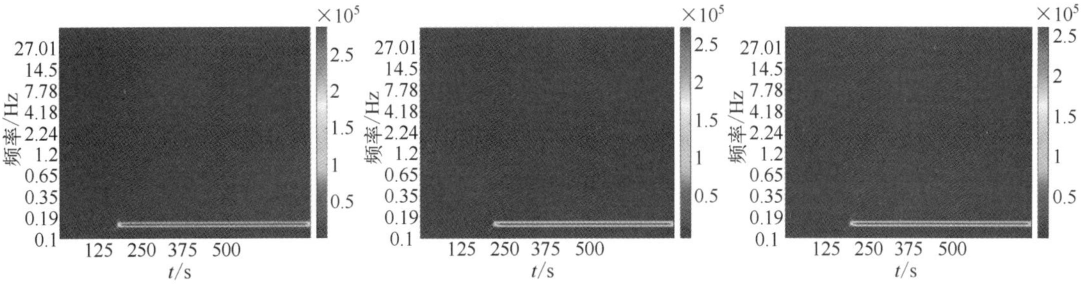

(a) λ=0.38　(b) λ=0.76　(c) λ=1.2

图 3.126　$m^*=2.36$ 的圆柱系统在不同刚度比下振幅峰值处的时频云图

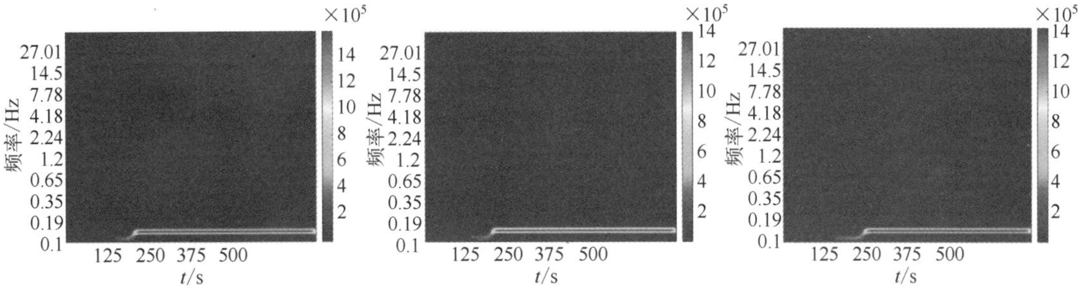

(a) λ=0.38　(b) λ=0.76　(c) λ=1.2

图 3.127　$m^*=1.5$ 的圆柱系统在不同刚度比下振幅峰值处的时频云图

（2）质量比

当所支撑圆柱系统的非线性刚度弹簧给定时，可以通过改变圆柱系统质量块的质量来改变涡激振动响应。这里主要研究圆柱系统的质量块在 $m^*=1$ 、 $m^*=1.5$ 、 $m^*=2.36$ 三种不同质量比下的涡激振动响应。其中横流向和顺流向支撑弹簧均为 $\lambda=0.76$ 的三次非线性弹簧。

不同质量比下圆柱系统的涡激振动振幅响应如图 3.128 所示，通过观察可以看出，当质量比越小时，其振动响应中振幅峰值越大，同时对应的雷诺数（Re）越大。这表明在支撑圆柱系统的非线性刚度弹簧相同的情况下，拥有小质量比的圆柱系统能获得较高的振幅，同时可以在较宽的雷诺数范围内保持较高的振幅响应。 $m^*=2.36$ 在 Re=170000 时达到振幅峰

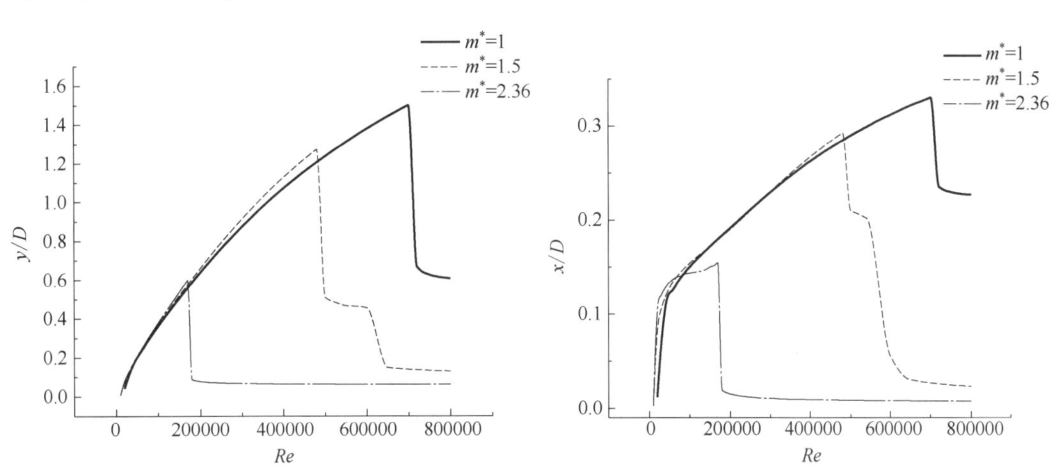

(a) 横流向无量纲振幅随雷诺数的变化　(b) 顺流向无量纲振幅随雷诺数的变化

图 3.128　不同质量比下圆柱系统的涡激振动振幅响应

值，对应横流向振幅 0.598，顺流向振幅 0.155；$m^*=1.5$ 在 Re=480000 时达到振幅峰值，对应横流向振幅 1.272，顺流向振幅 0.2929；$m^*=1$ 在 Re=700000 时达到振幅峰值，对应横流向振幅 1.499，顺流向振幅 0.331。不同质量比的圆柱系统在振幅峰值处的涡激振动轨迹图如图 3.129 所示，观察可以发现三种质量比在峰值振幅处的运动轨迹均为“8”字形，其中 $m^*=1$ 的运动轨迹离原点最远，这是由于其到达峰值振幅所对应的雷诺数最大，在涡激振动随雷诺数的变化过程中逐渐向远离原点的方向运动。不同质量比的圆柱系统在振幅峰值处的涡激振动相图如图 3.130 所示，观察可以发现 $m^*=2.36$ 的包络曲线位于最内部，这表明其振幅峰值及其振幅变化相对较小，跟振幅响应曲线相一致。

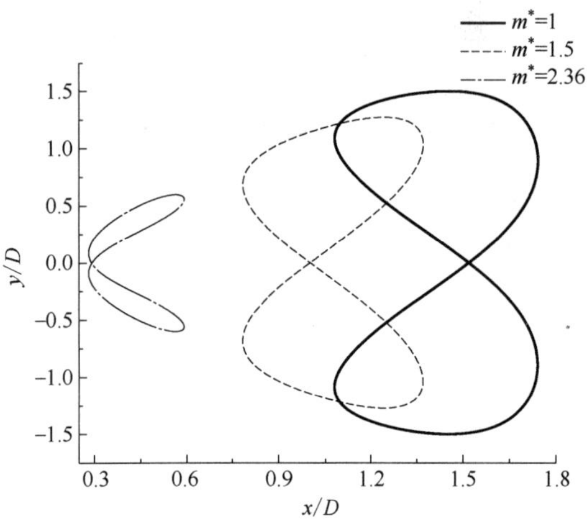

图 3.129　不同质量比的圆柱系统在振幅峰值处的涡激振动轨迹图

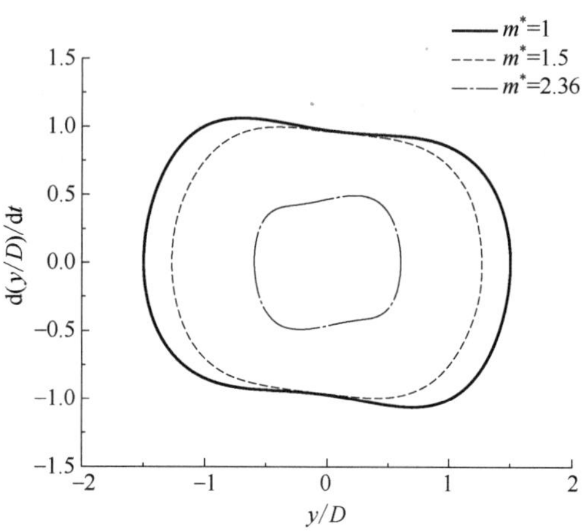

图 3.130　不同质量比的圆柱系统在振幅峰值处的涡激振动相图

圆柱系统在不同质量比下振幅峰值处的功率谱密度图如图 3.131 所示，观察可以发现其含有多个功率密度峰值，而其中后几个峰值相对较小，可以忽略，重点关注前三个功率密度峰值，将其分别命名为主频、二倍频和三倍频。$m^*=1$ 的主频能量略高，频率较大，对应振幅响应曲线中振幅峰值最大。圆柱系统在不同质量比下振幅峰值处的时频云图如图 3.132 所示，观察可以发现 $m^*=1$ 和 $m^*=1.5$ 开端的初始位置相同，表明振动达到主频的时间相近。在 $m^*=2.36$ 的时频云图中，直线初始没有小部分紊乱，这对应功率谱密度图中频率峰值分支较少。

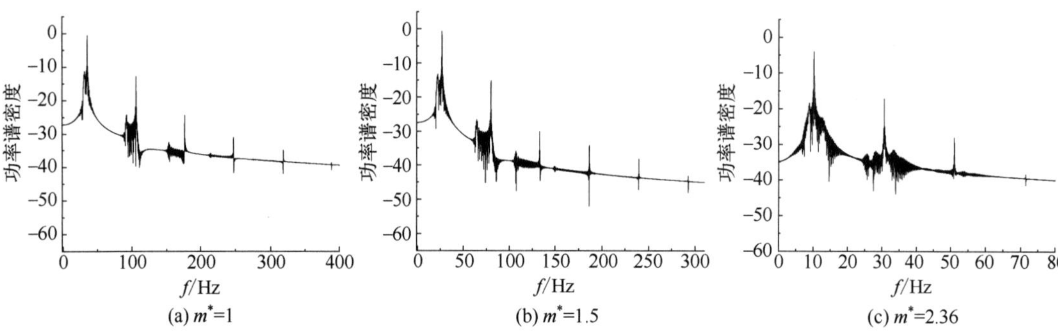

图 3.131　圆柱系统在不同质量比下振幅峰值处的功率谱密度图

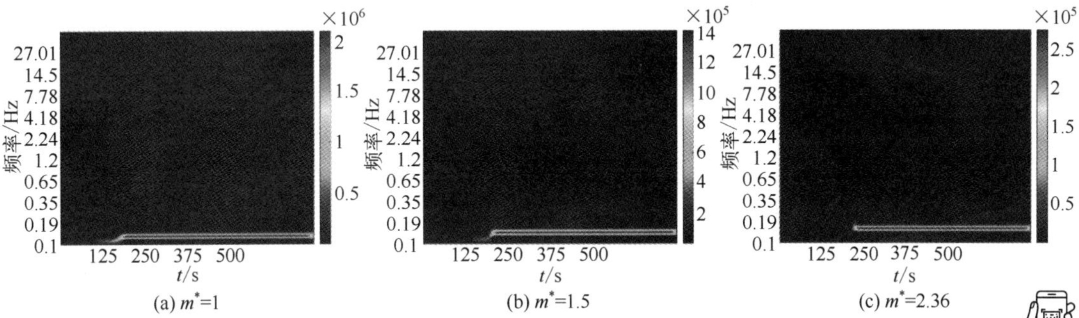

图 3.132　圆柱系统在不同质量比下振幅峰值处的时频云图

（3）阻尼比

从涡激振动采集能量相较于其他海洋可再生资源具有优势，可以将能量密度保持在较宽的频率范围内。使用能量采集效率 μ 来评价圆柱涡激振动响应的能量采集性能。对于线性刚度弹簧支撑的圆柱系统，能量采集效率 μ 在很大程度上取决于阻尼比 ξ 、约化速度 U_r 和质量比 m^* 。而对于非线性刚度弹簧支撑的圆柱系统而言，系统频率会随着振动而发生变化，不存在固定的频率，因此对于非线性刚度弹簧支撑的圆柱系统，其能量采集效率 μ 取决于阻尼比 ξ 、雷诺数 Re 和质量比 m^* 。对于给定的圆柱系统，结构质量比通常是固定的，而其他两项可能会变化。因此重点研究非线性刚度弹簧支撑的圆柱系统在不同阻尼比 ξ 和雷诺数 Re 下的能量采集效率 μ 。

流体可用功率表示如下：

$$P_{\text{fluid}} = \frac{1}{2}\rho(D + 2Y_{\max})U^3 \tag{3.24}$$

圆柱系统涡激振动总可用功率为作用在圆柱体上的力乘以结构速度的积分之和。平均每个周期的可用功率定义为总可用功率除以总振动周期。唯一对能量有贡献的力项是与速度同相的力项。同时从实际角度出发，在能量采集过程中需要考虑传输损失。因此，圆柱系统涡激振动每周期振动的可用功率表示为：

$$P_{\text{h}} = \int_0^{T_{\text{vib}}} \frac{1}{T_{\text{vib}}}\left[(c - c_{\text{s}})\frac{\mathrm{d}Y}{\mathrm{d}t}\right]\frac{\mathrm{d}Y}{\mathrm{d}t}\mathrm{d}T \tag{3.25}$$

式中，T_{vib} 为振动时间。

能量采集效率是指从涡激振动中获得的能量与流体中可用能量的比率，其表示为：

$$\mu = P_{\text{h}} / (B_{\text{L}} \times P_{\text{fluid}}) \tag{3.26}$$

式中，B_{L} 为 Betz 极限，取其值为 0.59。通过代入变量并将表达式化简为无量纲形式，得到了效率方程，其表示为：

$$\mu = \frac{8\pi^4 St^2 (m^* + C_{\text{a}})\langle(\xi - \xi_{\text{s}})\dot{y}\dot{y}\rangle}{U_{\text{r}}(1 + 2A^*)B_{\text{L}}} \tag{3.27}$$

其中，A^* 为峰值无量纲响应幅度，$A^* = Y_{\max} / D$ ；ξ_{s} 为归因于传输损耗的阻尼比，其值为 0.02。

图 3.133 为不同阻尼比下圆柱系统涡激振动响应的能量采集效率随雷诺数（Re）的

变化。由图中可以看到，不同阻尼比的曲线之间存在重叠。当阻尼比不变时，能量采集效率随雷诺数增大呈先增大后减小的变化趋势。而对于相同雷诺数下的圆柱系统，存在一个最优阻尼比使圆柱系统能量采集效率最大。当 $m^*=2.36$ 时，圆柱系统在 Re=30000，$\xi=0.125$ 时能量采集效率最大，为 15.87%；当 $m^*=1.5$ 时，圆柱系统在 Re=35000，$\xi=0.155$ 时能量采集效率最大，为 19.27%。同时，为了更直观地了解能量采集效率随阻尼比和雷诺数的变化关系，绘制出了能量采集效率随阻尼比和雷诺数的变化三维云图和二维云图，如图 3.134 和图 3.135 所示。由图中可以发现。$m^*=2.36$ 时能量采集效率云图随阻尼比的变化更为平缓，对应曲线表现出相对均匀的间距和平行度。此外，当雷诺数大于最佳能量采集效率所对应的雷诺数时，会存在某一雷诺数，使曲线突降，对应云图中存在一个突变峰。

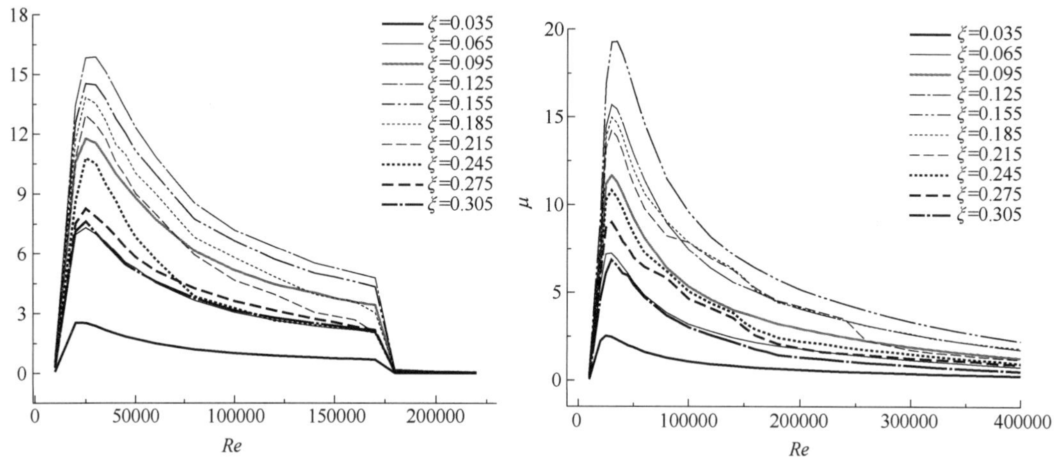

(a) m^*=2.36 (b) m^*=1.5

图 3.133 不同阻尼比下圆柱系统涡激振动响应的能量采集效率随雷诺数的变化图

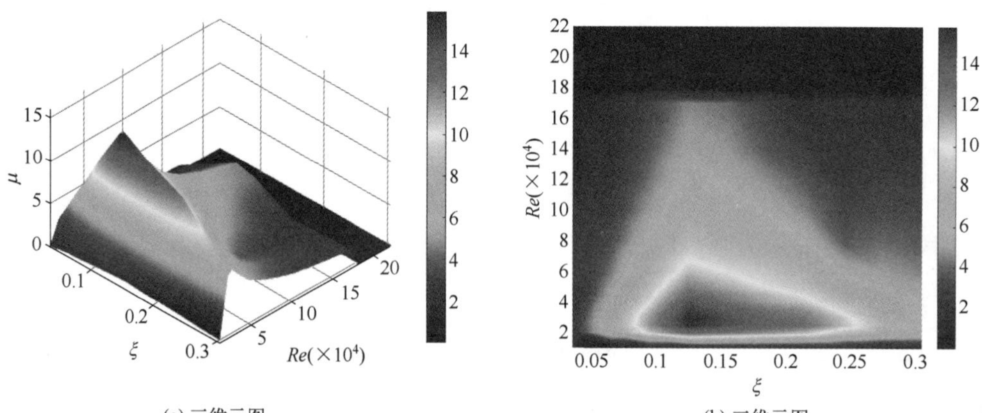

(a) 三维云图 (b) 二维云图

图 3.134 $m^*=2.36$ 时，能量采集效率随阻尼比和雷诺数的变化云图

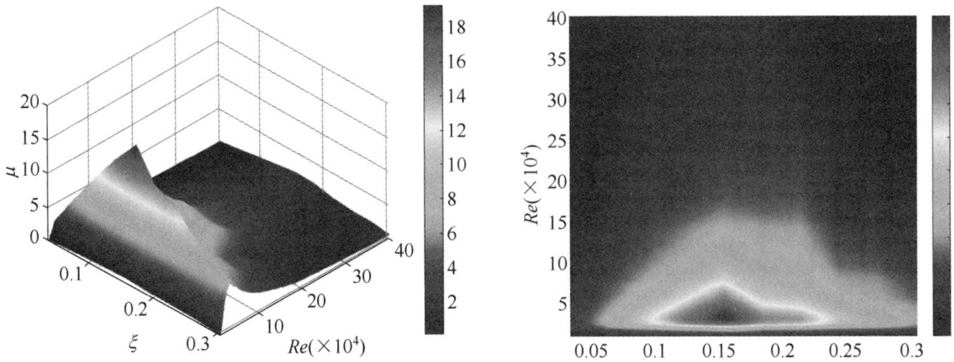

(a) 三维云图　　(b) 二维云图

图 3.135　$m^*=1.5$ 时，能量采集效率随阻尼比和雷诺数的变化云图

3.8　本章小结

本章基于 Van der Pol 尾流振子模型和 FLUENT 软件二次开发建立二维弹性支撑柱体的涡激振动模型，并进一步研究了二维弹性支撑柱体结构的涡激振动响应及其机理。仿真结果表明 Van der Pol 尾流振子模型在低质量比情况下误差稍大，但也基本上可以捕捉到柱体的涡激振动特性，可以用于快速预测柱体结构的涡激振动特性。基于 CFD 和嵌套网格技术，同时考虑柱体来流向和振型振动，编制了流固耦合仿真系统。计算结果表明，涡激振动的机理是频率锁定，涡脱模式在振幅较大时的泄放模式是 2P 或者 P+S 模式，涡脱模式在柱体横向振幅较小时为 2S 模式。在柱体结构中进一步加入了 NES 被动减振装置，通过数值计算研究了 NES 对二维柱体涡激振动的抑制效果。计算结果显示，R-NES 对于高质量比的柱体更能产生减振效果，而对低质量比柱体涡激振动抑制效果不明显，并且当 R-NES 质量块在一段时间内单向高速运动时，对应于这段时间内柱体的横向振动通常有显著的减弱；而 T-NES 能使锁定区间内的柱体响应频率和柱体固有频率错开避免共振，从而抑制了柱体涡激振动的振幅。

建立涡振小圆柱-翼型耦合结构的仿真模型，模拟均匀气流下两个圆柱的涡激振动，以及翼型前缘上方设置单圆柱与双圆柱对于大攻角下翼型流动分离的影响。通过涡量云图和流线图分析不同攻角下单圆柱和双圆柱对于翼型的优化效果，并观察圆柱的振动响应。计算结果表明，单圆柱的气动力优化在翼型刚进入失速阶段时优于双圆柱，双圆柱的影响可以包含更大的攻角范围，对流动分离的抑制效果更持续。建立翼型-涡振柱体多体耦合结构的仿真模型，模拟柱体在不同位置的翼型后产生的振动响应。计算结果表明，在翼型尾流的影响下，横向最大振幅发生增大，柱体的锁定区间发生右移。翼型与柱体之间的距离影响柱体涡激振动的最大横向振幅，翼型的旋转角度影响柱体发生频率锁定的流速区间。对翼型-涡振柱体多体耦合结构引入被动减振装置 NES，研究 NES 的不同参数对减振效果的影响，分析其减振的机理。计算结果表明，安装 NES 可以有效抑制翼型尾流后柱体的涡激振动，并缩短锁定区间。合适参数的 NES 可以使 NES 与柱体发生非周期性响应，改变柱体涡流脱落模式，使旋涡脱落频率不再锁定在柱体固有频率附近。

第 4 章

风力机多体耦合结构涡激振动与控制

扫码获取配套资源

4.1 概述

对柱体 VIV 的机理研究中通常将柱体简化为二维刚性模型，而实际工程问题中遇到的大多是三维柔性柱体的 VIV 问题。不同于简单的二维模型，实际细长结构通常具有结构几何非线性，而流体流动具有三维效应。因此，二维仿真结果难以对工程问题作出指导。在风工程和海洋工程中，柱体 VIV 引起的结构疲劳损伤在细长柱体结构十分常见。

本章主要在第 3 章的以弹性支撑的二维刚性柱体的基础上，进一步研究三维柔性柱体的涡激振动响应。风力机塔筒作为三维柔性柱体结构涡激振动的典型代表，为圆锥筒型薄壁结构，具有柔性大、阻尼小、重量轻等特点。塔筒结构的涡激振动是一种典型的横风向风激振动现象，其周期性振动会影响塔筒疲劳强度和顶端风轮的变形和振动。本章基于 MSTMM 分别建立了叶轮模型、柔塔模型和风力机叶塔耦合结构模型，并对它们进行了相应的对比验证。在求得柔塔结构模态振型的基础上，进一步加入 Van der Pol 尾流振子模型，基于片条理论建立了柔塔系统的涡激振动快速计算模型，研究了柔塔在亚临界雷诺数内的振动特性。同时在三维塔筒内部安装被动减振装置 T-NES，探究了被动减振装置 T-NES 对涡激振动的抑制作用。

4.2 三维风力机多体系统涡激振动

4.2.1 基于 MSTMM 的风力机叶轮结构建模

风力机的叶片和塔筒振动之间存在非线性耦合，实际风力机在风载荷下处于叶片-塔筒耦合振动状态。因此，在对风力机柔塔系统振动特性分析时，也需要考虑叶轮结构的影响，建立叶轮结构模型。对叶轮结构进行建模计算的挑战在于实现旋转弯扭叶片与轮毂之间的耦合。为了进行快速且准确的振动特性分析，本节采用多体系统传递矩阵法（MSTMM）来进行叶轮结构的多体动力学建模。本节将建模过程分为以下两步：先建立单个旋转梁模型，再进一步建立由一个定子及三个旋转梁组合而成的叶片-轮毂耦合模型。

4.2.1.1　单个旋转梁、旋转叶轮建模

在风力机叶片建模中，通常采用一些简单的梁模型来模拟叶片的振动特性。目前对旋转梁的研究，主要集中在弯曲和轴向拉伸之间的耦合，而没有考虑梁的弯曲-扭转（弯扭）耦合效应。对于风力机这类细长柔性的叶片，其弯扭耦合振动也是一种主要的振动形式。

单个旋转梁的动力学模型及建立的 MSTMM 拓扑结构如图 4.1 所示，其中 x、y、z 轴是全局右手坐标系，箭头方向代表传递矩阵的传递方向。梁的一端固定，为旋转中心，梁在旋转中心围绕 z 轴以恒定角速度 Ω 旋转；梁另一端则不受约束。考虑到旋转中离心力作用，将整段梁划分为 n 个梁元件。对于锥形梁及其他包含不连续性的梁，可以选择更多的元件以获得更好的振型表示。每个元件都遵循 Euler-Bernoulli 梁理论，每个单元具有各自的离心力和结构参数。为了充分描述旋转梁的自由振动特性，建模中考虑了其轴向和弯扭耦合运动。下面对旋转弯扭耦合梁传递矩阵 $\boldsymbol{U}_{\text{beam}}$ 的推导过程进行详细说明。

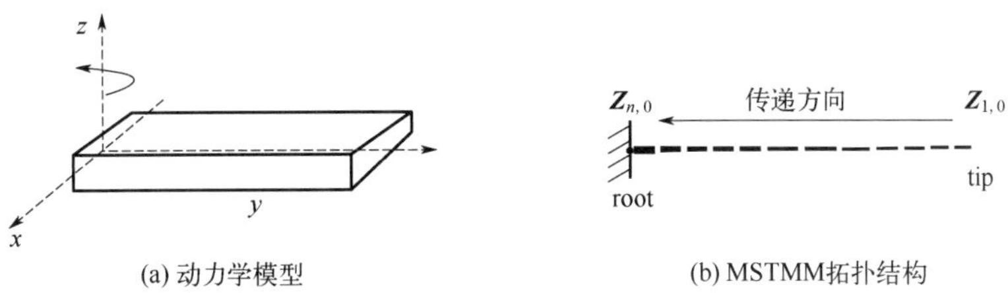

图 4.1　单个旋转梁模型

根据各元件的运动及其相互作用，系统状态矢量可表示为：

$$\boldsymbol{Z}=\left[X,\ Y,\ Z,\ \Theta_x,\ \Theta_y,\ \Theta_z,\ M_x,\ M_y,\ M_z,\ Q_x,\ Q_y,\ Q_z\right]^{\mathrm{T}} \tag{4.1}$$

其中，X、Y 及 Z 分别代表上述坐标系中的位移；Θ_x、Θ_y 及 Θ_z 分别代表围绕 x 轴、y 轴、z 轴的角位移；M_x、M_y 及 M_z 为对应力矩；Q_x、Q_y 及 Q_z 为对应内力；下标 x、y 和 z 分别表示参数对应于 x 轴、y 轴、z 轴。

根据边界条件，边界的状态矢量可表示为：

$$\begin{aligned}\boldsymbol{Z}_{1,0}&==\left[X,\ Y,\ Z,\ \Theta_x,\ \Theta_y,\ \Theta_z,\ 0,\ 0,\ 0,\ 0,\ 0,\ 0\right]^{\mathrm{T}}\\ \boldsymbol{Z}_{n,0}&=\left[0,\ 0,\ 0,\ 0,\ 0,\ 0,\ M_x,\ M_y,\ M_z,\ Q_x,\ Q_y,\ Q_z\right]^{\mathrm{T}}\end{aligned} \tag{4.2}$$

通常，拓扑结构是多体系统建模的基础。在旋转梁的视图中，MSTMM 拓扑是链式的。因此，按照图 4.1（b）中的传递方向，整体传递方程如下：

$$\boldsymbol{Z}_{n,0}=\boldsymbol{U}_n\boldsymbol{U}_{n-1}\cdots\boldsymbol{U}_i\cdots\boldsymbol{U}_2\boldsymbol{U}_1\boldsymbol{Z}_{1,0}=\boldsymbol{U}_{\text{blade}}\boldsymbol{Z}_{1,0} \tag{4.3}$$

式中，$\boldsymbol{U}_i$ 为元件 i 的传递矩阵；$\boldsymbol{U}_{\text{blade}}=\boldsymbol{U}_n\boldsymbol{U}_{n-1}\cdots\boldsymbol{U}_i\cdots\boldsymbol{U}_2\boldsymbol{U}_1$，为整个叶片的传递矩阵。$\boldsymbol{U}_i$ 形式即为 $\boldsymbol{U}_{\text{beam}}$，由梁元件 i 的结构参数构成。

为了方便起见，将式（4.3）作如下转换：

$$\left[\boldsymbol{U}_{\text{blade}}\quad -\mathbf{I}_{12\times 12}\right]\begin{bmatrix}\boldsymbol{Z}_{1,0}\\ \boldsymbol{Z}_{n+1,n}\end{bmatrix}=\boldsymbol{U}_{\text{all}}\boldsymbol{Z}_{\text{all}}=\boldsymbol{0} \tag{4.4}$$

其中，$\mathbf{I}_{12\times12}$ 代表 12×12 的单位矩阵。

$\boldsymbol{Z}_{\text{all}}$ 仅包含已知约束的边界条件。通过求解整体传递方程，可以得到旋转梁的振动特性。求解中采用递归扫描法（recursive scanning approach）[151]计算固有频率，然后通过奇异值分解（singular value decomposition，SVD）[138]算法获得相应的振型。

为了将 MSTMM 应用于叶轮，需要根据其拓扑结构将多刚柔体系统划分为多个元件。叶轮包含三个叶片和一个轮毂，其耦合系统的几何模型和 MSTMM 拓扑结构如图 4.2 所示，相邻叶片之间的角度为 120°。局部惯性坐标系 $x_1y_1z_1$、$x_2y_2z_2$ 和 $x_3y_3z_3$ 如图 4.2（a）所示，其中坐标系 $x_1y_1z_1$ 也被视为全局坐标系。根据 MSTMM 拓扑结构图中对叶轮的离散，每个元件由一个特定的数字标识，该数字按箭头方向排序。元件 1～21 为旋转弯扭耦合梁段；元件 22 是由轮毂简化的具有三个输入端（I_1、I_2、I_3）的刚体；元件 23 是代表叶轮主轴的 Euler-Bernoulli 梁。树拓扑结构包含四个边界条件，即 $\boldsymbol{Z}_{1,0}$、$\boldsymbol{Z}_{8,0}$、$\boldsymbol{Z}_{15,0}$（tip）和 $\boldsymbol{Z}_{23,0}$（root）。树拓扑结构中，系统传递方向从 tip 到 root。

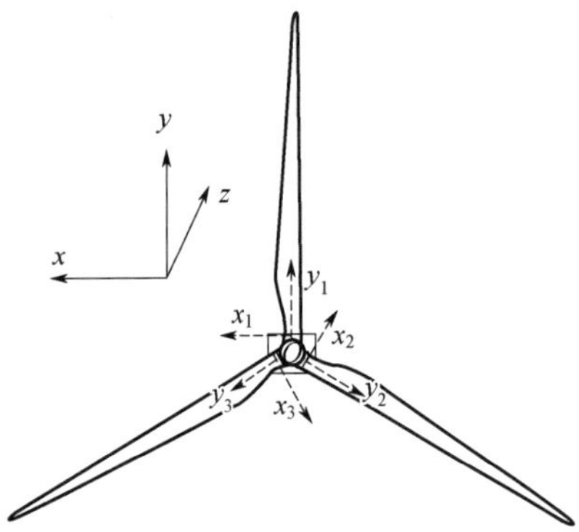

（a）

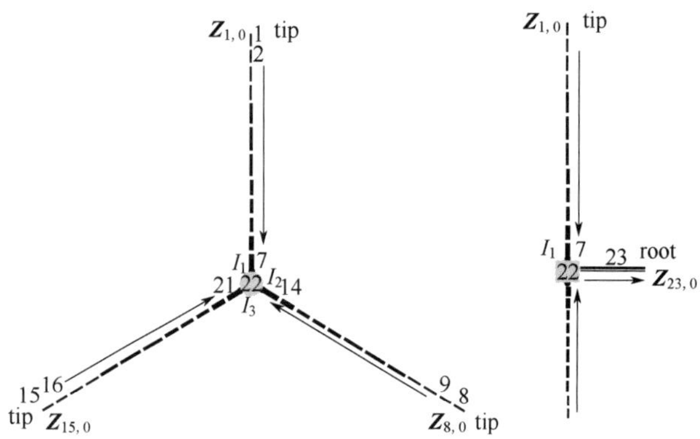

（b）

图 4.2　旋转叶轮模型的动力学模型和 MSTMM 拓扑结构

根据叶轮 MSTMM 拓扑组装这些元件，系统传递方程可如下表示：

$$\begin{aligned}&\boldsymbol{Z}_{23,0}=\boldsymbol{U}_{23}\boldsymbol{Z}_{22,23}=\boldsymbol{U}_{23}\boldsymbol{U}_{22}(\boldsymbol{U}_{22,I_1}\boldsymbol{T}_1\boldsymbol{U}_{\text{blade1}}\boldsymbol{Z}_{1,0}+\boldsymbol{U}_{22,I_2}\boldsymbol{T}_2\boldsymbol{U}_{\text{blade2}}\boldsymbol{Z}_{8,0}+\boldsymbol{U}_{22,I_3}\boldsymbol{T}_3\boldsymbol{U}_{\text{blade3}}\boldsymbol{Z}_{15,0})\\&\text{或}\\&\boldsymbol{U}_{23}\boldsymbol{U}_{22}\boldsymbol{U}_{22,I_1}\boldsymbol{T}_1\boldsymbol{U}_{\text{blade1}}\boldsymbol{Z}_{1,0}+\boldsymbol{U}_{23}\boldsymbol{U}_{22}\boldsymbol{U}_{22,I_2}\boldsymbol{T}_2\boldsymbol{U}_{\text{blade2}}\boldsymbol{Z}_{8,0}+\boldsymbol{U}_{23}\boldsymbol{U}_{22}\boldsymbol{U}_{22,I_3}\boldsymbol{T}_3\boldsymbol{U}_{\text{blade3}}\boldsymbol{Z}_{15,0}-\boldsymbol{Z}_{23,0}=\boldsymbol{0}\end{aligned}\tag{4.5}$$

其中

$$\boldsymbol{U}_{22,I_1}=\begin{bmatrix}\mathbf{I}_{12\times12}\\\mathbf{0}_{12\times12}\end{bmatrix},\quad \boldsymbol{U}_{22,I_2}=\begin{bmatrix}\mathbf{0}_{12\times6}&\mathbf{0}_{12\times6}\\\mathbf{0}_{6\times6}&\mathbf{I}_{6\times6}\\\mathbf{0}_{6\times6}&\mathbf{0}_{6\times6}\end{bmatrix},\quad \boldsymbol{U}_{22,I_3}=\begin{bmatrix}\mathbf{0}_{12\times6}&\mathbf{0}_{12\times6}\\\mathbf{0}_{6\times6}&\mathbf{0}_{6\times6}\\\mathbf{0}_{6\times6}&\mathbf{I}_{6\times6}\end{bmatrix}\tag{4.6}$$

而 $\boldsymbol{U}_{\text{blade1}}=\boldsymbol{U}_7\boldsymbol{U}_6\boldsymbol{U}_5\boldsymbol{U}_4\boldsymbol{U}_3\boldsymbol{U}_2\boldsymbol{U}_1$，$\boldsymbol{U}_{\text{blade2}}=\boldsymbol{U}_{14}\boldsymbol{U}_{13}\boldsymbol{U}_{12}\boldsymbol{U}_{11}\boldsymbol{U}_{10}\boldsymbol{U}_9\boldsymbol{U}_8$，$\boldsymbol{U}_{\text{blade3}}=\boldsymbol{U}_{21}\boldsymbol{U}_{20}\boldsymbol{U}_{19}\boldsymbol{U}_{18}\boldsymbol{U}_{17}\boldsymbol{U}_{16}\boldsymbol{U}_{15}$，$\boldsymbol{U}$ 的下标代表了元件的编号；$\boldsymbol{U}_{22,I_1}$、$\boldsymbol{U}_{22,I_2}$、$\boldsymbol{U}_{22,I_3}$ 为编号 22 的刚体元件的输入传递矩阵；$\boldsymbol{U}_{22}$ 为刚体元件 22 的传递矩阵 $\boldsymbol{U}_{\text{rigid}}$，$\boldsymbol{U}_{23}$ 为主轴的传递矩阵 $\boldsymbol{U}_{\text{shaft}}$，元件 22 和 23 的传递矩阵形式可直接参考传递矩阵库；$\mathbf{I}_{6\times6}$ 和 $\mathbf{0}_{6\times6}$ 分别为 6×6 的单位矩阵及零矩阵。

$\boldsymbol{T}_1$、$\boldsymbol{T}_2$ 及 $\boldsymbol{T}_3$ 为从局部惯性坐标系（$x_1y_1z_1$、$x_2y_2z_2$、$x_3y_3z_3$）到全局坐标系（$x_1y_1z_1$）的坐标变换矩阵，可描述为：

$$\boldsymbol{T}_1=\mathbf{I}_{12\times12}\text{，}\ \boldsymbol{T}_2=\begin{bmatrix}\bar{\boldsymbol{T}}_{2-1} & \mathbf{0}_{3\times3} & \mathbf{0}_{3\times3} & \mathbf{0}_{3\times3}\\ \mathbf{0}_{3\times3} & \bar{\boldsymbol{T}}_{2-1} & \mathbf{0}_{3\times3} & \mathbf{0}_{3\times3}\\ \mathbf{0}_{3\times3} & \mathbf{0}_{3\times3} & \bar{\boldsymbol{T}}_{2-1} & \mathbf{0}_{3\times3}\\ \mathbf{0}_{3\times3} & \mathbf{0}_{3\times3} & \mathbf{0}_{3\times3} & \bar{\boldsymbol{T}}_{2-1}\end{bmatrix},\ \boldsymbol{T}_3=\begin{bmatrix}\bar{\boldsymbol{T}}_{3-1} & \mathbf{0}_{3\times3} & \mathbf{0}_{3\times3} & \mathbf{0}_{3\times3}\\ \mathbf{0}_{3\times3} & \bar{\boldsymbol{T}}_{3-1} & \mathbf{0}_{3\times3} & \mathbf{0}_{3\times3}\\ \mathbf{0}_{3\times3} & \mathbf{0}_{3\times3} & \bar{\boldsymbol{T}}_{3-1} & \mathbf{0}_{3\times3}\\ \mathbf{0}_{3\times3} & \mathbf{0}_{3\times3} & \mathbf{0}_{3\times3} & \bar{\boldsymbol{T}}_{3-1}\end{bmatrix} \tag{4.7}$$

式中

$$\bar{\boldsymbol{T}}_{2-1}=\begin{bmatrix}\cos240^\circ & \sin240^\circ & 0\\ -\sin240^\circ & \cos240^\circ & 0\\ 0 & 0 & 1\end{bmatrix},\ \bar{\boldsymbol{T}}_{3-1}=\begin{bmatrix}\cos120^\circ & \sin120^\circ & 0\\ -\sin120^\circ & \cos120^\circ & 0\\ 0 & 0 & 1\end{bmatrix} \tag{4.8}$$

为了描述不同输入端之间的几何关系，引入了元件 22 的几何方程：

$$\boldsymbol{H}_{I_1}\boldsymbol{T}_1\boldsymbol{U}_{\text{blade1}}\boldsymbol{Z}_{1,0}=\boldsymbol{H}_{I_2}\boldsymbol{T}_2\boldsymbol{U}_{\text{blade2}}\boldsymbol{Z}_{8,0}=\boldsymbol{H}_{I_3}\boldsymbol{T}_3\boldsymbol{U}_{\text{blade3}}\boldsymbol{Z}_{15,0} \tag{4.9}$$

其中，$\boldsymbol{H}_{I_1}$、$\boldsymbol{H}_{I_2}$ 和 $\boldsymbol{H}_{I_3}$ 为元件 22 的几何矩阵。

结合式（4.5）及式（4.9），整个系统的整体传递方程可写成如下形式：

$$\bar{\boldsymbol{U}}_{\text{all}}\Big|_{36\times48}\bar{\boldsymbol{Z}}_{\text{all}}\Big|_{48\times1}=\mathbf{0} \tag{4.10}$$

其中

$$\bar{\boldsymbol{U}}_{\text{all}}=\begin{bmatrix}\boldsymbol{U}_{23}\boldsymbol{U}_{22}\boldsymbol{U}_{22,I_1}\boldsymbol{T}_1\boldsymbol{U}_{\text{blade1}} & \boldsymbol{U}_{23}\boldsymbol{U}_{22}\boldsymbol{U}_{22,I_2}\boldsymbol{T}_2\boldsymbol{U}_{\text{blade2}} & \boldsymbol{U}_{23}\boldsymbol{U}_{22}\boldsymbol{U}_{22,I_3}\boldsymbol{T}_3\boldsymbol{U}_{\text{blade3}} & -\mathbf{I}_{12\times12}\\ \boldsymbol{H}_{I_1}\boldsymbol{T}_1\boldsymbol{U}_{\text{blade1}} & -\boldsymbol{H}_{I_2}\boldsymbol{T}_2\boldsymbol{U}_{\text{blade2}} & \mathbf{0}_{12\times12} & \mathbf{0}_{12\times12}\\ \boldsymbol{H}_{I_1}\boldsymbol{T}_1\boldsymbol{U}_{\text{blade1}} & \mathbf{0}_{12\times12} & -\boldsymbol{H}_{I_3}\boldsymbol{T}_3\boldsymbol{U}_{\text{blade3}} & \mathbf{0}_{12\times12}\end{bmatrix} \tag{4.11}$$

$$\bar{\boldsymbol{Z}}_{\text{all}}=\left[\boldsymbol{Z}_{1,0},\ \boldsymbol{Z}_{8,0},\ \boldsymbol{Z}_{15,0},\ \boldsymbol{Z}_{23,0}\right]^{\text{T}} \tag{4.12}$$

叶轮系统边界状态矢量可定义为：

$$\begin{aligned}&\boldsymbol{Z}_{1,0}=\boldsymbol{Z}_{8,0}=\boldsymbol{Z}_{15,0}=\left[X,\ Y,\ Z,\ \Theta_x,\ \Theta_y,\ \Theta_z,\ 0,\ 0,\ 0,\ 0,\ 0,\ 0\right]^{\text{T}}\\ &\boldsymbol{Z}_{23,0}=\left[0,\ 0,\ 0,\ 0,\ 0,\ 0,\ M_x,\ M_y,\ M_z,\ Q_x,\ Q_y,\ Q_z\right]^{\text{T}}\end{aligned} \tag{4.13}$$

将叶轮边界状态矢量［式（4.13）］代入总传递方程［式（4.10）］中，可以求解出方程的特征值。同样，使用递归扫描法和 SVD 法可计算出叶轮系统的固有频率及对应的模态振型。

4.2.1.2 叶轮元件传递矩阵

使用 MSTMM 建立多体动力学模型，首先需要得到各元件的传递矩阵。为了充分考虑叶片不同截面的结构特性，将非线性变截面的叶片简化为多段等截面、不同结构参数的旋转弯扭耦合梁元件。其中对叶片进行简化，将其视为内部没有空隙的实心梁，与实际的叶片铺层有所区别。以下简要介绍旋转梁的传递矩阵的推导过程。

取旋转梁模型中的其中一个梁元件，该模型中 $\boldsymbol{Z}_I$ 为输入端的状态矢量，$\boldsymbol{Z}_O$ 为输出端的状态矢量，$\boldsymbol{U}(x)$ 为该梁元件的传递矩阵，l 为该梁单元的长度。该梁元件承受旋转所带来的离心力 T，并遵循 Euler-Bernoulli 理论。模型中考虑了梁的翼向、侧向、轴向和扭转运动，而忽略了翘曲和剪切变形的影响。风力机叶片横截面的质心通常与其剪切中心不重合。因此，叶片弯曲和扭转是存在耦合运动的。元件的质量轴（重心位置）和弹性轴（剪切中心位置）如图 4.3 所示，它们之间的距离为 x_α。

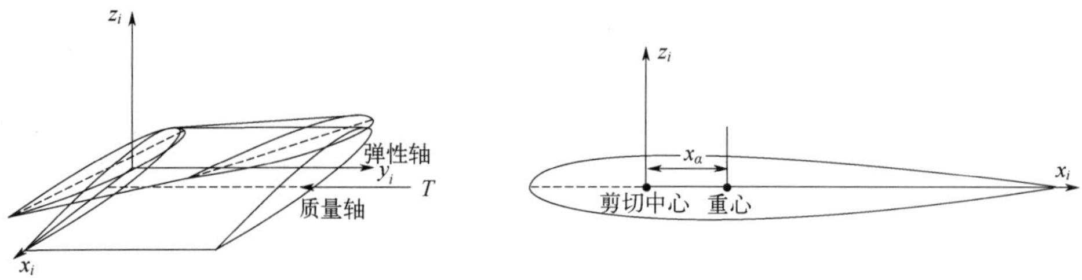

图 4.3　弯扭耦合梁模型

考虑侧向、轴向和翼向弯曲扭转耦合运动的梁偏微分控制方程[185,186]可描述如下：

$$
\begin{aligned}
&\bar{m}\frac{\partial^2 y}{\partial t^2}-EA\frac{\partial^2 y}{\partial {y_1}^2}=0\\
&EI_z\frac{\partial^4 x}{\partial {y_1}^4}+T\frac{\partial^2 x}{\partial {y_1}^2}+\bar{m}\frac{\partial^2 x}{\partial t^2}=0\\
&EI_x\frac{\partial^4 z}{\partial {y_1}^4}+T\left(\frac{\partial^2 z}{\partial {y_1}^2}-x_\alpha\frac{\partial^2\theta_y}{\partial {y_1}^2}\right)+\bar{m}\frac{\partial^2 z}{\partial t^2}-\bar{m}x_\alpha\frac{\partial^2\theta_y}{\partial t^2}=0\\
&GJ\frac{\partial^2\theta_y}{\partial {y_1}^2}-T\left(\frac{I_\alpha}{\bar{m}}\frac{\partial^2\theta_y}{\partial {y_1}^2}-x_\alpha\frac{\partial^2 z}{\partial {y_1}^2}\right)+\bar{m}x_\alpha\frac{\partial^2 z}{\partial t^2}-I_\alpha\frac{\partial^2\theta_y}{\partial t^2}=0
\end{aligned}
\tag{4.14}
$$

其中，EI_x、EI_z 为梁截面的弯曲刚度；EA 为压缩刚度；GJ 为扭转刚度；$\bar{m}$ 为梁单位长度质量；I_α 为梁结构相对弹性轴的单位长度极质量惯性矩；t 为时间；θ_y 为绕 y 轴转动的角位移；x、y 和 z 表示图 4.3 中坐标系的方向，其中 y 轴方向与弹性轴方向一致。

基于简谐运动假设（harmonic motion assumption），将 $x(y_1,t)=X(y_1)\mathrm{e}^{\mathrm{i}\omega t}$，$y(y_1,t)=Y(y_1)\mathrm{e}^{\mathrm{i}\omega t}$，$z(y_1,t)=Z(y_1)\mathrm{e}^{\mathrm{i}\omega t}$ 及 $\theta_y(y_1,t)=\Theta_y(y_1)\mathrm{e}^{\mathrm{i}\omega t}$ 代入式（4.14），通过分离变量可将偏微分方程转换为常微分方程：

$$
\begin{aligned}
&\bar{m}\omega^2 Y(y_1)+EA\frac{\partial^2 Y(y_1)}{\partial y_1^2}=0\\
&EI_z\frac{\partial^4 X(y_1)}{\partial y_1^4}+T\frac{\partial^2 X(y_1)}{\partial y_1^2}-\bar{m}\omega^2 X(y_1)=0\\
&EI_x\frac{\partial^4 Z(y_1)}{\partial y_1^4}+T\left(\frac{\partial^2 Z(y_1)}{\partial y_1^2}-x_\alpha\frac{\partial^2\Theta_y(y_1)}{\partial y_1^2}\right)-\bar{m}\omega^2 Z(y_1)+\bar{m}\omega^2 x_\alpha\Theta_y(y_1)=0\\
&GJ\frac{\partial^2\Theta_y(y_1)}{\partial y_1^2}-T\left(\frac{I_\alpha}{\bar{m}}\frac{\partial^2\Theta_y(y_1)}{\partial y_1^2}-x_\alpha\frac{\partial^2 Z(y_1)}{\partial y_1^2}\right)-\bar{m}\omega^2 x_\alpha Z(y_1)+\omega^2 I_\alpha\Theta_y(y_1)=0
\end{aligned}
\tag{4.15}
$$

常微分方程［式（4.15）］可计算得通解如下所示：

$$
\begin{aligned}
&Y(y_1)=A_1\cos(\lambda_y y_1)+A_2\sin(\lambda_y y_1)\\
&X(y_1)=A_3\cosh(\lambda_1 y_1)+A_4\sinh(\lambda_1 y_1)+A_5\cos(\lambda_2 y_1)+A_6\sin(\lambda_2 y_1)\\
&Z(y_1)=A_7\cosh(\lambda_3 y_1)+A_8\sinh(\lambda_3 y_1)+A_9\cos(\lambda_4 y_1)+A_{10}\sin(\lambda_4 y_1)+A_{11}\cos(\lambda_5 y_1)+A_{12}\sin(\lambda_5 y_1)\\
&\Theta_y(y_1)=B_7\cosh(\lambda_3 y_1)+B_8\sinh(\lambda_3 y_1)+B_9\cos(\lambda_4 y_1)+B_{10}\sin(\lambda_4 y_1)+B_{11}\cos(\lambda_5 y_1)+B_{12}\sin(\lambda_5 y_1)
\end{aligned}
\tag{4.16}
$$

式中

$$\lambda_y=\sqrt{\frac{\bar{m}\omega^2}{EA}},\lambda_1=\sqrt{-\frac{T}{2EI_z}+\sqrt{\frac{1}{4}\left(\frac{T}{EI_z}\right)^2+\frac{\bar{m}\omega^2}{EI_z}}},\lambda_2=\sqrt{\frac{T}{2EI_z}+\sqrt{\frac{1}{4}\left(\frac{T}{EI_z}\right)^2+\frac{\bar{m}\omega^2}{EI_z}}}$$

$$\begin{aligned}&\lambda_3=[2(q_1/3)^{1/2}\cos(q_2/3)-a/3]^{1/2}\\&\lambda_4=\left\{2(q_1/3)^{1/2}\cos[(\pi-q_2)/3]+a/3\right\}^{1/2}\\&\lambda_5=\left\{2(q_1/3)^{1/2}\cos[(\pi+q_2)/3]+a/3\right\}^{1/2}\end{aligned}\tag{4.17}$$

$$\begin{aligned}&q_1=b+a^2/3\\&q_2=\arccos\left\{(27c-9ab-2a^3)/\left[2(a^2+3b)^{3/2}\right]\right\}\end{aligned}\tag{4.18}$$

$$\begin{aligned}&a=[\bar{a}\bar{b}+\bar{t}(\bar{b}-\bar{a}\bar{t}\bar{c})]/(\bar{b}-\bar{a}\bar{t})\\&b=\bar{b}(\bar{b}-2\bar{a}\bar{t}\bar{c})/(\bar{b}-\bar{a}\bar{t})\\&c=\bar{a}\bar{b}^2\bar{c}/(\bar{b}-\bar{a}\bar{t})\\&\bar{t}=T/(EI_x)\\&\bar{a}=I_\alpha\omega^2/(GJ)\\&\bar{b}=\bar{m}\omega^2/(EI_x)\\&\bar{c}=1-\bar{m}x_\alpha^2/I_\alpha\end{aligned}\tag{4.19}$$

而 A_1～A_{12} 为常量，B_7～B_{12} 与 A_7～A_{12} 相关：

$$\begin{aligned}&B_7=k_{\lambda_3}A_7/x_\alpha,B_8=k_{\lambda_3}A_8/x_\alpha,B_9=k_{\lambda_4}A_9/x_\alpha,\\&B_{10}=k_{\lambda_4}A_{10}/x_\alpha,B_{11}=k_{\lambda_5}A_{11}/x_\alpha,B_{12}=k_{\lambda_5}A_{12}/x_\alpha\\&k_{\lambda_3}=1-\lambda_3^4/(\bar{b}-\lambda_3^2\bar{t}),k_{\lambda_4}=1-\lambda_4^4/(\bar{b}+\lambda_4^2\bar{t}),k_{\lambda_5}=1-\lambda_5^4/(\bar{b}+\lambda_5^2\bar{t})\end{aligned}\tag{4.20}$$

根据 Euler-Bernoulli 梁的特性[187]，求得其他状态参数：

$$\begin{aligned}&Q_y(y_1)=-EA\frac{\mathrm{d}Y(y_1)}{\mathrm{d}y_1}=A_1\lambda_yEA\sin(\lambda_yy_1)-A_2\lambda_yEA\cos(\lambda_yy_1),\\&\Theta_z=\frac{\mathrm{d}X(y_1)}{\mathrm{d}y_1},\ M_z=EI_z\frac{\mathrm{d}\Theta_z(y_1)}{\mathrm{d}y_1},\ Q_x=T\Theta_z(y_1)+\frac{\mathrm{d}M_z(y_1)}{\mathrm{d}y_1},\\&\Theta_x(y_1)=\frac{\mathrm{d}Z(y_1)}{\mathrm{d}y_1},\ M_x(y_1)=-EI_x\frac{\mathrm{d}\Theta_x(y_1)}{\mathrm{d}y_1},\\&Q_z(y_1)=T\left[\Theta_x(y_1)-x_\alpha\frac{\mathrm{d}\Theta_y(y_1)}{\mathrm{d}y_1}\right]+\frac{\mathrm{d}M_x(y_1)}{\mathrm{d}y_1}\\&M_y(y_1)=(GJ-TI_\alpha/\bar{m})\frac{\mathrm{d}\Theta_y(y_1)}{\mathrm{d}y_1}+Tx_\alpha\Theta_x(y_1)\end{aligned}\tag{4.21}$$

式（4.16）～式（4.21）可改写为矩阵的形式：

$$
\begin{bmatrix} X \\ Y \\ Z \\ \Theta_x \\ \Theta_y \\ \Theta_z \\ M_x \\ M_y \\ M_z \\ Q_x \\ Q_y \\ Q_z \end{bmatrix} =
\begin{bmatrix}
0 & 0 & \cosh(\lambda_1 y_1) & \sinh(\lambda_1 y_1) & \cos(\lambda_2 y_1) & \sin(\lambda_2 y_1) \\
\cos(\lambda_y y_1) & \sin(\lambda_y y_1) & 0 & 0 & 0 & 0 \\
0 & 0 & 0 & 0 & 0 & 0 \\
0 & 0 & 0 & 0 & 0 & 0 \\
0 & 0 & 0 & 0 & 0 & 0 \\
0 & 0 & \lambda_1 \sinh(\lambda_1 y_1) & \lambda_1 \cosh(\lambda_1 y_1) & -\lambda_2 \sin(\lambda_2 y_1) & \lambda_2 \cos(\lambda_2 y_1) \\
0 & 0 & 0 & 0 & 0 & 0 \\
0 & 0 & 0 & 0 & 0 & 0 \\
0 & 0 & EI_z \lambda_1^2 \cosh(\lambda_1 y_1) & EI_z \lambda_1^2 \sinh(\lambda_1 y_1) & -EI_z \lambda_2^2 \cos(\lambda_2 y_1) & -EI_z \lambda_2^2 \sin(\lambda_2 y_1) \\
0 & 0 & (EI_z \lambda_1^3 + T\lambda_1)\sinh(\lambda_1 y_1) & (EI_z \lambda_1^3 + T\lambda_1)\cosh(\lambda_1 y_1) & (EI_z \lambda_2^3 - T\lambda_2)\sin(\lambda_2 y_1) & (T\lambda_2 - EI_z \lambda_2^3)\cos(\lambda_2 y_1) \\
\lambda_y EA \sin(\lambda_y y_1) & -\lambda_y EA \cos(\lambda_y y_1) & 0 & 0 & 0 & 0 \\
0 & 0 & 0 & 0 & 0 & 0
\end{bmatrix} \cdots
$$

$$
\begin{matrix}
0 & 0 & 0 & 0 & 0 & 0 \\
0 & 0 & 0 & 0 & 0 & 0 \\
\cosh(\lambda_3 y_1) & \sinh(\lambda_3 y_1) & \cos(\lambda_4 y_1) & \sin(\lambda_4 y_1) & \cos(\lambda_5 y_1) & \sin(\lambda_5 y_1) \\
\lambda_3 \sinh(\lambda_3 y_1) & \lambda_3 \cosh(\lambda_3 y_1) & -[\lambda_4 \sin(\lambda_4 y_1)] & \lambda_4 \cos(\lambda_4 y_1) & -[\lambda_5 \sin(\lambda_5 y_1)] & \lambda_5 \cos(\lambda_5 y_1) \\
k_{\lambda_3} \cosh(\lambda_3 y_1)/x_\alpha & k_{\lambda_3} \sinh(\lambda_3 y_1)/x_\alpha & k_{\lambda_4} \cos(\lambda_4 y_1)/x_\alpha & k_{\lambda_4} \sin(\lambda_4 y_1)/x_\alpha & k_{\lambda_5} \cos(\lambda_5 y_1)/x_\alpha & k_{\lambda_5} \sin(\lambda_5 y_1)/x_\alpha \\
0 & 0 & 0 & 0 & 0 & 0 \\
-EI_x \lambda_3^2 \cosh(\lambda_3 y_1) & -EI_x \lambda_3^2 \sinh(\lambda_3 y_1) & EI_x \lambda_4^2 \cos(\lambda_4 y_1) & EI_x \lambda_4^2 \sin(\lambda_4 y_1) & EI_x \lambda_5^2 \cos(\lambda_5 y_1) & EI_x \lambda_5^2 \sin(\lambda_5 y_1) \\
GJ(\lambda_3 e_{\lambda_3}/x_\alpha)\sinh(\lambda_3 y_1) & GJ(\lambda_3 e_{\lambda_3}/x_\alpha)\cosh(\lambda_3 y_1) & -GJ(\lambda_4 e_{\lambda_4}/x_\alpha)\sin(\lambda_4 y_1) & GJ(\lambda_4 e_{\lambda_4}/x_\alpha)\cos(\lambda_4 y_1) & -GJ(\lambda_5 e_{\lambda_5}/x_\alpha)\sin(\lambda_5 y_1) & GJ(\lambda_5 e_{\lambda_5}/x_\alpha)\cos(\lambda_5 y_1) \\
0 & 0 & 0 & 0 & 0 & 0 \\
0 & 0 & 0 & 0 & 0 & 0 \\
0 & 0 & 0 & 0 & 0 & 0 \\
EI_x \lambda_3^3 g_{\lambda_3} \sinh(\lambda_3 y_1) & EI_x \lambda_3^3 g_{\lambda_3} \cosh(\lambda_3 y_1) & EI_x \lambda_4^3 g_{\lambda_4} \sin(\lambda_4 y_1) & -EI_x \lambda_4^3 g_{\lambda_4} \cos(\lambda_4 y_1) & EI_x \lambda_5^3 g_{\lambda_5} \sin(\lambda_5 y_1) & -EI_x \lambda_5^3 g_{\lambda_5} \cos(\lambda_5 y_1)
\end{matrix}
\begin{bmatrix} A_1 \\ A_2 \\ A_3 \\ A_4 \\ A_5 \\ A_6 \\ A_7 \\ A_8 \\ A_9 \\ A_{10} \\ A_{11} \\ A_{12} \end{bmatrix}
\tag{4.22}
$$

可将式（4.22）表述为$\boldsymbol{Z}(y_1)=\boldsymbol{B}(y_1)\boldsymbol{a}$，$\boldsymbol{a}=[A_1,A_2,A_3,A_4,A_5,A_6,A_7,A_8,A_9,A_{10},A_{11},A_{12}]^{\mathrm{T}}$，且

$$
\begin{aligned}
& g_{\lambda_3}=\bar{b}/(\bar{b}-\lambda_3^2\bar{t}); g_{\lambda_4}=\bar{b}/(\bar{b}+\lambda_4^2\bar{t}); g_{\lambda_5}=\bar{b}/(\bar{b}+\lambda_5^2\bar{t}); \\
& e_{\lambda_3}=(1-\bar{a}\bar{t}/\bar{b})k_{\lambda_3}+\bar{a}\bar{t}(1-\bar{c})/\bar{b} \\
& e_{\lambda_4}=(1-\bar{a}\bar{t}/\bar{b})k_{\lambda_4}+\bar{a}\bar{t}(1-\bar{c})/\bar{b} \\
& e_{\lambda_5}=(1-\bar{a}\bar{t}/\bar{b})k_{\lambda_5}+\bar{a}\bar{t}(1-\bar{c})/\bar{b}
\end{aligned}
\tag{4.23}
$$

由于$\boldsymbol{B}^{-1}(0)\boldsymbol{Z}(0)=\boldsymbol{a}$，$\boldsymbol{Z}(y_1)=\boldsymbol{B}(y_1)\boldsymbol{a}$可被表述为$\boldsymbol{Z}(y_1)=\boldsymbol{B}(y_1)\boldsymbol{B}^{-1}(0)\boldsymbol{Z}(0)$。令$\boldsymbol{U}(y_1)=\boldsymbol{B}(y_1)\boldsymbol{B}^{-1}(0)$，则$\boldsymbol{Z}(y_1)=\boldsymbol{U}(y_1)\boldsymbol{Z}(0)$，其中$\boldsymbol{U}(y_1)$即为该梁的传递矩阵。

其中

$$
\boldsymbol{B}(0)=
\begin{bmatrix}
0 & 0 & 1 & 0 & 1 & 0 & 0 & 0 & 0 & 0 & 0 & 0 \\
1 & 0 & 0 & 0 & 0 & 0 & 0 & 0 & 0 & 0 & 0 & 0 \\
0 & 0 & 0 & 0 & 0 & 0 & 1 & 0 & 1 & 0 & 1 & 0 \\
0 & 0 & 0 & 0 & 0 & 0 & 0 & \lambda_3 & 0 & \lambda_4 & 0 & \lambda_5 \\
0 & 0 & 0 & 0 & 0 & 0 & k_{\lambda_3}/x_\alpha & 0 & k_{\lambda_4}/x_\alpha & 0 & k_{\lambda_5}/x_\alpha & 0 \\
0 & 0 & 0 & \lambda_1 & 0 & \lambda_2 & 0 & 0 & 0 & 0 & 0 & 0 \\
0 & 0 & 0 & 0 & 0 & 0 & -EI_x\lambda_3^2 & 0 & EI_x\lambda_4^2 & 0 & EI_x\lambda_5^2 & 0 \\
0 & 0 & 0 & 0 & 0 & 0 & 0 & GJ(\lambda_3 e_{\lambda_3}/x_\alpha) & 0 & GJ(\lambda_4 e_{\lambda_4}/x_\alpha) & 0 & GJ(\lambda_5 e_{\lambda_5}/x_\alpha) \\
0 & 0 & EI_z\lambda_1^2 & 0 & -EI_z\lambda_2^2 & 0 & 0 & 0 & 0 & 0 & 0 & 0 \\
0 & 0 & 0 & EI_z\lambda_1^3+T\lambda_1 & 0 & T\lambda_2-EI_z\lambda_2^3 & 0 & 0 & 0 & 0 & 0 & 0 \\
0 & -\lambda_y EA & 0 & 0 & 0 & 0 & 0 & 0 & 0 & 0 & 0 & 0 \\
0 & 0 & 0 & 0 & 0 & 0 & 0 & EI_x\lambda_3^3 g_{\lambda_3} & 0 & -EI_x\lambda_4^3 g_{\lambda_4} & 0 & -EI_x\lambda_5^3 g_{\lambda_5}
\end{bmatrix}
\tag{4.24}
$$

因此，旋转梁的传递方程可如下表示为：

$$U_{\text{beam}} = B(y_1)B^{-1}(0) \tag{4.25}$$

在叶轮系统模型中，风力机叶轮中的轮毂被简化为一个刚体，如图 4.4 所示。图中，I_1[坐标表示为$(x_{I_1}, y_{I_1}, z_{I_1})$]、$I_2$[坐标表示为$(x_{I_2}, y_{I_2}, z_{I_2})$]和 I_3[坐标表示为$(x_{I_3}, y_{I_3}, z_{I_3})$]为输入点，对应于叶片在轮毂上的位置；$O$[坐标表示为$(o_x, o_y, o_z)$]和 C[坐标表示为(c_x, c_y, c_z)]分别为输出点和刚体重心。将 I_1 作为坐标原点，所以 I_1[坐标表示为(0,0,0)]。

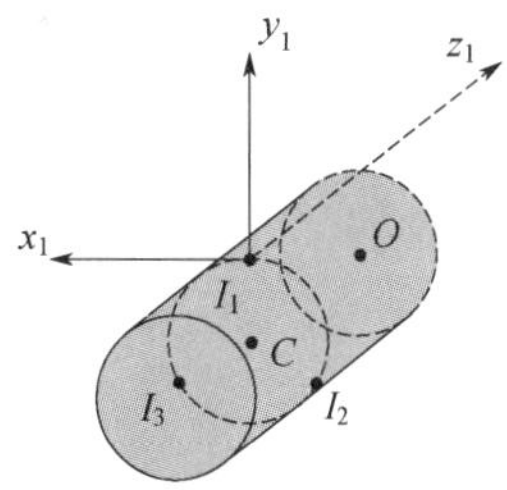

图 4.4　刚体模型

根据系统中叶片自由度，输入端和输出端状态矢量分别为：

$$\begin{aligned}Z_{\text{rigid},I} = [&X, Y, Z, \Theta_x, \Theta_y, \Theta_z, M_{x1}, M_{y1}, M_{z1}, Q_{x1}, Q_{y1}, Q_{z1},\\ &M_{x2}, M_{y2}, M_{z2}, Q_{x2}, Q_{y2}, Q_{z2}, M_{x3}, M_{y3}, M_{z3}, Q_{x3}, Q_{y3}, Q_{z3}]^{\mathrm{T}}\end{aligned} \tag{4.26}$$

$$Z_{\text{rigid},O} = [X, Y, Z, \Theta_x, \Theta_y, \Theta_z, M_x, M_y, M_z, Q_x, Q_y, Q_z]^{\mathrm{T}} \tag{4.27}$$

根据传递矩阵库，三维刚体的传递矩阵 U_{rigid} 为：

$$U_{\text{rigid}} = \begin{bmatrix} \mathbf{I}_3 & -\tilde{l}_{I_1O} & \mathbf{0}_{3\times3} & \mathbf{0}_{3\times3} & \mathbf{0}_{3\times3} & \mathbf{0}_{3\times3} & \mathbf{0}_{3\times3} & \mathbf{0}_{3\times3} \\ \mathbf{0}_{3\times3} & \mathbf{I}_3 & \mathbf{0}_{3\times3} & \mathbf{0}_{3\times3} & \mathbf{0}_{3\times3} & \mathbf{0}_{3\times3} & \mathbf{0}_{3\times3} & \mathbf{0}_{3\times3} \\ m_{\text{rigid}}\omega^2\tilde{l}_{CO} & -\omega^2(m_{\text{rigid}}\tilde{l}_{I_1O}\tilde{l}_{I_1C} + J_{I_1}) & \mathbf{I}_3 & \tilde{l}_{I_1O} & \mathbf{I}_3 & \tilde{l}_{I_2O} & \mathbf{I}_3 & \tilde{l}_{I_3O} \\ m_{\text{rigid}}\omega^2\mathbf{I}_3 & -m_{\text{rigid}}\omega^2\tilde{l}_{I_1C} & \mathbf{0}_{3\times3} & \mathbf{I}_3 & \mathbf{0}_{3\times3} & \mathbf{I}_3 & \mathbf{0}_{3\times3} & \mathbf{I}_3 \end{bmatrix} \tag{4.28}$$

其中

$$J_{I_1} = \begin{bmatrix} J_x & -J_{xy} & -J_{xz} \\ -J_{xy} & J_y & -J_{yz} \\ -J_{xz} & -J_{yz} & J_z \end{bmatrix}, \tilde{l}_{I_1C} = \begin{bmatrix} 0 & -c_z & c_y \\ c_z & 0 & -c_x \\ -c_y & c_x & 0 \end{bmatrix}, \tilde{l}_{CO} = \begin{bmatrix} 0 & c_z - o_z & o_y - c_y \\ o_z - c_z & 0 & c_x - o_x \\ c_y - o_y & o_x - c_x & 0 \end{bmatrix},$$

$$\tilde{l}_{I_1O} = \begin{bmatrix} 0 & -o_z & o_y \\ o_z & 0 & -o_x \\ -o_y & o_x & 0 \end{bmatrix}, \tilde{l}_{I_2O} = \begin{bmatrix} 0 & z_{I_2} - o_z & o_y - y_{I_2} \\ o_z - z_{I_2} & 0 & x_{I_2} - o_x \\ y_{I_2} - o_y & o_x - x_{I_2} & 0 \end{bmatrix}, \tilde{l}_{I_3O} = \begin{bmatrix} 0 & z_{I_3} - o_z & o_y - y_{I_3} \\ o_z - z_{I_3} & 0 & x_{I_3} - o_x \\ y_{I_3} - o_y & o_x - x_{I_3} & 0 \end{bmatrix} \tag{4.29}$$

m_{rigid} 为刚体质量。

在式（4.29）中，J 为刚体的质量惯性矩，其下标代表了刚体围绕旋转的轴线。

带有三个输入端的刚体几何矩阵为：

$$H_1 = [\mathbf{I}_6 \quad \mathbf{0}_{6\times6}], \quad H_2 = \begin{bmatrix} \mathbf{I}_3 & \tilde{l}_{I_1I_2} & \mathbf{0}_{3\times3} & \mathbf{0}_{3\times3} \\ \mathbf{0}_{3\times3} & \mathbf{I}_3 & \mathbf{0}_{3\times3} & \mathbf{0}_{3\times3} \end{bmatrix}, \quad H_3 = \begin{bmatrix} \mathbf{I}_3 & \tilde{l}_{I_1I_3} & \mathbf{0}_{3\times3} & \mathbf{0}_{3\times3} \\ \mathbf{0}_{3\times3} & \mathbf{I}_3 & \mathbf{0}_{3\times3} & \mathbf{0}_{3\times3} \end{bmatrix} \tag{4.30}$$

式中

$$\tilde{l}_{I_1I_2} = \begin{bmatrix} 0 & -z_{I_2} & y_{I_2} \\ z_{I_2} & 0 & -x_{I_2} \\ -y_{I_2} & x_{I_2} & 0 \end{bmatrix}, \quad \tilde{l}_{I_1I_3} = \begin{bmatrix} 0 & -z_{I_3} & y_{I_3} \\ z_{I_3} & 0 & -x_{I_3} \\ -y_{I_3} & x_{I_3} & 0 \end{bmatrix} \tag{4.31}$$

建模中叶轮主轴被视为简单的 Euler-Bernoulli 梁模型，其仅仅考虑了主轴的纯弯曲和纯扭转运动，偏微分方程如下：

$$
\begin{aligned}
& EI\frac{\partial^4 x}{\partial z_1^4}+\bar{m}\frac{\partial^2 x}{\partial t^2}=0 \\
& EI\frac{\partial^4 y}{\partial z_1^4}+\bar{m}\frac{\partial^2 y}{\partial t^2}=0 \\
& GJ\frac{\partial^2 \theta_z}{\partial z_1^2}-I_\alpha\frac{\partial^2 \theta_z}{\partial t^2}=0
\end{aligned}
\tag{4.32}
$$

式中，θ_z 为绕 z 轴转动的角位移。

根据传递矩阵库所写，此种梁模型的传递矩阵可直接写出：

$$
\boldsymbol{U}_{\text{shaft}}=\begin{bmatrix}
S(\chi l) & 0 & 0 & 0 & T(\chi l)/\chi & 0 & 0 & U(\chi l)/(EI\chi^2) & 0 & V(\chi l)/(EI\chi^3) & 0 & 0 \\
0 & S(\chi l) & 0 & T(\chi l)/\chi & 0 & 0 & U(\chi l)/(EI\chi^2) & 0 & 0 & 0 & V(\chi l)/(EI\chi^3) & 0 \\
0 & 0 & 1 & 0 & 0 & 0 & 0 & 0 & 0 & 0 & 0 & 0 \\
0 & \chi V(\chi l) & 0 & S(\chi l) & 0 & 0 & T(\chi l)/(EI\chi) & 0 & 0 & 0 & U(\chi l)/(EI\chi^2) & 0 \\
\chi V(\chi l) & 0 & 0 & 0 & S(\chi l) & 0 & 0 & T(\chi l)/(EI\chi) & 0 & U(\chi l)/(EI\chi^2) & 0 & 0 \\
0 & 0 & 0 & 0 & 0 & \cos(\gamma l) & 0 & 0 & \sin(\gamma l)/GJ\gamma & 0 & 0 & 0 \\
0 & EI\chi^2U(\chi l) & 0 & EI\chi V(\chi l) & 0 & 0 & S(\chi l) & 0 & 0 & 0 & T(\chi l)/\chi & 0 \\
EI\chi^2U(\chi l) & 0 & 0 & 0 & EI\chi V(\chi l) & 0 & 0 & S(\chi l) & 0 & T(\chi l)/\chi & 0 & 0 \\
0 & 0 & 0 & 0 & 0 & -GJ\gamma\sin(\gamma l) & 0 & 0 & \cos(\gamma l) & 0 & 0 & 0 \\
EI\chi^3T(\chi l) & 0 & 0 & 0 & EI\chi^2U(\chi l) & 0 & 0 & \chi V(\chi l) & 0 & S(\chi l) & 0 & 0 \\
0 & EI\chi^3T(\chi l) & 0 & EI\chi^2U(\chi l) & 0 & 0 & \chi V(\chi l) & 0 & 0 & 0 & S(\chi l) & 0 \\
0 & 0 & 0 & 0 & 0 & 0 & 0 & 0 & 0 & 0 & 0 & 1
\end{bmatrix}
\tag{4.33}
$$

其中

$$
\begin{aligned}
& \chi=\sqrt[4]{\bar{m}\omega^2/(EI)} \\
& \gamma=\sqrt[2]{\rho\omega^2/G} \\
& S(\chi l)=\frac{\cosh(\chi l)+\cos(\chi l)}{2},\ T(\chi l)=\frac{\sinh(\chi l)+\sin(\chi l)}{2} \\
& U(\chi l)=\frac{\cosh(\chi l)-\cos(\chi l)}{2},\ V(\chi l)=\frac{\sinh(\chi l)-\sin(\chi l)}{2}
\end{aligned}
\tag{4.34}
$$

ρ 为刚体密度。

4.2.1.3 模型验证

为了评估叶轮建模方法是否可靠，本节首先对单个旋转梁模型进行了数值算例验证。验证中分别计算了经典旋转梁、弯扭耦合机翼和具有弯扭耦合效应的旋转梁，并与文献中的有限元模拟结果进行了对比。

当梁旋转时，会产生离心力作用，并且离心力沿梁的长度发生变化。离心力相当于轴向拉力，改变了梁的整体刚度，并影响固有频率和振型。第一个验证计算基于文献[188]中对旋转梁的精确计算结果，其中旋转梁的微分方程通过 Frobenius 方法求解。该旋转梁的具体参数可在文献[188]中找到。图 4.5 显示了使用 MSTMM 对旋转梁的搜根过程，图中特性方程的值 $|\Delta|$ 为圆频率 ω 的函数。当 $|\Delta|$ 接近 0 时，则对应的频率为该梁的固有圆频率。表 4.1 给出了非旋转/旋转梁的前三个归一化固有圆频率 $\left(\varpi=\sqrt{\bar{m}\omega^2L^4/EI}\right)$。在本例中，仅考虑梁的弯曲振动。图 4.6 中描绘了使用 MSTMM 和精确计算方法所得的梁非旋转/旋转状态下的前三阶振型。结果显示，MSTMM 结果（固有圆频率和振型）与文献[188,189]中的结果一致，这也证明了本节提出的方法能正确描述出旋转梁中的离心刚化效应。

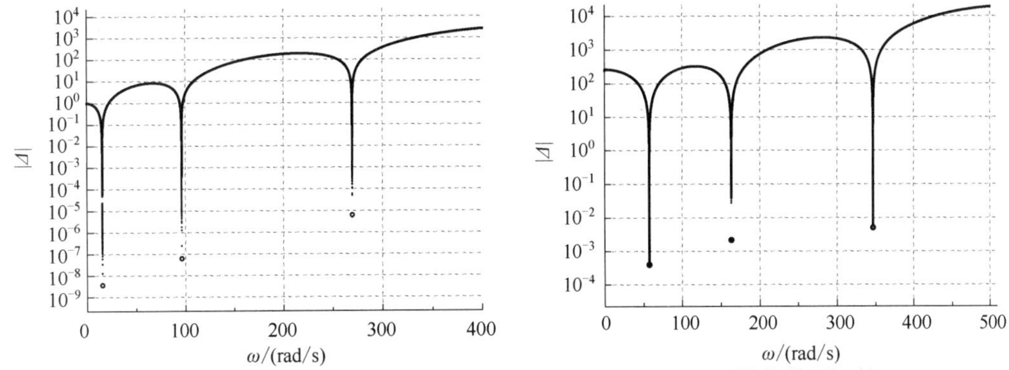

(a) Ω=0rad/s　　(b) Ω=52.455rad/s

图 4.5　非旋转/旋转梁的圆频率

表 4.1　MSTMM 和文献[188,189]中非旋转/旋转梁归一化固有圆频率计算结果

弯曲模态阶数	归一化固有圆频率 ϖ / (rad/s)					
	$\Omega = 0\text{rad/s}$			$\Omega = 52.455\text{rad/s}$		
	精确值（文献[188]）	SFEM（文献[189]）	MSTMM	精确值（文献[188]）	SFEM（文献[189]）	MSTMM
1	3.5160	3.5160	3.51601	13.1702	13.1702	13.09453
2	22.0345	22.0345	22.03449	37.6031	37.6031	37.29142
3	61.6972	61.6972	61.69721	79.6145	79.6145	79.29699

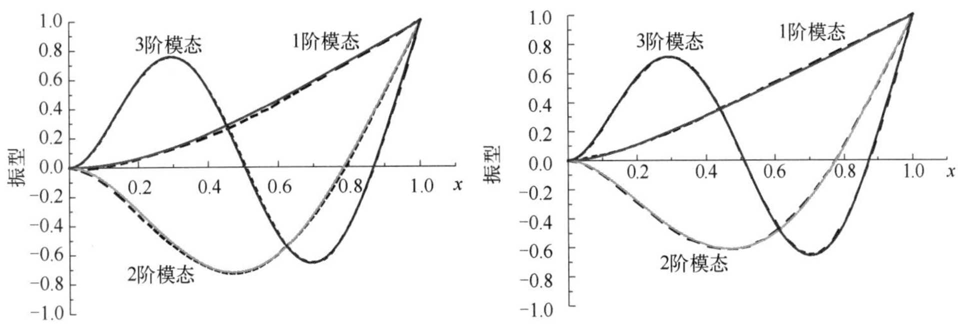

(a) Ω=0rad/s　　(b) Ω=52.455rad/s

图 4.6　当前方法（——）及文献[188]（- - -）中的非旋转/旋转梁归一化振型

第二个验证算例为弯扭耦合梁，其质量轴与其弹性轴不重合。计算选择典型的均直机翼作为物理模型，机翼的参数如下：机翼长度 $L = 6\text{m}$、弯曲刚度 $EI = 9.75\times10^6\text{N}\cdot\text{m}^2$、扭转刚度 $GJ = 9.88\times10^5\text{N}\cdot\text{m}^2$、机翼单位长度质量 $\bar{m} = 35.75\text{kg/m}$、单位长度极质量惯性矩 $I_\alpha = 8.65\text{kg}\cdot\text{m}$ 以及质心和剪切中心之间的距离 $x_\alpha = 0.18\text{m}$。使用 MSTMM 将该机翼建模为弯扭耦合梁，其特征方程的搜根过程如图 4.7 所示。图中，当 $|\Delta|$ 接近 0 时，可确定系统前 5 阶固有圆频率。表 4.2 给出了使用 MSTMM 计算所得的均直机翼的固有圆频率与文献[190-192]中结果的比较。其中，文献[192]为对机翼使用动态刚度矩阵（dynamic stiffness matrix，DSM）方法得到的精确结果，而文献[190]和[191]中的结果分别通过动态有限元（dynamic finite element，DFE）法和经典有限元法（finite element method，FEM）计算所得。飞机机翼相应的弯扭耦合模态振型如图 4.8 所示。当前结果显示与上述参考文献中结果相一致。同样，本书方法对弯扭耦合梁的建模可被认为是有效且准确的。

表 4.2 MSTMM 和文献[190-192]中均直机翼固有圆频率计算结果

模态阶数	固有圆频率 ω_k /（rad/s）			
	精确值（文献[192]）	DFE（文献[190]）	FEM（文献[191]）	MSTMM
1	49.62	49.62	49.62	49.615
2	97.04	97.05	97.04	97.035
3	248.87	249.00	248.88	248.874
4	355.59	357.54	355.59	355.587
5	451.46	452.57	451.48	451.454

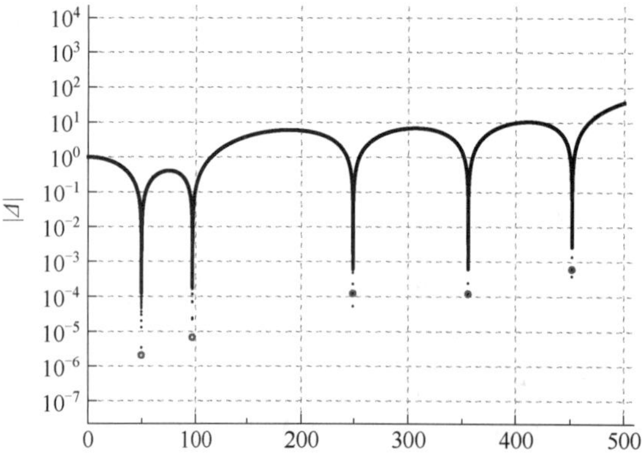

图 4.7 均直机翼的圆频率

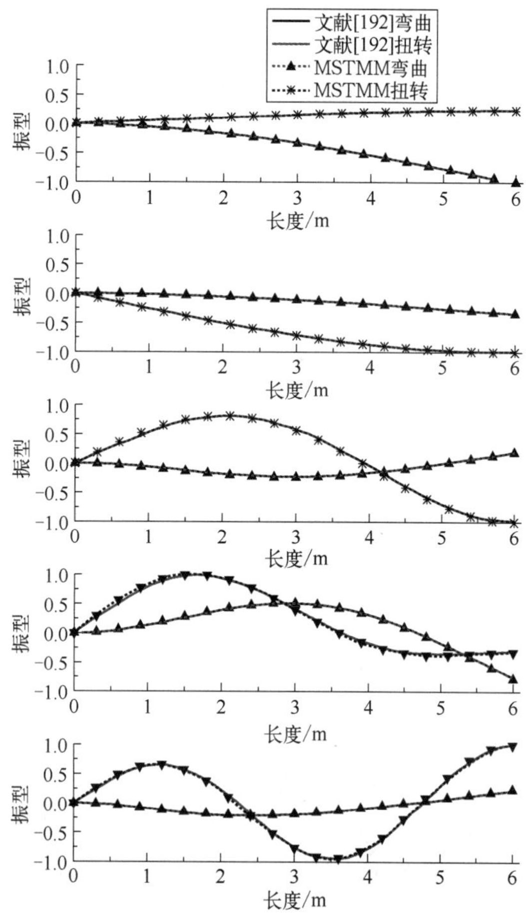

图 4.8 当前方法（——）及文献[192]（- - -）中的均直机翼归一化振型

第三个验证算例的物理模型为旋转弯扭耦合梁，其质量轴与其弹性轴不重合。梁的参数如下所示：长度 $L = 5\text{m}$、弯曲刚度 $EI = 65563.7\text{N} \cdot \text{m}^2$、扭转刚度 $GJ = 95118\text{N} \cdot \text{m}^2$、单位长度质量 $\bar{m} = 27.2527\text{kg/m}$、单位长度极质量惯性矩 $I_\alpha = 0.131\text{kg} \cdot \text{m}$ 以及质心和剪切中心之间的距离 $x_\alpha = 0.0155\text{m}$。表 4.3 列出了采用 MSTMM、差分变换法（differential transform method，DTM）和 ABAQUS 计算出的该梁在不同旋转角速度 Ω 下的固有频率 f_k。固有圆频率 ω_k 除以 2π 为 f_k，其中 k 为固有频率阶数。对比不同旋转角速度（转速）下的固有频率，可看出各方法计算出的结果基本相同。结果表明，当前所采用的模型足以满足对旋转弯扭耦合梁的仿真精度要求。实际上，弯扭耦合也是气动弹性研究的关键。由于离心力的刚化效应，各阶固有频率随转速的增加而增加。该旋转弯扭耦合梁前六阶振型相对于转速的变化如图 4.9 所示。前三阶振型主要为翼面弯曲，而第五阶振型的主要模态贡献为扭转，在第四和第六阶模态中可以看到明显的弯扭耦合模态。

表 4.3　使用 MSTMM、DTM 和 ABAQUS 计算的具有不同转速的弯扭耦合梁的固有频率比较

模态阶数	固有频率 f_k /Hz								
	$\Omega = 0\text{rad/s}$			$\Omega = 10\text{rad/s}$			$\Omega = 20\text{rad/s}$		
	DTM①	FEM②	MSTMM	DTM①	FEM②	MSTMM	DTM①	FEM②	MSTMM
1	1.10	1.10	1.098	2.04	2.04	2.027	3.56	3.54	3.537
2	6.88	6.88	6.880	7.98	7.97	7.952	10.62	10.54	10.544
3	19.25	19.25	19.260	20.38	20.37	20.370	23.43	23.33	23.373
4	37.68	37.69	37.730	38.87	38.84	38.893	42.19	42.00	42.177
5	43.72	43.69	43.720	43.76	43.78	43.752	43.87	43.99	43.856
6	62.24	62.25	62.360	63.46	63.43	63.558	66.96	66.77	66.479

① DTM 结果参照文献[114]。

② 基于 ABAQUS 计算出的 FEM 结果，参照文献[193]。

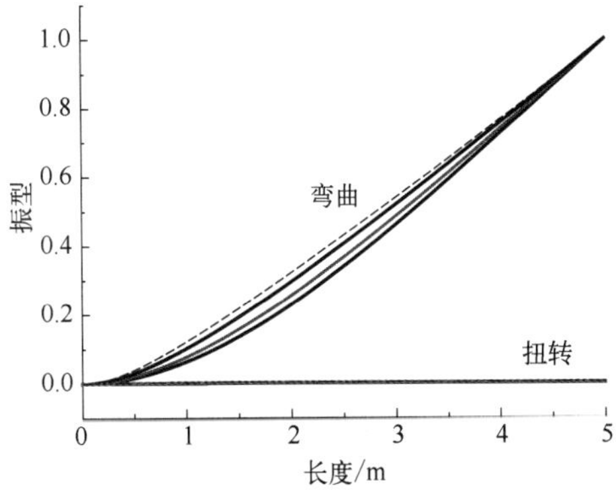

(a) 一阶

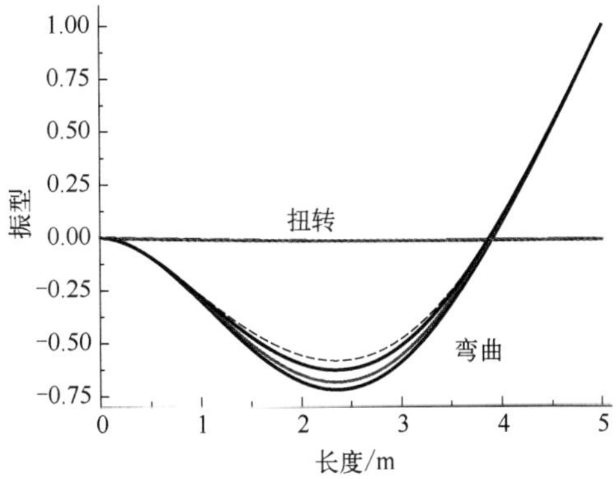

(b) 二阶

图 4.9

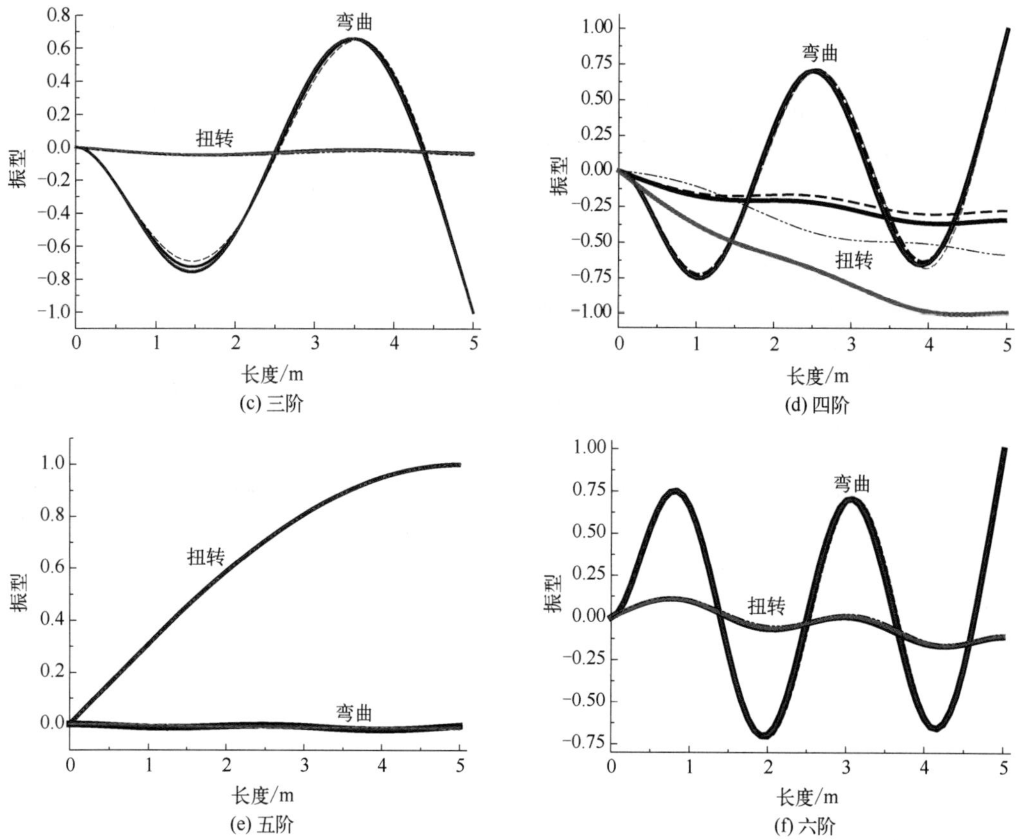

图 4.9 不同转速旋转梁的归一化振型

进一步地，本节对基于 MSTMM 的叶轮模型进行了计算，并与有限元结果进行了对比。叶轮模型的几何结构和有限元模型如图 4.10 所示，该模型由三个叶片、一个定子和一个主轴组成。定子为半径 0.2m、长度 0.2m 的柱体，可视为刚体。叶片和定子之间存在固定约束。主轴则被视为半径 0.1m、长度 0.3m 的梁。为清晰地展示出模型中的弯扭耦合作用和刚柔耦合效应，模型中仅选择均直梁作为旋转叶片。旋转叶片如图 4.11 所示，为具有梯形截面的梁结构，并绕 z 轴旋转。梁的材料为结构钢，其密度、泊松比、剪切模量和弹性模量分别为 7850kg/m^3、0.3、76.923GPa 和 200GPa。单个叶片、定子和主轴的质量分别为 353.25kg、231.85kg 和 98.65kg。

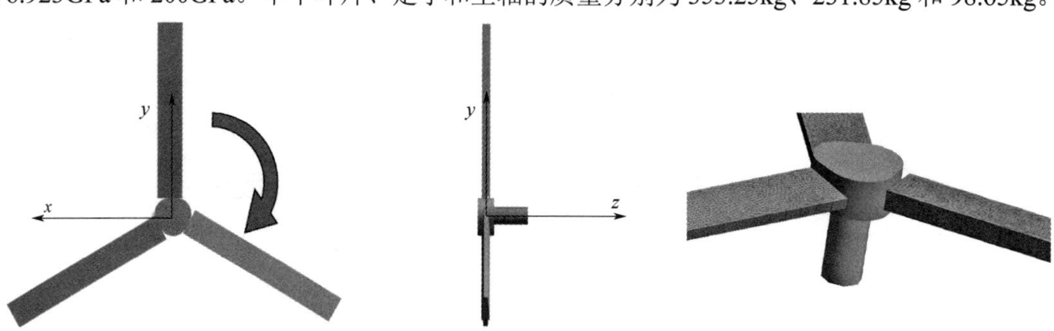

(a) 主视图　(b) 侧视图　(c) 有限元模型

图 4.10 叶轮系统示意图

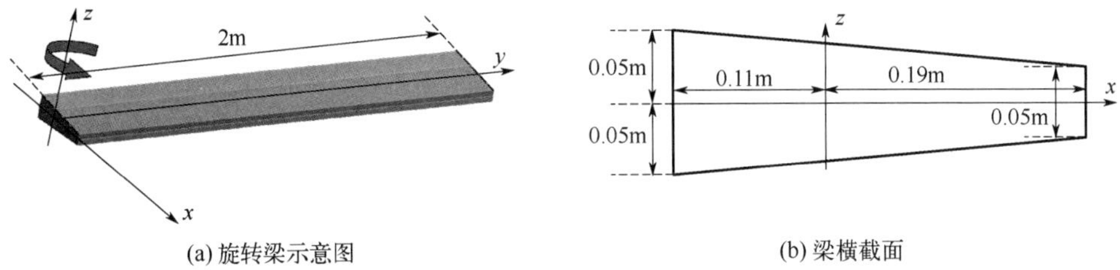

图 4.11　旋转叶片结构

为了验证结果，本节基于商业软件 ANSYS® Workbench 2020 建立有限元模型。图 4.10（c）中也展示出有限元模型的相关细节，其离散网格中有 69783 个单元和 291205 个节点。根据各元件的结构特性，有限元模型中将叶片和主轴视为柔体，柔体和刚体（定子）之间视为固定连接，主轴底部为固定支撑。在 MSTMM 模型中，通过求解整体特征（传递）方程［式（4.10）］以获得叶轮结构振动特性。图 4.12 为静止状态下该叶轮结构的特征方程寻根过程。取图中$|\Delta|$接近 0 的点，可获得结构前 7 阶固有频率。

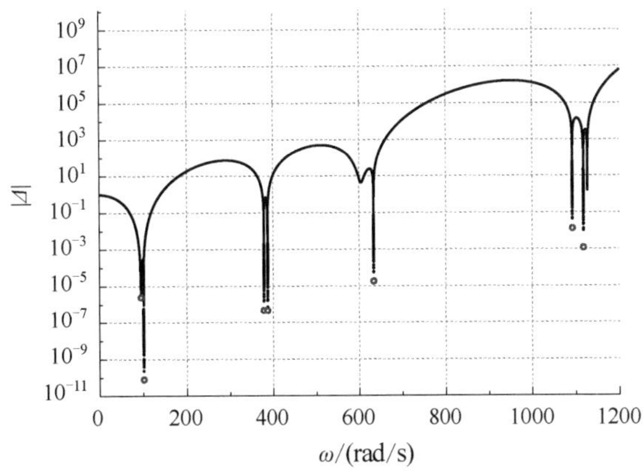

图 4.12　静止叶轮模型的圆频率

表 4.4 中为 MSTMM 和 FEM 计算出的固有频率对比，结果显示两者所得出的值几乎一致。除了第 1、3、4 和 5 阶固有频率外，对称模态与单梁的模态相似，且其固有频率相同。图 4.13 为 MSTMM 计算出的叶轮主要振型和 ANSYS® Workbench 中的可视化的三维振型。在图 4.13（f）和（h）中，振型都主要由叶片摆振和主轴弯曲构成，两者的不同之处在于主轴弯曲方向不同。在非对称模式下，梁和刚体（叶片弯曲和主轴弯曲）存在明显的耦合运动。此外，由于 FEM 是一种近似方法，因此 FEM 在计算高阶模态时会产生一些误差。而 MSTMM 中的控制方程满足其精确形式，而不是 Galerkin 方法产生的近似变分形式。

表 4.4　基于 MSTMM 和 FEM 的静止叶轮系统固有频率对比

模态	固有频率 f_k /Hz	
	MSTMM	FEM
非对称挥舞弯曲	15.1	14.8
一阶对称挥舞弯曲	16.1	16.1
非对称摆振弯曲	60.3	56.7
一阶对称摆振弯曲	61.7	56.7

续表

模态	固有频率 f_k /Hz	
	MSTMM	FEM
二阶对称挥舞弯曲	100.7	99.7
一阶对称扭转	173.8	177.6
非对称扭转	177.8	182.1

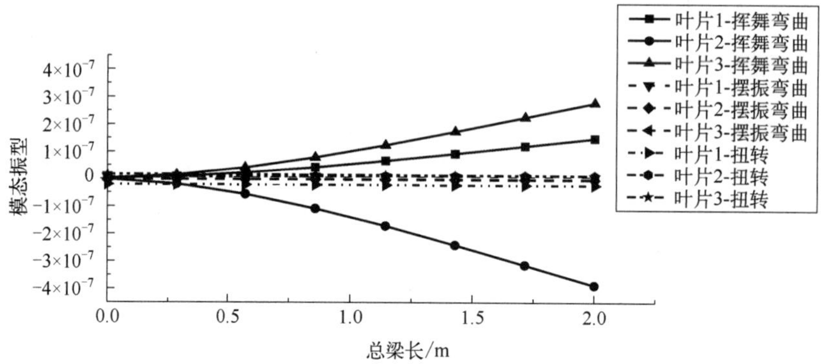

(a)

(b)

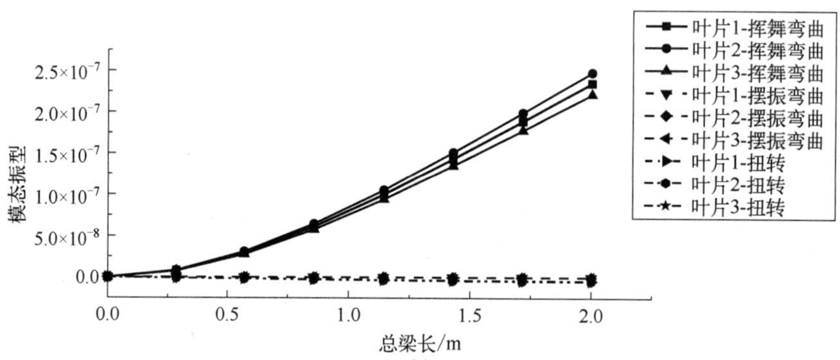

(c)

(d)

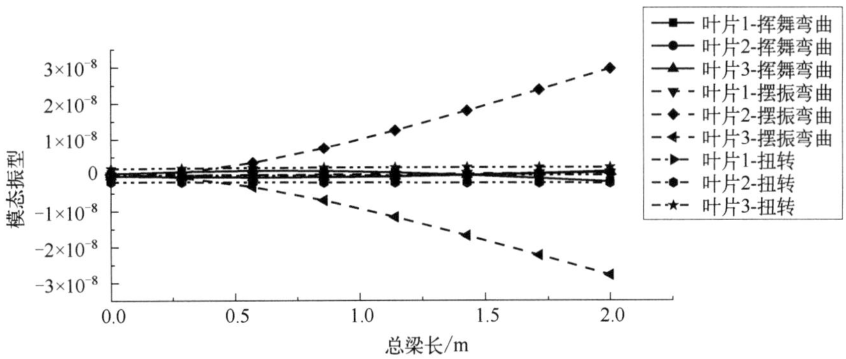
叶片1-挥舞弯曲
叶片2-挥舞弯曲
叶片3-挥舞弯曲
叶片1-摆振弯曲
叶片2-摆振弯曲
叶片3-摆振弯曲
叶片1-扭转
叶片2-扭转
叶片3-扭转
模态振型
3×10^{-8}
2×10^{-8}
1×10^{-8}
0
-1×10^{-8}
-2×10^{-8}
-3×10^{-8}
0.0
0.5
1.0
1.5
2.0
总梁长/m
(e)

Frequency：56.753Hz
Unit：m
0.080706 Max
0.072124
0.063541
0.054959
0.046377
0.037795
0.029213
0.02063
0.012048
0.0034659 Min
(f)

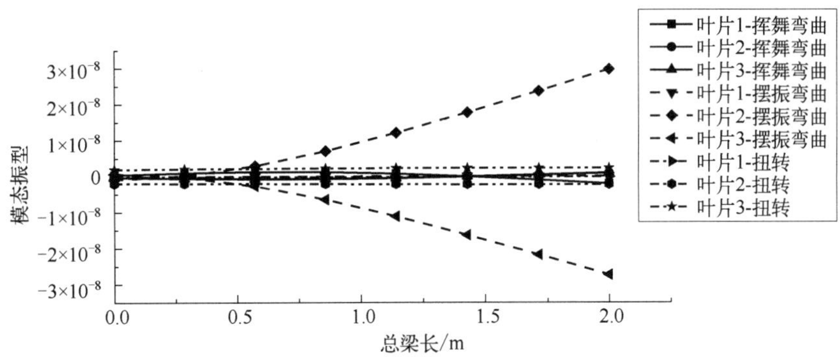
叶片1-挥舞弯曲
叶片2-挥舞弯曲
叶片3-挥舞弯曲
叶片1-摆振弯曲
叶片2-摆振弯曲
叶片3-摆振弯曲
叶片1-扭转
叶片2-扭转
叶片3-扭转
模态振型
3×10^{-8}
2×10^{-8}
1×10^{-8}
0
-1×10^{-8}
-2×10^{-8}
-3×10^{-8}
0.0
0.5
1.0
1.5
2.0
总梁长/m
(g)

Frequency：56.753 Hz
Unit：m
0.080211 Max
0.071694
0.063177
0.05466
0.046143
0.037626
0.029109
0.020592
0.012075
0.003558 Min
(h)

图 4.13

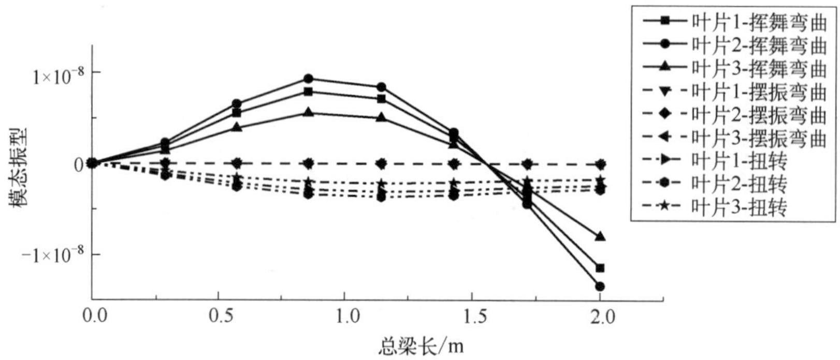
叶片1-挥舞弯曲
叶片2-挥舞弯曲
叶片3-挥舞弯曲
叶片1-摆振弯曲
叶片2-摆振弯曲
叶片3-摆振弯曲
叶片1-扭转
叶片2-扭转
叶片3-扭转
模态振型
1×10^{-8}
0
-1×10^{-8}
0.0
0.5
1.0
1.5
2.0
总梁长/m

(i)

Frequency：99.677Hz
Unit：m
0.063401 Max
0.056358
0.049315
0.042271
0.035228
0.028185
0.021142
0.014099
0.0070553
1.204e-5 Min

(j)

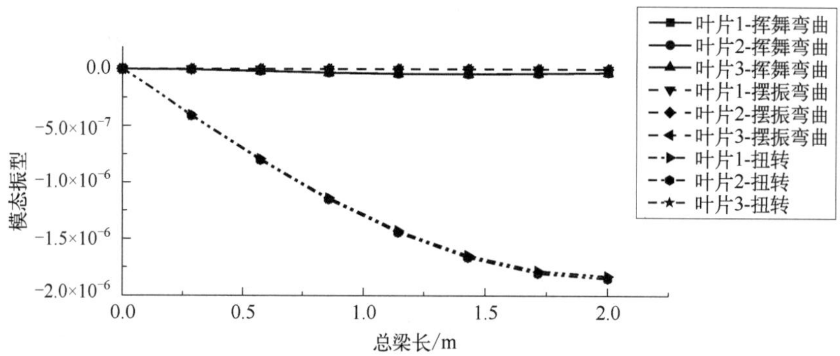
叶片1-挥舞弯曲
叶片2-挥舞弯曲
叶片3-挥舞弯曲
叶片1-摆振弯曲
叶片2-摆振弯曲
叶片3-摆振弯曲
叶片1-扭转
叶片2-扭转
叶片3-扭转
模态振型
0.0
-5.0×10^{-7}
-1.0×10^{-6}
-1.5×10^{-6}
-2.0×10^{-6}
0.0
0.5
1.0
1.5
2.0
总梁长/m

(k)

Frequency：177.59Hz
Unit：m
0.086815 Max
0.077169
0.067524
0.057878
0.048232
0.038587
0.028941
0.019295
0.0096494
3.6164e-6 Min

(l)

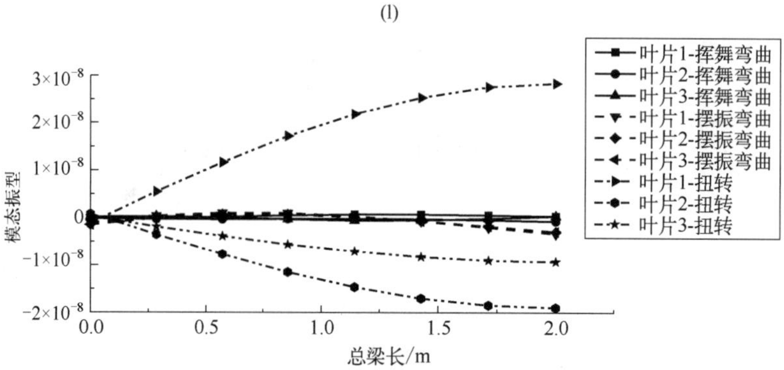
叶片1-挥舞弯曲
叶片2-挥舞弯曲
叶片3-挥舞弯曲
叶片1-摆振弯曲
叶片2-摆振弯曲
叶片3-摆振弯曲
叶片1-扭转
叶片2-扭转
叶片3-扭转
模态振型
3×10^{-8}
2×10^{-8}
1×10^{-8}
0
-1×10^{-8}
-2×10^{-8}
0.0
0.5
1.0
1.5
2.0
总梁长/m

(m)

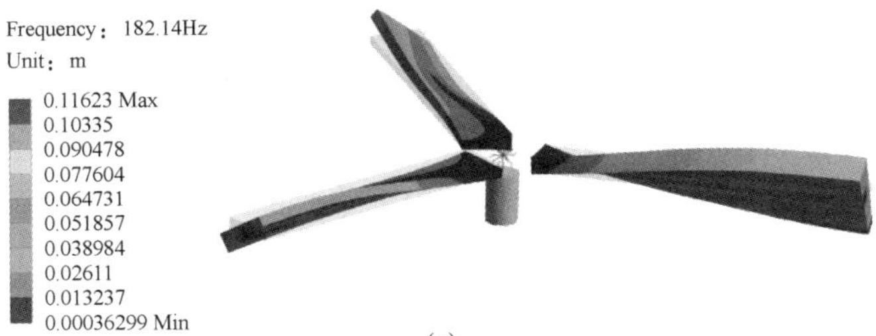

(n)

图 4.13　基于 MSTMM［图（a）、（c）、（e）、（g）、（i）、（k）、（m）］和 FEM［图（b）、（d）、（f）、（h）、（j）、（l）、（n）］的静止叶轮系统振型

表 4.5　不同转速下转子固有频率的 MSTMM 和 FEM 结果比较

模态阶数	固有频率 f_k /Hz					
	$\Omega = 0\mathrm{rad/s}$		$\Omega = 10\mathrm{rad/s}$		$\Omega = 20\mathrm{rad/s}$	
	MSTMM	FEM	MSTMM	FEM	MSTMM	FEM
1	15.121	14.828	15.181	14.933	15.358	15.245
2	16.111	16.091	16.167	16.196	16.336	16.509
3	60.268	56.753	60.283	56.757	60.330	56.771
4	61.674	56.753	61.691	56.757	61.739	56.771
5	100.746	99.677	100.789	99.768	100.918	100.040
6	173.794	177.586	173.801	177.600	173.821	177.643
7	177.801	182.139	177.808	182.154	177.830	182.198

根据上述叶轮模型，进一步模拟了叶轮在不同转速下的振动特性。表 4.5 为特定角速度（转速）下叶轮结构的固有频率，其中 MSTMM 计算结果与有限元计算结果基本一致。由于旋转引起的离心刚化效应，结构固有频率随转速增大而增大。与预期结果相同，FEM 计算时间受到网格量影响，网格量越大，计算所需的时间就越长。对于此叶轮模型（69783 个单元和 291205 个节点），在 ANSYS® Workbench 中使用双核的 Intel® Core™ i7-6800K 处理器完成一次有限元仿真需要 642.0s。而基于 MATLAB®完成的 MSTMM 模型，仅使用单核 CPU 执行相同的计算只需 74.6s。当叶轮结构参数改变时，MSTMM 方法也避免了对叶轮的重新建模，省去了划分网格单元的步骤。此外，MSTMM 还具有计算复杂度小、计算效率高等优点。

4.2.2 风力机柔塔（塔筒）动力学建模

4.2.2.1 基于尾流振子模型的三维柔塔涡激振动建模

通过有序排列的各元件的运动方程，可以得到整个系统的运动方程。根据 MSTMM 基本理论，忽略阻尼项，建立塔筒体动力学方程：

$$\boldsymbol{M}\boldsymbol{v}_{tt} + \boldsymbol{K}\boldsymbol{v} = \boldsymbol{f} \tag{4.35}$$

式中，$\boldsymbol{M}$、$\boldsymbol{K}$ 分别为质量矩阵、刚度矩阵；$\boldsymbol{v}$ 为位移矩阵，$\boldsymbol{v}_{tt}$ 为其对时间 t 的二阶导数；$\boldsymbol{f}$ 为元件所受外力矩阵。通过模态叠加理论 $\boldsymbol{v} = \boldsymbol{V}\boldsymbol{q}$，可将物理坐标中的位移转换到模态坐标中。其中，$\boldsymbol{V} = [\boldsymbol{V}^1\ \boldsymbol{V}^2\ \cdots\ \boldsymbol{V}^n]$，$\boldsymbol{q} = [\boldsymbol{q}^1\ \boldsymbol{q}^2\ \cdots\ \boldsymbol{q}^n]^{\mathrm{T}}$，$n$ 表示系统模态叠加所用的模态阶数。

为了准确地模拟作用在风力机塔筒流向和横向上的流体力，柔塔涡激振动模型中采用考虑流向和横向振动耦合的双自由度尾流振子模型。该模型只包含一个 Van der Pol 方程，但它再现了圆柱运动与流体力的耦合，同时考虑了圆柱流向和横向振动的耦合。圆柱忽略结构阻尼，能在流向和横向两个自由度上运动。模型中圆柱质量为m，弹性刚度为k，长为L，直径为D，来流速度为U，来流密度为ρ。通过该尾流振子模型仿真圆柱上的流体力，圆柱的振动可用下式表达：

$$m\ddot{z}+kz=\frac{1}{2}\rho DLU^2C_{\mathrm{VZ}} \tag{4.36a}$$

$$m\ddot{y}+ky=\frac{1}{2}\rho DLU^2C_{\mathrm{V}Y} \tag{4.36b}$$

$$\ddot{q}_{\mathrm{v}}+\varepsilon(q_{\mathrm{v}}^2-1)\dot{q}_{\mathrm{v}}+q_{\mathrm{v}}-\kappa\omega_{St}^2D\frac{\ddot{z}}{\ddot{z}^2+\omega_{St}^4D^2}q=A\frac{1}{\omega_{St}^2D}\ddot{y} \tag{4.36c}$$

式中，$q_{\mathrm{v}}=2C_{\mathrm{VL}}/C_{\mathrm{L_0}}$；$\varepsilon$、$A$和$\kappa$都为调谐参数；$\omega_{St}$为涡脱圆频率；• 代表对时间$t$的导数。

其中流向力系数C_{VZ}和横向力系数$C_{\mathrm{V}Y}$的表达式为：

$$C_{\mathrm{VZ}}=\left[C_{\mathrm{DM}}\left(1-\frac{\dot{z}}{U}\right)+C_{\mathrm{VL}}\frac{\dot{y}}{U}\right]\sqrt{\left(1-\frac{\dot{z}}{U}\right)^2+\left(\frac{\dot{y}}{U}\right)^2}+\alpha C_{\mathrm{VL}}^2\left(1-\frac{\dot{z}}{U}\right)\left|1-\frac{\dot{z}}{U}\right| \tag{4.37a}$$

$$C_{\mathrm{V}Y}=\left[-C_{\mathrm{DM}}\frac{\dot{y}}{U}+C_{\mathrm{VL}}\left(1-\frac{\dot{z}}{U}\right)\right]\sqrt{\left(1-\frac{\dot{z}}{U}\right)^2+\left(\frac{\dot{y}}{U}\right)^2} \tag{4.37b}$$

式中，$C_{\mathrm{VL}}=qC_{\mathrm{L_0}}/2$；$C_{\mathrm{DM}}=C_{\mathrm{D_0}}-\alpha C_{\mathrm{L_0}}^2/2$；$C_{\mathrm{L_0}}$为静止刚性圆柱的升力系数，常取 0.3；$C_{\mathrm{D_0}}$为静止刚性圆柱的阻力系数，常取 1.2；$\alpha$为经验参数，常取 2.2。

三维柔塔结构上流体力计算基于片条理论进行，将结构物和流场划分成若干平行于未扰动流体方向的片条，如图 4.14 所示。每一片条被当作无限展长圆柱体的一个部分，并且相对于每一部分来说，沿展向的参数都看作是均匀一致的。

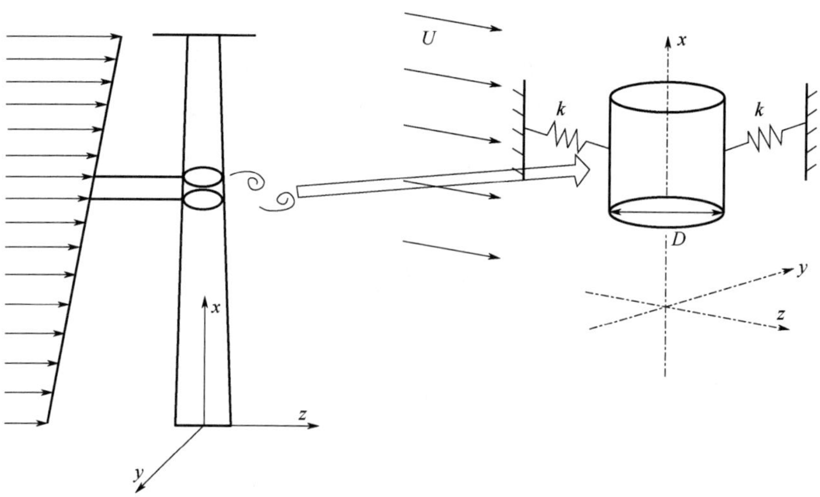

图 4.14　柔塔涡激振动模型

将该改进的双自由度尾流振子模型运用到本模型中的各段塔筒元件流体力计算上，同时转换到模态坐标系中，可以得到柔塔的涡激振动计算模型：

$$\boldsymbol{M}\boldsymbol{V}_z\ddot{\boldsymbol{q}}_z+\boldsymbol{K}\boldsymbol{V}_z\boldsymbol{q}_z=\frac{1}{2}\rho DLU^2\boldsymbol{C}_{\mathrm{VZ}}(\boldsymbol{V}_z\dot{\boldsymbol{q}}_z,\boldsymbol{V}_z\dot{\boldsymbol{q}}_y,\dot{\boldsymbol{q}}_{\mathrm{v}}) \tag{4.38a}$$

$$\boldsymbol{M}\boldsymbol{V}_y\ddot{\boldsymbol{q}}_y+\boldsymbol{K}\boldsymbol{V}_y\boldsymbol{q}_y=\frac{1}{2}\rho DLU^2\boldsymbol{C}_{\mathrm{VY}}(\boldsymbol{V}_y\dot{\boldsymbol{q}}_z,\boldsymbol{V}_y\dot{\boldsymbol{q}}_y,\dot{\boldsymbol{q}}_{\mathrm{v}}) \tag{4.38b}$$

$$\ddot{\boldsymbol{q}}_{\mathrm{v}}+\varepsilon(\boldsymbol{q}_{\mathrm{v}}^2-1)\dot{\boldsymbol{q}}_{\mathrm{v}}+\boldsymbol{q}_{\mathrm{v}}-\kappa\omega_{St}^2D\frac{\boldsymbol{V}_z\ddot{\boldsymbol{q}}_z}{(\boldsymbol{V}_z\ddot{\boldsymbol{q}}_z)^2+\omega_{St}^4D^2}\boldsymbol{q}_{\mathrm{v}}=A\frac{1}{\omega_{St}^2D}\boldsymbol{V}_y\ddot{\boldsymbol{q}}_y \tag{4.38c}$$

$$\boldsymbol{C}_{\mathrm{V}X}=\left[C_{\mathrm{DM}}\left(1-\frac{\boldsymbol{V}_z\dot{\boldsymbol{q}}_z}{U}\right)+\boldsymbol{C}_{\mathrm{VL}}\frac{\boldsymbol{V}_y\dot{\boldsymbol{q}}_y}{U}\right]\sqrt{\left(1-\frac{\boldsymbol{V}_z\dot{\boldsymbol{q}}_z}{U}\right)^2+\left(\frac{\boldsymbol{V}_y\dot{\boldsymbol{q}}_y}{U}\right)^2}+\alpha\boldsymbol{C}_{\mathrm{VL}}^2\left(1-\frac{\boldsymbol{V}_z\dot{\boldsymbol{q}}_z}{U}\right)\left|1-\frac{\boldsymbol{V}_z\dot{\boldsymbol{q}}_z}{U}\right| \tag{4.38d}$$

$$\boldsymbol{C}_{\mathrm{V}Y}=\left[-C_{\mathrm{DM}}\frac{\boldsymbol{V}_y\dot{\boldsymbol{q}}_y}{U}+\boldsymbol{C}_{\mathrm{VL}}\left(1-\frac{\boldsymbol{V}_z\dot{\boldsymbol{q}}_z}{U}\right)\right]\sqrt{\left(1-\frac{\boldsymbol{V}_z\dot{\boldsymbol{q}}_z}{U}\right)^2+\left(\frac{\boldsymbol{V}_y\dot{\boldsymbol{q}}_y}{U}\right)^2} \tag{4.38e}$$

式中，$\boldsymbol{q}_z$、$\boldsymbol{q}_y$ 分别代表广义坐标下流向和横向的位移；$\boldsymbol{V}_z$、$\boldsymbol{V}_y$ 分别代表流向和横向上的增广特征矢量。

利用增广特征矢量的正交性，式（4.38a）和式（4.38b）两边分别左乘$\boldsymbol{V}_z^{\mathrm{T}}$和$\boldsymbol{V}_y^{\mathrm{T}}$，可将式简化：

$$\bar{\boldsymbol{M}}_z\ddot{\boldsymbol{q}}_z+\bar{\boldsymbol{K}}_z\boldsymbol{q}_z=\boldsymbol{V}_z^{\mathrm{T}}\left[\frac{1}{2}\rho DLU^2\boldsymbol{C}_{\mathrm{VZ}}(\boldsymbol{V}_z\dot{\boldsymbol{q}}_z,\boldsymbol{V}_y\dot{\boldsymbol{q}}_y)\right] \tag{4.39a}$$

$$\bar{\boldsymbol{M}}_y\ddot{\boldsymbol{q}}_y+\bar{\boldsymbol{K}}_y\boldsymbol{q}_y=\boldsymbol{V}_y^{\mathrm{T}}\left[\frac{1}{2}\rho DLU^2\boldsymbol{C}_{\mathrm{VY}}(\boldsymbol{V}_z\dot{\boldsymbol{q}}_z,\boldsymbol{V}_y\dot{\boldsymbol{q}}_y)\right] \tag{4.39b}$$

式中，$\bar{\boldsymbol{M}}_z=\boldsymbol{V}_z^{\mathrm{T}}\boldsymbol{M}\boldsymbol{V}_z$，$\bar{\boldsymbol{K}}_z=\boldsymbol{V}_z^{\mathrm{T}}\boldsymbol{K}\boldsymbol{V}_z$，$\bar{\boldsymbol{M}}_y=\boldsymbol{V}_y^{\mathrm{T}}\boldsymbol{M}\boldsymbol{V}_y$，$\bar{\boldsymbol{K}}_y=\boldsymbol{V}_y^{\mathrm{T}}\boldsymbol{K}\boldsymbol{V}_y$，均为对角矩阵。

令 $\boldsymbol{x}_1=\boldsymbol{q}_z$，$\boldsymbol{x}_2=\dot{\boldsymbol{q}}_z$，$\boldsymbol{x}_3=\boldsymbol{q}_y$，$\boldsymbol{x}_4=\dot{\boldsymbol{q}}_y$，$\boldsymbol{x}_5=\boldsymbol{q}_{\mathrm{v}}$，$\boldsymbol{x}_6=\dot{\boldsymbol{q}}_{\mathrm{v}}$，将方程写成状态空间的形式，使用变步长的 4 阶 Runge-Kutta 法对其进行求解，可得到柔塔的动力学响应。其初始条件 $\boldsymbol{q}_z=\dot{\boldsymbol{q}}_z=\boldsymbol{q}_y=\dot{\boldsymbol{q}}_y=\dot{\boldsymbol{q}}_{\mathrm{v}}=0,\boldsymbol{q}_{\mathrm{v}}=0.1$，时间步长为 0.01s。状态空间形式如下：

$$\begin{cases}\dot{\boldsymbol{x}}_1=\boldsymbol{x}_2\\ \dot{\boldsymbol{x}}_2=\dfrac{\boldsymbol{V}_z^{\mathrm{T}}}{\bar{\boldsymbol{M}}_z}\left[\dfrac{1}{2}\rho DLU^2\boldsymbol{C}_{\mathrm{VZ}}(\boldsymbol{V}_z\boldsymbol{x}_2,\boldsymbol{V}_y\boldsymbol{x}_4)\right]-\dfrac{\bar{\boldsymbol{K}}_z}{\bar{\boldsymbol{M}}_z}\boldsymbol{x}_1\\ \dot{\boldsymbol{x}}_3=\boldsymbol{x}_4\\ \dot{\boldsymbol{x}}_4=\dfrac{\boldsymbol{V}_y^{\mathrm{T}}}{\bar{\boldsymbol{M}}_y}\left[\dfrac{1}{2}\rho DLU^2\boldsymbol{C}_{\mathrm{VY}}(\boldsymbol{V}_z\boldsymbol{x}_2,\boldsymbol{V}_y\boldsymbol{x}_4)\right]-\dfrac{\bar{\boldsymbol{K}}_y}{\bar{\boldsymbol{M}}_y}\boldsymbol{x}_3\\ \dot{\boldsymbol{x}}_5=\boldsymbol{x}_6\\ \dot{\boldsymbol{x}}_6=A\dfrac{1}{\omega_{St}^2D}\boldsymbol{V}_y\dot{\boldsymbol{x}}_4-\varepsilon(\boldsymbol{x}_5^2-1)\boldsymbol{x}_6-\boldsymbol{x}_5+\kappa\omega_{St}^2D\dfrac{\boldsymbol{V}_z\dot{\boldsymbol{x}}_2}{(\boldsymbol{V}_z\dot{\boldsymbol{x}}_2)^2+\omega_{St}^4D^2}\boldsymbol{x}_5\end{cases} \tag{4.40}$$

4.2.2.2　柔塔涡激振动分析

通常风从地面掠过呈现剪切流的形态。本节计算中假设来流为定常流动，塔筒底部风速为 0.2m/s，塔筒顶端风速为 1m/s，为线性剪切流。塔筒绕流处于亚临界雷诺数范围内，将风剪切用函数表示如下：

$$U(H) = 0.0137 \times H + 0.1798 \tag{4.41}$$

式中，H 代表塔筒的高度；$U(H)$ 则代表在此高度处的来流速度。

流经塔筒的流体为空气，其密度为 $\rho = 1.225\mathrm{kg/m^3}$。根据来流条件，可知流动处于亚临界雷诺数范围内。由于此时塔筒后旋涡为有规则脱落，因此尾流振子模型适用于塔筒上流体力的计算。参考文献[48,50,51]，取模型中经验系数 $A = 12$、$\varepsilon = 0.8$ 和 $\kappa = 5$。

如图 4.15 所示为计算所得风力机塔筒的振幅，其中 $z_{\max}$ 代表 z 方向塔筒横截面位移最大值，$z_{\min}$ 则代表最小值，而 z_{middle} 代表中间值。从振幅中可以看出，塔筒的振动以第一阶和第二阶模态为主导，塔筒轴向最大振幅出现在塔筒中上段某处而不是顶端。单个塔筒结构往往顶部处运动幅度最大，而风力机塔筒的振动响应由于支撑叶轮、机舱等结构而改变。预测出风力机塔筒轴向振幅最大处，也是建立此模型的作用之一。

如图 4.16 所示为塔筒的轴向振动历时云图，图中横坐标表示时间，纵坐标表示塔筒高度，颜色代表了塔筒相对于初始位置的振动位移。从图中可以看出，塔筒的振动响应沿轴向有规律地波动。塔筒的大幅振动主要集中在塔筒中上段，与图 4.15 所显示出的一致。通常可以用行波和驻波响应形态来描述塔筒振动。图 4.16（a）显示塔筒振动初期以驻波形态为主。随着时间的推移，产生最大振幅的位置开始沿展向移动，在图 4.16（b）中可以观察到明显的行波效应。行波从能量输入区域向能量输出区域传播，导致能量集中在行波区，此处也更容易产生结构疲劳。

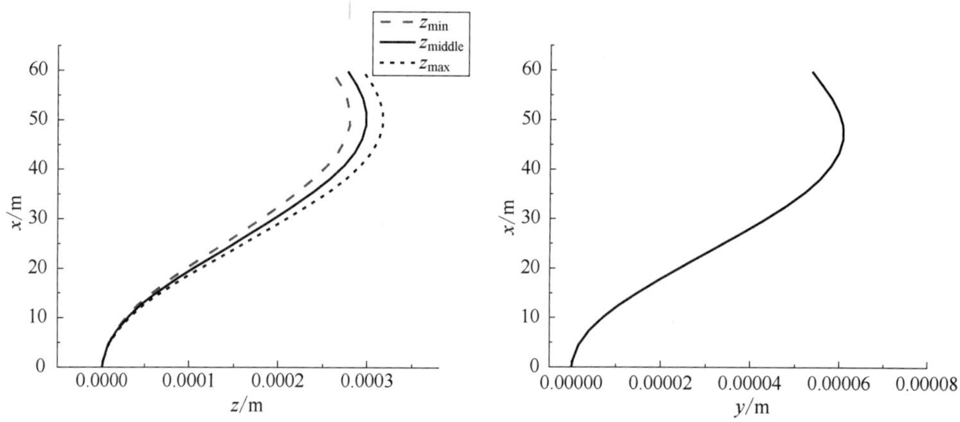

(a) 顺流向　　(b) 横流向

图 4.15　塔筒沿轴向振幅分布

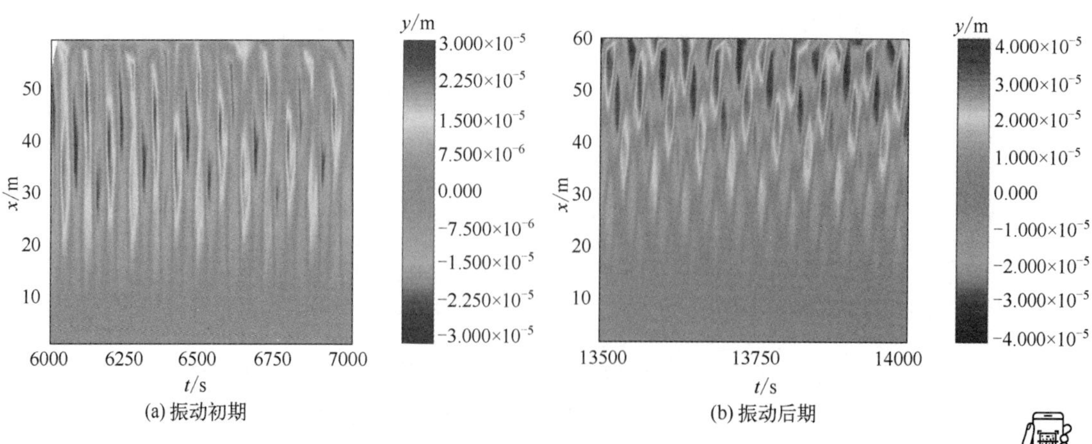

(a) 振动初期　　(b) 振动后期

图 4.16　沿塔筒轴向振动历时云图

为了观察塔筒的振动频率，采用 Molet 小波变换针对塔筒顶部位移绘制时频尺度图，如图 4.17 所示。图中纵坐标表示振动频率，横坐标表示时间，颜色表示振动频率的能量分布。从图 4.17（a）中可以看到，塔筒顶部流向振动频率主要集中在 0.32Hz 处，同时也是旋涡脱落频率，振动能量表现出周期变化。在图 4.17（b）中，塔筒顶部横向振动频率主要集中在 0.15Hz 左右，为流向频率的一半。同时横向振动频率在 0.48Hz 处也存在微小的振动能量，这刚好与上文中计算到的第一阶固有频率接近。

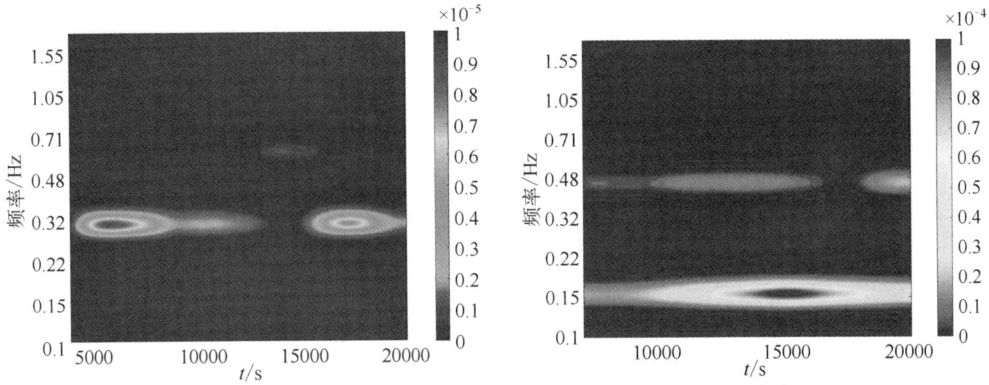

(a) z方向　　(b) y方向

图 4.17　塔筒顶部振动时频尺度图

4.2.3　基于 MSTMM 的风力机整机结构建模

4.2.3.1　风力机叶塔耦合系统建模

风力机结构可以看作主要由叶片、轮毂、主轴、机舱和塔筒构成，这些结构通过适当的运动学约束连接在一起。由于风力机顶部机舱内存在复杂的结构，并且自身变形较小，在建立风力机多体系统模型时，通常可将其简化为空间刚体。在本节风力机叶塔耦合系统建模中，结构模型由 7 个部分构成：3 个叶片、轮毂、主轴、机舱、塔筒。其中，叶片和塔筒结构采用前文中提出的建模方法，轮毂和机舱则视作空间刚体，主轴视作简单的 Euler-Bernoulli 梁结构。对于各部件之间的连接，叶片、轮毂和主轴之间为固定连接；轮毂与机舱通过轴承连接，在叶轮静止时被锁住，为考虑连接处的弹性效应，将其视为由扭簧构成的弹性铰约束；同样当偏航机构停止运行时，机舱和塔筒之间可视为弹性铰约束。

考虑到计算效率和研究重点，在前文建立的叶轮模型和柔塔模型的基础上，对风力机整机结构建模进一步做出如下假设和简化：

① 假设轮毂和机舱为空间刚体，忽略其中复杂部件的影响；

② 假设叶片为内部没有空隙的实心结构体；

③ 忽略叶片、塔筒自身的结构阻尼；

④ 根据塔架的高质量比特性，忽略塔筒内部空气质量；

⑤ 忽略塔筒模型扭转和轴向运动；

⑥ 忽略风力机叶轮仰角和锥角；

⑦ 假设风力机与地面固结，忽略浮动平台或基础结构；

⑧ 忽略齿轮箱、发电机和塔筒内部传动轴等部件连接的作用。

为了将 MSTMM 应用于风力机结构，需要根据其拓扑结构将多刚柔体系统划分为多个元件。风力机叶塔耦合系统的动力学模型及建立的 MSTMM 拓扑结构如图 4.18 所示，其中箭头方向代表传递矩阵的传递方向，x、y、z 轴是全局右手坐标系，与图 4.2 中全局坐标系相同。根据 MSTMM 拓扑结构图中对风力机结构的离散，每个元件由一个特定的数字标识，该数字按箭头方向排序。其中，元件 1～144 为旋转弯扭耦合梁段；元件 145 是由轮毂简化的具有三个输入端（I_1、I_2、I_3）的刚体；元件 146 是代表叶轮主轴的 Euler-Bernoulli 梁；元件 147 是由机舱简化的空间刚体。风力机耦合模型中的系统状态矢量 $\boldsymbol{Z}$ 形式为 $\boldsymbol{Z}=[X, Y, Z, \Theta_x, \Theta_y, \Theta_z, M_x, M_y, M_z, Q_x, Q_y, Q_z]^{\mathrm{T}}$。树拓扑结构包含四个边界条件，即 $\boldsymbol{Z}_{1,0}$、$\boldsymbol{Z}_{49,0}$、$\boldsymbol{Z}_{97,0}$（tip）和 $\boldsymbol{Z}_{157,0}$（root）。树拓扑结构中，系统传递方向从 tip 到 root。

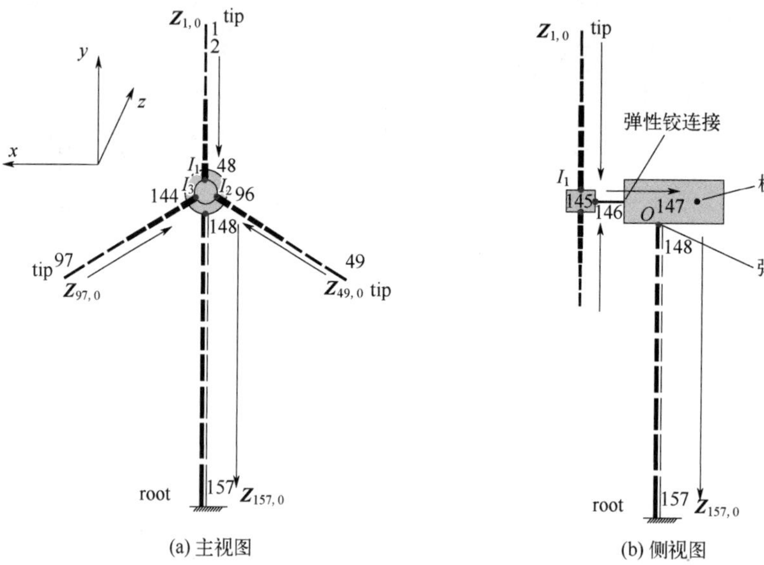

图 4.18　风力机叶塔耦合模型的 MSTMM 拓扑结构

根据图 4.18 中的风力机 MSTMM 拓扑组装这些元件，系统传递方程可如下表示：

$$
\begin{aligned}
\boldsymbol{Z}_{157,0} &= \boldsymbol{U}_{\text{tower}}\boldsymbol{Z}_{147,148}=\boldsymbol{U}_{\text{tower}}\boldsymbol{U}_{\text{hinge2}}\boldsymbol{U}_{147}\boldsymbol{U}_{\text{hinge1}}\boldsymbol{U}_{146}\boldsymbol{U}_{145} \\
&(\boldsymbol{U}_{145,I_1}\boldsymbol{T}_1\boldsymbol{U}_{\text{blade1}}\boldsymbol{Z}_{1,0}+\boldsymbol{U}_{145,I_2}\boldsymbol{T}_2\boldsymbol{U}_{\text{blade2}}\boldsymbol{Z}_{49,0}+\boldsymbol{U}_{145,I_3}\boldsymbol{T}_3\boldsymbol{U}_{\text{blade3}}\boldsymbol{Z}_{97,0})
\end{aligned} \tag{4.42}
$$

或

$$
\boldsymbol{U}_{\text{tower}}\boldsymbol{Z}_{147,148}-\boldsymbol{Z}_{157,0}=\boldsymbol{0}
$$

其中

$$
\boldsymbol{U}_{145,I_1}=\begin{bmatrix}\mathbf{I}_{12\times12}\\ \mathbf{0}_{12\times12}\end{bmatrix},\quad \boldsymbol{U}_{145,I_2}=\begin{bmatrix}\mathbf{0}_{12\times6} & \mathbf{0}_{12\times6}\\ \mathbf{0}_{6\times6} & \mathbf{I}_{6\times6}\\ \mathbf{0}_{6\times6} & \mathbf{0}_{6\times6}\end{bmatrix},\quad \boldsymbol{U}_{145,I_3}=\begin{bmatrix}\mathbf{0}_{12\times6} & \mathbf{0}_{12\times6}\\ \mathbf{0}_{6\times6} & \mathbf{0}_{6\times6}\\ \mathbf{0}_{6\times6} & \mathbf{I}_{6\times6}\end{bmatrix} \tag{4.43}
$$

而叶片传递矩阵 $\boldsymbol{U}_{\text{blade1}}=\boldsymbol{U}_{48}\cdots\boldsymbol{U}_2\boldsymbol{U}_1$，$\boldsymbol{U}_{\text{blade2}}=\boldsymbol{U}_{96}\cdots\boldsymbol{U}_{50}\boldsymbol{U}_{49}$，$\boldsymbol{U}_{\text{blade3}}=\boldsymbol{U}_{144}\cdots\boldsymbol{U}_{98}\boldsymbol{U}_{97}$，塔筒传递矩阵 $\boldsymbol{U}_{\text{tower}}=\boldsymbol{U}_{157}\cdots\boldsymbol{U}_{149}\boldsymbol{U}_{148}$，$\boldsymbol{U}$ 的下标代表了元件的编号；$\boldsymbol{U}_{145,I_1}$、$\boldsymbol{U}_{145,I_2}$、$\boldsymbol{U}_{145,I_3}$ 为编号 145 的刚体元件的输入传递矩阵；$\boldsymbol{U}_{145}$ 为刚体元件 145 的传递矩阵 $\boldsymbol{U}_{\text{rigid}}$；$\boldsymbol{U}_{146}$ 为编号 146 的简单 Euler-Bernoulli 梁元件（代表主轴）的传递矩阵 $\boldsymbol{U}_{\text{shaft}}$；$\boldsymbol{U}_{147}$ 为刚体元件 147（代表机舱）的传

递矩阵，其传递矩阵形式与 $\boldsymbol{U}_{\mathrm{rigid}}$ 相同；$\boldsymbol{U}_{\mathrm{hinge1}}$ 和 $\boldsymbol{U}_{\mathrm{hinge2}}$ 分别代表主轴和机舱之间、机舱和塔筒之间的弹性铰约束。

整个系统的整体传递方程可改写成如下形式：

$$\bar{\boldsymbol{U}}_{\mathrm{all}}\Big|_{36\times48}\bar{\boldsymbol{Z}}_{\mathrm{all}}\Big|_{48\times1}=\boldsymbol{0} \tag{4.44}$$

其中

$$\bar{\boldsymbol{U}}_{\mathrm{all}}=\begin{bmatrix}\boldsymbol{U}_{\mathrm{rest}}\boldsymbol{U}_{145}\boldsymbol{U}_{145,I_1}\boldsymbol{T}_1\boldsymbol{U}_{\mathrm{blade1}} & \boldsymbol{U}_{\mathrm{rest}}\boldsymbol{U}_{145}\boldsymbol{U}_{145,I_1}\boldsymbol{T}_2\boldsymbol{U}_{\mathrm{blade2}} & \boldsymbol{U}_{\mathrm{rest}}\boldsymbol{U}_{145}\boldsymbol{U}_{145,I_1}\boldsymbol{T}_3\boldsymbol{U}_{\mathrm{blade3}} & -\mathbf{I}_{12}\\ \boldsymbol{H}_{I_1}\boldsymbol{T}_1\boldsymbol{U}_{\mathrm{blade1}} & -\boldsymbol{H}_{I_2}\boldsymbol{T}_2\boldsymbol{U}_{\mathrm{blade2}} & \mathbf{0}_{12\times12} & \mathbf{0}_{12\times12}\\ \boldsymbol{H}_{I_1}\boldsymbol{T}_1\boldsymbol{U}_{\mathrm{blade1}} & \mathbf{0}_{12\times12} & -\boldsymbol{H}_{I_3}\boldsymbol{T}_3\boldsymbol{U}_{\mathrm{blade3}} & \mathbf{0}_{12\times12}\end{bmatrix} \tag{4.45}$$

$$\bar{\boldsymbol{Z}}_{\mathrm{all}}=\left[\boldsymbol{Z}_{1,0},\ \boldsymbol{Z}_{49,0},\ \boldsymbol{Z}_{97,0},\ \boldsymbol{Z}_{157,0}\right]^{\mathrm{T}} \tag{4.46}$$

$$\boldsymbol{U}_{\mathrm{rest}}=\boldsymbol{U}_{\mathrm{tower}}\boldsymbol{U}_{\mathrm{hinge2}}\boldsymbol{U}_{147}\boldsymbol{U}_{\mathrm{hinge1}}\boldsymbol{U}_{146} \tag{4.47}$$

确认风力机系统边界条件，塔筒底端为固定边界，叶片尖端为自由振动，则边界状态矢量可定义为：

$$\begin{aligned}&\boldsymbol{Z}_{1,0}=\boldsymbol{Z}_{49,0}=\boldsymbol{Z}_{97,0}=\left[X,\ Y,\ Z,\ \Theta_x,\ \Theta_y,\ \Theta_z,\ 0,\ 0,\ 0,\ 0,\ 0,\ 0\right]^{\mathrm{T}}\\&\boldsymbol{Z}_{157,0}=\left[0,\ 0,\ 0,\ 0,\ 0,\ 0,\ M_x,\ M_y,\ M_z,\ Q_x,\ Q_y,\ Q_z\right]^{\mathrm{T}}\end{aligned} \tag{4.48}$$

将风力机边界状态矢量［式（4.48）］代入总传递方程［式（4.42）］中，可以求解出方程的特征值。同样，使用递归扫描法和 SVD 法可计算出系统的固有频率及对应的模态振型。

本节建立的模型为风力机处于静止状态下，叶轮无旋转、偏航，不考虑气动载荷。主轴和机舱之间的弹性铰限制叶轮的旋转运动，即约束主轴绕 z 轴方向的旋转，其传递矩阵可以写为：

$$\boldsymbol{U}_{\mathrm{hinge1}}=\begin{bmatrix}1&0&0&0&0&0&0&0&0&0&0&0\\0&1&0&0&0&0&0&0&0&0&0&0\\0&0&1&0&0&0&0&0&0&0&0&0\\0&0&0&1&0&0&0&0&0&0&0&0\\0&0&0&0&1&0&0&0&0&0&0&0\\0&0&0&0&0&1&0&0&1/k_z'&0&0&0\\0&0&0&0&0&0&1&0&0&0&0&0\\0&0&0&0&0&0&0&1&0&0&0&0\\0&0&0&0&0&0&0&0&1&0&0&0\\0&0&0&0&0&0&0&0&0&1&0&0\\0&0&0&0&0&0&0&0&0&0&1&0\\0&0&0&0&0&0&0&0&0&0&0&1\end{bmatrix} \tag{4.49}$$

同样，机舱和塔筒之间的弹性铰限制机舱的偏航运动，即约束其绕 y 轴方向的旋转，其传递矩阵可以写为：

$$
\boldsymbol{U}_{\text{hinge2}}=\begin{bmatrix}
1&0&0&0&0&0&0&0&0&0&0&0\\
0&1&0&0&0&0&0&0&0&0&0&0\\
0&0&1&0&0&0&0&0&0&0&0&0\\
0&0&0&1&0&0&0&0&0&0&0&0\\
0&0&0&0&1&0&0&1/k'_y&0&0&0&0\\
0&0&0&0&0&1&0&0&0&0&0&0\\
0&0&0&0&0&0&1&0&0&0&0&0\\
0&0&0&0&0&0&0&1&0&0&0&0\\
0&0&0&0&0&0&0&0&1&0&0&0\\
0&0&0&0&0&0&0&0&0&1&0&0\\
0&0&0&0&0&0&0&0&0&0&1&0\\
0&0&0&0&0&0&0&0&0&0&0&1
\end{bmatrix} \tag{4.50}
$$

式中，k'_z、k'_y 表示所对应节点处的刚度。

在当前坐标系下，柔塔中的梁模型如图 4.19 所示。柔塔中的梁结构需要承受塔顶叶轮、机舱的压力和塔筒自身重力作用，其传递矩阵形式如下：

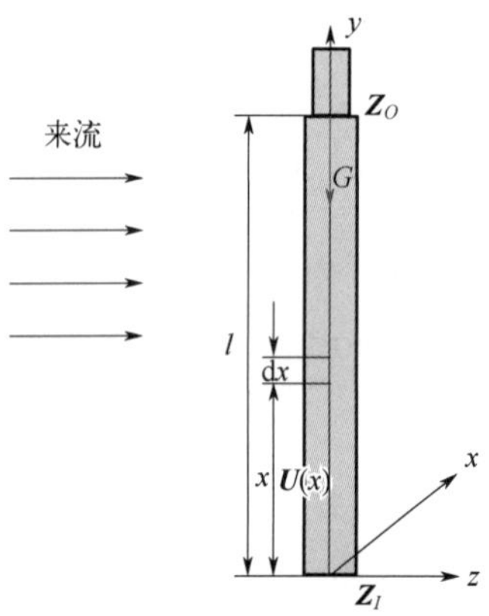

图 4.19　柔塔梁模型

$$
\boldsymbol{U}_{\text{tower}}=\begin{bmatrix}
u_1&0&0&0&0&u_2&0&0&u_3&u_4&0&0\\
0&1&0&0&0&0&0&0&0&0&0&0\\
0&0&u_1&u_2&0&0&u_3&0&0&0&0&u_4\\
0&0&u_5&u_6&0&0&u_7&0&0&0&0&u_8\\
0&0&0&0&1&0&0&0&0&0&0&0\\
u_5&0&0&0&0&u_6&0&0&u_7&u_8&0&0\\
0&0&u_9&u_{10}&0&0&u_{11}&0&0&0&0&u_{12}\\
0&0&0&0&0&0&0&1&0&0&0&0\\
u_9&0&0&0&0&u_{10}&0&0&u_{11}&u_{12}&0&0\\
u_{13}&0&0&0&0&u_{14}&0&0&u_{15}&u_{16}&0&0\\
0&0&0&0&0&0&0&0&0&0&1&0\\
0&0&u_{13}&u_{14}&0&0&u_{15}&0&0&0&0&u_{16}
\end{bmatrix} \tag{4.51}
$$

其中，$u_1 \sim u_{16}$ 的定义为：

$$
u_1=\frac{\lambda_1^2\cos(\lambda_2 x)+\lambda_2^2\cosh(\lambda_1 x)}{A_5},u_2=\frac{\sin(\lambda_2 x)A_4}{A_1}-\frac{\sinh(\lambda_1 x)A_3}{A_2},
$$

$$
u_3=u_8=\frac{\cos(\lambda_2 x)-\cosh(\lambda_1 x)}{EIA_5},u_4=\frac{\lambda_1\sin(\lambda_2 x)-\lambda_2\sinh(\lambda_1 x)}{EI\lambda_1\lambda_2 A_5},
$$

$$
u_5=\frac{\lambda_1\lambda_2[\lambda_1\sin(\lambda_2 x)-\lambda_2\sinh(\lambda_1 x)]}{A_5},u_6=\frac{\lambda_2\cos(\lambda_2 x)A_4}{A_1}-\frac{\lambda_1\cosh(\lambda_1 x)A_3}{A_2},
$$

$$
u_7=\frac{\lambda_2\sin(\lambda_2 x)+\lambda_1\sinh(\lambda_1 x)}{EIA_5},
$$

$$u_9=\frac{EI\lambda_1^2\lambda_2^2[\cos(\lambda_2x)-\cosh(\lambda_1x)]}{A_5},u_{10}=\frac{EI\lambda_2^2\sin(\lambda_2x)A_4}{A_1}-\frac{EI\lambda_1^2\sinh(\lambda_1x)A_3}{A_2},$$

$$u_{11}=\frac{\lambda_2^2\cos(\lambda_2x)+\lambda_1^2\cosh(\lambda_1x)}{A_5},u_{12}=\frac{\lambda_2\sin(\lambda_2x)+\lambda_1\sinh(\lambda_1x)}{A_5},$$

$$u_{13}=\frac{\lambda_1\lambda_2^2\sinh(\lambda_1x)A_4-\lambda_1^2\lambda_2\sin(\lambda_2x)A_3}{A_5},u_{14}=\frac{[\cos(\lambda_2x)-\cosh(\lambda_1x)]A_3A_4}{EIA_5},$$

$$u_{15}=\frac{\sin(\lambda_2x)(-EI\lambda_2^3+G\lambda_2)+\sinh(\lambda_1x)(EI\lambda_1^3+G\lambda_1)}{EIA_5},$$

$$u_{16}=\frac{\cosh(\lambda_1x)(EI\lambda_1^3+G\lambda_1)}{A_2}-\frac{\cos(\lambda_2x)(-EI\lambda_2^3+G\lambda_2)}{A_1}$$

4.2.3.2 NREL 风力机参数

本节选择美国可再生能源实验室（NREL）开发的 NREL 5MW 风力机[194]作为计算模型，该风力机在行业内常被用作参考风力机，其主要特征如表 4.6 所示。图 4.20 展示了由叶片、轮毂、机舱和柔塔构成的 NREL 5MW 风力机基本结构，模型的构造遵循参考文献[194]中的结构信息。

表 4.6 NREL 5MW 风力机主要特性

参数	数值
额定功率	5MW
叶片数	3
叶轮直径	126m
轮毂直径	3m
切入、额定、切出风速	3m/s、11.4m/s、25m/s
切入、额定转速	6.9r/min、12.1r/min
翼型截面	NACA 和 DU 翼型
基本控制	变速、变桨
叶轮质量	110000kg
机舱质量	240000kg
塔架质量	347460kg

NREL 风力机塔筒底部直径 6m，厚度 0.027m；顶部直径 3.87m，厚度 0.019m，可假设塔筒半径和厚度从塔底到塔顶线性变化。塔筒材料为钢，弹性模量 E 为 210GPa，剪切模量 G 为 80.8GPa，密度为 8500kg/m^3，可将其当作一种理想的弹塑性材料。塔筒总质量为 347460kg，其进一步的结构参数如表 4.7 所示。NREL 风力机叶片采用 NACA 和 DU 翼型，材料为玻璃钢。单个叶片长 61.5m，总质量为 17740kg，沿叶片展长各截面的结构参数如表 4.8 所示。

NREL 风力机轮毂半径为 1.5m，其重心位于偏航轴线上风向 5m。轮毂质量为 56780kg，绕主轴的转动惯量为 115926kg • m^2。风力机主轴质量为 87078kg，绕中心轴转动惯量为 120573kg • m^2。偏航轴承位于塔顶，距离塔底 87.6m。机舱质量为 240000kg，绕偏航轴线的转动惯量为 2607890kg・m^2，重心位置位于偏航轴向下风向 1.9m，偏航轴承上方 1.75m。

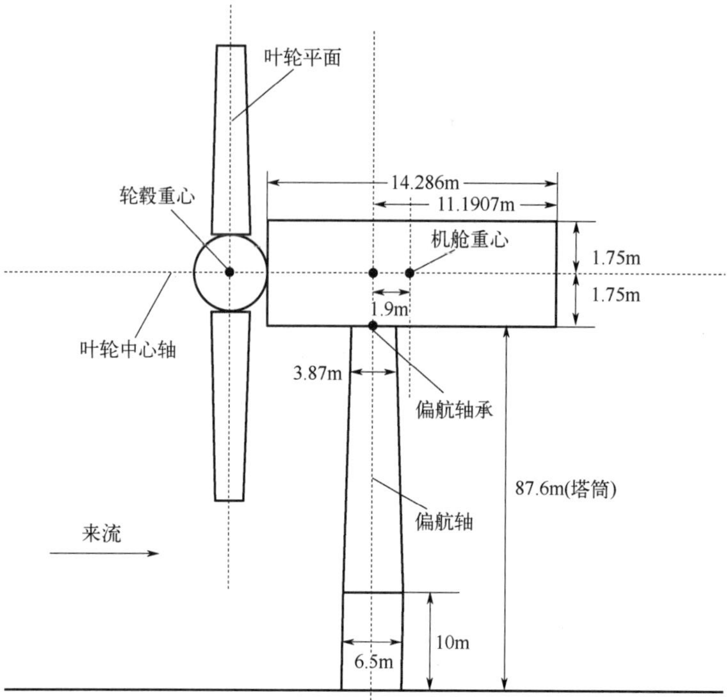

图 4.20　NREL 5MW 风力机示意图

表 4.7　NREL 风力机柔塔结构参数

高度/m	$\bar{m}$ /kg	EI_x /（N・m/rad）	EI_z /（N・m/rad）
0	5590.87	6.14×10^{11}	6.14×10^{11}
8.76	5232.43	5.35×10^{11}	5.35×10^{11}
17.52	4885.76	4.63×10^{11}	4.63×10^{11}
26.28	4550.87	3.99×10^{11}	3.99×10^{11}
35.04	4227.75	3.42×10^{11}	3.42×10^{11}
43.80	3916.41	2.91×10^{11}	2.91×10^{11}
52.56	3616.83	2.46×10^{11}	2.46×10^{11}
61.32	3329.03	2.06×10^{11}	2.06×10^{11}
70.08	3053.01	1.72×10^{11}	1.72×10^{11}
78.84	2788.75	1.42×10^{11}	1.42×10^{11}
87.60	2536.27	1.16×10^{11}	1.16×10^{11}

表 4.8　NREL 风力机叶片结构参数

叶片长度/m	$\bar{m}$ /kg	EI_x /（N・m/rad）	EI_z /（N・m/rad）	GJ	EA	I_α /（kg・m^2）	x_α /m
1.50	678.935	1.81×10^{10}	1.81×10^{10}	5.56×10^{9}	9.73×10^{9}	1945.90	0.00017
1.70	678.935	1.81×10^{10}	1.81×10^{10}	5.56×10^{9}	9.73×10^{9}	1945.90	0.00017

续表

叶片长度 /m	$\bar{m}$ /kg	EI_x /（N • m/rad）	EI_z /（N • m/rad）	GJ	EA	I_α /（kg • m²）	x_α /m
2.70	773.363	1.94×10^{10}	1.96×10^{10}	5.43×10^{9}	1.08×10^{10}	2157.90	−0.02309
3.70	740.550	1.75×10^{10}	1.95×10^{10}	4.99×10^{9}	1.01×10^{10}	2013.45	0.00344
4.70	740.042	1.53×10^{10}	1.98×10^{10}	4.67×10^{9}	9.87×10^{9}	1973.56	0.04345
5.70	592.496	1.08×10^{10}	1.49×10^{10}	3.47×10^{9}	7.61×10^{9}	1521.57	0.05893
6.70	450.275	7.23×10^{9}	1.02×10^{10}	2.32×10^{9}	5.49×10^{9}	1098.25	0.06494
7.70	424.054	6.31×10^{9}	9.14×10^{9}	1.91×10^{9}	4.97×10^{9}	994.26	0.07718
8.70	400.638	5.53×10^{9}	8.06×10^{9}	1.57×10^{9}	4.49×10^{9}	898.79	0.08394
9.70	382.062	4.98×10^{9}	6.88×10^{9}	1.16×10^{9}	4.03×10^{9}	806.96	0.10174
10.70	399.655	4.94×10^{9}	7.01×10^{9}	1.00×10^{9}	4.04×10^{9}	807.46	0.10758
11.70	426.321	4.69×10^{9}	7.17×10^{9}	8.56×10^{8}	4.17×10^{9}	833.94	0.15829
12.70	416.820	3.95×10^{9}	7.27×10^{9}	6.72×10^{8}	4.08×10^{9}	816.47	0.22235
13.70	406.186	3.39×10^{9}	7.08×10^{9}	5.47×10^{8}	4.09×10^{9}	817.19	0.30756
14.70	381.420	2.93×10^{9}	6.24×10^{9}	4.49×10^{8}	3.67×10^{9}	733.67	0.30386
15.70	352.822	2.57×10^{9}	5.05×10^{9}	3.36×10^{8}	3.15×10^{9}	629.55	0.26519
16.70	349.477	2.39×10^{9}	4.95×10^{9}	3.11×10^{8}	3.01×10^{9}	602.32	0.25941
17.70	346.538	2.27×10^{9}	4.81×10^{9}	2.92×10^{8}	2.88×10^{9}	576.52	0.25007
19.70	339.333	2.05×10^{9}	4.50×10^{9}	2.61×10^{8}	2.61×10^{9}	522.79	0.23155
21.70	330.004	1.83×10^{9}	4.24×10^{9}	2.29×10^{8}	2.36×10^{9}	471.50	0.20382
23.70	321.990	1.59×10^{9}	4.00×10^{9}	2.01×10^{8}	2.15×10^{9}	429.37	0.19934
25.70	313.820	1.36×10^{9}	3.75×10^{9}	1.74×10^{8}	1.94×10^{9}	388.81	0.19323
27.70	294.734	1.10×10^{9}	3.45×10^{9}	1.44×10^{8}	1.63×10^{9}	326.54	0.14994
29.70	287.120	8.76×10^{8}	3.14×10^{9}	1.20×10^{8}	1.43×10^{9}	286.48	0.15421
31.70	263.343	6.81×10^{8}	2.73×10^{9}	8.12×10^{7}	1.17×10^{9}	233.75	0.13252
33.70	253.207	5.35×10^{8}	2.55×10^{9}	6.91×10^{7}	1.05×10^{9}	209.48	0.13313
35.70	241.666	4.09×10^{8}	2.33×10^{9}	5.75×10^{7}	9.23×10^{8}	184.59	0.14035
37.70	220.638	3.15×10^{8}	1.83×10^{9}	4.59×10^{7}	7.61×10^{8}	152.16	0.1395
39.70	200.293	2.39×10^{8}	1.58×10^{9}	3.60×10^{7}	6.48×10^{8}	129.6	0.15134
41.70	179.404	1.76×10^{8}	1.32×10^{9}	2.74×10^{7}	5.40×10^{8}	107.94	0.17418
43.70	165.094	1.26×10^{8}	1.18×10^{9}	2.09×10^{7}	5.31×10^{8}	106.23	0.24922
45.70	154.411	1.07×10^{8}	1.02×10^{9}	1.85×10^{7}	4.60×10^{8}	92.00	0.26022
47.70	138.935	9.09×10^{7}	7.98×10^{8}	1.63×10^{7}	3.76×10^{8}	75.15	0.22554
49.70	129.555	7.63×10^{7}	7.10×10^{8}	1.45×10^{7}	3.29×10^{8}	65.77	0.22795
51.70	107.264	6.11×10^{7}	5.18×10^{8}	9.07×10^{6}	2.44×10^{8}	48.80	0.206
53.70	98.776	4.95×10^{7}	4.55×10^{8}	8.06×10^{6}	2.12×10^{8}	42.32	0.21662
55.70	90.248	3.94×10^{7}	3.95×10^{8}	7.08×10^{6}	1.82×10^{8}	36.30	0.22784
56.70	83.001	3.47×10^{7}	3.54×10^{8}	6.09×10^{6}	1.60×10^{8}	32.05	0.23124

续表

叶片长度 /m	$\bar{m}$ /kg	EI_x /（N·m/rad）	EI_z /（N·m/rad）	GJ	EA	I_α /（kg·m²）	x_α /m
57.70	72.906	3.04×10^7	3.05×10^8	5.75×10^6	1.09×10^8	21.84	0.14826
58.70	68.772	2.65×10^7	2.81×10^8	5.33×10^6	1.00×10^8	20.02	0.15346
59.20	66.264	2.38×10^7	2.62×10^8	4.94×10^6	9.22×10^7	18.45	0.15382
59.70	59.340	1.96×10^7	1.59×10^8	4.24×10^6	6.32×10^7	12.65	0.0947
60.20	55.914	1.60×10^7	1.38×10^8	3.66×10^6	5.33×10^7	10.66	0.09018
60.70	52.484	1.28×10^7	1.19×10^8	3.13×10^6	4.45×10^7	8.90	0.08561
61.20	49.114	1.01×10^7	1.02×10^8	2.64×10^6	3.69×10^7	7.38	0.08035
61.70	45.818	7.55×10^6	8.51×10^7	2.17×10^6	2.99×10^7	5.99	0.07096
62.20	41.669	4.60×10^6	6.43×10^7	1.58×10^6	2.13×10^7	4.26	0.05424
62.70	11.453	2.50×10^5	6.61×10^6	2.50×10^5	4.85×10^6	0.98	0.05387
63.00	10.319	1.70×10^5	5.01×10^6	1.90×10^5	3.53×10^6	0.70	0.05181

4.2.3.3 模型验证

为了评估风力机叶塔耦合模型精度，本节基于 NREL 5MW 风力机模型进行了数值算例验证。验证中分别计算了 NREL 叶片和 NREL 风力机整机，并与相关文献中的数值模拟结果进行了对比。

基于表 4.8 中提供的 NREL 叶片数据，本节建立单个叶片的弯扭耦合梁模型，其静止状态前 6 阶固有频率计算结果对比如表 4.9 所示。从表中可看出各方法计算出的低阶固有频率结果基本相同，但对高阶固有频率的计算略有差别。

表 4.9 单个 NREL 叶片固有频率计算结果对比

模态阶数	固有频率 f_k /Hz					
	BModes	FAST	文献[195]	文献[196]	文献[197]	MSTMM
1	0.69	0.68	0.67	0.68	0.68	0.69
2	1.12	1.10	1.11	1.09	1.10	1.11
3	2.00	1.94	1.93	1.99	1.98	1.99
4	4.12	4.00	3.96	4.05	3.99	4.13
5	4.64	4.43	4.43	—	4.66	4.58
6	5.61	5.77	5.51	5.74	5.53	5.80

NREL 叶片模态振型如图 4.21 所示，图中将当前 MSTMM 计算结果与文献[196]对比。从图中对比可以看出叶片主要振型基本一致，由于本节建模中使用的是弯扭耦合梁，因此在扭转模态中可以同时观察到挥舞和扭转运动的耦合。扭转模态通常不会单独出现，而是与其他模态耦合。叶片运动的耦合也会对其气动稳定性产生影响。

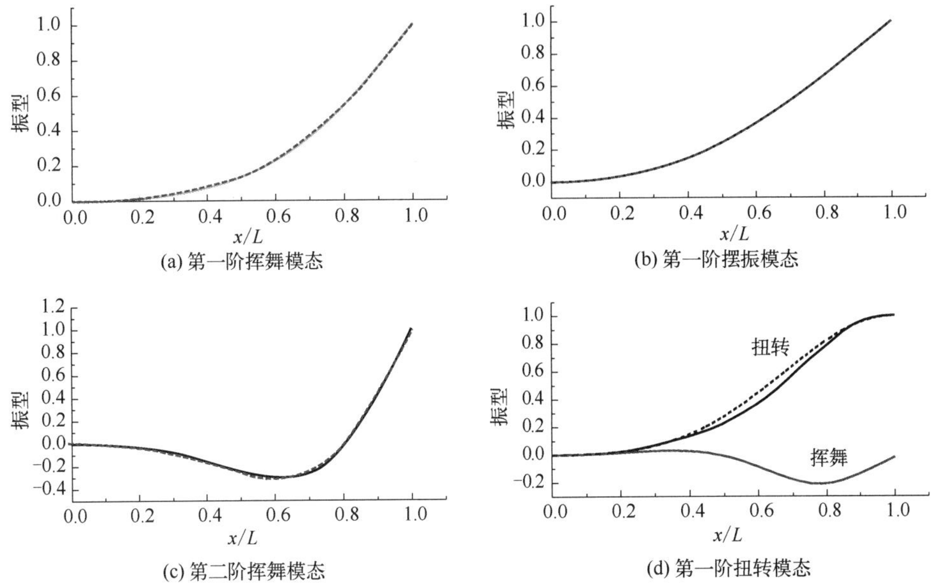

(a) 第一阶挥舞模态　(b) 第一阶摆振模态

(c) 第二阶挥舞模态　(d) 第一阶扭转模态

图 4.21　当前方法（——）及文献[196]（- - -）中的 NREL 叶片归一化振型

对 NREL 风力机整机振动特性的计算中，风力机叶片静止时无旋转，无气动载荷，同时机舱固定无偏航。NREL 风力机系统的固有频率如表 4.10 所示，其中 MSTMM 计算结果与参考文献[194,187,199]中结果进行对比。文献[194]中为 NREL 提供采用 FAST 和 ADAMS 软件的分析结果，其中 FAST 模型为 16 个自由度的整机模型，而 ADAMS 模型为 438 个自由度的整机多体系统模型，两种方法对主轴和机舱都只采用一个自由度描述。文献[198]同样使用传递矩阵方法，但对于叶片和塔筒都采用无质量无耦合梁单元，整体结构相对简单。文献[199]也采用 ADAMS 软件进行分析，对叶片、塔筒等柔性结构采用超级单元描述，即用刚体、万向节和旋转铰共同描述柔体的特性，因此对叶片、塔筒高阶模态的计算会产生一定误差。本书模型考虑了叶轮、机舱等结构对塔筒的压力和塔筒自身重力的影响，并且采用弯扭耦合梁描述叶片，模型对 NREL 风力机振动特性的计算结果与参考文献基本一致，且振型都与官方文件中的描述相同，证明了当前建模方法的准确性。为进一步研究风力机塔筒的涡激振动，需取出塔筒的模态振型，其振型如图 4.22 所示。

表 4.10　NREL 风力机整机固有频率计算结果对比

模态	固有频率 f_k /Hz				
	ADAMS	FAST	文献[198]	文献[199]	MSTMM
1 阶塔筒前后向（fore-aft）	0.3195	0.3240	0.3352	0.3006	0.3021
1 阶塔筒侧向（side-to-side）	0.3164	0.3120	0.3276	0.3012	0.3267
1 阶不对称叶片挥舞（flapwise）	0.6296	0.6664	0.6629	0.6205	0.6679
1 阶不对称叶片挥舞（flapwise）	0.6686	0.6675	—	0.6460	0.6693
1 阶对称叶片挥舞（flapwise）	0.7019	0.6993	0.7134	0.6885	0.7023

续表

模态	固有频率 f_k /Hz				
	ADAMS	FAST	文献[198]	文献[199]	MSTMM
1 阶不对称叶片摆振（edgewise）	1.0740	1.0793	1.0007	1.0993	1.1137
1 阶不对称叶片摆振（edgewise）	1.0877	1.0898	1.1019	1.1084	1.1282
2 阶不对称叶片挥舞（flapwise）	1.6507	1.9337	—	1.5564	1.8857
2 阶不对称叶片挥舞（flapwise）	1.8558	1.9223	1.9234	1.6659	1.9055
2 阶对称叶片挥舞（flapwise）	1.9601	2.0205	2.0207	—	2.0103
2 阶塔筒前后向（fore-aft）	2.8590	2.9003	3.0179	—	3.0470
2 阶塔筒侧向（side-to-side）	2.9408	2.9361	3.1074	—	3.0319

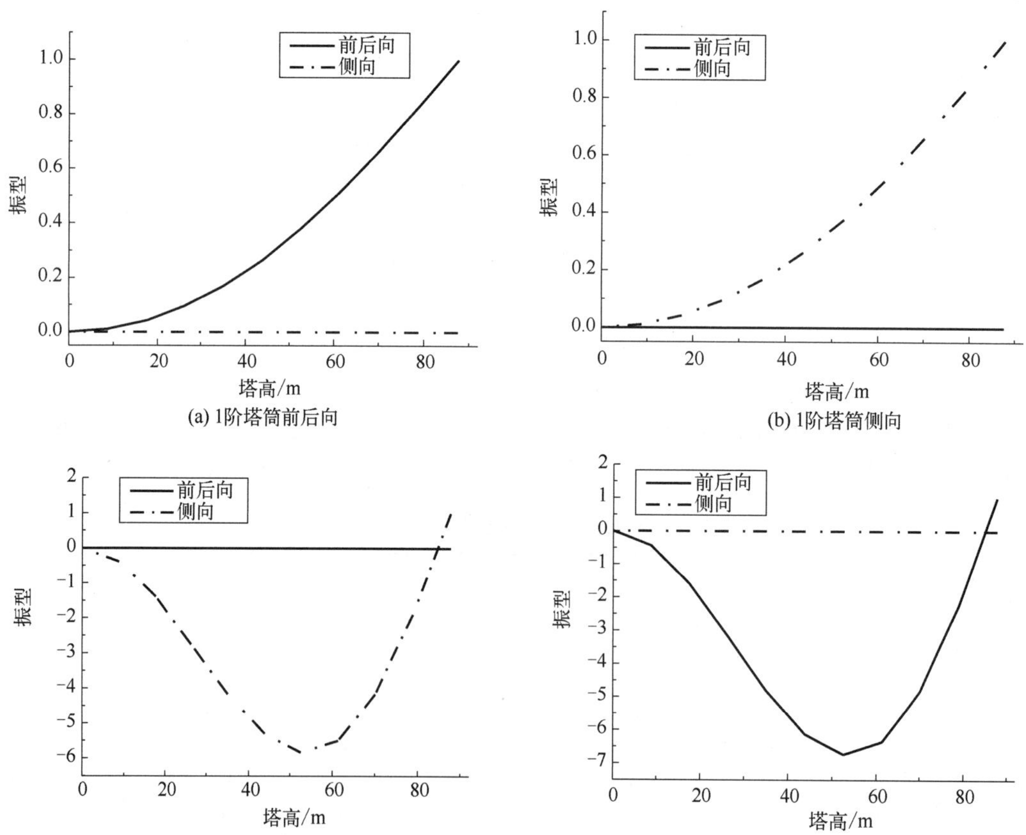

(a) 1阶塔筒前后向　(b) 1阶塔筒侧向　(c) 2阶塔筒侧向　(d) 2阶塔筒前后向

图 4.22　NREL 塔筒振型

4.3 T-NES 作用下的三维柔性风力机柔塔系统涡激振动减振

4.3.1 T-NES 作用下的柔塔动力学建模

考虑到三维柔塔结构双向流固耦合的计算效率，本书选择采用单向流固耦合计算柔塔在强风中的涡激振动，通过 CFD 方法计算出在一段时间内的塔筒表面载荷变化，将其代入体动力学方程中，计算出整个柔塔结构的运动。

4.3.1.1 T-NES 作用下的柔塔体动力学方程

为了求解柔塔在流场中的动力学问题，本节采用 MSTMM 建立柔塔体动力学方程。线性多体系统传递矩阵法求解多刚柔体系统瞬态响应无需总体动力学方程，而是建立体动力学方程。体动力学方程不同于总体动力学方程，仅仅是各个体元件体动力学方程的组合，无需考虑个体元件之间的约束与连接关系。在柔塔模型中，将变截面塔筒简化为多段梁结构建立的柔塔的多刚柔体模型，并求解出塔筒的振动特性。本节求解出 NORDEX S70/1500 风力机柔塔固有振动特性，根据 MSTMM 中增广特征矢量的正交性，建立柔塔系统的体动力学方程，并进一步扩展到 T-NES 作用下的柔塔体动力学方程。

根据 MSTMM 基本理论，用 $x_{Bi}(z_1,t)$ 描述柔塔模型中梁元件的流向位移，用 $y_{Bi}(z_1,t)$ 描述元件的横向位移，忽略阻尼项，建立三维柔塔体动力学方程为：

$$\boldsymbol{M}\boldsymbol{v}_{tt}+\boldsymbol{K}\boldsymbol{v}=\boldsymbol{f}$$

式中，$\boldsymbol{M}$ 为质量增广算子（质量矩阵）；$\boldsymbol{K}$ 为刚度增广算子（刚度矩阵）；$\boldsymbol{v}$ 为系统位移列阵（位移矩阵），$\boldsymbol{v}_{tt}$ 为其对时间 t 的二阶导数，下标 t 表示对时间求导；$\boldsymbol{f}$ 为塔筒所受流体力列阵（外力矩阵），随时间 t 变化。它们的表达式如下：

$$\boldsymbol{M}=\begin{bmatrix}\boldsymbol{M}_{B1} & & & \\ & \ddots & & \\ & & \ddots & \\ & & & \boldsymbol{M}_{B22}\end{bmatrix}=\begin{bmatrix}\bar{m}_{B1} & & & & \\ & \bar{m}_{B1} & & & \\ & & \ddots & & \\ & & & \bar{m}_{B22} & \\ & & & & \bar{m}_{B22}\end{bmatrix}_{44\times44}$$

$$\boldsymbol{K}=\begin{bmatrix}\boldsymbol{K}_{B1} & & & & \\ & \boldsymbol{K}_{B2} & & & \\ & & \ddots & & \\ & & & \ddots & \\ & & & & \boldsymbol{K}_{Bn}\end{bmatrix}=\begin{bmatrix}EI_1\dfrac{\partial^4}{\partial z_1^4}+G_1\dfrac{\partial^2}{\partial z_1^2} & & & & \\ & EI_1\dfrac{\partial^4}{\partial z_1^4}+G_1\dfrac{\partial^2}{\partial z_1^2} & & & \\ & & \ddots & & \\ & & & EI_{Bn}\dfrac{\partial^4}{\partial z_{Bn}^4}+G_{Bn}\dfrac{\partial^2}{\partial z_{Bn}^2} & \\ & & & & EI_{Bn}\dfrac{\partial^4}{\partial z_{Bn}^4}+G_{Bn}\dfrac{\partial^2}{\partial z_{Bn}^2}\end{bmatrix}\tag{4.52}$$

$$\boldsymbol{v}=\begin{bmatrix}\boldsymbol{v}_{B1}\\\boldsymbol{v}_{B2}\\\vdots\\\boldsymbol{v}_{B22}\end{bmatrix}=\begin{bmatrix}x_1(z_1,t)\\y_1(z_1,t)\\\vdots\\y_{22}(z_{22},t)\end{bmatrix},\quad \boldsymbol{f}=\begin{bmatrix}\boldsymbol{f}_{B1}\\\boldsymbol{f}_{B2}\\\vdots\\\boldsymbol{f}_{B22}\end{bmatrix}=\begin{bmatrix}F_{\mathrm{D1}}(t)\\F_{\mathrm{L1}}(t)\\\vdots\\F_{\mathrm{L22}}(t)\end{bmatrix}$$

其中，下标 $B1$～$B22$ 表示元件编号；$\boldsymbol{M}_{Bi}$ 表征体元件的质量分布，为质量参数矩阵；$\boldsymbol{K}_{Bi}$ 为刚度参数矩阵；$\boldsymbol{v}_{Bi}$ 为体元件位移列阵；$\boldsymbol{f}_{Bi}$ 为体元件所受外力列阵。

多刚柔体系统中刚体与弹性体之间的动力耦合作用，使多刚柔体系统的特征值问题非自共轭，振型函数不具有正交性，难以用模态方法精确分析系统的动力响应。多体系统传递矩阵法中引入增广特征矢量新概念，并证明其正交性，它定义为多体系统位移列阵对应的模态坐标列阵。按序列写出描述元件运动状态的位移参量，本书中柔塔系统的增广特征矢量可以定义为：

$$\boldsymbol{V}^k=\begin{bmatrix}\boldsymbol{V}_{B1}^k\\\vdots\\\boldsymbol{V}_{B22}^k\end{bmatrix}=\left[X_1^k(z_1),\,Y_1^k(z_1),\,\cdots,X_{22}^k(z_{22}),\,Y_{22}^k(z_{22})\right]^{\mathrm{T}}\tag{4.53}$$

根据模态叠加法，令 $\boldsymbol{v}=\sum\limits_{k=1}^{\infty}\boldsymbol{V}^kq^k(t)$，$q^k(t)$ 为相应的广义坐标，因此柔塔体动力学方程可展开为：

$$\sum_{k=1}^{\infty}\boldsymbol{M}\boldsymbol{V}^k\ddot{q}^k(t)+\sum_{k=1}^{\infty}\boldsymbol{K}\boldsymbol{V}^kq^k(t)=\boldsymbol{f}\tag{4.54}$$

根据增广特征矢量的正交性：

$$\begin{aligned}&<\boldsymbol{M}\boldsymbol{V}^k,\,\boldsymbol{V}^p>=\delta_{k,p}M_p\\&<\boldsymbol{K}\boldsymbol{V}^k,\,\boldsymbol{V}^p>=\delta_{k,p}K_p\\&K_p/M_p=\omega_p^2\end{aligned}\tag{4.55}$$

其中，M_p 为系统第 p 阶模态质量；K_p 为系统第 p 阶模态刚度；ω_p 为第 p 阶固有频率。

用增广特征矢量的正交性和系统固有频率特性，可把本来无法直接求解的体元件动力学方程转化为主坐标下的系统运动微分方程。用增广特征矢量 $\boldsymbol{V}^p$ 对式（4.54）两边取内积，使动力学方程解耦：

$$\ddot{q}^p(t)+\omega_p^2q^p(t)=\frac{<\boldsymbol{f},\boldsymbol{V}^p>}{M_p}\qquad(p=1,2,\cdots,n)\tag{4.56}$$

将计算出的 $q^p(t)$ 代入 $\boldsymbol{v}=\sum\limits_{k=1}^{\infty}\boldsymbol{V}^kq^k(t)$，即可得到系统的动力学响应。

进一步可写出柔塔系统在 T-NES 作用下的动力学方程为：

$$\boldsymbol{M}_{\mathrm{N}}\boldsymbol{v}_{tt}+\boldsymbol{K}\boldsymbol{v}=\boldsymbol{f}+\boldsymbol{P}_{\mathrm{NES}}\tag{4.57}$$

其中

$$\boldsymbol{M}_{\mathrm{N}}=\begin{bmatrix}\boldsymbol{M}_{B1} & & & \\ & \ddots & & \\ & & \ddots & \\ & & & \boldsymbol{M}_{B22}\end{bmatrix}=\begin{bmatrix}\bar{m}_{B1} & & & & & & & \\ & \bar{m}_{B1} & & & & & & \\ & & \ddots & & & & & \\ & & & \bar{m}_{Bn}+\bar{m}_{\mathrm{NES}} & & & & \\ & & & & \bar{m}_{Bn} & & & \\ & & & & & \ddots & & \\ & & & & & & \bar{m}_{B22} & \\ & & & & & & & \bar{m}_{B22}\end{bmatrix}_{44\times 44} \tag{4.58}$$

放置在塔筒第 n 段元件的 T-NES 控制力为：

$$\boldsymbol{P}_{\mathrm{NES}}=\begin{bmatrix}0\\ \vdots \\ c_{\mathrm{NES}}(\dot{y}_2-\dot{y}_{1,n})+k_{\mathrm{NES}}(y_2-y_{1,n})^3 \\ \vdots \\ 0\end{bmatrix}_{22\times 1} \tag{4.59}$$

塔筒内部 T-NES 的运动方程为：

$$m_{\mathrm{NES}}\ddot{y}_2+c_{\mathrm{NES}}(\dot{y}_2-\dot{y}_{1,n})+k_{\mathrm{NES}}(y_2-y_{1,n})^3=0 \tag{4.60}$$

其中，m_{NES} 为 T-NES 质量；c_{NES} 为 T-NES 阻尼；k_{NES} 为 T-NES 刚度；y_2 为 T-NES 横向位移；$y_{1,n}$ 为第 n 段塔筒横向位移。

同样利用增广特征矢量的正交性得：

$$\ddot{q}^p(t)+\omega_p^2 q^p(t)=\frac{<\boldsymbol{f}+\boldsymbol{P}_{\mathrm{NES}},\boldsymbol{V}^p>}{M_p}\qquad (p=1,2,\cdots,n) \tag{4.61}$$

设柔塔系统的初始位移和初始速度为：

$$\begin{aligned}\boldsymbol{v}(t)\big|_{t=0}&=\boldsymbol{v}_0\\ \boldsymbol{v}_t(t)\big|_{t=0}&=\dot{\boldsymbol{v}}_0\end{aligned} \tag{4.62}$$

利用增广特征矢量 $\boldsymbol{V}^p$ 可写为：

$$\begin{aligned}<\boldsymbol{v}_0,\boldsymbol{M}\boldsymbol{V}^p>=<\boldsymbol{M}\boldsymbol{V}^p,\sum_{k=1}^{\infty}\boldsymbol{V}^k q_0^k>=\sum_{k=1}^{\infty}<\boldsymbol{M}\boldsymbol{V}^p,\boldsymbol{V}^k>q_0^p=M^p q_0^p\\ <\dot{\boldsymbol{v}}_0,\boldsymbol{M}\boldsymbol{V}^p>=<\boldsymbol{M}\boldsymbol{V}^p,\sum_{k=1}^{\infty}\boldsymbol{V}^k \dot{q}_0^k>=\sum_{k=1}^{\infty}<\boldsymbol{M}\boldsymbol{V}^p,\boldsymbol{V}^k>\dot{q}_0^p=M^p \dot{q}_0^p\end{aligned} \tag{4.63}$$

因此，系统广义坐标和广义速度的初始值为：

$$\begin{aligned}q^p(t)\big|_{t=0}=q_0^p=\frac{<\boldsymbol{v}_0,\boldsymbol{M}\boldsymbol{V}^p>}{M^p}\\ \dot{q}^p(t)\big|_{t=0}=\dot{q}_0^p=\frac{<\dot{\boldsymbol{v}}_0,\boldsymbol{M}\boldsymbol{V}^p>}{M^p}\end{aligned} \tag{4.64}$$

将初始值代入式（4.61）中，以 Runge-Kutta 法求解即可得到柔塔和 T-NES 的动力学响应。

4.3.1.2 风载荷计算模型

风载荷是风力机塔筒所受主要载荷，但其作用形式复杂，使用经验模型难以准确模拟三维变截面塔筒在强风情况下的风载荷。特别在高雷诺数情况下，尾流振子模型已经难以模拟柱体结构后的尾流运动情况，其旋涡脱落规律无法用 Rayleigh、Van der Pol 方程或它们的一些修正方程表达。本书基于有限体积法离散控制方程，采用混合 RANS/LES 方法求解非定常 Navier-Stokes 方程。计算流场域模型如图 4.23 所示，流场中柱体结构为风力机柔塔。考虑到流体区域边界的影响，流域前壁面距离塔筒中心距离为 10 倍柱体直径，侧壁面距离塔筒都是 10 倍柱体直径，尾迹区域为 30 倍柱体直径长。流场入口边界条件为速度入口，出口为压力出口，塔筒侧向壁面和顶部壁面为对称壁面，塔筒表面和底部壁面都为无滑移壁面。

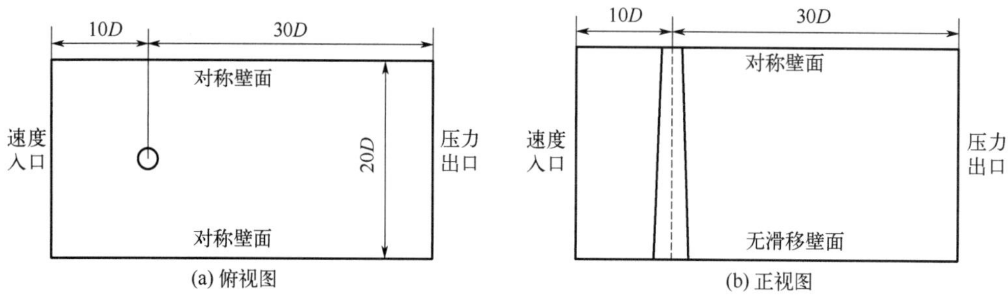

图 4.23　流场域模型示意图

流场计算网格采用结构化网格，网格细节如图 4.24 所示。在塔筒边界层处理上采用 O 型嵌套网格，同时对近壁面网格进行加密，第一层网格无量纲壁面距离 Y^+值在 1 左右。对于流场的数值计算，时间推进格式选用二阶隐式格式，空间离散选用二阶混合迎风格式，控制方程中速度分量与压力的耦合采用耦合求解法 COUPLED 算法进行处理。

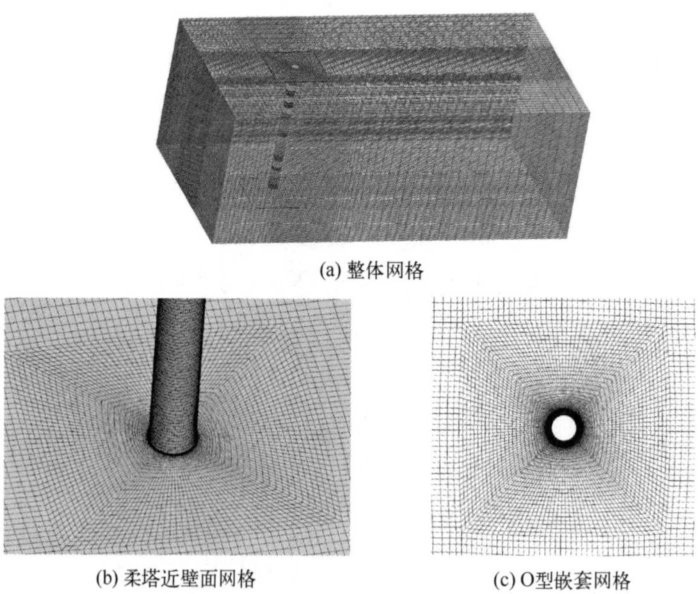

图 4.24　流场计算网格

求解控制方程的数值模拟方法采用改进的延迟分离涡模拟（improved delayed detached eddy simulation，IDDES）[200,201]，是在延迟分离涡模拟（DDES）[202,203]基础上提出的一种改进方法，解决了 DDES 的对数层不匹配问题。它作为一种混合 RANS/LES 方法，结合了延迟分离涡模拟（DDES）和使用壁面模型的大涡模拟（WMLES），能捕捉到大尺度分离流动。

对于高雷诺数下的柱体表面湍流边界层分离问题，常用的 RANS 方法由于忽略了湍流脉动，通常难以准确模拟；LES 方法对计算网格及计算资源需求过高，难以满足工程中高雷诺数流动计算；而 IDDES 方法在近壁面的边界层内应用 RANS 方法，在远离壁面区域使用 LES，减少了一定网格量。当边界层包含湍流脉动时，IDDES 能够转换为 WMLES，捕捉到近壁面的小尺度高频率的湍流信息，因此 IDDES 适用于本书中高雷诺数下的圆柱绕流计算。本节中 IDDES 模型基于 SST k-ω 模型进行构造，其中湍流长度尺度定义为：

$$l_{\mathrm{IDDES}} = \tilde{f}_{\mathrm{d}}(1+f_{\mathrm{e}})l_{\mathrm{RANS}} + (1-\tilde{f}_{\mathrm{d}})l_{\mathrm{LES}} \tag{4.65}$$

其中，混合函数 $\tilde{f}_{\mathrm{d}}$ 实现 RANS 和 LES 的快速转化；混合函数 f_{e} 实现对 RANS 和 LES 交界面处损耗雷诺应力的修正；l_{RANS}、l_{LES} 分别为 RANS 和 LES 模型中的长度尺度。

根据湍流长度尺度修改湍动能耗散项，因此动量方程可改为：

$$\frac{\partial(\rho k)}{\partial t} + \frac{\partial(\rho u_j k)}{\partial x_j} = \frac{\partial}{\partial x_j}\left[\left(\mu + \frac{\mu_{\mathrm{t}}}{\sigma_k}\right)\frac{\partial k}{\partial x_j}\right] + P_k - \frac{\rho k^{3/2}}{l_{\mathrm{IDDES}}} \tag{4.66}$$

式中，P_k 为湍动能耗散项系数。

IDDES 方法中重新定义亚格子尺度，改进后的亚格子尺度相比 LES 方法，增加了壁面距离的影响，其定义为：

$$\varDelta = \min[\max(C_{\mathrm{w}}d_{\mathrm{w}}, C_{\mathrm{w}}h_{\max}, h_{\mathrm{wn}}), h_{\max}] \tag{4.67}$$

式中，d_{w} 为计算点到壁面的距离；$h_{\max}$ 为网格最大尺度；h_{wn} 为垂直壁面方向的网格尺度；C_{w} 为常数 0.15。

混合函数 $\tilde{f}_{\mathrm{d}}$ 包含了 DDES 和 WMLES 分支，其构造形式如下：

$$\tilde{f}_{\mathrm{d}} = \max\left[(1-f_{\mathrm{dt}}), f_{\mathrm{b}}\right] \tag{4.68}$$

其中，f_{dt} 为 DDES 方法中的延迟函数，而函数 f_{b} 只在 WMLES 模型被调用时起作用，它使 RANS 方法在边界层内能够快速地向 LES 进行转换。

f_{e} 为增益函数，其定义为：

$$f_{\mathrm{e}} = \max\left[(f_{\mathrm{e1}}-1), 0\right] f_{\mathrm{e2}} \tag{4.69}$$

因此，当 $\tilde{f}_{\mathrm{d}} = f_{\mathrm{b}}$ 时，IDDES 启动 DDES 模式；当 $f_{\mathrm{e}} = 0$ 时，启动 WMLES 模式。

4.3.1.3　流场计算结果

针对 4.2 节中的 NORDEX S70/1500 风力机柔塔模型，采用 CFD 方法进行柔塔绕流计算。计算中来流条件为 40m/s 的均匀来流，处于过临界雷诺数范围内，柱体结构尾流为湍流涡街。为了评估 IDDES 模型对高雷诺数下三维柱体结构绕流的湍流运动模拟精度，将 IDDES 计算结果与同样工况和计算网格下的 SST k-ω 模型计算结果对比。

为了使旋涡结构的流场可视化，本节使用 Q 判断准则[204]对涡结构进行了显示和分析，其中 Q 值主要用来表示流场中旋涡流动区域内流体旋转涡量和拉伸量之间的主导关系[205]。$\nabla \boldsymbol{u}$ 定义速度梯度张量的不变量，设速度梯度张量的不变量的特征值为 λ，则有：

$$\begin{vmatrix} \frac{\partial u_x}{\partial x}-\lambda & \frac{\partial u_x}{\partial y} & \frac{\partial u_x}{\partial z} \\ \frac{\partial u_y}{\partial x} & \frac{\partial u_y}{\partial y}-\lambda & \frac{\partial u_y}{\partial z} \\ \frac{\partial u_z}{\partial x} & \frac{\partial u_z}{\partial y} & \frac{\partial u_z}{\partial z}-\lambda \end{vmatrix}=0 \tag{4.70}$$

式（4.70）可展开为：

$$\lambda^3-P\lambda^2+Q\lambda-R=0 \tag{4.71}$$

其中，$Q=\frac{1}{2}(u_{ii}^2-u_{ij}u_{ji})$，在不可压缩流动中，则可简化为：

$$Q=-\frac{1}{2}u_{ij}u_{ji}=\frac{1}{2}\left(\left\|\boldsymbol{\Omega}_{ij}\right\|^2-\left\|\boldsymbol{S}_{ij}\right\|^2\right) \tag{4.72}$$

式中，反对称速度梯度张量$\boldsymbol{\Omega}_{ij}=(u_{ij}-u_{ji})/2$；对称速度张量$\boldsymbol{S}_{ij}=(u_{ij}+u_{ji})/2$。

将Q写成三维坐标系的形式：

$$Q=-\frac{1}{2}\left[\left(\frac{\partial u_x}{\partial x}\right)^2+\left(\frac{\partial u_y}{\partial y}\right)^2+\left(\frac{\partial u_z}{\partial z}\right)^2\right]-\frac{\partial u_x}{\partial y}\frac{\partial u_y}{\partial x}-\frac{\partial u_x}{\partial z}\frac{\partial u_z}{\partial x}-\frac{\partial u_y}{\partial z}\frac{\partial u_z}{\partial y} \tag{4.73}$$

如图 4.25、图 4.26 所示为当前计算中流场涡量云图。从图中可以看出，IDDES 计算得到的塔筒流场结构与 SST k-ω 模型计算出的明显不同。来流与塔筒之间高剪切集中会导致尾流破裂，在图 4.26（b）中可观察到明显的无规律旋涡脱落。可以看到 IDDES 计算得到的涡结构形态更为清晰，能观察到更多细小的涡结构，且这些涡不稳定。而采用 SST k-ω 模型的 RANS 方法，计算出的涡结构稳定，没有体现出涡的瞬时状态，仅能给出平均流动特征。主要原因在于 RANS 计算出的流场经过了时间平均，缺乏湍流的产生和耗散机制，难以对详细的流动涡结构进行预测。

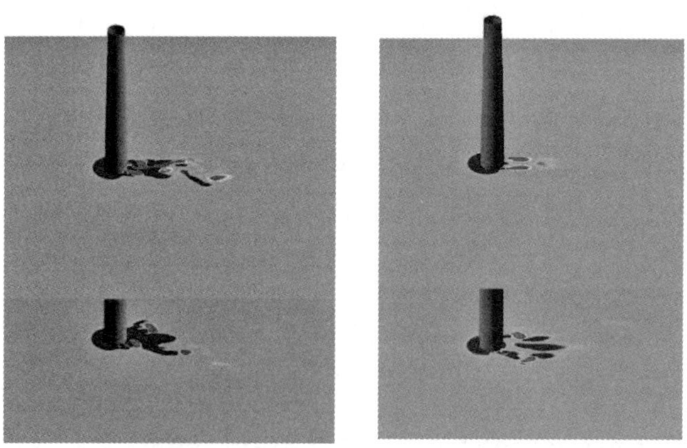

(a) IDDES模型　　(b) SST k-ω模型

图 4.25　三维流场涡量云图截面

观察图 4.25 中的塔筒周围涡量云图截面，可以看到 IDDES 计算得到的尾流中涡面结构更为丰富。而 RANS 方法计算得到的塔筒中部旋涡结构的空间位置及强度几乎对称，对湍流脉动信息的时均化处理使塔筒表面受到的横向气动力较小，不符合高雷诺数下的柱体横向振动特征。IDDES 方法计算出的塔筒表面力呈现出波动特性，这种波动更符合塔筒尾流场变化的实际情况，是模拟高雷诺数下湍流边界层分离的合适方法。

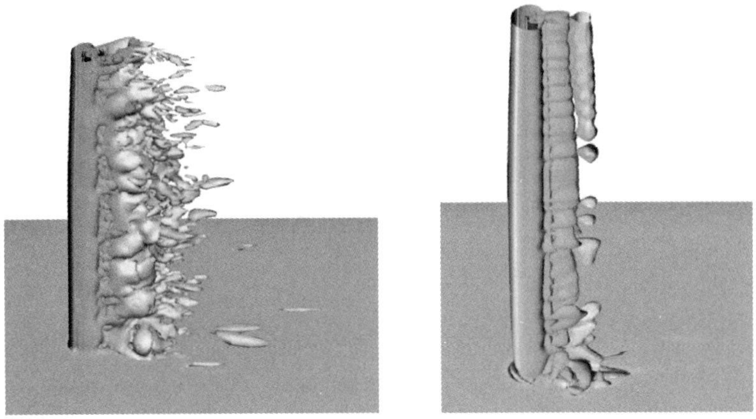

(a) IDDES模型　　(b) SST k-ω模型

图 4.26　柔塔尾流区涡结构

4.3.2　T-NES 对三维柔塔涡激振动的影响

4.3.2.1　T-NES 与 TMD 对涡激振动抑制效果对比

TMD 作为一种被动减振装置，在传统塔筒涡振控制中已有应用。虽然 TMD 原理简单，应用广泛，但是其频带较窄，吸振范围较小，对外激励特性的变化敏感，主要针对塔筒的一阶固有频率设计。对于风力机柔塔系统而言，来流速度范围变化大，强风下产生的激励频率较宽，可能产生以二阶模态为主的振动，因此吸振范围小的 TMD 有一定局限性。本节分别将 TMD 和具有宽频减振特性的 T-NES 置于风力机柔塔系统内，探索它们对强风下三维柔塔涡激振动的减振效果。

减振装置不同的刚度系数、阻尼系数和质量，都会产生不同的减振效果。本节 TMD 装置参考文献[206]中的设置，可获得 99%的最佳调谐比，其 TMD 最优参数取质量比 $m_{\text{TMD}}/m_{\text{tower}}=1\%$，阻尼比 $\xi_{\text{TMD}}=5\%$，其中 $c_{\text{TMD}}=2\xi_{\text{TMD}}m_{\text{TMD}}\omega_{\text{TMD}}$、$k_{\text{TMD}}=m_{\text{TMD}}\omega_{\text{TMD}}^2$。TMD 主要针对塔筒的一阶固有频率设计，柔塔第一阶振动最大振幅在塔筒顶端，因此 TMD 放置在塔筒顶端，TMD 固有频率与柔塔一阶固有频率相同。为方便对比，T-NES 采用与 TMD 相同的质量参数、刚度参数和阻尼参数，即 $m_{\text{NES}}=m_{\text{TMD}}$、$k_{\text{NES}}=k_{\text{TMD}}$、$c_{\text{NES}}=c_{\text{TMD}}$。

塔筒内部 TMD 的运动方程为：

$$m_{\text{TMD}}\ddot{y}_2+c_{\text{TMD}}(\dot{y}_2-\dot{y}_{1,n})+k_{\text{TMD}}(y_2-y_{1,n})=0 \tag{4.74}$$

其中，m_{TMD} 为 TMD 质量；c_{TMD} 为 TMD 阻尼；k_{TMD} 为 TMD 刚度。放置在塔筒顶端的 TMD 控制力为：

$$\boldsymbol{P}_{\text{TMD}}=\begin{bmatrix}0\\ \vdots\\ 0\\ \vdots\\ c_{\text{TMD}}(\dot{y}_2-\dot{y}_{1,n})+k_{\text{TMD}}(y_2-y_{1,n})\end{bmatrix}_{22\times1} \tag{4.75}$$

如图 4.27 所示为在两种减振装置作用下的柔塔顶端涡激振动，来流条件为 40m/s 的均匀来流。从图中可以看出两种装置都对塔筒涡激振动具有一定的抑制效果，在其横向振动对比中可以看出，T-NES 产生了更好的抑制效果。如图 4.28 所示为在同样风速下的柔塔各高度处的横向振幅，从图中可以清晰地看出在高雷诺数下，T-NES 的减振效果比 TMD 更好。当 TMD 调谐到柔塔系统的主频时，能对柔塔一阶振动产生较好的抑制效果。但现实中的系统参数通常是时变的，针对塔筒的一阶固有频率设计的 TMD，对高雷诺数下产生的宽频外激励频率，难以产生较好的减振效果。而 T-NES 具有宽频减振特性，因此对柔塔一阶频率的共振和高雷诺数下的柔塔大振幅振动都能产生一定的抑制效果。因此，在当前流速的计算中，T-NES 展现出了更好的减振效果。

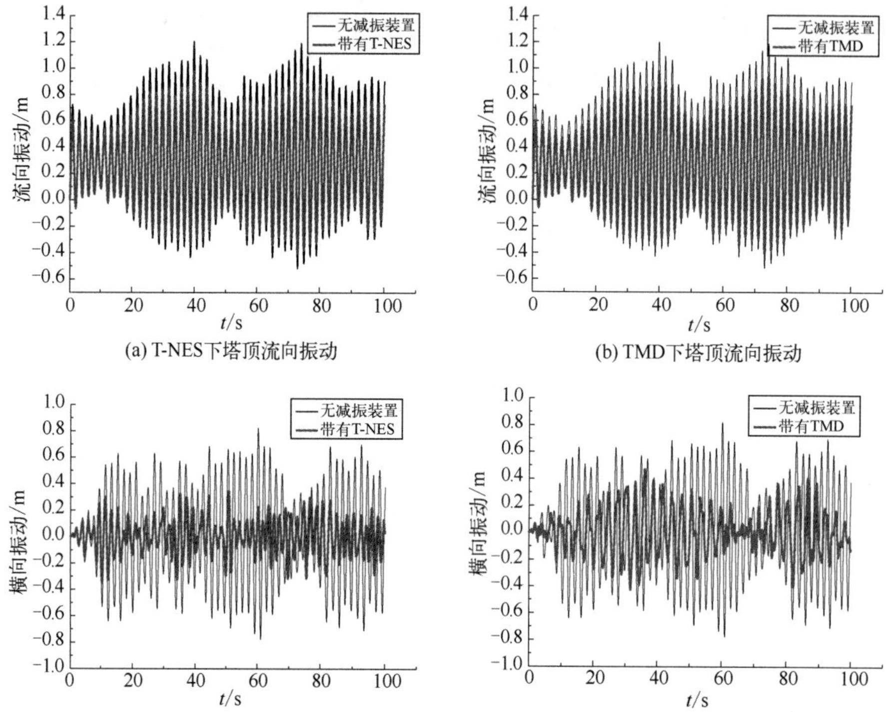

(a) T-NES下塔顶流向振动　(b) TMD下塔顶流向振动

(c) T-NES下塔顶横向振动　(d) TMD下塔顶横向振动

图 4.27　塔顶振动响应

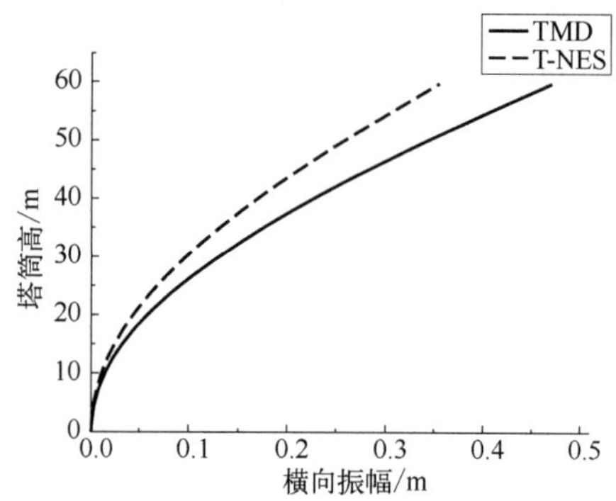

图 4.28　柔塔横向振幅

不同风速下，塔筒表面的压力脉动不同。对于不同风速激发出的塔筒一、二阶振动，采用 T-NES 和 TMD 的控制效果不同。为使来流条件更接近风场实际情况，来流风速剖面按 $U(z)=U_{\text{hub}}(z/z_{\text{hub}})^{\alpha}$ 计算，其中 z_{hub} 表示风力机轮毂处高度，U_{hub} 为轮毂处平均风速，地面粗糙度系数 α 为 0.2。如图 4.29 所示为 $U_{\text{hub}}=45\text{m/s}$ 下的柔塔横向振幅，图 4.30 为塔筒顶端和中段的运动轨迹。在减振装置作用下，柔塔各截面运动轨迹相对杂乱无章，无法观察到明显的运动规律。

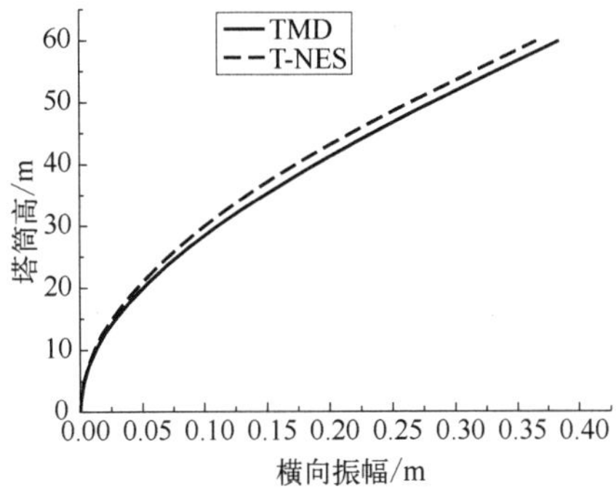

图 4.29　$U_{\text{hub}}=45\text{m/s}$ 下柔塔横向振幅

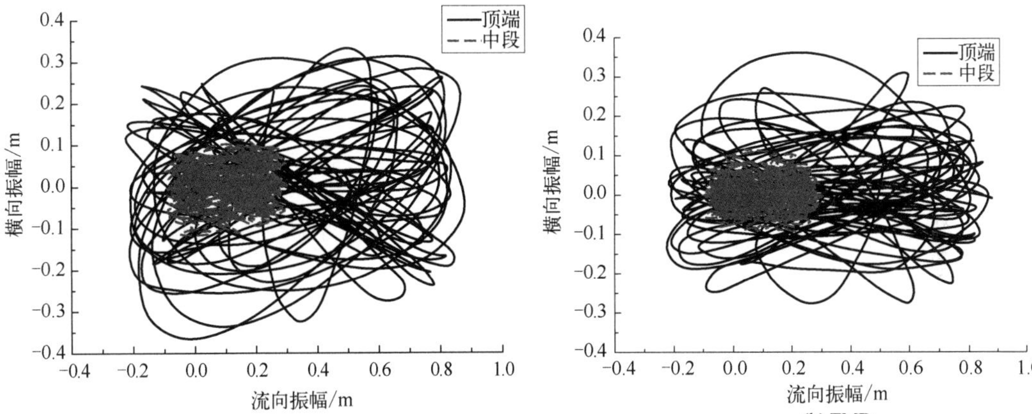

(a) T-NES　　(b) TMD

图 4.30　$U_{\text{hub}}=45\text{m/s}$ 下柔塔各截面运动轨迹

4.3.2.2　T-NES 不同参数方案的影响

不同的 T-NES 结构参数，都会产生不同的减振效果。本节在前文研究的基础上，进一步探索 T-NES 不同结构参数对三维涡激振动的影响规律。

T-NES 的阻尼比决定了它对吸收能量的消耗作用，更高的阻尼比通常能起到更好的振动控制效果。本节在保持其他计算条件不变的同时（m_{NES}、k_{NES} 保持不变，40m/s 均匀来流），探索了阻尼比为 ξ=2%、5%、7%、10%的 T-NES 的减振效果，其柔塔横向振幅对比如图 4.31 所示。从图中可以看出，T-NES 阻尼比 ξ 从 2%增加到 5%时，柔塔各高度处横向振幅明显减小；而当阻尼比增加到 10%时，振幅很难继续有效减小。在减振装置制造中，更高的阻尼存在一定困难。从当前计算结果观察，当阻尼比大于 5%后，其效益明显降低，因此选择合适的阻尼比是 T-NES 设计的关键。

T-NES 的质量是减振装置设计中的重要参数，对于实际工程中的一些高柔结构，减振装置的质量通常要限制在一定范围内。对于 T-NES 和 TMD 此类减振装置，采用较小的质量比获得良好的减振效果也是设计中的重点。T-NES 的质量比$\beta = m_{\text{NES}} / m_{\text{tower}}$越大，其对二维柱体涡激振动的抑制效果越好。如图 4.32 所示为不同质量比的 T-NES 作用下的三维柔塔振幅，其中 T-NES 阻尼参数c_{NES}和刚度参数k_{NES}保持不变。从图中可以看出安装在塔筒顶端的 T-NES，在高质量比下能获得更好的减振效果，但当质量比大于 0.3%后，难以再产生进一步的振动抑制效果。

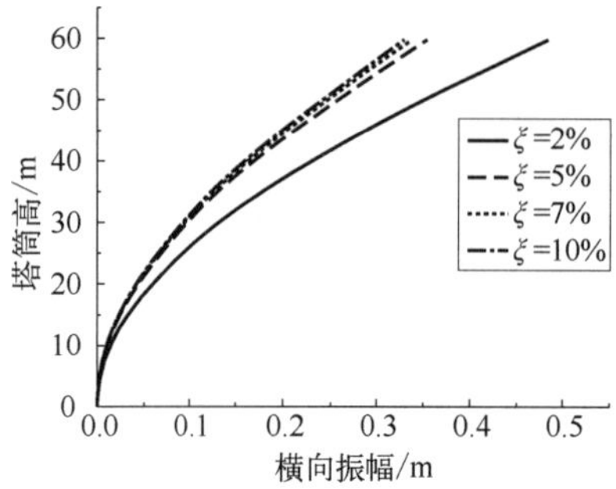

图 4.31　不同阻尼比ξ的 T-NES 对柔塔振动的影响

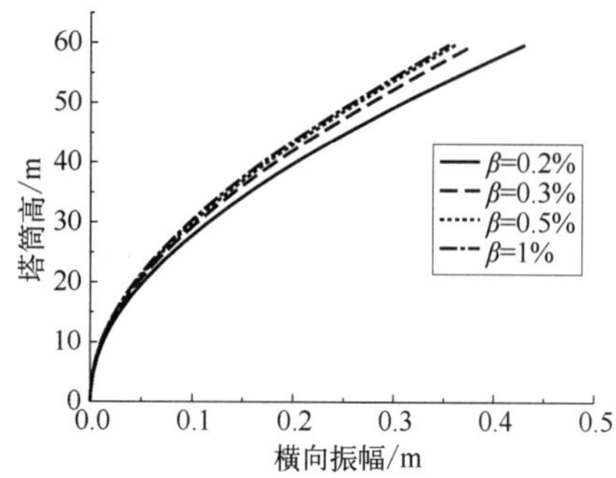

图 4.32　不同质量比β的 T-NES 对柔塔振动的影响

T-NES 的刚度参数与其非线性特性相关，调整 T-NES 的刚度参数能起到改变减振的效果。如图 4.33 所示为不同刚度参数的 T-NES 作用下的三维柔塔振幅，其中 T-NES 阻尼参数c_{NES}和质量参数m_{NES}保持不变，刚度参数取k_{NES}的倍数进行对比：$0.5k_{\text{NES}}$、k_{NES}、$1.5k_{\text{NES}}$、$2k_{\text{NES}}$。振幅曲线显示，具有更高刚度参数的 T-NES 产生的减振效果更好。但相比于改变质量比和阻尼比，改变刚度参数的影响较小。

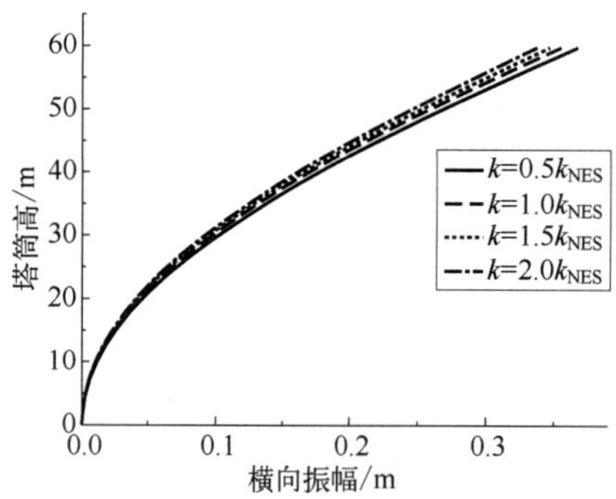

图 4.33　不同刚度参数的 T-NES 对柔塔振动的影响

4.4　本章小结

本章围绕柱体结构中产生的涡激振动问题及减振进行介绍，在二维流固耦合数值模拟的基础上，扩展到三维涡激振动仿真。采用了 T-NES 作为减振装置，在柱体结构涡激振动模型中加入 T-NES，开展了 T-NES 对柱体结构涡激振动的抑制效果和减振机理研究。

以风力机塔筒为研究对象，探究柱体结构涡激振动特性。对于风力机塔筒，适当地将叶轮和机舱简化为一个空间刚体，基于 MSTMM 建立了风力机塔筒简化模型。将此结构模型与尾流振子模型结合，进一步建立了风力机塔筒的流固耦合动力学模型，计算了塔筒在亚临界来流下的振动响应。计算结果显示，塔筒的振动以第一和第二阶弯曲模态为主，并且塔筒产生最大振幅的轴向位置通常在其中上段某处。

基于考虑轴向力的弯扭耦合梁模型，使用 MSTMM 建立旋转三叶片叶轮的多刚柔体结构模型，实现了旋转柔性叶片与刚性轮毂的耦合。将叶轮模型与塔筒模型结合建立风力机整机多体动力学模型，并通过与 NREL 5MW 风力机的计算结果对比验证该模型。计算中，叶片扭转模态包含挥舞和扭转运动的耦合。

基于 MSTMM 推导了三维柔性柱体结构在被动减振装置作用下的体动力学方程，结合 CFD 方法实现对三维柔性柱体结构在 T-NES 作用下的单向流固耦合振动预测。计算结果显示，对高雷诺数下的三维柔性柱体结构涡激振动，T-NES 相比于 TMD 有更好的减振效果。在一定范围内，T-NES 质量比、阻尼比、刚度参数越高，减振效果越明显。相比于改变质量比和阻尼比，改变刚度参数的影响较小。

第 5 章

海洋立管多体系统涡激振动与控制

扫码获取配套资源

5.1 概述

海洋立管是海洋油气开发工程的关键组成结构，其稳定性与耐久性直接关系到油气开发的安全和经济、能源供给的稳定以及海洋生态环境的保护。海洋立管因其所属海洋环境的复杂性，容易在洋流作用下发生涡激振动而导致结构的疲劳破坏，带来巨大的经济损失并且造成海洋环境污染。本章主要以三维海洋立管为例，通过数值仿真探索不同装置对抑制立管涡激振动的效果。

目前立管涡激振动方面的研究模型主要分为考虑梁理论和流体荷载的简化模型、考虑流场作用的二维质量-弹簧-阻尼模型以及考虑三维全场流固耦合的三维实体管道模型。由于受限于计算效率，目前大部分研究采用前两种研究模型，忽略了旋涡结构的三维效应。CFD 仿真能够精确地描述海洋立管的结构特性以及以抑制振动为目的的附属设施，全流体场的模拟则能够真实地反映流体对结构的作用，为立管的涡激振动及振动抑制提供精度更高的数值仿真模型。

研究表明，涡激共振时的振动响应最为剧烈，因此避免旋涡脱落频率与立管固有频率接近进而避免涡激共振就是振动控制的核心目标。海洋立管的振动控制方法通常分为两种，分别是主动控制与被动控制。主动控制法通过主动控制装置感应管道受到的外界荷载，通过施加控制力抵消激振力的作用，从而降低管道的振动响应。被动控制则是通过改变管道表面的形状来影响流场的分布，从而减少旋涡的产生和脱离，最终达到抑制涡激振动的目的。在海洋立管中被动控制最常用的是螺旋列板装置。螺旋列板通过改变沿管纵向的波流分离角，扰乱旋涡的空间关联性，使旋涡分散，从而削弱旋涡的强度，抑制振动。本章采用 CFD/FEM 双向耦合模型对低雷诺数的短柔性立管安装不同结构参数的螺旋列板，并进行涡激振动仿真计算，以减小计算量，分析了螺旋列板的安装位置、结构参数对立管涡激振动响应的影响规律。

5.2　三维 RTP 立管涡激振动

5.2.1　RTP 立管物理模型简化

涡激振动是海洋立管发生破坏的主要原因之一，因此对复合材料立管涡激振动快速仿真，预测复合材料立管的涡激振动行为十分重要。RTP 产品的种类繁多，本节仅以复合材料预制增强带 RTP 立管作为研究对象，探索适合工程的复合材料立管的建模方法，以及研究其涡激振动行为，为工程上类似的复合材料立管的涡激振动快速分析提供参考。水深小于 500m，一般采用传统的固定式平台或塔式平台。本节研究的立管长度在 50～150m 之间，因此采用塔式平台，即固定式平台。针对密度与水接近的 RTP 立管，忽略立管重力，考虑均匀来流和剪切流引起的涡激升力、立管顶部的顶张力、连接管道的刚性接头。简化后的连接在张力腿平台上的 RTP 立管模型示意如图 5.1 所示，立管下端铰接在位于海底的万向节上，上端铰接于浮体上。图中 T 为顶张力，数字 1 表示均匀来流，数字 2 表示剪切流。忽略平台的振动，立管边界条件可视为两端简支，另外做如下假设：

① 只考虑立管的横向振动，立管的运动始终在横向振动方向的平面内；

② 不考虑立管的扭转转动；

③ 立管内部流体为油，视为附加质量，不考虑内流速度对立管振动的影响；

④ 忽略立管本身的结构阻尼，仅考虑立管振动引起的水动力阻尼；

⑤ 立管应变很小，应力应变为线性关系；

⑥ 海流沿水深为均匀来流或者切线变化。

RTP 管道一般由内管、增强层和外管组成。如表 5.1 所示，本节研究的 RTP 立管的材料包括高密度聚乙烯（HDPE）、中密度聚乙烯（MDPE）和芳纶纤维。立管参数如表 5.2 所示。

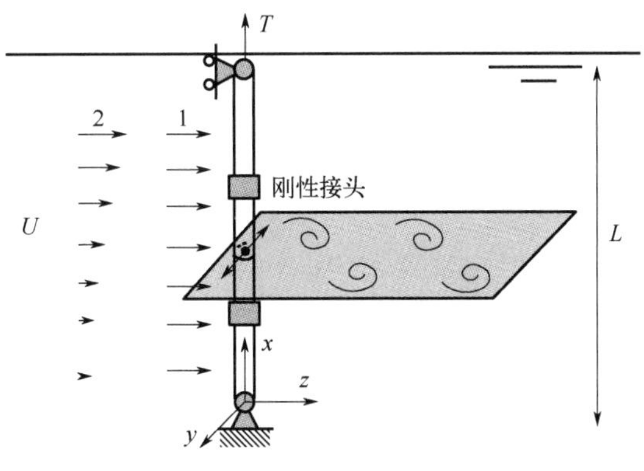

图 5.1　立管模型示意图

表 5.1　RTP 管道材料性质

材料	密度/（$kg \cdot m^{-3}$）	弹性模量/GPa	泊松比
芳纶纤维	1400	61.722	0.36
HDPE	950	1.020	0.41
MDPE	930	0.700	0.41

表 5.2　立管参数

名称	参数
RTP 管外径	365mm
RTP 管内径	338mm

5.2.2　RTP 立管动力学特性建模

考虑柔性立管刚性接头等结构细节，基于多体系统传递矩阵法计算其振动特性。铰-铰约束的带有顶张力的立管的欧拉梁模型如图 5.2 所示。本节采取将梁分段的方法来建立柔性立管的力学模型。为便于计算，以刚性接头的长度为参考长度，将 RTP 立管分为 n 段，那么刚性接头的长度为 L/n（本节针对 150m 长的 RTP 立管计算时，取 n=80）。这样计算中可以任意选取刚性接头的个数，只需将对应的梁元件的材料改为刚性材料即可。

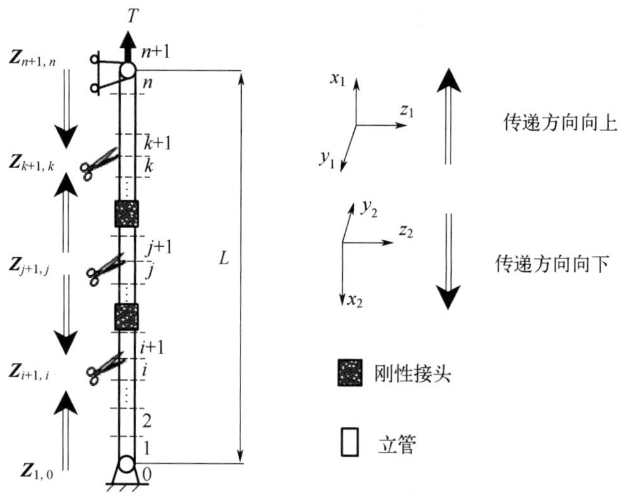

图 5.2　包括状态矢量和传递方向的立管模型

假设图 5.2 中任一段包含顶张力 T 的梁振动控制方程[207,208]为：

$$EI\frac{\partial^4 y}{\partial x^4}-T\frac{\partial^2 y}{\partial x^2}+\bar{m}\frac{\partial^2 y}{\partial t^2}=0 \tag{5.1}$$

令 $y(x,t)=Y(x)\mathrm{e}^{\mathrm{i}\omega t}$，则式（5.1）变为：

$$\frac{\partial^4 Y(x)}{\partial x^4}+\left(-\frac{T}{EI}\right)\frac{\partial^2 Y(x)}{\partial x^2}-\frac{\bar{m}\omega^2}{EI}Y(x)=0 \tag{5.2}$$

式（5.2）的通解为：

$$Y(x)=A_1\cosh(\lambda_1 x)+A_2\sinh(\lambda_1 x)+A_3\cos(\lambda_2 x)+A_4\sin(\lambda_2 x) \tag{5.3}$$

式中

$$\lambda_1=\sqrt{-(-T/EI)/2+\sqrt{(-T/EI)^2/4+\frac{\bar{m}\omega^2}{EI}}}\text{，}\quad \lambda_2=\sqrt{(-T/EI)/2+\sqrt{(-T/EI)^2/4+\frac{\bar{m}\omega^2}{EI}}}$$

同时，对于 Euler-Bernoulli 梁，由 $Y(x)$ 可以得到模态坐标系下的角位移、内力矩、内力：

$$\Theta_z=\frac{\mathrm{d}Y}{\mathrm{d}x},M_z=EI\frac{\mathrm{d}^2Y}{\mathrm{d}x^2},Q_y=T\Theta_z+\frac{\mathrm{d}M_z}{\mathrm{d}x} \tag{5.4}$$

由式（5.3）、式（5.4）可得：

$$\boldsymbol{Z}(x)=\boldsymbol{B}(x)\boldsymbol{a} \tag{5.5}$$

式中，$\boldsymbol{Z}(x)$ 为状态矢量，且 $\boldsymbol{Z}(x)=[Y\ \ \Theta_z\ \ M_z\ \ Q_y]^{\mathrm{T}};\boldsymbol{a}=[A_1\ \ A_2\ \ A_3\ \ A_4]^{\mathrm{T}}$；

$$\boldsymbol{B}(x)=\begin{bmatrix}\cosh(\lambda_1x) & \sinh(\lambda_1x) & \cos(\lambda_2x) & \sin(\lambda_2x)\\ \lambda_1\sinh(\lambda_1x) & \lambda_1\cosh(\lambda_1x) & -\lambda_2\sin(\lambda_2x) & \lambda_2\cos(\lambda_2x)\\ EI\lambda_1^2\cosh(\lambda_1x) & EI\lambda_1^2\sinh(\lambda_1x) & -EI\lambda_2^2\cos(\lambda_2x) & -EI\lambda_2^2\sin(\lambda_2x)\\ (EI\lambda_1^3+T\lambda_1)\sinh(\lambda_1x) & (EI\lambda_1^3+T\lambda_1)\cosh(\lambda_1x) & (EI\lambda_2^3-T\lambda_2)\sin(\lambda_2x) & (T\lambda_2-EI\lambda_2^3)\cos(\lambda_2x)\end{bmatrix}$$。

令式（5.5）中 $x=0,x=l$，则 $\boldsymbol{Z}(l)=\boldsymbol{B}(l)\boldsymbol{B}^{-1}(0)\boldsymbol{Z}(0)$。

因此任一段梁的传递矩阵为：

$$\boldsymbol{U}=\boldsymbol{B}(l)\boldsymbol{B}^{-1}(0) \tag{5.6}$$

由于柔性立管非常细长，如图 5.2 所示，将立管分成四段，并使用图 5.2 所示的传递方向，以减小同一方向传递过程中由过多矩阵相乘引起的高阶振型的数值误差。柔性立管的传递方程为：

$$\begin{aligned}&\boldsymbol{Z}_{i+1,i\ \mathrm{up}}=\boldsymbol{U}^{\mathrm{part1}}\boldsymbol{Z}_{1,0\mathrm{up}}\\&\boldsymbol{Z}_{i+1,i\ \mathrm{down}}=\boldsymbol{U}^{\mathrm{part2}}\boldsymbol{Z}_{j+1,j\ \mathrm{down}}\\&\boldsymbol{Z}_{k+1,k\ \mathrm{up}}=\boldsymbol{U}^{\mathrm{part3}}\boldsymbol{Z}_{j+1,j\ \mathrm{up}}\\&\boldsymbol{Z}_{k,k+1,\ \mathrm{down}}=\boldsymbol{U}^{\mathrm{part4}}\boldsymbol{Z}_{n+1,n\ \mathrm{down}}\\&\boldsymbol{CZ}_{i+1,\ i,\ \mathrm{down}}=\boldsymbol{Z}_{i+1,i\ \mathrm{up}}\\&\boldsymbol{CZ}_{k+1,\ k,\ \mathrm{down}}=\boldsymbol{Z}_{k+1,k\ \mathrm{up}}\\&\boldsymbol{CZ}_{1,0\ \mathrm{down}}=\boldsymbol{Z}_{1,0\ \mathrm{up}}\\&\boldsymbol{CZ}_{n+1,\ n,\ \mathrm{down}}=\boldsymbol{Z}_{n+1,n\ \mathrm{up}}\end{aligned} \tag{5.7}$$

式中，状态矢量的下标 up 和 down 分别表示连接点处的上方和下方对应的状态矢量。另外，由图 5.2 中的坐标系和传递方向，以及 MSTMM 的符号约定可知：

$$\boldsymbol{C}=\begin{bmatrix}-1 & 0 & 0 & 0\\ 0 & 1 & 0 & 0\\ 0 & 0 & -1 & 0\\ 0 & 0 & 0 & 1\end{bmatrix} \tag{5.8}$$

所以柔性立管的总传递方程：

$$\boldsymbol{U}_{\mathrm{all}}\boldsymbol{Z}_{\mathrm{all}}=\boldsymbol{0} \tag{5.9}$$

其中

$$\boldsymbol{U}_{\mathrm{all}}=\begin{bmatrix}\boldsymbol{U}^{\mathrm{part1}} & -\boldsymbol{CU}^{\mathrm{part2}} & \boldsymbol{0}_{4\times4} & \boldsymbol{0}_{4\times4}\\ \boldsymbol{0}_{4\times4} & \boldsymbol{0}_{4\times4} & \boldsymbol{U}^{\mathrm{part3}} & -\boldsymbol{CU}^{\mathrm{part4}}\\ \boldsymbol{0}_{4\times4} & \boldsymbol{C} & -\mathbf{I} & \boldsymbol{0}_{4\times4}\end{bmatrix} \tag{5.10}$$

$$\boldsymbol{Z}_{\mathrm{all}}^{\mathrm{T}}=\left[\boldsymbol{Z}_{1,0\ \mathrm{up}}^{\mathrm{T}}\ \ \boldsymbol{Z}_{j+1,j\ \mathrm{down}}^{\mathrm{T}}\ \ \boldsymbol{Z}_{j+1,j\ \mathrm{up}}^{\mathrm{T}}\ \ \boldsymbol{Z}_{n+1,n\ \mathrm{down}}^{\mathrm{T}}\right]^{\mathrm{T}} \tag{5.11}$$

式中，$\boldsymbol{U}^{\text{part1}}=\boldsymbol{U}_i\cdots\boldsymbol{U}_3\boldsymbol{U}_2\boldsymbol{U}_1$；$\boldsymbol{U}^{\text{part2}}=\boldsymbol{U}_{i+1}\cdots\boldsymbol{U}_{j-1}\boldsymbol{U}_j$；$\boldsymbol{U}^{\text{part3}}=\boldsymbol{U}_k\cdots\boldsymbol{U}_{j+2}\boldsymbol{U}_{j+1}$；$\boldsymbol{U}^{\text{part4}}=\boldsymbol{U}_{k+1}\cdots\boldsymbol{U}_n\boldsymbol{U}_{n+1,n}$。$\boldsymbol{U}_1,\boldsymbol{U}_2,\cdots,\boldsymbol{U}_n$ 分别代表柔性立管每一段传递矩阵，可以充分考虑柔性立管具体的结构细节。铰-铰连接的柔性立管的边界条件为：$\boldsymbol{Z}_{1,0\ \text{up}}=\left[0,\Theta_z,0,Q_y\right]^{\text{T}}$，$\boldsymbol{Z}_{j+1,j\ \text{down}}=\left[Y,\Theta_z,M_z,Q_y\right]^{\text{T}}$，$\boldsymbol{Z}_{j+1,j\ \text{up}}=\left[Y,\Theta_z,M_z,Q_y\right]^{\text{T}}$，$\boldsymbol{Z}_{n+1,n\ \text{down}}=\left[0,\Theta_z,0,Q_y\right]^{\text{T}}$。

将系统边界条件代入式（5.9），可得系统特征方程

$$\overline{\boldsymbol{U}}_{\text{all}}\overline{\boldsymbol{Z}}_{\text{all}}=\boldsymbol{0} \tag{5.12}$$

求解式(5.12)即可得到系统的固有频率 $\omega_k(k=1,2,\cdots)$，然后求出系统边界点状态矢量 $\overline{\boldsymbol{Z}}_{\text{all}}$ 和 $\boldsymbol{Z}_{\text{all}}$，进而通过元件传递方程得到对应于固有频率 ω_k 的系统全部连接点的状态矢量，得到 RTP 立管系统的振型。

5.2.3 RTP 立管动力学方程

根据 MSTMM 基本理论和 Van der Pol 尾流振子模型基本理论，RTP 立管体动力学方程为

$$\boldsymbol{M}\boldsymbol{v}_{tt}+\boldsymbol{K}\boldsymbol{v}=\boldsymbol{f} \tag{5.13}$$

其中，$\boldsymbol{M}$、$\boldsymbol{K}$ 分别为质量矩阵、刚度矩阵。由于涡激力项不解耦，令 $\boldsymbol{V}=\begin{bmatrix}\boldsymbol{V}^1 & \boldsymbol{V}^2 & \cdots & \boldsymbol{V}^n\end{bmatrix}$，$\boldsymbol{q}=\begin{bmatrix}\boldsymbol{q}^1 & \boldsymbol{q}^2 & \cdots & \boldsymbol{q}^n\end{bmatrix}^{\text{T}}$，$n$ 表示立管系统模态叠加所用的模态阶数，本节对立管的涡激振动计算取前 10 阶模态，即 $n=10$。$\boldsymbol{v}=\boldsymbol{V}\boldsymbol{q}$，可以将式（5.13）转化到模态坐标系中，则有：

$$\boldsymbol{M}\boldsymbol{V}\ddot{\boldsymbol{q}}+\boldsymbol{K}\boldsymbol{V}\boldsymbol{q}=\boldsymbol{f} \tag{5.14}$$

根据式（2.42）、式（2.43）可得：

$$\boldsymbol{M}\boldsymbol{V}\ddot{\boldsymbol{q}}+\boldsymbol{K}\boldsymbol{V}\boldsymbol{q}=\left(-\frac{1}{2}C_{\text{D}}\rho DU\right)\boldsymbol{V}\dot{\boldsymbol{q}}+\left(\frac{1}{4}C_{\text{L}_0}\rho DU^2\right)\boldsymbol{q}_{\text{v}} \tag{5.15a}$$

$$\ddot{\boldsymbol{q}}_{\text{v}}+\varepsilon\,\Omega_{\text{f}}(\boldsymbol{q}_{\text{v}}^2-1)\dot{\boldsymbol{q}}_{\text{v}}+\Omega_{\text{f}}^2\boldsymbol{q}_{\text{v}}=\frac{A}{D}\boldsymbol{V}\ddot{\boldsymbol{q}} \tag{5.15b}$$

利用增广特征矢量的正交性，在式（5.15a）两边同时乘以 $\boldsymbol{V}^{\text{T}}$，即：

$$\boldsymbol{V}^{\text{T}}\boldsymbol{M}\boldsymbol{V}\ddot{\boldsymbol{q}}+\boldsymbol{V}^{\text{T}}\boldsymbol{K}\boldsymbol{V}\boldsymbol{q}=\boldsymbol{V}^{\text{T}}\left[\left(-\frac{1}{2}C_{\text{D}}\rho DU\right)\boldsymbol{V}\dot{\boldsymbol{q}}+\left(\frac{1}{4}C_{\text{L}_0}\rho DU^2\right)\boldsymbol{q}_{\text{v}}\right] \tag{5.16}$$

令 $\overline{\boldsymbol{M}}=\boldsymbol{V}^{\text{T}}\boldsymbol{M}\boldsymbol{V}$，$\overline{\boldsymbol{K}}=\boldsymbol{V}^{\text{T}}\boldsymbol{K}\boldsymbol{V}$，则：

$$\overline{\boldsymbol{M}}\ddot{\boldsymbol{q}}+\overline{\boldsymbol{K}}\boldsymbol{q}=\boldsymbol{V}^{\text{T}}\left[\left(-\frac{1}{2}C_{\text{D}}\rho DU\right)\boldsymbol{V}\dot{\boldsymbol{q}}+\left(\frac{1}{4}C_{\text{L}_0}\rho DU^2\right)\boldsymbol{q}_{\text{v}}\right] \tag{5.17a}$$

$$\ddot{\boldsymbol{q}}_{\text{v}}+\varepsilon\,\Omega_{\text{f}}(\boldsymbol{q}_{\text{v}}^2-1)\dot{\boldsymbol{q}}_{\text{v}}+\Omega_{\text{f}}^2\boldsymbol{q}_{\text{v}}=\frac{A}{D}\boldsymbol{V}\ddot{\boldsymbol{q}} \tag{5.17b}$$

将式（5.17）写成状态空间的形式，令 $\boldsymbol{x}_1=\boldsymbol{q},\boldsymbol{x}_2=\dot{\boldsymbol{q}},\boldsymbol{x}_3=\boldsymbol{q}_{\text{v}},\boldsymbol{x}_4=\dot{\boldsymbol{q}}_{\text{v}}$，则：

$$\begin{cases}\dot{\boldsymbol{x}}_1=\boldsymbol{x}_2\\ \dot{\boldsymbol{x}}_2=\dfrac{\boldsymbol{V}^{\text{T}}}{\overline{\boldsymbol{M}}}\left[\left(-\dfrac{1}{2}C_{\text{D}}\rho DU\right)\boldsymbol{V}\boldsymbol{x}_2+\left(\dfrac{1}{4}C_{\text{L}_0}\rho DU^2\right)\boldsymbol{x}_3\right]-\boldsymbol{\omega}^2\boldsymbol{x}_1\\ \dot{\boldsymbol{x}}_3=\boldsymbol{x}_4\\ \dot{\boldsymbol{x}}_4=\dfrac{A}{D}\boldsymbol{V}\dot{\boldsymbol{x}}_2-\varepsilon\,\Omega_{\text{f}}(\boldsymbol{x}_3^2-1)\boldsymbol{x}_4-\Omega_{\text{f}}^2\boldsymbol{x}_3\end{cases} \tag{5.18}$$

采用 Runge-Kutta 法求解式（5.18），其初始条件 $\boldsymbol{q}=\dot{\boldsymbol{q}}=\mathbf{0}_{1\times10}$，$\boldsymbol{q}_{\mathrm{v}}=\mathbf{0.2}_{1\times80}$，$\dot{\boldsymbol{q}}_{\mathrm{v}}=\mathbf{0}_{1\times80}$，时间步长为 0.01s。

5.2.4　RTP 立管振动特性及涡激振动模型验证

计算结构的固有振动特性，包括固有频率和振型，是结构振动分析的基础，在工程的实际应用以及在求解结构动力响应方面具有重要的意义。

以文献[209]中的立管参数为例，采用 MSTMM 计算了细长立管的振动特性。图 5.3 为采用 MSTMM 计算顶张力为 817N 的立管的干模态前 8 阶圆频率的计算结果，与文献[209]中的理论分析结果对比如表 5.3 所示，误差小于 0.11%，因此验证了基于 MSTMM 立管动力学特性计算模型的准确性。计算立管的湿模态时，需要将立管的附加质量考虑进去，工程上一般将圆柱形立管的附加质量简化为立管外径对应的圆柱排开流体介质的质量。图 5.4 为立管的湿模态前 8 阶圆频率计算结果，换算成频率后结果如表 5.4 所示，对应的质量归一化后的振型如图 5.5 所示。

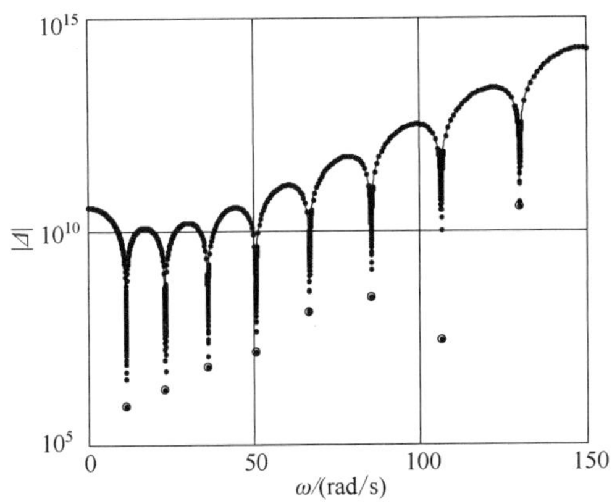

图 5.3　干模态前 8 阶圆频率

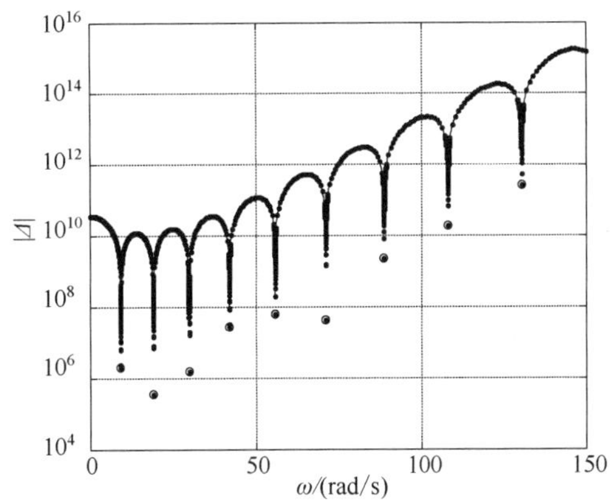

图 5.4　湿模态前 8 阶圆频率

表 5.3　立管干模态前 8 阶频率对比

项目	f_1	f_2	f_3	f_4	f_5	f_6	f_7	f_8
文献[209]给出的频率/Hz	1.79	3.67	5.73	8.04	10.65	13.62	16.96	20.71
MSTMM 给出的频率/Hz	1.789	3.669	5.726	8.031	10.642	13.603	16.947	20.696
误差	0.05%	0.02%	0.06%	0.11%	0.07%	0.12%	0.07%	0.06%

表 5.4　立管湿模态前 8 阶频率

项目	f_1	f_2	f_3	f_4	f_5	f_6	f_7	f_8
MSTMM 给出的频率/Hz	1.486	3.049	4.758	6.673	8.843	11.303	14.082	17.197

在海流作用下，立管上各点由旋涡脱落引起的振动可视为立管各模态振动的叠加（一般为前几阶模态），且一般存在主导振动模态。以文献[209]中的立管为例，基于 MSTMM 和 Van der Pol 尾流振子模型，通过式（5.16）计算带有顶张力的立管的涡激振动响应。均匀来流速度为 0.2m/s，直径为 0.02m，所以 *Re* 大概为 3988，根据 *St* 和 *Re* 的关系图，大概取 *St* 为 0.23。Van der Pol 尾流振子模型的计算精度一定程度上取决于经验系数的选取，本节选取 $A=12$，$\varepsilon=0.3$，$C_{L_0}=0.25$，$C_D=1.2$。图 5.6 所示为仿真得到的沿立管轴向的涡激振动最大振幅分布。通过与文献[209]的实验数据和 CFD 仿真数据对比，误差较小，验证了本方法的可行性。

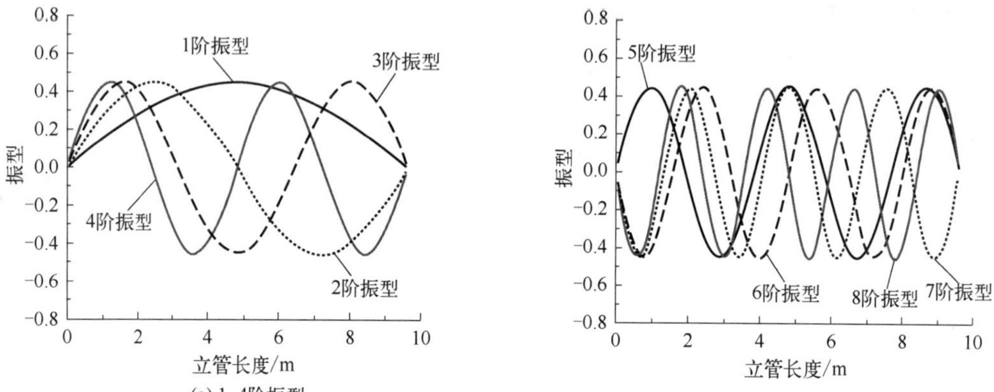

(a) 1~4阶振型

(b) 5~8阶振型

图 5.5　湿模态振型

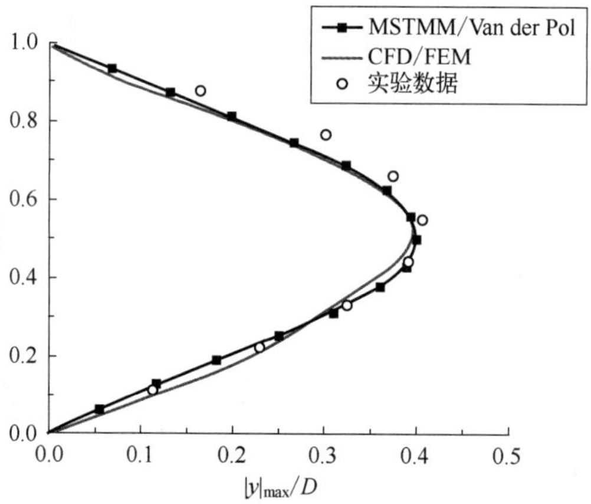

图 5.6　沿立管轴向的涡激振动振幅分布

5.2.5　RTP 立管涡激振动特性分析

一般表层海流的水平流速为 0.01～0.3m/s，深处的水平流速则在 0.01m/s 以下。基于 MSTMM 和 Van der Pol 尾流振子模型求解立管的涡激振动响应，取 Van der Pol 尾流振子模型中系数 $A=12$，$\varepsilon=0.3$，$C_{L_0}=0.25$，$C_D=1.2$[163,210]，*St* 取 0.2。

首先计算了顶张力为 20000N，RTP 立管长度为 50m，均匀来流速度为 0.1～0.6m/s 的立管沿着轴向的涡激振动响应振幅分布。如图 5.7 所示，50m 长的 RTP 立管在 0.1～0.6m/s 的来流速度范围内，最大振幅都发生在立管的中间位置，且都是一阶模态主导的振动，这是由于立管较短，刚度较大，没有激发出较高阶模态。当来流速度为 0.3～0.4m/s 时，立管的振幅较大，随着速度继续增加，立管的振幅降低。说明此时发生了频率“锁定”现象。一般认为当 $f_v \approx (0.9 \sim 1.4)\, f_n$ 时为频率“锁定”区域。

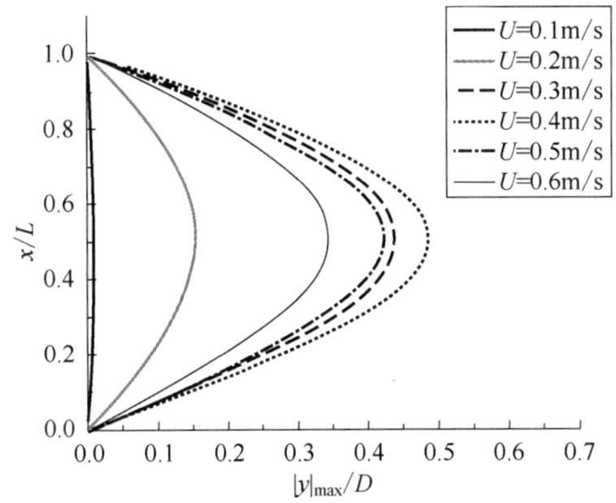

图 5.7　沿 RTP 立管轴向的涡激振动振幅分布 1

50m 长 RTP 立管的第一阶湿模态频率为 0.1659Hz，第二阶为 0.5655Hz。计算出 0.1～0.6m/s 来流速度情况下立管的涡激振动频率，图 5.8（a）所示为来流速度为 0.3m/s 时的沿着立管轴向的涡激振动响应频率分布，响应频率一致，都为 0.1617Hz。图 5.8（b）为每一个速度下的涡激振动频率和第一阶湿模态频率之比，从图中可以看出，当来流速度为 0.3～0.4m/s 时频率比接近于 1，发生了频率“锁定”。

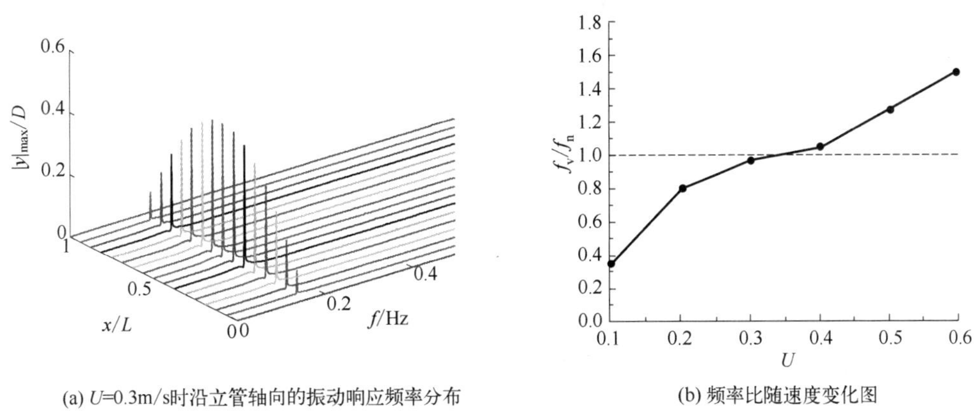

(a) U=0.3m/s时沿立管轴向的振动响应频率分布　　(b) 频率比随速度变化图

图 5.8　RTP 立管振动响应频率计算

立管参数确定以后，立管的固有频率就确定了，但涡激升力的频率会随流速的增大而增大，这就导致不同流速下立管涡激振动激发的模态不同。从图 5.9 可以看出，150m 长，顶张力为 60000N 的立管，流速越大，立管涡激振动激发模态越高，但沿着立管轴向的最大振幅略有减小，说明立管涡激振动位移主要受低阶模态控制。这是由于 150m 长立管相对于 50m 长立管刚度大幅度减小，容易激发出高阶模态为主导的振动响应。图 5.10（a）、（b）、（c）分别是 L=150m、T=60000N 的立管在 U=0.1m/s、0.2m/s、0.3m/s 时的 y/D 历时云图。图中水平坐标表示时间，垂向坐标表示立管长度方向位置，颜色代表的是不同的 y/D 的值。从图 5.10（a）可以看出，立管主要是以第 1 阶模态为主导的振动。从图 5.10（b）可以看出立管在来流速度为 0.2m/s 时，发生第 1 阶和第 2 阶模态切换现象，这是柔性立管各阶振型对应的频率比较相近造成的。图 5.10（c）为立管在来流速度为 0.3m/s 时，发生以第 3 阶模态为主导的振动历时云图。

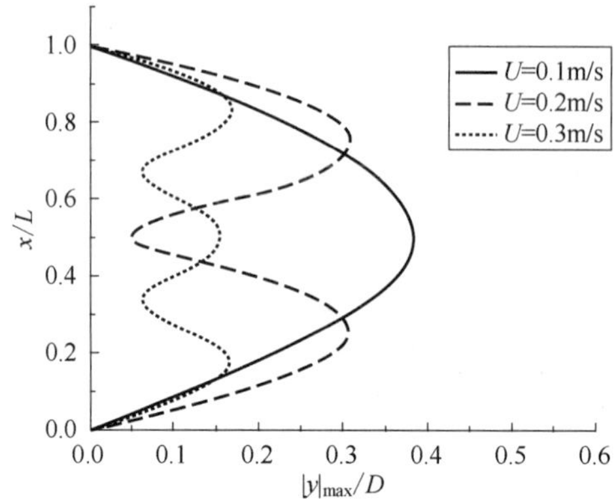

图 5.9　沿 RTP 立管轴向的涡激振动振幅分布 2

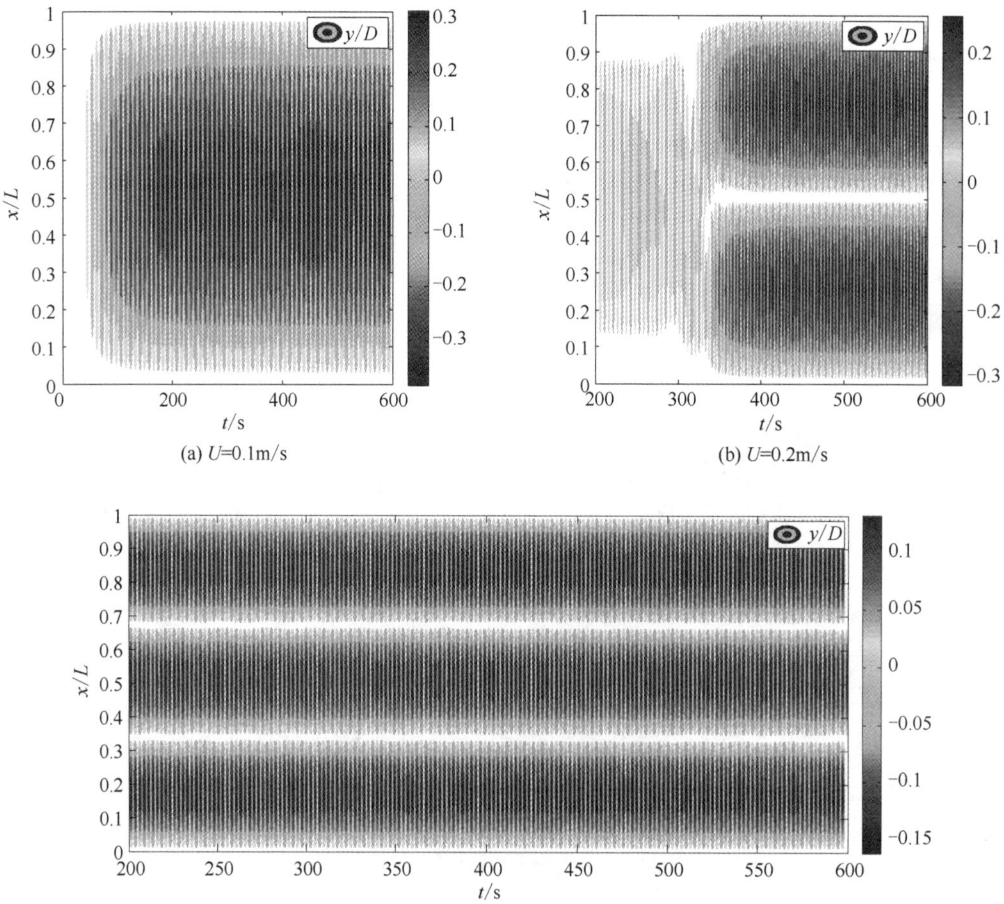

(a) U=0.1m/s

(b) U=0.2m/s

(c) U=0.3m/s

图 5.10　沿 RTP 立管轴向的涡激振动响应 y/D 历时云图

5.3 螺旋列板涡激抑制装置的动态设计方法

5.3.1 计算模型与设计方法

立管系统与浮动平台相连。受浮动平台运动的影响，海洋立管的边界条件随时间而变化。因此，立管系统的固有频率是不确定的。海洋立管发生涡激振动时，“频率锁定”的现象将会出现，并且涡脱频率将会固定在流体载荷激励的某一阶固有频率，也就是说，无论立管系统的固有频率是否受到浮动平台等因素的影响，激发的固有频率必须是接近旋涡脱落（涡脱）频率的频率，并在一定的来流速度范围内锁定在该频率。海洋工程中大型海洋立管的最小固有频率很小，而海洋立管的频率非常密集。雷诺数在亚临界范围内，必须有一个非常接近旋涡脱落频率的立管固有频率。同时，大量的实验研究表明，在亚临界区域，低速激发低频大幅涡激振荡，高速激发高频低幅涡激振荡。因此，只需以海洋立管主范围内最小速度对应的涡脱频率作为动力学建模参数，研究海洋立管在一定速度范围内的涡激振动幅值以及加载了涡激振动抑制装置后的系统涡激振动响应，从而评价海洋立管涡激振动抑制装置的抑制效率。涡激振动抑制装置的动态设计方法流程图如图 5.11 所示。

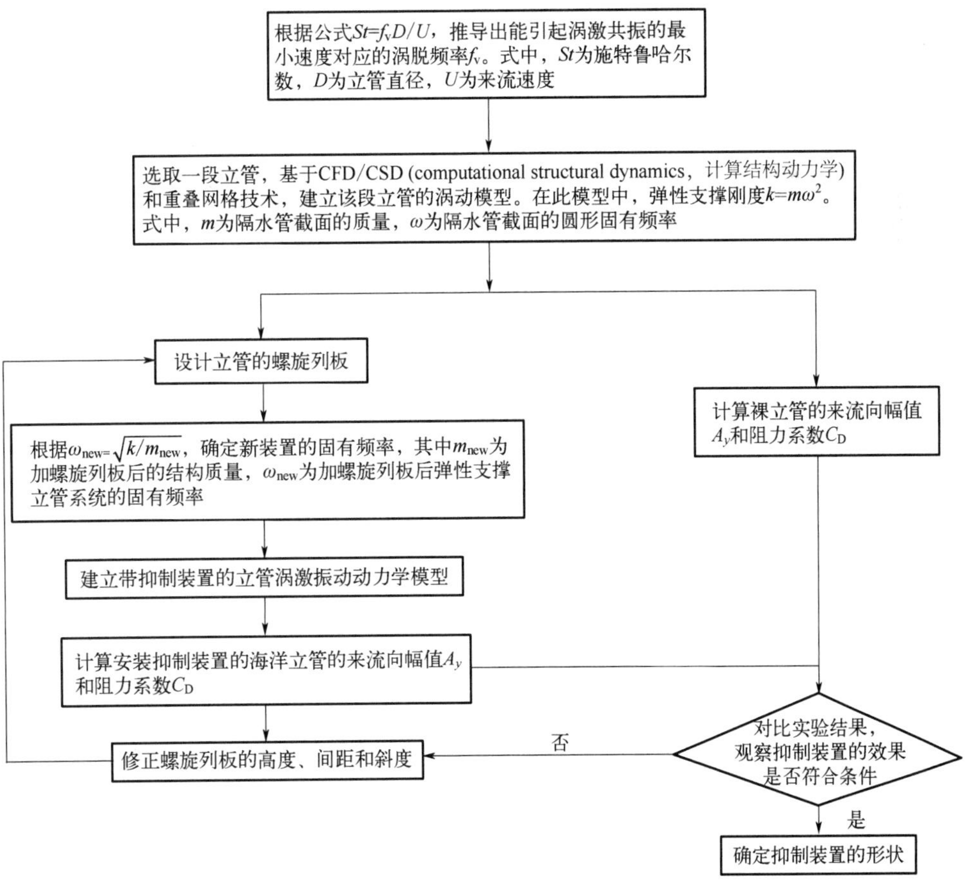

图 5.11　螺旋列板涡激振动抑制装置动态设计流程图

5.3.2 螺旋列板的设计及相关参数

该 1500m 长立管在海洋中大部分承受的来流速度范围为 0.25～2m/s。该立管直径为 20in，其中当流速超过 0.5m/s，属于超临界雷诺数，引起的振动属于随机振动范围，不容易发生涡激共振现象。

选取两个螺距长度的立管作为流固耦合动力学建模的对象。加装螺旋列板抑制装置（图 5.12）后的两个螺距长度的立管如图 5.13 所示。两个螺距长度的裸立管质量（考虑管内流体介质质量）为 $m_{\text{clean}} = 6802.4\text{kg}$。由公式 $St = f_{\text{v}}D/U$ 可知，当来流速度为 0.25m/s 时，亚临界区间 $St \approx 0.2$，可以换算出 $f_{\text{v}} \approx 0.0985\text{Hz}$。当旋涡脱落的频率与结构固有频率接近时，会诱发涡激共振。因此，当流速为 0.25m/s 时，所能激发的模态为第 27、28 阶模态，对应的频率为 0.1Hz、0.11Hz。圆频率 ω=0.6336rad/s，根据 $k = m\omega^2$，换算出流固耦合模型中立管段结构的弹性支撑刚度为 k=2730.7N/m。

图 5.12 一个单元的 20in 立管螺旋列板涡激振动抑制装置的三维几何图（1/6 螺距）

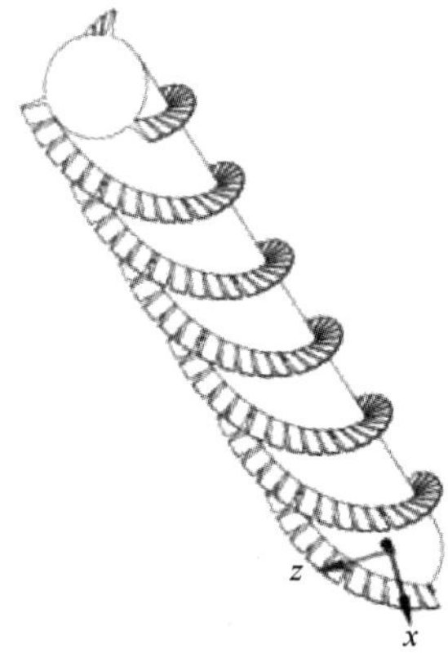

图 5.13 两个螺距长度的立管结构示意图

单个螺旋列板涡激振动抑制装置的质量为 63.37kg，考虑绑带的质量和 12 个装置的质量之后，两个螺距长度的立管总质量变为 $m_{\text{strakes}} = 7575.1\text{kg}$。螺旋列板采用聚氨酯弹性体材料，该材料刚度非常小，可以忽略，因此假设弹性支撑的刚度 k 不变，换算出加装螺旋列板后的立管段圆频率 ω=0.6004rad/s。

所需计算的参数总结如表 5.5 所示。

表 5.5 流固耦合动力学参数

2*P* 长度的 20in 直径立管段流固耦合动力学参数（流速 0.25～2m/s）	质量/kg	圆频率/（rad/s）	阻尼比
裸立管段	6802.4	0.6336	0.01
螺旋列板（*P*=16*D*，*h*=0.25*D*，覆盖率 100%）	7575.1	0.6004	0.01
螺旋列板（*P*=16*D*，*h*=0.1*D*，覆盖率 100%）	7504.7024	0.6032	0.01
螺旋列板（*P*=16*D*，*h*=0.2*D*，覆盖率 100%）	7555.5284	0.6012	0.01
螺旋列板（*P*=10*D*，*h*=0.2*D*，覆盖率 100%）	7555.5284	0.6012	0.01
螺旋列板（*P*=15*D*，*h*=0.2*D*，覆盖率 100%）	7555.5284	0.6012	0.01

续表

2P 长度的 20in 直径立管段流固耦合动力学参数（流速 0.25～2m/s）	质量/kg	圆频率/（rad/s）	阻尼比
螺旋列板（P=17D，h=0.2D，覆盖率 100%）	7555.5284	0.6012	0.01
螺旋列板（P=20D，h=0.2D，覆盖率 100%）	7555.5284	0.6012	0.01
螺旋列板（P=16D，h=0.25D，覆盖率 50%）	7194.9	0.6161	0.01
螺旋列板（P=16D，h=0.25D，覆盖率 70%）	7347.0	0.6097	0.01
螺旋列板（P=16D，h=0.25D，覆盖率 80%）	7423.014	0.6065	0.01
螺旋列板（P=16D，h=0.25D，覆盖率 90%）	7499.057	0.6034	0.01
螺旋列板（P=10D，h=0.25D，覆盖率 100%）	7575.1	0.6004	0.01
螺旋列板（P=15D，h=0.25D，覆盖率 100%）	7575.1	0.6004	0.01
螺旋列板（P=17D，h=0.25D，覆盖率 100%）	7575.1	0.6004	0.01
螺旋列板（P=20D，h=0.25D，覆盖率 100%）	7575.1	0.6004	0.01

注：P—螺距；h—鳍高（齿高）。

在综合考虑计算资源的情况下，尾迹区域的流场尺寸为 30D，前端和立管段上下距离（装有螺旋列板）的流场尺寸均为 10D。流场入口边界条件为速度入口，出口边界条件为压力出口，上下壁面为滑移壁面，立管表面运动边界为无滑移壁面。

采用动网格法实现了刚性立管截面（装有螺旋列板）在流场中的边界运动。基于重叠网格技术的动网格法适用于求解刚性边界运动问题。如图 5.14、图 5.15 所示，流场域的网格划分采用重叠网格技术。如图 5.14（a）和图 5.15（a）～（d）所示，在海洋立管表面附近有一个边界层网格（$Y^{+}<1$）。采用基于重叠网格技术的动网格方法，无需担心网格变形和负网格导致求解失败。如图 5.14（c）和图 5.15（e）所示，重叠网格的重叠过程是求解器识别重叠网格的边界，“挖出”被分量网格遮挡的背景网格部分，将背景区域边界单元的变量信息插值到重叠区域的边界单元，最后进行流场计算。如图 5.15（c）、（d）所示，对安装螺旋列板的立管划分结构化网格非常复杂，因此直接采用非结构化网格。为了减少计算量，将非结构化网格进一步转化为多面体网格。整个流场的计算网格如图 5.14（d）和图 5.15（f）所示。对于流场的数值计算，时间项采用全隐式积分法，对流项采用二阶迎风离散格式。采用耦合算法处理控制方程中速度分量和压力的耦合问题。

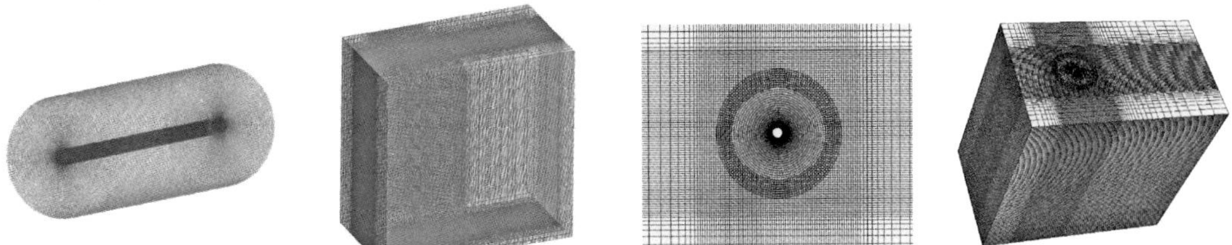

(a) 组分网格　(b) 背景网格　(c) 挖洞和插值　(d) 重叠后的流场网格

图 5.14　2-DoF 弹簧支撑立管的计算流体网格

初始条件是 $x(0)=\dot{x}(0)=y(0)=\dot{y}(0)=0$。时间步长根据 $t=D/[U(10\sim20)]$ 确定，D 为立管（带有螺旋列板）水力直径，U 为来流速度。

立管（带螺旋列板）涡激振动的动态建模过程如下：基于 CFD 方法求解流场，根据边界条件得到立管（带螺旋列板）表面的流场及压力、速度等信息；提取作用在立管（带螺旋列板）表面的力，代入立管（带螺旋列板）的结构运动方程；通过求解立管（带螺旋列板）的运动方程，得到当前时间步长下立管（带螺旋列板）的位移和速度；同时，利用立管（带螺旋列板）的位移和瞬时速度对流场网格进行更新，进而计算下一个时间步长。上述过程是通过 FLUENT 软件中嵌入的用户定义函数（UDF）编程实现的。

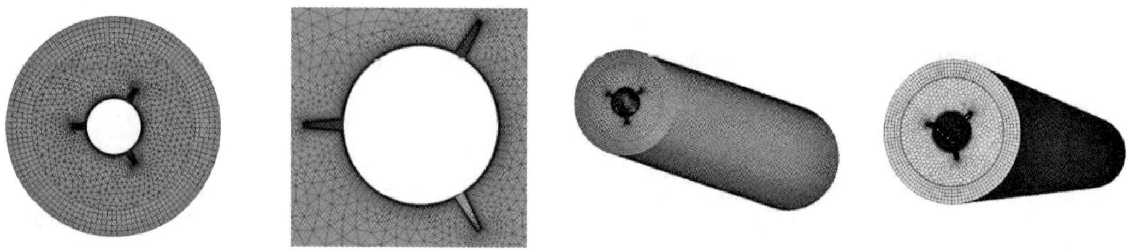

(a) 组分网格平面图　(b) 局部放大图　(c) 组分网格　(d) 多面体网格

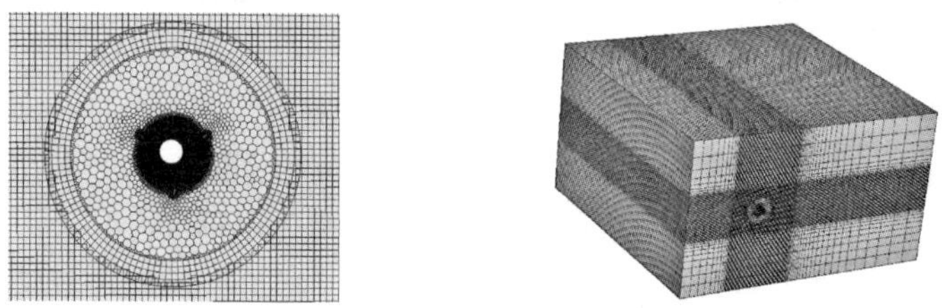

(e) 挖洞和插值　(f) 重叠后的流场网格

图 5.15　2-DoF 弹簧支撑装有螺旋列板立管的计算流体网格

5.3.3　模型验证

Khalak 和 Williamson[173]得出的圆柱体 2-DoF 涡激振动响应实验结果与其他文献进行了对比。图 5.16（a）和（b）显示了弹簧支撑圆柱体的幅值和频率响应。如图 5.16（a）所示，同步区域为 4～10，振荡幅度高于其他速度。从图 5.16（b）中该范围内的频比响应可以看出“锁定”现象（$f_v / f_n \approx 1$）。数值结果比参照的两个文献[36,37]更接近实验数据，因此，该二维 SST 模型可以为圆柱结构的涡激振动响应提供合理的结果。

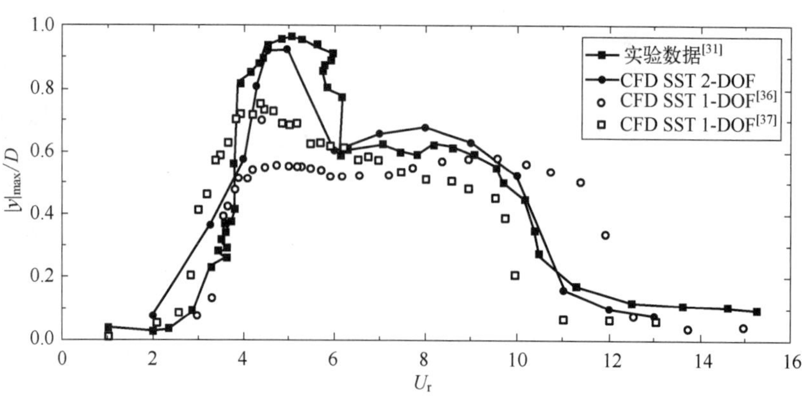

(a)

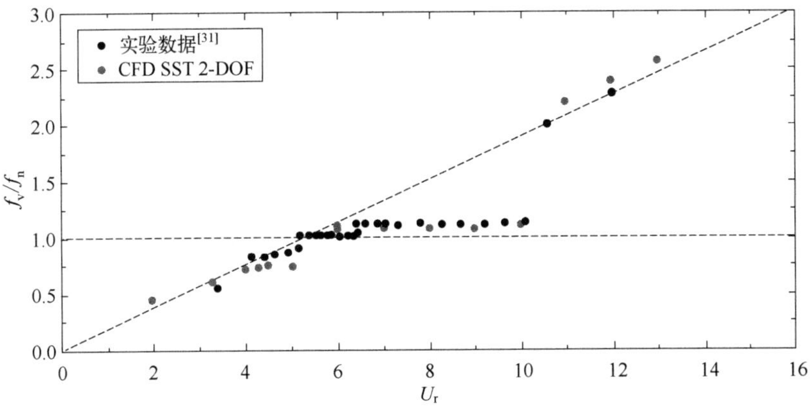

(b)

图 5.16　圆柱体的幅值和频比响应随约化速度变化的实验数据和文献仿真结果的比较[31,36,37]

计算裸立管（不同流速）和加装螺旋列板（流速为 0.5m/s）后的立管的升力系数、阻力系数，进行网格无关性验证。从表 5.6、表 5.7 中数据可以看出，裸立管流场计算网格为 963 万时，水动力系数基本不变；加装螺旋列板后的立管流场网格数量为 1886 万时，水动力学系数基本不变。综合考虑计算资源，裸立管和加装螺旋列板后的立管流场网格都选取第二套网格。

表 5.6　两倍螺距裸立管水动力系数

速度	系数	421 万	963 万	1367 万
0.25m/s	C_L	0.51	0.45	0.45
	C_D	0.74	0.72	0.72
0.5m/s	C_L	0.50	0.45	0.44
	C_D	0.68	0.66	0.66
1m/s	C_L	0.60	0.42	0.41
	C_D	0.65	0.58	0.56
1.5m/s	C_L	0.48	0.47	0.47
	C_D	0.59	0.57	0.57
2m/s	C_L	0.49	0.34	0.33
	C_D	0.57	0.53	0.52

表 5.7　两倍螺距立管（加装螺旋列板）水动力系数

网格数量	C_L	C_D
486 万	−0.0011	1.572
1886 万	−0.0006	1.538
2356 万	−0.0006	1.537

5.3.4 仿真结果分析

在海洋中，沿着立管轴向的流速分布是不同的。在立管的涡激共振中，往往是低流速主导大振幅低频率振动，高流速激发立管小振幅高频率振动。螺旋列板抑制涡激振动的主要原理是破坏旋涡结构，大幅度降低涡脱频率，避开结构固有频率，从而避免发生涡激共振。因此，设计出的螺旋列板能够抑制低流速下的大振幅，那对于高流速下的涡激振动的振幅抑制也必然是有效的。另外，在涡激共振发生的情况下，流速激发的是立管某一阶的模态。立管的振动响应可以通过模态叠加的方法计算，对于涡激共振情况，除了所激发的立管模态，其他阶的能量非常小，可以忽略。因此，涡激共振所在的那一阶模态可以直接作为系统建模的动力学参数。本节主要以低流速 0.25m/s 所激发模态为建模参数，重点研究 0.25m/s 时螺旋列板的涡激振动抑制效率。本节结合以往的设计经验，重点研究了鳍高、螺距、覆盖率等参数对立管涡激振动的影响，并结合工程实际制造、运输等综合因素选择最佳的螺旋列板结构方案。

对计算数据进行总结归纳，仿真计算了来流速度为 0.25m/s、0.5m/s、1m/s、1.5m/s、2m/s 下裸立管和加装螺旋列板抑制装置（P=16D、h=0.25D、覆盖率 100%）后的立管横流向振幅、拖拽力（阻力）系数、来流向立管弯曲位移等结果。从表 5.8 中可以看出，当来流速度为 0.25m/s 时，裸立管横流向振幅最大，此时发生了涡激共振现象，拖拽力系数也很大，达到了 1.82。当流速大于 0.5m/s 之后，流速处于临界区间，该区间有失阻现象，流体力较小且该区间内旋涡脱落没有明确的频率，也会引起立管产生一定的振幅。

从图 5.17（a）中可以看到，在流速为 1m/s、1.5m/s、2m/s 时，裸立管的横流向振幅相比流速为 0.25m/s、0.5m/s 时显著下降。对比加装了螺旋列板抑制装置之后的立管横流向振幅，可以看出，所有流速下，加装后的立管横流向振幅都非常小，各流速对应的横流向振幅抑制效率都超过 94.5%。从图 5.17（b）可以看出，加装本节设计的螺旋列板之后，阻力系数都小于 1.6，满足工程要求。随着来流速度的增大，阻力系数略微变小，整体稳定在 1.45～1.5 之间。从图 5.17（c）可以看出，在流体力的作用下立管在来流向发生一定的位移，代表整个立管在该点处发生的弯曲位移。从图中可以看出，流速越大，立管弯曲位移越大。裸立管段在最大流速下，弯曲位移小于 3m，而加装了螺旋列板之后，立管段的来流向最大弯曲位移小于 12m（以 0.25m/s 激发模态为建模参数，因此弹性支撑刚度比较小，容易发生较大的弯曲位移）。加装螺旋列板引起的弯曲位移也会导致立管承受一定的弯曲应力，对立管结构产生不利的影响。在工程设计中，也需要合理考虑加装螺旋列板后引起立管大幅度弯曲位移带来的影响。

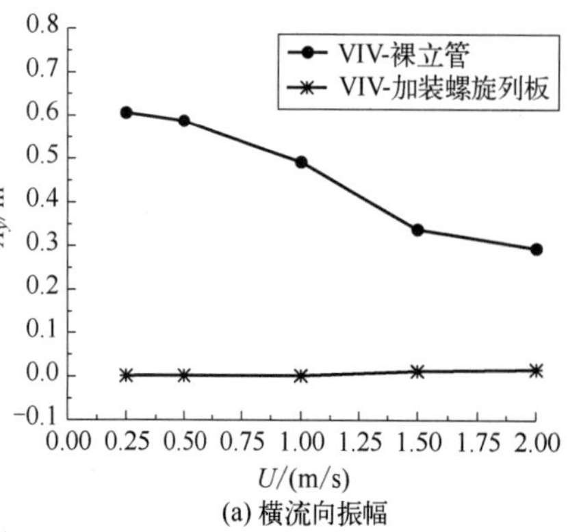

(a) 横流向振幅

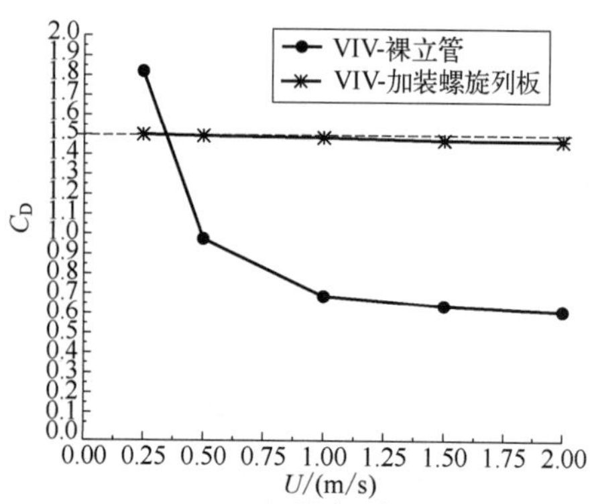

(b) 阻力系数

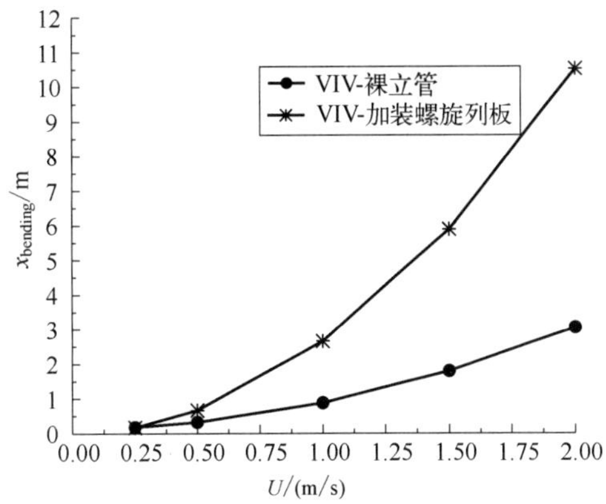

(c) 来流向弯曲位移

图 5.17　不同流速下的裸立管与加装螺旋列板后的仿真结果

表 5.8　20in 立管仿真结果

名称	来流速度	裸立管段	装螺旋列板	结果、抑制效率	
阻力系数 C_D	0.25m/s	1.82	1.4999	<1.6	裸立管外径：0.508m 综合抑制效率：97.33%
	0.5m/s	0.975	1.4932	<1.6	
	1m/s	0.6873	1.4848	<1.6	
	1.5m/s	0.6373	1.4707	<1.6	
	2m/s	0.6099	1.4682	<1.6	
横流向振幅 A_y	0.25m/s	0.606m	0.00144m	99.76%	
	0.5m/s	0.587m	0.00154m	99.74%	
	1m/s	0.492m	0.00165m	99.66%	
	1.5m/s	0.338m	0.01222m	96.38%	
	2m/s	0.295m	0.0162m	94.51%	

图 5.18、图 5.19 为 0.25m/s 时裸立管段的涡激振动仿真结果、涡核云图。图 5.20、图 5.21 为 0.25m/s 时加装螺旋列板之后的立管段的涡激振动响应结果以及涡核云图。图 5.22 为以上两种工况对应的频谱分析图。图 5.18（a）～（d）分别展示了裸立管段在 0.25m/s 来流速度下的升力系数响应、阻力系数响应、横流向振动响应、来流向振动响应。从图中可以看出，各响应的幅值都很大。对图 5.18（a）中的升力系数做频谱分析，计算结果如图 5.22（a）所示，说明裸立管在该工况下的旋涡脱落频率为 0.075Hz。该裸立管段对应的湿模态频率的计算公式为 $k=(m+m_{water})\omega_{water}^2$，需要进一步考虑立管段排开的水的质量 m_{water}。换算出的立管段湿模态频率 ω_{water} 为 0.081Hz，与此刻的旋涡脱落频率接近，因此在 0.25m/s 时裸立管段发生的是涡激共振现象。从图 5.18（e）可以看到，运动轨迹成“8”字形，这是涡激共振典型的特性。从图 5.18（f）中可以看到，升力系数与振幅的响应曲线是相同相位的，升力系数相比静止立管的升力系数放大了近 10 倍。在涡激共振发生的情况下，阻力系数相比静止立管的工况也被放大了。图 5.19 中的涡核云图展示了立管段从 0s 到 120s 的涡脱模式和立管位置变化。可以清晰地看到立管在来流向有一定的位置偏移，在横流向有较大的振幅，涡脱模式以 2P 形式为主。

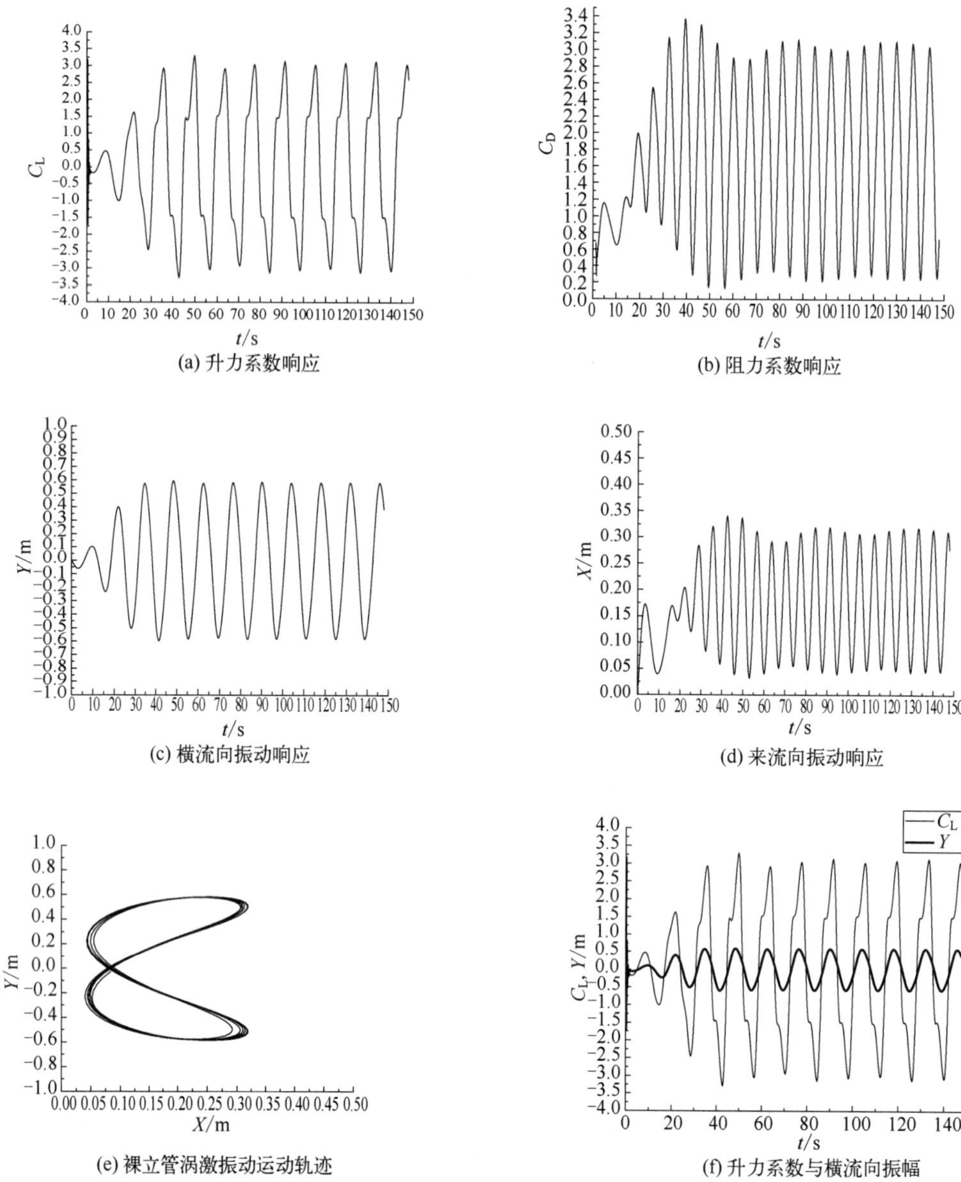

(a) 升力系数响应　(b) 阻力系数响应

(c) 横流向振动响应　(d) 来流向振动响应

(e) 裸立管涡激振动运动轨迹　(f) 升力系数与横流向振幅

图 5.18　流速为 0.25m/s 的裸立管仿真结果

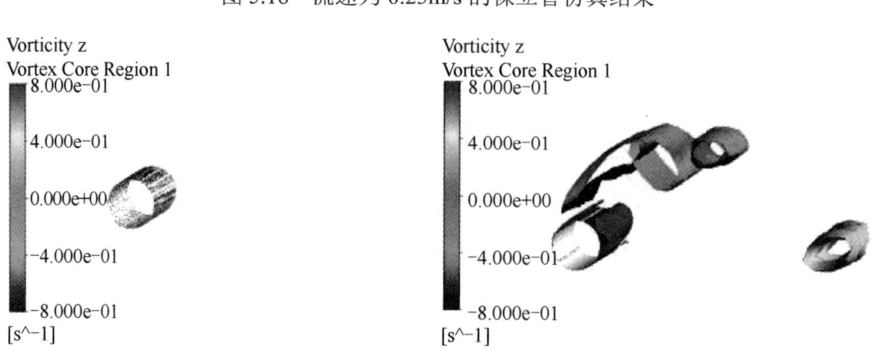

(a) 0s　(b) 40s

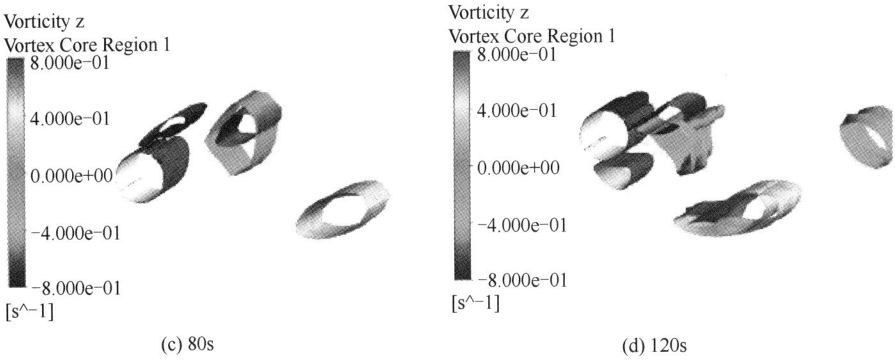

图 5.19　流速为 0.25m/s 的裸立管涡核云图

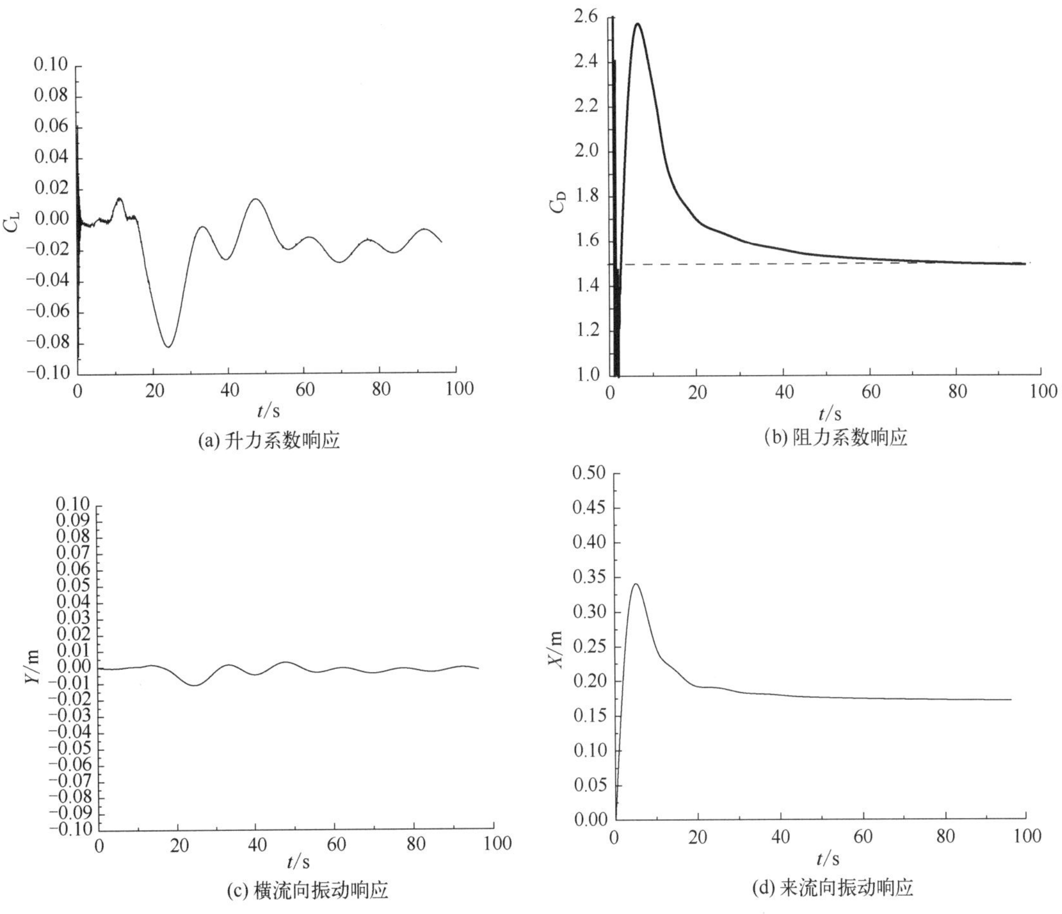

图 5.20　流速为 0.25m/s 的加装螺旋列板的立管仿真结果

对比于图 5.20 中加装螺旋列板的情况，可以看出本节设计的螺旋列板能有效减小升力系数响应的幅值，其中阻力系数响应的振幅趋近于 0，横流向的振幅为 0.00145m，来流向振幅几乎为 0。计算结果显示，螺旋列板对立管涡激振动有很好的抑制作用，但是会一定程度地增加立管的弯曲应力。从图 5.21 可以看到，加装螺旋列板后立管段尾部的涡核被打碎，没有了明确的涡脱频率。从图中还可以看到立管相对于 0s 时刻位置除了来流向有一定的位移，横流向几乎没有振动。通过对图 5.20（a）中的升力系数响应进行频谱分析，得到图 5.22（b）

中的频谱分析结果。加装螺旋列板之后，改变了原有立管有序的涡脱频率，涡激力也失去了尖峰特征，能量非常小。计算旋涡脱落频率为 0.020Hz，距离立管段的固有湿模态频率 0.081Hz 较远，因此不会发生涡激振动现象。

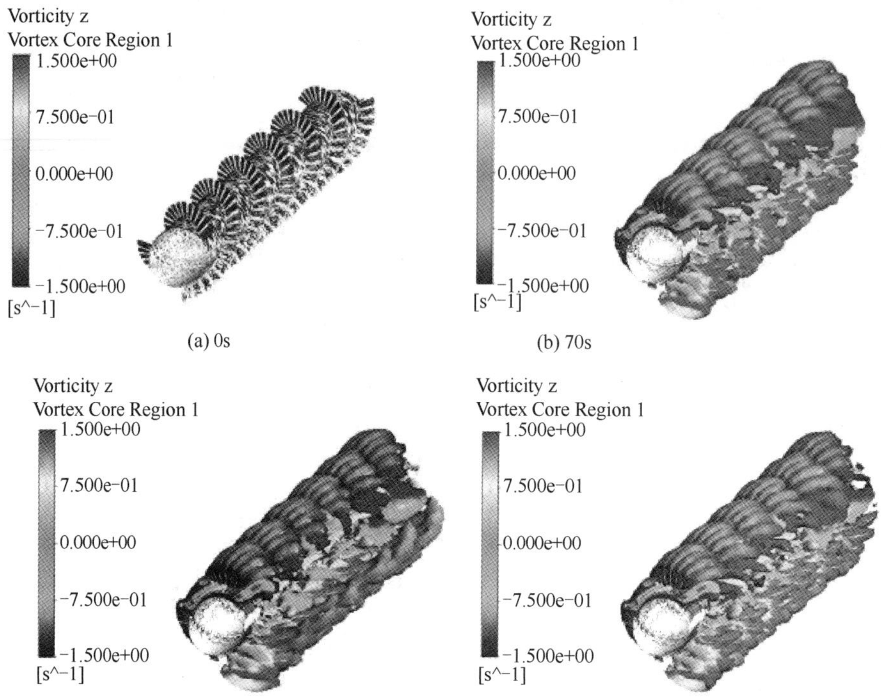

(a) 0s　(b) 70s　(c) 80s　(d) 90s

图 5.21　流速为 0.25m/s 的加装螺旋列板的立管涡核云图

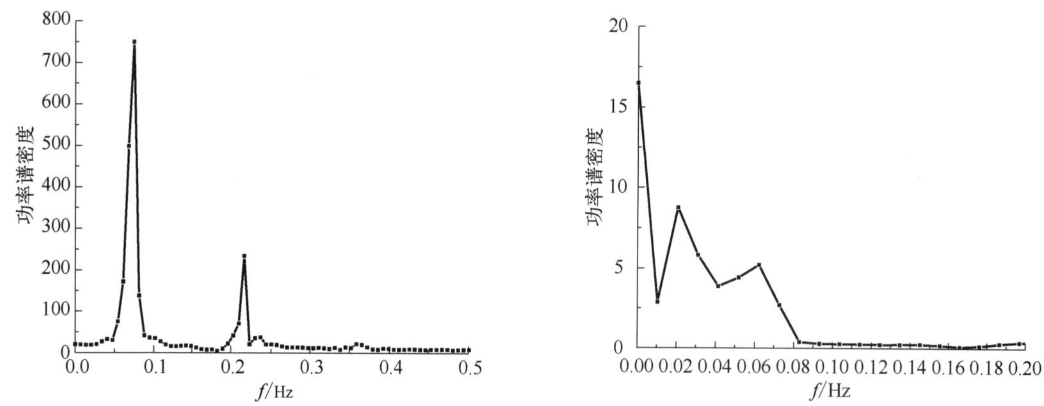

(a) 裸立管　(b) 加装螺旋列板

图 5.22　频谱分析（U= 0.25m/s）

为了进一步说明螺旋列板涡激振动抑制装置动力学设计方法的正确性，分别以 0.25m/s 激发模态（k=2.73×10^{3}N/m）与 0.5m/s 激发模态（k=1.09×10^{4}N/m）为建模参数进行建模，计算立管（加装螺旋列板）横流向振幅抑制效果。图 5.23（a）、（b）分别为两种建模参数下的裸立管段的运动轨迹图、加装螺旋列板后的立管的横流向位移-速度相图。从计算结果可以看出，低流速激发低阶模态引起的横流向振幅相比高流速激发高阶模态引起的振幅要大，但流速增大会增加一定的顺流向弯曲位移。加装螺旋列板之后，也是同样的现象。同样的螺旋列板结构对 0.25m/s 激发模态为建模参数情况下的横流向抑制效率为 99.66%，对 0.5m/s 激发模态为建模参数情况的横流向抑制效率为 99.82%。从图 5.23（b）中还可以看出，0.5m/s 激发模态为建模参数下螺旋列板的横流向振动速度也比 0.25m/s 激发模态为建模参数下的要小。加装螺旋列板之后，顺流向（来流向）的振动抑制效果也同样十分显著，几乎没有顺流向的振动，但引起了一定的阻力，导致立管在顺流向产生一定的弯曲位移。综上所述，设计的螺旋列板结构只要能抑制低流速激发模态引起的横流向振幅，就一定可以抑制高流速激发模态引起的横流向振幅，验证了螺旋列板动力学设计思路的正确性。

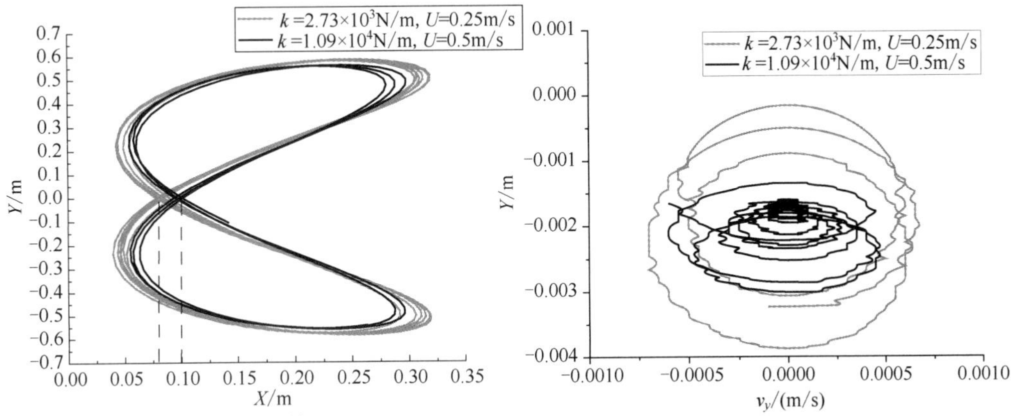

(a) 裸立管段　　(b) 加装螺旋列板

图 5.23　两种建模参数下的横流向振幅

进一步研究所设计的螺旋列板结构参数是否最优，改变所设计的螺旋列板的鳍高、螺距、螺旋列板覆盖率等参数，全部以最小来流速度 0.25m/s 为建模参数进行流固耦合动力学分析。图 5.24、图 5.25 分别为不同鳍高情况下，加装螺旋列板之后的立管横流向振幅-速度相图和抑制频率、阻力系数。从图 5.24 可以看出，在来流速度为 0.25m/s 的情况下，鳍高为 0.1D 时横流向抑制效率为 88.00%，鳍高为 0.2D 时横流向抑制效率为 99.30%，鳍高为 0.25D 时横流向抑制效率为 99.66%。从图 5.25 可以看出，当来流速度变大时，阻力系数反而变小。这是由于来流速度在 0.5m/s 时候，Re=2.53589×10^5，当 2×10^5＜Re＜4×10^5 时，圆柱绕流的转捩点逐渐前移，形成涡流分离，分离点移向柱体后部，尾流变窄，阻力会显著下降。同时，还可

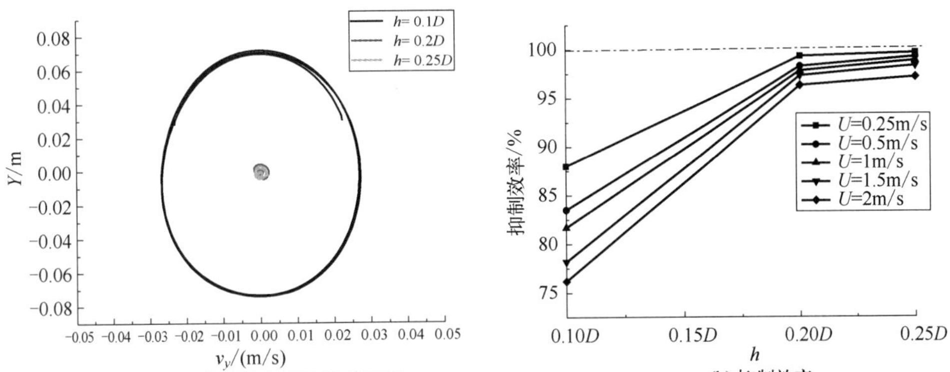

(a) 0.25m/s的横流向振幅-速度相图　　(b) 抑制效率

图 5.24　不同鳍高工况下横流向振幅-速度相图和抑制频率

以看到，鳍高越高，阻力系数越大，但都小于 1.6，都满足工程要求。

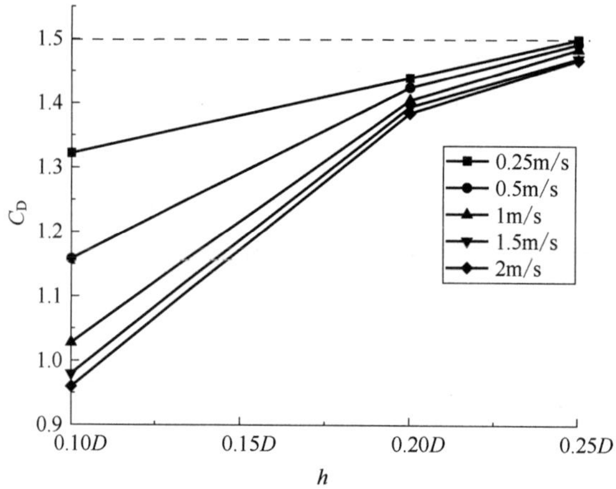

图 5.25　不同鳍高对阻力系数的影响

综上所述，抑制效率随着鳍高的增大而增大，但增大的趋势变缓。阻力系数也随着鳍高的增大而增大。当鳍高在 0.2D～0.25D 时，既满足阻力系数小于 1.6，又满足抑制效率大于 90%，因此建议鳍高取值范围为 0.2D～0.25D。

继续采用 0.25m/s 来流激发模态为建模参数，分别选用鳍高为 0.2D 和 0.25D 的螺旋列板，研究不同螺距大小对立管动力学响应的影响。图 5.26～图 5.28 分别为不同螺距情况下，加装

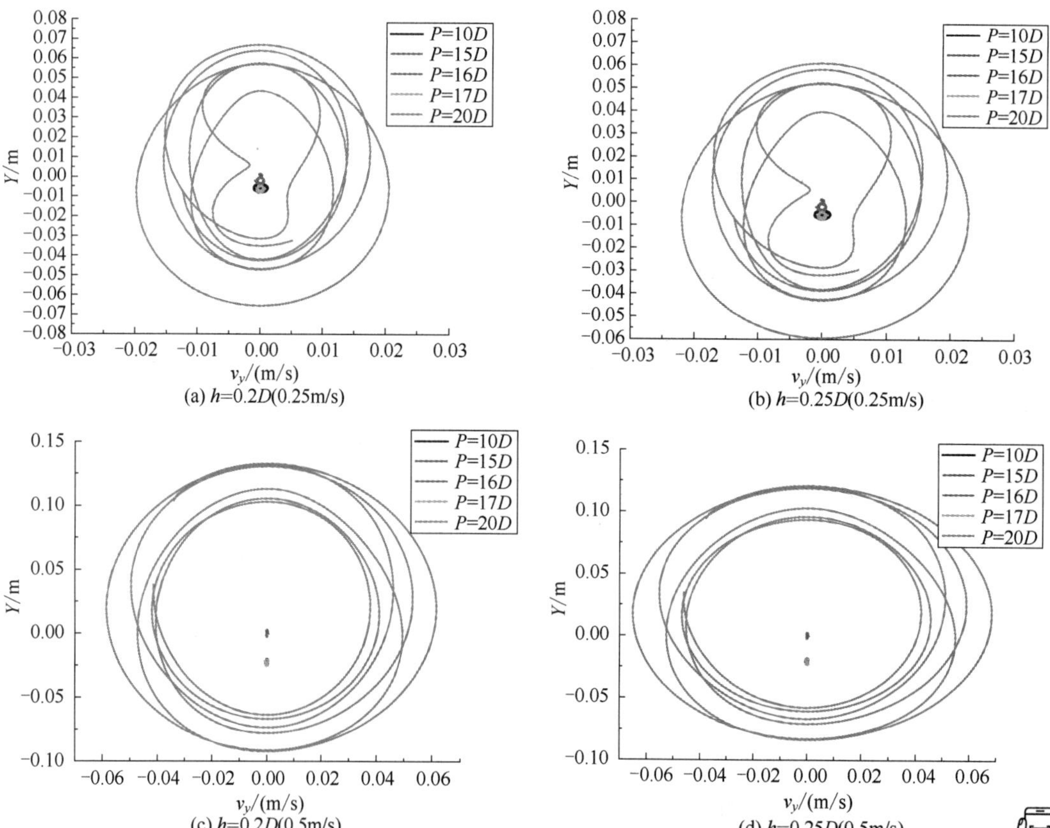

(a) h=0.2D(0.25m/s)　(b) h=0.25D(0.25m/s)

(c) h=0.2D(0.5m/s)　(d) h=0.25D(0.5m/s)

图 5.26　不同螺距工况下横流向振幅-速度相图

螺旋列板之后的立管横流向振幅-速度相图、抑制效率、阻力系数。

从图 5.27 可以看出，螺距在 $10D$～$17D$ 之间，不管鳍高是 $0.2D$ 还是 $0.25D$，横流向振幅抑制效率都在 95%以上，抑制效率相当。当螺距大于 $17D$，抑制效率显著降低。从图 5.28 可以看出，螺距在 $10D$～$16D$ 之间，阻力系数基本不变，$16D$ 为临界点，螺距大于 $16D$ 阻力系数整体开始升高。由于选择较小的螺距会增加制造成本和装置的总量，结合工程实际需求，选择螺距为 $15D$～$16D$ 作为本节所设计的螺旋列板参数。

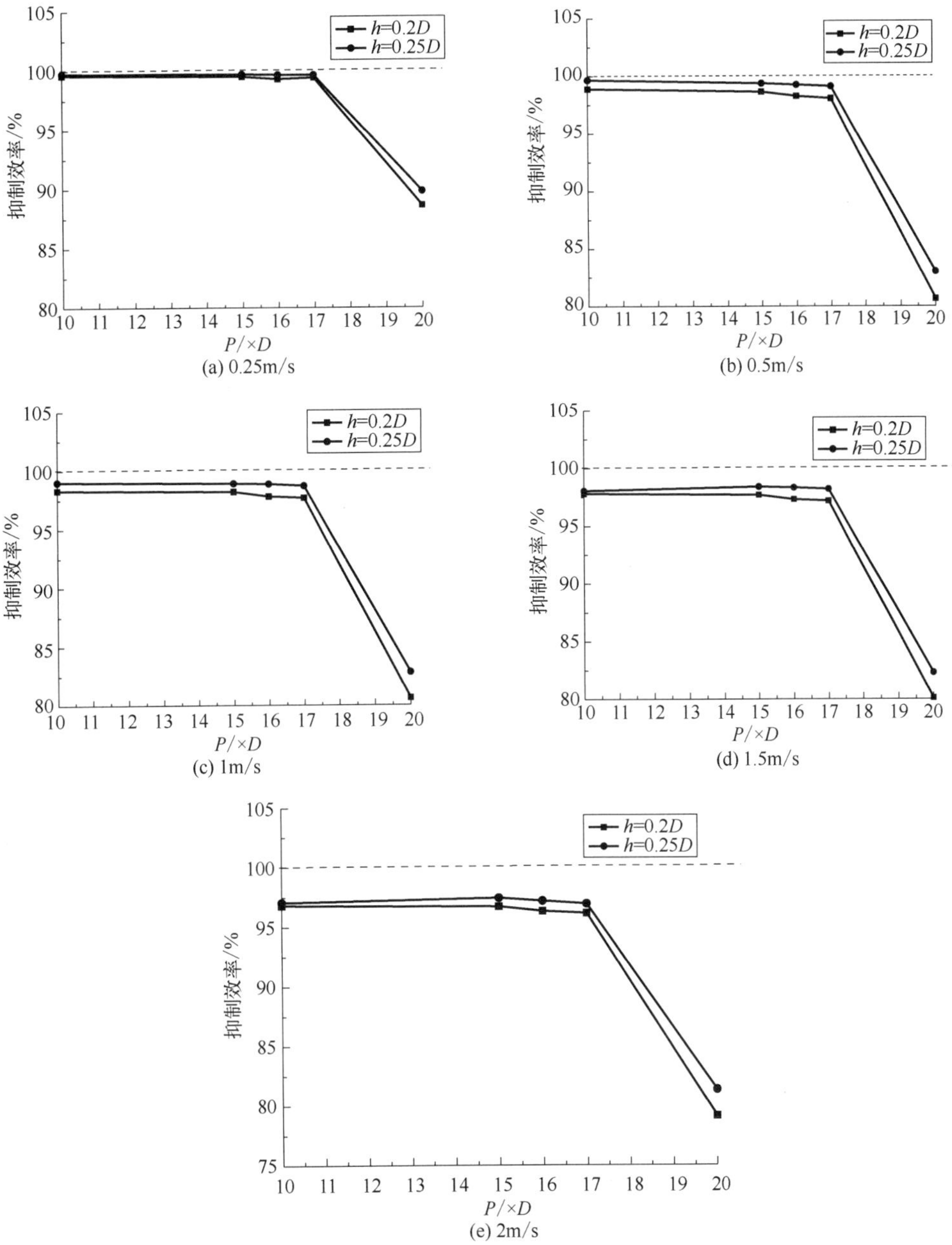

图 5.27　不同螺距工况下横流向振幅抑制效率图

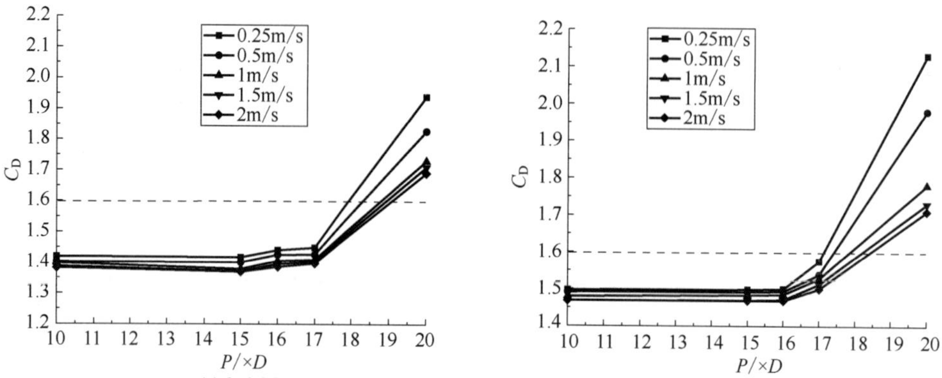

(a) h=0.2D　　(b) h=0.25D

图 5.28　不同螺距对阻力系数的影响

采用 0.25m/s 来流激发模态为建模参数，选用鳍高为 0.25D、螺距为 16D 的螺旋列板，研究70%覆盖率的螺旋列板位置对立管动力学响应的影响。图 5.29～图 5.31 分别为 70%的覆盖率情况下，不同螺旋列板位置的立管横流向振幅-速度相图、阻力系数、来流向弯曲位移。从图 5.30、图 5.31 可以看出，在螺旋列板丢失 30%覆盖率的情况，丢失位置为对阻力系数和立管弯曲位移影响很小。总体规律是上部丢失 30%相比中部丢失 30%和下部丢失 30%的阻力系数要略微偏大。

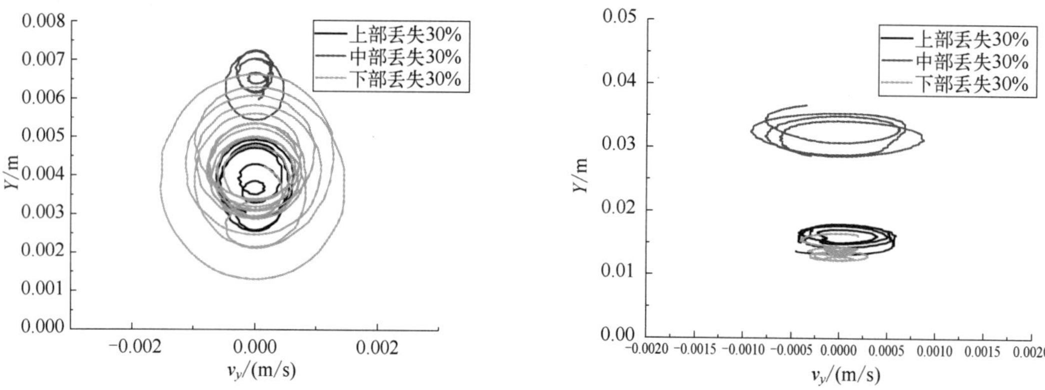

(a) 0.25m/s　　(b) 0.5m/s

图 5.29　覆盖率 70%（上部、中部、下部）的螺旋列板横流向振幅-速度相图

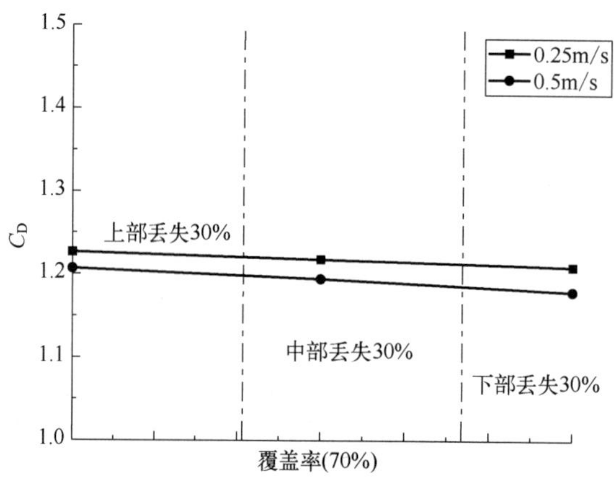

图 5.30　覆盖率 70%（上部、中部、下部）对阻力系数的影响

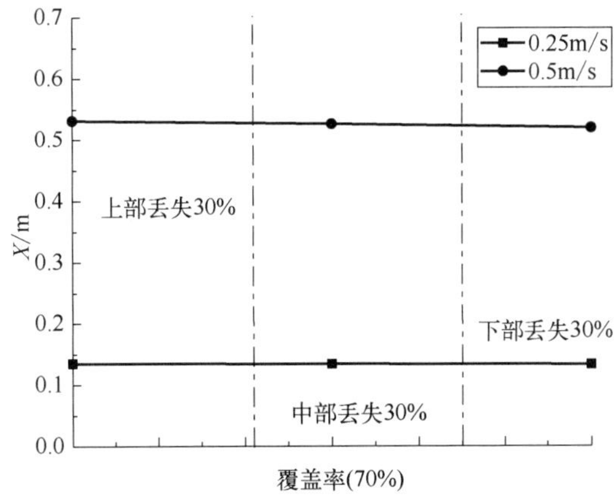

图 5.31　覆盖率 70%（上部、中部、下部）对来流向弯曲位移的影响

采用 0.25m/s 来流激发模态为建模参数，选用鳍高为 0.25D、螺距为 16D 的螺旋列板，研究不同覆盖率的螺旋列板对立管动力学响应的影响，所研究的螺旋列板都是从底部往上覆盖。图 5.32～图 5.34 分别为不同覆盖率情况下，加装螺旋列板之后的立管横流向振幅-速度

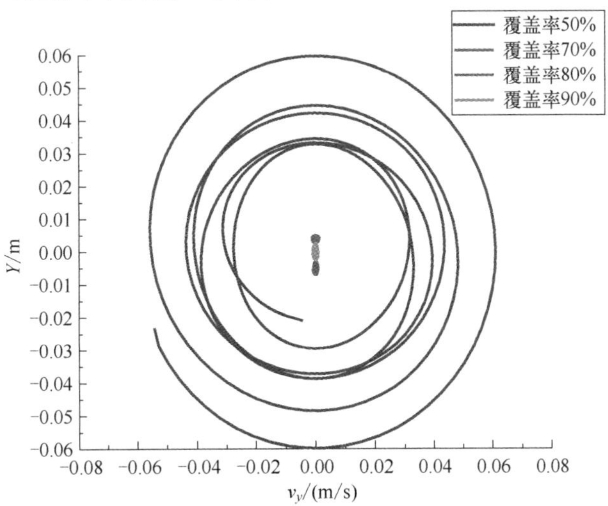

图 5.32　不同覆盖率工况下横流向振幅-速度相图（0.25m/s）

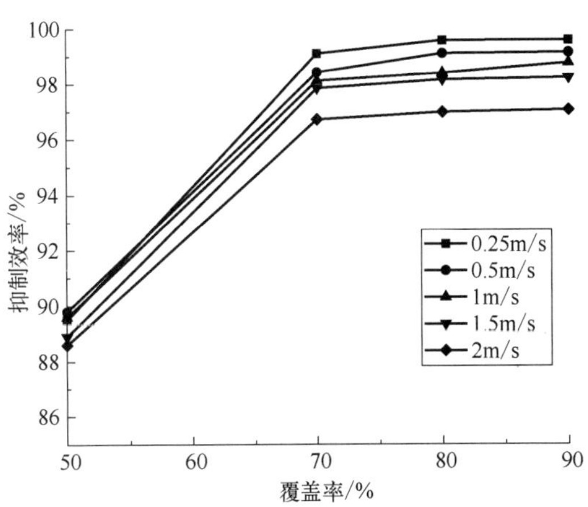

图 5.33　不同覆盖率工况下横流向振幅抑制效率

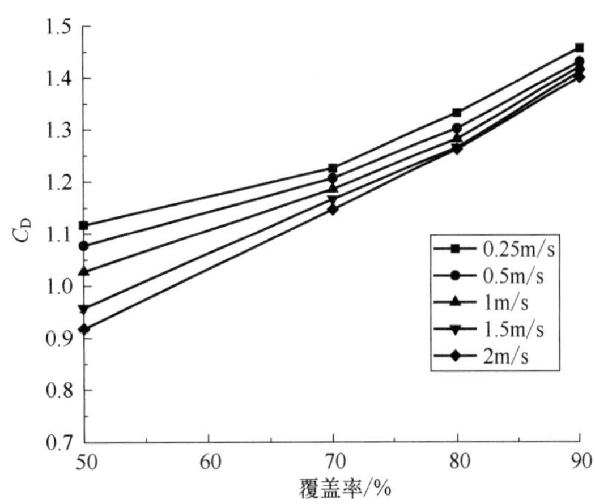

图 5.34　不同覆盖率对阻力系数的影响

相图、抑制效率图、阻力系数。从图 5.33 可以看出当鳍高参数为 0.25*D*、螺距为 16*D* 情况下，螺旋列板覆盖率大于 50%的话，横向振幅抑制效率可以高于 90%；螺旋列板覆盖率大于 70%，抑制效率基本不变，达到 95%以上的抑制效率；螺旋列板覆盖率小于 50%时，抑制效率小于 90%。从图 5.34 可以看出螺旋列板覆盖率越大，阻力系数越大。

5.4 安装螺旋列板的三维海洋立管涡激振动减振

在第 4 章中研究了三维风力机多体系统的涡激振动现象和机理，本章基于 MSTMM/Van der Pol 尾流振子模型研究了不同条件下复合材料立管的涡激振动响应。其中，海洋立管等柱体结构的涡激振动抑制也是海洋工程领域研究的一个热点。海洋立管涡激振动的抑制方法有很多种，最常用的是螺旋列板装置。本节主要基于一种折中的办法，采用 CFD/FEM 双向耦合模型对低雷诺数的短立管安装不同结构参数的螺旋列板并进行涡激振动仿真计算，以减小计算量，分析螺旋列板的安装位置、结构参数对立管涡激振动响应的影响规律。

5.4.1 基于 CFD/FEM 双向耦合的立管涡激振动模型验证

本书已经介绍了 CFD/FEM 双向耦合的计算模型和计算流程。本节以 Bijan Sanaati 的实验模型为研究对象，立管的两端边界为铰-铰约束，同时立管顶端顶张力大小为 *T*，如图 5.35（a）所示。文献[184]所用实验模型为 PVC 管，详细结构参数、周围流体环境参数、内部流体介质参数根据文献[184]换算出的参数如表 5.9 所示。

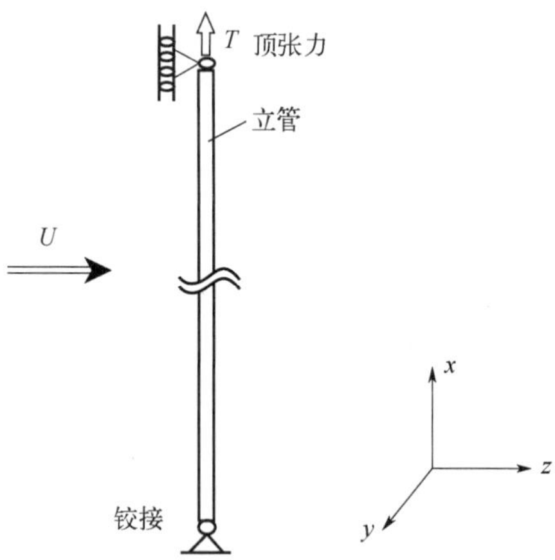

(a) 模型示意图

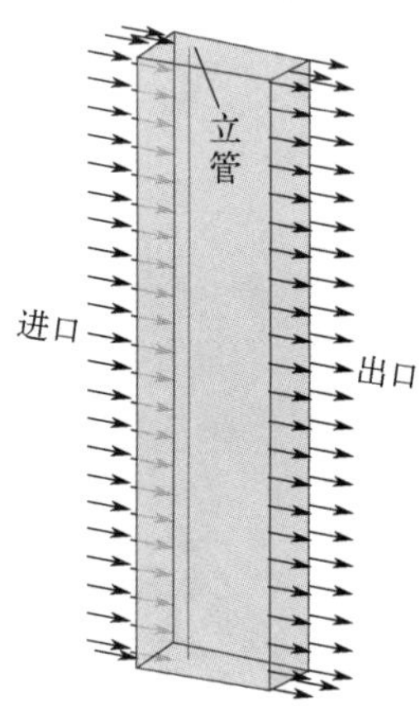

(b) 流体域模型

图 5.35　柔性立管模型

表 5.9　立管参数表

名称	参数
PVC 管外径	18mm
PVC 管内径	13mm
PVC 管长度	3.6m

续表

名称	参数
PVC 管长径比	200
PVC 管密度	1314.3kg/m^3
PVC 管弹性模量	2.5913×10^9 Pa
PVC 管泊松比	0.3
水的密度	1000kg/m^3
PVC 管内部介质密度	711.9594kg/m^3
水的声速	1500m/s
PVC 管内部介质声速	1350m/s
雷诺数	3900
顶张力	60N，110N，200N，260N
重力加速度	10m/s^2

建立 PVC 管的外流场，其中 PVC 管的直径为 D。入口处到立管的距离为 10D，两边到立管的距离也为 10D，出口处到立管的距离为 30D。进口处采用速度进口边界条件，出口处采用压力出口边界条件，其他面都采用对称边界条件。流体域模型如图 5.35（b）所示。流体与壁面间相互作用，很多因变量具有较大的梯度，而且黏度对传输过程有很大的影响。采用 SST 湍流模型要求近壁处有第一层网格刚度的无量纲量 $Y^+<1$。计算网格如图 5.36 所示，在沿着管长方向分布了 100 个节点，网格数量为 2776653。

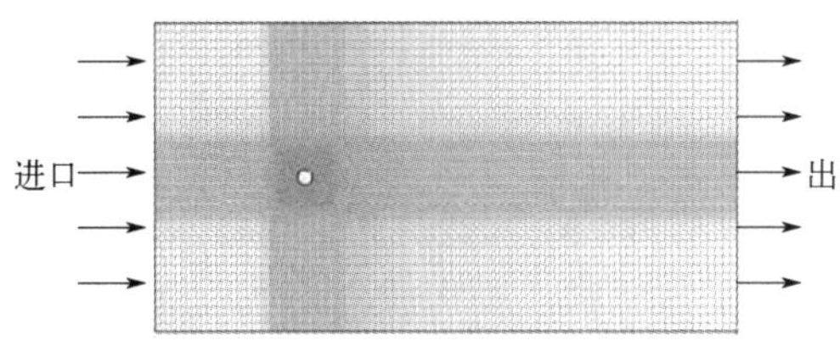

图 5.36　柔性立管流场域计算网格

基于 CFX 软件的 CEL 语言将要监测的系数、位移响应编写成 CCL 文件导入 CFX 软件。阻力系数为 $C_D=2F_D/(\rho U^2DL)$，升力系数为 $C_L=2F_L/(\rho U^2DL)$。F_L、F_D 分别为升力、阻力，L 是立管的长度。$St=f_sD/U$，f_s 为旋涡脱落的频率，通过对升力系数时域历程作 FFT 变换得到。约化速度 $U_r=U/f_0D$，其中 f_0 是立管的湿模态频率。由于立管周围的尾涡具有三维特性、随机特性，采用 CFD/CSD 全三维数值模拟可以克服二维模拟或者切片法带来的误差。本节基于 CFD/CSD 双向流固耦合方法，分别计算了顶张力为 60N 和 260N 时铰-铰约束的 PVC 管动态响应。CFD/CSD 双向耦合流程图如图 5.37 所示。

从图 5.38 中可以看出，立管的质量比为 1，$U_r=4.39\sim12.67$ 为本节 PVC 管（立管）的频率锁定区间，该区间内幅值相对周围区间有显著增大。本节计算了八组结果，与文献[184]实验数据对比，误差较小，说明基于 CFD/CSD 双向流固耦合仿真精度较高，也验证了 CFD/CSD 双向耦合计算模型的准确性。

图 5.39 为 T=60N，U=0.15m/s 时的部分仿真结果。图 5.39（a）为立管横向和纵向振幅值均方根沿着立管长度方向（轴向）的分布，从图中可以看出，横向振幅大于纵向振幅，立管最大幅值发生在立管中部，幅值无量纲量为 0.42，与 $U_r=5.43$ 处实验数据很接近。图 5.39（b）为立管横向振动幅值无量纲量的历时云图，图中红色表示正值，蓝色表示负值，从图中可以看出，该流速情况下，立管主要以第 1 阶模态振动为主。图 5.39（c）为立管中点处的运

动轨迹，从图中可以看出，运动轨迹比较杂乱，横向和来流向（纵向）的振动位移响应都比较大。图 5.39（d)、(e）分别为沿立管长度方向横向和来流向的振动响应频率谱分析结果，横向振动响应频率几乎都是 1.42Hz，与文献[184]的实验数据 1.52Hz 接近，说明仿真结果较好。来流向振动响应频率几乎都为 2.7Hz。来流向振动响应频率大概是横向振动响应频率的两倍。此处采用 CFD/FEM 双向流固耦合的计算量非常大，该八组数据采用 16 核 32 线程工作站并行计算共耗时近一个月时间。

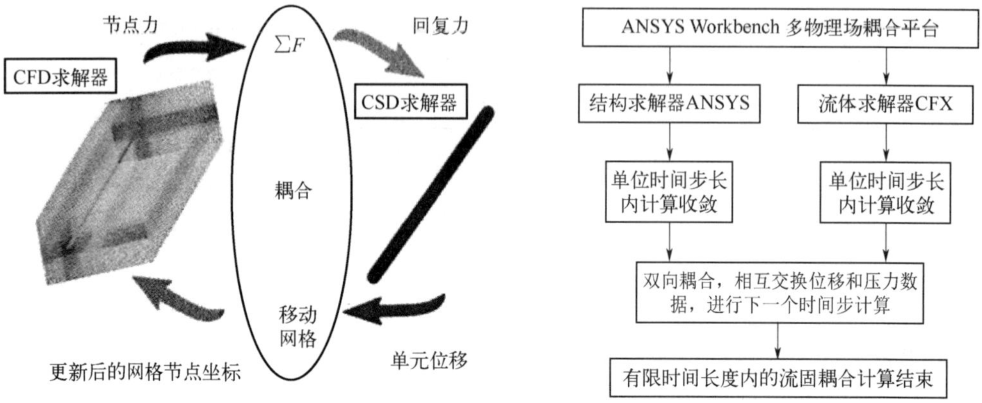

(a) 双向耦合流程图示意图　　(b) CFD/CSD具体流程图

图 5.37　柔性立管双向耦合流程图

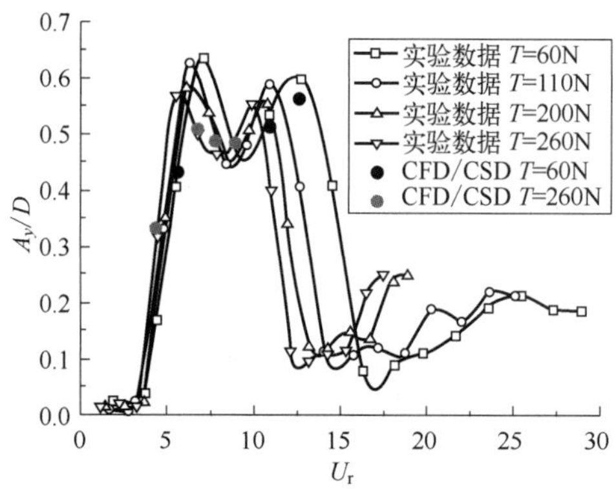

图 5.38　立管 Z 方向幅值均方根随着约化速度变化图

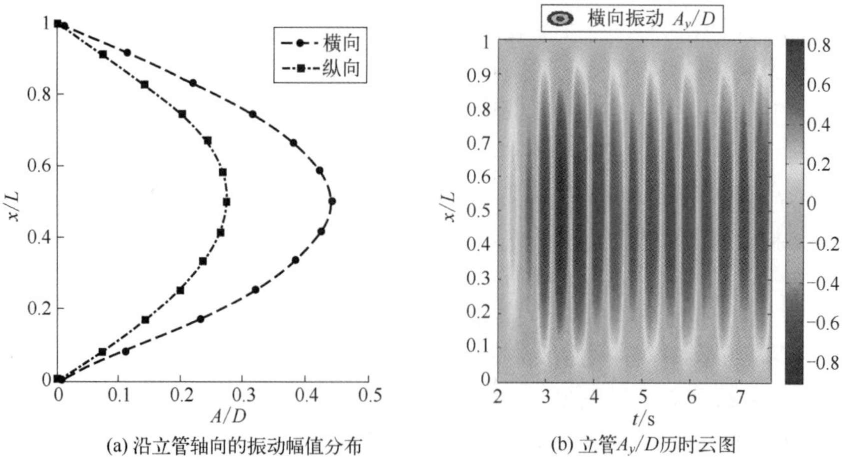

(a) 沿立管轴向的振动幅值分布　　(b) 立管A_y/D历时云图

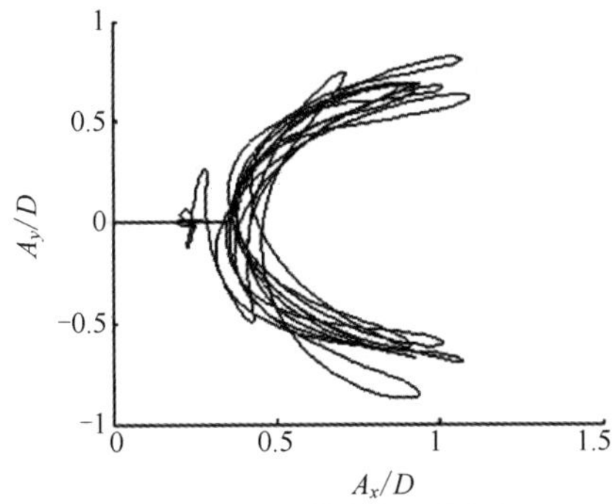

(c) 立管中点运动轨迹

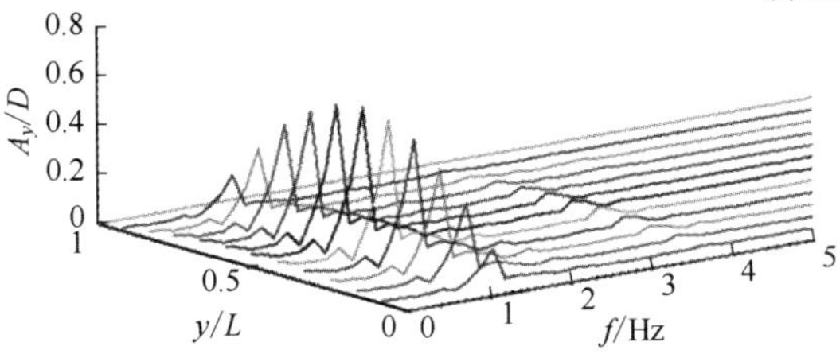

(d) 立管横向振动响应频率谱分析

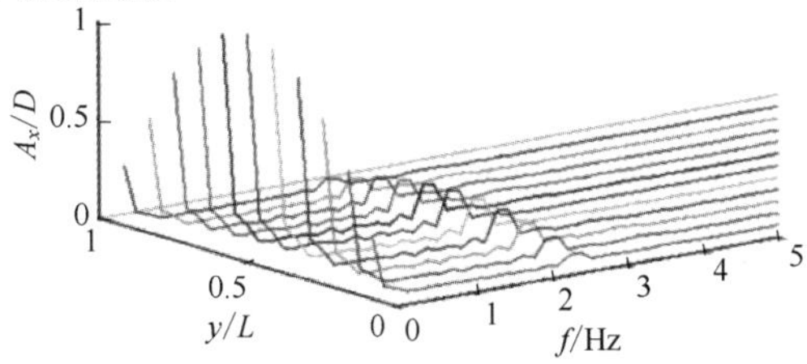

(e) 立管来流向振动响应频率谱分析

图 5.39　仿真结果（T=60N，U=0.15m/s）

5.4.2　安装有螺旋列板的立管涡激振动响应

本书基于 MSTMM/Van der Pol 尾流振子模型建立了海洋立管的涡激振动模型，研究了海洋立管的涡激振动特性。如果立管涡激振动现象比较严重，那么涡激振动抑制装置的设计就显得至关重要。本节研究不同结构参数的螺旋列板对立管涡激振动特性的影响规律。目前采用全三维 CFD/CSD 计算立管的涡激振动响应，计算量太大。本节从细长立管上截取一小段作为研究对象，用短立管来研究安装和不安装螺旋列板两种情况下立管的涡激振动特性。前人对于螺旋列板的研究大量的工作大多基于实验和二维仿真。本节提供了一种可以考虑螺旋列板三维效应的方法，且计算量适中。

采用参数$U_{\mathrm{r}}=5$，Re=200 计算短立管，短立管两端采用固定-固定约束。因此，立管的第 1 阶固有频率 $f_0=U/U_{\mathrm{r}}D=Re\mu/(\rho D)/(U_{\mathrm{r}}D)=0.1238\mathrm{Hz}$。在 Re=200 左右时，$St=f_{\mathrm{s}}D/U=0.196\sim0.2$，其中 f_{s} 是旋涡泄放频率，因此 $f_{\mathrm{s}}=StU/D=StRe\mu/(\rho D)/D=0.1213\sim0.1238\mathrm{Hz}$。此时，旋涡泄放频率与立管固有频率接近，发生频率“锁定”现象，立管振幅变大。在不改变立管其他尺寸的情况下，取短立管的长度为 10D。通过降低短立管的弹性模量和增加短立管的密度直到第 1 阶湿模态频率等于 0.1238Hz，且质量比等于 10。采用这样的参数，就可以保证立管的频率锁定区间较小，计算更容易实现。带有螺旋列板的立管结构示意图如图 5.40 所示，螺旋列板的齿高为 h，螺距为 P。所研究的螺旋列板的列数为 1、2、3；螺距 P 为 5D、10D、15D；齿高为 0.05D、0.1D、0.2D；螺旋列板覆盖率为 100% 和 1/3（可安装在短立管的上部、中间、底部）。螺旋列板采用和立管相同的材料，表 5.10 给出了十一组立管数值

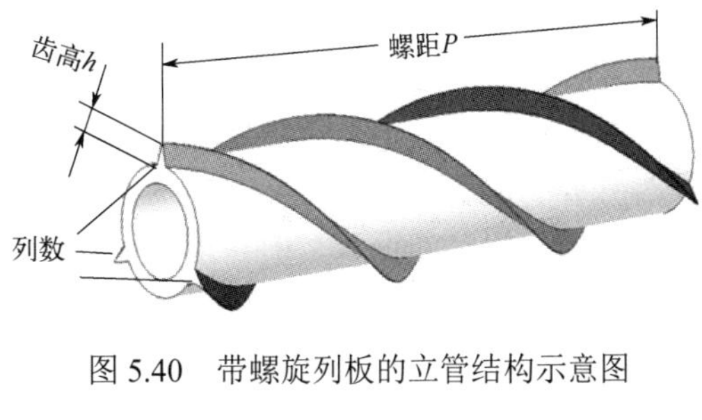

图 5.40　带螺旋列板的立管结构示意图

仿真工况的计算条件。

表 5.10　立管数值仿真工况

工况	立管状态	工况	立管状态
1	裸管	7	3 列/10D/0.05D
2	1 列/10D/0.1D	8	3 列/10D/0.2D
3	2 列/10D/0.1D	9	1/3 覆盖率（上部）
4	3 列/10D/0.1D	10	1/3 覆盖率（中间）
5	3 列/5D/0.1D	11	1/3 覆盖率（底部）
6	3 列/15D/0.1D		

当流体绕过立管时，旋涡以固定的频率泄放。计算结果表明，螺旋列板对立管涡激振动有很好的抑制作用。图 5.41（a）为裸管的不同约化速度情况下的立管中点运动轨迹。从图中可以看出，运动轨迹成“8”字形，锁定区间为$U_r=6\sim9$，在此区间内振幅较大。图 5.41（b）为不同约化速度情况下带有螺旋列板（螺旋列板覆盖率 100%，3 列，P=10D，h=0.1D）的立管中点运动轨迹。从图中可以看出，加装了螺旋列板后，横向振动的振幅相比裸管明显减小很多。对来流向的振动没有明显的影响。为了更好地理解带有和不带有螺旋列板的立管的动力学行为，对带有和不带有螺旋列板的立管动力学响应作频谱分析。图 5.42 为$U_r=7,8$情况下立管带有和不带有螺旋列板的频谱分析图，从图中可以看出，带有螺旋列板的立管主响应频率都接近于 0，次频率都小于裸管的主响应频率。因此可以得出结论，螺旋列板抑制涡激振动机理是改变了旋涡泄放的频率。

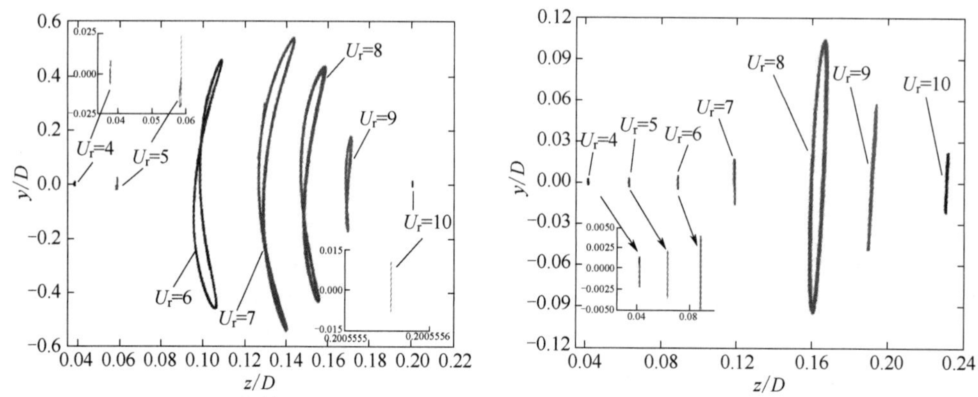

(a) 裸管　(b) 带螺旋列板（3列，P=10D，h=0.1D）

图 5.41　立管中点的运动轨迹 1

图 5.43 给出了螺旋列板齿高、螺距、列数、不同位置的 1/3 覆盖率对立管横向和来流向的涡激振动的影响。所有计算结果都与$U_r=7$裸管的结果作对比。当齿高 h = 0.1D，不同列数对立管的涡激振动响应影响如图 5.43（a）所示。计算结果表明增加螺旋列板的列数可以大大减小横向振动的振幅，但是增加了立管来流向的弯曲变形。2 列和 3 列螺旋列板对横向振动振幅抑制效果接近。从图 5.43（b）可以看出 h = 0.1D 时不同螺距对立管涡激振动的影响，螺距越小，横向振动的振幅抑制效果越好，但同时增加了立管来流向的弯曲变形。图 5.43（c）为 3 列，h = 0.05D 情况下不同齿高对立管涡激振动的影响。从图中可以看出，齿高 h = 0.1D 和 h = 0.2D 对立管横向振动的振幅抑制作用差不多，但是 h = 0.2D 时大大增加了立管来流向

的弯曲变形。综合考虑，$h = 0.1D$ 时，既可以较好地抑制立管的横向振动振幅，又不会引起立管来流向太大的弯曲变形。如图 5.43（d）所示，将 1/3 覆盖率的螺旋列板分别置于立管的上部、中间和底部，计算结果表明，将 1/3 覆盖率的螺旋列板置于立管的中部对横向振动振幅的抑制效果相比置于立管的上部和底部稍微好一点，置于立管上部，立管的来流向振幅也相对减小，综合考虑，将其置于立管上部相比置于立管中部和底部效果要好一点。图 5.44 为立管带有和不带有螺旋列板情况下的涡核和涡量云图。从图中很明显可以看到，螺旋列板破坏了旋涡结构，这对旋涡泄放频率产生了较大影响，导致了旋涡泄放频率大大减小。

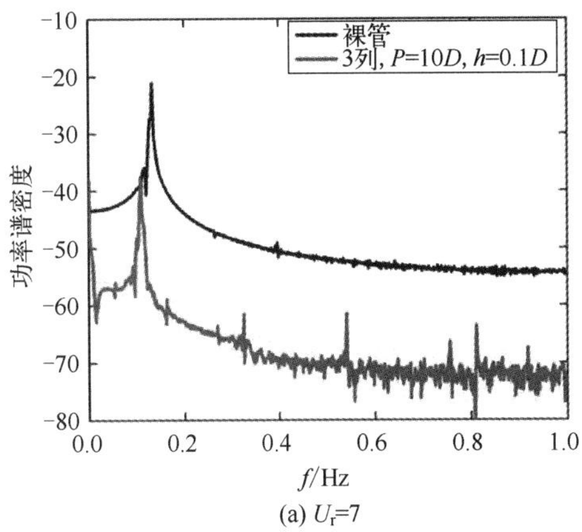

图 5.42　立管中点振动频谱图

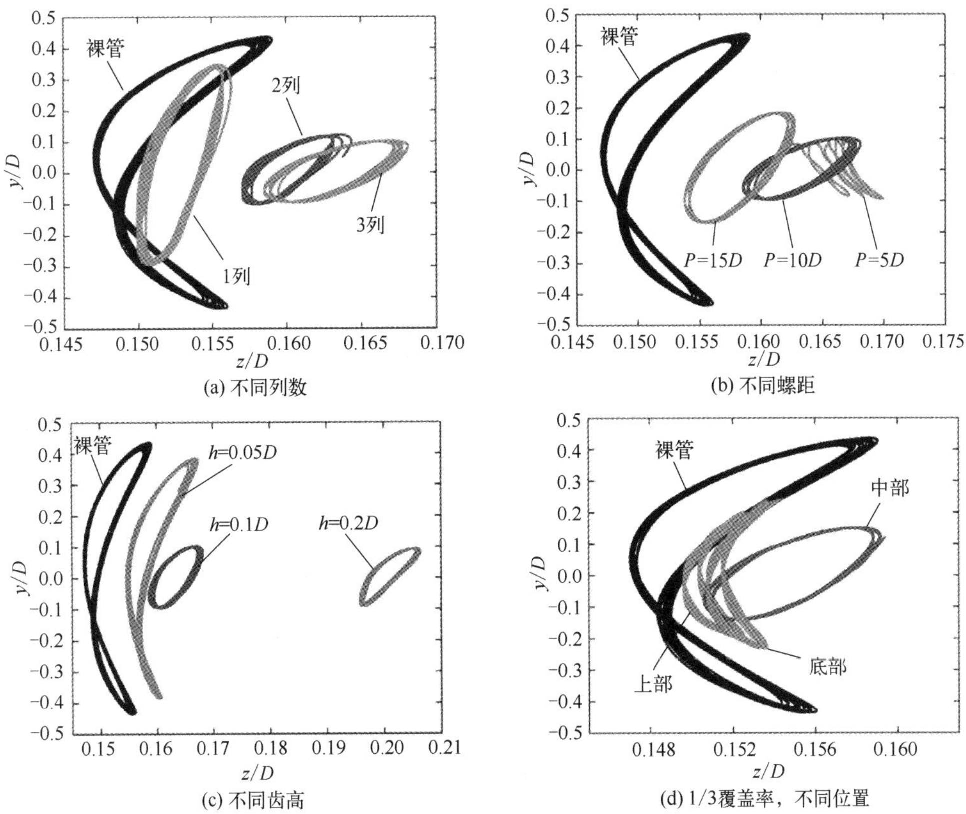

图 5.43　立管中点的运动轨迹 2

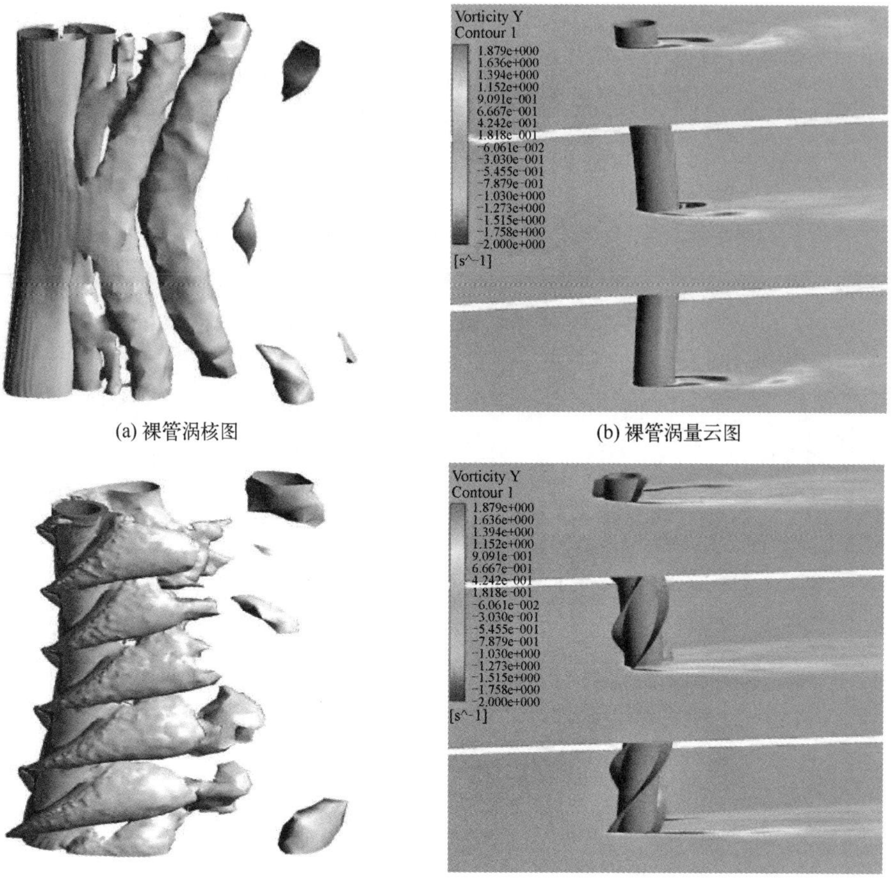

(a) 裸管涡核图　　(b) 裸管涡量云图

(c) 带螺旋列板涡核图　　(d) 带螺旋列板涡量云图

图 5.44　涡核图和涡量云图

5.5　RTP 输流管道的稳定性

5.5.1　RTP 输流管道的动力学方程

立管是海洋工业关键的组成部分之一，是一种最为典型的海洋柔性柱体结构，它将浮动平台与海底的井口连接起来（如图 5.45 所示）。立管起到输送油气、钻井和保护环境等作用，并且承受巨大的力，包括海面上波浪和海面下水流的力，还受海水的腐蚀作用，RTP 对于这种恶劣的环境可以完全适应，充当海洋立管这一重要角色。

为了更方便地进行分析，对图 5.45 所示原理图，建立笛卡儿直角坐标系 $oxyz$，坐标系的原点位于海床，x 轴与发生形变前的立管重合。如图 5.46 所示，在 MSTMM 方法下，管道的尺寸由长度（L）、横截面外径（D）和管壁厚度（d）所决定。假设管道足够细（即 $D/L \ll 0.1$），用一根一端受顶部张力的线性梁来模拟立管的运动，立管的顶部张力是由其所淹没深度引起的线性力，为简单起见利用有效张力对管道进行分析，并且它的横向运动比管道的直径小。因此，在本书中将立管视为 Euler-Bernoulli 梁，并规定它仅在平面 oxy 内运动。

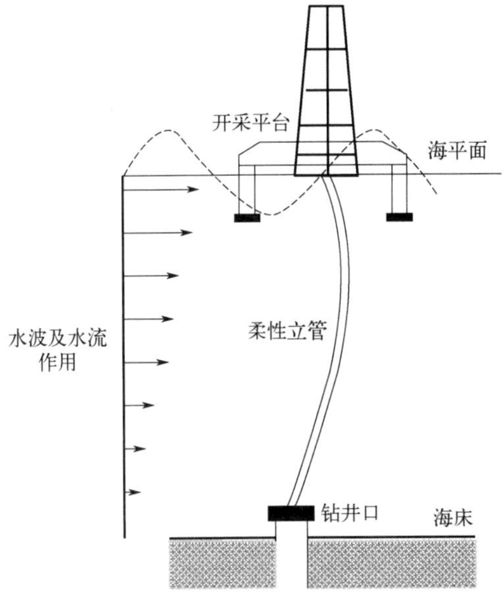

图 5.45　海洋立管系统原理图

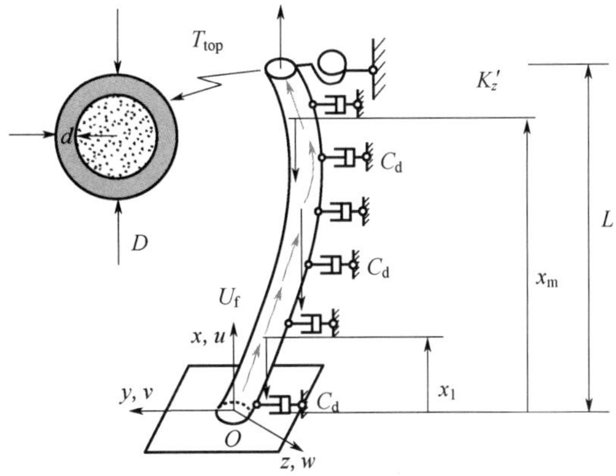

图 5.46　立管动力学模型

管道的一端是固支的（刚性连接到海底），另一端是铰支的（通过刚度为 K_z' 的扭转弹簧柔性连接到开采平台）。通过这样的连接，管道两端均不会发生横向位移。扭转弹簧提供了一个与管道旋转角度成比例的回复力矩。管道在无内外流作用下的控制方程是轴向距离 x 和时间 t 的函数，如下：

$$EI\frac{\partial^4 v}{\partial x^4}-T_{top}\frac{\partial^2 v}{\partial x^2}+m_r\frac{\partial^2 v}{\partial t^2}=f_{int}(x,t)+f_{ext}(x,t) \tag{5.19}$$

式中，EI 是管道的抗弯刚度；m_r 是管道单位长度的质量；T_{top} 是顶部张力；$f_{int}(x,t)$ 和 $f_{ext}(x,t)$ 分别表示内部和外部作用在管道上的力。

内部流体流动近似为塞流，换句话说就是流体通过一根无限长的柔性管道并且流体的速度在与管道轴线垂直的任何截面上都是一个常数，这在湍流剖面理论中是合理的近似说法，内塞流对管道施加的惯性力可写为：

$$f_{int}(x,t)=-m_f\left.\frac{d^2 v}{dt^2}\right|_{x=U_f t} \tag{5.20}$$

式中，m_f 是内部流体单位长度的质量；U_f 是流体的流速。流体质量的总加速度可以分解为局部的科里奥利加速度和离心加速度。

$$\begin{aligned}m_f\left.\frac{d^2 v}{dt^2}\right|_{x=U_f t}&=m_f\left[\frac{d}{dt}\left.\left(\frac{\partial v}{\partial t}+\frac{\partial v}{\partial x}\times\frac{dx}{dt}\right)\right|_{x=U_f t}\right]=m_f\left[\frac{d}{dt}\left.\left(\frac{\partial v}{\partial t}+U_f\frac{\partial v}{\partial t}\right)\right|_{x=U_f t}\right]\\&=m_f\left(\frac{\partial^2 w}{\partial t^2}+2U_f\frac{\partial^2 v}{\partial x\partial t}+U_f^2\frac{\partial^2 v}{\partial x^2}\right)\end{aligned} \tag{5.21}$$

海洋工业中模拟周围水动力的一般做法是基于莫里森公式，该公式将水动力表示为惯性力与阻力的叠加，惯性力与管道的加速度成正比，阻力则与水流的速度成非线性关系。在后续的内容中，我们忽略这种非线性，用下面的线性化表达式代表管道外的非线性流体运动：

$$f_{\text{ext}}(x,t)=-\rho_{\text{w}}A_{\text{e}}C_{\text{a}}\frac{\partial^2 v}{\partial t^2}-\frac{1}{2}\rho_{\text{w}}DU_{\text{ext}}\tilde{C}_{\text{d}}\frac{\partial v}{\partial t} \tag{5.22}$$

式中，ρ_{w}是外部流体的密度；A_{e}是管道外截面的截面积；C_{a}是附加质量系数；D是管道外径；U_{ext}是外部流体的流速；$\tilde{C}_{\text{d}}$是与外部流体流速相关的线性阻力系数，C_{d}为等效阻力。

外部和内部流体在管壁上产生静水压力，即将原来的顶部张力转变为有效张力，其表达式为：

$$T_{\text{eff}}=T_{\text{top}}+A_{\text{e}}p_{\text{e}}-A_{\text{i}}p_{\text{i}} \tag{5.23}$$

式中，A_{e}和A_{i}分别是外管和内管的横截面面积；p_{e}和p_{i}是管外和管内的静水压力。结合方程可以得到输流管的动力学方程：

$$EI\frac{\partial^4 v}{\partial x^4}+(m_{\text{f}}U_{\text{f}}^2-T_{\text{eff}})\frac{\partial^2 v}{\partial x^2}+2m_{\text{f}}U_{\text{f}}\frac{\partial^2 v}{\partial x\partial t}+m\frac{\partial^2 v}{\partial t^2}+\frac{1}{2}\rho_{\text{f}}DU_{\text{ext}}\tilde{C}_{\text{d}}\frac{\partial^2 v}{\partial t}=0 \tag{5.24}$$

式中

$$m=m_{\text{r}}+m_{\text{f}}+\rho_{\text{f}}A_{\text{e}}C_{\text{a}} \tag{5.25}$$

ρ_{f}为流体密度。

管道的边界条件如下：

$$\begin{aligned}&v(0,t)=0\\&\frac{\partial v(0,t)}{\partial t}=0\\&EI\frac{\partial^2 v(L,t)}{\partial x^2}=-K_z'\frac{\partial v(L,t)}{\partial x}\\&v(L,t)=0\end{aligned} \tag{5.26}$$

式中，K_z'为立管上端的扭转弹簧的刚度。

接着对式（5.26）进行无量纲化处理，得到如下无量纲变量和参数：

$$\begin{aligned}&\eta=v/L;\xi=x/L;\tau=t\sqrt{EI/m}/L^2;\lambda=\omega/\sqrt{EI/mL^4};\\&\alpha=L\sqrt{m_{\text{f}}T_{\text{eff}}/mEI};\mathit{\Gamma}=U_{\text{f}}\sqrt{m_{\text{f}}/T_{\text{eff}}};\\&\gamma=\rho_{\text{w}}DU_{\text{ext}}C_{\text{d}}L^2/2\sqrt{mEI};\kappa=K_z'L/EI\end{aligned} \tag{5.27}$$

式中，ω为自由频率。

因此立管的动力学方程以及边界条件可写为：

$$\frac{\partial^4\eta}{\partial\xi^4}+\beta(\mathit{\Gamma}^2-1)\frac{\partial^2\eta}{\partial\xi^2}+2\mathit{\Gamma}\alpha\frac{\partial^2\eta}{\partial\xi\partial\tau}+\frac{\partial^2\eta}{\partial\tau^2}+\gamma\frac{\partial\eta}{\partial\tau}=0 \tag{5.28}$$

$$\eta(0,\tau)=0;\frac{\partial\eta(0,\tau)}{\partial\xi}=0;\frac{\partial^2\eta(1,\tau)}{\partial\xi^2}=-\kappa\frac{\partial\eta(1,\tau)}{\partial\xi};\eta(1,\tau)=0 \tag{5.29}$$

式中，β为经验参数。

在自由振动下，立管的横向弹性形变$\eta(\xi,\tau)$可以表示为：

$$\eta(\xi,\tau)=V(\xi)\mathrm{e}^{\lambda\tau} \tag{5.30}$$

式中，$V(\xi)$是振幅；λ是特征值［一般地，$\lambda=\lambda^{\text{r}}\pm\mathrm{i}\lambda^{\text{i}}$，实部$\lambda^{\text{r}}$（也可表示为$\lambda_{\text{Re}}$）与

阻尼的大小有关并且一般是负值，虚部λ^{i}（也可表示为λ_{Im}）则对应阻尼系统的振动频率。对于无阻尼系统，$\lambda^{\mathrm{r}}=0$，$\lambda^{\mathrm{i}}=\omega$]。将式（5.30）代入式（5.28），可以得到：

$$\frac{\mathrm{d}^4V}{\mathrm{d}\xi^4}+\beta(\Gamma^2-1)\frac{\mathrm{d}^2V}{\mathrm{d}\xi^2}+2\Gamma\alpha\frac{\partial V}{\partial\xi}+\lambda^2V+\gamma\lambda V=0 \tag{5.31}$$

该式是一个四阶常微分方程，可以使用标准幂级数方法求解：

$$V(\xi)=\sum_{j=1}^{4}A_j\mathrm{e}^{\mathrm{i}P_j\xi} \tag{5.32}$$

其中，A_j是振动幅度；$P_j=1,\cdots,4$，是四阶多项式的四个根（或者称为波数）。将式（5.32）代入式（5.31），得到立管的特征方程：

$$P^4-\beta(\Gamma^2-1)P^2+2\Gamma\alpha\lambda\mathrm{i}P+(\lambda\gamma+\lambda^2)=0 \tag{5.33}$$

该式是立管选定参数（β、Γ、α、γ和λ）的函数，相关的特征值可通过解式（5.33）得到，并且可能有复数根。

近年我国的油气资源开采都在不断地往深海领域拓展，但是油气通过立管从海底输送上来以后，需要利用地面平铺管线运到其他加工处理设施处。平铺管线一般直接与地面接触或直接埋设在土壤之中，RTP 的特性决定了其能大规模地作为地面管道铺设。

如图 5.47 所示是弹性地基上输流管道的示意图，为了更方便地分析该模型，我们作如下假设：①输流管道足够长并且足够直，因此可利用 Euler-Bernoulli 梁理论来分析管道的形变；②输流管道的运动很小，可以用线性理论来分析管道的运动；③在分析之中，忽略输流管道的内压和外力对管道的影响。基于以上三个假设，利用 Pasternak 双参数地基模型结合开尔文流变模型对弹性地基上 RTP 输流管道建模。

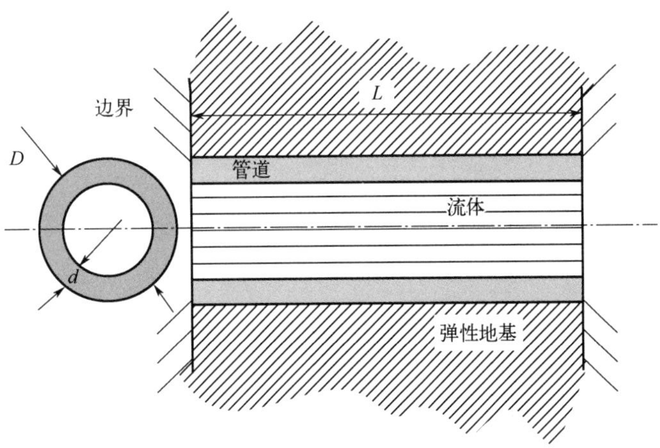

图 5.47　弹性地基上输流管道示意图

其中，Pasternak 双参数地基模型相对于 Winkler 模型来说，模型更复杂，更接近实际地基。Pasternak 双参数地基模型用两个独立的参数分别表示土体的抗压和抗剪特征，既弥补了 Winkler 地基模型不能反映压力扩散的缺陷，又在数学处理能力上较弹性板空间地基相对简单，只要参数选取合理，可以很好地描述地基的力学性能。在 Pasternak 双参数地基模型中，线性弹簧与管道之间增加了一层只承受横向剪力的剪切层，该层将所有弹簧上端（或下端）连接起来，使整个地基变形呈现连续性，克服 Winkler 地基由于各个弹簧的变形互不影响而出现的整个地基变形的不连续性，从而提高了模型的精度。

将上述示意图在 MSTMM 下建立其动力学模型，如图 5.48 所示。该模型是一根等截面长度为 L 的欧拉-伯努利（Euler-Bernoulli）梁，放置在弹性地基上，梁所受到的外力来源包括两个部分，分别是代表弹性地基的阻尼器和等效于剪切作用的弹簧。

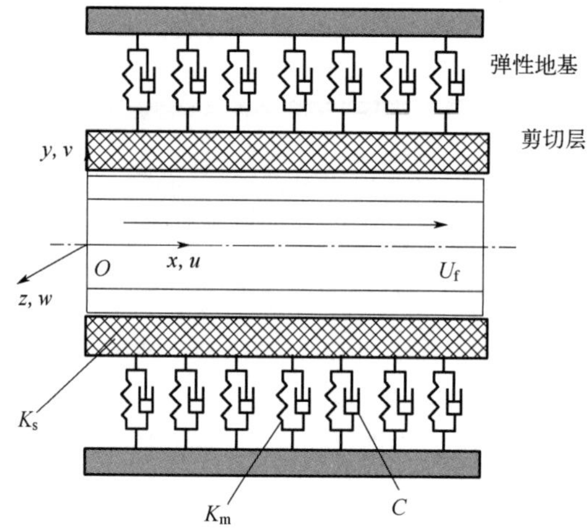

图 5.48　弹性地基上输流管道动力学模型

梁的侧向位移 $v(x,t)$ 可以用如下方程表示：

$$EI\frac{\partial^4 v}{\partial x^4}+m_f U_f^2\frac{\partial^2 v}{\partial x^2}+2m_f U_f\frac{\partial^2 v}{\partial x\partial t}+(m_r+m_f)\frac{\partial^2 v}{\partial t^2}=F \tag{5.34}$$

其中，$F=K_s\frac{\partial^2 v}{\partial x^2}-C\frac{\partial v}{\partial t}-K_m v$。方程左边由四项构成，分别是弹力、流体流经弯管处产生的惯性力、科氏加速度产生的惯性力和流体作用下管道加速度引起的惯性力，得：

$$EI\frac{\partial^4 v}{\partial x^4}+(m_f U_f^2-K_s)\frac{\partial^2 v}{\partial x^2}+2m_f U_f\frac{\partial^2 v}{\partial x\partial t}+(m_r+m_f)\frac{\partial^2 v}{\partial t^2}+C\frac{\partial v}{\partial t}+K_m v=0 \tag{5.35}$$

式中，C 和 K_m 分别代表黏滞阻尼系数和弹性地基的弹簧系数；K_s 是弹性地基的剪切参数。相似的，得到以下无量纲量：

$$\begin{aligned}&\xi=x/L;\eta=v/L;m=m_f/(m_f+m_r);u=LU_f\sqrt{m_f/EI};\\&\varepsilon=L^2C/\sqrt{EI(m_f+m_r)};\tau=t\sqrt{EI/(m_f+m_r)}/L^2;\\&\hat{k}_m=K_m L^4/(EI);\hat{k}_s=K_s L^2/(EI)\lambda=\omega\Big/\sqrt{EI/\left[(m_f+m_r)L^4\right]}\end{aligned} \tag{5.36}$$

得到无量纲量的表达式后，采用同样的处理方式，设 $\eta(\xi,\tau)=V(\xi)e^{\lambda\tau}$，并和式（5.36）一起代入式（5.35），可得到：

$$\frac{\partial^4 V}{\partial \xi^4}+(u^2-\hat{k}_s)\frac{\partial^2 V}{\partial \xi^2}+2u\lambda\sqrt{m}\frac{\partial V}{\partial \xi}+(\lambda\varepsilon+\lambda^2+\hat{k}_m)V=0 \tag{5.37}$$

利用标准幂级数法求解，可得：

$$P^4-(u^2-\hat{k}_s)P^2+2\mathrm{i}u\lambda\sqrt{m}P+(\lambda\varepsilon+\lambda^2+\hat{k}_m)=0 \tag{5.38}$$

同前文，这是一个四阶常微分方程，可以通过数值方法得到方程的解，并且解是关于管道的无量纲频率的函数，所以只要能够建立方程解之间的关系式，便能解出对应的输流管道频率。

5.5.2　复合材料经典层合板理论

由两层或多层简单层板黏合在一起作为一个整体的结构单元，称为层合板。在层合板中，各单层的材料主方向的布置可使结构元件承受多个方向的载荷。单层板作为层合板或层合板结构分层的基本单元，对它的宏观力学研究是分析层合结构的基础。层合板各单层的材料、厚度和弹性主方向等可以互不相同。适当地改变这些参数，人们就可以设计出最有效的承受特定外载的结构元件，这是复合材料层合板的突出优点之一。

单层复合材料的厚度（设厚度方向为 3 方向）与其他平面内方向（1, 2 方向）尺寸相比，一般是很小的，因此可近似认为其处于平面应力状态。对正交各向异性材料，平面应力状态下应力-应变关系为：

$$\begin{bmatrix}\sigma_1\\ \sigma_2\\ \tau_{12}\end{bmatrix}=\begin{bmatrix}Q_{11} & Q_{12} & 0\\ Q_{21} & Q_{22} & 0\\ 0 & 0 & Q_{66}\end{bmatrix}\begin{bmatrix}\varepsilon_1\\ \varepsilon_2\\ \gamma_{12}\end{bmatrix} \tag{5.39}$$

Q_{ij} 用工程弹性系数表示如下：

$$\begin{gathered}Q_{11}=\frac{E_1}{1-\nu_{12}\nu_{21}};Q_{22}=\frac{E_2}{1-\nu_{12}\nu_{21}};\\ Q_{12}=\frac{\nu_{21}E_2}{1-\nu_{12}\nu_{21}}=\frac{\nu_{12}E_1}{1-\nu_{12}\nu_{21}};Q_{66}=G_{12}\end{gathered} \tag{5.40}$$

其中，E_1，E_2 分别是材料在 1, 2 弹性主方向上的弹性模量；ν_{12}，ν_{21} 为泊松比；G_{12} 为 1-2 平面内的剪切弹性模量。

上述的应力-应变关系都是建立在正交各向异性单层材料主方向上的，但实际上使用单层材料层合板时往往单层材料的主方向与层合板总坐标 x-y 不一致（如图 5.49 所示），为了能在统一的 x-y 坐标中计算材料的刚度，可以利用应力转轴公式。

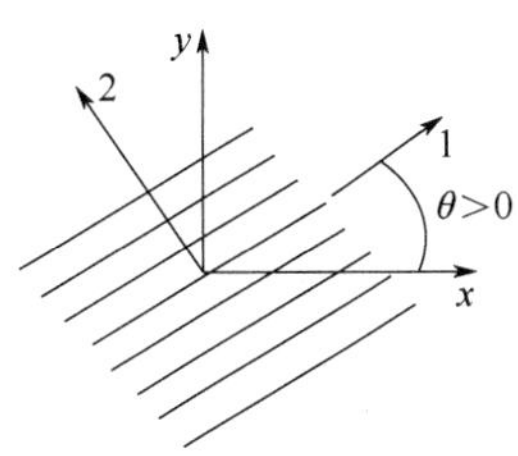

图 5.49　主方向与总坐标

应力转轴和应变转轴给出了材料主方向与 x，y 方向上应力和应变的转换关系，其形式如下：

$$\begin{bmatrix}\sigma_1\\ \sigma_2\\ \tau_{12}\end{bmatrix}=\begin{bmatrix}\cos^2\theta & \sin^2\theta & -2\sin\theta\cos\theta\\ \sin^2\theta & \cos^2\theta & 2\sin\theta\cos\theta\\ \sin\theta\cos\theta & -\sin\theta\cos\theta & \cos^2\theta-\sin^2\theta\end{bmatrix}\begin{bmatrix}\sigma_x\\ \sigma_y\\ \tau_{xy}\end{bmatrix} \tag{5.41}$$

$$\begin{bmatrix}\varepsilon_1\\ \varepsilon_2\\ \gamma_{12}\end{bmatrix}=\begin{bmatrix}\cos^2\theta & \sin^2\theta & \sin\theta\cos\theta\\ \sin^2\theta & \cos^2\theta & -\sin\theta\cos\theta\\ -2\sin\theta\cos\theta & 2\sin\theta\cos\theta & \cos^2\theta-\sin^2\theta\end{bmatrix}\begin{bmatrix}\varepsilon_x\\ \varepsilon_y\\ \gamma_{xy}\end{bmatrix} \tag{5.42}$$

将式（5.41）和式（5.42）代入式（5.39）可得在 x-y 坐标中的应力-应变关系，表示为：

$$\begin{bmatrix}\sigma_x\\ \sigma_y\\ \tau_{xy}\end{bmatrix}=\bar{\boldsymbol{Q}}\begin{bmatrix}\varepsilon_x\\ \varepsilon_y\\ \gamma_{xy}\end{bmatrix}=\begin{bmatrix}\bar{Q}_{11} & \bar{Q}_{12} & \bar{Q}_{16}\\ \bar{Q}_{21} & \bar{Q}_{22} & \bar{Q}_{26}\\ \bar{Q}_{16} & \bar{Q}_{26} & \bar{Q}_{66}\end{bmatrix}\begin{bmatrix}\varepsilon_x\\ \varepsilon_y\\ \gamma_{xy}\end{bmatrix} \tag{5.43}$$

其中

$$\left.\begin{aligned}
\bar{Q}_{11}&=Q_{11}\cos^4\theta+2(Q_{12}+2Q_{66})\sin^2\theta\cos^2\theta+Q_{22}\sin^4\theta\\
\bar{Q}_{12}&=(Q_{11}+Q_{22}-4Q_{66})\sin^2\theta\cos^2\theta+Q_{12}(\sin^4\theta+\cos^4\theta)\\
\bar{Q}_{22}&=Q_{11}\sin^4\theta+2(Q_{12}+2Q_{66})\sin^2\theta\cos^2\theta+Q_{22}\cos^4\theta\\
\bar{Q}_{16}&=(Q_{11}-Q_{12}-2Q_{66})\sin\theta\cos^3\theta+(Q_{12}-Q_{22}+2Q_{66})\sin^3\theta\cos\theta\\
\bar{Q}_{26}&=(Q_{11}-Q_{12}-2Q_{66})\sin^3\theta\cos\theta+(Q_{12}-Q_{22}+2Q_{66})\sin\theta\cos^3\theta\\
\bar{Q}_{66}&=(Q_{11}+Q_{22}-2Q_{12}-2Q_{66})\sin^2\theta\cos^2\theta+Q_{66}(\sin^4\theta+\cos^4\theta)
\end{aligned}\right\} \tag{5.44}$$

矩阵$\bar{\boldsymbol{Q}}$表示主方向的二维刚度矩阵$\boldsymbol{Q}$的转换矩阵，它有 9 个系数（6 个不同的系数），一般都不为零，而且有对称性，它与$\boldsymbol{Q}$大不相同，但是由于是正交各向异性单层材料，仍然只有 4 个独立的材料弹性常数。在x-y坐标中即使正交各向异性单层材料显示出一般各向异性性质，剪应变和正应力之间以及剪应力和线应变之间也存在耦合影响，由于它在材料主方向上具有正交各向异性，故称为广义正交异性单层材料，以与一般各向异性材料区别。$\bar{\boldsymbol{Q}}$的 6 个系数中$\bar{Q}_{11}$、$\bar{Q}_{12}$、$\bar{Q}_{22}$、$\bar{Q}_{66}$是θ的偶函数；$\bar{Q}_{16}$、$\bar{Q}_{26}$是θ的奇函数。

我们已经提过层合板是由多层单层板黏合在一起组成的整体的结构板，层合板的性能与各层单层板的材料性能有关，且与各层单层板的铺设方式有关。对于铺设方式的表示，一般选择结构自然轴方向为坐标系统，用各单层材料主方向与坐标轴夹角来表示，以逆时针方向为正，顺时针方向为负，图 5.49 所示θ角为正。如等厚度的某层合板可表示为$30^\circ/-60^\circ/15^\circ/45^\circ$。

在研究层合板问题上，为了简化问题，对所研究的层合板建立如下假设：①变形前垂直于中面的直线在变形后仍保持直线；②这条垂直于中面的直线在变形过程中的长度不变；③这条垂直于中面的直线在变形后仍垂直于中面。这三个假设也就是板的基尔霍夫假设。此外，在层合板中各单层都可近似认为处于平面应力状态且在厚度方向上的正应力与其他应力相比可忽略。

在上述假设下建立的层合板理论就是经典层合板理论，经典层合板理论更准确一点说是经典薄层层合理论，在复合材料著作中，经典层合板理论常常缩写为 CLPT（classical laminated plate theory）。它包含应力和变形假设，从基本元件（单层），得到最后结果（结构层合板）。

因此根据以上假设可以得出层合板第k层的应力-应变关系式：

$$\begin{bmatrix}\sigma_x\\ \sigma_y\\ \tau_{xy}\end{bmatrix}=\begin{bmatrix}\bar{Q}_{11} & \bar{Q}_{12} & \bar{Q}_{16}\\ \bar{Q}_{21} & \bar{Q}_{22} & \bar{Q}_{26}\\ \bar{Q}_{16} & \bar{Q}_{26} & \bar{Q}_{66}\end{bmatrix}_k\left\{\begin{bmatrix}\varepsilon_x^0\\ \varepsilon_y^0\\ \gamma_{xy}^0\end{bmatrix}+z\begin{bmatrix}\kappa_x\\ \kappa_y\\ \kappa_{xy}\end{bmatrix}\right\} \tag{5.45}$$

式中，κ_x、κ_y称为板中面弯曲挠曲率；κ_{xy}为板中面扭曲率。因后一项中z为变量，κ_x、κ_y、κ_{xy}对任一k层都一样，所以只在$\bar{\boldsymbol{Q}}$矩阵中标上即可，说明每一层的$\bar{\boldsymbol{Q}}$不全相同。为了更清楚地表示层合板的应力-应变关系，以一个 4 层的单层板组合成的层合板为例，用图 5.50 说明，层合板应变由中面应变和弯曲应变两部分组成，沿厚度线性分布；而应力除与应变有关外，还与各层刚度特性有关，若各层刚度不相同，则各层应力不连续分布，但在每一层内是线性分布的。

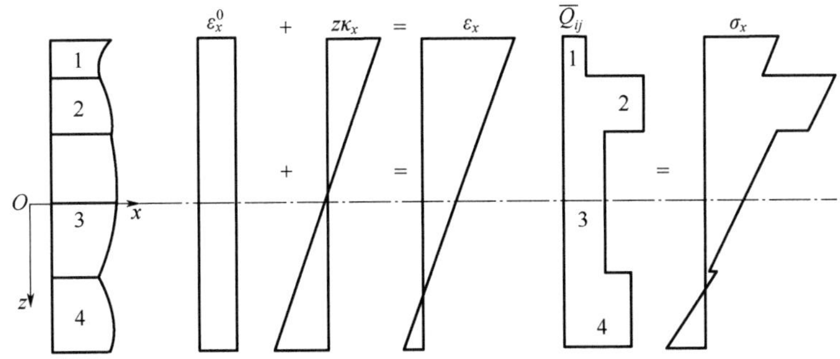

图 5.50　层合板应力-应变关系

设 N_x、N_y、N_{xy} 为层合板横截面上单位宽度上的内力；M_x、M_y、M_{xy} 为层合板横截面上单位宽度的内力矩。它们可由各单层板上的应力沿层合板厚度积分求得，设层合板的厚度为 d，则有：

$$\begin{bmatrix} N_x \\ N_y \\ N_{xy} \end{bmatrix} = \int_{-\frac{d}{2}}^{\frac{d}{2}} \begin{bmatrix} \sigma_x \\ \sigma_y \\ \tau_{xy} \end{bmatrix} \mathrm{d}z; \begin{bmatrix} M_x \\ M_y \\ M_{xy} \end{bmatrix} = \int_{-\frac{d}{2}}^{\frac{d}{2}} \begin{bmatrix} \sigma_x \\ \sigma_y \\ \tau_{xy} \end{bmatrix} \mathrm{d}z \tag{5.46}$$

对层合板各单层作积分，即可求得层合板整体的对应刚度：

$$\begin{bmatrix} N_x \\ N_y \\ N_{xy} \end{bmatrix} = \begin{bmatrix} A_{11} & A_{12} & A_{13} \\ A_{21} & A_{22} & A_{23} \\ A_{31} & A_{32} & A_{33} \end{bmatrix} \begin{bmatrix} \varepsilon_x^0 \\ \varepsilon_y^0 \\ \gamma_{xy}^0 \end{bmatrix} + \begin{bmatrix} B_{11} & B_{12} & B_{13} \\ B_{21} & B_{22} & B_{23} \\ B_{31} & B_{32} & B_{33} \end{bmatrix} \begin{bmatrix} \kappa_x \\ \kappa_y \\ \kappa_{xy} \end{bmatrix} \tag{5.47}$$

$$\begin{bmatrix} M_x \\ M_y \\ M_{xy} \end{bmatrix} = \begin{bmatrix} B_{11} & B_{12} & B_{13} \\ B_{21} & B_{22} & B_{23} \\ B_{31} & B_{32} & B_{33} \end{bmatrix} \begin{bmatrix} \varepsilon_x^0 \\ \varepsilon_y^0 \\ \gamma_{xy}^0 \end{bmatrix} + \begin{bmatrix} D_{11} & D_{12} & D_{13} \\ D_{21} & D_{22} & D_{23} \\ D_{31} & D_{32} & D_{33} \end{bmatrix} \begin{bmatrix} \kappa_x \\ \kappa_y \\ \kappa_{xy} \end{bmatrix} \tag{5.48}$$

式中，A_{ij}、B_{ij}、D_{ij} 由下式定义：

$$\left.\begin{aligned} A_{ij} &= \sum_{k=1}^{n} \left(\overline{Q}_{ij}\right)_k (z_k - z_{k-1}) \\ B_{ij} &= \frac{1}{2} \sum_{k=1}^{n} \left(\overline{Q}_{ij}\right)_k (z_k^2 - z_{k-1}^2) \\ D_{ij} &= \frac{1}{3} \sum_{k=1}^{n} \left(\overline{Q}_{ij}\right)_k (z_k^3 - z_{k-1}^3) \end{aligned}\right\} \tag{5.49}$$

也可简化表示为：

$$\begin{bmatrix} \boldsymbol{N} \\ \boldsymbol{M} \end{bmatrix} = \begin{bmatrix} \boldsymbol{A} & \boldsymbol{B} \\ \boldsymbol{B} & \boldsymbol{D} \end{bmatrix} \begin{bmatrix} \boldsymbol{\varepsilon}^0 \\ \boldsymbol{\kappa} \end{bmatrix} \tag{5.50}$$

式中，子矩阵 $\boldsymbol{A}$、$\boldsymbol{B}$ 和 $\boldsymbol{D}$ 分别称为面内刚度矩阵、耦合刚度矩阵和弯曲刚度矩阵，都是 3×3 的对称矩阵；$\boldsymbol{\varepsilon}^0$ 为层合板的中面应变列阵；$\boldsymbol{\kappa}$ 为曲率列阵。上式即为用应变表示内力的单位宽度层合板的物理方程。

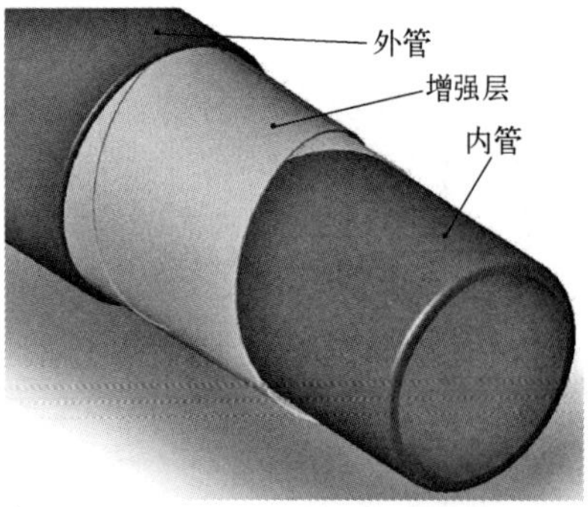

图 5.51　RTP 结构示意图

如图 5.51 所示，RTP 的典型结构包含了三层材料，其中外管和内管通常由高密度的聚乙烯（HDPE）制成，主要用来容纳液体以及提供外部的防护作用，当然有些是由交联聚乙烯（PEX）、聚酰胺（PA）或聚偏氟乙烯（PVDF）制成的。中间层包含两层增强层，增强层的缠绕角度与轴向成 ±54.7°，增强层是在基质（通常为聚乙烯、聚酰胺或聚偏氟乙烯）上利用芳纶纤维缠绕而得。

RTP 在制造过程中是通过加热挤压形成的，因此我们可以认为三层材料之间是完全贴合的不存在缝隙的，又由于 RTP 材料的各向异性，可以采用充分准确的方法计算 RTP 的等效抗弯刚度，形式如下：

$$R_{\mathrm{eq}}=\frac{\pi D}{2}\left(\frac{D}{2a_{11}}+\frac{1}{d_{11}}\right) \tag{5.51}$$

式中，a_{11} 和 d_{11} 分别是矩阵 $\boldsymbol{A}$ 和 $\boldsymbol{D}$ 中的元素。

本书研究的 RTP 立管道的材料包括高密度聚乙烯（HDPE）、中密度聚乙烯（MDPE）和芳纶纤维，相关参数见表 5.1。

在已知材料的性能参数 $(E_1,E_2,\nu_{12},G_{12})$ 以及中间层的铺设角度 θ 后，根据上述方法得出矩阵 $\boldsymbol{A}$、$\boldsymbol{B}$、$\boldsymbol{D}$，继而可算出 RTP 的等效抗弯刚度。在本书中，我们利用 MATLAB 计算软件对 RTP 输流管进行编程计算，得到最终的结果如图 5.52。

```
ABD =
   1.0e+08 *
    1.6325    0.3030         0    0.0072    0.0017    0.0047
    0.3030    3.1760         0    0.0017    0.0181    0.0056
         0         0    2.5935    0.0023    0.0028    0.0140
    0.0072    0.0017    0.0047    0.0001    0.0000    0.0001
    0.0017    0.0181    0.0056    0.0000    0.0001    0.0001
    0.0023    0.0028    0.0140    0.0000    0.0000    0.0001
Req =
   8.7483e+06
```

图 5.52　RTP 等效抗弯刚度计算结果

$$R_{\mathrm{eq}}=8.7483\times10^{6}\,\mathrm{N}\cdot\mathrm{m}^{2} \tag{5.52}$$

5.5.3　基于 MSTMM 的 RTP 振动特性

多体系统体元件和连接元件（后面称为元件）通过在节点处连接，传递力、力矩、位移和角度。在多体系统传递矩阵法里，其中一个边界称为输入端，另一边界称为输出端，从输入端到输出端的方向称为传递方向。顺着传递方向，输入端的节点称为输入点，记为 I，输出端的节点记为 O。当然在实际的多体系统中往往会有多个输入点和多个输出点，分别记为 I_n 和 O_l。

一般地，在传递方向上会有多个元件，两元件中间的连接点既是前一元件的输出点又是后一元件的输入点，连接点的状态可由物理坐标系中的运动学和动力学关系得到。对于线性多体系统，表示振动的物理参数包括：x、y、z，表示物理坐标下惯性坐标系中连接点相对于其平衡位置的线位移；θ_x、θ_y、θ_z，表示物理坐标下坐标系相对于其平衡位置的角位移；m_x、m_y、m_z，表示物理坐标下连接点处的内力矩；q_x、q_y、q_z，表示物理坐标下连接点处的内力。输入点的正方向如图 5.53（a）所示，根据牛顿第三定律，输出点的内力和内力矩方向与输入点相反，如图 5.53（b）所示。

在三维中，状态变量的数量为$n_s=12$，并且连接点的物理状态可以用状态矢量表示如下：

$$\boldsymbol{z}=\left[x,y,z,\theta_x,\theta_y,\theta_z,m_x,m_y,m_z,q_x,q_y,q_z\right]^{\mathrm{T}} \tag{5.53}$$

对于更低维度的特殊情况，上述状态矢量可以被精简为特定的物理量构成，比如：二维时有$n_s=6$，状态矢量$\boldsymbol{z}=\left[x,y,\theta_z,m_z,q_x,q_y\right]^{\mathrm{T}}$，或者$n_s=4$，$\boldsymbol{z}=\left[y,\theta_z,m_z,q_y\right]^{\mathrm{T}}$；一维时有$n_s=2$，$\boldsymbol{z}=\left[y,q_y\right]^{\mathrm{T}}$，或者$n_s=2$，$\boldsymbol{z}=\left[\theta_z,m_z\right]^{\mathrm{T}}$。

根据图 5.53 的符号约定，连接一个输出点元件j和一个输入点元件k的状态矢量就可以写为$\boldsymbol{z}_{Ik}\equiv\boldsymbol{z}_{Oj}$。对于振动模态分析，状态矢量$\boldsymbol{z}$可表示为$\boldsymbol{z}=\boldsymbol{Z}\mathrm{e}^{\lambda t}$。其中$\boldsymbol{Z}=[X,Y,Z,\Theta_x,\Theta_y,\Theta_z,M_x,M_y,M_z,Q_x,Q_y,Q_z]^{\mathrm{T}}$，代表模态坐标中的振幅；$\lambda=\lambda^{\mathrm{r}}\pm\mathrm{i}\lambda^{\mathrm{i}}$，是特征值。实部$\lambda^{\mathrm{r}}$与阻尼的大小有关并且一般是负的，虚部$\lambda^{\mathrm{i}}$与阻尼系统的振动频率有关，对于无阻尼系统，$\lambda^{\mathrm{r}}=0$，$\lambda^{\mathrm{i}}=\omega$。

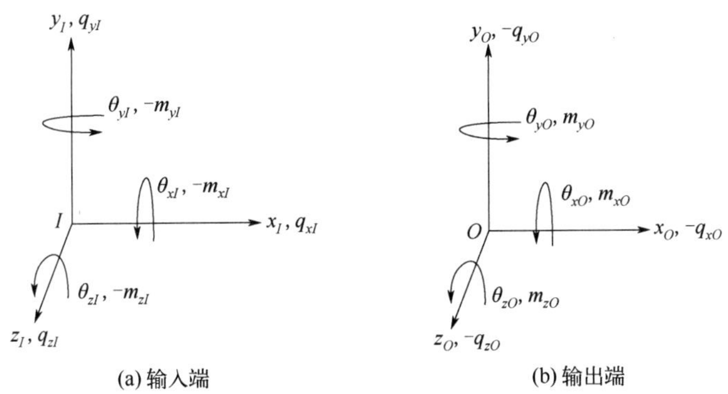

图 5.53　输入端和输出端的符号约定

在 MSTMM 方法下的，对于有单个输入点和单个输出点的编号为j的元件，可以得到传递方程$\boldsymbol{Z}_O=\boldsymbol{U}_j\boldsymbol{Z}_I$，其中$\boldsymbol{U}_j$表示对第$j$个元素的输入点状态矢量$\boldsymbol{Z}_I$和输出点状态矢量$\boldsymbol{Z}_O$间的传递矩阵。多体系统中的每个元件都有自己特定的传递矩阵，保存在 MSTMM 矩阵库里，导出较容易。这些元件的传递矩阵可以看作是一个个积木，整体系统的动力学行为就是通过已确定的规则将这些积木按拓扑组合得到的，下面将分别对这些基本元件的传递矩阵进行推导。

对于一维无质量线性弹簧的振动，如图 5.54（a）所示，状态矢量可以分别简化为$\boldsymbol{z}_I=\left[y_I,q_{yI}\right]^{\mathrm{T}}$和$\boldsymbol{z}_O=\left[y_O,q_{yO}\right]^{\mathrm{T}}$。根据平衡条件以及弹簧的刚度$K_y$可以得到：

$$\begin{cases}q_{yO}=q_{yI}\\ q_{yI}=K_y(y_I-y_O)\end{cases}\Rightarrow y_O=y_I-q_{yI}/K_y \tag{5.54}$$

利用拉普拉斯变换 $y = Y\mathrm{e}^{\lambda t}$，$q_y = Q_y\mathrm{e}^{\lambda t}$，可以得到传递方程：

$$\begin{bmatrix} Y \\ Q_y \end{bmatrix}_O = \begin{bmatrix} 1 & -1/K_y \\ 0 & 1 \end{bmatrix} \begin{bmatrix} Y \\ Q_y \end{bmatrix}_I \tag{5.55}$$

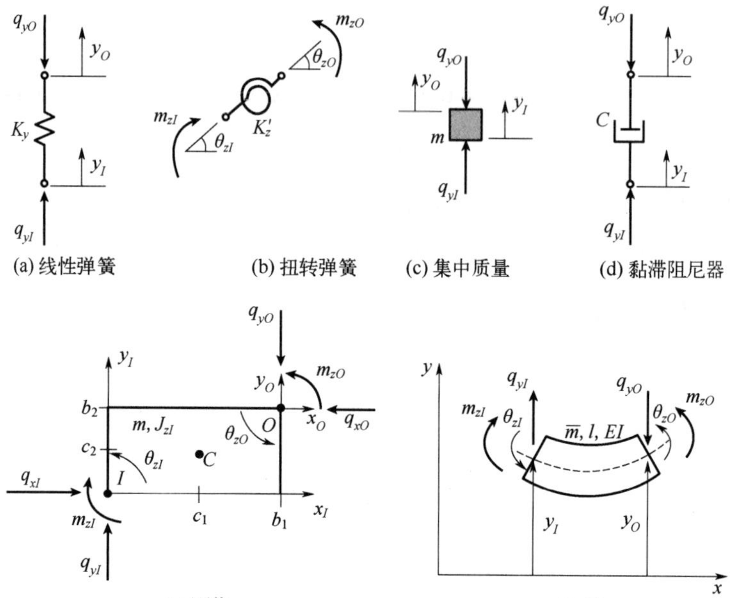

(a) 线性弹簧　(b) 扭转弹簧　(c) 集中质量　(d) 黏滞阻尼器

(e) 刚体　(f) 梁

图 5.54　典型元件

或者可表示为：

$$\boldsymbol{Z}_O = \boldsymbol{U}^{\mathrm{LS}} \boldsymbol{Z}_I \tag{5.56}$$

其中，$\boldsymbol{U}^{\mathrm{LS}} = \begin{bmatrix} 1 & -1/K_y \\ 0 & 1 \end{bmatrix}$是线性弹簧元件的传递矩阵。线性弹簧在其他方向上的传递矩阵相同，仅需调整状态变量。

如图 5.54（b）所示，刚度为 K_z' 的扭转弹簧可绕 z 轴振动，输入端和输出端的力矩相等，与扭转角度有关，可表示为 $m_{zO} = m_{zI} = K_z'(\theta_{zO} - \theta_{zI})$。应用和上述类似的转换 $\theta_z = \Theta_z\mathrm{e}^{\lambda t}$，$m_z = M_z\mathrm{e}^{\lambda t}$，结果如下：

$$\begin{bmatrix} \Theta_z \\ M_z \end{bmatrix}_O = \begin{bmatrix} 1 & 1/K_z' \\ 0 & 1 \end{bmatrix} \begin{bmatrix} \Theta_z \\ M_z \end{bmatrix}_I \tag{5.57}$$

或者表示为

$$\boldsymbol{Z}_O = \boldsymbol{U}^{\mathrm{TS}} \boldsymbol{Z}_I \tag{5.58}$$

其中，$\boldsymbol{U}^{\mathrm{TS}} = \begin{bmatrix} 1 & 1/K_z' \\ 0 & 1 \end{bmatrix}$。

图 5.54（c）所示为一集中质量（无力矩效应的质点）在 y 方向上振动。质量块底部和顶部的位移相等，即 $y_O = y_I$。根据牛顿第二定律有 $m\ddot{y}_I = q_{yI} - q_{yO}$，利用微分原理 $\ddot{y}_I = Y_I\lambda^2\mathrm{e}^{\lambda t}$，最后的结果为：

$$\begin{bmatrix} Y \\ Q_y \end{bmatrix}_O = \begin{bmatrix} 1 & 0 \\ -m\lambda^2 & 1 \end{bmatrix} \begin{bmatrix} Y \\ Q_y \end{bmatrix}_I \tag{5.59}$$

或为

$$\boldsymbol{Z}_O = \boldsymbol{U}^{\mathrm{M}} \boldsymbol{Z}_I \tag{5.60}$$

其中，$\boldsymbol{U}^{\mathrm{M}} = \begin{bmatrix} 1 & 0 \\ -m\lambda^2 & 1 \end{bmatrix}$。

图 5.54（d）所示的黏滞阻尼器的阻尼系数是C，它的两端所受力相等，$q_{yO} = q_{yI} = C(\dot{y}_I - \dot{y}_O)$。通过 $\dot{y} = Y\lambda \mathrm{e}^{\lambda t}$ 得到传递方程：

$$\begin{bmatrix} Y \\ Q_y \end{bmatrix}_O = \begin{bmatrix} 1 & -1/(C\lambda) \\ 0 & 1 \end{bmatrix} \begin{bmatrix} Y \\ Q_y \end{bmatrix}_I \tag{5.61}$$

或者为

$$\boldsymbol{Z}_O = \boldsymbol{U}^{\mathrm{D}} \boldsymbol{Z}_I \tag{5.62}$$

其中，$\boldsymbol{U}^{\mathrm{D}} = \begin{bmatrix} 1 & -1/(C\lambda) \\ 0 & 1 \end{bmatrix}$。

图 5.54（e）中的刚体的质量为m，输入端I的惯性矩为J_{zI}，它可在xy平面内摆动。在给定的坐标系$\{I, x_I y_I z_I\}$中，质心C的坐标向量是$\boldsymbol{I}_{IC} = [c_1, c_2, 0]^{\mathrm{T}}$，输出点$O$的坐标向量$\boldsymbol{I}_{IO} = [b_1, b_2, 0]^{\mathrm{T}}$。由于是平面运动，故$z = \theta_x = \theta_y = q_z = m_x = m_y = 0$，所以状态矢量简化为$\boldsymbol{Z} = \left[X, Y, \Theta_z, M_z, Q_x, Q_y\right]^{\mathrm{T}}$。

对于刚体，所有的旋转角度都一样：

$$\theta = \theta_I = \theta_O \Rightarrow \ddot{\theta}_O = \ddot{\theta}_I \tag{5.63}$$

此外，刚体的运动学方程有：

$$\boldsymbol{r}_O = \boldsymbol{r}_I + \boldsymbol{r}_{IO}, \boldsymbol{v}_O = \boldsymbol{v}_I + \boldsymbol{\omega} \times \boldsymbol{r}_{IO}, \boldsymbol{a}_O = \boldsymbol{a}_I + \boldsymbol{\omega} \times \boldsymbol{r}_{IO} + \boldsymbol{\omega} \times (\boldsymbol{\omega} \times \boldsymbol{r}_{IO}) \tag{5.64}$$

在惯性系中有：

$$\begin{gathered} \boldsymbol{r}_O = \begin{bmatrix} x_O & y_O & 0 \end{bmatrix}, \boldsymbol{r}_I = \begin{bmatrix} x_I & y_I & 0 \end{bmatrix}, \boldsymbol{r}_{IO} = \boldsymbol{A}\boldsymbol{I}_{IO} \\ \boldsymbol{A} = \begin{bmatrix} \cos\theta & -\sin\theta & 0 \\ \sin\theta & \cos\theta & 0 \\ 0 & 0 & 1 \end{bmatrix}, \boldsymbol{\omega} = \begin{bmatrix} 0 & 0 & \dot{\theta}_I \end{bmatrix}^{\mathrm{T}} \end{gathered} \tag{5.65}$$

当$\theta \ll 1$时，可得横纵坐标：

$$\ddot{x}_O = \ddot{x}_I - \ddot{\theta}_I b_2, \ddot{y}_O = \ddot{y}_I + \ddot{\theta}_I b_1, \tag{5.66}$$

由牛顿第二定律得：

$$m\boldsymbol{a}_C \equiv m\boldsymbol{a}_I + m\dot{\boldsymbol{\omega}} \times \boldsymbol{r}_{IC} + m\boldsymbol{\omega} \times (\boldsymbol{\omega} \times \boldsymbol{r}_{IC}) = \sum \boldsymbol{F} \tag{5.67}$$

同样的处理方式得：

$$m\ddot{x}_I - mc_2\ddot{\theta}_I = q_{xI} - q_{xO}, m\ddot{y}_I + mc_1\ddot{\theta}_I = q_{yI} - q_{yO} \tag{5.68}$$

最后对于z轴，由欧拉定律得：

$$\boldsymbol{I}_I\dot{\boldsymbol{\omega}}+\boldsymbol{\omega}\times\boldsymbol{I}_I\boldsymbol{\omega}+m\boldsymbol{r}_{IC}\times\boldsymbol{a}_I=\sum\boldsymbol{M}_I \tag{5.69}$$

线性化后生成的关系式：

$$J_{zI}\ddot{\theta}_I+m(c_1\ddot{y}_I-c_2\ddot{x}_I)=-m_{zI}+m_{zO}-b_1q_{yO}+b_2q_{xO} \tag{5.70}$$

将式（5.63）、式（5.66）、式（5.68）、式（5.71）进行模态变换结合得到传递方程 $\boldsymbol{Z}_O=\boldsymbol{U}^{\text{RB}}\boldsymbol{Z}_I$，其中：

$$\boldsymbol{U}^{\text{RB}}=\begin{bmatrix}1&0&-b_2&0&0&0\\0&1&b_1&0&0&0\\0&0&1&0&0&0\\m\lambda^2(b_2-c_2)&-m\lambda^2(b_1-c_1)&\lambda^2[J_{zI}-m(b_2c_2+b_1c_1)]&1&-b_2&b_1\\-m\lambda^2&0&m\lambda^2c_2&0&1&0\\0&-m\lambda^2&-m\lambda^2c_1&0&0&1\end{bmatrix} \tag{5.71}$$

如果在 x 轴的纵向位移可以忽略，状态矢量可以进一步简化成 $\boldsymbol{Z}=\left[Y,\Theta_z,M_z,Q_y\right]^{\text{T}}$，传递矩阵则为：

$$\boldsymbol{U}^{\text{RB}}=\begin{bmatrix}1&b_1&0&0\\0&1&0&0\\-m\lambda^2(b_1-c_1)&\lambda^2\left[J_{zI}-m(b_2c_2+b_1c_1)\right]&1&b_1\\-m\lambda^2&-m\lambda^2c_1&0&1\end{bmatrix} \tag{5.72}$$

为了简化说明，本书中将只推导如图 5.54（f）所示的欧拉-伯努利梁的传递矩阵。梁的长度为 l，抗弯刚度为 EI，材料密度为 ρ，横截面积为 A，单位长度的质量 $\bar{m}=\rho A$，梁的微分方程和模态变换如下：

$$EI\frac{\partial^4 y}{\partial x^4}+\bar{m}\frac{\partial^2 y}{\partial t^2}=0\xrightarrow{y(x,t)=Y(x)\mathrm{e}^{\lambda t}}\frac{\partial^4 Y(x)}{\partial x^4}+\frac{\bar{m}\lambda^2}{EI}Y(x)=0 \tag{5.73}$$

$Y(x)=A_1\cosh(\beta x)+A_2\sinh(\beta x)+A_3\cos(\beta x)+A_4\sin(\beta x)$，其中 $\beta=\sqrt[4]{-\bar{m}\lambda^2/EI}$，$A_1$、$A_2$、$A_3$、$A_4$ 是任意常数。对于欧拉-伯努利梁，将线性化关系式 $\Theta_z=Y'$ 和 $M_z=EIY''$ 以及 $Q_y=M_z'$ 代入并进行模态转换可得 $\boldsymbol{Z}(x)=\boldsymbol{B}(x)\boldsymbol{A}$，或者：

$$\begin{bmatrix}Y(x)\\\Theta_z(x)\\M_z(x)\\Q_y(x)\end{bmatrix}_x=\begin{bmatrix}\cosh(\beta x)&\sinh(\beta x)&\cos(\beta x)&\sin(\beta x)\\\beta\sinh(\beta x)&\beta\cosh(\beta x)&-\beta\sinh(\beta x)&\beta\cosh(\beta x)\\EI\beta^2\cosh(\beta x)&EI\beta^2\sinh(\beta x)&-EI\beta^2\cos(\beta x)&-EI\beta^2\sin(\beta x)\\EI\beta^3\sinh(\beta x)&EI\beta^3\cosh(\beta x)&EI\beta^2\sin(\beta x)&-EI\beta^3\cos(\beta x)\end{bmatrix}\begin{bmatrix}A_1\\A_2\\A_3\\A_4\end{bmatrix} \tag{5.74}$$

系数矩阵 $\boldsymbol{A}=\left[A_1\quad A_2\quad A_3\quad A_4\right]^{\text{T}}$ 是未知的，根据输入端边界条件 $\boldsymbol{Z}_I=\boldsymbol{B}(0)\boldsymbol{A}$ 得 $\boldsymbol{A}=\boldsymbol{B}(0)^{-1}\boldsymbol{Z}_I$。对于梁的输出端即 $x=l$ 处，有 $\boldsymbol{Z}_O=\boldsymbol{B}(l)\boldsymbol{A}=\boldsymbol{B}(l)\boldsymbol{B}(0)^{-1}\boldsymbol{Z}_I=\boldsymbol{U}^B\boldsymbol{Z}_I$，其中：

$$\boldsymbol{U}^B=\begin{bmatrix}S&T/\beta&U/(EI\beta^2)&V/(EI\beta^3)\\\beta V&S&T/(EI\beta)&U/(EI\beta^2)\\EI\beta^2U&EI\beta V&S&T/\beta\\EI\beta^3T&EI\beta^2U&\beta V&S\end{bmatrix} \tag{5.75}$$

$$S=\frac{ch+c}{2},T=\frac{sh+s}{2},U=\frac{ch-c}{2},V=\frac{sh-s}{2}$$
$$ch=\cosh(\beta l),sh=\sinh(\beta l),c=\cos(\beta l),s=\sin(\beta l)$$

根据上述的定义，系数 β 和传递矩阵 $\boldsymbol{U}^B$ 都是关于特征值 λ 的隐函数。

对管道这一类型建立传递方程和传递矩阵，前文都是将其当作欧拉-伯努利梁来进行分析的，但不能直接套用所得的传递矩阵结论，在已知等效抗弯刚度和 MSTMM 方法之后，接着对立管和地面管道的动力学方程继续进行分析。

通过波数 $P_j(j=1,\cdots,4)$ 计算立管和地面管道两种类型的管道特征方程，梁振动状况下横向位移在模态坐标下四个未知常数 A_j 可以写作：

$$V(\xi)=A_1\mathrm{e}^{\mathrm{i}P_1\xi}+A_2\mathrm{e}^{\mathrm{i}P_2\xi}+A_3\mathrm{e}^{\mathrm{i}P_3\xi}+A_4\mathrm{e}^{\mathrm{i}P_4\xi} \tag{5.76}$$

根据欧拉-伯努利梁在 x - y 平面内振动理论，状态矢量 $\boldsymbol{Z}$ 可以简化为基本的坐标，比如 $n_{\mathrm{s}}=4$， $\boldsymbol{Z}=\left[V,\Theta_z,M_z,Q_y\right]^{\mathrm{T}}$ 。对应的转角 Θ_z、弯矩 M_z 和内力 Q_y 在无量纲下可以表示为：

$$\Theta_z(\xi)=\frac{\mathrm{d}V(\xi)}{\mathrm{d}\xi};M_z(\xi)=EIR_{\mathrm{eq}}\frac{\mathrm{d}^2V(\xi)}{\mathrm{d}\xi^2};Q_y(\xi)=EIR_{\mathrm{eq}}\frac{\mathrm{d}^3V(\xi)}{\mathrm{d}\xi^3} \tag{5.77}$$

拓扑链是用来表示系统动态行为的 MSTMM 拓扑结构中的一种，根据上文所述，对于常见元件 j 有单输入点 (I) 和单输出点 (O)，传递方程可以写作 $\boldsymbol{Z}_O=\boldsymbol{U}_j\boldsymbol{Z}_I$，其中 $\boldsymbol{U}_j$ 是传递矩阵。

得到传递方程 $\boldsymbol{Z}=\boldsymbol{U}\boldsymbol{A}$，传递矩阵 $\boldsymbol{U}$ 如下：

$$\boldsymbol{U}_{4\times4}=\begin{bmatrix}U_{11} & \cdots & U_{14}\\ \vdots & \ddots & \vdots\\ U_{41} & \cdots & U_{44}\end{bmatrix};$$
$$\boldsymbol{Z}=\begin{bmatrix}V & \Theta_z & M_z & Q_y\end{bmatrix}^{\mathrm{T}};\ \boldsymbol{A}=\left[A_1,A_2,A_3,A_4\right]^{\mathrm{T}} \tag{5.78}$$

系数矩阵 $\boldsymbol{A}$ 是未知常数，可以根据梁的输入端端点处边界条件 $(\xi=0)$，得到 $\boldsymbol{Z}_I=[\boldsymbol{U}(0)]\boldsymbol{A}$ 或者 $\boldsymbol{A}=[\boldsymbol{U}(0)]^{-1}\boldsymbol{Z}_I$，对于梁的输出端端点处 $(\xi=x/L)$，有下式：

$$\boldsymbol{Z}_O=[\boldsymbol{U}(x/L)]\boldsymbol{A}=[\boldsymbol{U}(x/L)][\boldsymbol{U}(0)]^{-1}\boldsymbol{Z}_I=\boldsymbol{U}^{\mathrm{pipe}}\boldsymbol{Z}_I \tag{5.79}$$

其中，$\boldsymbol{U}^{\mathrm{pipe}}$ 是立管和地面管道的 4×4 传递矩阵，可由 P_j 的值确定。

对于有多个元件的两端固定梁（如图 5.55），它可以根据拓扑链组装以提供整个系统的传递矩阵，如下：

$$\boldsymbol{Z}_O=\boldsymbol{T}\boldsymbol{Z}_I;\boldsymbol{T}=\prod_{k=0}^{j-1}\boldsymbol{U}_{j-k};\boldsymbol{U}_{\mathrm{all}}\boldsymbol{Z}_{\mathrm{all}}=\boldsymbol{0} \tag{5.80}$$

其中

$$\boldsymbol{Z}_{\mathrm{all}}^{\mathrm{T}}=\begin{bmatrix}\boldsymbol{Z}_I^{\mathrm{T}} & \boldsymbol{Z}_O^{\mathrm{T}}\end{bmatrix};\boldsymbol{U}_{\mathrm{all}}=[\boldsymbol{T}-\mathbf{I}] \tag{5.81}$$

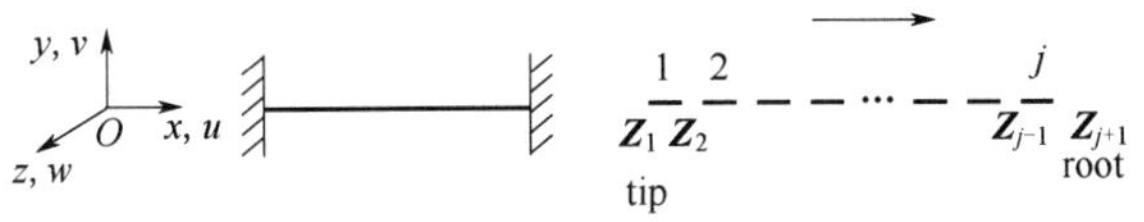

图 5.55　两端固定梁的状态矢量和传递方向

观察式（5.81），可以发现 $\boldsymbol{Z}_{\text{all}}$ 中仅包含了边界的状态矢量，连接点的状态矢量并没有出现，这也是 MSTMM 的特点之一。由于 $\boldsymbol{Z}_{\text{all}}$ 的一半状态变量为零，所以式（5.81）简化为 $\overline{\boldsymbol{U}}_{\text{all}}\overline{\boldsymbol{Z}}_{\text{all}}=\boldsymbol{0}$，$\overline{\boldsymbol{Z}}_{\text{all}}$ 包含了边界条件的未知变量。去掉所有零相关的行和列，得到一个方阵，该方阵是系统关于未知的无量纲频率 λ 的函数。

对于正常的解法，必须满足特征方程 $\varDelta(\lambda)=\det\overline{\boldsymbol{U}}_{\text{all}}=0$。下面将采用一种可靠、高效的特征方程求解算法——递归扫描法。在处理特征方程时，要求系数矩阵是奇异的，因此解的精度与这些系数矩阵的求零方法有关，这些行列式可以是固有振动频率或特征值的非线性化超越函数、实函数或者是复函数。递归扫描法将零搜索转化为最小化问题，其效率远远高于直接枚举算法。

如果行列式是振动频率的实函数，就像保守系统一样，零搜索通常基于 $\varDelta(\omega)$ 的符号变化。如果已知符号变化的间隔，可以采用牛顿迭代法或者其他数值方法，如布伦特法。但是通过扫描特定的范围 $[0,\varOmega]$ 来发现符号变化，需要大量的枚举工作，是此类方法的瓶颈，特别是在零点非常接近时的情况。还有个问题是行列式可能会增长为非常大的数值，也可能突然从正值变为负值，高导出的存在会阻碍基于导数的寻根方法。

所有这些问题都可以通过将行列式的绝对值 $\varDelta$ 从零搜索改为最小值搜索来克服，这同样适用于实际的复杂情况，该方法同样可将一维搜索框扩展到二维复杂根搜索。下面是利用该方法所进行的数值计算。

为了验证基于 MSTMM 方法的自由振动模型的准确性和有效性，对立管和平面管道进行了数值模拟计算以及 ANSYS 软件仿真计算。

首先计算的是弹性地基上两端固定管道在两地基参数变化下的无量纲频率系数 $\sqrt{\bar{\omega}}$ 的变化，其中 $\bar{\omega}=\sqrt{\omega}\left[(m_{\text{f}}+m_{\text{r}})L^4/(EI)\right]^{1/4}$，为了方便后续的对比我们定义 $\bar{K}_{\text{s}}=\hat{k}_{\text{s}}\pi^2$，其他的参数如下：

$$m_{\text{f}}=0;U_{\text{f}}=0;C=0;L=1\text{m};EI=1.266\times10^3\,\text{N}\cdot\text{m}^2;m_{\text{r}}=1.13333\text{kg}/\text{m}$$

表 5.11　两端固定管道在弹性地基上前三阶频率参数 $\bar{\omega}$ 对比结果（$\hat{k}_{\text{m}}=100$）

频率参数	$\bar{K}_{\text{s}}=0.5$				$\bar{K}_{\text{s}}=2.5$			
	文献[211]	文献[212]	文献[213]	MSTMM	文献[211]	文献[212]	文献[213]	MSTMM
$\bar{\omega}_1$	5.23	5.071	5.0718	5.070679	5.48	5.477	5.4783	5.477297
$\bar{\omega}_2$	8.16	8.017	8.0169	8.016814	8.42	8.423	8.4234	8.423428
$\bar{\omega}_3$	11.24	11.104	11.0998	11.10454	11.44	11.444	11.4400	11.44458

表 5.12　两端固定管道在弹性地基上前三阶频率参数 $\bar{\omega}$ 对比结果（$\hat{k}_{\text{m}}=10000$）

频率参数	$\bar{K}_{\text{s}}=0.5$				$\bar{K}_{\text{s}}=2.5$			
	文献[211]	文献[212]	文献[213]	MSTMM	文献[211]	文献[212]	文献[213]	MSTMM
$\bar{\omega}_1$	10.16	10.137	10.1373	10.13741	10.41	10.194	10.1942	10.19428
$\bar{\omega}_2$	10.94	10.833	10.8827	10.88350	11.38	11.055	11.0539	11.05464
$\bar{\omega}_3$	12.68	12.588	12.5832	12.58759	13.21	12.825	12.8209	12.82517

在 MSTMM 方法下用一个矩阵 $\boldsymbol{U}^{\text{pipe}}$ 作为管道的传递矩阵，对于管道常见的边界条件，由于约束限制总是有一半的状态变量是 0，其他一半状态变量未知，有：

$$\boldsymbol{Z}=[0\ \ 0\ \ M_{zI}\ \ Q_{yI}\ \ 0\ \ 0\ \ M_{zO}\ \ Q_{yO}]^{\mathrm{T}}$$

这样 $\bar{\boldsymbol{Z}}_{\text{all}}$ 状态矢量便可以写作：$\bar{\boldsymbol{Z}}_{\text{all}}=\left[M_{zI}\quad Q_{yI}\quad M_{zO}\quad Q_{yO}\right]$。下一步利用递归扫描法搜索求解 $\bar{\boldsymbol{U}}_{\text{all}}$ 的特征值，其中搜索频率和阻尼的范围分别为：$\omega\in[-50,350]\text{rad/s}$，$\delta\in[-45,80]$，网格尺寸为 $N_{x0}\times N_{y0}=80\times40$，绝对精度误差为 $\varepsilon_x=\varepsilon_y=10^{-4}$。如图 5.56 所示即利用递归扫描法所得到系统行列式函数的变化情况（其中参数 $\hat{k}_{\text{m}}=10000,\bar{K}_{\text{s}}=2.5$）。改变地基参数，最终得到表 5.11 和表 5.12，通过观察两表可得 MSTMM 方法所得的数据结果与文献中的数据结果基本一致，可以确定 MSTMM 方法在解决弹性地基输流管道问题的正确性满足要求。

接着在 $\hat{k}_{\text{s}}=0$ 时，与文献进行对比。这种情况等同于输流管道在 Winkler 地基上，取 $\hat{k}_{\text{m}}=0.5,1000$，三种不同边界条件下 λ 的值如表 5.13 所示。

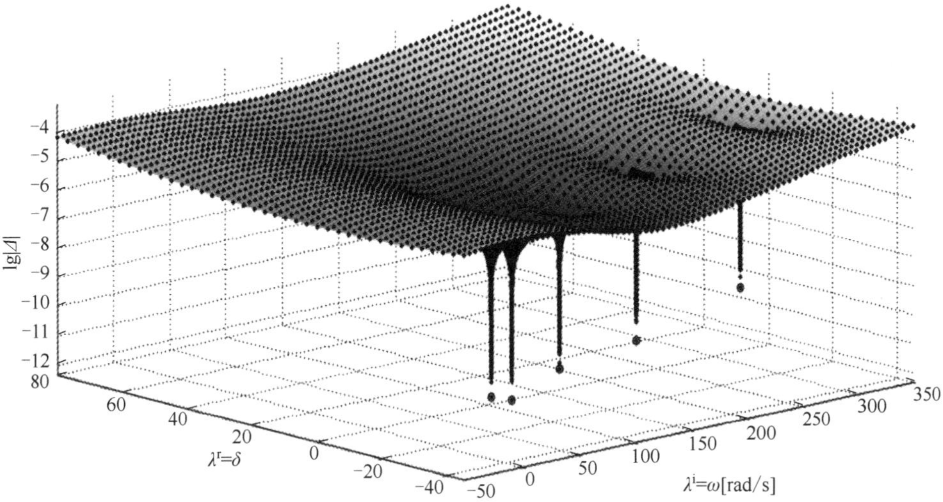

图 5.56　递归扫描法求解特征行列式

表 5.13　不同边界条件下 Winkler 地基上输流管道的 λ 对比

边界条件	$\hat{k}_{\text{m}}=0.5$		$\hat{k}_{\text{m}}=1000$	
	文献结果	MSTMM	文献结果	MSTMM
铰支-铰支	7.487	7.48567	31.878	31.86064
固定-铰支	13.631	13.6255	33.962	33.94626
固定-固定	20.964	20.9566	37.577	37.56392

观察表 5.13，MSTMM 方法的计算结果与文献的结果基本吻合，证明了该方法的有效性。

最后对立管进行了数值计算与对比，下面给出了在线性变化张力作用下均匀钻井立管的计算结果：

$L=152.4\text{m};D=0.6096122\text{m};d=0.015875\text{m};E=2.0684189\times10^{11}\text{N/m}^2;$

$m_{\text{r}}=995.90939\text{kg/m}$(包括了钻井泥浆和海水的质量);

$T = 1.272191 \times 10^6 \mathrm{N}$(平台底部接口处张力);

$W = 3123.095 \mathrm{N/m}$(海水中单位长度立管的净重，包括$554.79 \mathrm{N/m}$的阀门和压井管线);

$\rho_w = 1017.96 \mathrm{kg/m^3}$; $\rho_f = 1335.24 \mathrm{kg/m^3}$。

利用 MSTMM，将立管离散为等长的两个元件来处理，如表 5.14 所示，MSTMM 在计算涉及的元件数量占有优势，并且在计算精度上也满足要求，证明方法的准确性。

表 5.14　立管前五阶频率各方法处理结果对比

阶次	解析法	数值法	有限元法 60 元件	WKB 5 元件	MSTMM 2 元件
1	0.8150	0.82246	0.8150	0.8150	0.82093014
2	1.8036	1.80327	1.8038	1.8037	1.81422300
3	3.0876	3.08190	3.0879	3.0878	3.09883067
4	4.7375	4.72809	4.7377	4.7377	4.75140758
5	6.7890	6.77955	6.7896	6.7896	6.80334589

通过 ANSYS 软件，利用 SHELL181 模型将 RTP 海洋立管离散分析，包括 54500 个元件和 54520 个节点。SHELL181 模型主要用于分析中等厚度的壳结构，不但具有分析板壳的弯曲和薄膜力学行为的功能，而且可以考虑板壳结构的剪切变形。

将 RTP 海洋立管当作层合板进行处理，并对每一层的铺设角度、厚度和材料进行定义，完成对 RTP 海洋立管的建模，通过仿真计算得到各阶振型和频率，如图 5.57 所示。

为了确保该建模的正确性，我们首先利用该建模方法对文献的复合材料层合板梁模型进行分析并与文献结果进行对比，如表 5.15 所示。

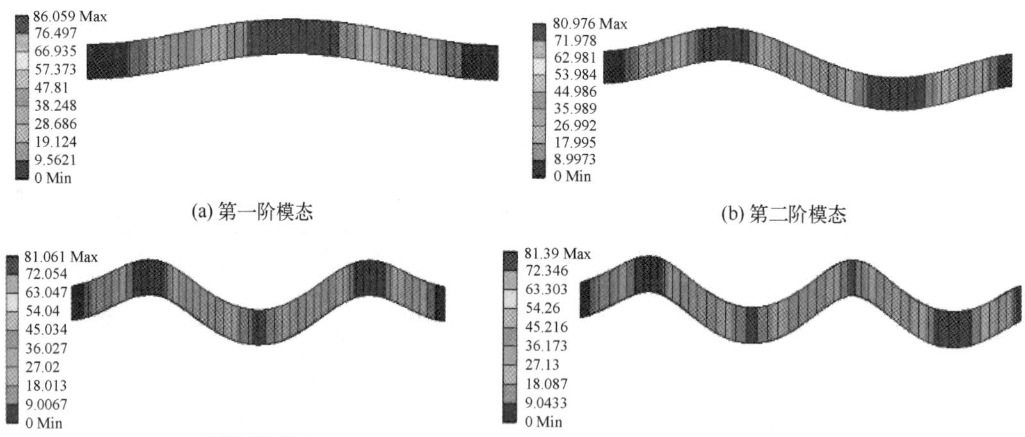

(a) 第一阶模态　(b) 第二阶模态

(c)第三阶模态　(d)第四阶模态

图 5.57　复合材料层合板振型和频率

表 5.15　ANSYS 分析结果对比

模态	ANSYS	文献[156]	文献[65]
1	636.47	639.0	640.5
2	1654.3	1656.7	1666.8

续表

模态	ANSYS	文献[156]	文献[65]
3	3031.7	3028.3	3059.5
4	4664.8	4644.0	3397.8

通过表 5.15，可知利用 ANSYS 分析复合材料层合板的方法可行，接下来利用该模型分析 RTP 海洋立管，表 5.16 是 MSTMM 和 ANSYS 两种方法的结果对比。

表 5.16　MSTMM 和 ANSYS 对立管分析对比

项目	f_1	f_2	f_3	f_4	f_5	f_6	f_7	f_8	f_9	f_{10}
MSTMM	0.133	0.289	0.486	0.735	1.041	1.409	1.839	2.333	2.892	3.515
ANSYS	0.133	0.290	0.488	0.738	1.046	1.416	1.849	2.345	2.906	3.530
对比	0%	0.34%	0.41%	0.41%	0.48%	0.49%	0.54%	0.51%	0.48%	0.42%

由表 5.16 可以看出两种方法的对比结果相差较小，可以得出 MSTMM 方法分析精度与软件分析相比可行。下面将 MSTMM 方法得出的振型图与 ANSYS 所得振型图放在一起进行对比，如图 5.58 所示，明显地，两种不同方法所得出的振型基本保持一致。

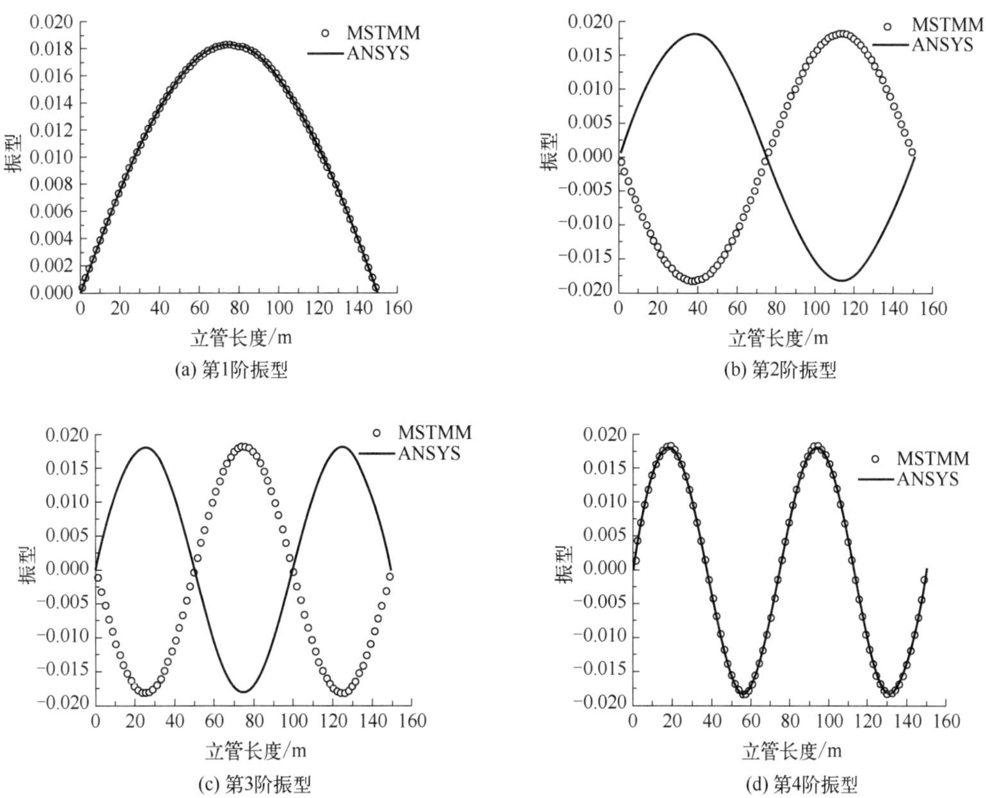

图 5.58

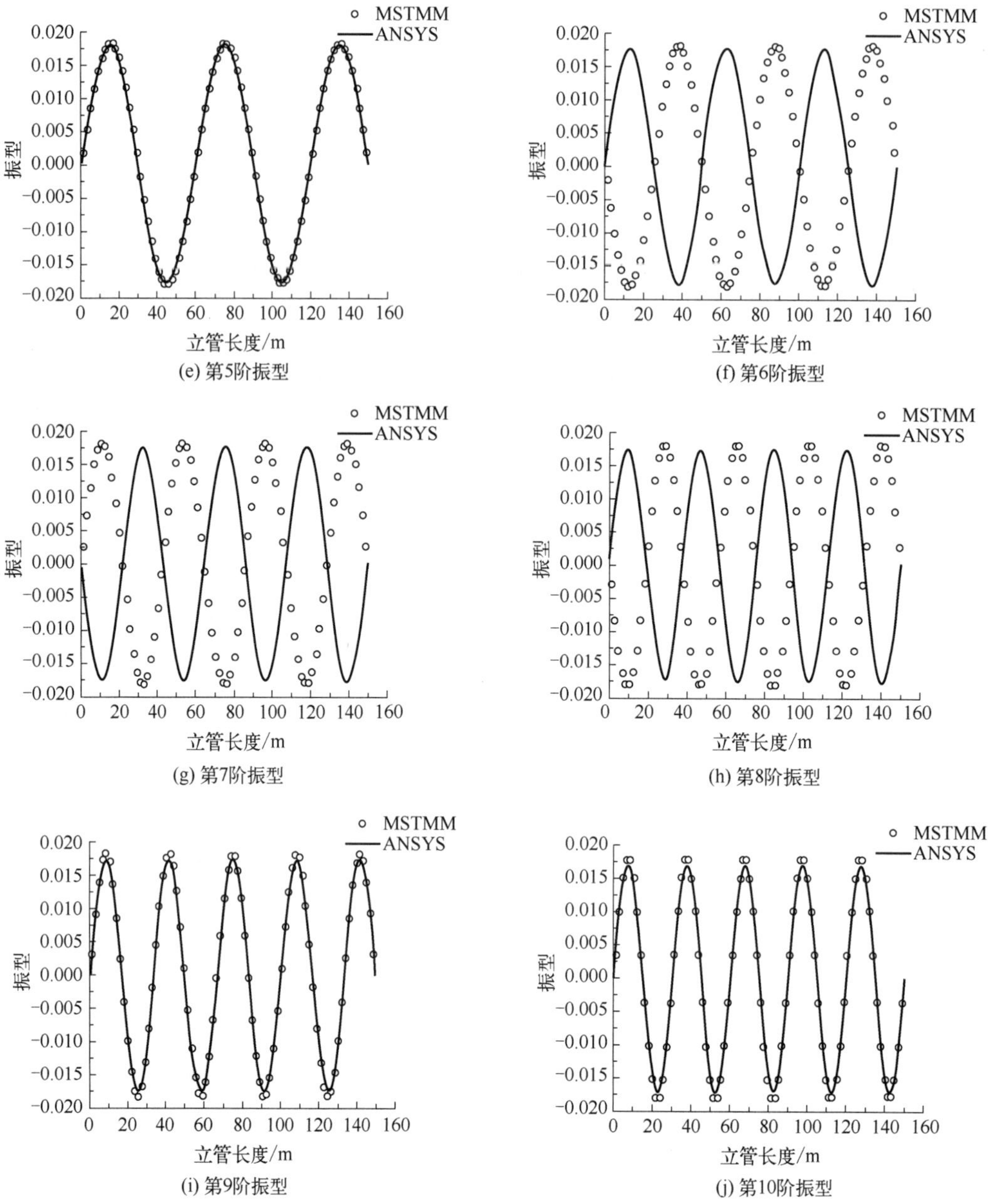

图 5.58　RTP 立管利用 MSTMM 和 ANSYS 前 10 阶振型对比

通过 ANSYS 仿真软件得到了 RTP 立管的振动特性，可以根据文献[66]中计算柔性立管频率的解析法算式：

$$f_{\mathrm{n}}(\mathrm{Hz})=\left(\frac{n^2\pi}{2L^2}\right)\sqrt{\frac{EI}{m}}\sqrt{1+\frac{TL^2}{n^2\pi^2EI}} \tag{5.82}$$

式中，n 为模态阶数；T 为张力。

可以计算得到 RTP 立管的等效刚度值为：

$$EI=8.7935\times10^6\,\mathrm{N\cdot m^2}$$

该值与利用经典层合板理论所计算的等效刚度值基本符合，进一步验证了前文求解等效刚度方法和过程的正确性。

5.5.4 RTP 稳定性分析

以弹性地基上 RTP 输流管道为例，相关的无量纲参数为：质量比 $m=0.5$，地基剪切系数 $k_s=0$，地基弹性系数 $k_m=1000$，地基阻尼系数 $\varepsilon=0$。图 5.59 给出了在这个参数条件下在弹性地基上的输流管的第一阶固有频率和第二阶固有频率随管道内部流体的无量纲流速 u 的变化曲线，管道两端的边界条件均为铰支。

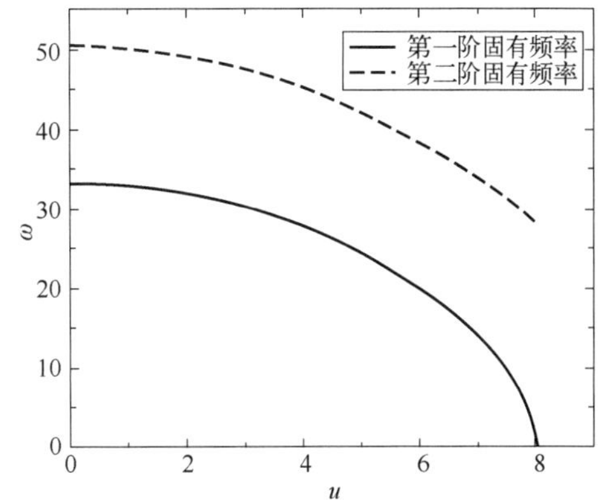

图 5.59 前两阶固有频率随流速的变化曲线

可以从图中看出，随着管道内流速的不断增加，输流管道系统的第一阶固有频率和第二阶固有频率逐渐减小，相应的管道系统的稳定性也在不断地降低，当无量纲流速 $u=8.05$ 时，第一阶固有频率减为零，此时代表系统发生静态失稳并产生屈曲变形，对应的无量纲速度也被称为临界流速（速度），记为 u_{cr}。

首先通过改变质量比以及弹性地基的参数，来分析这些参数对 RTP 输流管道的稳定性影响。

图 5.60 给出了质量比为 0.3、0.5、0.7 下的第一阶和第二阶固有频率随流速的变化情况，其他参数与图 5.59 保持一致。

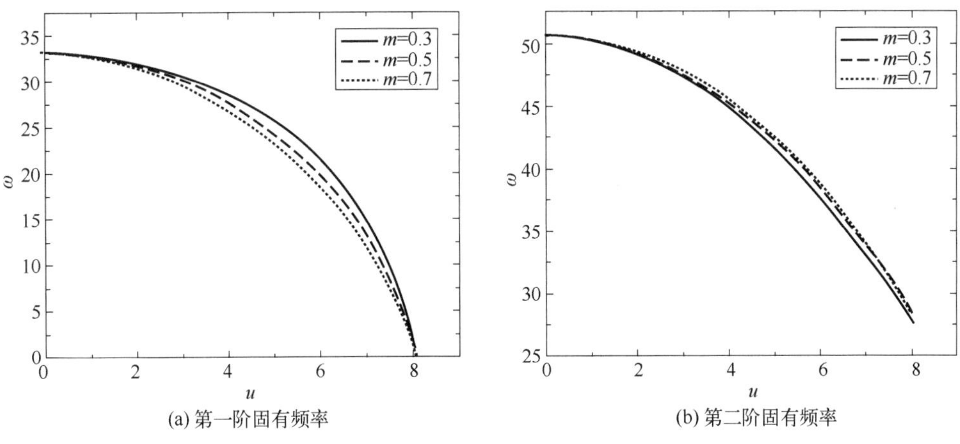

图 5.60 不同质量比下固有频率随流速变化曲线

通过对图 5.60 的观察可知，随着管道内部流体流速的增加，前两阶的固有频率都会不断地减小。在流速较低的情况下，改变质量比对固有频率的影响不大。当流速 $u=8.05$ 时，不同质量比下第一阶固有频率都趋于 0，表明临界流速的数值不随质量比的变化而变化。但前两阶固有频率在质量比改变时有一个明显的不同点，即第一阶固有频率随着质量比的增大而减小，而第二阶固有频率则与第一阶恰恰相反，随着质量比的增大而增大。

如图 5.61 所示是弹性系数 k_m 分别为 1000、100、0 三种情况下，RTP 输流管道固有频率随内部流体流速变化的曲线图。由图可知，前两阶固有频率都随着弹性系数 k_m 的增大而增大，相应的输流管道的临界速度 u_{cr} 分别为 3.15、4.48、8.05，依次增大，因此增大弹性地基的弹性系数可有效地增强管道系统的稳定性。

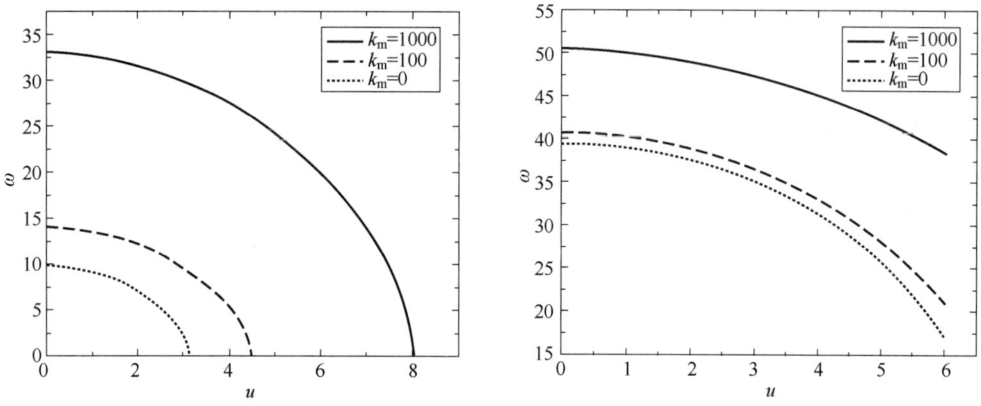

(a) 第一阶固有频率　　(b) 第二阶固有频率

图 5.61　不同弹性系数下固有频率随流速变化曲线

图 5.62 给出了地基剪切系数 k_s 分别为 0、25、50 三种情况下，输流管道的前两阶固有频率随流速的变化情况。根据曲线图可知，前两阶固有频率随着地基剪切系数的增大而增大，k_s 为 0 和 25 时对应的临界流速分别为 8.05 和 9.48，$k_s = 50$ 时虽然无法从图中得到准确数值，但是必然大于 10。也就是增大剪切系数可以增大临界流速，管道也更加稳定。

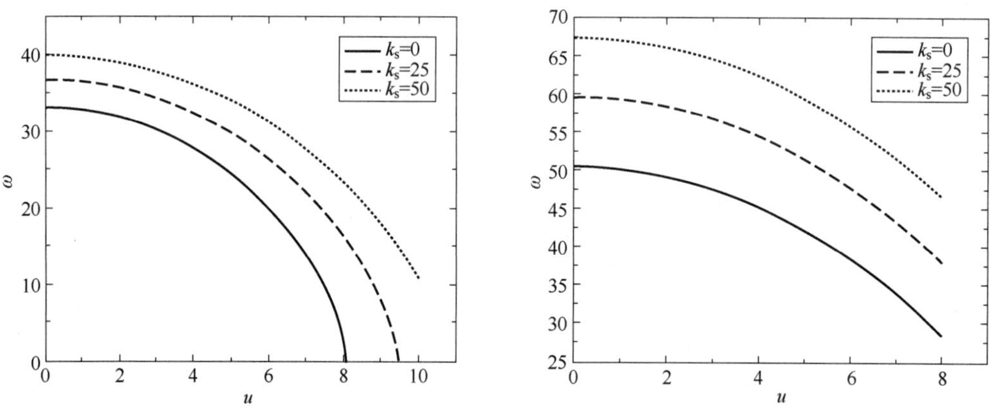

(a) 第一阶固有频率　　(b) 第二阶固有频率

图 5.62　不同剪切系数下固有频率随流速变化曲线

改变地基的阻尼系数（分别取 $\varepsilon = 0$、25 和 50），管道系统的固有频率变化曲线如图 5.63 所示，前两阶固有频率随着阻尼系数的增大而减小，并且减小幅度在增大，相应的临界流速不断减小 $(8.05 \to 8.0 \to 7.86)$。只有在理想条件下才会出现阻尼为零的情况，在现实的条件下管道系统必然会受到阻尼作用，并且阻尼越大，管道的稳定性便越低，所以尽可能地减小存在的阻尼，可以有效地增大输流管道的稳定性。

综合上述三种地基参数，弹性系数和剪切系数与管道系统的稳定性呈正相关关系，而阻尼系数则呈负相关关系。下面我们就弹性系数和剪切系数两参数分析哪个参数对管道的影响更大，参数选取除 $u=3$ 外，其他保持一致。

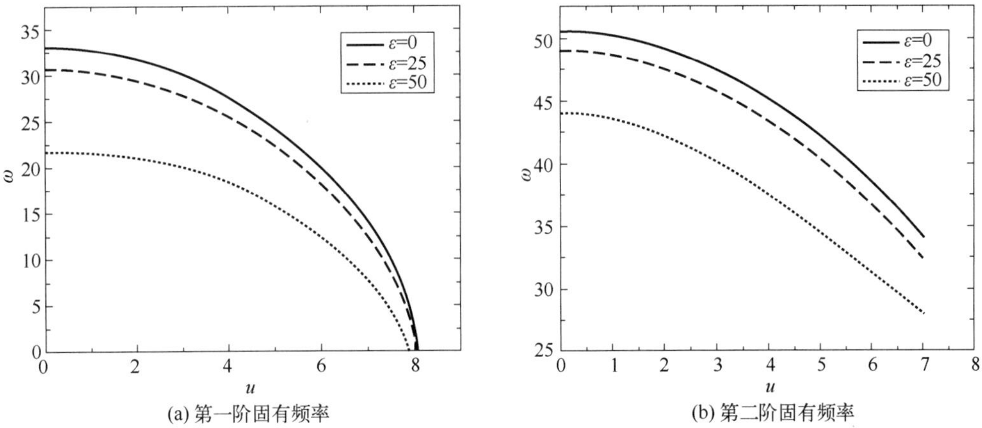

图 5.63　不同阻尼系数下固有频率随流速变化曲线

如图 5.64 所示，地基的弹性系数和剪切系数都与前两阶固有频率正相关，在弹性系数一定的情况下，随着剪切系数的增大，前两阶固有频率的增长趋势基本一致。剪切系数不变而弹性系数不断增大的情况下，第一阶和第二阶固有频率的增长趋势相差较大，第二阶固有频率的增长极其平缓。总体上，两个系数中的剪切系数对管道系统的固有频率影响大得多，在剪切系数较大时，弹性地基的弹性系数影响不太大。因此分析弹性地基上的输流管道，绝对不能忽略剪切系数，这也就是在前文中对弹性地基上的输流管道建模采用 Pasternak 地基模型而不采用 Winkler 地基模型的原因。

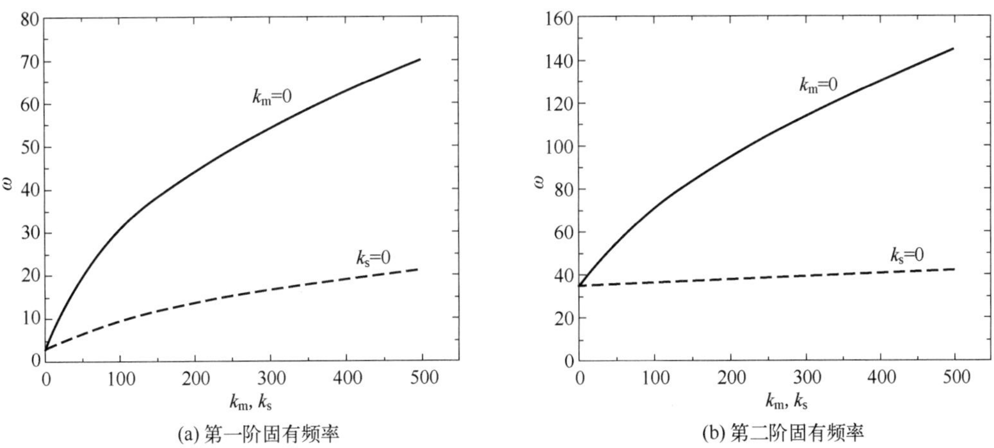

图 5.64　弹性系数和剪切系数对固有频率的影响

下面对比两端固定和两端铰支两种不同的边界条件对稳定性的影响。

如图 5.65 所示，是两端固定和两端铰支在一定参数条件下的管道前三阶固有频率随管内流体流速的变化曲线。可以从图中看出两端固定和两端铰支这两种边界条件下，管道系统的前三阶固有频率都随着流速的增大而减小，系统的稳定性也不断降低。在其他条件相同的情况下，两端固定比两端铰支的固有频率更大，临界流速也远远超出，可以说明 RTP 输流管道两端固定的条件下系统的静态稳定性更高。

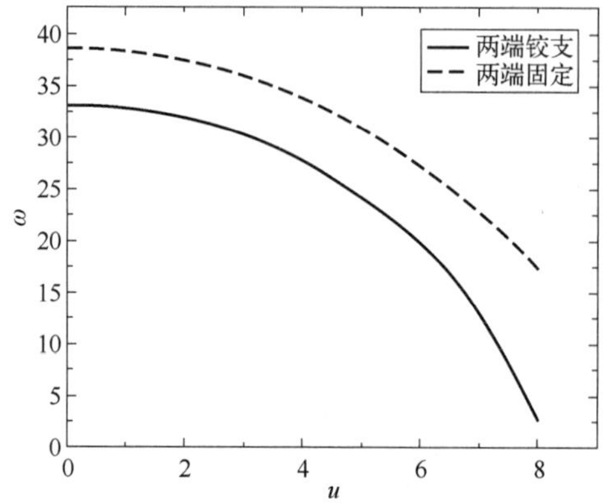

(a) 第一阶固有频率

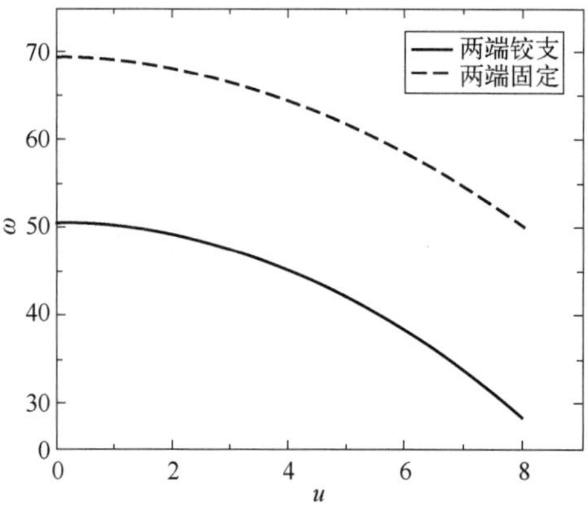

(b) 第二阶固有频率

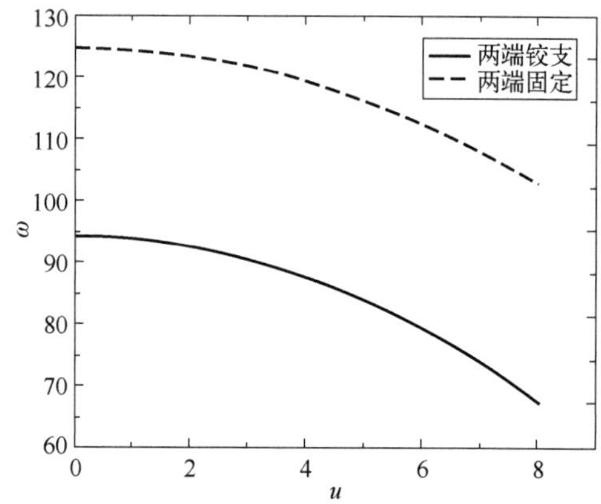

(c) 第三阶固有频率

图 5.65　两端固定和两端铰支下固有频率随流速变化曲线

如图 5.66 所示为在弹性地基系数变化下，两种边界条件的前两阶固有频率的变化曲线。

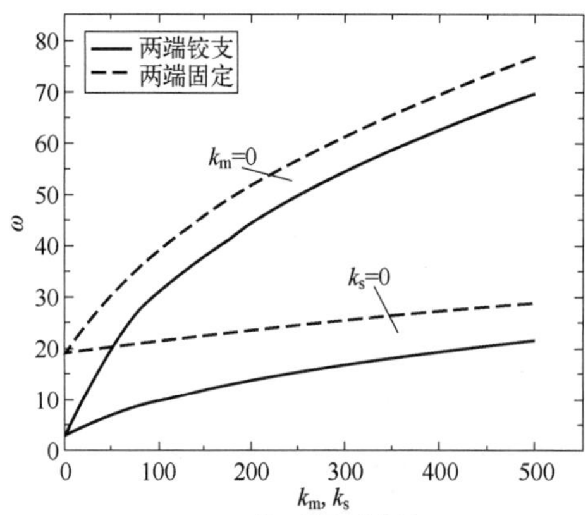

(a) 第一阶固有频率

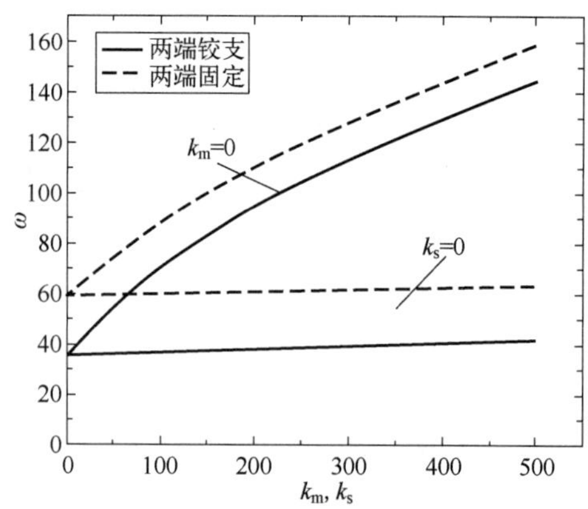

(b) 第二阶固有频率

图 5.66　两端固定和两端铰支下地基系数对固有频率的影响

图 5.66 是建立在图 5.64 弹性系数和剪切系数对固有频率的影响的基础上的。在弹性地基系数变化的情况下，两端固定始终比两端铰支的固有频率更高，无论是第一阶还是第二阶，

对应的临界流速更大，因此可知两端固定条件下的输流管道的稳定性优于两端铰支。在两端固定的边界条件下，剪切系数依旧在地基系数中起主导作用，比弹性系数对管道的固有频率影响更大，这一点与前面的分析一致。

图 5.67 给出了阻尼系数分别为 25 和 50 时，两端固定和两端铰支边界条件下固有频率随流速变化的曲线。在相同的阻尼系数下，两端固定比两端铰支的前两阶固有频率都更高；边界条件相同情况下，阻尼系数越大频率越低，临界流速也减小，如图中两端固定时，$\varepsilon = 25$ 的临界流速为 10.09，而 $\varepsilon = 50$ 临界流速为 8.0。

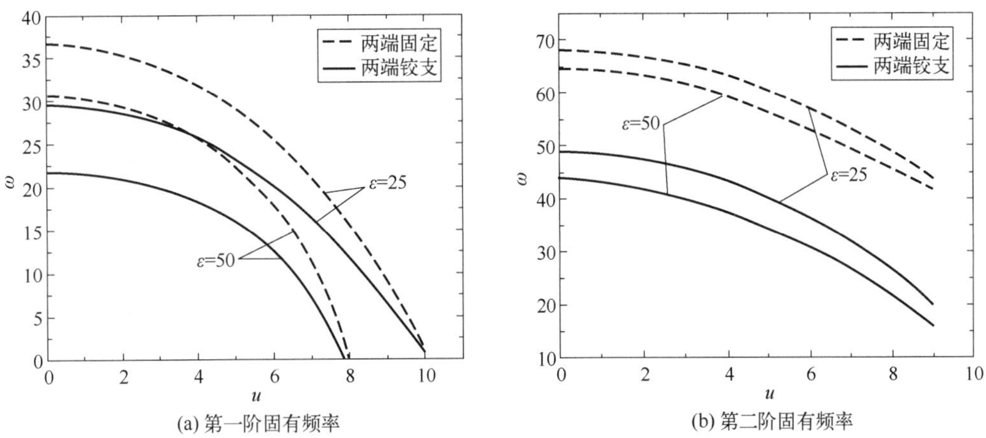

图 5.67　两端固定和两端铰支阻尼系数对固有频率的影响

对于一端固定一端铰支的情况，图 5.68 给出了最关键的第一阶固有频率对比曲线图，参数为 $m = 0.5$，$k_s = 0$，$k_m = 1000$，$\varepsilon = 0$。

前面分析过两端固定比两端铰支的稳定性更高，显然的是固定-铰支的频率变化曲线介于其他两种边界条件之间，固定-铰支所对应的临界速度为 8.64，大于两端铰支的临界速度 8.05，并且固定-铰支的整体趋势更接近于铰支-铰支，可以解释为铰支相对于固定对输流管道的影响更为显著。总体来看，内部流体在临界流速附近时对管道系统稳定性影响较为明显，远离临界流速时影响相对较小。

此外固定-铰支在其他参数变化时也遵循前文的规律，整体的固有频率特征均处在固定-固定和铰支-铰支之间，具体的曲线变化图此处略去。

立管的固有频率随流速变化与弹性地基上输流管道相类似，在内部流体流速增大时，管道的固有频率逐渐降低，临界流速变小，系统稳定性降低，当流速超过临界流速时管道出现屈曲失稳。

接着对立管的相关参数进行分析。影响系统稳定性的参数有附加质量系数 C_a、顶部张力 T 和阻力系数 C_d。为了研究这几个参数对系统稳定性的影响，采用算例分析，参数跟上述保持一致。

图 5.69 所示为立管的第一阶和第二阶固有频率随管道附加质量系数的变化曲线，可以看出随附加质量系数的增大，第一阶固有频率在增大，但是增幅很缓慢，所以对应的系统稳定性增大，然而第二阶固有频率却相反地出现下降。管道的附加质量系数主要是用来补偿管道的外部的海水质量，有无附加质量也就决定了所求的固有频率是立管的湿模态频率还是干模态频率，一般来说湿模态频率都大于干模态频率。

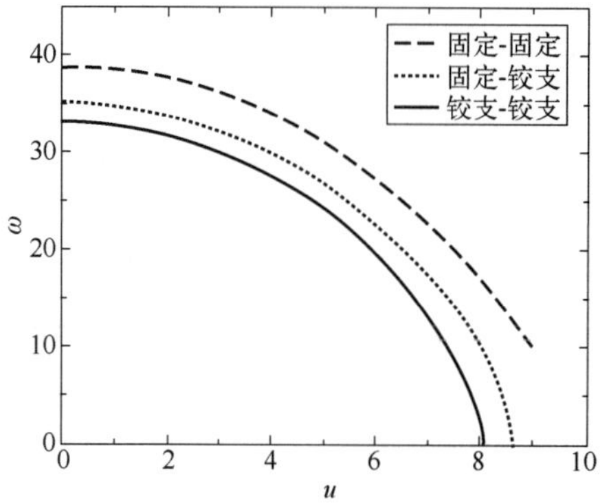

图 5.68　三种不同边界条件下第一阶固有频率随流速变化曲线

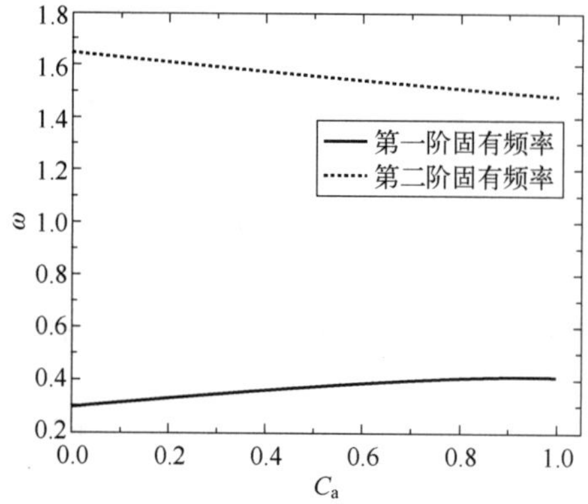

图 5.69　立管前两阶固有频率随 C_a 变化曲线

图 5.70 给出了立管顶部张力从 0 到 5×10^6 N，相应的立管在两端铰支的边界条件下前两阶固有频率的变化曲线。从图中可以看出前两阶固有频率随着顶部张力的增大而增大，表明管道系统的临界流速稳定性也随着顶部张力的增大而增大，理论上可以通过不断加大顶部张力提升稳定性，但是在实际应用中还需考虑管材在一定张力下所发生的变形，继而影响使用寿命的问题。并且第二阶固有频率的增长速度大于第一阶固有频率的增长速度，顶部张力对第二阶固有频率影响更为显著。

立管模型的阻力系数用来模拟管道外界的流体对管道的作用，图 5.71 中立管的前两阶固有频率随着阻力系数的增大而降低，因此立管在外界流体复杂的作用下，系统的稳定性变低，海洋立管所处的洋流条件对管道的稳定有着不小的影响。

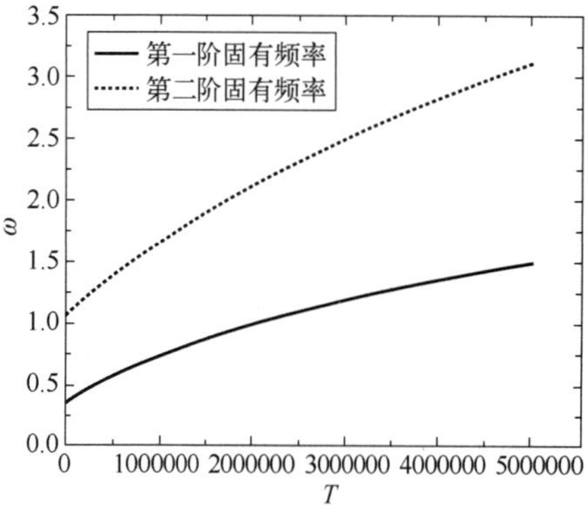

图 5.70　立管固有频率随顶部张力 T 的变化曲线

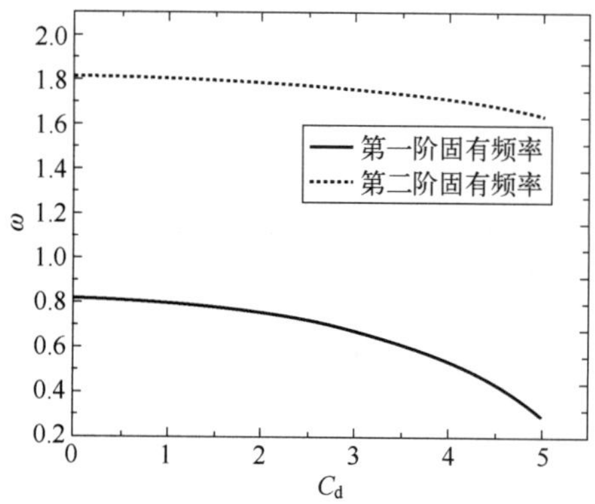

图 5.71　固有频率随阻力系数的变化曲线

5.6　本章小结

本章基于对二维柱体涡激振动的分析结果，将计算扩展到三维柔性柱体结构。以海洋立管为例，使用尾流振子模型和多体系统传递矩阵法（MSTMM）建立了立管的多体动力学模型，进一步研究了三维柔性柱体的涡激振动响应。结果显示：流速越大，RTP 立管涡激振动频率越高，但是在频率“锁定”区间的来流速度范围内，涡激振动响应频率与所激发出的某一阶模态为主导的振动对应的频率接近。在临界区间，拖拽力（阻力）系数随流速的增加有减小趋势。螺旋列板抑制涡激振动的机理是通过螺旋列板破坏旋涡结构，使旋涡脱落频率变小，远离立管固有频率。同时，对螺旋列板的设计进行了研究，抑制效率随着鳍高的增大而增大，但增大的趋势变缓；拖拽力系数随着鳍高的增大而增大。当螺距为 16D 时，鳍高在 0.2D～0.25D 时，既满足拖拽力系数小于 1.6，又满足抑制效率大于 90%，因此建议鳍高取值范围为 0.2D～0.25D。

针对三维立管产生的涡激振动问题，本章采用 CFD/FEM 双向耦合模型对低雷诺数的短立管安装不同结构参数的螺旋列板并进行涡激振动仿真计算，以减小计算量，分析了螺旋列板的安装位置、结构参数对立管涡激振动响应的影响规律。计算结果表明，增加螺旋列板的列数和鳍高、降低螺距都可以增大涡激振动抑制效果。将 1/3 覆盖率的螺旋列板置于立管上部相比置于立管的中部和底部略好。但是往往也会出现降低横向振动振幅的同时增加立管的阻力，导致来流向弯曲变形加大的情况。本章建立的减振装置作用下的柱体涡激振动模型，也可以为工程上类似问题减振设计提供参考。

第 6 章

水下航行器舵系统振动特性仿真方法与结果分析

扫码获取配套资源

6.1 概述

为了研究包含结构间隙非线性的水下航行器舵（驱动）系统流固耦合问题，首先要对舵系统振动特性进行准确计算分析，然后才能较好地进一步研究舵系统的水弹性问题。在多体系统传递矩阵法（MSTMM）的基础上，本章对舵系统进行振动特性研究，为舵系统线性、非线性颤振模型建模作铺垫。根据水下航行器舵系统的流固耦合动力学特性，提出了基于 MSTMM 的水下航行器舵系统动力学快速建模方法。借鉴现有水下航行器舵系统的几何特点，推导了弯扭耦合梁的传递矩阵，并基于 MSTMM 建立了舵系统的动力学模型。通过与基于有限元法的商业软件 ANSYS 的计算结果进行对比，说明了该模型具有较高的计算效率及精度。

6.2 基于 MSTMM 的舵系统建模

水下航行器的舵系统是一个复杂的多刚柔体系统，如图 6.1 所示。舵系统主要由舵叶、舵轴、舵柄、传动杆、拉杆等组成。该舵系统被称为围壳舵，其轴承外表面、导向装置、密封装置、液压缸（位于实施压机内部）与该航行器的围壳直接相连，固定在航行器上。球铰（在导向装置内部）允许导向拉杆上下运动带动舵柄转动，舵柄与舵轴固结在一起，因此也带动舵轴转动。传动杆穿过密封装置，只能上下运动。在轴承的两端以及舵叶之间有定位环装置，以确保舵轴不会左右窜动。当航行器以一定速度在水流中运动时，舵系统的两片舵叶在水流作用下会发生流固耦合振动。本章主要基于 MSTMM 对舵系统进行动力学建模，并进

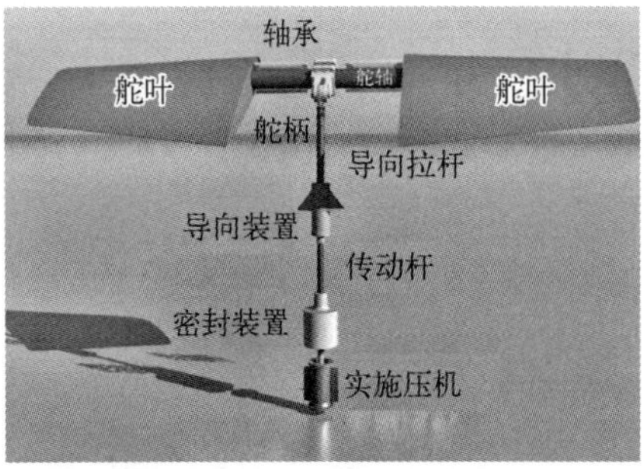

图 6.1　水下航行器舵系统

行振动特性分析。

对水下航行器舵系统建模作如下假设：

① 假设轴承、导向装置、密封装置、液压缸的外表面为固定边界；

② 假设舵叶内部的水为附加质量；

③ 忽略舵系统本身的结构阻尼，仅考虑舵叶振动引起的水动力阻尼；

④ 舵叶应变很小，应力应变为线性关系；

⑤ 由于本章舵系统振动特性计算服务于流固耦合计算，因此只关注前几阶与舵叶振动特性相关的模态，不研究舵系统的较高阶模态。

6.2.1　弯扭耦合梁建模

2.2.1 节中介绍了多体系统传递矩阵法的基本理论，常用的梁、杆、刚体、弹簧铰等的传递矩阵可以查阅文献[156]得到。根据舵叶的变形特性，舵叶一般可以简化为一根弯扭耦合梁。图 6.1 中的舵叶为非等截面水翼，可以将舵叶分成多段等截面不同参数分布的弯扭耦合梁。舵叶主要以弯曲和扭转振动为主，忽略其剪切效应，因此采用欧拉-伯努利梁建模。如图 6.2 所示，为某段等截面舵叶的弯扭耦合梁模型，该段舵叶的长度为 l，$x_\alpha b$ 是质心到弹性轴的距离，质心在 Z 轴正方向，则 $x_\alpha b$ 为正。

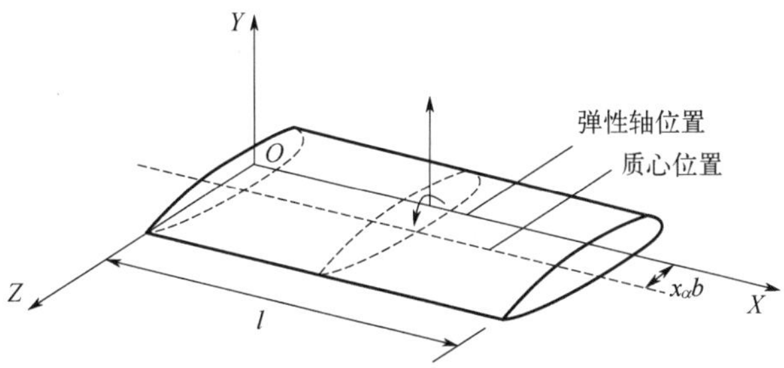

图 6.2　舵叶的弯扭耦合梁建模

弯曲扭转耦合梁的振动微分方程：

$$
\begin{aligned}
&EI\frac{\partial^4 y}{\partial x^4}+m\frac{\partial^2 y}{\partial t^2}-mx_\alpha b\frac{\partial^2\theta_x}{\partial t^2}=0\\
&GJ\frac{\partial^2\theta_x}{\partial x^2}+mx_\alpha b\frac{\partial^2 y}{\partial t^2}-I_\alpha\frac{\partial^2\theta_x}{\partial t^2}=0
\end{aligned}
\tag{6.1}
$$

式中，m 为单位长度质量；I_α 为单位长度转动惯量；EI 为弯曲刚度；GJ 为扭转刚度。令

$$
y(x,t)=Y(x)\sin(\omega t),\theta_x(x,t)=\Theta_x(x)\sin(\omega t)
\tag{6.2}
$$

将式（6.2）代入式（6.1）中，式（6.1）变为：

$$
\begin{aligned}
&EI\frac{\mathrm{d}^4 Y(x)}{\mathrm{d}x^4}-m\omega^2Y(x)+mx_\alpha b\omega^2\Theta_x(x)=0\\
&GJ\frac{\mathrm{d}^2\Theta_x(x)}{\mathrm{d}x^2}-\omega^2mx_\alpha bY(x)+I_\alpha\omega^2\Theta_x(x)=0
\end{aligned}
\tag{6.3}
$$

消去式（6.3）中的 $Y(x)$ 或者 $\Theta_x(x)$，得到

$$\frac{\mathrm{d}^6 W}{\mathrm{d}x^6}+\frac{I_\alpha\omega^2}{GJ}\frac{\mathrm{d}^4 W}{\mathrm{d}x^4}-\frac{m\omega^2}{EI}\frac{\mathrm{d}^2 W}{\mathrm{d}x^2}-\frac{m\omega^2}{EI}\frac{I_\alpha\omega^2}{GJ}\left(1-\frac{mx_\alpha^2 b^2}{I_\alpha}\right)W=0 \tag{6.4}$$

式中

$$W=Y\text{或者}\,\Theta \tag{6.5}$$

引入无量纲长度：

$$\xi=x/l \tag{6.6}$$

式（6.4）可改写成无量纲形式：

$$(D^6+aD^4-bD^2-abc)W=0 \tag{6.7}$$

其中

$$a=\frac{I_\alpha\omega^2 l^2}{GJ},\quad b=\frac{m\omega^2 l^4}{EI},\quad c=1-\frac{mx_\alpha^2 b^2}{I_\alpha},\quad D=\frac{\mathrm{d}}{\mathrm{d}\xi} \tag{6.8}$$

六阶微分方程式（6.7）的通解可以表示为：

$$W(\xi)=C_1\cosh(\alpha\xi)+C_2\sinh(\alpha\xi)+C_3\cos(\beta\xi)+C_4\sin(\beta\xi)+C_5\cos(\gamma\xi)+C_6\sin(\gamma\xi) \tag{6.9}$$

式中，C_1～C_6 是常数，并且：

$$\begin{gathered}\alpha=[2(q/3)^{1/2}\cos(\varphi/3)-a/3]^{1/2}\\ \beta=\{2(q/3)^{1/2}\cos[(\pi-\varphi)/3]+a/3\}^{1/2}\\ \gamma=\{2(q/3)^{1/2}\cos[(\pi+\varphi)/3]+a/3\}^{1/2}\\ q=b+a^2/3\\ \varphi=\arccos\{(27abc-9ab-2a^3)/[2(a^2+3b^2)^{3/2}]\}\end{gathered} \tag{6.10}$$

式（6.9）中的 $W(\xi)$ 代表弯曲位移 Y 和扭转角度 Θ_x 在不同常数下的解。因此：

$$Y(\xi)=A_1\cosh(\alpha\xi)+A_2\sinh(\alpha\xi)+A_3\cos(\beta\xi)+A_4\sin(\beta\xi)+A_5\cos(\gamma\xi)+A_6\sin(\gamma\xi) \tag{6.11}$$

$$\Theta_x(\xi)=B_1\cosh(\alpha\xi)+B_2\sinh(\alpha\xi)+B_3\cos(\beta\xi)+B_4\sin(\beta\xi)+B_5\cos(\gamma\xi)+B_6\sin(\gamma\xi) \tag{6.12}$$

式中，A_1～A_6 和 B_1～B_6 是两组不同的常数。

将式（6.11）和式（6.12）代入式（6.3），可以确定常数有如下规律：

$$\begin{gathered}B_1=k_\alpha A_1, B_3=k_\beta A_3, B_5=k_\gamma A_5\\ B_2=k_\alpha A_2, B_4=k_\beta A_4, B_6=k_\gamma A_6\end{gathered} \tag{6.13}$$

式中

$$k_\alpha=\frac{b-\alpha^4}{bx_\alpha}, k_\beta=\frac{b-\beta^4}{bx_\alpha}, k_\gamma=\frac{b-\gamma^4}{bx_\alpha} \tag{6.14}$$

从式(6.11)、式(6.12)可以得到无量纲化后的弯曲角度 $\Theta_z(\xi)$、弯矩 $M_z(\xi)$、剪切力 $Q_y(\xi)$ 和扭矩 $M_x(\xi)$ 的表达式：

$$\begin{aligned}\Theta_z(\xi)=Y'(\xi)/l=(1/l)[&A_1\alpha\sinh(\alpha\xi)+A_2\alpha\cosh(\alpha\xi)-A_3\beta\sin(\beta\xi)\\ &+A_4\beta\cos(\beta\xi)-A_5\gamma\sin(\gamma\xi)+A_6\gamma\cos(\gamma\xi)]\end{aligned} \tag{6.15}$$

$$\begin{aligned}M_z(\xi)=-(EI/l^2)Y''(\xi)=-(EI/l^2)[&A_1\alpha^2\cosh(\alpha\xi)+A_2\alpha^2\sinh(\alpha\xi)\\ &-A_3\beta^2\cos(\beta\xi)-A_4\beta^2\sin(\beta\xi)-A_5\gamma^2\cos(\gamma\xi)-A_6\gamma^2\sin(\gamma\xi)]\end{aligned} \tag{6.16}$$

$$
\begin{aligned}
Q_y(\xi) = -M_z'(\xi)/l = -(EI/l^3)[&A_1\alpha^3\sinh(\alpha\xi) + A_2\alpha^3\cosh(\alpha\xi) \\
&+ A_3\beta^3\sin(\beta\xi) - A_4\beta^3\cos(\beta\xi) + A_5\gamma^3\sin(\gamma\xi) - A_6\gamma^3\cos(\gamma\xi)]
\end{aligned}
\tag{6.17}
$$

$$
\begin{aligned}
M_x(\xi) = (GJ/l)\Theta_x'(\xi) = (GJ/l)[&B_1\alpha\sinh(\alpha\xi) + B_2\alpha\cosh(\alpha\xi) - B_3\beta\sin(\beta\xi) \\
&+ B_4\beta\cos(\beta\xi) - B_5\gamma\sin(\gamma\xi) + B_6\gamma\cos(\gamma\xi)]
\end{aligned}
\tag{6.18}
$$

因此可得

$$
\begin{bmatrix} Y \\ \Theta_z \\ M_z \\ Q_y \\ \Theta_x \\ M_x \end{bmatrix} =
\begin{bmatrix}
\cosh(\alpha\xi) & \sinh(\alpha\xi) & \cos(\beta\xi) & \sin(\beta\xi) & \cos(\gamma\xi) & \sin(\gamma\xi) \\
\alpha\sinh(\alpha\xi)/l & \alpha\cosh(\alpha\xi)/l & -\beta\sin(\beta\xi)/l & \beta\cos(\beta\xi)/l & -\gamma\sin(\gamma\xi)/l & \gamma\cos(\gamma\xi)/l \\
-(EI/l^2)\alpha^2\cosh(\alpha\xi) & -(EI/l^2)\alpha^2\sinh(\alpha\xi) & (EI/l^2)\beta^2\cos(\beta\xi) & (EI/l^2)\beta^2\sin(\beta\xi) & (EI/l^2)\gamma^2\cos(\gamma\xi) & (EI/l^2)\gamma^2\sin(\gamma\xi) \\
-(EI/l^3)\alpha^3\sinh(\alpha\xi) & -(EI/l^3)\alpha^3\cosh(\alpha\xi) & -(EI/l^3)\beta^3\sin(\beta\xi) & (EI/l^3)\beta^3\cos(\beta\xi) & -(EI/l^3)\gamma^3\sin(\gamma\xi) & (EI/l^3)\gamma^3\cos(\gamma\xi) \\
k_\alpha\cosh(\alpha\xi) & k_\alpha\sinh(\alpha\xi) & k_\beta\cos(\beta\xi) & k_\beta\sin(\beta\xi) & k_\gamma\cos(\gamma\xi) & k_\gamma\sin(\gamma\xi) \\
(GJ/l)k_\alpha\alpha\sinh(\alpha\xi) & (GJ/l)k_\alpha\alpha\cosh(\alpha\xi) & -(GJ/l)k_\beta\beta\sin(\beta\xi) & (GJ/l)k_\beta\beta\cos(\beta\xi) & -(GJ/l)k_\gamma\gamma\sin(\gamma\xi) & (GJ/l)k_\gamma\gamma\cos(\gamma\xi)
\end{bmatrix}
\begin{bmatrix} A_1 \\ A_2 \\ A_3 \\ A_4 \\ A_5 \\ A_6 \end{bmatrix}
\tag{6.19}
$$

即 $\boldsymbol{Z}(\xi) = \boldsymbol{B}(\xi)\boldsymbol{a}, \quad \boldsymbol{a} = [A_1, A_2, A_3, A_4, A_5, A_6]^{\mathrm{T}}$，因此有 $\boldsymbol{Z}_I = \boldsymbol{B}(0)\boldsymbol{a}$。令 $x=l$ 或 $\xi=1$ 得到 $\boldsymbol{Z}_O = \boldsymbol{B}(l)\boldsymbol{a} = \boldsymbol{B}(l)\boldsymbol{B}(0)^{-1}\boldsymbol{Z}_I = \boldsymbol{D}^{\mathrm{CB}}\boldsymbol{Z}_I$。

所以弯扭耦合梁的传递矩阵为

$$
\boldsymbol{D}^{\mathrm{CB}} = \boldsymbol{B}(l)\boldsymbol{B}(0)^{-1}
\tag{6.20}
$$

其中

$$
\boldsymbol{B}(0) = \begin{bmatrix}
1 & 0 & 1 & 0 & 1 & 0 \\
0 & \alpha/l & 0 & \beta/l & 0 & \gamma/l \\
-(EI/l^2)\alpha^2 & 0 & (EI/l^2)\beta^2 & 0 & (EI/l^2)\gamma^2 & 0 \\
0 & -(EI/l^3)\alpha^3 & 0 & (EI/l^3)\beta^3 & 0 & (EI/l^3)\gamma^3 \\
k_\alpha & 0 & k_\beta & 0 & k_\gamma & 0 \\
0 & (GJ/l)k_\alpha\alpha & 0 & (GJ/l)k_\beta\beta & 0 & (GJ/l)k_\gamma\gamma
\end{bmatrix}
$$

$$
\boldsymbol{B}(l) = \begin{bmatrix}
\cosh\alpha & \sinh\alpha & \cos\beta & \sin\beta & \cos\gamma & \sin\gamma \\
(\alpha\sinh\alpha)/l & (\alpha\cosh\alpha)/l & -(A_3\beta\sin\beta)/l & (\beta\cos\beta)/l & -(\gamma\sin\gamma)/l & (\gamma\cos\gamma)/l \\
-(EI/l^2)\alpha^2\cosh\alpha & -(EI/l^2)\alpha^2\sinh\alpha & (EI/l^2)\beta^2\cos\beta & (EI/l^2)\beta^2\sin\beta & (EI/l^2)\gamma^2\cos\gamma & (EI/l^2)\gamma^2\sin\gamma \\
-(EI/l^3)\alpha^3\sinh\alpha & -(EI/l^3)\alpha^3\cosh\alpha & -(EI/l^3)\beta^3\sin\beta & (EI/l^3)\beta^3\cos\beta & -(EI/l^3)\gamma^3\sin\gamma & (EI/l^3)\gamma^3\cos\gamma \\
k_\alpha\cosh\alpha & k_\alpha\sinh\alpha & k_\beta\cos\beta & k_\beta\sin\beta & k_\gamma\cos\gamma & k_\gamma\sin\gamma \\
(GJ/l)k_\alpha\alpha\sinh\alpha & (GJ/l)k_\alpha\alpha\cosh\alpha & -(GJ/l)k_\beta\beta\sin\beta & (GJ/l)k_\beta\beta\cos\beta & -(GJ/l)k_\gamma\gamma\sin\gamma & (GJ/l)k_\gamma\gamma\cos\gamma
\end{bmatrix}
$$

考虑弯扭耦合梁的轴向振动，将状态矢量写为 $[X, Y, \Theta_z, M_z, Q_x, Q_y, \Theta_x, M_x]^{\mathrm{T}}$。因此得到可以考虑弯曲扭转耦合振动、轴向振动的耦合梁传递矩阵：

$$
\boldsymbol{U}^{\mathrm{CB}} = \begin{bmatrix}
\cos(\beta_{\mathrm{r}}l) & 0 & 0 & 0 & -\sin(\beta_{\mathrm{r}}l)/(\beta_{\mathrm{r}}EA) & 0 & 0 & 0 \\
0 & \boldsymbol{D}_{11}^{\mathrm{CB}} & \boldsymbol{D}_{12}^{\mathrm{CB}} & \boldsymbol{D}_{13}^{\mathrm{CB}} & 0 & \boldsymbol{D}_{14}^{\mathrm{CB}} & \boldsymbol{D}_{15}^{\mathrm{CB}} & \boldsymbol{D}_{16}^{\mathrm{CB}} \\
0 & \boldsymbol{D}_{21}^{\mathrm{CB}} & \boldsymbol{D}_{22}^{\mathrm{CB}} & \boldsymbol{D}_{23}^{\mathrm{CB}} & 0 & \boldsymbol{D}_{24}^{\mathrm{CB}} & \boldsymbol{D}_{25}^{\mathrm{CB}} & \boldsymbol{D}_{26}^{\mathrm{CB}} \\
0 & \boldsymbol{D}_{31}^{\mathrm{CB}} & \boldsymbol{D}_{32}^{\mathrm{CB}} & \boldsymbol{D}_{33}^{\mathrm{CB}} & 0 & \boldsymbol{D}_{34}^{\mathrm{CB}} & \boldsymbol{D}_{35}^{\mathrm{CB}} & \boldsymbol{D}_{36}^{\mathrm{CB}} \\
\beta_{\mathrm{r}}EA\sin(\beta_{\mathrm{r}}l) & 0 & 0 & 0 & \cos(\beta_{\mathrm{r}}l) & 0 & 0 & 0 \\
0 & \boldsymbol{D}_{41}^{\mathrm{CB}} & \boldsymbol{D}_{42}^{\mathrm{CB}} & \boldsymbol{D}_{43}^{\mathrm{CB}} & 0 & \boldsymbol{D}_{44}^{\mathrm{CB}} & \boldsymbol{D}_{45}^{\mathrm{CB}} & \boldsymbol{D}_{46}^{\mathrm{CB}} \\
0 & \boldsymbol{D}_{51}^{\mathrm{CB}} & \boldsymbol{D}_{52}^{\mathrm{CB}} & \boldsymbol{D}_{53}^{\mathrm{CB}} & 0 & \boldsymbol{D}_{54}^{\mathrm{CB}} & \boldsymbol{D}_{55}^{\mathrm{CB}} & \boldsymbol{D}_{56}^{\mathrm{CB}} \\
0 & \boldsymbol{D}_{61}^{\mathrm{CB}} & \boldsymbol{D}_{62}^{\mathrm{CB}} & \boldsymbol{D}_{63}^{\mathrm{CB}} & 0 & \boldsymbol{D}_{64}^{\mathrm{CB}} & \boldsymbol{D}_{65}^{\mathrm{CB}} & \boldsymbol{D}_{66}^{\mathrm{CB}}
\end{bmatrix}
\tag{6.21}
$$

式中，$\beta_{\mathrm{r}}=\sqrt{\rho\omega^2/E}$；$l$ 和 A 分别是每一段舵叶的长度和截面积。

6.2.2 舵系统动力学模型

舵系统的轴承座、导向装置、密封装置、液压缸都是螺栓连接在水下航行器上的。水下航行器质量远远大于舵系统，因此假设水下航行器为固定边界。螺栓连接刚度用弹簧表示，舵系统的结构示意图如图 6.3（a）所示。考虑舵系统每个部件之间的相互作用，基于 MSTMM 对整个舵系统进行建模，动力学模型如图 6.3（b）所示。

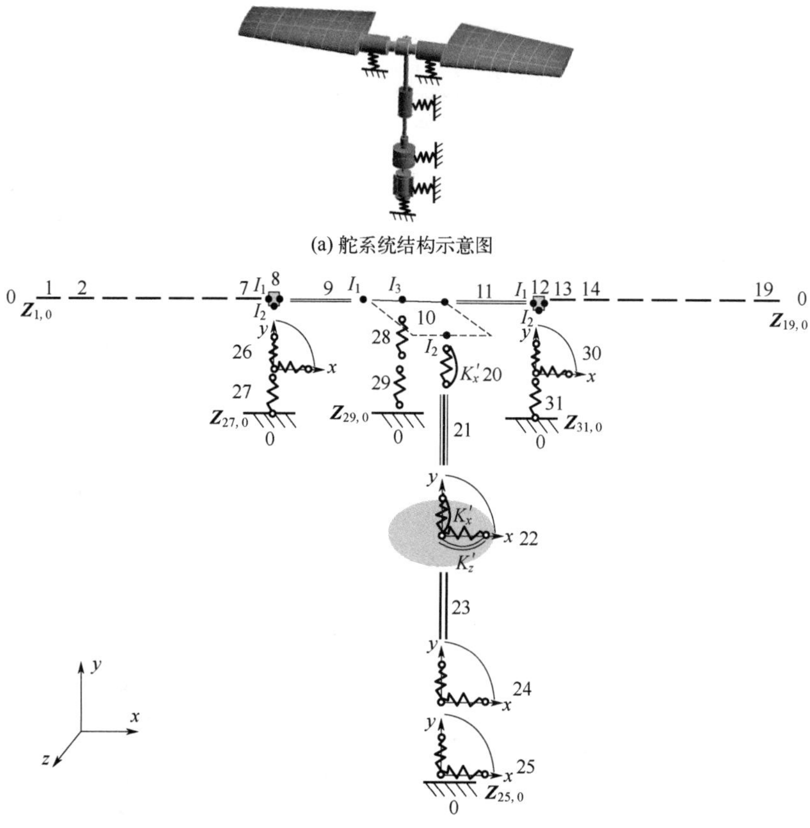

(a) 舵系统结构示意图

(b) 舵系统动力学模型

图 6.3　舵系统结构视图及动力学模型

在图 6.3（b）中，舵叶处理为 7 段不同结构参数的弯扭耦合梁（元件 1～7，13～19）；柱铰（元件 20）处理为铰元件；处理球铰时考虑导向装置与水下航行器的连接刚度，因此在球铰元件（元件 22）中添加了 x 方向的弹簧刚度；舵轴（元件 9、11）处理为可以考虑横向、轴向振动以及扭转振动的非耦合梁；轴承与轴承套之间的接触刚度以及定位环与舵叶之间的接触刚度用弹簧铰表示（元件 26、28、30）；轴承座与水下航行器的连接刚度用弹簧表示（元件 27、29、31）；拉杆处理为可以考虑 x 轴方向、轴向振动的非耦合梁（元件 21）；传动杆在密封装置中只能上下运动，因此处理为杆元件（元件 23）；舵柄处理为刚体（元件 10）；液压缸提供的是液压弹簧刚度，同时考虑密封装置与水下航行器之间的连接刚度，液压缸处理为一个弹簧铰（元件 24）；液压缸与水下航行器之间的连接刚度处理为一个弹簧铰（元件 25）；传递方向是从左端点和下端点到右端点，所有元件的状态矢量统一为$[X,Y,\Theta_z,M_z,Q_x,Q_y,\Theta_x,M_x]^{\mathrm{T}}$。

根据文献[156]得到舵系统的传递方程：

$$
\begin{aligned}
\boldsymbol{Z}_{19,0} &= \boldsymbol{U}_{\text{pla}}^{\text{R}}\boldsymbol{Z}_{12,13} = \boldsymbol{U}_{\text{pla}}^{\text{R}}(\boldsymbol{U}_{12,I_1}\boldsymbol{Z}_{12,11} + \boldsymbol{U}_{12,I_2}\boldsymbol{U}_{30}\boldsymbol{U}_{31}\boldsymbol{Z}_{31,0}) \\
&= \boldsymbol{U}_{\text{pla}}^{\text{R}}(\boldsymbol{U}_{12,I_1}\boldsymbol{U}_{11}\boldsymbol{Z}_{10,11} + \boldsymbol{U}_{12,I_2}\boldsymbol{U}_{30}\boldsymbol{U}_{31}\boldsymbol{Z}_{31,0}) \\
&= \boldsymbol{U}_{\text{pla}}^{\text{R}}[\boldsymbol{U}_{12,I_1}\boldsymbol{U}_{11}(\boldsymbol{U}_{10,I_1}\boldsymbol{Z}_{10,9} + \boldsymbol{U}_{10,I_2}\boldsymbol{Z}_{10,20} + \boldsymbol{U}_{10,I_3}\boldsymbol{Z}_{10,28}) + \boldsymbol{U}_{12,I_2}\boldsymbol{U}_{30}\boldsymbol{U}_{31}\boldsymbol{Z}_{31,0}] \\
&= \boldsymbol{U}_{\text{pla}}^{\text{R}}[\boldsymbol{U}_{12,I_1}\boldsymbol{U}_{11}(\boldsymbol{U}_{10,I_1}\boldsymbol{U}_9\boldsymbol{Z}_{8,9} + \boldsymbol{U}_{10,I_2}\boldsymbol{U}^{\text{col}}\boldsymbol{Z}_{25,0} + \boldsymbol{U}_{10,I_3}\boldsymbol{U}_{28}\boldsymbol{U}_{29}\boldsymbol{Z}_{29,0}) + \boldsymbol{U}_{12,I_2}\boldsymbol{U}_{30}\boldsymbol{U}_{31}\boldsymbol{Z}_{31,0}] \\
&= \boldsymbol{U}_{\text{pla}}^{\text{R}}\{\boldsymbol{U}_{12,I_1}\boldsymbol{U}_{11}[\boldsymbol{U}_{10,I_1}\boldsymbol{U}_9(\boldsymbol{U}_{8,I_1}\boldsymbol{Z}_{8,7} + \boldsymbol{U}_{8,I_2}\boldsymbol{U}_{26}\boldsymbol{U}_{27}\boldsymbol{Z}_{27,0}) \\
&\quad + \boldsymbol{U}_{10,I_2}\boldsymbol{U}^{\text{col}}\boldsymbol{Z}_{25,0} + \boldsymbol{U}_{10,I_3}\boldsymbol{U}_{28}\boldsymbol{U}_{29}\boldsymbol{Z}_{29,0}] + \boldsymbol{U}_{12,I_2}\boldsymbol{U}_{30}\boldsymbol{U}_{31}\boldsymbol{Z}_{31,0}\} \\
&= \boldsymbol{U}_{\text{pla}}^{\text{R}}\{\boldsymbol{U}_{12,I_1}\boldsymbol{U}_{11}[\boldsymbol{U}_{10,I_1}\boldsymbol{U}_9(\boldsymbol{U}_{8,I_1}\boldsymbol{U}_{\text{pla}}^{\text{L}}\boldsymbol{Z}_{1,0} + \boldsymbol{U}_{8,I_2}\boldsymbol{U}_{26}\boldsymbol{U}_{27}\boldsymbol{Z}_{27,0}) \\
&\quad + \boldsymbol{U}_{10,I_2}\boldsymbol{U}^{\text{col}}\boldsymbol{Z}_{25,0} + \boldsymbol{U}_{10,I_3}\boldsymbol{U}_{28}\boldsymbol{U}_{29}\boldsymbol{Z}_{29,0}] + \boldsymbol{U}_{12,I_2}\boldsymbol{U}_{30}\boldsymbol{U}_{31}\boldsymbol{Z}_{31,0}\} \\
&= \boldsymbol{U}_{\text{pla}}^{\text{R}}\boldsymbol{U}_{12,I_1}\boldsymbol{U}_{11}\boldsymbol{U}_{10,I_1}\boldsymbol{U}_9\boldsymbol{U}_{8,I_1}\boldsymbol{U}_{\text{pla}}^{\text{L}}\boldsymbol{Z}_{1,0} \\
&\quad + \boldsymbol{U}_{\text{pla}}^{\text{R}}\boldsymbol{U}_{12,I_1}\boldsymbol{U}_{11}\boldsymbol{U}_{10,I_1}\boldsymbol{U}_9\boldsymbol{U}_{8,I_2}\boldsymbol{U}_{26}\boldsymbol{U}_{27}\boldsymbol{Z}_{27,0} \\
&\quad + \boldsymbol{U}_{\text{pla}}^{\text{R}}\boldsymbol{U}_{12,I_1}\boldsymbol{U}_{11}\boldsymbol{U}_{10,I_3}\boldsymbol{U}_{28}\boldsymbol{U}_{29}\boldsymbol{Z}_{29,0} \\
&\quad + \boldsymbol{U}_{\text{pla}}^{\text{R}}\boldsymbol{U}_{12,I_1}\boldsymbol{U}_{11}\boldsymbol{U}_{10,I_2}\boldsymbol{U}^{\text{col}}\boldsymbol{Z}_{25,0} \\
&\quad + \boldsymbol{U}_{\text{pla}}^{\text{R}}\boldsymbol{U}_{12,I_2}\boldsymbol{U}_{30}\boldsymbol{U}_{31}\boldsymbol{Z}_{31,0}
\end{aligned}
\tag{6.22}
$$

式中

$$
\begin{aligned}
\boldsymbol{U}_{\text{pla}}^{\text{R}} &= \boldsymbol{U}_{19}\boldsymbol{U}_{18}\boldsymbol{U}_{17}\boldsymbol{U}_{16}\boldsymbol{U}_{15}\boldsymbol{U}_{14}\boldsymbol{U}_{13} \\
\boldsymbol{U}_{\text{pla}}^{\text{L}} &= \boldsymbol{U}_7\boldsymbol{U}_6\boldsymbol{U}_5\boldsymbol{U}_4\boldsymbol{U}_3\boldsymbol{U}_2\boldsymbol{U}_1 \\
\boldsymbol{U}^{\text{col}} &= \boldsymbol{U}_{20}\boldsymbol{U}_{21}\boldsymbol{U}_{22}\boldsymbol{U}_{23}\boldsymbol{U}_{24}\boldsymbol{U}_{25}
\end{aligned}
\tag{6.23}
$$

令：

$$
\begin{aligned}
\boldsymbol{T}_{1-19} &= \boldsymbol{U}_{\text{pla}}^{\text{R}}\boldsymbol{U}_{12,I_1}\boldsymbol{U}_{11}\boldsymbol{U}_{10,I_1}\boldsymbol{U}_9\boldsymbol{U}_{8,I_1}\boldsymbol{U}_{\text{pla}}^{\text{L}} \\
\boldsymbol{T}_{27-19} &= \boldsymbol{U}_{\text{pla}}^{\text{R}}\boldsymbol{U}_{12,I_1}\boldsymbol{U}_{11}\boldsymbol{U}_{10,I_1}\boldsymbol{U}_9\boldsymbol{U}_{8,I_2}\boldsymbol{U}_{26}\boldsymbol{U}_{27} \\
\boldsymbol{T}_{29-19} &= \boldsymbol{U}_{\text{pla}}^{\text{R}}\boldsymbol{U}_{12,I_1}\boldsymbol{U}_{11}\boldsymbol{U}_{10,I_3}\boldsymbol{U}_{28}\boldsymbol{U}_{29} \\
\boldsymbol{T}_{25-19} &= \boldsymbol{U}_{\text{pla}}^{\text{R}}\boldsymbol{U}_{12,I_1}\boldsymbol{U}_{11}\boldsymbol{U}_{10,I_2}\boldsymbol{U}^{\text{col}} \\
\boldsymbol{T}_{31-19} &= \boldsymbol{U}_{\text{pla}}^{\text{R}}\boldsymbol{U}_{12,I_2}\boldsymbol{U}_{30}\boldsymbol{U}_{31}
\end{aligned}
\tag{6.24}
$$

因此，式（6.22）可以写为：

$$
-\boldsymbol{Z}_{19,0} + \boldsymbol{T}_{1-19}\boldsymbol{Z}_{1,0} + \boldsymbol{T}_{27-19}\boldsymbol{Z}_{27,0} + \boldsymbol{T}_{29-19}\boldsymbol{Z}_{29,0} + \boldsymbol{T}_{25-19}\boldsymbol{Z}_{25,0} + \boldsymbol{T}_{31-19}\boldsymbol{Z}_{31,0} = \boldsymbol{0} \tag{6.25}
$$

式中，$\boldsymbol{T}_{j-19}$ 的下标 $j-19$ 表示传递方向中从该 j 梢元件到根元件的传递分支。

根据文献[156]，舵系统的几何方程为：

$$
\begin{cases}
\boldsymbol{H}_{8,I_1}\boldsymbol{Z}_{8,7} = \boldsymbol{H}_{8,I_2}\boldsymbol{U}_{26}\boldsymbol{U}_{27}\boldsymbol{Z}_{27,0} \\
\boldsymbol{H}_{8,I_1}\boldsymbol{U}_{\text{pla}}^{\text{L}}\boldsymbol{Z}_{1,0} = \boldsymbol{H}_{8,I_2}\boldsymbol{U}_{26}\boldsymbol{U}_{27}\boldsymbol{Z}_{27,0} \\
\boldsymbol{G}_{1-8}\boldsymbol{Z}_{1,0} + \boldsymbol{G}_{27-8}\boldsymbol{Z}_{27,0} = \boldsymbol{0} \\
\boldsymbol{G}_{1-8} = -\boldsymbol{H}_{8,I_1}\boldsymbol{U}_{\text{pla}}^{\text{L}} \\
\boldsymbol{G}_{27-8} = \boldsymbol{H}_{8,I_2}\boldsymbol{U}_{26}\boldsymbol{U}_{27}
\end{cases}
\tag{6.26a}
$$

$$\begin{cases}\boldsymbol{H}_{10,I_1}\boldsymbol{Z}_{10,9}=\boldsymbol{H}_{10,I_2}\boldsymbol{Z}_{10,20}\\ \boldsymbol{H}_{10,I_1}\boldsymbol{U}_9\boldsymbol{Z}_{8,9}=\boldsymbol{H}_{10,I_2}\boldsymbol{U}^{\mathrm{col}}\boldsymbol{Z}_{25,0}\\ \boldsymbol{H}_{10,I_1}\boldsymbol{U}_9(\boldsymbol{U}_{8,I_1}\boldsymbol{U}_{\mathrm{pla}}^{\mathrm{L}}\boldsymbol{Z}_{1,0}+\boldsymbol{U}_{8,I_2}\boldsymbol{U}_{26}\boldsymbol{U}_{27}\boldsymbol{Z}_{27,0})=\boldsymbol{H}_{10,I_2}\boldsymbol{U}^{\mathrm{col}}\boldsymbol{Z}_{25,0}\\ \boldsymbol{G}_{1-10}\boldsymbol{Z}_{1,0}+\boldsymbol{G}_{27-10}\boldsymbol{Z}_{27,0}+\boldsymbol{G}_{25-10}\boldsymbol{Z}_{25,0}=\boldsymbol{0}\\ \boldsymbol{G}_{1-10}=-\boldsymbol{H}_{10,I_1}\boldsymbol{U}_9\boldsymbol{U}_{8,I_1}\boldsymbol{U}_{\mathrm{pla}}^{\mathrm{L}}\\ \boldsymbol{G}_{27-10}=-\boldsymbol{H}_{10,I_1}\boldsymbol{U}_9\boldsymbol{U}_{8,I_2}\boldsymbol{U}_{26}\boldsymbol{U}_{27}\\ \boldsymbol{G}_{25-10}=\boldsymbol{H}_{10,I_2}\boldsymbol{U}^{\mathrm{col}}\end{cases}\tag{6.26b}$$

$$\begin{cases}\boldsymbol{H}_{10,I_1'}\boldsymbol{Z}_{10,9}=\boldsymbol{H}_{10,I_3}\boldsymbol{U}_{28}\boldsymbol{U}_{29}\boldsymbol{Z}_{29,0}\\ \boldsymbol{H}_{10,I_1'}\boldsymbol{U}_9\boldsymbol{Z}_{8,9}=\boldsymbol{H}_{10,I_3}\boldsymbol{U}_{28}\boldsymbol{U}_{29}\boldsymbol{Z}_{29,0}\\ \boldsymbol{H}_{10,I_1'}\boldsymbol{U}_9(\boldsymbol{U}_{8,I_1}\boldsymbol{U}_{\mathrm{pla}}^{\mathrm{L}}\boldsymbol{Z}_{1,0}+\boldsymbol{U}_{8,I_2}\boldsymbol{U}_{26}\boldsymbol{U}_{27}\boldsymbol{Z}_{27,0})=\boldsymbol{H}_{10,I_3}\boldsymbol{U}_{28}\boldsymbol{U}_{29}\boldsymbol{Z}_{29,0}\\ \boldsymbol{G}'_{1-10}\boldsymbol{Z}_{1,0}+\boldsymbol{G}'_{27-10}\boldsymbol{Z}_{27,0}+\boldsymbol{G}'_{29-10}\boldsymbol{Z}_{29,0}=\boldsymbol{0}\\ \boldsymbol{G}'_{1-10}=-\boldsymbol{H}_{10,I_1'}\boldsymbol{U}_9\boldsymbol{U}_{8,I_1}\boldsymbol{U}_{\mathrm{pla}}^{\mathrm{L}}\\ \boldsymbol{G}'_{27-10}=-\boldsymbol{H}_{10,I_1'}\boldsymbol{U}_9\boldsymbol{U}_{8,I_2}\boldsymbol{U}_{26}\boldsymbol{U}_{27}\\ \boldsymbol{G}'_{29-10}=\boldsymbol{H}_{10,I_3}\boldsymbol{U}_{28}\boldsymbol{U}_{29}\end{cases}\tag{6.26c}$$

$$\begin{cases}\boldsymbol{H}_{12,I_1}\boldsymbol{Z}_{12,11}=\boldsymbol{H}_{12,I_2}\boldsymbol{U}_{30}\boldsymbol{U}_{31}\boldsymbol{Z}_{31,0}\\ \Rightarrow\boldsymbol{H}_{12,I_1}\boldsymbol{U}_{12,I_1}\boldsymbol{U}_{11}\boldsymbol{Z}_{10,11}=\boldsymbol{H}_{12,I_2}\boldsymbol{U}_{30}\boldsymbol{U}_{31}\boldsymbol{Z}_{31,0}\\ \Rightarrow\boldsymbol{H}_{12,I_1}\boldsymbol{U}_{12,I_1}\boldsymbol{U}_{11}(\boldsymbol{U}_{10,I_1}\boldsymbol{Z}_{10,9}+\boldsymbol{U}_{10,I_2}\boldsymbol{Z}_{10,20}+\boldsymbol{U}_{10,I_3}\boldsymbol{U}_{28}\boldsymbol{U}_{29}\boldsymbol{Z}_{29,0})=\boldsymbol{H}_{12,I_2}\boldsymbol{U}_{30}\boldsymbol{U}_{31}\boldsymbol{Z}_{31,0}\\ \Rightarrow\boldsymbol{H}_{12,I_1}\boldsymbol{U}_{12,I_1}\boldsymbol{U}_{11}(\boldsymbol{U}_{10,I_1}\boldsymbol{U}_9\boldsymbol{Z}_{8,9}+\boldsymbol{U}_{10,I_2}\boldsymbol{U}^{\mathrm{col}}\boldsymbol{Z}_{25,0}+\boldsymbol{U}_{10,I_3}\boldsymbol{U}_{28}\boldsymbol{U}_{29}\boldsymbol{Z}_{29,0})\\ =\boldsymbol{H}_{12,I_2}\boldsymbol{U}_{30}\boldsymbol{U}_{31}\boldsymbol{Z}_{31,0}-\boldsymbol{H}_{12,I_1}\boldsymbol{U}_{12,I_1}\boldsymbol{U}_{11}[\boldsymbol{U}_{10,I_1}\boldsymbol{U}_9(\boldsymbol{U}_{8,I_1}\boldsymbol{Z}_{8,7}+\boldsymbol{U}_{8,I_2}\boldsymbol{U}_{26}\boldsymbol{U}_{27}\boldsymbol{Z}_{27,0})\\ \quad+\boldsymbol{U}_{10,I_2}\boldsymbol{U}^{\mathrm{col}}\boldsymbol{Z}_{25,0}+\boldsymbol{U}_{10,I_3}\boldsymbol{U}_{28}\boldsymbol{U}_{29}\boldsymbol{Z}_{29,0}]=\boldsymbol{H}_{12,I_2}\boldsymbol{U}_{30}\boldsymbol{U}_{31}\boldsymbol{Z}_{31,0}\\ \quad-\boldsymbol{H}_{12,I_1}\boldsymbol{U}_{12,I_1}\boldsymbol{U}_{11}[\boldsymbol{U}_{10,I_1}\boldsymbol{U}_9(\boldsymbol{U}_{8,I_1}\boldsymbol{U}_{\mathrm{pla}}^{\mathrm{L}}\boldsymbol{Z}_{1,0}+\boldsymbol{U}_{8,I_2}\boldsymbol{U}_{26}\boldsymbol{U}_{27}\boldsymbol{Z}_{27,0})\\ \quad+\boldsymbol{U}_{10,I_2}\boldsymbol{U}^{\mathrm{col}}\boldsymbol{Z}_{25,0}+\boldsymbol{U}_{10,I_3}\boldsymbol{U}_{28}\boldsymbol{U}_{29}\boldsymbol{Z}_{29,0}]=\boldsymbol{H}_{12,I_2}\boldsymbol{U}_{30}\boldsymbol{U}_{31}\boldsymbol{Z}_{31,0}\\ \boldsymbol{G}_{1-12}\boldsymbol{Z}_{1,0}+\boldsymbol{G}_{27-12}\boldsymbol{Z}_{27,0}+\boldsymbol{G}_{25-12}\boldsymbol{Z}_{25,0}+\boldsymbol{G}_{29-12}\boldsymbol{Z}_{29,0}+\boldsymbol{G}_{31-12}\boldsymbol{Z}_{31,0}=\boldsymbol{0}\\ \boldsymbol{G}_{1-12}=-\boldsymbol{H}_{12,I_1}\boldsymbol{U}_{12,I_1}\boldsymbol{U}_{11}\boldsymbol{U}_{10,I_1}\boldsymbol{U}_9\boldsymbol{U}_{8,I_1}\boldsymbol{U}_{\mathrm{pla}}^{\mathrm{L}}\\ \boldsymbol{G}_{27-12}=-\boldsymbol{H}_{12,I_1}\boldsymbol{U}_{12,I_1}\boldsymbol{U}_{11}\boldsymbol{U}_{10,I_1}\boldsymbol{U}_9\boldsymbol{U}_{8,I_2}\boldsymbol{U}_{26}\boldsymbol{U}_{27}\\ \boldsymbol{G}_{25-12}=-\boldsymbol{H}_{12,I_1}\boldsymbol{U}_{12,I_1}\boldsymbol{U}_{11}\boldsymbol{U}_{10,I_2}\boldsymbol{U}^{\mathrm{col}}\\ \boldsymbol{G}_{29-12}=-\boldsymbol{H}_{12,I_1}\boldsymbol{U}_{12,I_1}\boldsymbol{U}_{11}\boldsymbol{U}_{10,I_3}\boldsymbol{U}_{28}\boldsymbol{U}_{29}\\ \boldsymbol{G}_{31-12}=\boldsymbol{H}_{12,I_2}\boldsymbol{U}_{30}\boldsymbol{U}_{31}\end{cases}\tag{6.26d}$$

式中，$\boldsymbol{G}_{k-l}$ 的下标 $k-l$ 表示几何方程从该元件 k 到元件 l 的传递分支。

根据式（6.22）～式（6.26）可以写出舵系统总传递方程如下：

$$\boldsymbol{U}_{\mathrm{all}}\big|_{24\times48}\boldsymbol{Z}_{\mathrm{all}}\big|_{48\times1}=\boldsymbol{0}\tag{6.27}$$

式中

$$\boldsymbol{U}_{\text{all}}=\begin{bmatrix} \boldsymbol{T}_{1-19}\big|_{8\times8} & \boldsymbol{T}_{27-19}\big|_{8\times8} & \boldsymbol{T}_{29-19}\big|_{8\times8} & \boldsymbol{T}_{25-19}\big|_{8\times8} & \boldsymbol{T}_{31-19}\big|_{8\times8} & -\mathbf{I}\big|_{8\times8} \\ \boldsymbol{G}_{1-8}\big|_{4\times8} & \boldsymbol{G}_{27-8}\big|_{4\times8} & \mathbf{0}\big|_{4\times8} & \mathbf{0}\big|_{4\times8} & \mathbf{0}\big|_{4\times8} & \mathbf{0}\big|_{4\times8} \\ \boldsymbol{G}_{1-10}\big|_{4\times8} & \boldsymbol{G}_{27-10}\big|_{4\times8} & \mathbf{0}\big|_{4\times8} & \boldsymbol{G}_{25-10} & \mathbf{0}\big|_{4\times8} & \mathbf{0}\big|_{4\times8} \\ \boldsymbol{G}'_{1-10}\big|_{4\times8} & \boldsymbol{G}'_{27-10}\big|_{4\times8} & \boldsymbol{G}'_{29-10}\big|_{4\times8} & \mathbf{0}\big|_{4\times8} & \mathbf{0}\big|_{4\times8} & \mathbf{0}\big|_{4\times8} \\ \boldsymbol{G}_{1-12}\big|_{4\times8} & \boldsymbol{G}_{27-12}\big|_{4\times8} & \boldsymbol{G}_{25-12}\big|_{4\times8} & \boldsymbol{G}_{29-12}\big|_{4\times8} & \boldsymbol{G}_{31-12}\big|_{4\times8} & \mathbf{0}\big|_{4\times8} \end{bmatrix} \tag{6.28}$$

$$\boldsymbol{Z}_{\text{all}}^{\text{T}}=\begin{bmatrix} \boldsymbol{Z}_{1,0}^{\text{T}} & \boldsymbol{Z}_{27,0}^{\text{T}} & \boldsymbol{Z}_{29,0}^{\text{T}} & \boldsymbol{Z}_{25,0}^{\text{T}} & \boldsymbol{Z}_{31,0}^{\text{T}} & \boldsymbol{Z}_{19,0}^{\text{T}} \end{bmatrix}^{\text{T}}$$

边界条件为：

$$\begin{aligned} \boldsymbol{Z}_{1,0}&=[X,Y,\Theta_z,0,0,0,\Theta_x,0]^{\text{T}} \\ \boldsymbol{Z}_{27,0}&=[0,0,0,M_z,Q_x,Q_y,\Theta_x,0]^{\text{T}} \\ \boldsymbol{Z}_{29,0}&=[X,0,\Theta_z,0,0,Q_y,\Theta_x,0]^{\text{T}} \\ \boldsymbol{Z}_{25,0}&=[0,0,0,M_z,Q_x,Q_y,0,M_x]^{\text{T}} \\ \boldsymbol{Z}_{31,0}&=[0,0,0,M_z,Q_x,Q_y,\Theta_x,0]^{\text{T}} \\ \boldsymbol{Z}_{19,0}&=[X,Y,\Theta_z,0,0,0,\Theta_x,0]^{\text{T}} \end{aligned} \tag{6.29}$$

对于以上公式中的传递矩阵，大多可以通过传递矩阵库查到。根据多体系统传递矩阵法传递矩阵库，虚拟刚体的传递矩阵为：

$$\boldsymbol{U}_{8,I_1}=\boldsymbol{U}_{12,I_1}=\begin{bmatrix} 1&0&0&0&0&0&0&0\\ 0&1&0&0&0&0&0&0\\ 0&0&1&0&0&0&0&0\\ 0&0&0&1&0&0&0&0\\ 0&0&0&0&1&0&0&0\\ 0&0&0&0&0&1&0&0\\ 0&0&0&0&0&0&1&0\\ 0&0&0&0&0&0&0&1 \end{bmatrix} \tag{6.30}$$

$$\boldsymbol{U}_{8,I_2}=\boldsymbol{U}_{12,I_2}=\begin{bmatrix} 0&0&0&0&0&0&0&0\\ 0&0&0&0&0&0&0&0\\ 0&0&0&0&0&0&0&0\\ 0&0&0&1&0&0&0&0\\ 0&0&0&0&1&0&0&0\\ 0&0&0&0&0&1&0&0\\ 0&0&0&0&0&0&0&0\\ 0&0&0&0&0&0&0&1 \end{bmatrix} \tag{6.31}$$

弹簧的传递矩阵为：

$$\boldsymbol{U}_{27}=\boldsymbol{U}_{28}=\boldsymbol{U}_{29}=\boldsymbol{U}_{31}=\begin{bmatrix}1&0&0&0&0&0&0&0\\0&1&0&0&0&-1/K_y&0&0\\0&0&1&0&0&0&0&0\\0&0&0&1&0&0&0&0\\0&0&0&0&1&0&0&0\\0&0&0&0&0&1&0&0\\0&0&0&0&0&0&1&0\\0&0&0&0&0&0&0&1\end{bmatrix} \tag{6.32a}$$

$$\boldsymbol{U}_{25}=\boldsymbol{U}_{26}=\boldsymbol{U}_{30}=\begin{bmatrix}1&0&0&0&-1/K_x&0&0&0\\0&1&0&0&0&-1/K_y&0&0\\0&0&1&0&0&0&0&0\\0&0&0&1&0&0&0&0\\0&0&0&0&1&0&0&0\\0&0&0&0&0&1&0&0\\0&0&0&0&0&0&1&0\\0&0&0&0&0&0&0&1\end{bmatrix} \tag{6.32b}$$

$$\boldsymbol{U}_{24}=\begin{bmatrix}1&0&0&0&-1/K_x&0&0&0\\0&1&0&0&0&-1/K_h&0&0\\0&0&1&0&0&0&0&0\\0&0&0&1&0&0&0&0\\0&0&0&0&1&0&0&0\\0&0&0&0&0&1&0&0\\0&0&0&0&0&0&1&0\\0&0&0&0&0&0&0&1\end{bmatrix} \tag{6.32c}$$

式中，K_x、K_y分别为x和y方向的弹簧刚度；K_h为液压等效弹簧刚度。

柱铰的传递矩阵为：

$$\boldsymbol{U}_{20}=\begin{bmatrix}1&0&0&0&0&0&0&0\\0&1&0&0&0&-1/K_y&0&0\\0&0&1&0&0&0&0&0\\0&0&0&1&0&0&0&0\\0&0&0&0&1&0&0&0\\0&0&0&0&0&1&0&0\\0&0&0&0&0&0&1&1/K_x'\\0&0&0&0&0&0&0&1\end{bmatrix} \tag{6.33}$$

式中，K_x'为绕x轴的扭转刚度。

球铰的传递矩阵为：

$$\boldsymbol{U}_{22}=\begin{bmatrix}1&0&0&0&-1/K_x&0&0&0\\0&1&0&0&0&-1/K_y&0&0\\0&0&1&1/K_z'&0&0&0&0\\0&0&0&1&0&0&0&0\\0&0&0&0&1&0&0&0\\0&0&0&0&0&1&0&0\\0&0&0&0&0&0&1&1/K_x'\\0&0&0&0&0&0&0&1\end{bmatrix} \tag{6.34}$$

式中，K_z' 为绕 z 轴的扭转刚度。

刚体的传递矩阵为：

$$\boldsymbol{U}_{10,I_1}=\begin{bmatrix}1&0&0&0&0&0&0&0\\0&1&b_1&0&0&0&-b_3&0\\0&0&1&0&0&0&0&0\\0&m\omega^2(b_1-c_1)&-m\omega^2(-b_2c_2-b_1c_1)-\omega^2(J_{zz}+mc_3^2)&1&0&b_1&-m\omega^2b_1c_3+\omega^2J_{xz}&0\\m\omega^2&0&0&0&1&0&0&0\\0&m\omega^2&m\omega^2c_1&0&0&1&-m\omega^2c_3&0\\0&0&0&0&0&0&1&0\\0&m\omega^2(-b_3+c_3)&-m\omega^2b_3c_1+\omega^2J_{xz}&0&0&-b_3&-m\omega^2(-b_3c_3-b_2c_2)-\omega^2(J_{xx}+mc_1^2)&1\end{bmatrix}$$

（6.35）

$$\boldsymbol{U}_{10,I_2}=\begin{bmatrix}0&0&0&0&0&0&0&0\\0&0&0&0&0&0&0&0\\0&0&0&0&0&0&0&0\\0&0&0&1&0&b_1-a_1&0&0\\0&0&0&0&1&0&0&0\\0&0&0&0&0&1&0&0\\0&0&0&0&0&0&0&0\\0&0&0&0&0&-b_3+a_3&0&1\end{bmatrix} \tag{6.36}$$

$$\boldsymbol{U}_{10,I_3}=\begin{bmatrix}0&0&0&0&0&0&0&0\\0&0&0&0&0&0&0&0\\0&0&0&0&0&0&0&0\\0&0&0&1&0&b_1-d_1&0&0\\0&0&0&0&1&0&0&0\\0&0&0&0&0&1&0&0\\0&0&0&0&0&0&0&0\\0&0&0&0&0&-b_3+d_3&0&1\end{bmatrix} \tag{6.37}$$

式中，J_{xz}、J_{xx}、J_{zz} 为刚体的质量惯性矩；(c_1,c_2,c_3) 为质心位置；(a_1,a_2,a_3) 为对应 $\boldsymbol{U}_{10,I_2}$ 的输入点坐标；(d_1,d_2,d_3) 为对应 $\boldsymbol{U}_{10,I_3}$ 的输入点坐标；(b_1,b_2,b_3) 为输出点处的坐标。以 $\boldsymbol{U}_{10,I_1}$ 对应的输入点位置为原点。

弯扭耦合梁的传递矩阵即：

$$\begin{aligned}&\boldsymbol{U}_1=\boldsymbol{U}_2=\boldsymbol{U}_3=\boldsymbol{U}_4=\boldsymbol{U}_5=\boldsymbol{U}_6=\boldsymbol{U}_7=\\&\boldsymbol{U}_{13}=\boldsymbol{U}_{14}=\boldsymbol{U}_{15}=\boldsymbol{U}_{16}=\boldsymbol{U}_{17}=\boldsymbol{U}_{18}=\boldsymbol{U}_{19}=\boldsymbol{U}^{\mathrm{CB}}\end{aligned} \tag{6.38}$$

非耦合梁模型一的传递矩阵为：

$$\boldsymbol{U}^{\mathrm{UB1}}=\begin{bmatrix}\cos(\beta_{\mathrm{r}}l) & 0 & 0 & 0 & -\sin(\beta_{\mathrm{r}}l)/(\beta_{\mathrm{r}}EA) & 0 & 0 & 0\\ 0 & S & T/\lambda & U/(EI\lambda^2) & 0 & V/(EI\lambda^3) & 0 & 0\\ 0 & \lambda V & S & T/(EI\lambda) & 0 & U/(EI\lambda^2) & 0 & 0\\ 0 & EI\lambda^2U & EI\lambda V & S & 0 & T/\lambda & 0 & 0\\ \beta EA\sin(\beta_{\mathrm{r}}l) & 0 & 0 & 0 & \cos(\beta_{\mathrm{r}}l) & 0 & 0 & 0\\ 0 & EI\lambda^3T & EI\lambda^2U & \lambda V & 0 & S & 0 & 0\\ 0 & 0 & 0 & 0 & 0 & 0 & \cos(\gamma l) & \sin(\gamma l)\\ 0 & 0 & 0 & 0 & 0 & 0 & -\gamma GJ\sin(\gamma l) & \cos(\gamma l)\end{bmatrix} \tag{6.39}$$

式中，$\gamma=\sqrt{\rho\omega^2/G}$；$\lambda=\sqrt[4]{m\omega^2/(EI)}$；$S=\dfrac{ch+c}{2}$；$T=\dfrac{sh+s}{2}$；$U=\dfrac{ch-c}{2}$；$V=\dfrac{sh-s}{2}$；$ch=\cosh(\lambda l)$；$sh=\sinh(\lambda l)$；$c=\cos(\lambda l)$；$s=\sin(\lambda l)$；$l$ 和 A 分别是梁的长度和截面积。因此，$\boldsymbol{U}_9=\boldsymbol{U}_{11}=\boldsymbol{U}^{\mathrm{UB1}}$。

考虑轴向和横向振动的平面振动梁的传递矩阵 $\boldsymbol{U}^1$ 为：

$$\boldsymbol{U}^1=\begin{bmatrix}\cos(\beta_{\mathrm{r}}l) & 0 & 0 & 0 & -\sin(\beta_{\mathrm{r}}l)/(\beta_{\mathrm{r}}EA) & 0\\ 0 & S & T/\lambda & U/(EI\lambda^2) & 0 & V/(EI\lambda^3)\\ 0 & \lambda V & S & T/(EI\lambda) & 0 & U/(EI\lambda^2)\\ 0 & EI\lambda^2U & EI\lambda V & S & 0 & T/\lambda\\ \beta_{\mathrm{r}}EA\sin(\beta_{\mathrm{r}}l) & 0 & 0 & 0 & \cos(\beta_{\mathrm{r}}l) & 0\\ 0 & EI\lambda^3T & EI\lambda^2U & \lambda V & 0 & S\end{bmatrix} \tag{6.40}$$

采用方向余弦矩阵将平面振动梁转动 90°，转换矩阵 $\boldsymbol{R}$ 为：

$$\boldsymbol{R}=\begin{bmatrix}0 & -1 & 0 & 0 & 0 & 0\\ 1 & 0 & 0 & 0 & 0 & 0\\ 0 & 0 & 1 & 0 & 0 & 0\\ 0 & 0 & 0 & 1 & 0 & 0\\ 0 & 0 & 0 & 0 & 0 & -1\\ 0 & 0 & 0 & 0 & 1 & 0\end{bmatrix} \tag{6.41}$$

转换后的平面振动梁的传递矩阵 $\boldsymbol{U}^2$ 为：

$$\boldsymbol{U}^2=\boldsymbol{R}^{\mathrm{T}}\boldsymbol{U}^1\boldsymbol{R} \tag{6.42}$$

因此，非耦合梁模型二传递矩阵 $\boldsymbol{U}^{\mathrm{UB2}}$ 为：

$$\boldsymbol{U}^{\mathrm{UB2}}=\begin{bmatrix} \boldsymbol{U}_{11}^2 & \boldsymbol{U}_{12}^2 & \boldsymbol{U}_{13}^2 & \boldsymbol{U}_{14}^2 & \boldsymbol{U}_{15}^2 & \boldsymbol{U}_{16}^2 & 0 & 0 \\ \boldsymbol{U}_{21}^2 & \boldsymbol{U}_{22}^2 & \boldsymbol{U}_{23}^2 & \boldsymbol{U}_{24}^2 & \boldsymbol{U}_{25}^2 & \boldsymbol{U}_{26}^2 & 0 & 0 \\ \boldsymbol{U}_{31}^2 & \boldsymbol{U}_{32}^2 & \boldsymbol{U}_{33}^2 & \boldsymbol{U}_{34}^2 & \boldsymbol{U}_{35}^2 & \boldsymbol{U}_{36}^2 & 0 & 0 \\ \boldsymbol{U}_{41}^2 & \boldsymbol{U}_{42}^2 & \boldsymbol{U}_{43}^2 & \boldsymbol{U}_{44}^2 & \boldsymbol{U}_{45}^2 & \boldsymbol{U}_{46}^2 & 0 & 0 \\ \boldsymbol{U}_{51}^2 & \boldsymbol{U}_{52}^2 & \boldsymbol{U}_{53}^2 & \boldsymbol{U}_{54}^2 & \boldsymbol{U}_{55}^2 & \boldsymbol{U}_{56}^2 & 0 & 0 \\ \boldsymbol{U}_{61}^2 & \boldsymbol{U}_{62}^2 & \boldsymbol{U}_{63}^2 & \boldsymbol{U}_{64}^2 & \boldsymbol{U}_{65}^2 & \boldsymbol{U}_{66}^2 & 0 & 0 \\ 0 & 0 & 0 & 0 & 0 & 0 & 1 & 0 \\ 0 & 0 & 0 & 0 & 0 & 0 & 0 & 1 \end{bmatrix} \tag{6.43}$$

因此，$\boldsymbol{U}_{21}=\boldsymbol{U}^{\mathrm{UB2}}$。

杆元件的传递矩阵$\boldsymbol{U}^{\mathrm{rod}}$为：

$$\boldsymbol{U}^{\mathrm{rod}}=\begin{bmatrix} 1 & 0 & 0 & 0 & 0 & 0 & 0 & 0 \\ 0 & \cos(\beta_{\mathrm{r}}l) & 0 & 0 & 0 & -\sin(\beta_{\mathrm{r}}l)/(\beta_{\mathrm{r}}EA) & 0 & 0 \\ 0 & 0 & 1 & 0 & 0 & 0 & 0 & 0 \\ 0 & 0 & 0 & 1 & 0 & 0 & 0 & 0 \\ 0 & 0 & 0 & 0 & 1 & 0 & 0 & 0 \\ 0 & \beta_{\mathrm{r}}EA\sin(\beta_{\mathrm{r}}l) & 0 & 0 & 0 & \cos(\beta_{\mathrm{r}}l) & 0 & 0 \\ 0 & 0 & 0 & 0 & 0 & 0 & 1 & 0 \\ 0 & 0 & 0 & 0 & 0 & 0 & 0 & 1 \end{bmatrix} \tag{6.44}$$

因此，$\boldsymbol{U}_{23}=\boldsymbol{U}^{\mathrm{rod}}$。

另外几何矩阵：

$$\boldsymbol{H}_{8,I_1}=\boldsymbol{H}_{8,I_2}=\boldsymbol{H}_{12,I_1}=\boldsymbol{H}_{12,I_2}=\begin{bmatrix} 1 & 0 & 0 & 0 & 0 & 0 & 0 & 0 \\ 0 & 1 & 0 & 0 & 0 & 0 & 0 & 0 \\ 0 & 0 & 1 & 0 & 0 & 0 & 0 & 0 \\ 0 & 0 & 0 & 0 & 0 & 0 & 1 & 0 \end{bmatrix} \tag{6.45}$$

$$\boldsymbol{H}_{10,I_1}=\begin{bmatrix} 1 & 0 & 0 & 0 & 0 & 0 & 0 & 0 \\ 0 & 1 & a_1 & 0 & 0 & 0 & -a_3 & 0 \\ 0 & 0 & 1 & 0 & 0 & 0 & 0 & 0 \\ 0 & 0 & 0 & 0 & 0 & 0 & 1 & 0 \end{bmatrix} \tag{6.46}$$

$$\boldsymbol{H}_{10,I_2}=\boldsymbol{H}_{10,I_3}=\begin{bmatrix} 1 & 0 & 0 & 0 & 0 & 0 & 0 & 0 \\ 0 & 1 & 0 & 0 & 0 & 0 & 0 & 0 \\ 0 & 0 & 1 & 0 & 0 & 0 & 0 & 0 \\ 0 & 0 & 0 & 0 & 0 & 0 & 1 & 0 \end{bmatrix} \tag{6.47}$$

$$\boldsymbol{H}_{10,I_1'}=\begin{bmatrix} 1 & 0 & 0 & 0 & 0 & 0 & 0 & 0 \\ 0 & 1 & d_1 & 0 & 0 & 0 & -d_3 & 0 \\ 0 & 0 & 1 & 0 & 0 & 0 & 0 & 0 \\ 0 & 0 & 0 & 0 & 0 & 0 & 1 & 0 \end{bmatrix} \tag{6.48}$$

求解式（6.26）即可求出舵系统固有频率，再求解式（6.27）可得到对应于固有频率的系统边界点状态矢量 $\boldsymbol{Z}_{\text{all}}$，进而通过元件传递方程得到系统全部连接点的状态矢量，即为系统的振型。

舵系统的弯曲刚度、扭转刚度等参数一般可以由实验获得，本章主要通过有限元静力学分析获得。

6.3 舵系统动力学参数确定方法

6.3.1 舵系统 FEM 建模

为了获得基于 MSTMM 的舵系统动力学模型计算参数，同时验证舵系统动力学建模的合理性，采用 FEM 对舵系统建模，进行振动特性和静力学计算分析。

(a) 包括蒙皮视图　　(b) 不包括蒙皮视图

图 6.4　舵系统有限元网格

舵系统简化后的几何模型如图 6.4（b）所示，抽取舵叶的蒙皮和里面的骨架中面，以便单元划分时划分为壳单元。对模型中的一些细节，如小孔、倒角、螺栓、键等进行简化，以获得较好的有限元网格。轴承使用的材料为铜合金，其他部件采用的材料全部为结构钢。舵叶中的蒙皮、骨架与轴套都采用 SHELL181 壳单元，单元节点为 6-DoF，根据实际模型中蒙皮和骨架的厚度，设定壳的厚度。其他部件都采用 SOLID186 和 SOLID187 两种实体单元，单元节点为 3-DoF，部件与部件之间采用接触连接。建模过程中共画了六套有限元网格，网格总单元数分别为（N1）19220、（N2）29468、（N3）43985、（N4）54995、（N5）93193、（N6）132523。图 6.4 所示为（N4）舵系统的有限元网格。

ANSYS 软件中的接触类型包括：Bonded（绑定）、No separation（不分离）、Frictional（摩擦）。其中 Bonded（绑定）、No separation（不分离）两种接触方式是线性的，计算时只需迭代一次，在接触面的法向不存在分离，不允许有间隙存在。Bonded（绑定）接触不允许切向滑移，而 No separation（不分离）接触允许切向滑移。液压缸、导向装置、轴承、密封装置都是固定不动的，因此采用固定约束。采用远程端点约束约束住舵轴，防止舵轴左右窜动。图 6.5 为固定约束和接触位置。

图 6.5（b）中，A～J 为接触位置。

A：液压缸与活塞的接触，设定为 No separation（不分离），允许在接触面的切向方向上有滑移。

B：球铰之间的接触，设定为 No separation（不分离），允许在接触面的切向方向上有滑移，导向装置之间设定为 No separation（不分离），允许在接触面的切向方向上有滑移。

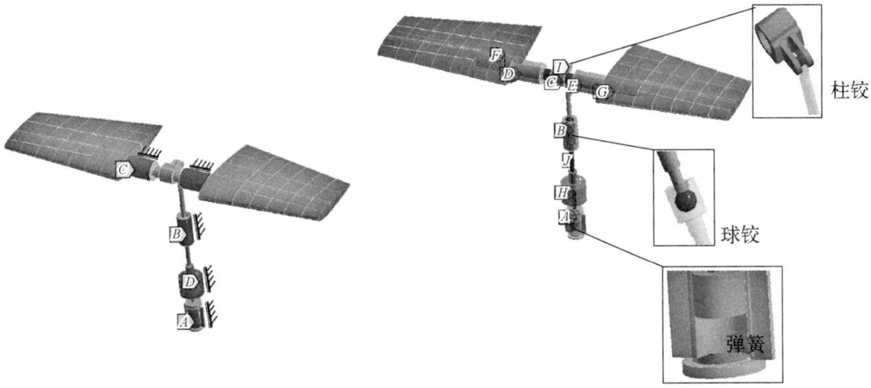

(a) 固定约束　　(b) 接触位置

图 6.5　固定约束与接触位置

C：舵柄和舵轴之间的接触，设定为 Bonded（绑定）接触，即舵柄和舵轴之间为完全绑定，不存在分离和滑移。

D、*E*：轴承和舵轴之间的接触，设定为 No separation（不分离），允许在接触面的切向方向上有滑移。

F、*G*：舵轴和舵叶之间的接触，设定为 Bonded（绑定）接触，即舵柄和舵轴之间为完全绑定，不存在分离和滑移。

I：舵柄和柱铰之间的接触，设定为 No separation（不分离），允许在接触面的切向方向上有滑移。

划分完有限元单元，设置好边界条件即可进行动力学和静力学仿真。

6.3.2　基于 FEM 的模型验证分析

采用 AGARD Wing 445.6 作为有限元模态验证计算的例子，其目的在于验证有限元法建模的合理性，同时也为下一步 CFD/CSD 双向耦合模型验证做铺垫。AGARD Wing 445.6 软模型机翼平面特征参数为：展弦比=1.6440，梢根比=0.6592，1/4 弦线机翼后掠角为 45°，沿流向翼型为 NACA 65A004。图 6.6（a）给出了该机翼模型的相关参数，其他详细参数可见文献[215]。

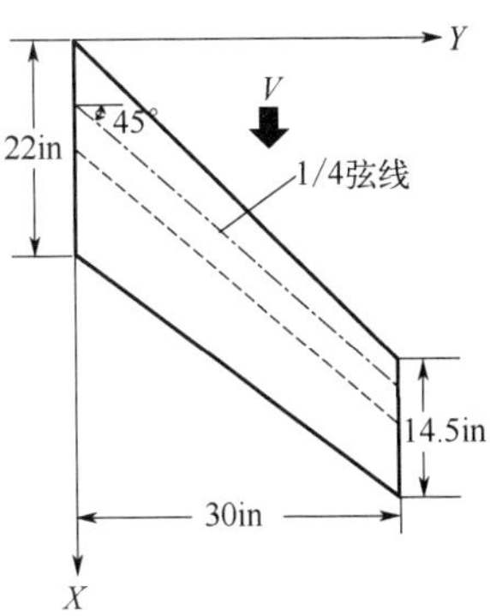

NACA 65A004

x	*z*
0.000	0.00
0.005	0.00304
0.0075	0.00368
0.0125	0.00469
0.025	0.00647
0.050	0.00875
0.075	0.01059
0.100	0.01213
0.150	0.01459
0.200	0.01645
0.250	0.01788
0.300	0.01892
0.350	0.01962
0.400	0.01997
0.450	0.01996
0.500	0.01954
0.550	0.01868
0.600	0.01743
0.650	0.01586
0.700	0.01402
0.750	0.01195
0.800	0.00967
0.850	0.00729
0.900	0.00490
0.950	0.00250
1.000	0.00009

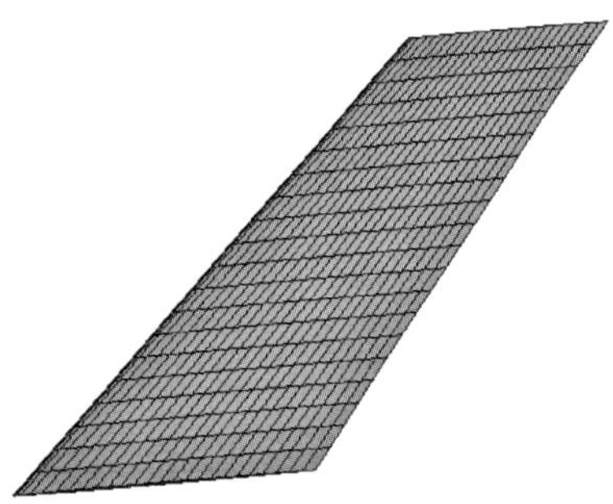

(a) 机翼几何参数　　(b) 计算网格

图 6.6　AGARD 445.6 机翼模型和计算网格

采用 ANSYS 软件建立了 AGARD 445.6 结构有限元模型，网格划分采用六面体 SOLID186 单元，共有 3977 个节点和 560 个单元，如图 6.6（b）所示。计算所用材料参数如下：E_1=3.1511GPa，E_2=0.4162GPa，μ=0.31，G=0.4392GPa，ρ=381.98kg/m^3。其中 E_1 指材料 X 方向的弹性模量，E_2 是指 Y 和 Z 方向的弹性模量（X 沿弦向，Z 沿展向），μ 是泊松比，G 是指每个方向的剪切模量，ρ 指机翼模型的密度。计算结果如表 6.1 所示，从表中可以看出，仿真结果与 AGARD 445.6 机翼模态实验数据对比，误差较小，验证了有限元建模方法的可靠性。

表 6.1　AGARD 445.6 机翼模态（Mode）数据对比

<table>
<tr><th>FEM</th><th>实验</th></tr>
<tr><td>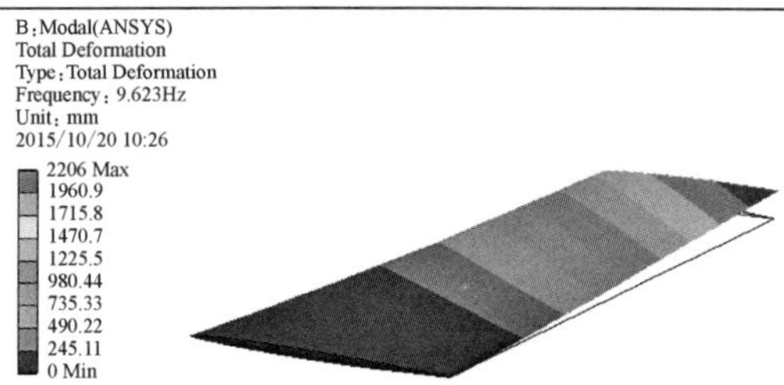

Mode 1, $f_1 = 9.623\text{Hz}$</td><td>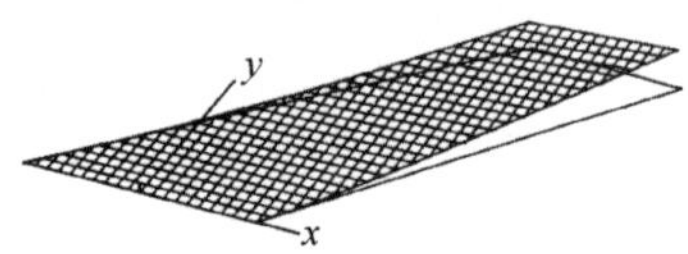

Mode 1, $f_1 = 9.5992\text{Hz}$</td></tr>
<tr><td>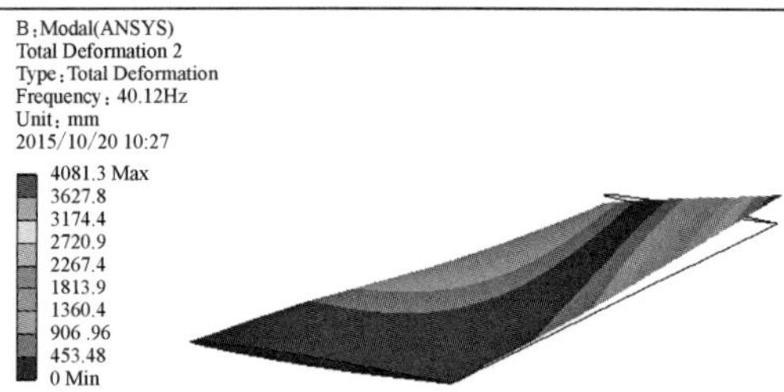

Mode 2, $f_2 = 40.12\text{Hz}$</td><td>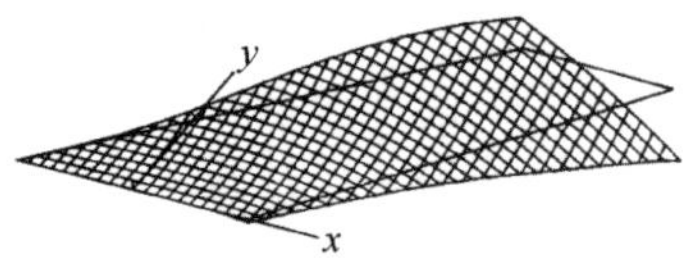

Mode 2, $f_2 = 38.1650\text{Hz}$</td></tr>
<tr><td>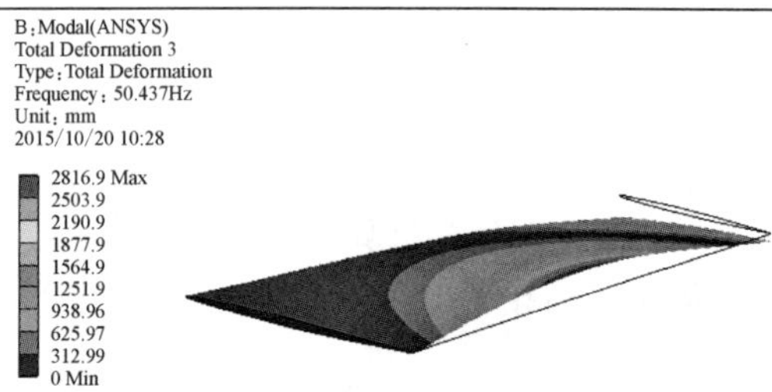

Mode 3, $f_3 = 50.437\text{Hz}$</td><td>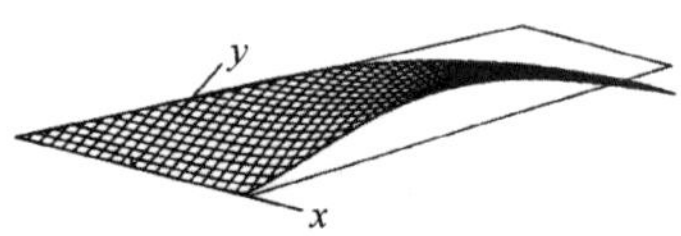

Mode 3, $f_3 = 48.3482\text{Hz}$</td></tr>
<tr><td>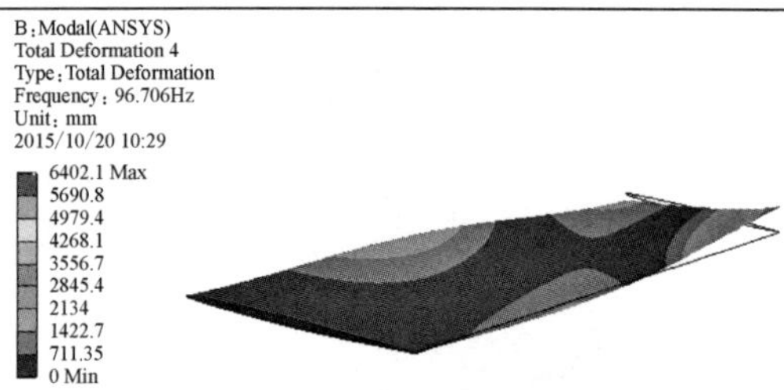

Mode 4, $f_4 = 96.706\text{Hz}$</td><td>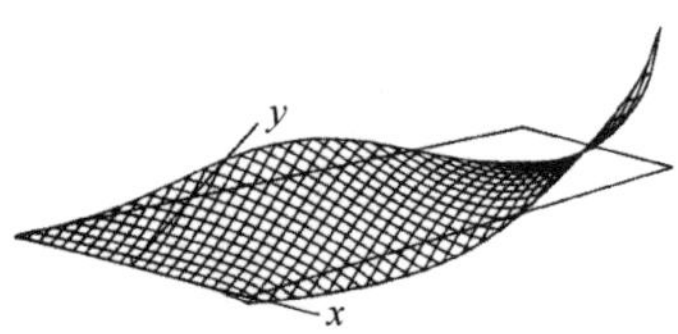

Mode 4, $f_4 = 91.5448\text{Hz}$</td></tr>
</table>

6.3.3　基于 FEM 的舵系统网格无关性验证

对舵系统进行振动特性计算，首先要进行网格无关性验证。舵叶的液压弹簧刚度是通过实验获得的，当舵叶处于水平位置时，液压弹簧刚度为 $K_h = 4 \times 10^8 \text{N/m}$ 。为了验证网格无关性，即有限元结果的收敛性，分别计算了舵系统（液压弹簧刚度为 $K_h = 4\times10^8\text{N/m}$ ）六套网格对应的模态，计算结果如表 6.2 所示。计算出的结果分布如图 6.7（a）所示，随着网格数量的增加，各阶模态计算结果趋于稳定。综合考虑计算机内存及 CPU 性能，选择（N4）网格为本节舵系统的有限元计算网格。

以（N4）网格作为舵系统的有限元计算网格，改变液压弹簧刚度，计算不同液压弹簧刚度情况下的舵系统振动特性。该部分计算的目的是和下一节多体系统传递矩阵法快速仿真结果进行对比。表 6.3 为部分不同液压弹簧刚度情况下舵系统模态计算结果。可以看出不同的液压弹簧刚度情况下，舵系统的前四阶振型一致。第一阶振型都是俯仰和扭转耦合并且对称的模态，第二阶是都是反对称弯曲模态，第三阶都是对称的俯仰和弯曲耦合模态，第四阶都是反对称的扭转模态。因为从第五阶开始，基本上都是舵叶蒙皮的局部模态，舵系统位于高密度的水流中不会发生壁板颤振问题，因此本节对蒙皮的局部模态不作研究。

表 6.2　舵系统有限元网格无关性验证（液压弹簧刚度 $K_h = 4\times10^8\text{N/m}$ ）

网格类型	一阶振型	二阶振型	三阶振型	四阶振型
N1	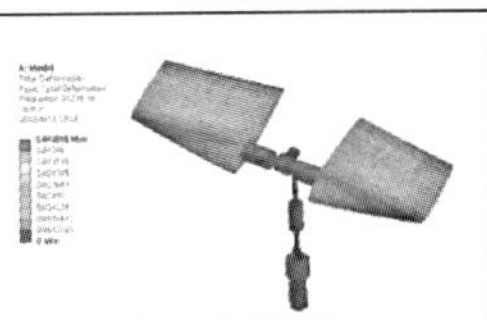 $f_1 = 20.128\text{Hz}$	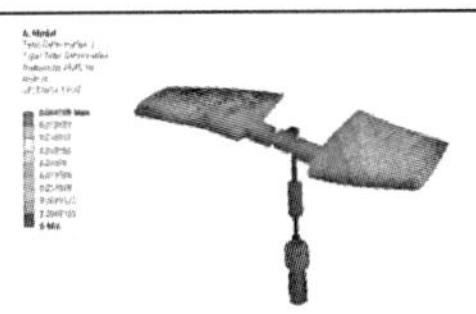 $f_2 = 24.41\text{Hz}$	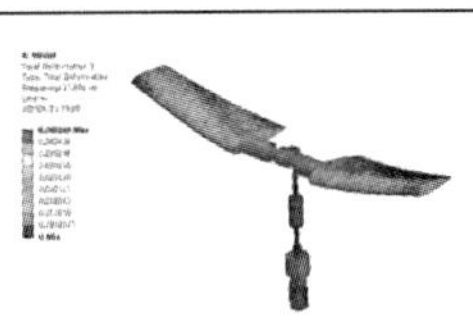 $f_3 = 27.964\text{Hz}$	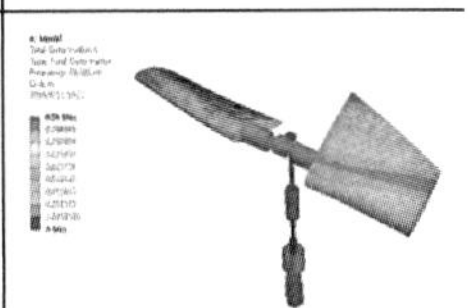 $f_4 = 35.303\text{Hz}$
N2	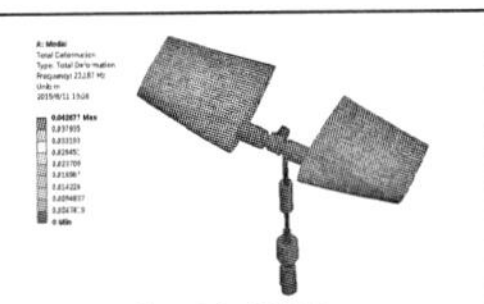 $f_1 = 20.187\text{Hz}$	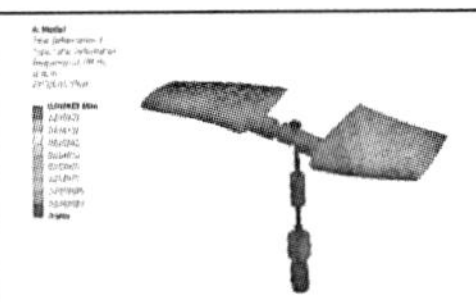 $f_2 = 24.394\text{Hz}$	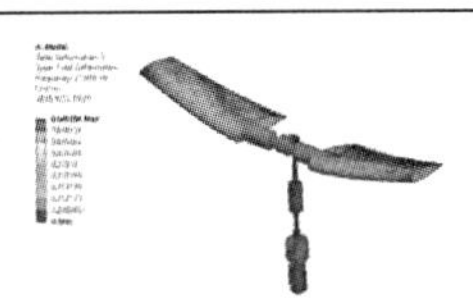 $f_3 = 27.968\text{Hz}$	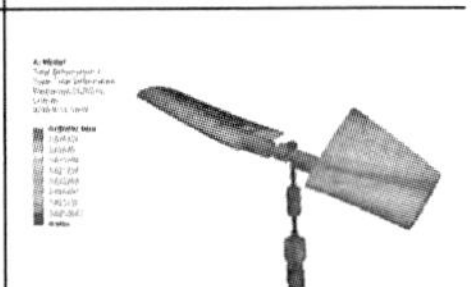 $f_4 = 35.315\text{Hz}$
N3	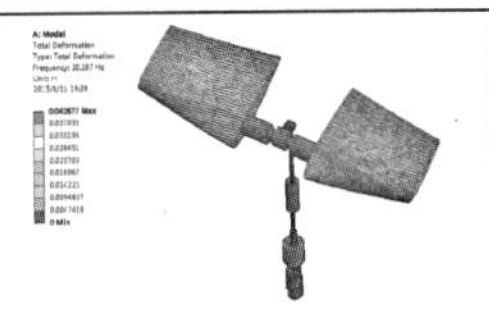 $f_1 = 20.289\text{Hz}$	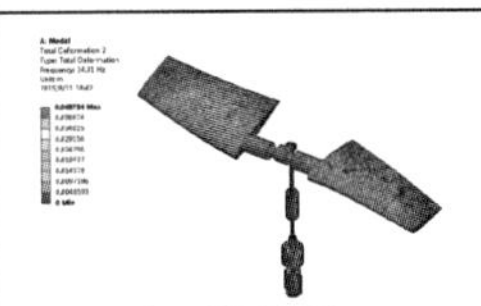 $f_2 = 24.335\text{Hz}$	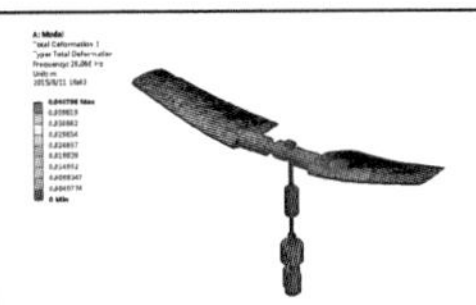 $f_3 = 28.015\text{Hz}$	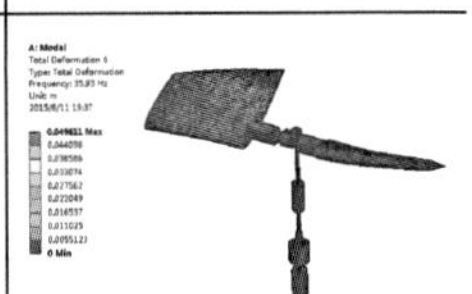 $f_4 = 35.95\text{Hz}$
N4	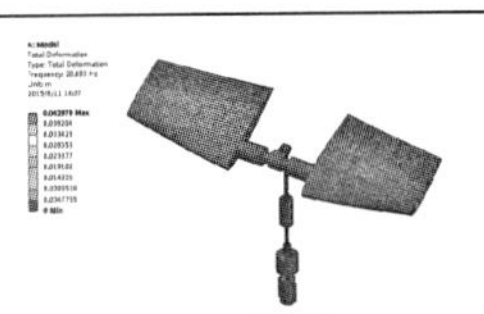 $f_1 = 20.693\text{Hz}$	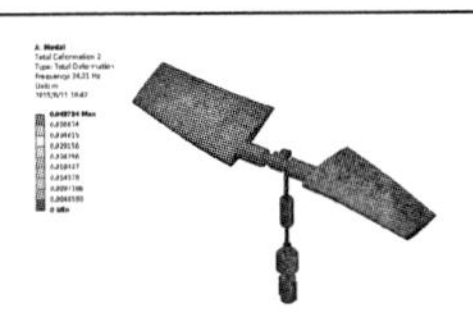 $f_2 = 24.31\text{Hz}$	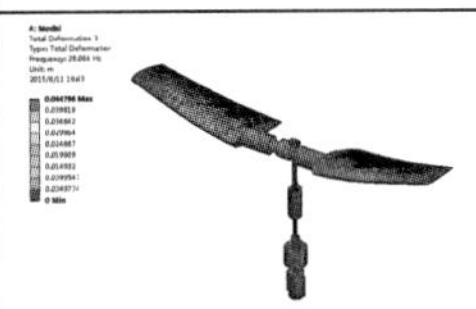 $f_3 = 28.066\text{Hz}$	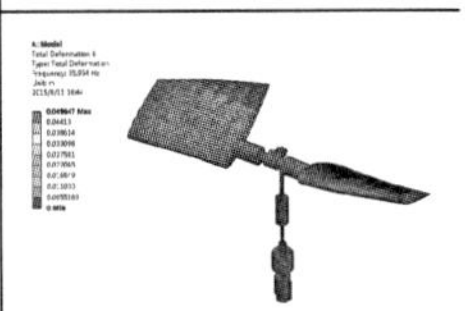 $f_4 = 35.954\text{Hz}$
N5	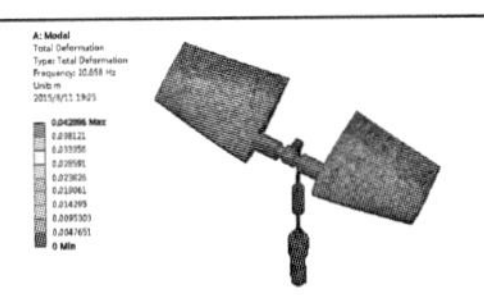 $f_1 = 20.658\text{Hz}$	 $f_2 = 24.333\text{Hz}$	 $f_3 = 28.065\text{Hz}$	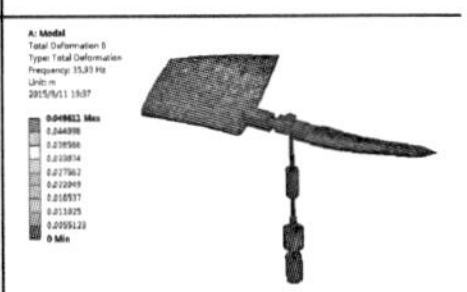 $f_4 = 35.935\text{Hz}$
N6	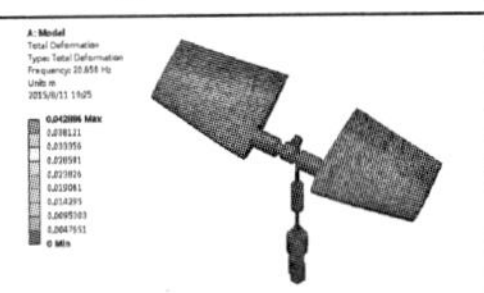 $f_1 = 20.687\text{Hz}$	 $f_2 = 24.332\text{Hz}$	 $f_3 = 28.066\text{Hz}$	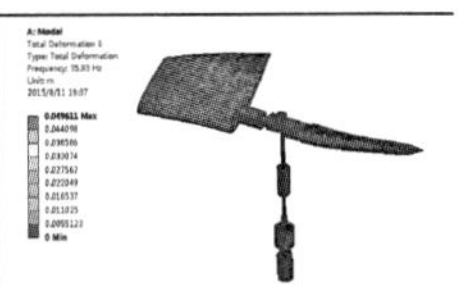 $f_4 = 35.943\text{Hz}$

表 6.3　部分不同液压弹簧刚度情况下舵系统振动特性仿真结果

K_h	一阶振型	二阶振型	三阶振型	四阶振型
$1\times10^8\text{N/m}$	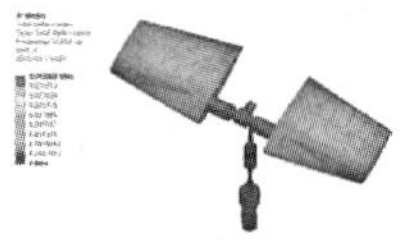 $f_1=17.663\text{Hz}$	 $f_2=24.31\text{Hz}$	 $f_3=27.083\text{Hz}$	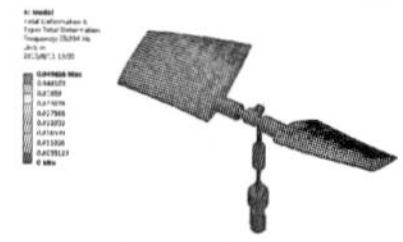 $f_4=35.954\text{Hz}$
$4\times10^8\text{N/m}$	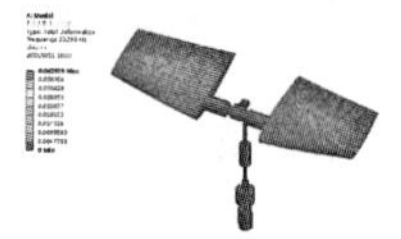 $f_1=20.693\text{Hz}$	 $f_2=24.31\text{Hz}$	 $f_3=28.066\text{Hz}$	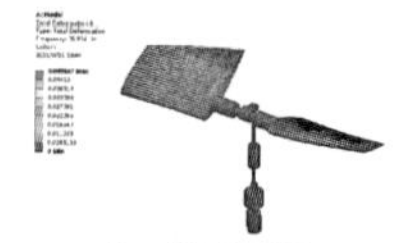 $f_4=35.954\text{Hz}$
$9\times10^8\text{N/m}$	 $f_1=21.631\text{Hz}$	 $f_2=24.31\text{Hz}$	 $f_3=28.687\text{Hz}$	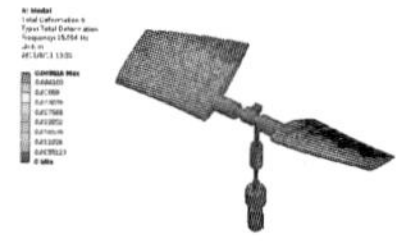 $f_4=35.954\text{Hz}$
$1.9\times10^9\text{N/m}$	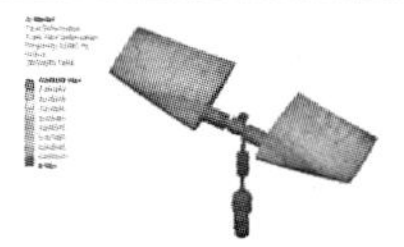 $f_1=22.063\text{Hz}$	 $f_2=24.31\text{Hz}$	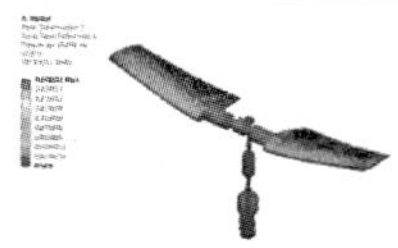 $f_3=29.086\text{Hz}$	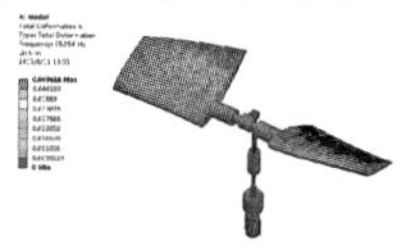 $f_4=35.954\text{Hz}$

图 6.7（b）为不同液压弹簧刚度情况下舵系统频率分布图，从图中可以看出，第二阶和第四阶反对称模态的频率值不随液压弹簧刚度改变而改变，也就是说第二阶和第四阶反对称模态只与两个舵叶和舵轴有关，与操纵系统无关。图中还可以看出，随着液压弹簧刚度值的增大，舵系统第一阶、第三阶频率趋于稳定。说明增加液压弹簧刚度，可以增加系统的第一阶和第三阶频率，相当于增加了整个操纵系统的扭转刚度，可以抑制舵叶的俯仰运动。此外还可以看出，舵系统的前四阶模态主要是与舵叶振动特性相关的模态，拉杆和导向杆在前四阶模态中未发生 X 方向的振动。

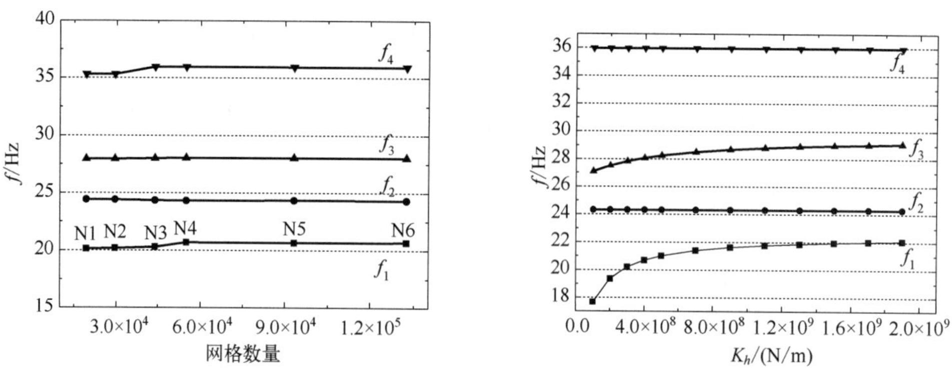

(a) 网格无关性验证　　(b) 不同液压弹簧刚度情况下的舵系统频率

图 6.7　舵系统频率计算结果

6.3.4　舵系统弯曲、扭转刚度参数获取

采用（N4）计算网格，取液压弹簧刚度为 $K_h=4\times10^8\text{N/m}$ 进行静力学分析，如图 6.8（a）

所示，在舵叶的一端施加等大反向的一对单位力，计算出总变形云图如图 6.8（b）所示，可以看到，图中蓝色区域总变形接近 0，所以弹性轴在该蓝色区域。在该蓝色区域选择一条线，在线的一端施加一个垂直向上的单位力，该条线上的节点没有扭转位移，在线的一端施加单位扭矩，该条线上的节点没有弯曲位移，这样的一条线称为弹性轴。该舵系统舵叶的弹性轴就在舵轴所在的一条直线上，如图 6.8（c）中的白线所示，该白线上一共八个节点。

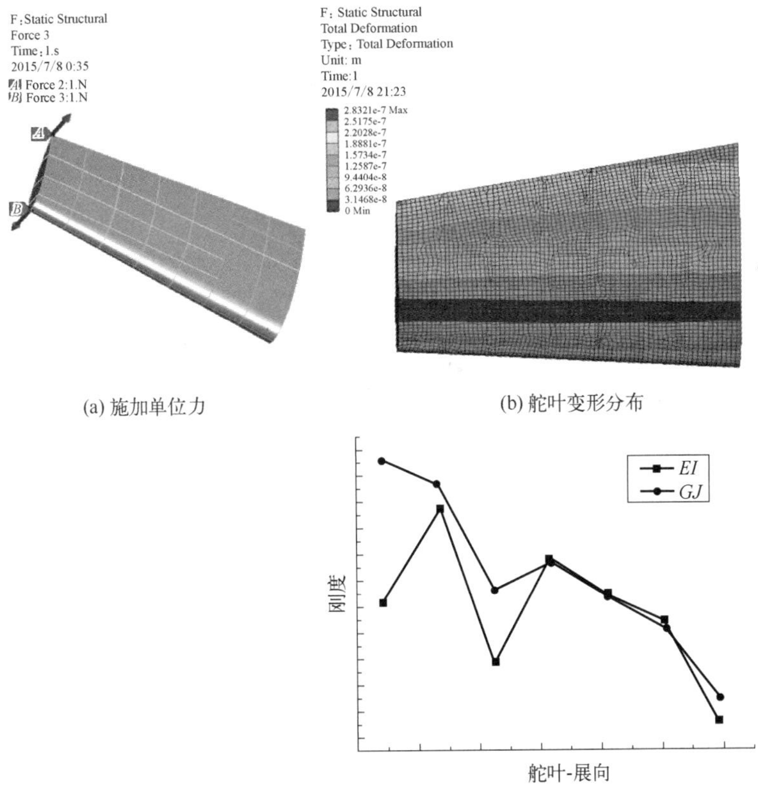

(a) 施加单位力　(b) 舵叶变形分布　(c) 弹性轴位置

(d) 沿舵叶展向的弯曲、扭转刚度分布

图 6.8　弹性轴位置确定

确定好弹性轴之后，在舵叶弹性轴的一端分别施加一个垂直向上的单位力和一个扭矩，计算得出弹性轴上每个节点的 θ_x,θ_z。通过式（6.49）、式（6.50）计算出舵叶的弯曲刚度、扭转刚度分布，计算结果如图 6.8（d）所示。

$$\Delta\theta_z = \frac{1}{EI_{AB}}\int_A^B M\mathrm{d}s \tag{6.49}$$

$$\Delta\theta_x = \frac{1}{GJ_{AB}}\int_A^B T\mathrm{d}s \tag{6.50}$$

式中，M 为 AB 段的弯曲力矩，可以通过在弹性轴一端施加的单位力求出弹性轴上每一处的 M；$\Delta\theta_z$ 表示 AB 段的 θ_z 之差；同样，$\Delta\theta_x$ 表示 AB 段的 θ_x 之差；T 为 AB 段的扭矩。

弹性轴上每两个节点之间是一段，因此 MSTMM 计算中，舵叶处理为七段弯扭耦合梁，通过几何软件 SPACECLAIM 测量出每一段舵叶对应的质量、展长、质心到弹性轴的距离以及相对弹性轴处的转动惯量。获得了以上动力学参数，即可以采用 MSTMM 计算舵系统的动力学特性。

6.4 基于 MSTMM 的舵系统振动特性仿真结果

舵系统在水下运作时，舵叶中是充满水的，因此需要计算舵叶中充满水情况下的舵系统振动特性，将舵叶中的水处理为附加质量进行计算。求解特征方程，得到舵叶（舵机液压弹簧刚度 $K_h = 4\times10^8\,\text{N/m}$）内部不含水和充满水两种情况下的舵系统的圆频率值，如图 6.9 所示。

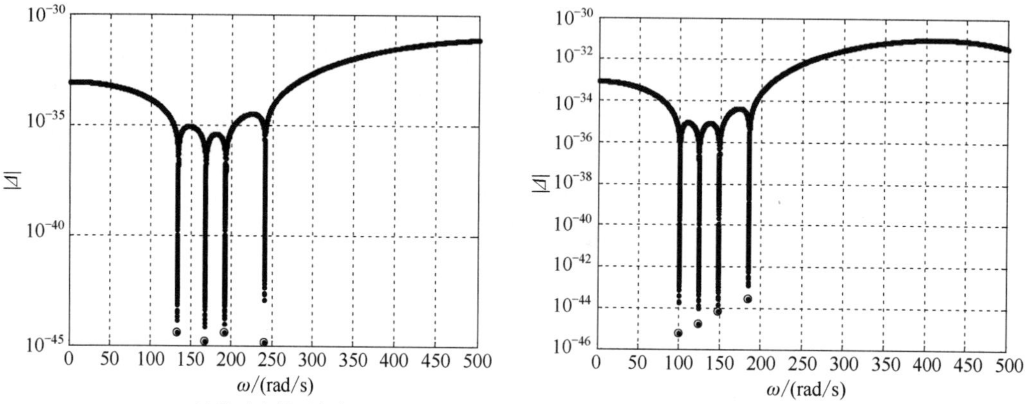

(a) 舵叶内部不含水　　(b) 舵叶内部充满水

图 6.9　圆频率计算结果

图 6.9 采用的是文献[151]的搜根方法，图 6.9（a）的横坐标为圆频率，纵坐标表示$|\Delta|$值的大小，当$|\Delta|$值接近 0 时即可以求出圆频率。图中显示的竖线即搜根过程，每条竖线下对应的就是该阶模态的圆频率。从表 6.4 可以看出，基于 MSTMM 计算出的频率与 ANSYS 有限元软件计算结果很接近。可以看出，舵叶内部充满水相较于舵叶内部没有水的情况，舵系统的频率值有所减小。

表 6.4　基于 MSTMM 和 FEM 的舵系统频率计算结果对比

计算方法	舵叶内部不含水/Hz				舵叶内部充满水/Hz			
	f_1	f_2	f_3	f_4	f_1	f_2	f_3	f_4
FEM	20.693	24.31	28.066	35.954	15.384	19.589	23.666	28.485
MSTMM	21.251	26.133	30.103	38.102	15.706	19.6445	23.566	29.466

表 6.5　舵系统 X 方向振动模态

模态	MSTMM
1 阶	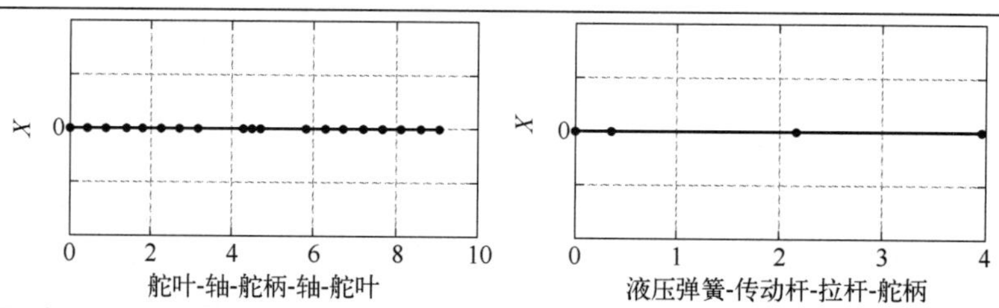

续表

<table>
<tr><th>模态</th><th>MSTMM</th></tr>
<tr><td>2 阶</td><td>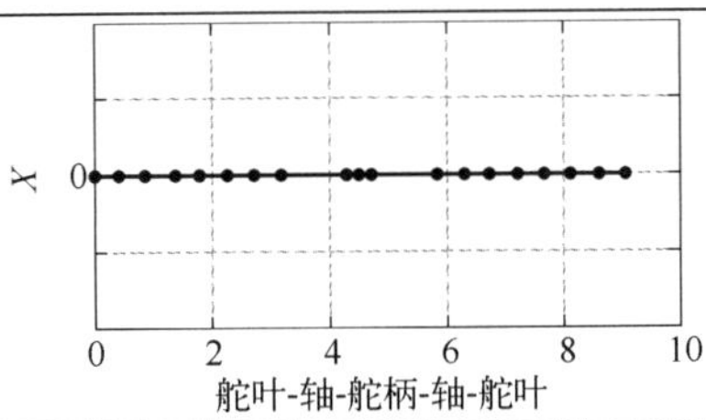
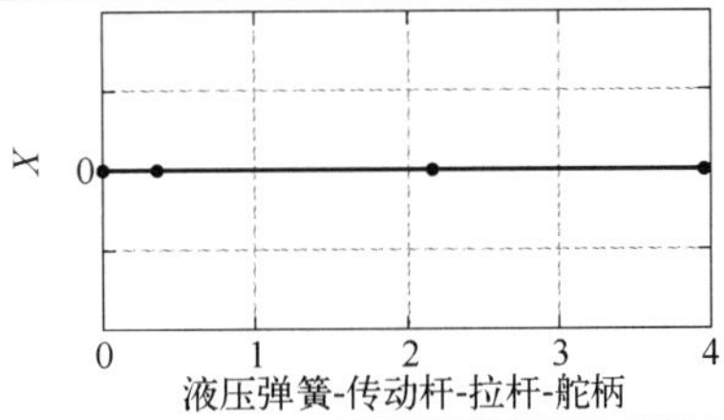</td></tr>
<tr><td>3 阶</td><td>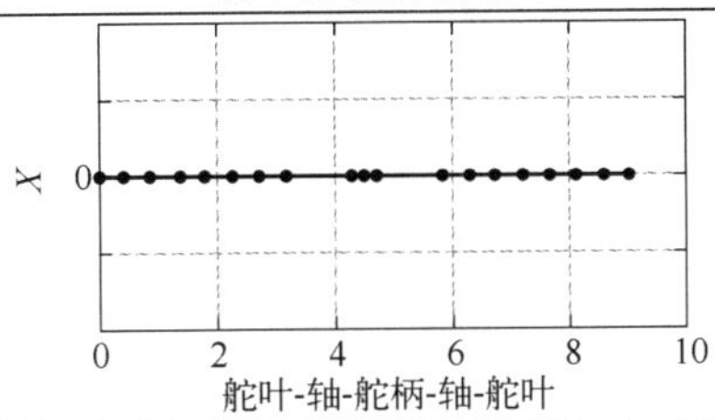
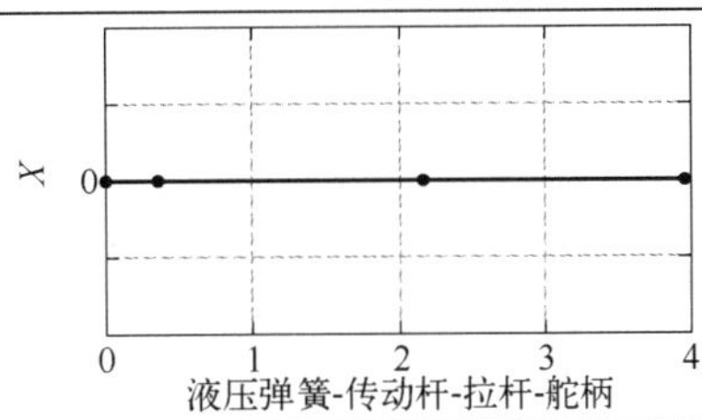</td></tr>
<tr><td>4 阶</td><td>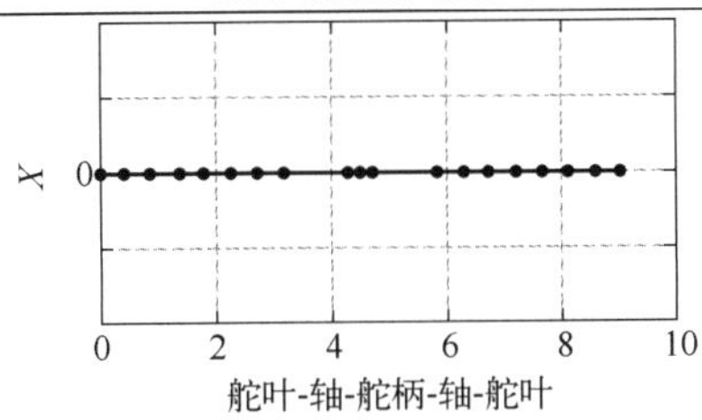
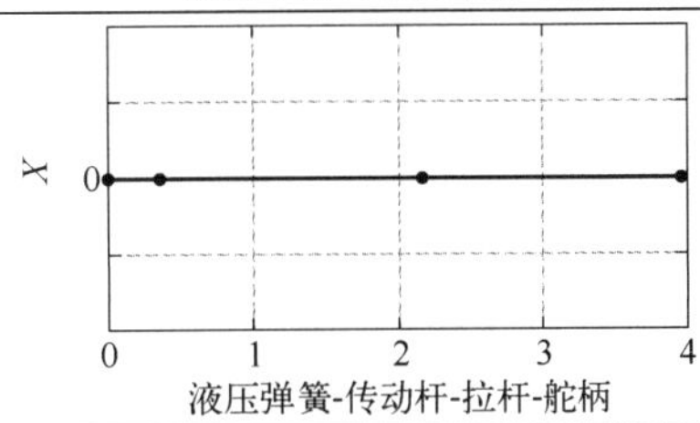</td></tr>
</table>

如表 6.5 所示，基于 MSTMM 的舵系统（内部充满水情况）模态计算结果表明，舵系统前四阶振型在 X 方向上没有任何振动。基于 MSTMM 和 FEM 的舵系统（舵叶内部充满水）的振型图如表 6.6 所示。从表中可以看出，MSTMM 计算结果和 ANSYS 有限元软件全模型仿真结果十分接近，说明了本章方法的合理性和可行性。同等计算条件下，单核 CPU，采用 ANSYS 计算一组舵系统振动模态需要 28.5min 左右，而 MSTMM 只需 0.35min 左右，大大提高了计算效率。舵系统的第 1、3 阶为对称模态，第 2、4 阶为反对称模态。由第 2、4 阶反对称模态中看到，只有舵叶和舵轴这条线有振型，而液压弹簧到舵柄这条线振型为 0，说明第 2、4 阶模态是舵系统的局部模态。局部模态对系统的整体动力学响应的贡献可以忽略。

表 6.6　舵系统模态——MSTMM 和 ANSYS 有限元软件仿真结果对比

<table>
<tr><th>模态</th><th>MSTMM</th><th>FEM</th></tr>
<tr><td rowspan="2">1 阶</td><td>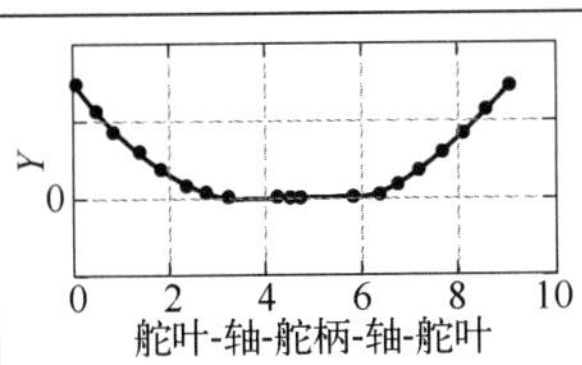
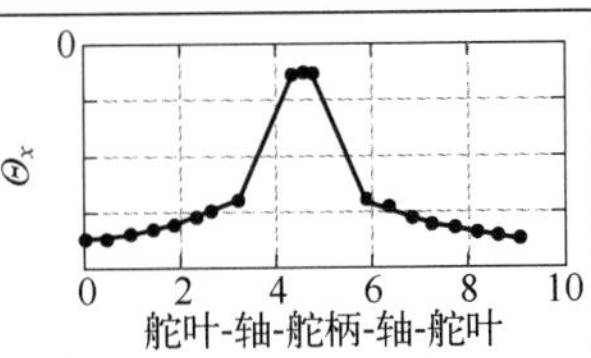
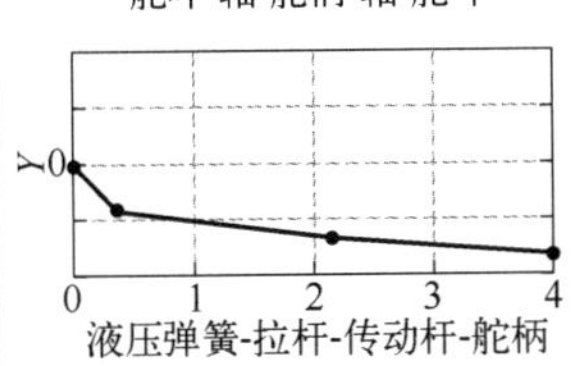
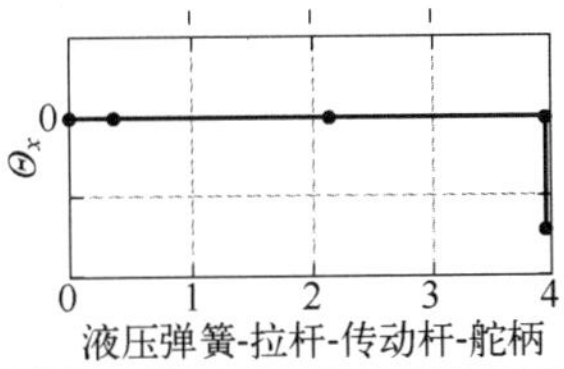</td><td>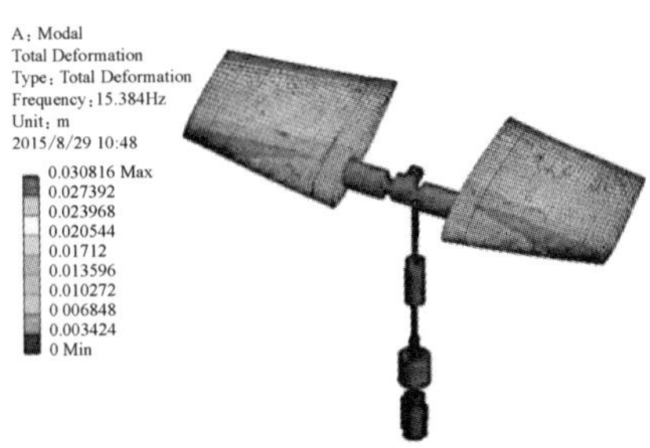</td></tr>
<tr><td>$f_1 = 15.706\text{Hz}$</td><td>$f_1 = 15.384\text{Hz}$</td></tr>
</table>

续表

<table>
<tr><th>模态</th><th>MSTMM</th><th>FEM</th></tr>
<tr><td rowspan="2">2阶</td><td>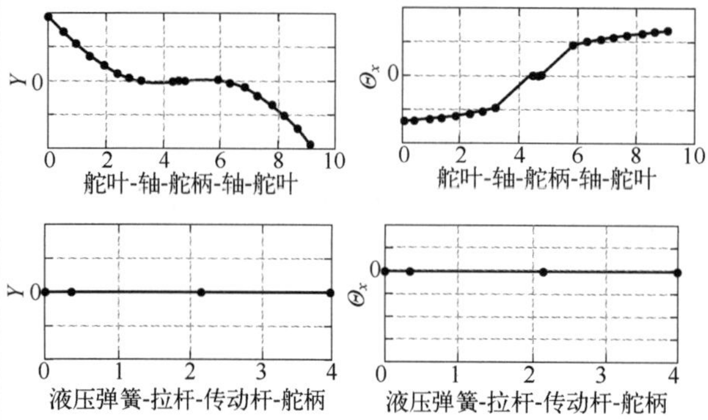
</td><td>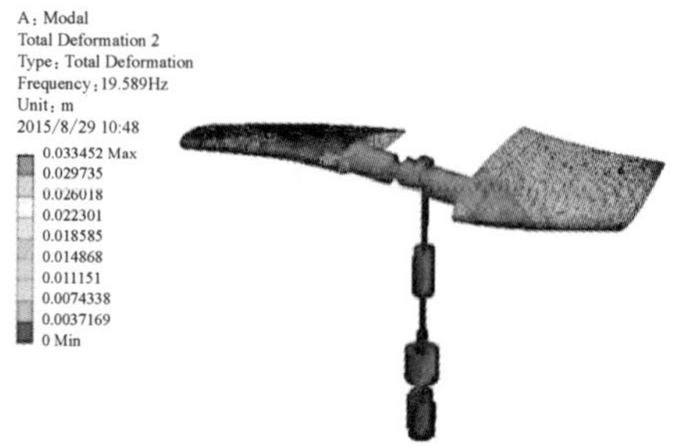
</td></tr>
<tr><td>$f_2 = 19.6445\text{Hz}$</td><td>$f_2 = 19.589\text{Hz}$</td></tr>
<tr><td rowspan="2">3阶</td><td>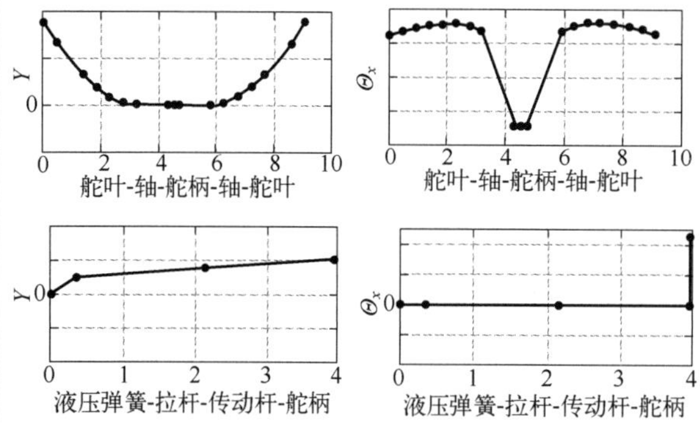
</td><td>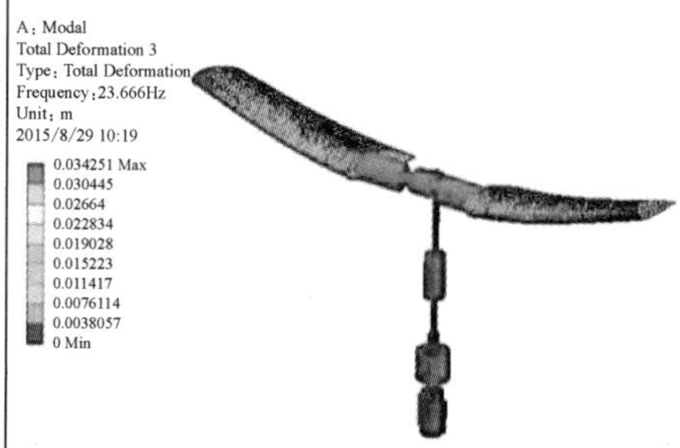
</td></tr>
<tr><td>$f_3 = 23.566\text{Hz}$</td><td>$f_3 = 23.666\text{Hz}$</td></tr>
<tr><td rowspan="2">4阶</td><td>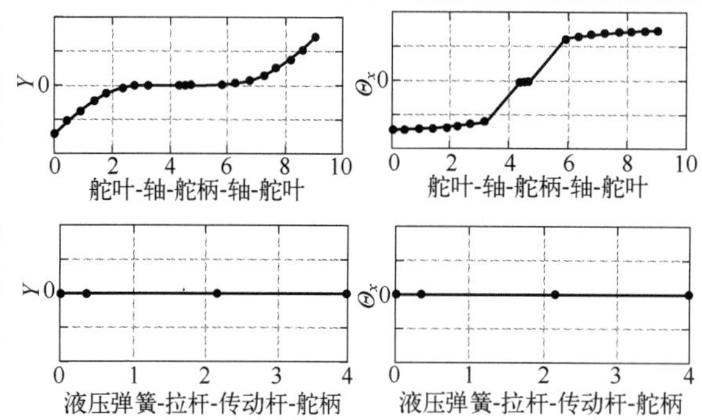
</td><td>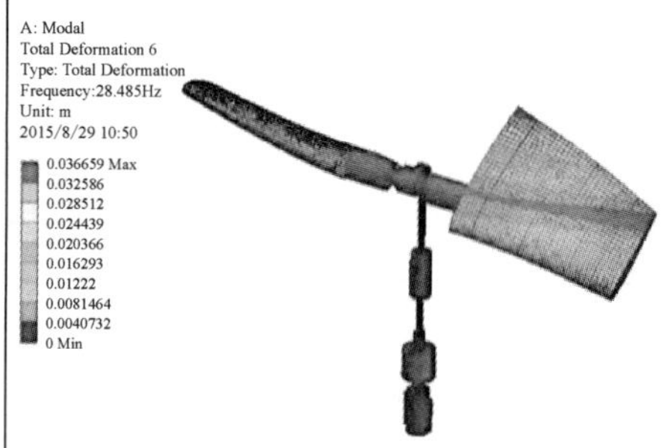
</td></tr>
<tr><td>$f_4 = 29.466\text{Hz}$</td><td>$f_4 = 28.485\text{Hz}$</td></tr>
</table>

基于 MSTMM 进行舵系统动力学特性计算，可以方便地改变舵系统中的每个部件的参数，并且能快速计算出结果，研究这些参数对舵系统的振动特性的影响。改变液压弹簧刚度的大小，分别计算了舵叶内部没有水和充满水两种情况下的舵叶振动频率，计算结果如图 6.10 所示。对比图 6.7（b）与图 6.10（a）可以看出，MSTMM 仿真结果与有限元软件 ANSYS 计算结果几乎一致，但计算效率得到了大大的提高。

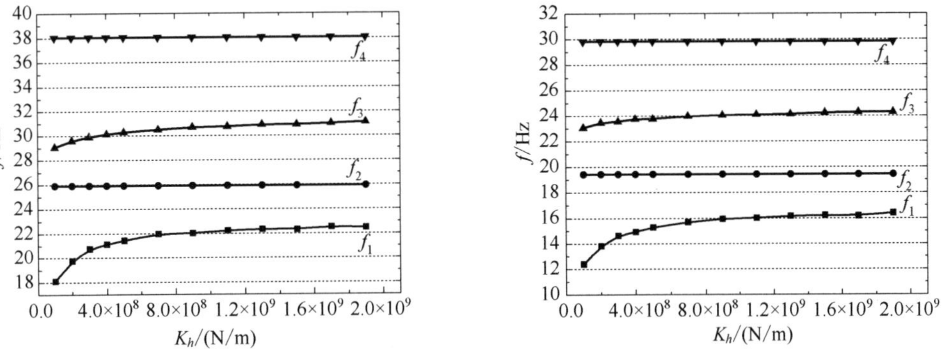

(a) 舵叶内部不含水　(b) 舵叶内部充满水

图 6.10　不同液压弹簧刚度情况下的舵系统频率

6.5　本章小结

本章基于 MSTMM 建立了水下航行器舵系统的动力学模型，振动特性计算结果与 ANSYS 仿真软件的计算结果一致，且计算效率远远高于基于 FEM 的 ANSYS 软件。计算结果表明舵系统的 1、3 阶模态为对称模态，2、4 阶模态为反对称模态，且为局部模态。增加液压弹簧刚度可以增加系统第 1、3 阶的频率，相当于增加了操纵系统的等效扭转刚度，可以抑制舵叶俯仰运动。

第 7 章

二元系统颤振模型仿真方法与结果分析

扫码获取配套资源

7.1 概述

通过第 6 章对舵系统进行相关研究，发现水下航行器舵系统存在非线性颤振现象。颤振是一种典型的气流与结构振动强烈耦合的效应，即气流导致结构振动，结构振动反过来又导致气动力增强，于是振动更加剧烈，最终导致振动发散结构毁坏。通过对颤振的分析与仿真，可以有效获得颤振时的运动状态，优化结构设计，减少因颤振问题而发生的飞机空难、风力机叶片损坏等工程领域上的事故；颤振分析与仿真计算的结果，可以与实际风洞实验的数据进行比对，促使非定常气动力的模型获得进一步的完善，尤其对于跨声速和超声速问题，气动模型的完善有利于其发展与成熟。高速船舶的水翼、潜艇非线性舵系统、风力机叶片也会发生线性、非线性颤振问题。因此基于二元系统颤振模型来研究水下航行器舵系统和水翼的水弹性问题、风力机叶片颤振问题也是一种重要手段。

7.2 二维悬臂弯扭耦合梁线性仿真

7.2.1 二维悬臂弯扭耦合梁建模

图 7.1 所示为单位展长的弯扭耦合梁二维结构模型，该模型长度为$2b$，有一个刚度系数为k_h的拉伸弹簧和一个刚度系数为k_α的扭转弹簧。x_α是重心到刚心的距离，重心在刚心后面，即重心在 z 轴的正方向，此时，x_α为正。$\bar{a}b$为刚心到悬臂梁中点的距离，刚心在中点之后时，$\bar{a}>0$。同时该模型有垂直方向上位移为 h 和扭转方向上扭角为 α 的两个自由度，其中，规定垂直向下和扭转迎风抬头为正。

颤振计算中的计算气动力相关的模型是必需的。Theodorsen 理论建立了一种非定常气动力模型，并且被广泛用于处在不可压缩的无黏性的流体中的颤振计算。

对于图 7.1 中的悬臂梁模型，在不可压缩的流体中，当其在沉浮和俯仰方向上以角频率

ω 做简谐运动时，单位展长上受到的气动升力 L 和对刚心的俯仰力矩 T_α（其中气动升力向上为正，俯仰力矩迎风抬头为正）分别为：

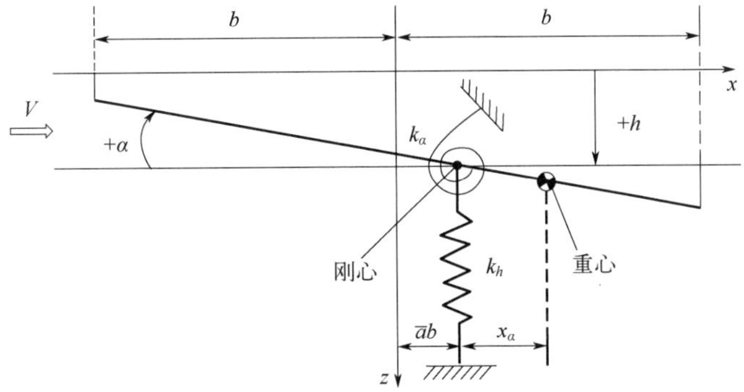

图 7.1　悬臂弯扭耦合梁结构建模[166]

$$L=\pi\rho_a b^2(\ddot{h}+V\dot{\alpha}-b\bar{a}\ddot{\alpha})+2\pi\rho_a VbC(k)\left[V\alpha+\dot{h}+b\left(\frac{1}{2}-\bar{a}\right)\dot{\alpha}\right] \tag{7.1}$$

$$T_\alpha=\pi\rho_a b^2\left[b\bar{a}\ddot{h}-Vb\left(\frac{1}{2}-\bar{a}\right)\dot{\alpha}-b^2\left(\frac{1}{8}+\bar{a}^2\right)\ddot{\alpha}\right]+2\pi\rho_a Vb^2\left(\frac{1}{2}+\bar{a}\right)C(k)\left[V\alpha+\dot{h}+b\left(\frac{1}{2}-\bar{a}\right)\dot{\alpha}\right] \tag{7.2}$$

式中，ρ_a 为空气密度；V 为来流速度；k 为折合频率，是一个无量纲参数，$k=\omega/V$；$C(k)$ 为我们熟知的 Theodorsen 函数，且是与折合频率相关的复数函数，具体写为：

$$C(k)=\frac{H_1^{(2)}(k)}{H_1^{(2)}(k)+\mathrm{i}H_0^{(2)}(k)}=F(k)+\mathrm{i}G(k) \tag{7.3}$$

其中，$H_v^{(2)}(k)$ 表示第二类 v 阶 Hankel 函数，同时 Hankel 函数定义为 $H_v^{(2)}(k)=J_v-\mathrm{i}Y_v$，$J_v$ 和 Y_v 又分别表示第一类和第二类的 Bessel 函数。

因此 $C(k)$的实部和虚部可以写为：

$$\mathrm{Re}[C(k)]=F(k)=\frac{J_1(J_1+Y_0)+Y_1(Y_1-J_0)}{(J_1+Y_0)^2+(J_0-Y_1)^2} \tag{7.4}$$

$$\mathrm{Im}[C(k)]=G(k)=\frac{J_1J_0+Y_1Y_0}{(J_1+Y_0)^2+(J_0-Y_1)^2} \tag{7.5}$$

通过使用 MATLAB 软件可以绘制出 Theodorsen 函数随折合频率 k 变化而变化的实部、虚部的变化曲线，如图 7.2 所示。

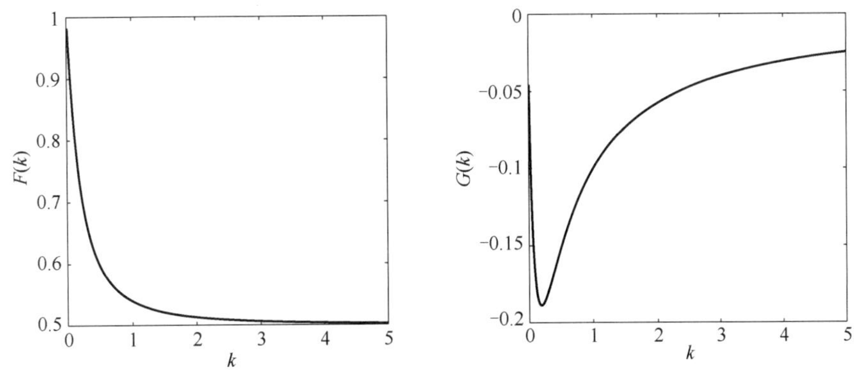

图 7.2　Theodorsen 函数实部和虚部随折合频率 k 的变化曲线

式（7.1）和式（7.2）中包含的 $C(k)$项，表示的是由环量部分产生的升力和对刚心的力矩。

根据图7.1建立的结构模型以及Theodorsen非定常气动力模型建立颤振运动的微分方程。悬臂梁上任意一点的垂直位移，即 z 轴上的位移为：

$$z_h=h+(x-\bar{a}b)\alpha \tag{7.6}$$

其中，x 轴的零点为悬臂梁的中点。

悬臂梁系统的动能可以表示为：

$$T=\frac{1}{2}\int_{-b}^{b}[\dot{h}+(x-\bar{a}b)\dot{\alpha}]^2\bar{m}\mathrm{d}x=\frac{1}{2}m\dot{h}^2+mx_\alpha\dot{h}\dot{\alpha}+\frac{1}{2}I_\alpha\dot{\alpha}^2 \tag{7.7}$$

其中，$\bar{m}$ 为单位面积的悬臂梁的质量；$m=\int_{-b}^{b}\bar{m}\mathrm{d}x$，为单位展长的悬臂梁质量；$I_\alpha=\int_{-b}^{b}\bar{m}(x-\bar{a}b)^2\mathrm{d}x=mr_\alpha^2$，为单位展长悬臂梁对刚心的质量惯性矩（转动惯量）；r_α 为悬臂梁对刚心的回转半径。

悬臂梁系统的势能可以表示为：

$$U=\frac{1}{2}k_h h^2+\frac{1}{2}k_\alpha\alpha^2 \tag{7.8}$$

由非定常气动力做的虚功可以表示为：

$$\delta W_{\mathrm{a}}=-\int_{-b}^{b}(P_{\mathrm{L}}-P_{\mathrm{U}})\delta z\mathrm{d}x=-\int_{-b}^{b}(P_{\mathrm{L}}-P_{\mathrm{U}})[\delta h+(x-\bar{a}b)\delta\alpha]\mathrm{d}x=Q_h\delta h+Q_\alpha\delta\alpha \tag{7.9}$$

其中，P_{U}和P_{L}分别为第一个和第二个位置功率；广义力Q_h和Q_α分别为：

$$Q_h=-\int_{-b}^{b}(P_{\mathrm{L}}-P_{\mathrm{U}})\mathrm{d}x=-L=F,\quad Q_\alpha=-\int_{-b}^{b}(P_{\mathrm{L}}-P_{\mathrm{U}})(x-\bar{a}b)\mathrm{d}x=T_\alpha \tag{7.10}$$

气动力 F 以向下的方向为正方向，对刚心的俯仰力矩 T_α 以迎风抬头时为正。

应用拉格朗日方程，将上述表示出来的动能、势能和广义力代入方程中：

$$\frac{\mathrm{d}}{\mathrm{d}t}\left(\frac{\partial T}{\partial\dot{q}}\right)-\frac{\partial T}{\partial q}+\frac{\partial U}{\partial q}=Q_q,\qquad q=h,\alpha \tag{7.11}$$

可得二维悬臂弯扭耦合梁的颤振运动的微分方程：

$$\begin{bmatrix} m & mx_\alpha \\ mx_\alpha & I_\alpha \end{bmatrix}\begin{bmatrix} \ddot{h} \\ \ddot{\alpha} \end{bmatrix}+\begin{bmatrix} k_h & 0 \\ 0 & k_\alpha \end{bmatrix}\begin{bmatrix} h \\ \alpha \end{bmatrix}=\begin{bmatrix} F \\ T_\alpha \end{bmatrix} \tag{7.12}$$

令 $\omega_h=\sqrt{k_h/m}$，$\omega_\alpha=\sqrt{k_\alpha/I_\alpha}$，$\bar{x}_\alpha=x_\alpha/b$，$\bar{r}_\alpha=r_\alpha/b$，对式（7.12）进行无量纲化：

$$\begin{bmatrix} 1 & \bar{x}_\alpha \\ \bar{x}_\alpha & \bar{r}_\alpha^2 \end{bmatrix}\begin{bmatrix} \ddot{h}/b \\ \ddot{\alpha} \end{bmatrix}+\begin{bmatrix} \omega_h^2 & 0 \\ 0 & \omega_\alpha^2\bar{r}_\alpha^2 \end{bmatrix}\begin{bmatrix} h/b \\ \alpha \end{bmatrix}=\begin{bmatrix} F/(mb) \\ T_\alpha/(mb^2) \end{bmatrix} \tag{7.13}$$

当运行速度到达颤振临界速度时，颤振运动的沉浮和俯仰是简谐运动，可以表达为：

$$h=\bar{h}\mathrm{e}^{\mathrm{i}\omega t},\quad \alpha=\bar{\alpha}\mathrm{e}^{\mathrm{i}\omega t} \tag{7.14}$$

那么气动力以及力矩也应该作简谐变化，即：

$$F=\bar{F}\mathrm{e}^{\mathrm{i}\omega t},\quad T_\alpha=\bar{T}_\alpha\mathrm{e}^{\mathrm{i}\omega t} \tag{7.15}$$

将式（7.14）、式（7.15）代入式（7.13）中，同时消去公因子$\mathrm{e}^{\mathrm{i}\omega t}$，可以得到：

$$-\omega^2\begin{bmatrix}1 & \overline{x_\alpha}\\ \overline{x_\alpha} & \overline{r_\alpha}^2\end{bmatrix}\begin{bmatrix}\overline{h}/b\\ \overline{\alpha}\end{bmatrix}+\begin{bmatrix}\omega_h^2 & 0\\ 0 & \omega_\alpha^2\overline{r_\alpha}^2\end{bmatrix}\begin{bmatrix}\overline{h}/b\\ \overline{\alpha}\end{bmatrix}=\begin{bmatrix}\overline{F}/(mb)\\ \overline{T_\alpha}/(mb^2)\end{bmatrix} \tag{7.16}$$

同时，根据 Theodorsen 非定常气动力理论，可以写出气动力和力矩的表达式：

$$\overline{F}=\pi\rho_a b^3\omega^2\left\{\frac{\overline{h}}{b}L_h+\left[L_\alpha-\left(\overline{a}+\frac{1}{2}\right)L_h\right]\overline{\alpha}\right\} \tag{7.17}$$

$$\overline{T_\alpha}=\pi\rho_a b^4\omega^2\left\{\left[M_h-\left(\overline{a}+\frac{1}{2}\right)L_h\right]\frac{\overline{h}}{b}+\left[M_\alpha-\left(\overline{a}+\frac{1}{2}\right)(L_\alpha+M_h)+\left(\overline{a}+\frac{1}{2}\right)^2L_h\right]\overline{\alpha}\right\} \tag{7.18}$$

其中

$$L_h=1-\mathrm{i}2C(k)\frac{1}{k},\quad L_\alpha=\frac{1}{2}-\mathrm{i}\frac{1+2C(k)}{k}-\frac{2C(k)}{k^2},\quad M_h=\frac{1}{2},\quad M_\alpha=\frac{3}{8}-\mathrm{i}\frac{1}{k} \tag{7.19}$$

将式（7.17）～式（7.19）代入式（7.16）中，获得：

$$-\omega^2\begin{bmatrix}1 & \overline{x_\alpha}\\ \overline{x_\alpha} & \overline{r_\alpha}^2\end{bmatrix}\begin{bmatrix}\overline{h}/b\\ \overline{\alpha}\end{bmatrix}+\begin{bmatrix}\omega_h^2 & 0\\ 0 & \omega_\alpha^2\overline{r_\alpha}^2\end{bmatrix}\begin{bmatrix}\overline{h}/b\\ \overline{\alpha}\end{bmatrix}$$
$$=\frac{\omega^2}{\mu}\begin{bmatrix}L_h & L_\alpha-\left(\overline{a}+\frac{1}{2}\right)L_h\\ M_h-\left(\overline{a}+\frac{1}{2}\right)L_h & M_\alpha-\left(\overline{a}+\frac{1}{2}\right)(L_\alpha+M_h)+\left(\overline{a}+\frac{1}{2}\right)^2L_h\end{bmatrix}\begin{bmatrix}\overline{h}/b\\ \overline{\alpha}\end{bmatrix} \tag{7.20}$$

其中，$\mu=m/(\pi\rho_a b^2)$，为质量比。

令 $\Omega^2=\omega^2/\omega_\alpha^2$　$R_\omega^2=\omega_h^2/\omega_\alpha^2$，将式（7.20）写为：

$$-\Omega^2\begin{bmatrix}1 & \overline{x_\alpha}\\ \overline{x_\alpha} & \overline{r_\alpha}^2\end{bmatrix}\begin{bmatrix}\overline{h}/b\\ \overline{\alpha}\end{bmatrix}+\begin{bmatrix}R_\omega^2 & 0\\ 0 & \overline{r_\alpha}^2\end{bmatrix}\begin{bmatrix}\overline{h}/b\\ \overline{\alpha}\end{bmatrix}$$
$$=\frac{\Omega^2}{\mu}\begin{bmatrix}L_h & L_\alpha-\left(\overline{a}+\frac{1}{2}\right)L_h\\ M_h-\left(\overline{a}+\frac{1}{2}\right)L_h & M_\alpha-\left(\overline{a}+\frac{1}{2}\right)(L_\alpha+M_h)+\left(\overline{a}+\frac{1}{2}\right)^2L_h\end{bmatrix}\begin{bmatrix}\overline{h}/b\\ \overline{\alpha}\end{bmatrix} \tag{7.21}$$

将式（7.21）简写成矩阵形式：

$$-\Omega^2\boldsymbol{M}\begin{bmatrix}\overline{h}/b\\ \overline{\alpha}\end{bmatrix}+\boldsymbol{K}\begin{bmatrix}\overline{h}/b\\ \overline{\alpha}\end{bmatrix}=\Omega^2\boldsymbol{A}(k)\begin{bmatrix}\overline{h}/b\\ \overline{\alpha}\end{bmatrix} \tag{7.22}$$

其中

$$\boldsymbol{M}=\begin{bmatrix}1 & \overline{x_\alpha}\\ \overline{x_\alpha} & \overline{r_\alpha}^2\end{bmatrix},\qquad \boldsymbol{K}=\begin{bmatrix}R_\omega^2 & 0\\ 0 & \overline{r_\alpha}^2\end{bmatrix}$$

$$\boldsymbol{A}(k)=\frac{1}{\mu}\begin{bmatrix}L_h & L_\alpha-\left(\overline{a}+\frac{1}{2}\right)L_h\\ M_h-\left(\overline{a}+\frac{1}{2}\right)L_h & M_\alpha-\left(\overline{a}+\frac{1}{2}\right)(L_\alpha+M_h)+\left(\overline{a}+\frac{1}{2}\right)^2L_h\end{bmatrix}$$

7.2.2 *V-g* 法作模型验证

算例采用 *V-g* 法对频域进行仿真。

① 在已建立的二维悬臂弯扭耦合梁的颤振运动微分方程的基础上应用 *V-g* 法，建立用 *V-g* 法进行分析时所需的相应的微分方程。

对二维悬臂弯扭耦合梁采用 *V-g* 法在频域上进行颤振分析，获得颤振临界状态下的颤振速度和颤振频率。*V-g* 法是颤振分析中被广泛使用的方法之一。*V-g* 法进行颤振问题的频域分析，是将引入的人工阻尼和假定为零的系统结构阻尼进行比较，获得在悬臂梁发生颤振并做简谐运动时真实的系统结构阻尼与所需的阻尼之间的真实差值，进而决定增加阻尼或是减少阻尼。

真实的系统结构阻尼难以测量，因此作简单处理，即将系统结构阻尼的值定为零。然后将人工阻尼代入方程中，则式（7.12）变为：

$$\begin{bmatrix} m & mx_\alpha \\ mx_\alpha & I_\alpha \end{bmatrix}\begin{bmatrix} \ddot{h} \\ \ddot{\alpha} \end{bmatrix}+\begin{bmatrix} k_h & 0 \\ 0 & k_\alpha \end{bmatrix}\begin{bmatrix} h \\ \alpha \end{bmatrix}=\begin{bmatrix} F \\ T_\alpha \end{bmatrix}+\begin{bmatrix} D_h \\ D_\alpha \end{bmatrix} \tag{7.23}$$

引入的耗散结构阻尼力分别为：

$$D_h=\overline{D_h}\mathrm{e}^{\mathrm{i}\omega t}=-\mathrm{i}g_h m\omega_h^2\bar{h}\mathrm{e}^{\mathrm{i}\omega t},\quad D_\alpha=\overline{D_\alpha}\mathrm{e}^{\mathrm{i}\omega t}=-\mathrm{i}g_\alpha I_\alpha\omega_\alpha^2\bar{\alpha}\mathrm{e}^{\mathrm{i}\omega t} \tag{7.24}$$

其中，g_h和g_α分别为引入的人工阻尼结构的两个不同自由度上的阻尼系数。将式（7.24）代入式（7.23）中，经过无量纲化，并简化整理后得到：

$$-\Omega^2\boldsymbol{M}\begin{bmatrix} \bar{h}/b \\ \bar{\alpha} \end{bmatrix}+(1+\mathrm{i}\boldsymbol{G}_\mathrm{S})\boldsymbol{K}\begin{bmatrix} \bar{h}/b \\ \bar{\alpha} \end{bmatrix}=\Omega^2\boldsymbol{A}(k)\begin{bmatrix} \bar{h}/b \\ \bar{\alpha} \end{bmatrix} \tag{7.25}$$

其中，$\boldsymbol{G}_\mathrm{S}=\begin{bmatrix} g_h & 0 \\ 0 & g_\alpha \end{bmatrix}$，通常取 $g_h=g_\alpha=g$，在此取值下，式（7.25）表示为：

$$-\Omega^2\boldsymbol{M}\begin{bmatrix} \bar{h}/b \\ \bar{\alpha} \end{bmatrix}+(1+\mathrm{i}g)\boldsymbol{K}\begin{bmatrix} \bar{h}/b \\ \bar{\alpha} \end{bmatrix}=\Omega^2\boldsymbol{A}(k)\begin{bmatrix} \bar{h}/b \\ \bar{\alpha} \end{bmatrix} \tag{7.26}$$

其中

$$\boldsymbol{M}=\begin{bmatrix} 1 & \bar{x}_\alpha \\ \bar{x}_\alpha & \bar{r}_\alpha^2 \end{bmatrix},\quad \boldsymbol{K}=\begin{bmatrix} R_\omega^2 & 0 \\ 0 & \bar{r}_\alpha^2 \end{bmatrix}$$

$$\boldsymbol{A}(k)=\frac{1}{\mu}\begin{bmatrix} L_h & L_\alpha-\left(\bar{a}+\frac{1}{2}\right)L_h \\ M_h-\left(\bar{a}+\frac{1}{2}\right)L_h & M_\alpha-\left(\bar{a}+\frac{1}{2}\right)(L_\alpha+M_h)+\left(\bar{a}+\frac{1}{2}\right)^2 L_h \end{bmatrix}$$

式（7.26）可以进一步写为广义特征值的形式：

$$[\boldsymbol{A}(k)+\boldsymbol{M}]\begin{bmatrix} \bar{h}/b \\ \bar{\alpha} \end{bmatrix}=\frac{(1+\mathrm{i}g)}{\Omega^2}\boldsymbol{K}\begin{bmatrix} \bar{h}/b \\ \bar{\alpha} \end{bmatrix} \tag{7.27}$$

通过计算，可以得到特征值为：

$$\lambda=\frac{1+\mathrm{i}g}{\Omega^2}=\lambda_\mathrm{Re}+\mathrm{i}\lambda_\mathrm{Im} \tag{7.28}$$

式中，λ_{Re} 为特征值实部；λ_{Im} 为特征值虚部。

将 $\Omega^2=\omega^2/\omega_\alpha^2$ 代入式（7.28）中，可以得到：

$$\omega=\frac{\omega_\alpha}{\sqrt{\lambda_{\mathrm{Re}}}},\quad g=\frac{\lambda_{\mathrm{Im}}}{\lambda_{\mathrm{Re}}} \tag{7.29}$$

又因为折合频率 k 定义为 $k=\omega/V$，代入式（7.29）中，可以得到：

$$V=\frac{\omega_\alpha}{k\sqrt{\lambda_{\mathrm{Re}}}} \tag{7.30}$$

② V-g 法进行计算仿真时的计算策略：首先给定相应的物理参数，其次预设折合频率 k 的一组数值，然后通过编程循环计算上述的广义特征根。先从 k 最大值的情形下开始计算，计算广义特征根，并获得 g、ω、V 的值，接着以一定的步长减小 k 值，重复计算，直至所有预设的 k 值均完成计算。通过上述的循环计算，获得的结果为一组 g、ω、V 的值，进而可以将相应的数值绘制成 V-g 曲线和 V-ω 曲线。

③ 算例使用的物理参数数据，如表 7.1 所示。

表 7.1　二维悬臂弯扭耦合梁仿真的物理数据

空气密度 ρ_{a}	$1.225\mathrm{kg/m^3}$	无量纲刚心位置 $\bar{a}$	−0.1
无量纲重心位置 $\overline{x_\alpha}$	0.2	质量比 μ	20
无量纲回转半径 $\overline{r_\alpha}$	0.5	频率比 R_ω	0.3

④ 算例仿真结果，如图 7.3 所示。

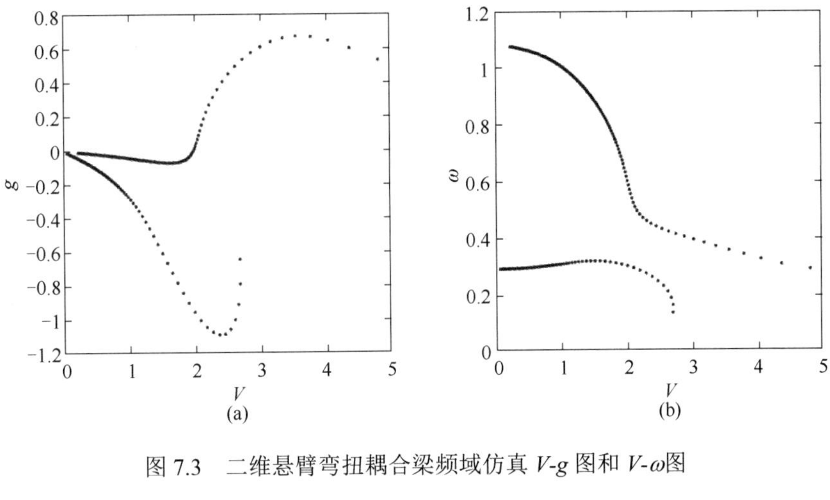

图 7.3　二维悬臂弯扭耦合梁频域仿真 V-g 图和 V-ω图

由图 7.3（a）可以获得 $g=0$ 情况下无量纲速度 $V=1.9925$，即无量纲颤振临界速度为 1.9925；将该值代入图 7.3（b）中，可以得到无量纲频率值 $\omega=0.61768$，即无量纲颤振频率为 0.61768。

⑤ 通过改变一些参数进行计算，可以发现其对颤振速度的影响：

a. 频率比 $R_\omega=\omega_h/\omega_\alpha$ 和 $\overline{x_\alpha}$ 的影响。频率比 R_ω 接近 1 时，颤振速度最小。ω_α 增加而 R_ω 不变，颤振临界速度 V_{F} 将与 ω_α 成正比增加。单独增加 ω_α，则因 R_ω 减小而使 $V/(\omega_\alpha b)$ 增加，故

V_F 的值更大地增加。若增加 ω_h，则当 $R_\omega<1$ 时，$V/(\omega_\alpha b)$ 将减小，V_F 也相应减小。由此，对这时的参数进行组合，颤振运动的模态主要是扭转模态，因此首先变得不稳定的是扭转分支，增加扭转刚度可使颤振速度大大提高。

重心 $\overline{x_\alpha}$ 前移可以提高颤振临界速度 V_F，因此可以在前缘增加一定的配重来防止颤振。

b. 质量比 μ 的影响。μ_m 为质量比曲线中的极小值，当 $\mu<\mu_m$ 时，在密度高的介质中运动，可以增加颤振速度；当 $\mu>\mu_m$ 时，在密度低的介质中运动，可以增加颤振速度。

c. 弹性轴（刚心）位置 $\overline{a}$ 的影响。一般来说，弹性轴、重心和气动中心的位置应尽量靠近，以提高颤振速度。

7.3 三维悬臂弯扭耦合梁线性仿真

7.3.1 三维悬臂弯扭耦合梁建模

图 7.4 为三维悬臂弯扭耦合梁展向结构模型，图 7.5 为三维悬臂弯扭耦合梁弦向的结构模型。其中图 7.4 中的 l 为半展长，零点位置为弦长的中点。图 7.5 中，b 为半弦长，弹性轴距弦长中点位置为 $\overline{a}b$，弹性轴在弦长中点后为正，即 $\overline{a}>0$；重心到弹性轴位置为 x_α，重心位置在弹性轴后为正，即 $x_\alpha>0$；来流速度为 V。同时，设悬臂弯扭耦合梁弯曲刚度为 K_H，弯曲变形为 $\omega(y)$，向上为正方向，即向 z 轴正方向变化为正；设悬臂弯扭耦合梁扭转刚度为 K_A，绕弹性轴扭转时弹性扭转角变化为 $\alpha(y)$，迎风抬头为正方向，即也是向 z 轴正方向变化为正。

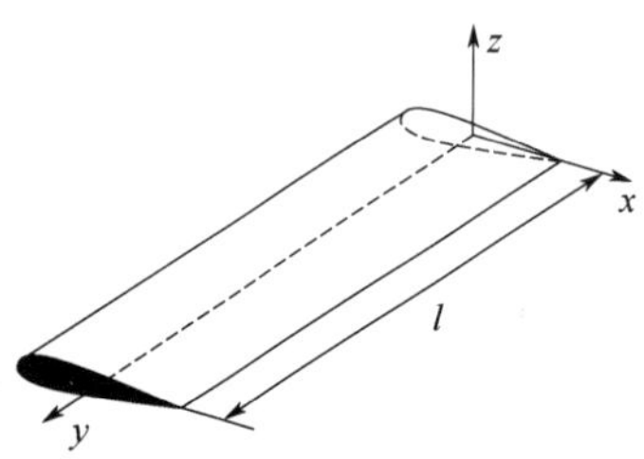

图 7.4　三维悬臂弯扭耦合梁展向模型

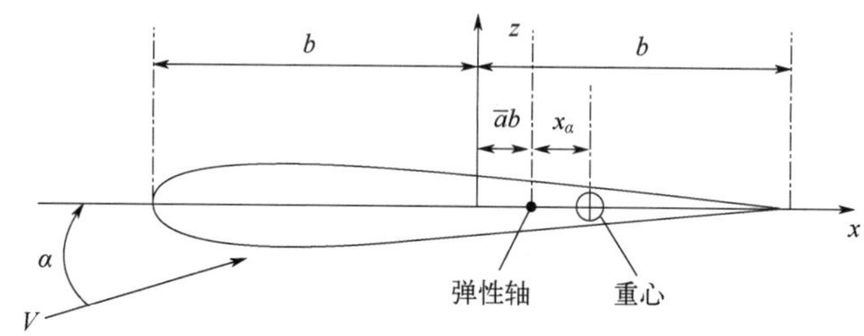

图 7.5　三维悬臂弯扭耦合梁弦向模型

三维悬臂弯扭耦合梁的弯曲和扭转变化可以表示为：

$$\omega(y,t)=\sum_{i=1}^{N_\omega}\psi_i(y)q_{\omega i}(t) \quad \alpha(y,t)=\sum_{i=1}^{N_\omega}\phi_i(y)q_{\alpha i}(t) \tag{7.31}$$

其中，$\psi_i(y)$ 为悬臂弯扭耦合梁弯曲振型函数；$\phi_i(y)$ 为扭转振型函数；$q_{\omega i}(t)$ 为弯曲角度函数；$q_{\alpha i}(t)$ 为扭转角度函数；N_ω 为累加点的个数。在实际应用中，对于三维悬臂弯扭耦合梁可以选择以下振型函数：

$$\psi_i(y)=\cosh(\alpha_i y)-\cos(\alpha_i y)+\overline{\beta_i}[\sinh(\alpha_i y)-\sin(\alpha_i y)]$$

$$\overline{\beta_i}=-\frac{\sinh(\alpha_i l)-\sin(\alpha_i l)}{\cosh(\alpha_i l)+\cos(\alpha_i l)}$$

$$\alpha_i l=1.857, 4.694, 7.855, 10.996, 14.137, \cdots\cdots$$

$$\phi_i(y)=\sqrt{2}\sin(\gamma_i y) \qquad \gamma_i y=\frac{\pi(2i-1)}{2l} \tag{7.32}$$

同时，振型函数彼此之间还满足一定的关系：

$$\int_0^l \phi_i(y)\phi_j(y)\mathrm{d}y=l\delta_{ij} \qquad \gamma_i^2\int_0^l \phi_i(y)\phi_j(y)\mathrm{d}y=\int_0^l \phi_i'(y)\phi_j'(y)\mathrm{d}y \tag{7.33}$$

$$\int_0^l \psi_i(y)\psi_j(y)\mathrm{d}y=l\delta_{ij} \qquad \alpha_i^4\int_0^l \psi_i(y)\psi_j(y)\mathrm{d}y=\int_0^l \psi_i''(y)\psi_j''(y)\mathrm{d}y \tag{7.34}$$

对于三维悬臂弯扭耦合梁的气动力模型，气动力方面引入片条理论：三维悬臂弯扭耦合梁（简称悬臂梁）的每一个展向位置看作是无限展长的悬臂梁的一个部分，从而，任何一点展向位置的悬臂梁的气动力可以通过二维模型的气动力理论获得。片条理论本质上就是将三维悬臂梁沿其展向切割划分成无数个片条，这无数个片条中的每一个片条都可以视为一个单独的二维悬臂弯扭耦合梁模型，作用在其上的就是二维气动力。因而依旧可以采用 Theodorsen 非定常气动力模型，将所有片条上的二维气动力综合在一起，可以视为三维悬臂弯扭耦合梁的三维气动力。

实际应用时，由于二维悬臂弯扭耦合梁的模型的沉浮位移 h 向下为正方向，但是三维悬臂弯扭耦合梁弯曲变形 ω 向上变化的时候为正方向，因而对于式（7.1）和式（7.2）应该加以改变，应该将其中的 h 改变为$-\omega$，从而式（7.1）和式（7.2）改写为：

$$L=\pi\rho_{\mathrm{a}}b^2(-\ddot{\omega}+V\dot{\alpha}-b\bar{a}\ddot{\alpha})+2\pi\rho_{\mathrm{a}}VbC(k)\left[V\alpha-\dot{\omega}+b\left(\frac{1}{2}-\bar{a}\right)\dot{\alpha}\right] \tag{7.35}$$

$$T_\alpha=\pi\rho_{\mathrm{a}}b^2\left[-b\bar{a}\ddot{\omega}-Vb\left(\frac{1}{2}-\bar{a}\right)\dot{\alpha}-b^2\left(\frac{1}{8}+a^2\right)\ddot{\alpha}\right]+2\pi\rho_{\mathrm{a}}Vb^2\left(\frac{1}{2}+\bar{a}\right)C\left(k\right)\left[V\alpha-\dot{\omega}+b\left(\frac{1}{2}-\bar{a}\right)\dot{\alpha}\right] \tag{7.36}$$

三维悬臂弯扭耦合梁的势能表示为：

$$U=\frac{1}{2}\int_0^l\left[K_{\mathrm{H}}\left(\frac{\partial^2\omega}{\partial y^2}\right)^2+K_{\mathrm{A}}\left(\frac{\partial\alpha}{\partial y}\right)^2\right]\mathrm{d}y \tag{7.37}$$

对于三维悬臂梁内的任意一个点的速度可以表示为：

$$\boldsymbol{v}=z\frac{\partial\alpha}{\partial t}\boldsymbol{i}+\left[\frac{\partial\omega}{\partial t}-(x-\bar{a}b)\frac{\partial\alpha}{\partial t}\right]\boldsymbol{k} \tag{7.38}$$

式中，$\boldsymbol{i}$ 和 $\boldsymbol{k}$ 分别为 x 和 z 向的向量。

从而三维悬臂梁的动能可以写成：

$$\begin{aligned}T&=\frac{1}{2}\int_0^l\iint\rho\left\{\left[\frac{\partial\omega}{\partial t}-(x-\bar{a}b)\frac{\partial\alpha}{\partial t}\right]^2+z^2\left(\frac{\partial\alpha}{\partial t}\right)^2\right\}\mathrm{d}x\mathrm{d}z\mathrm{d}y\\&=\frac{1}{2}\int_0^l\left[m\left(\frac{\partial\omega}{\partial t}\right)^2-2mx_\alpha\frac{\partial\omega}{\partial t}\frac{\partial\alpha}{\partial t}+mr_\alpha^2\left(\frac{\partial\alpha}{\partial t}\right)^2\right]\mathrm{d}y\end{aligned} \tag{7.39}$$

其中，ρ 为三维悬臂弯扭耦合梁的密度；m 为单位长度的悬臂梁的质量；r_α 为悬臂梁绕弹性轴（刚心）转动时的回转半径。

作用在三维悬臂梁上的三维非定常气动力做的虚功可以表示为：

$$\delta W_{\mathrm{a}}=\int_0^l (L\delta\omega+T_\alpha\delta\alpha)\mathrm{d}y \tag{7.40}$$

由于振型函数之间满足一定的关系，所以将式（7.31）～式（7.34）代入悬臂梁势能公式［式（7.37)］、动能公式［式（7.39)］以及所做虚功的表达式［式（7.40)］中，并进行改写可以获得：

悬臂梁的系统势能：

$$\boldsymbol{U}=\frac{1}{2}\left[\frac{K_{\mathrm{H}}}{l^3}\sum_{i=1}^{N_\omega}(\alpha_i l)^4 q_{\omega i}^2+\frac{K_{\mathrm{A}}}{l}\sum_{i=1}^{N_\alpha}(\gamma_i l)^2 q_{\alpha i}^2\right]=\frac{1}{2}\boldsymbol{q}^{\mathrm{T}}\boldsymbol{K}\boldsymbol{q} \tag{7.41}$$

悬臂梁的系统动能：

$$\boldsymbol{T}=\frac{ml}{2}\left[\sum_{i=1}^{N_\omega}\dot{q}_{\omega i}^2+r_\alpha^2\sum_{i=1}^{N_\alpha}\dot{q}_{\alpha i}^2-2x_\alpha\sum_{i=1}^{N_\alpha}\sum_{j=1}^{N_\omega}h_{ij}\dot{q}_{\alpha i}\dot{q}_{\omega j}\right]=\frac{1}{2}\dot{\boldsymbol{q}}^{\mathrm{T}}\boldsymbol{M}\dot{\boldsymbol{q}} \tag{7.42}$$

其中　$\boldsymbol{q}=[q_\omega^{\mathrm{T}}\quad q_\alpha^{\mathrm{T}}]^{\mathrm{T}}$；

$\boldsymbol{q}_\omega=[q_{\omega 1}\quad q_{\omega 2}\cdots\quad q_{\omega N_\omega}]^{\mathrm{T}}$；

$\boldsymbol{q}_\alpha=[q_{\alpha 1}\quad q_{\alpha 2}\cdots\quad q_{\alpha N_\alpha}]^{\mathrm{T}}$；

$$\boldsymbol{K}=\begin{bmatrix}\dfrac{KH}{l^3}\underset{1\leqslant i\leqslant N_\omega}{\mathrm{diag}}[(\alpha_i l)^4] & \mathbf{0}_{N_\omega\times N_\alpha}\\ \mathbf{0}_{N_\alpha\times N_\omega} & \dfrac{KA}{l}\underset{1\leqslant i\leqslant N_\alpha}{\mathrm{diag}}[(\gamma_i l)^2]\end{bmatrix};$$

$$\boldsymbol{M}=ml\begin{bmatrix}\mathbf{I}_{N_\omega\times N_\omega} & -x_\alpha\boldsymbol{H}\\ -x_\alpha\boldsymbol{H}^{\mathrm{T}} & r_\alpha^2\mathbf{I}_{N_\alpha\times N_\alpha}\end{bmatrix};$$

$\boldsymbol{H}=[h_{ij}]$；

$h_{ij}=\dfrac{1}{l}\int_0^l\psi_i(y)\phi_j(y)\mathrm{d}y,\quad i=1,2,\cdots,N_\omega;\ j=1,2,\cdots,N_\alpha$。

悬臂梁的三维气动力做的虚功为：

$$\delta W_{\mathrm{a}}=\sum_{i=1}^{N_\omega}Q_{\omega i}\delta q_{\omega i}+\sum_{i=1}^{N_\alpha}Q_{\alpha i}\delta q_{\alpha i} \tag{7.43}$$

其中，$Q_{\omega i}=\int_0^l\psi_i(y)L\mathrm{d}y$；$Q_{\alpha i}=\int_0^l\phi_i(y)T_\alpha\mathrm{d}y$，均为广义力表达式。

在模态坐标系下，对势能、动能和广义力应用拉格朗日公式，可以获得悬臂梁的颤振运动方程为：

$$\boldsymbol{M}\ddot{\boldsymbol{q}}+\boldsymbol{K}\boldsymbol{q}=\boldsymbol{Q} \tag{7.44}$$

其中　$\boldsymbol{Q}=[\boldsymbol{Q}_\omega^{\mathrm{T}}\quad \boldsymbol{Q}_\alpha^{\mathrm{T}}]^{\mathrm{T}}$；

$\boldsymbol{Q}_\omega=[Q_{\omega 1}\quad Q_{\omega 2}\cdots\quad Q_{\omega N_\omega}]^{\mathrm{T}}$；

$\boldsymbol{Q}_\alpha=[Q_{\alpha 1}\quad Q_{\alpha 2}\cdots\quad Q_{\alpha N_\alpha}]^{\mathrm{T}}$。

在注意模态振型函数的正交性的同时，将模态振型函数［式（7.31)］代入式（7.35）和式（7.36）中，并且对式（7.43）中的广义力Q_ω和Q_α进行考虑，进而获得三维悬臂梁这个系统的系统广义力，因而获得的具体广义力的表达式如下：

$$
\begin{aligned}
\boldsymbol{Q}&=-\pi\rho_{\mathrm{a}}b^2l\begin{bmatrix}\mathbf{I}_{N_\omega\times N_\omega} & \bar{a}b\boldsymbol{H}\\ \bar{a}b\boldsymbol{H}^{\mathrm{T}} & b^2(\bar{a}^2+1/8)\mathbf{I}_{N_\alpha\times N_\alpha}\end{bmatrix}\begin{bmatrix}\ddot{\boldsymbol{q}}_\omega\\ \ddot{\boldsymbol{q}}_\alpha\end{bmatrix}\\
&=-\pi\rho_{\mathrm{a}}bVl\begin{bmatrix}2C(k)\mathbf{I}_{N_\omega\times N_\omega} & -b[1+2(0.5-\bar{a})C(k)]\boldsymbol{H}\\ 2b(0.5+\bar{a})C(k)\boldsymbol{H}^{\mathrm{T}} & b^2\left(0.5-\bar{a}\right)[1-2(0.5+\bar{a})C(k)]\mathbf{I}_{N_\alpha\times N_\alpha}\end{bmatrix}\begin{bmatrix}\dot{\boldsymbol{q}}_\omega\\ \dot{\boldsymbol{q}}_\alpha\end{bmatrix}\\
&=-\pi\rho_{\mathrm{a}}bV^2l\begin{bmatrix}\mathbf{0}_{N_\omega\times N_\omega} & -2C(k)\boldsymbol{H}\\ \mathbf{0}_{N_\alpha\times N_\omega} & -b(2\bar{a}+1)C(k)\mathbf{I}_{N_\alpha\times N_\alpha}\end{bmatrix}\begin{bmatrix}\boldsymbol{q}_\omega\\ \boldsymbol{q}_\alpha\end{bmatrix}
\end{aligned}\tag{7.45}
$$

将广义力公式［式（7.45）］代入悬臂梁的颤振运动方程［式（7.44）］中，即可以获得具体的三维悬臂梁的颤振运动方程的表达式。

7.3.2　*V-g* 法作模型验证

① 应用 *V-g* 法，引入人工阻尼结构。将人工阻尼结构 $\boldsymbol{D}$ 引入三维悬臂梁系统中，即获得：

$$\boldsymbol{M}\ddot{\boldsymbol{q}}+\boldsymbol{K}\boldsymbol{q}=\boldsymbol{Q}+\boldsymbol{D}\tag{7.46}$$

颤振运动时，颤振变化做简谐运动，即 $\boldsymbol{q}=\bar{\boldsymbol{q}}\mathrm{e}^{\mathrm{i}\omega t}$，同时对人工阻尼结构的阻尼力进行简谐化处理，即：

$$D_\omega=\overline{D_\omega}\mathrm{e}^{\mathrm{i}\omega t}=-\mathrm{i}g_\omega m\omega_\omega^2\bar{h}\mathrm{e}^{\mathrm{i}\omega t},\quad D_\alpha=\overline{D_\alpha}\mathrm{e}^{\mathrm{i}\omega t}=-\mathrm{i}g_\alpha I_\alpha\omega_\alpha^2\bar{\alpha}\mathrm{e}^{\mathrm{i}\omega t}\tag{7.47}$$

式中，ω_ω 为弯曲角速度；ω_α 为扭转角速度。对于人工阻尼结构的阻尼系数取 $g_\omega=g_\alpha=g$。

进而对式（7.46）进行处理，获得应用 *V-g* 法后的三维悬臂梁的颤振运动方程：

$$[\boldsymbol{M}+\boldsymbol{A}(k)]\bar{\boldsymbol{q}}=\frac{1+\mathrm{i}g}{\omega^2}\boldsymbol{K}\bar{\boldsymbol{q}}\tag{7.48}$$

其中　$\boldsymbol{A}(k)=\boldsymbol{A}_2-\dfrac{\mathrm{i}}{k}\boldsymbol{A}_1-\dfrac{1}{k^2}\boldsymbol{A}_0$；

$$\boldsymbol{A}_2=\pi\rho_{\mathrm{a}}b^2\mathbf{l}\begin{bmatrix}\mathbf{I}_{N_\omega\times N_\omega} & \bar{a}b\boldsymbol{H}\\ \bar{a}b\boldsymbol{H}^{\mathrm{T}} & b^2(\bar{a}^2+1/8)\mathbf{I}_{N_\alpha\times N_\alpha}\end{bmatrix};$$

$$\boldsymbol{A}_1=\pi\rho_{\mathrm{a}}b^2\mathbf{l}\begin{bmatrix}2C(k)\mathbf{I}_{N_\omega\times N_\omega} & -b[1+2(0.5-\bar{a})C(k)]\boldsymbol{H}\\ 2b(0.5+\bar{a})C(k)\boldsymbol{H}^{\mathrm{T}} & b^2(0.5-\bar{a})[1-2(0.5+\bar{a})C(k)]\mathbf{I}_{N_\alpha\times N_\alpha}\end{bmatrix};$$

$$\boldsymbol{A}_0=\pi\rho_{\mathrm{a}}b^3\mathbf{l}\begin{bmatrix}\mathbf{0}_{N_\omega\times N_\omega} & -2C(k)\boldsymbol{H}\\ \mathbf{0}_{N_\alpha\times N_\omega} & -b(2\bar{a}+1)C(k)\mathbf{I}_{N_\alpha\times N_\alpha}\end{bmatrix}。$$

对式（7.48）的广义特征根问题进行求解，可以得到特征值为：

$$\lambda=\frac{1+\mathrm{i}g}{\omega^2}=\lambda_{\mathrm{Re}}+\mathrm{i}\lambda_{\mathrm{Im}}\tag{7.49}$$

进一步化简可以得到：

$$\omega=\frac{1}{\sqrt{\lambda_{\mathrm{Re}}}},\ g=\frac{\lambda_{\mathrm{Im}}}{\lambda_{\mathrm{Re}}},\ V=\frac{b}{k\sqrt{\lambda_{\mathrm{Re}}}}\tag{7.50}$$

② 三维悬臂梁的仿真计算策略。与二维悬臂梁仿真时的计算策略相同，先确定仿真时所需要的物理参数，然后采用与二维模型相同的计算策略。设定一组 k 值，对 k 值以一定的

步长减小，计算仍然从最大的 k 值开始，对由颤振方程获得的矩阵形式下的广义特征根问题重复计算，获得当前 k 值下的 g、f 和 V 值，直至计算到最小的一个 k 值为止。通过上述的重复计算，获得了一组 g、f 和 V 值，从而可以绘制 V-g 图和 V-f 图。

③ 三维悬臂梁所需的仿真物理数据，见表 7.2。

表 7.2　三维悬臂梁算例仿真的物理数据

名称	数据
空气密度	ρ_a=1.225kg / m^3
半弦长	b=0.025m
半展长	l=0.432m
单位展长质量	m=0.2kg
弹性轴位置	$\bar{a}$=0
截面重心到弹性轴的距离	x_α=1.693×10^{-3}m
质量惯性矩	I_α=4.838×10^{-5}kg•m^2
弯曲刚度	K_H=2.096×10^{-1}N•m^2
扭转刚度	K_A=3.028×10^{-1}N•m^2

④ 三维悬臂弯扭耦合梁算例仿真结果。N_ω=1，N_α=1，即取第一阶弯曲模态和第一阶扭转模态时，仿真结果见图 7.6。

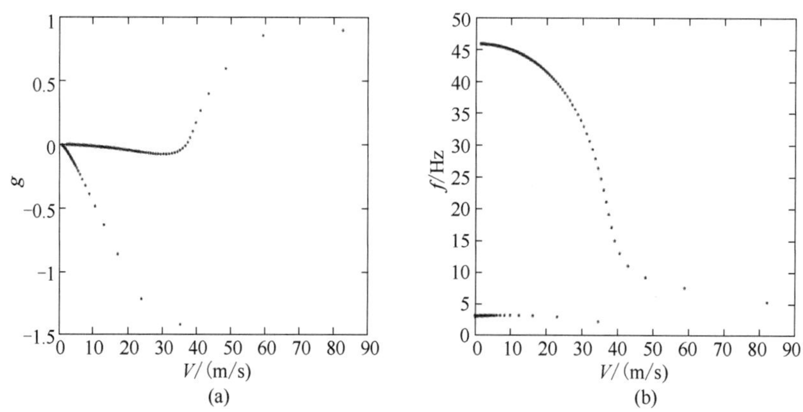

图 7.6　取第一阶弯曲模态和第一阶扭转模态的仿真结果

图 7.6（a）为 V-g 图，图（b）为 V-f 图，图（a）中 g=0 的点即为颤振点，相应的速度点为颤振速度临界点（临界速度），为 V=36.0242m/s，将该颤振速度代入图（b）中，即可以确定颤振频率为 f=22.9337Hz。

N_ω=2，N_α=2，即弯曲模态和扭转模态取前二阶时，仿真结果见图 7.7。

图 7.7（a）为 V-g 图，图（b）为 V-f 图，从图（a）中确定 g=0 的点，即确定颤振点，其相对应的速度为颤振临界速度，通过数据确定为 V=35.0796m/s，将该颤振速度代入图（b）中，可以确定相应的颤振频率为 f=24.5656Hz。

N_ω=3，N_α=3，即取前三阶弯曲模态和前三阶扭转模态时，仿真结果如图 7.8 所示。

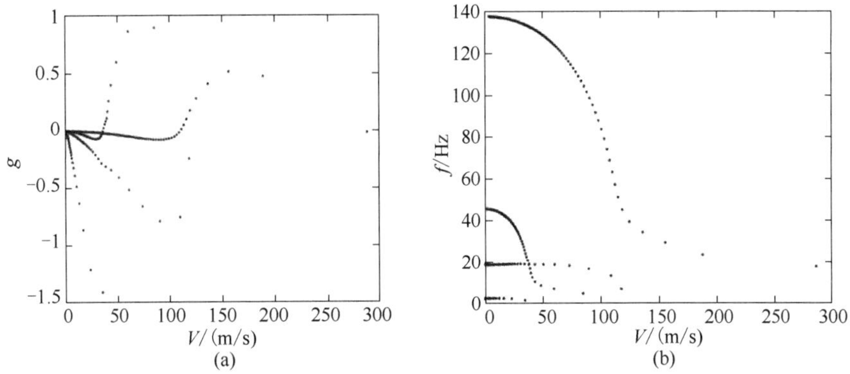

图 7.7　取前二阶弯曲模态和前二阶扭转模态的仿真结果

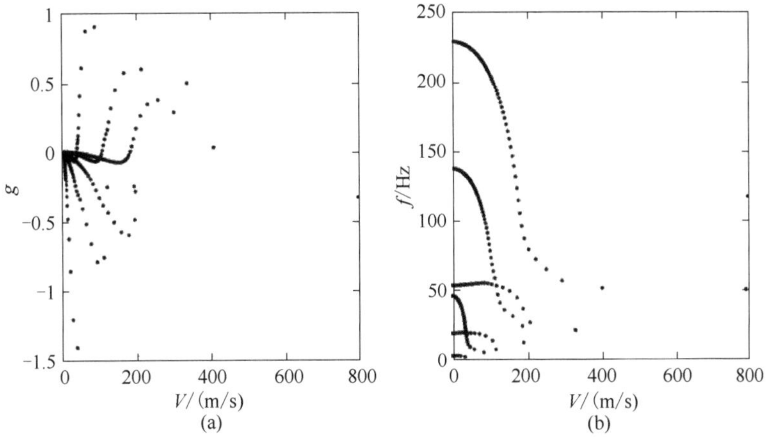

图 7.8　取前三阶弯曲模态和前三阶扭转模态的仿真结果

图 7.8（a）为 V-g 图，图（b）为 V-f 图，可以从图（a）中确定颤振点，即 g=0 的点，其相应的速度为颤振临界速度，为 V=35.082m/s，并通过颤振速度可以在图（b）中确定颤振频率，为 f=24.5672Hz。

N_{ω}=4，N_{α}=4，即取前四阶弯曲模态和前四阶扭转模态时，仿真结果如图 7.9 所示。

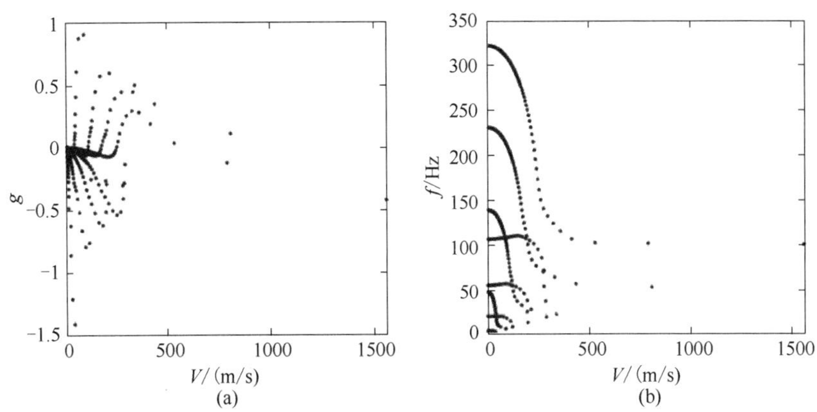

图 7.9　取前四阶弯曲模态和前四阶扭转模态的仿真结果

图 7.9（a）为 V-g 图，图（b）为 V-f 图，通过 V-g 图可以确定颤振点，即确定 g=0 的点，进而确定相应的颤振临界速度，为 V=35.0821m/s，通过颤振速度在 V-f 图中可以确定颤振频率，为 f=24.5674Hz。

通过取不同的模态阶数获得不同的颤振仿真结果可以发现，二阶较一阶的颤振速度减少了 2.6%，颤振频率增加了 7.12%；三阶较二阶的颤振速度增加了 0.0068%，颤振频率增加了 0.0065%；四阶较三阶的颤振速度增加了 0.0003%，颤振频率增加了 0.0008%。

由此可见，只取用第一阶弯曲模态和第一阶的扭转模态计算仿真出来的结果具有一定的误差，而取用多阶模态阶数时，其仿真的结果基本没有差距。因而，在实际仿真计算时，可以取用二阶弯曲和扭转模态，或者三阶弯曲和扭转模态，这样可以避免只取用一阶弯曲和扭转模态时计算仿真出的结果具有的误差，同时又避免应用多阶的弯曲和扭转模态时大量计算导致花费大量时间。在应对实际工程的时候，可以选择不同阶的弯曲和扭转模态，以符合实际的需求，同时减少误差和计算时间的浪费。

7.4 悬臂弯扭耦合梁非线性颤振仿真

7.4.1 悬臂梁系统建模

对于考虑结构非线性的悬臂梁颤振仿真，本节采用的悬臂梁系统结构模型仍然为二维两自由度的悬臂弯扭耦合梁结构模型，如图 7.1 所示。

由于需要考虑结构非线性的因素，所以需要对任意运动的时域气动力进行计算，其对考虑结构非线性的悬臂弯扭耦合梁的响应计算具有一定的意义。任意运动气动力模型都可以从二维悬臂梁做沉浮和俯仰的简谐运动时所受到的 Theodorsen 气动力模型出发，并以此为基础进行建立。

二维气动力模型的表达式为：

$$L=\pi\rho_a b^2(\ddot{h}+V\dot{\alpha}-b\overline{a}\ddot{\alpha})+2\pi\rho_a VbC(k)\left[V\alpha+\dot{h}+b\left(\frac{1}{2}-\overline{a}\right)\dot{\alpha}\right] \tag{7.51}$$

$$T_\alpha=\pi\rho_a b^2\left[b\overline{a}\ddot{h}-Vb\left(\frac{1}{2}-\overline{a}\right)\dot{\alpha}-b^2\left(\frac{1}{8}+\overline{a}^2\right)\ddot{\alpha}\right]+2\pi\rho_a Vb^2\left(\frac{1}{2}+\overline{a}\right)C(k)\left[V\alpha+\dot{h}+b\left(\frac{1}{2}-\overline{a}\right)\dot{\alpha}\right] \tag{7.52}$$

对于处在不可压缩流中的悬臂梁，当其做任意运动时，其受到的非定常气动力可以按照环量部分和非环量部分分别进行处理。式（7.51）与式（7.52）中与 $C(k)$无关的非环量部分为惯性效应。对于非环量部分中的 $\dot{\alpha}$ 项，其为产生环量分量的基础，但是与折合频率 k 无关，因而，悬臂梁做任意的沉浮和俯仰运动时，非环量部分是保持不变的，但是对于有 $C(k)$项的环量部分则需要进行处理。

Theodorsen 非定常气动力模型的式（7.51）和式（7.52）中，环量升力是作用在弦的1/4处位置的，即作用在1/4弦点的位置，同时只有3/4弦长处的下洗对非定常气动力的环量部分起着决定性的作用。

根据上述，可以获得这样的表达式：

$$W_{3/4}(t)=-\left[V\alpha+\dot{h}+b\left(\frac{1}{2}-\overline{a}\right)\dot{\alpha}\right]=-Q_{3/4}(t) \tag{7.53}$$

可以将 $W_{3/4}(t)$ 当作 $f(\omega)$ 的傅里叶逆变换：

$$W_{3/4}(t)=\frac{1}{2\pi}\int_{-\infty}^{+\infty}f(\omega)\mathrm{e}^{\mathrm{i}\omega t}\mathrm{d}\omega \tag{7.54}$$

同时 $f(\omega)$ 也是 $W_{3/4}(t)$ 的傅里叶正变换：

$$f(\omega)=\int_{-\infty}^{+\infty}W_{3/4}(t)\mathrm{e}^{-\mathrm{i}\omega t}\mathrm{d}t \tag{7.55}$$

假定在单位幅值的谐和下洗诱导产生的单位展长的悬臂梁的环量升力幅值为 ΔL_{c}，则其可以表示为：

$$\Delta L_{\mathrm{c}}=-2\pi\rho_{\mathrm{a}}VbC(k) \tag{7.56}$$

则 $W_{3/4}(t)$ 产生的总升力可以通过傅里叶逆变换写出：

$$L_{\mathrm{c}}=\frac{1}{2\pi}\int_{-\infty}^{+\infty}f(\omega)\Delta L_{\mathrm{c}}\mathrm{e}^{\mathrm{i}\omega t}\mathrm{d}\omega=-\rho_{\mathrm{a}}Vb\int_{-\infty}^{+\infty}C(k)f(\omega)\mathrm{e}^{\mathrm{i}\omega t}\mathrm{d}\omega \tag{7.57}$$

进而，二维悬臂梁的气动升力和俯仰力矩可以写为：

$$L=\pi\rho_{\mathrm{a}}b^2(\ddot{h}+V\dot{\alpha}-b\bar{a}\ddot{\alpha})-\rho_{\mathrm{a}}Vb\int_{-\infty}^{+\infty}C(k)f(\omega)\mathrm{e}^{\mathrm{i}\omega t}\mathrm{d}\omega \tag{7.58}$$

$$T_{\alpha}=\pi\rho_{\mathrm{a}}b^2\left[b\bar{a}\ddot{h}-Vb\left(\frac{1}{2}-\bar{a}\right)\dot{\alpha}-b^2\left(\frac{1}{8}+\bar{a}^2\right)\ddot{\alpha}\right]-\rho_{\mathrm{a}}Vb^2\left(\frac{1}{2}+\bar{a}\right)\int_{-\infty}^{+\infty}C(k)f(\omega)\mathrm{e}^{\mathrm{i}\omega t}\mathrm{d}\omega \tag{7.59}$$

当悬臂梁的攻角发生阶跃变化时，可以使用 Wagner 问题的相关研究进行考虑。同时，假设其发生的阶跃变化的幅值为 α_0，则：

$$\alpha=\begin{cases}0, & t<0\\ \alpha_0, & t\geqslant 0\end{cases}\qquad h\equiv 0 \tag{7.60}$$

即当 $t\geqslant 0$ 时，有 $\dot{h}=\dot{\alpha}=0$，从而可以获得悬臂梁 3 / 4 弦点处的位置的下洗表达式为：

$$W_{3/4}=\begin{cases}0, & t<0\\ -V\alpha_0, & t\geqslant 0\end{cases} \tag{7.61}$$

其中，$W_{3/4}$ 弦点的下洗的傅里叶变化可以表示为：

$$\int_{-\infty}^{+\infty}W_{3/4}(t)\mathrm{e}^{-\mathrm{i}\omega t}\mathrm{d}t=-V\alpha_0\frac{1}{\mathrm{i}\omega},\ \omega\neq 0 \tag{7.62}$$

即，$W_{3/4}$ 的下洗是 $-V\alpha_0/\mathrm{i}\omega$ 的傅里叶逆变换，即可以表示为：

$$W_{3/4}=\frac{-V\alpha_0}{2\pi}\int_{-\infty}^{+\infty}\frac{1}{\mathrm{i}\omega}\mathrm{e}^{\mathrm{i}\omega t}\mathrm{d}\omega,\quad \omega\neq 0 \tag{7.63}$$

从而根据式（7.57）和式（7.63）可以获得悬臂梁做幅值为 α_0 的阶跃变化时产生的单位展长上的环量升力的表达式为：

$$L_{\mathrm{cstep}}=\frac{-V\alpha_0}{2\pi}\int_{-\infty}^{+\infty}\frac{1}{\mathrm{i}\omega}\Delta L_{\mathrm{c}}\mathrm{e}^{\mathrm{i}\omega t}\mathrm{d}\omega=\rho_{\mathrm{a}}V^2b\alpha_0\int_{-\infty}^{+\infty}\frac{C(k)}{\mathrm{i}\omega}\mathrm{e}^{\mathrm{i}\omega t}\mathrm{d}\omega=\rho_{\mathrm{a}}V^2b\alpha_0\int_{-\infty}^{+\infty}\frac{C(k)}{\mathrm{i}k}\mathrm{e}^{\mathrm{i}k\hat{\tau}}\mathrm{d}k \tag{7.64}$$

其中，$\hat{\tau}$ 为无量纲时间，表示为：

$$\hat{\tau}=\frac{Vt}{b} \tag{7.65}$$

并且，一般用 Wagner 函数 $\phi_\omega(\hat{\tau})$ 来表示式（7.64），即可以表达为：

$$L_{\text{cstep}}=2\pi\rho_{\text{a}}V^2 b\alpha_0\phi_\omega(\hat{\tau}) \tag{7.66}$$

其中，Wagner 函数 $\phi_\omega(\hat{\tau})$ 为：

$$\phi_\omega(\hat{\tau})=\frac{1}{2\pi}\int_{-\infty}^{+\infty}\frac{C(k)}{\text{i}k}\text{e}^{\text{i}k\hat{\tau}}\text{d}k \tag{7.67}$$

为了考察 Wagner 函数 $\phi_\omega(\hat{\tau})$ 所具有的物理意义，将式（7.66）重新写成：

$$\frac{L_{\text{normal}}}{V\alpha_0}=\phi_\omega(\hat{\tau}) \tag{7.68}$$

其中，$L_{\text{normal}}=L_{\text{cstep}}/(2\pi\rho_{\text{a}}Vb)$，其表示的是正则化有环量升力。由此可以清楚地显示出 $\phi_\omega(\hat{\tau})$ 的物理意义：在悬臂梁3/4弦点处的单位阶跃下洗所诱导的正则化有环量升力。

直接计算式（7.67）所表达的 Wagner 函数 $\phi_\omega(\hat{\tau})$ 是具有一定的难度的。因而，对其计算时，经过推导后取近似形式。

经过推导，Wagner 函数 $\phi_\omega(\hat{\tau})$ 可以通过另一种形式表示出来：

$$\phi_\omega(\hat{\tau})=\frac{2}{\pi}\int_0^{+\infty}\frac{F(k)}{k}\sin k\hat{\tau}\text{d}k=1+\frac{2}{\pi}\int_0^{+\infty}\frac{G(k)}{k}\cos(k\hat{\tau})\text{d}k \tag{7.69}$$

其中，$F(k)$、$G(k)$为 Theodorsen 理论中的函数 $C(k)$的实部和虚部部分。

根据式（7.69），可以获得 Wagner 函数的近似表达式，如下：

$$\phi_\omega(\hat{\tau})=1-A_1\text{e}^{-b_1\hat{\tau}}-A_2\text{e}^{-b_2\hat{\tau}} \tag{7.70}$$

其中，$A_1=0.165$；$A_2=0.335$；$b_1=0.0455$；$b_2=0.3$。这个近似式的精度在1%以内。

同时，Wagner 函数 $\phi_\omega(\hat{\tau})$ 还有另一种近似式为：

$$\phi_\omega(\hat{\tau})=\frac{\hat{\tau}+2}{\hat{\tau}+4} \tag{7.71}$$

但是在实际应用中，式（7.70）使用较多，因为其可以进行简单的拉普拉斯变换。

当已知悬臂梁3/4弦点处在单位阶跃下的下洗诱导产生的正则化有环量升力，即 Wagner 函数，那么通过叠加原理，就可以用 Duhamel 积分的形式将任意时间函数的下洗 $W_{3/4}(t)$ 诱导产生的非定常气动力表示出来，将悬臂梁任意运动时受到的气动升力和力矩写成下列两种形式：

形式1：

$$L=\pi\rho_{\text{a}}b^2(\ddot{h}+V\dot{\alpha}-b\bar{a}\ddot{\alpha})$$
$$+2\pi\rho_{\text{a}}Vb\left[Q_{3/4}(0)\phi_\omega(\hat{\tau})+\int_0^{\hat{\tau}}\frac{\text{d}Q_{3/4}(\sigma)}{\text{d}\sigma}\phi_\omega(\hat{\tau}-\sigma)\text{d}\sigma\right] \tag{7.72}$$

$$T_\alpha=\pi\rho_{\text{a}}b^2\left[b\bar{a}\ddot{h}-Vb\left(\frac{1}{2}-\bar{a}\right)\dot{\alpha}-b^2\left(\frac{1}{8}+\bar{a}^2\right)\ddot{\alpha}\right]$$
$$+2\pi\rho_{\text{a}}Vb^2\left(\bar{a}+\frac{1}{2}\right)\left[Q_{3/4}(0)\phi_\omega(\hat{\tau})+\int_0^{\hat{\tau}}\frac{\text{d}Q_{3/4}(\sigma)}{\text{d}\sigma}\phi_\omega(\hat{\tau}-\sigma)\text{d}\sigma\right] \tag{7.73}$$

形式2：

$$L=\pi\rho_{\text{a}}b^2(\ddot{h}+V\dot{\alpha}-b\bar{a}\ddot{\alpha})$$

$$+2\pi\rho_a Vb\left[Q_{3/4}(\hat{\tau})\phi_\omega(0)-\int_0^{\hat{\tau}}Q_{3/4}(\sigma)\frac{\mathrm{d}\phi_\omega(\hat{\tau}-\sigma)}{\mathrm{d}\sigma}\mathrm{d}\sigma\right] \tag{7.74}$$

$$T_\alpha=\pi\rho_a b^2\left[b\overline{a}\ddot{h}-Vb\left(\frac{1}{2}-\overline{a}\right)\dot{\alpha}-b^2\left(\frac{1}{8}+\overline{a}^2\right)\ddot{\alpha}\right]$$

$$+2\pi\rho_a Vb^2\left(\overline{a}+\frac{1}{2}\right)\left[Q_{3/4}(\hat{\tau})\phi_\omega(0)-\int_0^{\hat{\tau}}Q_{3/4}(\sigma)\frac{\mathrm{d}\phi_\omega(\hat{\tau}-\sigma)}{\mathrm{d}\sigma}\mathrm{d}\sigma\right] \tag{7.75}$$

同时，应当注意到上述式的非环量部分均是以物理时间 t 的函数表示的，但环量部分（即 Duhamel 积分部分）是以无量纲时间 $\hat{\tau}$ 的函数表示的，因而，在实际使用的过程中，两者必须保持一致性。

通过式（7.70）可以获得用物理时间 t 作为自变量表示的 Wagner 函数，表达如下：

$$\varphi_\omega(t)=1-A_1\mathrm{e}^{-b_1\frac{V}{b}t}-A_2\mathrm{e}^{-b_2\frac{V}{b}t} \tag{7.76}$$

进而，可以将任意运动的气动力和气动力矩统一使用物理时间 t 表示：

形式 1：

$$L=\pi\rho_a b^2(\ddot{h}+V\dot{\alpha}-b\overline{a}\ddot{\alpha})$$

$$+2\pi\rho_a Vb\left[Q_{3/4}(0)\varphi_\omega(t)+\int_0^t\frac{\mathrm{d}Q_{3/4}(\sigma)}{\mathrm{d}\sigma}\varphi_\omega(t-\sigma)\mathrm{d}\sigma\right] \tag{7.77}$$

$$T_\alpha=\pi\rho_a b^2\left[b\overline{a}\ddot{h}-Vb\left(\frac{1}{2}-\overline{a}\right)\dot{\alpha}-b^2\left(\frac{1}{8}+\overline{a}^2\right)\ddot{\alpha}\right]$$

$$+2\pi\rho_a Vb^2\left(\overline{a}+\frac{1}{2}\right)\left[Q_{3/4}(0)\varphi_\omega(t)+\int_0^t\frac{\mathrm{d}Q_{3/4}(\sigma)}{\mathrm{d}\sigma}\varphi_\omega(t-\sigma)\mathrm{d}\sigma\right] \tag{7.78}$$

形式 2：

$$L=\pi\rho_a b^2(\ddot{h}+V\dot{\alpha}-b\overline{a}\ddot{\alpha})$$

$$+2\pi\rho_a Vb\left[Q_{3/4}(t)\varphi_\omega(0)-\int_0^t Q_{3/4}(\sigma)\frac{\mathrm{d}\varphi_\omega(t-\sigma)}{\mathrm{d}\sigma}\mathrm{d}\sigma\right] \tag{7.79}$$

$$T_\alpha=\pi\rho_a b^2\left[b\overline{a}\ddot{h}-Vb\left(\frac{1}{2}-\overline{a}\right)\dot{\alpha}-b^2\left(\frac{1}{8}+\overline{a}^2\right)\ddot{\alpha}\right]$$

$$+2\pi\rho_a Vb^2\left(\overline{a}+\frac{1}{2}\right)\left[Q_{3/4}(t)\varphi_\omega(0)-\int_0^t Q_{3/4}(\sigma)\frac{\mathrm{d}\varphi_\omega(t-\sigma)}{\mathrm{d}\sigma}\mathrm{d}\sigma\right] \tag{7.80}$$

需要建立颤振运动方程，针对二维悬臂弯扭耦合梁，建立起的运动微分方程如下：

$$m\ddot{h}+mx_\alpha\ddot{\alpha}+c_h\dot{h}+k_h h+\hat{k}_h h^3=-L(t) \tag{7.81}$$

$$mx_\alpha\ddot{h}+mr_\alpha^2\ddot{\alpha}+c_\alpha\dot{\alpha}+k_\alpha\alpha+\hat{k}_\alpha\alpha^3=T_\alpha(t) \tag{7.82}$$

式中，c_h 和 c_α 分别为沉浮运动和俯仰运动阻尼。

引入无量纲参数：

$$\xi=h/b,\quad \omega_\xi=\sqrt{k_h/m},\quad \omega_\alpha=\sqrt{k_\alpha/(mr_\alpha^2)},\quad \overline{\omega}=\omega_\xi/\omega_\alpha,$$

$$\overline{r_\alpha}=r_\alpha/b,\ \overline{x}_\alpha=x_\alpha/b,\ \zeta_\xi=c_h/\left(2\sqrt{mk_h}\right),\quad \zeta_\alpha=c_\alpha/\left(2\sqrt{mr_\alpha^2k_\alpha}\right),$$

$$R_\xi=\hat{k}_h b^2/k_h,\quad R_\alpha=\hat{k}_\alpha/k_\alpha,$$

$$\mu=m/(\pi\rho_a b^2),\ V_{non}=V/(\omega_\alpha b),\ \hat{\tau}=Vt/b \tag{7.83}$$

其中，ω_ξ、ω_α 为无耦合的沉浮和俯仰固有频率；$\bar{\omega}$ 为固有频率之比；$\bar{r}_\alpha$ 为无量纲回转半径；$\bar{x}_\alpha$ 为重心到弹性轴的无量纲距离；ξ_ξ、ξ_α 为沉浮和俯仰运动的阻尼比；R_ξ、R_α 为无量纲立方刚度系数；μ、V、V_{non}、$\hat{\tau}$ 为质量比、流体的来流速度、无量纲来流速度、无量纲的时间。

将式（7.83）中的无量纲参数代入式（7.81）以及式（7.82）中，对运动微分方程进行无量纲化，获得无量纲时间 $\hat{\tau}$ 的运动方程为：

$$\xi''+\overline{x_\alpha}\alpha''+2\xi_\xi\frac{\bar{\omega}}{V_{non}}\xi'+\left(\frac{\bar{\omega}}{V_{non}}\right)^2\xi+R_\xi\left(\frac{\bar{\omega}}{V_{non}}\right)^2\xi^3=-\frac{1}{\pi\mu}C_h(\hat{\tau}) \tag{7.84}$$

$$\frac{\overline{x_\alpha}}{\bar{r}_\alpha^2}\xi''+\alpha''+2\xi_\alpha\frac{1}{V_{non}}\alpha'+\frac{1}{V_{non}^2}\alpha+R_\alpha\frac{1}{V_{non}^2}\alpha^3=\frac{2}{\pi\mu\bar{r}_\alpha^2}C_\alpha(\hat{\tau}) \tag{7.85}$$

其中，$C_h(\hat{\tau})$、$C_\alpha(\hat{\tau})$ 为气动力系数，课题研究采用的是形式 1 中的气动力和力矩的表达式，因而，根据式（7.72）和式（7.73），$C_h(\hat{\tau})$、$C_\alpha(\hat{\tau})$ 分别为：

$$\begin{aligned}C_h(\hat{\tau})=&\pi\left(\xi''+\alpha'-\bar{a}\alpha''\right)+2\pi\left[\alpha(0)+\xi'(0)+\left(\frac{1}{2}-\bar{a}\right)\alpha'(0)\right]\phi_\omega(\hat{\tau})\\&+2\pi\int_0^{\hat{\tau}}\left[\alpha'(\sigma)+\xi''(\sigma)+\left(\frac{1}{2}-\bar{a}\right)\alpha''(\sigma)\right]\phi_\omega(\hat{\tau}-\sigma)\mathrm{d}\sigma\end{aligned} \tag{7.86}$$

$$\begin{aligned}C_\alpha(\hat{\tau})=&\frac{\pi}{2}\bar{a}\left(\xi''-\bar{a}\alpha''\right)-\frac{\pi}{2}\left(\frac{1}{2}-\bar{a}\right)\alpha'-\frac{\pi}{16}\alpha''\\&+\pi\left(\frac{1}{2}+\bar{a}\right)\left[\alpha(0)+\xi'(0)+\left(\frac{1}{2}-\bar{a}\right)\alpha'(0)\right]\phi_\omega(\hat{\tau})\\&+\pi\left(\frac{1}{2}+\bar{a}\right)\int_0^{\hat{\tau}}\left[\alpha'(\sigma)+\xi''(\sigma)+\left(\frac{1}{2}-\bar{a}\right)\alpha''(\sigma)\right]\phi_\omega(\hat{\tau}-\sigma)\mathrm{d}\sigma\end{aligned} \tag{7.87}$$

因为方程中存在积分项，所以直接数值积分很麻烦。可以通过引入新的状态变量进行简化处理，引入的状态变量见下式：

$$\begin{aligned}&\omega_1(\hat{\tau})=\int_0^{\hat{\tau}}\mathrm{e}^{-b_1(\hat{\tau}-\sigma)}\alpha(\sigma)\mathrm{d}\sigma,\quad \omega_2(\hat{\tau})=\int_0^{\hat{\tau}}\mathrm{e}^{-b_2(\hat{\tau}-\sigma)}\alpha(\sigma)\mathrm{d}\sigma,\\&\omega_3(\hat{\tau})=\int_0^{\hat{\tau}}\mathrm{e}^{-b_1(\hat{\tau}-\sigma)}\xi(\sigma)\mathrm{d}\sigma,\quad \omega_4(\hat{\tau})=\int_0^{\hat{\tau}}\mathrm{e}^{-b_2(\hat{\tau}-\sigma)}\xi(\sigma)\mathrm{d}\sigma\end{aligned} \tag{7.88}$$

于是，式（7.84）和式（7.85）变为：

$$c_0\xi''+c_1\alpha''+c_2\xi'+c_3\alpha'+c_4\xi+c_5\alpha+c_6\omega_1+c_7\omega_2+c_8\omega_3+c_9\omega_4+c_{10}\xi^3=f(\hat{\tau}) \tag{7.89}$$

$$d_0\xi''+d_1\alpha''+d_2\xi'+d_3\alpha'+d_4\xi+d_5\alpha+d_6\omega_1+d_7\omega_2+d_8\omega_3+d_9\omega_4+d_{10}\alpha^3=g(\hat{\tau}) \tag{7.90}$$

其中，$c_0=1+\frac{1}{\mu}$；$c_1=\bar{x}_\alpha-\frac{\bar{a}}{\mu}$；$c_2=2\xi_\xi\frac{\bar{\omega}}{V_{non}}+\frac{2}{\mu}(1-A_1-A_2)$；$c_3=\frac{1+2(0.5-\bar{a})(1-A_1-A_2)}{\mu}$；

$c_4=\left(\frac{\bar{\omega}}{V_{non}}\right)^2+\frac{2}{\mu}(A_1b_1+A_2b_2)$；$c_5=\frac{2}{\mu}[1-A_1-A_2+(0.5-\bar{a})(A_1b_1+A_2b_2)]$；$c_6=\frac{2}{\mu}A_1b_1[1-(0.5-\bar{a})b_1]$；

$c_7=\frac{2}{\mu}A_2b_2[1-(0.5-\overline{a})b_2]$； $c_8=-\frac{2}{\mu}A_1b_1^2$； $c_9=-\frac{2}{\mu}A_2b_2^2$; $c_{10}=R_\xi\left(\frac{\overline{\omega}}{V_{\text{non}}}\right)^2$； $d_0=\frac{\overline{x}_\alpha}{\overline{r}_\alpha^2}-\frac{\overline{a}}{\mu\overline{r}_\alpha^2}$；

$d_1=1+\frac{1+8\overline{a}^2}{8\mu\overline{r}_\alpha^2}$； $d_2=-\frac{(1+2\overline{a})(1-A_1-A_2)}{\mu\overline{r}_\alpha^2}$； $d_3=2\xi_\alpha\frac{1}{V_{\text{non}}}+\frac{1-2\overline{a}}{2\mu\overline{r}_\alpha^2}-\frac{(1-2\overline{a})(1+2\overline{a})(1-A_1-A_2)}{2\mu\overline{r}_\alpha^2}$；

$d_4=\frac{(1+2\overline{a})(A_1b_1+A_2b_2)}{\mu\overline{r}_\alpha^2}$； $d_5=\frac{1}{V_{\text{non}}^2}-\frac{(1+2\overline{a})(1-A_1-A_2)}{\mu\overline{r}_\alpha^2}-\frac{(1-2\overline{a})(1+2\overline{a})\left(A_1b_1+A_2b_2\right)}{2\mu\overline{r}_\alpha^2}$；

$d_6=-\frac{(1+2\overline{a})A_1b_1[1-(0.5-\overline{a})b_1]}{\mu\overline{r}_\alpha^2}$； $d_7=-\frac{(1+2\overline{a})A_2b_2[1-(0.5-\overline{a})b_2]}{\mu\overline{r}_\alpha^2}$； $d_8=\frac{(1+2\overline{a})A_1b_1^2}{\mu\overline{r}_\alpha^2}$；

$d_9=\frac{(1+2\overline{a})A_2b_2^2}{\mu\overline{r}_\alpha^2}$； $d_{10}=R_\alpha\frac{1}{V_{\text{non}}^2}$； $f(\hat{\tau})=\frac{2}{\mu}[(0.5-\overline{a})\alpha(0)+\xi(0)](A_1b_1\mathrm{e}^{-b_1\hat{\tau}}+A_2b_2\mathrm{e}^{-b_2\hat{\tau}})$；

$g(\hat{\tau})=-\frac{1+2\overline{a}}{2\overline{r}_\alpha^2}f(\hat{\tau})$。

所以，方程的矩阵形式可以写为：

$$\boldsymbol{M}\boldsymbol{q}''(\hat{\tau})+\boldsymbol{D}\boldsymbol{q}'(\hat{\tau})+\boldsymbol{K}\boldsymbol{q}(\hat{\tau})+\boldsymbol{Q}[\boldsymbol{q}(\hat{\tau})]+\boldsymbol{G}\boldsymbol{\omega}(\hat{\tau})=\boldsymbol{F}(\hat{\tau}) \tag{7.91}$$

式中，$\boldsymbol{M}=\begin{bmatrix} c_0 & c_1 \\ d_0 & d_1 \end{bmatrix}$； $\boldsymbol{D}=\begin{bmatrix} c_2 & c_3 \\ d_2 & d_3 \end{bmatrix}$； $\boldsymbol{K}=\begin{bmatrix} c_4 & c_5 \\ d_4 & d_5 \end{bmatrix}$； $\boldsymbol{G}=\begin{bmatrix} c_6 & c_7 & c_8 & c_9 \\ d_6 & d_7 & d_8 & d_9 \end{bmatrix}$； $\boldsymbol{F}(\hat{\tau})=\begin{bmatrix} f(\hat{\tau}) \\ g(\hat{\tau}) \end{bmatrix}$；

$\boldsymbol{q}(\hat{\tau})=\begin{bmatrix} \xi(\hat{\tau}) \\ \alpha(\hat{\tau}) \end{bmatrix}$； $\boldsymbol{Q}[\boldsymbol{q}(\hat{\tau})]=\begin{bmatrix} c_{10}\{[1\quad 0]\boldsymbol{q}(\hat{\tau})\}^3 \\ d_{10}\{[1\quad 0]\boldsymbol{q}(\hat{\tau})\}^3 \end{bmatrix}$； $\boldsymbol{\omega}(\hat{\tau})=[\omega_1(\hat{\tau})\quad \omega_2(\hat{\tau})\quad \omega_3(\hat{\tau})\quad \omega_4(\hat{\tau})]^{\mathrm{T}}$。

研究主要从立方非线性和间隙非线性方面来对结构非线性考虑。立方非线性是刚度随着扭转角度的增加而渐硬。在运动方程中位移变化的三次方前的系数，即为立方非线性的刚度系数。在实际仿真中，如果考虑立方非线性，则可以令立方非线性的刚度系数为一定的数值；如果不考虑该立方非线性，则可以令立方非线性的刚度系数为零。实际编程中编入立方非线性这一模块，实际仿真中，根据实际需要对非线性刚度系数给予数值，从而判断立方非线性对实际的颤振结果的影响。

对于间隙非线性，通常出现在铰链等连接部分，其间隙特性如图 7.10 所示。对表现出的间隙特性，可以得出在一定范围内，即 $[-\delta,+\delta]$ 范围内，颤振的沉浮和俯仰变化是不随刚度系数变化而变化的，表现出非线性，只有在此范围外，才表现为线性关系。因此，实际仿真中，预设间隙范围，同时对于每步计算出来的沉浮位移和俯仰位移进行范围的判断，如果在间隙范围内，则赋值位移为零，如果在上述的范围外，则将计算出的位移数值减去该范围，再进行线性计算。并且，实际不需要考虑间隙非线性，则可以将间隙范围预设为零。

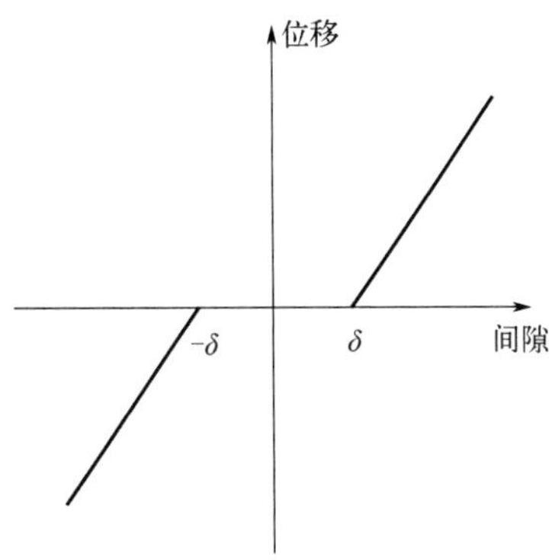

图 7.10　间隙特性

对悬臂梁进行实际时域仿真时，需要建立状态方程。式（7.91）给出了运动方程的矩阵形式，但是，要获得状态方程，还需要对状态向量 $\boldsymbol{\omega}(\hat{\tau})$ 建立其应该满足的微分方程，根据式（7.88），同时利用含有参变量积分的导数公式：

$$\begin{cases} F(y)=\int_{x_1(y)}^{x_2(y)} f(x,y)\mathrm{d}x \\ \mathrm{d}F(y)/\mathrm{d}y=\int_{x_1(y)}^{x_2(y)} f(x,y)\mathrm{d}x+f[x_2(y),y]\mathrm{d}x_2(y)/\mathrm{d}y-f[x_1(y),y]\mathrm{d}x_1(y)/\mathrm{d}y \end{cases} \tag{7.92}$$

获得与状态向量 $\boldsymbol{\omega}(\hat{\tau})$ 相关的微分方程：

$$\boldsymbol{\omega}'(\hat{\tau})=\boldsymbol{E}_\omega\boldsymbol{\omega}(\hat{\tau})+\boldsymbol{E}_q\boldsymbol{q}(\hat{\tau}) \tag{7.93}$$

其中，$\boldsymbol{E}_\omega=\begin{bmatrix} -b_1 & 0 & 0 & 0 \\ 0 & -b_2 & 0 & 0 \\ 0 & 0 & -b_1 & 0 \\ 0 & 0 & 0 & -b_2 \end{bmatrix}$；$\boldsymbol{E}_q=\begin{bmatrix} 0 & 1 \\ 0 & 1 \\ 1 & 0 \\ 1 & 0 \end{bmatrix}$。

根据式（7.91）和式（7.93）可以得到状态方程：

$$\begin{bmatrix} \boldsymbol{q}'(\hat{\tau}) \\ \boldsymbol{q}''(\hat{\tau}) \\ \boldsymbol{\omega}'(\hat{\tau}) \end{bmatrix}=\begin{bmatrix} \mathbf{0}_{2\times2} & \mathbf{I}_{2\times2} & \mathbf{0}_{2\times2} \\ -\boldsymbol{M}^{-1}\boldsymbol{K} & -\boldsymbol{M}^{-1}\boldsymbol{D} & -\boldsymbol{M}^{-1}\boldsymbol{G} \\ \boldsymbol{E}_\omega & \mathbf{0}_{2\times2} & \boldsymbol{E}_q \end{bmatrix}\begin{bmatrix} \boldsymbol{q}(\hat{\tau}) \\ \boldsymbol{q}(\hat{\tau}) \\ \boldsymbol{\omega}(\hat{\tau}) \end{bmatrix}+\begin{bmatrix} \mathbf{0}_{2\times1} \\ -\boldsymbol{M}^{-1}\boldsymbol{Q}[\boldsymbol{q}(\hat{\tau})] \\ \mathbf{0}_{4\times1} \end{bmatrix}+\begin{bmatrix} \mathbf{0}_{2\times1} \\ \boldsymbol{M}^{-1}\boldsymbol{F}(\hat{\tau}) \\ \mathbf{0}_{4\times1} \end{bmatrix} \tag{7.94}$$

7.4.2 仿真结果分析

对于结构非线性，本书仿真所用的物理参数如表 7.3 所示。

表 7.3 仿真参数

名称	数值	名称	数值
空气密度	1.225kg/m^3	俯仰位移模态 ω_α	22.03
半弦长 b	1.2m	沉浮位移模态 ω_h	8.85
单位展长质量 m	51.8kg	弹性轴位置 $\bar{a}$	−0.48
回转半径 r_α	0.5m	弹性轴与质心距离 x_α	0

无结构非线性的仿真结果见图 7.11～图 7.13。

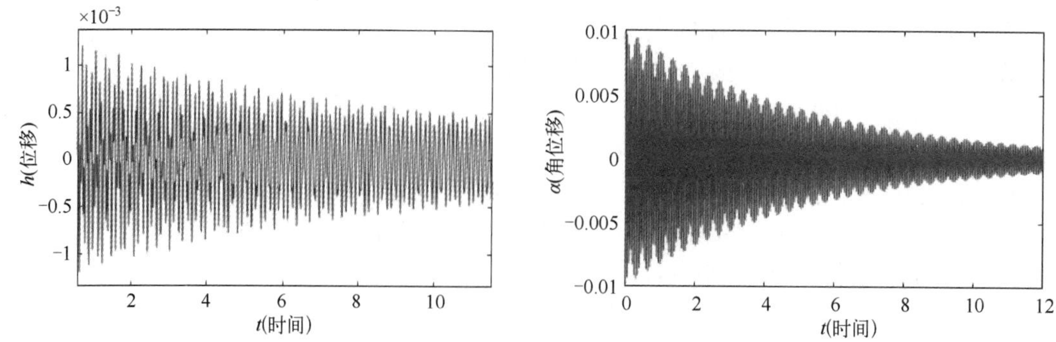

图 7.11 V=1 仿真结果

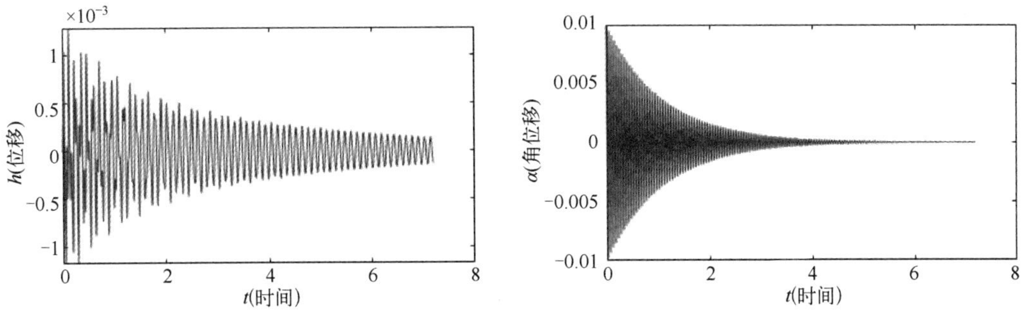

图 7.12　V=5 仿真结果

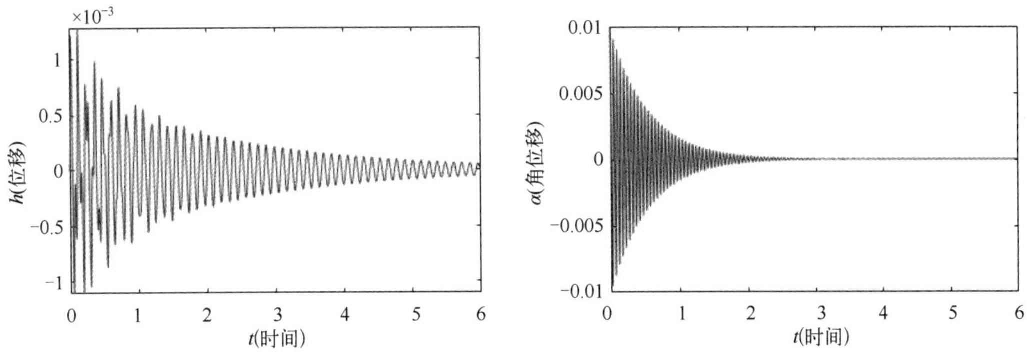

图 7.13　V=10 仿真结果

从无结构非线性的图可以发现，速度由 1 增大到 10 时，颤振的最大幅度基本没有变化，只是不同速度下达到稳定的时间不同，并且不同速度下颤振运动都有着收敛的趋势。说明在不考虑结构非线性的情况下，该系统结构也不会发生发散的颤振响应，即该系统在这个速度范围下，不会因颤振而发生结构上的破坏。

考虑间隙非线性的仿真结果如图 7.14～图 7.16 所示。实际中，间隙存在于铰链或连接部位，由于固定松动，因而通常在俯仰方向上出现间隙特性，所以仿真时候，对于沉浮间隙取零，对于俯仰间隙取值为 0.065。

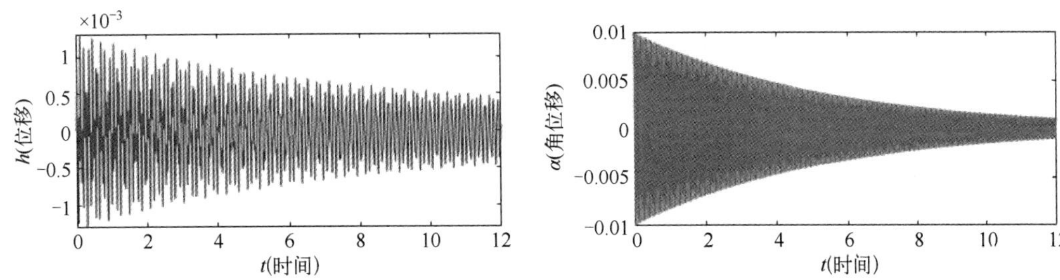

图 7.14　V=1 有间隙的仿真曲线

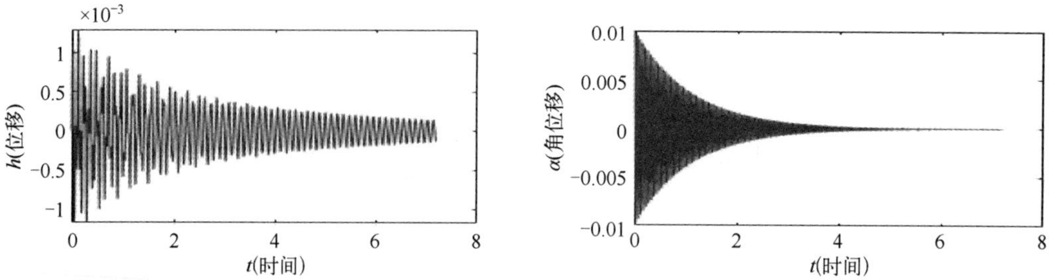

图 7.15　V=5 有间隙的仿真曲线

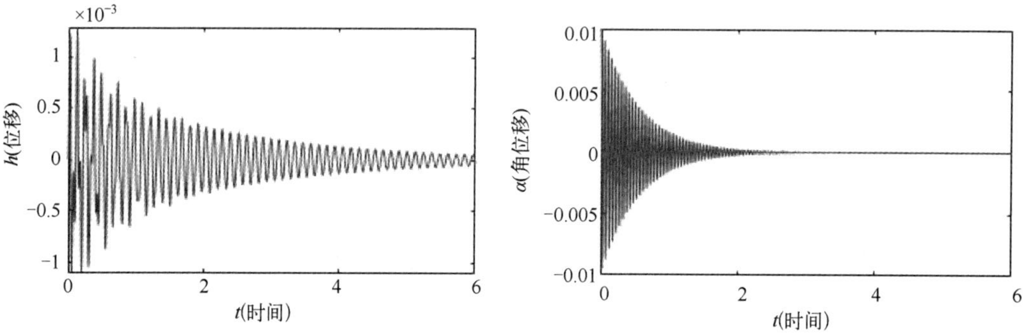

图 7.16　V=10 有间隙的仿真曲线

对考虑间隙的各个图像对比发现，图像关系与不考虑间隙的大致相同。将没有间隙的与有间隙的对比发现，由于没有考虑沉浮间隙，所以沉浮位移（h）变化是相同的。对俯仰间隙进行考虑，可以发现其调节时间大致相同，但其响应的频率变高，即单位时间内，发生上下幅度角位移的次数变多，同时，颤振位移幅度随着时间每次位移后均发生减小，而没有间隙的运动幅度会出现一个极小值后出现一个极大值，尤其在 V=1 时的角位移图像中表现明显。

对于立方非线性的考虑，本书在仿真时，对沉浮方向上的立方非线性刚度系数分别取不同的数值，对俯仰方向上不取数值，经过仿真发现，其相同速度下的不同非线性刚度系数响应曲线响应收敛趋势大致相同，调节时间也基本相同，但位移运动的频率增加，即单位时间内颤振弯曲频率增加。

7.5　考虑气动力非线性的悬臂梁颤振仿真

7.5.1　悬臂梁颤振运动建模

对气动力非线性的悬臂梁进行颤振仿真，选用非线性非定常的静态失速模型 ONERA 气动模型。该气动力模型是在二维机翼经风洞实验获得的实验数据的基础上，经过拟合获得的一种半经验的模型，可以用于大攻角的情况。

ONERA 气动模型利用小幅度振动试验数据来预估失速振动时受到的气动力，并且模型中的线性部分模拟了 Theodorsen 气动力，对静态失速影响的考虑则表现在其非线性部分上。同时，对于 ONERA 气动模型，其表达式在各个文献中各不相同，本书选用的气动模型表达式如下：

$$\begin{cases} C_z = C_{za} + C_{zb} \\ C_{za} = t_\tau s_{z1}\dot{\alpha} + t_\tau^2 s_{z2}\ddot{\theta} + t_\tau s_{z3}\dot{\theta} + C_{z\gamma} \\ t_\tau \dot{C}_{z\gamma} + \lambda_1 C_{z\gamma} = \lambda_1 a_{oz}(\alpha + t_\tau\dot{\theta}) + \lambda_2 a_{oz}(t_\tau\dot{\alpha} + t_\tau^2\ddot{\theta}) \\ t_\tau^2\ddot{C}_{zb} + t_\tau r_{1z}\dot{C}_{zb} + r_{2z}C_{zb} = -r_{2z}\Delta C_z - t_\tau r_{3z}\dfrac{\partial \Delta C_z}{\partial \alpha}\dot{\alpha} \end{cases} \tag{7.95}$$

其中，C 为力或力矩系数；$t_\tau = \dfrac{b}{V}$；$\alpha = \theta - \dfrac{\dot{h}_{1/4}}{V}$，$h_{1/4}$ 为翼型 1 / 4 处高度；当 z=L 时，表示的为升力相关系数，z=M 时，表示的为力矩相关系数。

因为 ONERA 气动模型可以看成线性和非线性两部分，线性部分又表示的是对 Theodorsen 气动力的模拟，所以，根据两部分关系，表 7.4 给出了线性部分的相关参数值。

表 7.4　ONERA 气动模型线性部分相关参数值

系数	升力相关系数	力矩相关系数
s_{z1}	$s_{L1}=\pi$	$s_{M1}=-\pi/4$
s_{z2}	$s_{L2}=\pi/2$	$s_{M2}=-3\pi/16$
s_{z3}	$s_{L3}=0$	$s_{M3}=-\pi/4$
a_{oz}	$a_{oL}=5.9$	$a_{oM}=0$
λ_1	0.15	
λ_2	0.55	

非线性部分是对静态失速影响的考虑，其中相关的参数值为：

$$r_{1z} = \begin{cases} 0.25 + 0.1\Delta C_z^2, Re > 340000 \\ 0.25 + 0.4\Delta C_z^2, Re \leqslant 340000 \end{cases}, \ r_{1L} = r_{1M} \tag{7.96}$$

$$r_{2z} = \begin{cases} (0.2 + 0.1\Delta C_z^2)^2, Re > 340000 \\ (0.2 + 0.23\Delta C_z^2)^2, Re \leqslant 340000 \end{cases}, r_{2L} = r_{2M} \tag{7.97}$$

$$r_{3z} = \begin{cases} (0.2 + 0.1\Delta C_z^2)^2(-0.6\Delta C_z^2), Re > 340000 \\ (0.2 + 0.23\Delta C_z^2)^2(-2.7\Delta C_z^2), Re \leqslant 340000 \end{cases}, r_{3L} = r_{3M} \tag{7.98}$$

其中，ΔC_z 为静态空气动力系数曲线的线性延长部分与非线性部分的差，可见图 7.17，表示为：

$$\Delta C_z(\alpha) = a_{oz}\alpha - C_z(\alpha) \tag{7.99}$$

通常，为了简化计算，将静态气动力曲线用折线近似代替（图 7.18），所以 ΔC_z 可以写为：

$$\Delta C_L = \begin{cases} 0, & 0 < \alpha \leqslant \bar{\alpha}_1 \\ 6.32284(\alpha - \bar{\alpha}_1), & \bar{\alpha}_1 < \alpha \leqslant \bar{\alpha}_2 \\ 6.32284(\alpha - \bar{\alpha}_1) - 0.42284(\alpha - \bar{\alpha}_2), & \alpha > \bar{\alpha}_2 \end{cases} \tag{7.100}$$

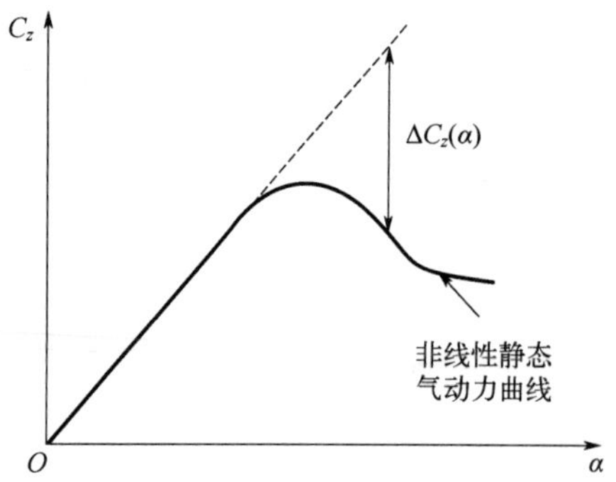

图 7.17　静态气动力曲线

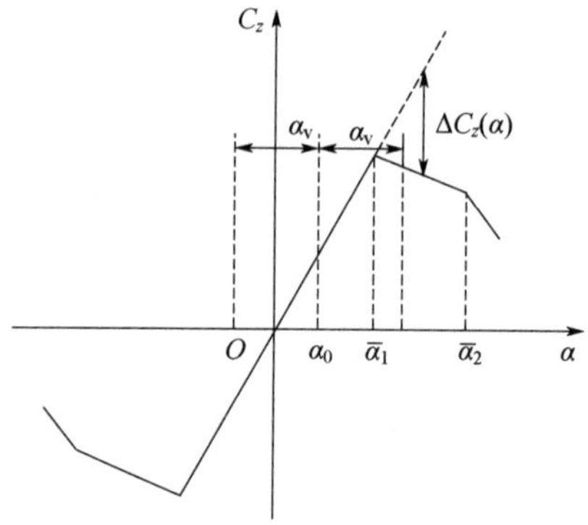

图 7.18　静态气动力曲线的近似折线

$$\Delta C_L=\begin{cases}0, & -\bar{\alpha}_1<\alpha\leqslant 0\\ 6.32284(\alpha+\bar{\alpha}_1), & -\bar{\alpha}_2<\alpha\leqslant-\bar{\alpha}_1\\ 6.32284(\alpha+\bar{\alpha}_1)-0.42284(\alpha+\bar{\alpha}_2), & \alpha\leqslant-\bar{\alpha}_2\end{cases}\tag{7.101}$$

$$\Delta C_M=\begin{cases}0, & 0<\alpha\leqslant\bar{\alpha}_1\\ 0.65317\left(\alpha-\bar{\alpha}_1\right), & \bar{\alpha}_1<\alpha\leqslant\bar{\alpha}_2\\ 0.65317(\alpha-\bar{\alpha}_1)-0.48128(\alpha-\bar{\alpha}_2), & \alpha>\bar{\alpha}_2\end{cases}\tag{7.102}$$

$$\Delta C_M=\begin{cases}0, & -\bar{\alpha}_1<\alpha\leqslant 0\\ 0.65317(\alpha+\bar{\alpha}_1), & -\bar{\alpha}_2<\alpha\leqslant-\bar{\alpha}_1\\ 0.65317(\alpha+\bar{\alpha}_1)-0.48128(\alpha+\bar{\alpha}_2), & \alpha\leqslant-\bar{\alpha}_2\end{cases}\tag{7.103}$$

其中，$\bar{\alpha}_1$=0.1396rad=8°；$\bar{\alpha}_2$=0.3142rad=18°。

ΔC_z 对 α 的偏导数为：

$$\frac{\partial\Delta C_L}{\partial\alpha}=\begin{cases}0, & -\bar{\alpha}_1<\alpha\leqslant\bar{\alpha}_1\\ 6.32284, & \bar{\alpha}_1<\alpha\leqslant\bar{\alpha}_2,-\bar{\alpha}_2<\alpha\leqslant-\bar{\alpha}_1\\ 5.9, & \alpha>\bar{\alpha}_2,\alpha\leqslant-\bar{\alpha}_2\end{cases}\tag{7.104}$$

$$\frac{\partial\Delta C_M}{\partial\alpha}=\begin{cases}0, & -\bar{\alpha}_1<\alpha\leqslant\bar{\alpha}_1\\ 0.65317, & \bar{\alpha}_1<\alpha\leqslant\bar{\alpha}_2,-\bar{\alpha}_2<\alpha\leqslant-\bar{\alpha}_1\\ 0.1719, & \alpha>\bar{\alpha}_2,\alpha\leqslant-\bar{\alpha}_2\end{cases}\tag{7.105}$$

根据二维悬臂弯扭耦合梁的颤振运动方程为：

$$m\ddot{h}+mx_\alpha\ddot{\alpha}+k_h h=-L\tag{7.106}$$

$$mx_\alpha\ddot{h}+mr_\alpha^2\ddot{\alpha}+k_\alpha\alpha=T_\alpha\tag{7.107}$$

可以写为：

$$L=\frac{1}{2}\rho_a V^2 C(C_L)\tag{7.108}$$

$$T_\alpha=\frac{1}{2}\rho_a V^2 C(C_M)\tag{7.109}$$

写成矩阵形式为：

$$\begin{bmatrix} m & mx_\alpha \\ mx_\alpha & mr_\alpha^2 \end{bmatrix}\begin{bmatrix} \ddot{h} \\ \ddot{\alpha} \end{bmatrix}+\begin{bmatrix} k_h & 0 \\ 0 & k_\alpha \end{bmatrix}\begin{bmatrix} h \\ \alpha \end{bmatrix}=\begin{bmatrix} -L \\ T_\alpha \end{bmatrix}=\frac{1}{2}\rho_a V^2 C\begin{bmatrix} -C_L \\ C_M \end{bmatrix} \tag{7.110}$$

将气动模型表达式［式（7.95）］代入式（7.110）中，可以写出应用了 ONERA 气动模型的悬臂梁的状态方程：

$$\begin{bmatrix} \boldsymbol{q}' \\ \boldsymbol{q}'' \\ C'_{L\gamma} \\ C'_{M\gamma} \\ C'_{Lb} \\ C''_{Lb} \\ C'_{Mb} \\ C''_{Mb} \end{bmatrix}=\begin{bmatrix} 0 & 1 & 0 & 0 & 0 & 0 & 0 & 0 \\ -\boldsymbol{A}^{-1}\boldsymbol{B} & \boldsymbol{A}^{-1}\boldsymbol{C} & 0 & 0 & 0 & 0 & 0 & 0 \\ 0 & 0 & -\lambda_1/t_\tau & 0 & 0 & 0 & 0 & 0 \\ 0 & 0 & -\lambda_1/t_\tau & 0 & 0 & 0 & 0 & 0 \\ 0 & 0 & 0 & 0 & 0 & 1 & 0 & 0 \\ 0 & 0 & 0 & 0 & -r_{2L}/t_\tau^2 & -r_{1L}/t_\tau & 0 & 0 \\ 0 & 0 & 0 & 0 & 0 & 0 & 0 & 1 \\ 0 & 0 & 0 & 0 & 0 & 0 & -r_{2M}/t_\tau^2 & -r_{1M}/t_\tau \end{bmatrix}\begin{bmatrix} \boldsymbol{q} \\ \boldsymbol{q}' \\ C_{L\gamma} \\ C_{M\gamma} \\ C_{Lb} \\ C'_{Lb} \\ C_{Mb} \\ C'_{Mb} \end{bmatrix}$$

$$+\begin{bmatrix} 0 & 0 & 0 & 0 & 0 & 0 \\ 0 & 0 & 0 & 0 & 0 & 0 \\ 0 & (\lambda_1 a_{oL})/t_\tau & -(\lambda_1 a_{oL})/b & (\lambda_1+\lambda_2)a_{oL} & -(\lambda_2 a_{oL})/V & \lambda_2 a_{oL} t_\tau \\ 0 & (\lambda_1 a_{oM})/t_\tau & -(\lambda_1 a_{oM})/b & (\lambda_1+\lambda_2)a_{oM} & -(\lambda_2 a_{oM})/V & \lambda_2 a_{oM} t_\tau \\ 0 & 0 & 0 & 0 & 0 & 0 \\ 0 & 0 & 0 & -\left(r_{3L}\dfrac{\partial \Delta C_L}{\partial \alpha}\right)/t_\tau & \left(r_{3L}\dfrac{\partial \Delta C_L}{\partial \alpha}\right)/b & 0 \\ 0 & 0 & 0 & 0 & 0 & 0 \\ 0 & 0 & 0 & -\left(r_{3M}\dfrac{\partial \Delta C_M}{\partial \alpha}\right)/t_\tau & \left(r_{3M}\dfrac{\partial \Delta C_M}{\partial \alpha}\right)/b & 0 \end{bmatrix}\begin{bmatrix} h \\ \theta \\ h' \\ \theta' \\ h'' \\ \theta'' \end{bmatrix}$$

$$+\begin{bmatrix} 0 \\ \rho_a V^2 b\boldsymbol{M} \\ 0 \\ 0 \\ 0 \\ -\left(r_{2L}\dfrac{\partial \Delta C_L}{\partial \alpha}\right)/t_\tau^2 \\ 0 \\ -\left(r_{2M}\dfrac{\partial \Delta C_M}{\partial \alpha}\right)/t_\tau^2 \end{bmatrix}$$

其中，$\boldsymbol{A}=\begin{bmatrix} m+\rho_a Vbt_\tau s_{L1} & mx_\alpha-\rho_a V^2 bt_\tau^2 s_{L2} \\ mx_\alpha+\rho_a Vbt_\tau s_{M1} & mr_\alpha^2-\rho_a V^2 bt_\tau^2 s_{M2} \end{bmatrix}$；$\boldsymbol{B}=\begin{bmatrix} k_h & 0 \\ 0 & k_\alpha \end{bmatrix}$；$\boldsymbol{C}=\begin{bmatrix} 0 & \rho_a V^2 bt_\tau(s_{L1}+s_{L2}) \\ 0 & \rho_a V^2 bt_\tau(s_{M1}+s_{M2}) \end{bmatrix}$；

$\boldsymbol{M}=\begin{bmatrix} C_{L\gamma}+C_{Lb} \\ C_{M\gamma}+C_{Mb} \end{bmatrix}$。

7.5.2 仿真结果分析

表 7.5 为 ONERA 气动模型仿真所用物理参数。

表 7.5 仿真参数

名称	数值	名称	数值
空气密度	1.225kg/m^3	俯仰位移模态 ω_α	22.03
半弦长 b	1.2m	沉浮位移模态 ω_h	8.85
单位展长质量 m	51.8kg	弹性轴位置 $\bar{a}$	−0.48
回转半径 r_α	0.5m	弹性轴与质心距离 x_α	0

当 V=600 时，仿真曲线如图 7.19 所示。

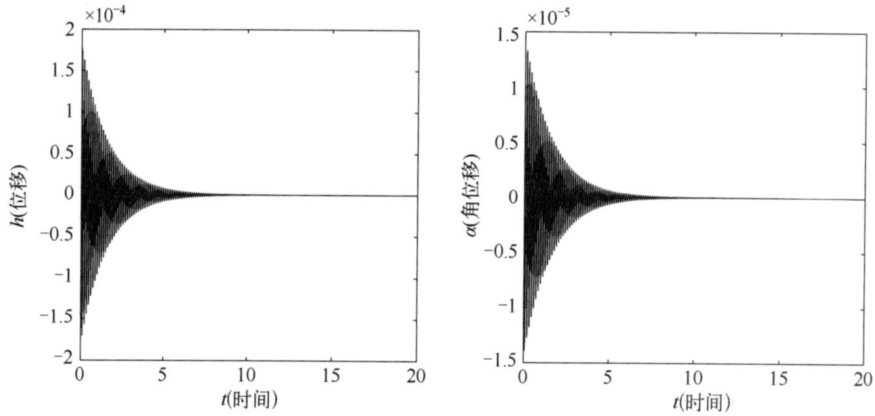

图 7.19 V=600 悬臂梁颤振位移图

对图 7.19 中 ONERA 气动模型仿真曲线进行分析，可以观察到该悬臂梁在该速度下响应曲线是收敛的，并且在 7s 左右后稳定在零附近，因而该梁结构在 V=600 速度下不会发生颤振而导致的结构破坏。

当增大速度至 900 时，响应曲线发散，发生可能造成结构损坏的颤振，具体响应曲线见图 7.20。

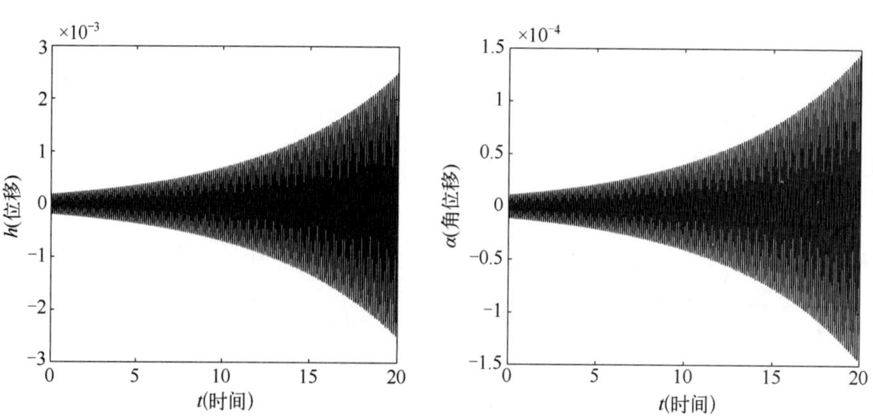

图 7.20 V=900 悬臂梁颤振位移图

通过二分法，可以确定二维悬臂梁在考虑气动力非线性的颤振临界速度，即 V=811 为临界颤振速度，仿真曲线见图 7.21。

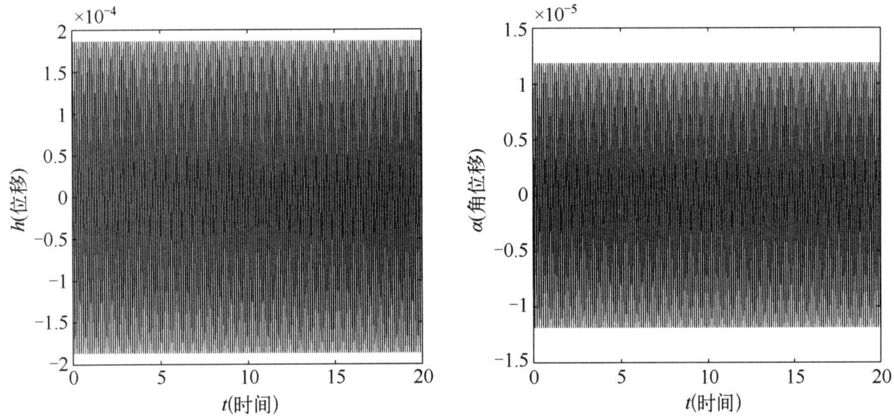

图 7.21　V=811 悬臂梁颤振位移图

7.6　悬臂弯扭耦合梁的超声速仿真

7.6.1　超声速颤振运动建模

当马赫数远远大于 1 时，悬臂梁产生的扰动可以认为是沿着其表面法线的方向传播出去的，此时，表面上一点对于另一点的影响是微弱的。活塞理论就是将结构表面上的各个点之间的影响忽略掉，也就是对于各点的扰动，假设其向外传播时沿各自的法线方向，彼此之间不存在影响。该情形与活塞在气缸中运动产生的扰动的传播是一致的。并且，活塞理论还认为表面各点的下洗速度决定该点的压力，根据这一观点，可以将悬臂梁运动看成在一维的管道内的活塞运动，其表面瞬时受到的压力只和其运动的速度相关。

图 7.22 所示为活塞理论的气动模型图。

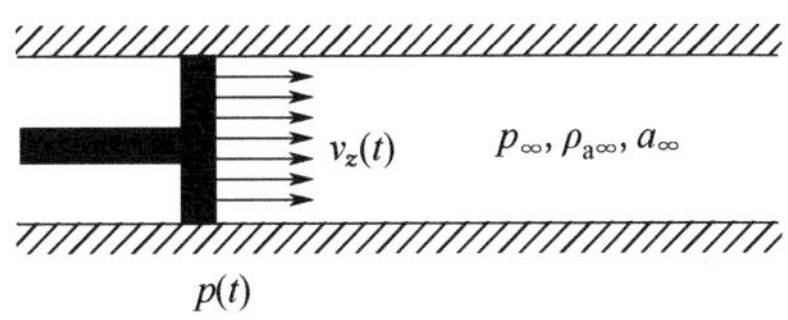

图 7.22　活塞理论气动模型

其中，图中所示的 $\rho_{a\infty}$、p_∞、a_∞ 分别为无限远处的气体的密度、压力、声速，无限远处的气体即为未受扰动的气体。

将活塞向前运动时候的速度设为 v_z，且 $|v_z| \ll a_\infty$，从而，产生于活塞运动的扰动是微小的，并且是一个等熵传播的过程，通过一定的计算可以得出在活塞表面上的压力 p、密度 ρ_a 和声速 a。

假设在 dt 时间内，活塞运动速度变为 v_z+dv_z，扰动距离即为 adt，受扰动气体的质量为 $\rho_a a S_c \mathrm{d}t$，其中 S_c 为活塞的面积，因此计算出气体总的动量的变化为 $\rho_a a S_c \mathrm{d}t\mathrm{d}v_z$。同时，压力的变化为 d$p$，因此计算出活塞产生的冲量为 $S_c\mathrm{d}t\mathrm{d}p$。根据动量守恒可以获得相关的等式为：

$$S_c\mathrm{d}t\mathrm{d}p=\rho_a a S_c \mathrm{d}t\mathrm{d}v_z \tag{7.111}$$

同时可以获得：

$$\mathrm{d}p=\rho_{\mathrm{a}}a\mathrm{d}v_z \tag{7.112}$$

等熵公式为：

$$\frac{p}{p_\infty}=\left(\frac{\rho_{\mathrm{a}}}{\rho_{\mathrm{a}\infty}}\right)^k \tag{7.113}$$

其中，k 为比热容，其典型值为 1.4。

声速的表达式为：

$$a^2=k\frac{P}{\rho_{\mathrm{a}}} \tag{7.114}$$

将等熵公式［式（7.113）］与声速表达式［式（7.114）］代入式（7.111）中可以获得：

$$p^{\frac{k+1}{2k}}\mathrm{d}p=\frac{k}{a_\infty}p_\infty^{\frac{k-1}{2k}}\mathrm{d}v_z \tag{7.115}$$

对两边积分可以得到：

$$\frac{2k}{k-1}p^{\frac{k-1}{2k}}=\frac{k}{a_\infty}p_\infty^{\frac{k-1}{2k}}v_z+C \tag{7.116}$$

其中，C 为常数。根据无限远处 $p=p_\infty$ 的地方有 $v_z=0$，故 C 可以确定为：

$$C=\frac{2k}{k-1}p_\infty^{\frac{k-1}{2k}} \tag{7.117}$$

代入式（7.116）中，得到活塞表面的瞬时压力 $p(t)$ 可以表示为：

$$\frac{p}{p_\infty}=\left(1+\frac{k-1}{2}\times\frac{v_z}{a_\infty}\right)^{\frac{2k}{k-1}} \tag{7.118}$$

对上式展开，保留不同的阶次，即可获得不同阶次的活塞理论：

$$\frac{p}{p_\infty}=1+k\frac{v_z}{a_\infty}+\frac{k(k+1)}{4}\left(\frac{v_z}{a_\infty}\right)^2+\frac{k(k+1)}{12}\left(\frac{v_z}{a_\infty}\right)^3 \tag{7.119}$$

对于式（7.119），舍去二阶和三阶项时，称为一阶活塞理论；将前二阶项保留时，是二阶活塞理论；当保留三个阶次的项，不舍去任何项时，为三阶活塞理论。实际应用时，三阶活塞理论的精度已经能够较好地满足工程需要，因而，省去了高阶项。

图 7.23 为二维悬臂梁活塞理论模型，E 为刚心位置，即为弹性轴位置，M 为质心位置，两者距离为 x_α；弦长为 $2b$，半厚度为 t_{h}，沉浮位移为 h，俯仰位移为 α。

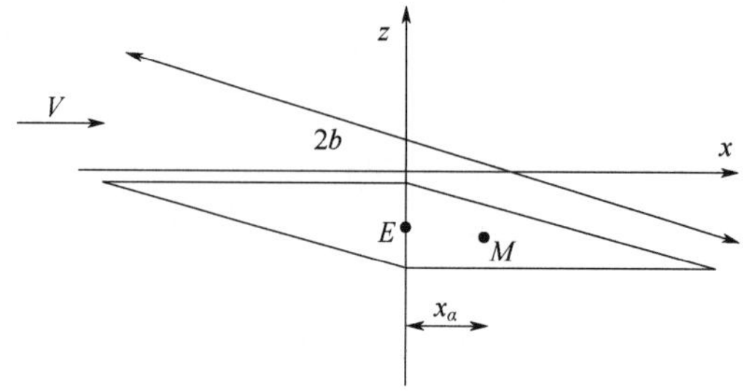

图 7.23　二维悬臂梁活塞理论模型

根据二维悬臂梁活塞理论模型，假设位移为：

$$z(x,t)=-[h(t)+(x-b\overline{a})\alpha(t)]+f(x) \tag{7.120}$$

悬臂梁上下表面的速度为：

$$v_{\text{up}}=-[\dot{h}+(x-b\overline{a})\dot{\alpha}]+V\left[-\alpha+\frac{\partial f(x)}{\partial x}\right] \tag{7.121}$$

$$v_{\text{low}}=[\dot{h}+(x-b\overline{a})\dot{\alpha}]-V\left[-\alpha+\frac{\partial f(x)}{\partial x}\right] \tag{7.122}$$

其中，$f(x)$为厚度函数，$\dfrac{\partial f(x)}{\partial x}=\begin{cases}\tau & -b<x<0\\ -\tau & 0<x<b\end{cases}$，$\tau=\dfrac{t_{\text{h}}}{b}$，为厚度比。

同时，上下压差表达式可以写为：

$$\Delta p=p_{\text{low}}-p_{\text{up}} \tag{7.123}$$

由此可以计算出气动升力和力矩为：

$$L=\int_{-b}^{b}\Delta p\mathrm{d}x \tag{7.124}$$

$$M=-\int_{-b}^{b}(x-b\overline{a})\Delta p\mathrm{d}x \tag{7.125}$$

经过积分，气动升力和力矩分为三部分，分别对应活塞理论的一、二、三阶分量，同时本书进行仿真时，省去了其非线性项目。

气动升力：

$$L=L_1+L_2+L_3 \tag{7.126}$$

其中，$L_1=\dfrac{4p_\infty kMab^2}{V}(\dot{h}-b\overline{a}\dot{\alpha}+V\alpha)$，$Ma$为马赫数；$L_2=-\dfrac{p_\infty k(k+1)Ma^2b^2\tau}{V}\dot{\alpha}$；$L_3=\dfrac{p_\infty k(k+1)Ma^3b\tau^2}{V}(\dot{h}-b\overline{a}\dot{\alpha}+V\alpha)$。

力矩为：

$$M=M_1+M_2+M_3 \tag{7.127}$$

式中，$M_1=\dfrac{4p_\infty kMab^2}{V}\left[\overline{a}\dot{h}-\left(\dfrac{b}{3}+b\overline{a}^2\right)\dot{\alpha}+V\overline{a}\alpha\right]$；$M_2=\dfrac{p_\infty k(k+1)Ma^2b^2\tau}{V}(\dot{h}-2b\overline{a}\dot{\alpha}+V\alpha)$；$M_3=\dfrac{\frac{1}{3}p_\infty k(k+1)Ma^3b^2\tau^2}{V}[3\overline{a}\dot{h}-(3\overline{a}^2-1)b\dot{\alpha}+3\overline{a}V\alpha]$。

将式（7.126）与式（7.127）代入二维悬臂梁颤振运动方程中，写出其矩阵形式：

$$\begin{bmatrix} m & mx_\alpha \\ mx_\alpha & mr_\alpha^2 \end{bmatrix}\begin{bmatrix}\ddot{h}\\ \ddot{\alpha}\end{bmatrix}+\begin{bmatrix}k_h & 0\\ 0 & k_\alpha\end{bmatrix}\begin{bmatrix}h\\ \alpha\end{bmatrix}=\begin{bmatrix}-L\\ M\end{bmatrix} \tag{7.128}$$

则其状态方程可以写为：

$$\begin{bmatrix}\boldsymbol{q}'\\ \boldsymbol{q}''\end{bmatrix}=\begin{bmatrix}\boldsymbol{0} & \boldsymbol{1}\\ -\boldsymbol{A}^{-1}\boldsymbol{C} & \boldsymbol{A}^{-1}\boldsymbol{B}\end{bmatrix}\begin{bmatrix}\boldsymbol{q}\\ \boldsymbol{q}'\end{bmatrix} \tag{7.129}$$

式中，$\boldsymbol{A}=\begin{bmatrix} m & mx_\alpha \\ mx_\alpha & mr_\alpha^2 \end{bmatrix}$；

$$\boldsymbol{B}=\begin{bmatrix} F_{\mathrm{L1}}+F_{\mathrm{L3}} & -F_{\mathrm{L1}}b\bar{a}+F_{\mathrm{L2}}-F_{\mathrm{L3}}b\bar{a} \\ F_{\mathrm{M1}}\bar{a}+F_{\mathrm{M2}}+3\bar{a}F_{\mathrm{M3}} & -F_{\mathrm{M1}}\left(\dfrac{b}{3}+b\bar{a}^2\right)-2b\bar{a}F_{\mathrm{M2}}-F_{\mathrm{M3}}(3\bar{a}^2-1)b \end{bmatrix};$$

$$\boldsymbol{C}=\begin{bmatrix} k_h & -F_{\mathrm{L1}}V-F_{\mathrm{L3}}V \\ 0 & k_\alpha-F_{\mathrm{M1}}V\bar{a}-F_{\mathrm{M2}}V-3F_{\mathrm{M3}}V\bar{a} \end{bmatrix};$$

$$F_{\mathrm{L1}}=-\frac{4p_\infty kMab^2}{V},\quad F_{\mathrm{L2}}=\frac{p_\infty k(k+1)Ma^2b^2\tau}{V},\quad F_{\mathrm{L3}}=-\frac{p_\infty k(k+1)Ma^3b\tau^2}{V};$$

$$F_{\mathrm{M1}}=\frac{4p_\infty kMab^2}{V},\quad F_{\mathrm{M2}}=\frac{p_\infty k(k+1)Ma^2b^2\tau}{V},\quad F_{\mathrm{M3}}=\frac{\frac{1}{3}p_\infty k(k+1)Ma^3b^2\tau^2}{V}。$$

7.6.2 仿真结果分析

仿真所用的物理参数见表 7.6。

表 7.6 超声速仿真物理参数

名称	数值	名称	数值
大气压力	4783Pa	俯仰位移模态 ω_α	22.03
声速	300m/s	厚度比 τ	0.025
半弦长 b	1.2m	弹性轴位置 $\bar{a}$	0
单位展长质量 m	51.8kg	弹性轴与质心距离 x_α	-0.2
回转半径 r_α	0.5m	比热容 k	1.4
沉浮位移模态 ω_h	7.85		

对表 7.6 中的物理参数应用活塞理论，应用 ode45 求解器进行积分求解。应用 ode45 时，设定初始条件 $h(0)=0.01$，$\alpha(0)=2.86°$，$\dot{h}(0)=0.01$，$\dot{\alpha}(0)=0.01$，同时假设速度为 700，即在马赫数为 2.3 的情况下，进行超声速状态下的二维悬臂梁的仿真，其响应结果见图 7.24。

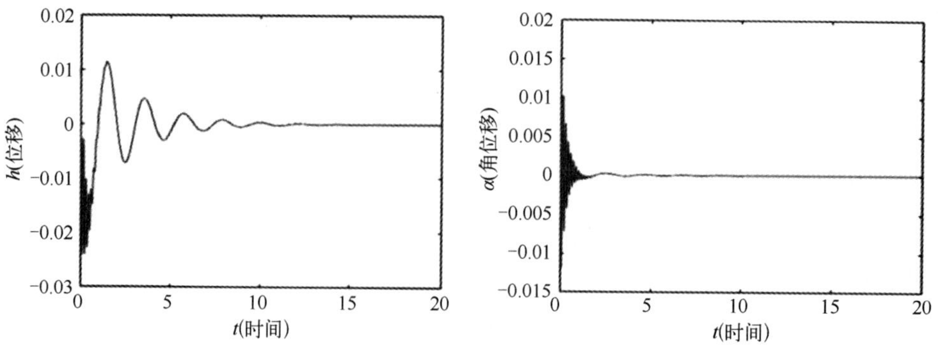

图 7.24 V=700 仿真响应图

由图 7.24 可以发现，速度为 700 的情况下，响应未发散。当增大到 990 时，响应曲线见图 7.25。

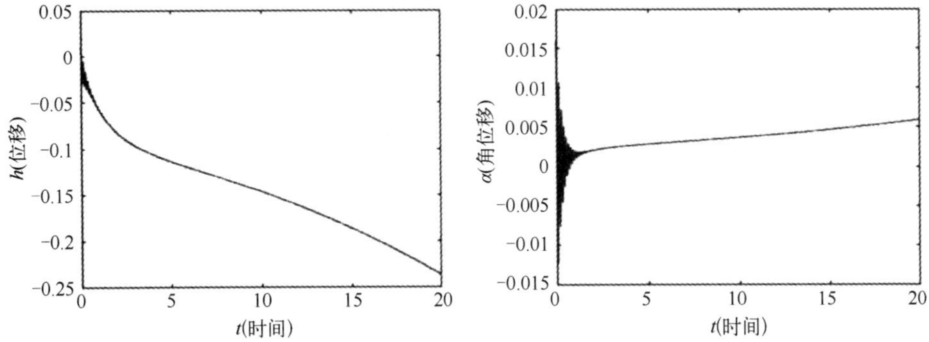

图 7.25　V=990 响应曲线图

图 7.25 表明此时颤振的位移已经发散，即该速度应该超过了颤振临界速度，该情况下，会引发系统的结构的破坏，造成事故。经过二分法不断地重复计算，得到颤振临界速度为 V=860，响应如图 7.26 所示。

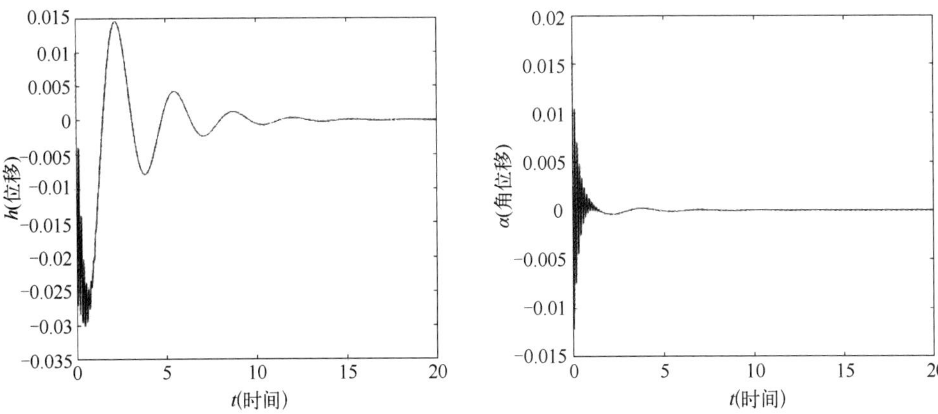

图 7.26　V=860 颤振响应曲线

对比不同速度下的响应曲线可以发现，随着速度的增大，沉浮位移以及角位移在初始振荡时小幅度增大，同时，需要更长的时间才能够稳定，即响应的超调量和调节时间均有数值变大的趋势。颤振临界速度之后，速度愈大，颤振幅度愈大，时间愈长。

与参考文献[214]进行对比，参考文献中给出的颤振速度为 660，而本书仿真计算出的数值为 860。对比发现，在超声速仿真时，非线性的影响是较大的。首先，表现在颤振临界速度上，非线性会让颤振速度减小；其次，非线性中包含位移导数的高次项，以及位移变化的高次项，可以有效控制颤振位移的幅度，不会出现经过大幅变化后才稳定的情况。

7.7　本章小结

本章主要基于 Theodorsen 非定常流体理论、Wagner 变换后的 Theodorsen 气动力模型、ONERA 气动模型以及活塞理论，研究悬臂弯扭耦合梁的颤振问题，并且将其仿真结果和对应的文献仿真数据进行了对比分析，验证本章仿真结果的可靠性。本章研究的结果可以为工程实际中颤振问题的计算分析提供一定的参考。

① 基于 Theodorsen 气动力模型建立了二维悬臂梁和三维悬臂梁的颤振运动仿真模型，通过 V-g 法实现对悬臂梁在频域上的线性颤振仿真。对于二维模型，改变物理参数，对比分析了在不同物理参数下颤振速度的变化。对于三维模型，取用不同的模态数，对比分析了不同模态数下的颤振结果，结果表明，实际工程仿真计算时，取用前两阶或前三阶较为快捷准确。

② 在 Theodorsen 气动力模型的基础上，利用 Wagner 函数，建立了包含结构非线性的二维弯扭耦合梁的仿真模型，实现了对于结构非线性中立方非线性和间隙非线性的非线性颤振时域仿真。

③ 基于 ONERA 气动模型，建立了考虑气动力非线性的二维悬臂梁的非线性颤振仿真模型，对颤振运动的状态方程进行了数值计算，实现了考虑气动力非线性的悬臂梁的时域颤振仿真。

④ 通过活塞理论，实现对于悬臂梁的超声速状态下的颤振仿真。其中，低阶活塞理论实现了超声速下的线性颤振仿真；高阶理论为非线性，实现了对悬臂梁的非线性颤振仿真。同时，将仿真结果与参考文献的数据进行对比，验证仿真结果的可靠性。

第 8 章

水下航行器舵系统线性、非线性水弹性仿真

扫码获取配套资源

8.1 概述

为了探索舵系统结构是否足够安全，必须研究结构参数对舵系统水弹性的影响。大量的学者、专家，例如 Theodorsen 和 Garrick [216,217]，采用二元颤振模型来研究机翼、水翼的气动弹性和水弹性问题。对于水下航行器的舵系统，如果结构设计不合理，就可能发生线性经典颤振、静水弹性发散导致结构破坏[218-221]。舵系统的操纵系统部分往往由于长期工作磨损而产生间隙，这种间隙可能会引起结构持续发生微弱的、不衰减的振荡，即 LCO 现象[222,223]。这种现象并不会导致结构发生重大破坏，但会引起水噪声并降低水下航行器的隐蔽性。

二元颤振模型一般用于气动弹性、水弹性问题的原理分析和验证。沿展向的所有剖面的翼型都是相同的，并假定绝对刚硬。舵叶的弯曲和扭转变形分别用二元水翼的沉浮和俯仰运动来模拟。二元水翼是舵叶上面的一个典型截面，一般用于气动弹性问题的早期研究，并且被 Theodorsen 等气动弹性研究先驱者们所使用。这种典型截面通常应用于大展弦比平直机翼，也可以用于气动力、水动力控制面的建模。这种典型的截面是通过二元颤振模型来对舵叶水弹性建模，一般选取舵叶 3/4 处的截面[224-227]。传统线性颤振计算方法不能准确解决非线性系统的水弹性问题，而是采用两自由度二元水翼任意运动时域水动力方法计算舵面非线性水弹性问题，这种方法易于工程实现，为舵系统非线性水弹性分析研究提供了一种有效的计算分析途径。

第 6 章中基于 MSTMM 研究了舵系统的振动特性，为本章舵系统颤振模型建模提供了基础。本章首先基于 MSTMM /Theodorsen 建立舵系统的线性颤振模型，分别进行频域和时域仿真，并与文献仿真数据、软件仿真结果进行了对比分析，验证模型的准确性。为工程上类似的多柔体结构系统流固耦合问题的快速建模和计算分析提供参考。

前人的大量研究工作中，几乎没有文献提及舵系统到二元颤振模型的简化方法，因此本章详细地给出了舵系统简化为二元颤振模型的方法。基于 MSTMM 计算得到的舵系统的纯弯、纯扭频率，为舵系统二元线性、非线性颤振模型的建立提供基础参数。通过 CFD/FEM 双向流固耦合及动网格技术，得到舵系统的流固耦合振动响应，以验证本章模型简化方法的

合理性，并通过与文献实验数据及仿真数据对比分析验证了二元颤振模型建模方法的合理性。最后，研究结构参数对舵系统线性颤振的影响规律、间隙非线性对舵系统非线性颤振的影响规律，为舵系统的结构减振设计提供理论支撑。

8.2 基于 MSTMM 的舵系统水弹性计算

8.2.1 基于 MSTMM 的舵系统线性颤振模型频域分析

通常飞机或带有升降舵的水下航行器在正常航行时攻角不大，基本上都是在线性攻角范围内。颤振计算主要基于非定常流体理论，而非定常流体理论主要取决于升力系数相对于攻角的导数。线性攻角范围内升力系数导数接近于常数，只作零度攻角的颤振分析产生的误差很小，因此前人的大多数研究工作以及本书研究只考虑舵面零度攻角的颤振。

在本书中介绍了经典线性颤振一般所采用的 Theodorsen 流体理论。它是一种常用的基于平板气动力理论的方法，其计算效率高，也可以用来计算水动力，在颤振初步设计阶段有非常好的适用性。

根据舵系统坐标系，将式（2.19）的 Theodorsen 公式修改为：

$$L = \pi\rho b^2(-\ddot{y} + U\dot{\theta}_x - ba\ddot{\theta}_x) + 2\Pi\rho UbC(k)\left[U\theta_x - \dot{y} + b\left(\frac{1}{2} - a\right)\dot{\theta}_x\right] \tag{8.1a}$$

$$T_\alpha = \pi\rho b^2\left[-ba\ddot{y} - Ub\left(\frac{1}{2} - a\right)\dot{\theta}_x - b^2\left(\frac{1}{8} + a^2\right)\ddot{\theta}_x\right] + 2\Pi\rho Ub^2\left(a + \frac{1}{2}\right)C(k)\left[U\theta - \dot{y} + b\left(\frac{1}{2} - a\right)\dot{\theta}_x\right] \tag{8.1b}$$

式中，L 表示升力；T_α 表示力矩；U 为来流速度❶；ρ 为空气密度；b 为半弦长；a 为刚心与弦线中点的距离与半弦长的比值，并在中点后为正；$C(k)$ 为 Theodorsen 函数，其值与折合频率 $k = \omega b / U$ 有关；y 表示沉浮运动；θ_x 表示俯仰运动；2Π 表示二维平板的升力线斜率。

分析式（8.1）中的二元 Theodorsen 理论模型，可以看出该水动力模型包含两项。其中不含 $C(k)$ 项是由水流的附加质量引起的，它与舵叶的环量分布无关；含 $C(k)$ 项是由环量引起的，它与环量分布密切相关，也就表现为与升力线斜率有关。采用 2.3.3 节的 CFD 方法计算出舵叶的升力线斜率修正 Theodorsen 平板水动力理论。

假设舵叶各方向的运动为简谐运动，即：

$$y = y_s e^{i\omega t}; \qquad \theta = \theta_s e^{i\omega t} \tag{8.2}$$

将该式代入式（8.1）中，可以整理得：

$$L = \left\{\begin{matrix} \pi\rho b^2(\omega^2 y_s + i\omega U\theta_s + \omega^2 ba\theta_s) + \\ 2\Pi\rho UbC(k)\left[U\theta_s - i\omega y_s + i\omega b\left(\frac{1}{2} - a\right)\theta_s\right] \end{matrix}\right\} e^{i\omega t} \tag{8.3a}$$

❶ 为与振型符号作区分，此处来流速度用 U 表示。后文中的 U-g 即 V-g。

$$T_\alpha=\begin{Bmatrix}\pi\rho b^2\left[ba\omega^2 y_s-i\omega Ub\left(\frac{1}{2}-a\right)\theta_s+\omega^2 b^2\left(\frac{1}{8}+a^2\right)\theta_s\right]\\ +2\Pi\rho Ub^2\left(a+\frac{1}{2}\right)C(k)\left[U\theta_s-i\omega y_s+i\omega b\left(\frac{1}{2}-a\right)\theta_s\right]\end{Bmatrix}e^{i\omega t} \tag{8.3b}$$

令 $\boldsymbol{f}=[L_1,T_{\alpha1},L_2,T_{\alpha2},\cdots,L_n,T_{\alpha n}]^{\mathrm{T}}$，$n$ 表示将舵叶分为 n 段，那么 L_n、$T_{\alpha n}$ 表示舵叶第 n 段上面的升力和俯仰力矩；令 $\boldsymbol{v}=\boldsymbol{v}_s e^{i\omega t}$，利用式（8.3）可以建立以下位移与水动力的关系：

$$\boldsymbol{f}=\boldsymbol{B}\boldsymbol{v}_s e^{i\omega t} \tag{8.4}$$

式中，$\boldsymbol{B}=\left[\boldsymbol{B}_1,\boldsymbol{B}_2,\cdots,\boldsymbol{B}_n\right]^{\mathrm{T}}$；$\boldsymbol{v}_s=\left[\boldsymbol{v}_{s1},\boldsymbol{v}_{s2},\cdots,\boldsymbol{v}_{sn}\right]^{\mathrm{T}}$；

$\boldsymbol{B}_n=\omega^2\begin{bmatrix}-\pi\rho b_n^2 k_a l_n & \pi\rho b_n^3[k_b-(0.5+a_n)k_a]l_n\\ -\pi\rho b_n^3[m_a+(0.5+a_n)k_a]l_n & \pi\rho b_n^4[m_b+(0.5+a_n)(k_b-m_a)-(0.5+a_n)^2 k_a]l_n\end{bmatrix}$，为舵叶第 n 段的水动力矩阵；$k_a=-1+i(2\Pi/\pi)C(k)/k$; $k_b=-0.5+i[1+2\Pi/\pi C(k)]/k+(2\Pi/\pi)C(k)/k^2$; $m_a=0.5$; $m_b=\frac{3}{8}-i\frac{1}{k}$; $\boldsymbol{v}_{sn}=\begin{bmatrix}y_{sn}\\ \theta_{sn}\end{bmatrix}$，表示舵叶第 n 段模态坐标下的沉浮和俯仰位移；b_n、l_n、a_n 分别表示舵叶第 n 段的半弦长、长度、刚心与弦线中点的距离与半弦长的比值。

基于 MSTMM 的舵系统体动力学方程为

$$\boldsymbol{M}\boldsymbol{v}_{tt}+\boldsymbol{C}\boldsymbol{v}_t+\boldsymbol{K}\boldsymbol{v}=\boldsymbol{f} \tag{8.5}$$

其中，$\boldsymbol{M}$、$\boldsymbol{C}$、$\boldsymbol{K}$ 分别为质量矩阵、阻尼矩阵、刚度矩阵。

将 $\boldsymbol{v}=\boldsymbol{v}_s e^{i\omega t}$ 代入式（8.5）中，则有：

$$-\omega^2\boldsymbol{M}\boldsymbol{v}_s+i\omega\boldsymbol{C}\boldsymbol{v}_s+\boldsymbol{K}\boldsymbol{v}_s=\boldsymbol{B}\boldsymbol{v}_s \tag{8.6}$$

基于 MSTMM 计算出舵系统振型 $\boldsymbol{V}$，由于体动力学方程右边的外力项非解耦，因此把振型写为 $\boldsymbol{V}=[V^1,V^2]$，其中 V^1 为舵系统的第 1 阶振型，V^2 为舵系统的第 3 阶振型。令式（8.6）中的 $\boldsymbol{v}_s=\boldsymbol{V}\boldsymbol{q}$（值得注意的是此处的 $\boldsymbol{q}$ 不是传统意义上的广义坐标），得到：

$$-\omega^2\boldsymbol{M}\boldsymbol{V}\boldsymbol{q}+i\omega\boldsymbol{C}\boldsymbol{V}\boldsymbol{q}+\boldsymbol{K}\boldsymbol{V}\boldsymbol{q}=\boldsymbol{B}\boldsymbol{V}\boldsymbol{q} \tag{8.7}$$

文献[156]中已经证明了增广特征矢量的正交性，因此有：

$$-\omega^2\boldsymbol{V}^{\mathrm{T}}\boldsymbol{M}\boldsymbol{V}\boldsymbol{q}+i\omega\boldsymbol{V}^{\mathrm{T}}\boldsymbol{C}\boldsymbol{V}\boldsymbol{q}+\boldsymbol{V}^{\mathrm{T}}\boldsymbol{K}\boldsymbol{V}\boldsymbol{q}=\boldsymbol{V}^{\mathrm{T}}\boldsymbol{B}\boldsymbol{V}\boldsymbol{q} \tag{8.8}$$

$$(-\omega^2\bar{\boldsymbol{M}}+i\omega\bar{\boldsymbol{C}}+\bar{\boldsymbol{K}})\boldsymbol{q}=\boldsymbol{V}^{\mathrm{T}}\boldsymbol{B}\boldsymbol{V}\boldsymbol{q} \tag{8.9}$$

式中，$\bar{\boldsymbol{M}}=\boldsymbol{V}^{\mathrm{T}}\boldsymbol{M}\boldsymbol{V}$；$\bar{\boldsymbol{C}}=\boldsymbol{V}^{\mathrm{T}}\boldsymbol{C}\boldsymbol{V}$；$\bar{\boldsymbol{K}}=\boldsymbol{V}^{\mathrm{T}}\boldsymbol{K}\boldsymbol{V}$。

对于线性颤振问题，可以利用 U-g 法对其进行求解。在该方法中需要引入人工结构阻尼 g，在式（8.5）的右边添加人工阻尼力项，$\boldsymbol{D}=\boldsymbol{D}_s e^{i\omega t}=-ig\boldsymbol{K}\boldsymbol{v}_s e^{i\omega t}$，且假设舵系统结构本身阻尼 $\boldsymbol{C}=\boldsymbol{0}$，因此式（8.5）最终可以转化为：

$$\frac{1+ig}{\omega^2}\bar{\boldsymbol{K}}\boldsymbol{q}=\left(\boldsymbol{V}^{\mathrm{T}}\frac{\boldsymbol{B}}{\omega^2}\boldsymbol{V}+\bar{\boldsymbol{M}}\right)\boldsymbol{q} \tag{8.10}$$

因此该颤振过程的求解即被转化为了求解该复特征值的问题，其特征值为：

$$\lambda=\frac{1+ig}{\omega^2}=\lambda_{Re}+i\lambda_{Im} \tag{8.11}$$

由此可以得到：

$$\omega=\sqrt{\frac{1}{\lambda_{\mathrm{Re}}}};\qquad g=\frac{\lambda_{\mathrm{Im}}}{\lambda_{\mathrm{Re}}};\qquad U=\frac{b}{k\sqrt{\lambda_{\mathrm{Re}}}} \tag{8.12}$$

该结构阻尼 g 的物理含义是：若该真实结构的结构阻尼系数正好等于该结构阻尼值 g，则系统处于简谐运动状态，即它是一种临界状态；若真实系统的结构阻尼系数小于该值，则说明真实系统的结构阻尼不足以阻碍其发散，需要增加结构阻尼才能使其达到临界状态；反之，若真实系统的结构阻尼系数大于该值，则说明真实的结构阻尼已足够阻碍其发散，需要减小结构阻尼才能使其达到临界状态。因此，对于颤振过程的认定，需要预先知道结构阻尼值，而若计算得到的人工阻尼值 g 大于该真实结构阻尼，则视为发生了颤振。在本章研究中，通常以人工阻尼值 $g=0$ 为临界状态。

最后，可以通过以下过程来实现基于 MSTMM 的 U-g 法颤振分析：

① 给定流体密度，预设一组折合频率 k；

② 计算指定折合频率 k 下式（8.11）中的复特征值问题，并得到该折合频率下的 g、ω 和 U；

③ 以一定步长减小折合频率 k，并重复第②步，计算各折合频率下的 g、ω 和 U；

④ 判断人工阻尼 g 是否大于 0，若大于 0，则发生了颤振，可以利用线性插值得到具体的临界颤振速度值；

⑤ 计算完所有的折合频率 k 下的数值后，即可绘制相应的 U-g 图和 U-ω 图。

8.2.2 基于 MSTMM 的舵系统线性颤振模型时域分析

2.3.1 节论述了 Theodorsen 时域水动力模型，通过该模型可以较为准确地计算水翼的非定常水动力。而要计算柔性舵面的水弹性问题，则需要进一步与舵系统结构耦合求解水弹性方程，最终解得舵系统的整个振动过程。考虑舵系统所在坐标系下的 Theodorsen 时域水动力模型为：

$$L=\pi\rho b^2(-\ddot{y}+U\dot{\theta}-ba\ddot{\theta})+2\Pi\rho Ub\left[Q_{3/4}(0)\phi_{\omega}(\hat{\tau})+\int_0^{\hat{\tau}}\frac{\mathrm{d}Q_{3/4}(\sigma)}{\mathrm{d}\sigma}\phi_{\omega}(\hat{\tau}-\sigma)\mathrm{d}\sigma\right] \tag{8.13a}$$

$$\begin{aligned}T_{\alpha}=&\pi\rho b^2\left[-ba\ddot{y}-Ub\left(\frac{1}{2}-a\right)\dot{\theta}-b^2\left(\frac{1}{8}+a^2\right)\ddot{\theta}\right]+\\&2\Pi\rho Ub^2\left(a+\frac{1}{2}\right)\left[Q_{3/4}(0)\phi_{\omega}(\hat{\tau})+\int_0^{\hat{\tau}}\frac{\mathrm{d}Q_{3/4}(\sigma)}{\mathrm{d}\sigma}\phi_{\omega}(\hat{\tau}-\sigma)\mathrm{d}\sigma\right]\end{aligned} \tag{8.13b}$$

式中，$\phi_{\omega}(\hat{\tau})=1-A_{\mathrm{a}}\mathrm{e}^{-b_1\hat{\tau}}-A_{\mathrm{b}}\mathrm{e}^{-b_2\hat{\tau}}$；$\hat{\tau}=\dfrac{Ut}{b}$；$A_{\mathrm{a}}=0.165$；$A_{\mathrm{b}}=0.335$；$b_1=0.0455$；$b_2=0.3$。

同样采用式（8.5），由于水动力不解耦，令 $\boldsymbol{v}=\boldsymbol{V}\boldsymbol{q}=[V^1\ V^2][q^1\ q^2]^{\mathrm{T}}$，可以将其转化到模态坐标系中，则有：

$$\bar{\boldsymbol{M}}\ddot{\boldsymbol{q}}+\bar{\boldsymbol{C}}\dot{\boldsymbol{q}}+\bar{\boldsymbol{K}}\boldsymbol{q}=\boldsymbol{V}^{\mathrm{T}}f(\boldsymbol{V}\boldsymbol{q},\boldsymbol{V}\dot{\boldsymbol{q}},\boldsymbol{V}\ddot{\boldsymbol{q}}) \tag{8.14}$$

由于式（8.13）是 Theodorsen 理论的任意运动时域水动力模型，是一个积分-微分方程，其中存在积分项，直接数值积分很繁琐，因此引入下列新的状态变量以简化计算：

$$\begin{aligned}&\omega_{v1}=\int_0^t e^{-b_1U/[b(t-\sigma)]}\alpha(\sigma)d\sigma,\omega_{v2}=\int_0^t e^{-b_2U/[b(t-\sigma)]}\alpha(\sigma)d\sigma\\&\omega_{v3}=\int_0^t e^{-b_1U/[b(t-\sigma)]}h(\sigma)d\sigma,\omega_{v4}=\int_0^t e^{-b_2U/[b(t-\sigma)]}h(\sigma)d\sigma\end{aligned}\tag{8.15a}$$

采用式（8.15a）将式（8.13）的积分项展开，然后式（8.13）中将只包括 ω_v 项，没有积分项存在。然后利用含有参变量积分的导数公式［式（8.15b）］可以得到状态变量 ω_v 应满足的微分方程。

$$\begin{aligned}&F(y)=\int_{x_1(y)}^{x_2(y)}f(x,y)dx\\&dF(y)/dy=\int_{x_1(y)}^{x_2(y)}f_y(x,y)dx+f[x_2(y),y]dx_2(y)/dy-f[x_1(y),y]dx_1(y)/dy\end{aligned}\tag{8.15b}$$

将 f 中的物理坐标变换成模态坐标并且移至方程的左侧，剩下的留在方程的右侧，得到新的质量矩阵、新的刚度矩阵、新的阻尼矩阵，最后方程可以变换为如式（8.16）所示形式：

$$\boldsymbol{M}_{new}\ddot{\boldsymbol{q}}+\boldsymbol{D}_{new}\dot{\boldsymbol{q}}+\boldsymbol{K}_{new}\boldsymbol{q}+\boldsymbol{G}\boldsymbol{\omega}_v(t)=\boldsymbol{V}^T f(t)\tag{8.16}$$

其中，$\boldsymbol{\omega}_v(t)=[\gamma_1(t)\quad\gamma_2(t)\quad\cdots\quad\gamma_n(t)]^T$；$\gamma_i(t)=[\omega_{v1}(t)\quad\omega_{v2}(t)\quad\omega_{v3}(t)\quad\omega_{v4}(t)]^T,i=1,2,\cdots,n$。

建立状态空间的水弹性方程为：

$$\begin{bmatrix}\dot{\boldsymbol{q}}(t)\\\ddot{\boldsymbol{q}}(t)\\\dot{\boldsymbol{\omega}}_v(t)\end{bmatrix}=\begin{bmatrix}\boldsymbol{0}&\mathbf{I}&\boldsymbol{0}\\-\boldsymbol{M}_{new}^{-1}\boldsymbol{K}_{new}&-\boldsymbol{M}_{new}^{-1}\boldsymbol{D}_{new}&-\boldsymbol{M}_{new}^{-1}\boldsymbol{G}\\\boldsymbol{E}_q\boldsymbol{V}&\boldsymbol{0}&\boldsymbol{E}_\omega\end{bmatrix}\begin{bmatrix}\boldsymbol{q}(t)\\\dot{\boldsymbol{q}}(t)\\\boldsymbol{\omega}_v(t)\end{bmatrix}+\begin{Bmatrix}\boldsymbol{0}\\\boldsymbol{M}_{new}^{-1}\boldsymbol{V}^T f(t)\\\boldsymbol{0}\end{Bmatrix}\tag{8.17}$$

式中，$\dot{\boldsymbol{\omega}}_v(t)=\boldsymbol{E}_\omega\boldsymbol{\omega}_v(t)+\boldsymbol{E}_q\boldsymbol{V}\boldsymbol{q}(t)$；$\boldsymbol{E}_\omega=\begin{bmatrix}\boldsymbol{e}_{\omega1}&\boldsymbol{0}_{4\times4}&\cdots&\boldsymbol{0}_{4\times4}\\\boldsymbol{0}_{4\times4}&\boldsymbol{e}_{\omega2}&\cdots&\boldsymbol{0}_{4\times4}\\\boldsymbol{0}_{4\times4}&\boldsymbol{0}_{4\times4}&\ddots&\boldsymbol{0}_{4\times4}\\\boldsymbol{0}_{4\times4}&\boldsymbol{0}_{4\times4}&\cdots&\boldsymbol{e}_{\omega n}\end{bmatrix}$；$\boldsymbol{E}_q=\begin{bmatrix}\boldsymbol{e}_{q1}&\boldsymbol{0}_{4\times2}&\cdots&\boldsymbol{0}_{4\times2}\\\boldsymbol{0}_{4\times2}&\boldsymbol{e}_{q2}&\cdots&\boldsymbol{0}_{4\times2}\\\boldsymbol{0}_{4\times2}&\boldsymbol{0}_{4\times2}&\ddots&\boldsymbol{0}_{4\times2}\\\boldsymbol{0}_{4\times2}&\boldsymbol{0}_{4\times2}&\cdots&\boldsymbol{e}_{qn}\end{bmatrix}$；

$\boldsymbol{e}_{\omega1}=\boldsymbol{e}_{\omega2}=\cdots=\boldsymbol{e}_{\omega n}=\begin{bmatrix}-b_1&0&0&0\\0&-b_2&0&0\\0&0&-b_1&0\\0&0&0&-b_2\end{bmatrix}$；$\boldsymbol{e}_{q1}=\boldsymbol{e}_{q2}=\cdots=\boldsymbol{e}_{qn}=\begin{bmatrix}0&1\\0&1\\1&0\\1&0\end{bmatrix}$。

采用龙格-库塔法求解式（8.17），可以得到广义坐标 $\boldsymbol{q}^1$、$\boldsymbol{q}^2$，结合由 MSTMM 计算出的振型，求出物理坐标随时间的响应。

8.2.3 模型验证

（1）Goland+机翼线性颤振分析

以 Goland+机翼[228]气动弹性算例为例，其结构参数详见表 8.1。基于 MSTMM 计算了 Goland+机翼的圆频率，如图 8.1（a）所示。同时，计算得到该机翼的振型如图 8.1（b）、（c）所示。第一阶振型以弯曲为主，第二阶振型以扭转为主。然后基于 MSTMM/Theodorsen，通过式（8.10），即采用线性颤振频域仿真程序求解机翼颤振速度。

表 8.1 Goland+机翼计算参数[228]

名称	数值
弦长，c	6.0ft（1.829m）

续表

名称	数值
半展长，s	20.0ft（6.096m）
线质量，m	11.249slug/ft（539.6kg/m）
前缘到弹性轴距离	2.0ft（0.6096m）
弹性轴到中心距离的无量纲量，a	−1/3
前缘到质心的距离	2.6ft（0.7925m）
对 x 轴的单位展长的转动惯量，I_x	0.24921slug・ft²/ft（1.111kg・m²/m）
对 y 轴的单位展长的转动惯量，I_y	25.170slug・ft²/ft（112.2kg・m²/m）
弯曲刚度（EI）	23.647×10⁶lb・ft²（9.76×10⁶N・m²）
扭转刚度（GJ）	2.3899×10⁶lb・ft²（9.88×10⁵N・m²）

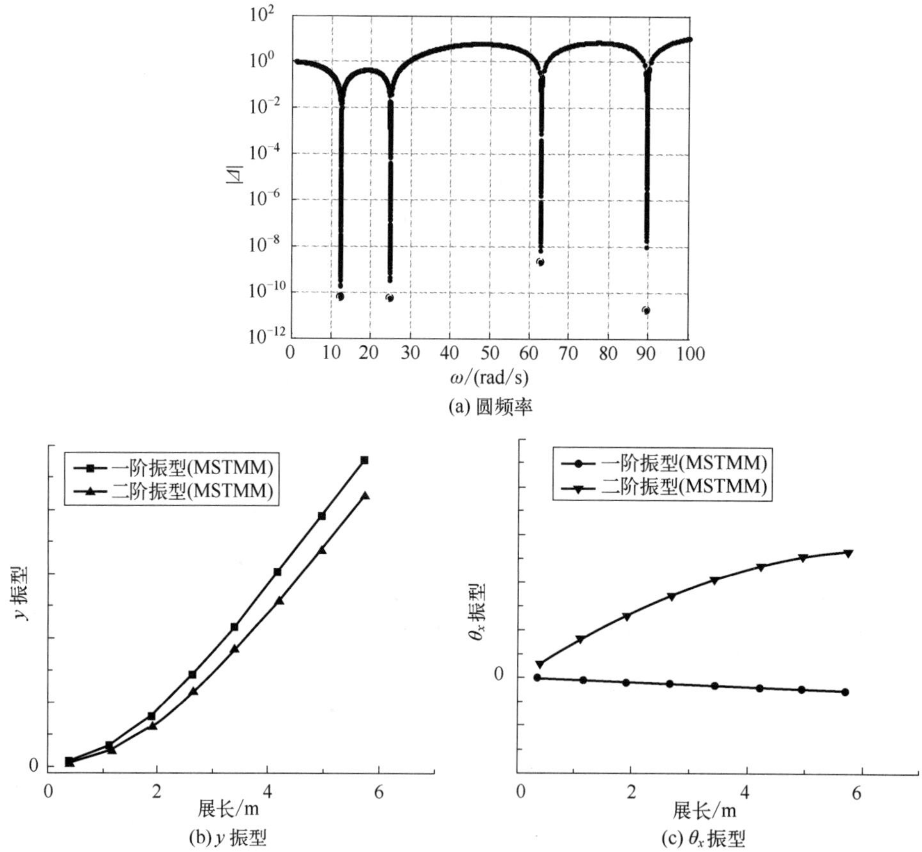

图 8.1 基于 MSTMM 的 Goland+机翼频率和振型

图 8.2 为采用本章方法计算出的 Goland+机翼的速度-人工阻尼图和速度-频率图。从图 8.2（a）、（b）可以看到 Goland+机翼的颤振速度 U_F =55.65m/s=182ft/s，颤振频率 $f_F = 3.68\text{Hz}$。文献[228]计算 Goland+机翼的颤振速度为 180ft/s［国外文献采用的是准定常气动力理论，根据文献[228]中的气动力公式，令本书 Theodorsen 中的 $C(k) = 1$］。本书方法计算结果与文献计算结果仅相差 1.1%，验证了线性颤振频域分析模型的准确性。

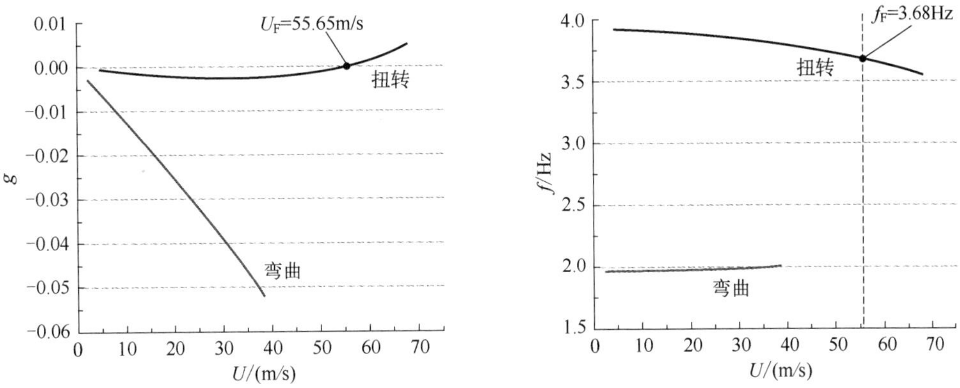

(a) 速度-人工阻尼图　　(b) 速度-频率图

图 8.2　基于 MSTMM 的线性颤振程序计算结果

（2）弯扭耦合机翼线性颤振分析

采用商业软件 NASTRAN 计算一个悬臂式弯扭耦合机翼的颤振速度。首先对弯扭耦合机翼进行模态计算，NASTRAN 软件仿真结果和 ANSYS 软件以及文献[229]的仿真结果基本一致，如表 8.2 所示。然后，应用 NASTRAN 软件计算弯扭耦合机翼的颤振速度，获得弯扭耦合机翼的速度-人工阻尼图和速度-频率图，如图 8.3 所示。从图中可以得出，NASTRAN 软件计算得到的弯扭耦合机翼颤振速度 $U_F = 54\text{m/s}$，颤振频率 $f_F = 11.3\text{Hz}$，与文献[229]计算结果一致。

表 8.2　弯扭耦合机翼模态计算结果对比

1 阶振型	2 阶振型	3 阶振型	4 阶振型
 $f_1 = 5.05\text{Hz}$ （NASTRAN）	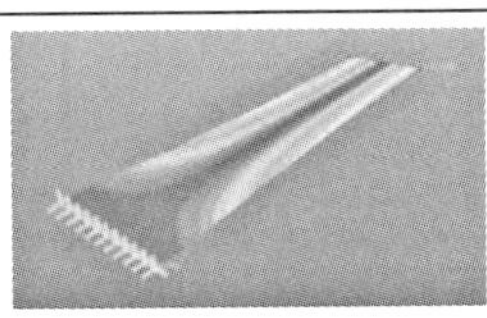 $f_2 = 21.45\text{Hz}$ （NASTRAN）	 $f_3 = 31.36\text{Hz}$ （NASTRAN）	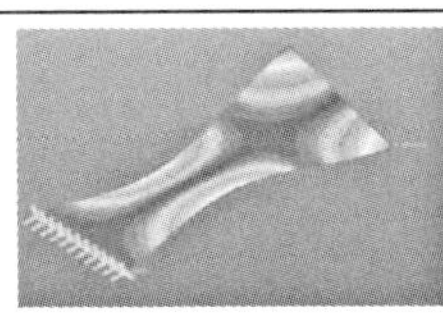 $f_4 = 69.63\text{Hz}$ （NASTRAN）
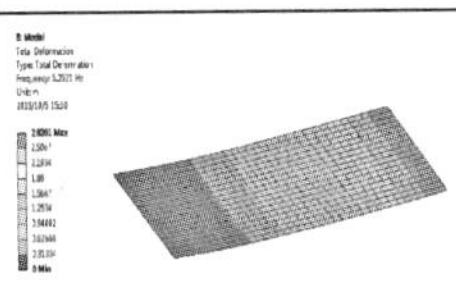 $f_1 = 5.05\text{Hz}$ （ANSYS）	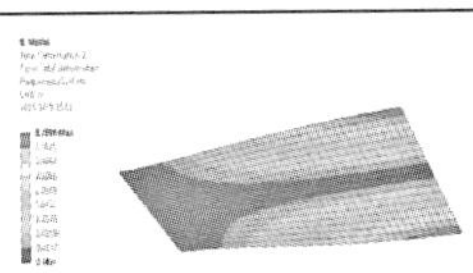 $f_2 = 21.74\text{Hz}$ （ANSYS）	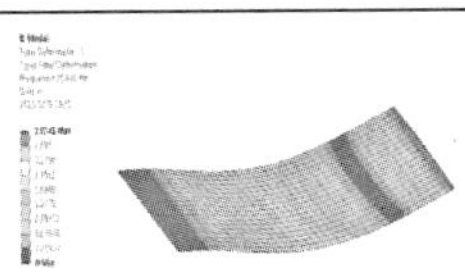 $f_3 = 31.53\text{Hz}$ （ANSYS）	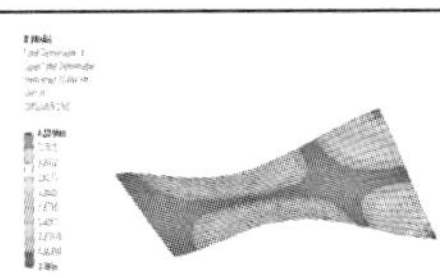 $f_4 = 70.84\text{Hz}$ （ANSYS）
$f_1 = 5.09\text{Hz}$[229]	$f_2 = 21.79\text{Hz}$[229]	$f_3 = 31.56\text{Hz}$[229]	$f_4 = 70.81\text{Hz}$[229]

计算出弯扭耦合机翼的弹性轴位置以及弯曲刚度、扭转刚度分布，然后基于 MSTMM 计算弯扭耦合机翼的振动模态。ANSYS 软件计算出的振型是质量归一化后的振型，为了使 MSTMM 的计算结果与 ANSYS 软件的对比，对 MSTMM 计算出的振型进行质量归一化处理。归一化目的就是将不同尺度上的评判结果统一到一个尺度上，从而可以作比较。

质量归一化的过程即将质量矩阵 $\boldsymbol{M}$ 归一化处理为质量矩阵 $\boldsymbol{I}$ 的过程。假设质量归一化前的振型为 $\boldsymbol{V}_o$，质量归一化后的振型为 $\boldsymbol{V}$，因此有 $\boldsymbol{V}_o^{\mathrm{T}}\boldsymbol{M}\boldsymbol{V}_o = \boldsymbol{M}_D$，式中 $\boldsymbol{M}_D$ 为模态化后

的质量矩阵。为了将质量矩阵 $\boldsymbol{M}$ 质量归一化，有：$\boldsymbol{V}^{\mathrm{T}}\boldsymbol{M}\boldsymbol{V}=\boldsymbol{I}$ 。因此，质量归一化后的振型 $\boldsymbol{V}=\boldsymbol{V}_{\mathrm{o}}\Big/\sqrt{\boldsymbol{V}_{\mathrm{o}}^{\mathrm{T}}\boldsymbol{M}\boldsymbol{V}_{\mathrm{o}}}$ 。

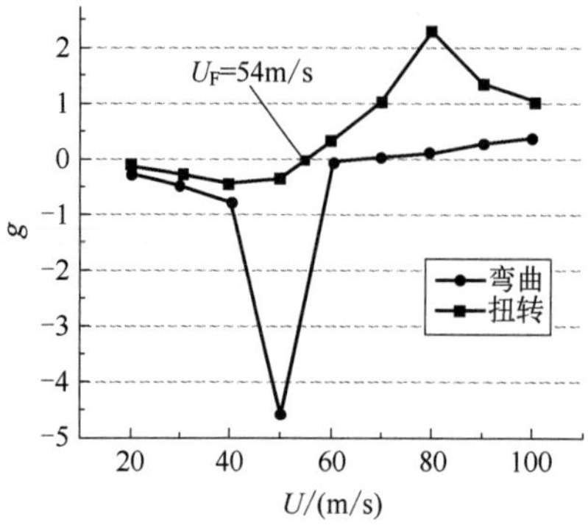

(a) 速度-人工阻尼图

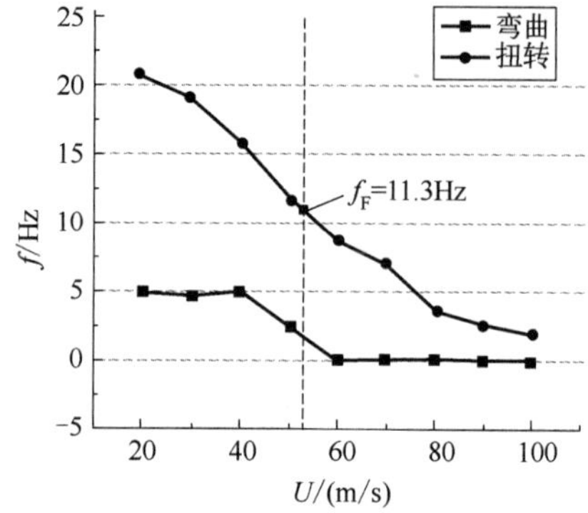

(b) 速度-频率图

图 8.3　基于 NASTRAN 软件的弯扭耦合机翼颤振速度计算结果

弯扭耦合机翼的圆频率计算结果如图 8.4（a）所示，质量归一化后的弯扭耦合机翼的一阶振型和二阶振型如图 8.4（b）、（c）所示，与 ANSYS 的振型计算结果对比，两种方法计算结果非常接近。如表 8.3 所示，将 MSTMM 的前两阶计算结果与 NASTRAN、ANSYS、

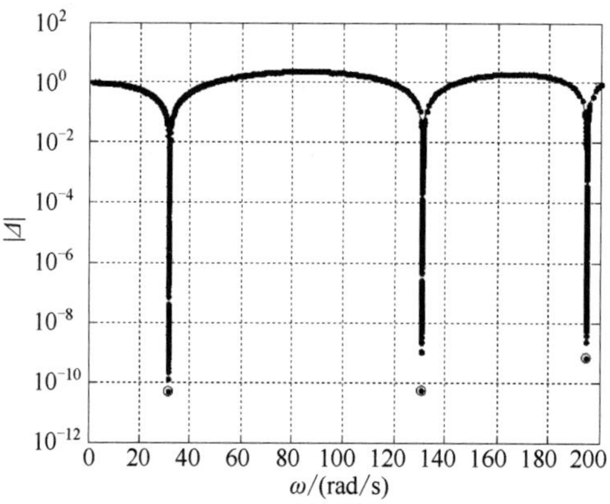

(a) 圆频率

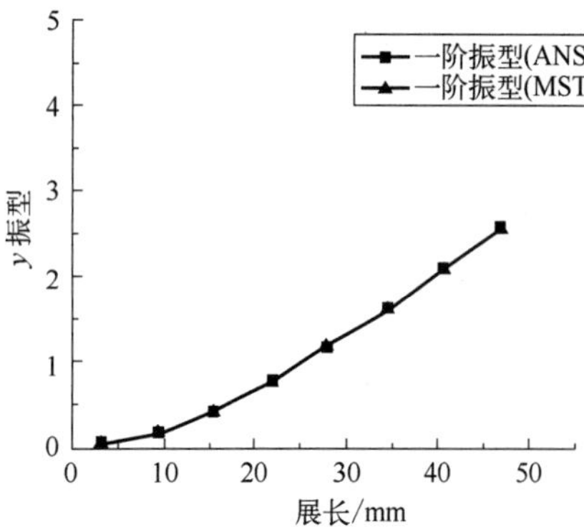

(b) 一阶振型

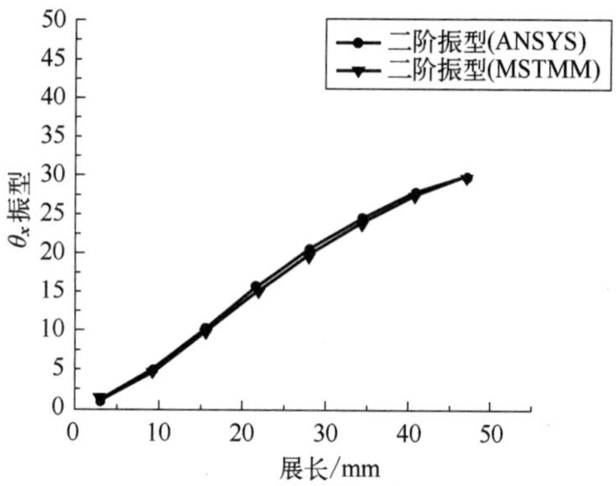

(c) 二阶振型

图 8.4　基于 MSTMM 的弯扭耦合机翼圆频率和振型

文献[229]计算结果对比，发现相差非常小。最后，采用基于 MSTMM 的时域模型计算弯扭耦合机翼的动力响应。如图 8.5 所示，当来流速度为 40m/s 时，广义坐标 q_1、q_2 以及广义坐标的导数 D（q_1）、D（q_2）的响应都收敛；来流速度为 55m/s 时，响应都发散；来流速度为 51m/s 时，响应发生持续的等幅振荡，即此时发生了颤振。与 NASTRAN 软件计算结果相比相差 5.5%，误差较小，验证了时域仿真模型的准确性。

表 8.3　基于 NASTRAN、ANSYS、MSTMM 和文献[229]的弯扭耦合机翼频率计算结果对比

频率	文献[229]	NASTRAN	ANSYS	MSTMM
f_1	5.09Hz	5.05Hz	5.05Hz	5.03Hz
f_2	21.79Hz	21.45Hz	21.74Hz	21.73Hz

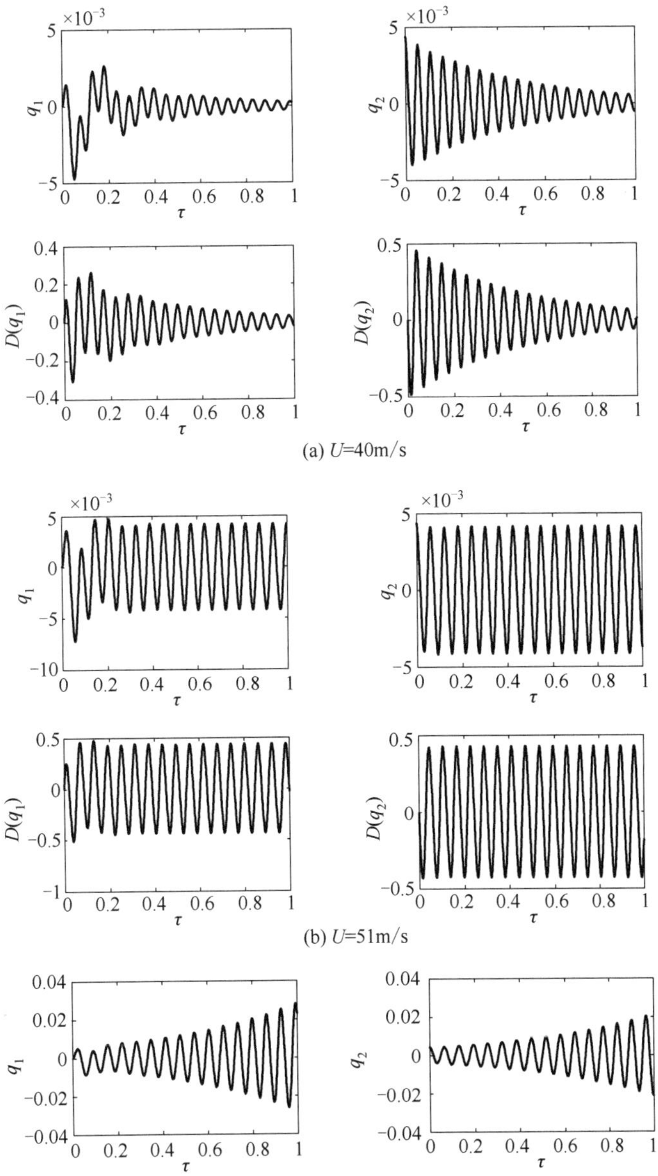

图 8.5

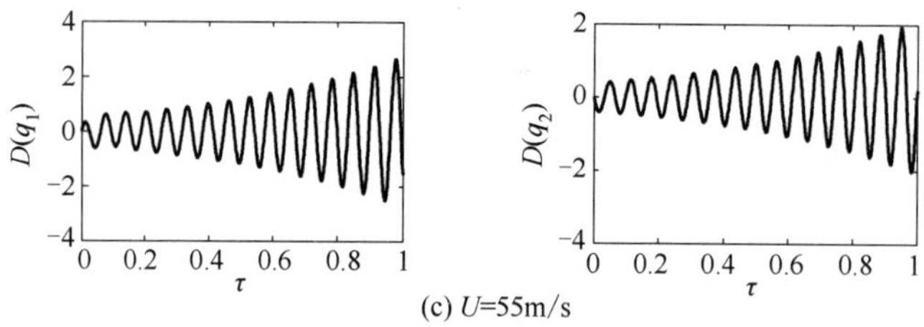

(c) U=55m/s

图 8.5　基于 MSTMM 弯扭耦合机翼时域模型仿真结果

8.2.4　基于 MSTMM 的舵系统水弹性计算结果分析

首先采用 CFD 方法计算了舵叶采用不同翼型攻角情况下的升力系数。舵叶所采用的翼型为 NACA 系列的某翼型，从图 8.6 可以看出，基于 CFD 的仿真结果与实验数据[230]对比，整体趋势吻合得较好，在发生失速前误差较小。计算出图 8.6 线性部分的斜率即舵叶翼型的升力线斜率 $2\Pi = 5.995$，通过该模型也验证了 CFD 数值模型的可靠性。

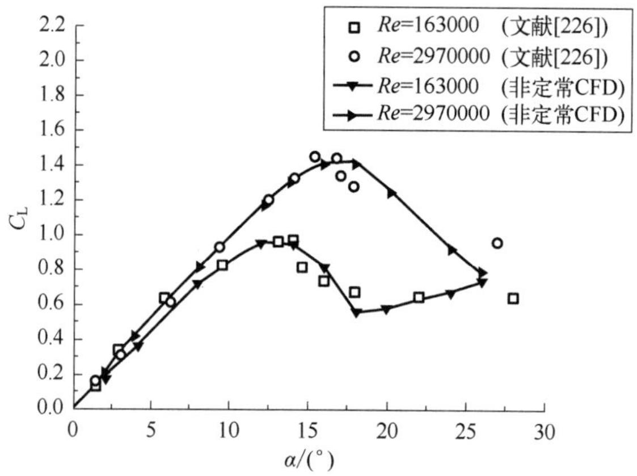

图 8.6　不同攻角情况下舵叶翼型和舵叶的升力系数分布

基于第 6 章中计算得到的舵系统结构参数，通过线性颤振频域分析程序计算得到舵系统的速度-人工阻尼、速度-频率图。改变液压弹簧刚度即相当于改变了操纵系统的等效扭转刚度。如图 8.7（a）～（f）所示，分别计算了液压弹簧刚度 $K_h = 4\times10^8\,\mathrm{N/m}$、$1\times10^7\,\mathrm{N/m}$、$1\times10^9\,\mathrm{N/m}$ 情况下的舵系统速度-人工阻尼、速度-频率图。计算结果表明，舵系统在这三种液压弹簧刚度下，在来流速度为 0～20m/s 内都需要添加负的阻尼才能达到颤振的临界状态。说明系统本身的阻尼就足够阻碍其发生颤振。因此，在来流速度为 0～20m/s 内，增加或减小操纵系统的等效扭转刚度，舵系统都不会发生线性经典颤振。

同样的参数，采用时域仿真程序，分别对液压弹簧刚度 $K_h = 4\times10^8\,\mathrm{N/m}$、$1\times10^7\,\mathrm{N/m}$、$1\times10^9\,\mathrm{N/m}$，来流速度为 1m/s、5m/s、10m/s、20m/s 情况下的舵系统进行动力学响应计算。从图 8.8（a）～（l）中可以看出舵系统的流固耦合振动响应都是趋于收敛的，且速度越大，收敛越快。计算结果和采用 CFD/CSD 双向耦合的结果一致。同时计算结果也表明，在来流速度为 1～20m/s 以内，增加或减小操纵系统的等效扭转刚度，舵系统都未发生持续不衰减的振动，即未发生线性颤振。说明在该舵系统的结构参数下，不会发生由颤振引起的结构破坏问题。

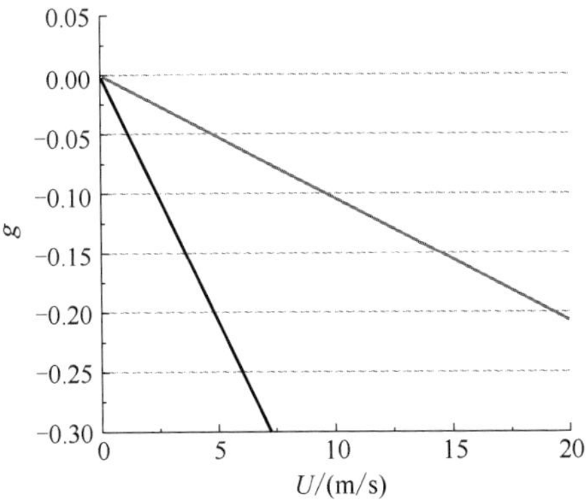

(a) 速度-人工阻尼图(K_h=4×10^8N/m)

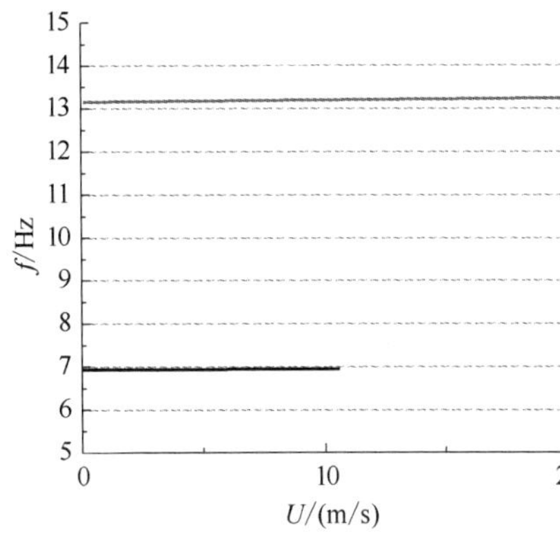

(b) 速度-频率图(K_h=4×10^8N/m)

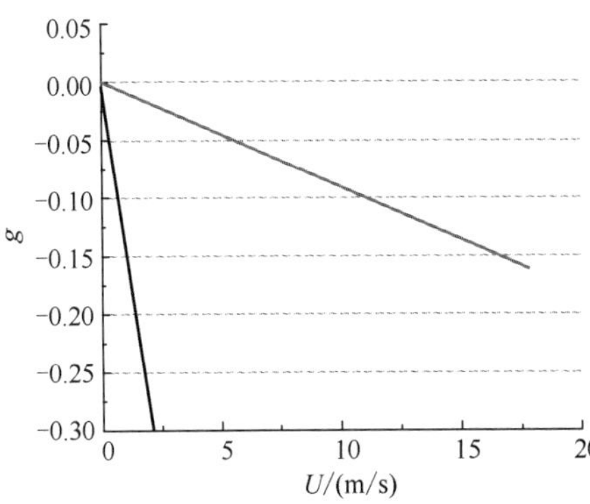

(c) 速度-人工阻尼图(K_h=1×10^7N/m)

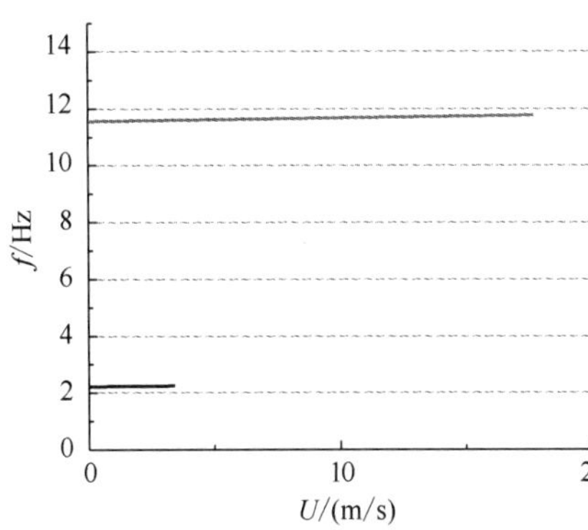

(d) 速度-频率图(K_h=1×10^7N/m)

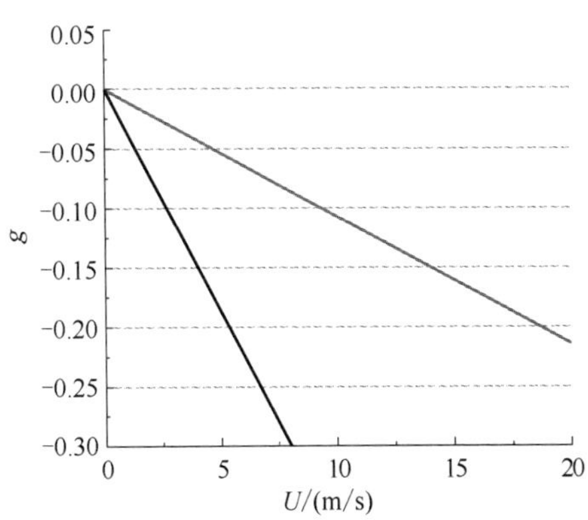

(e) 速度-人工阻尼图(K_h=1×10^9N/m)

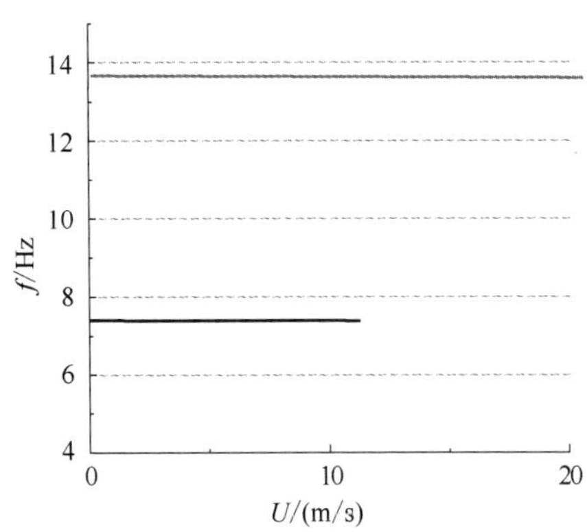

(f) 速度-频率图(K_h=1×10^9N/m)

图 8.7　基于 MSTMM 的舵系统线性颤振程序计算结果

（深色线型表示扭转模态，浅色线型表示弯曲模态）

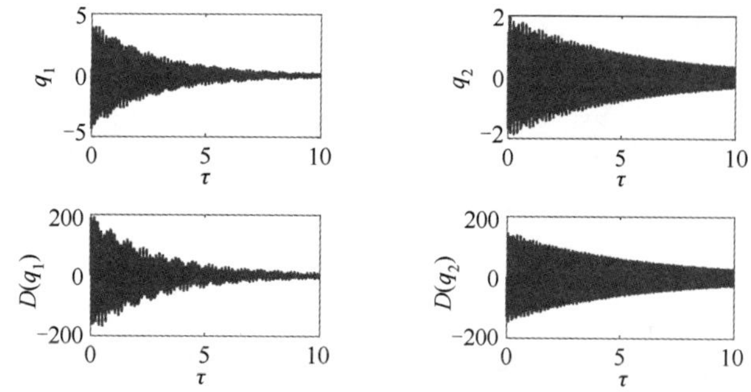

(a) U=1m/s(K_h=4×10^{8}N/m)

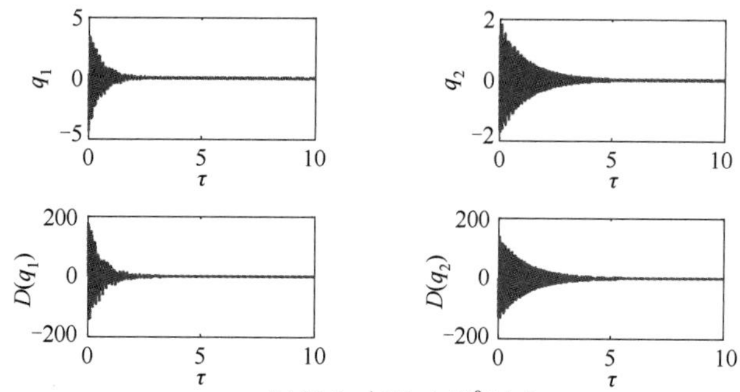

(b) U=5m/s(K_h=4×10^{8}N/m)

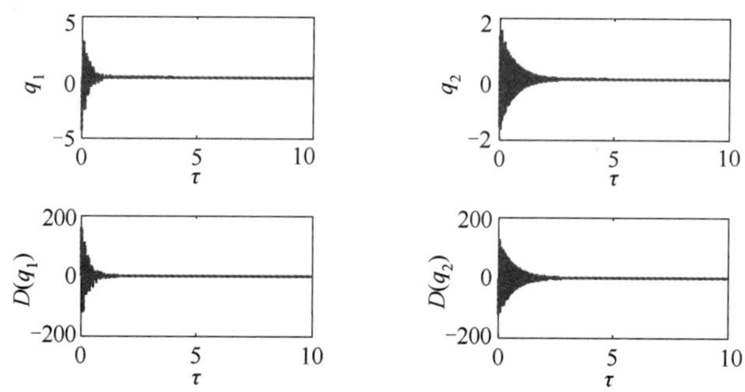

(c) U=10m/s(K_h=4×10^{8}N/m)

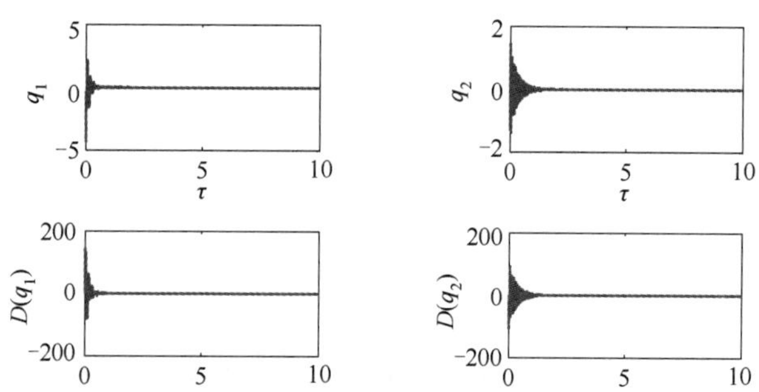

(d) U=20m/s(K_h=4×10^{8}N/m)

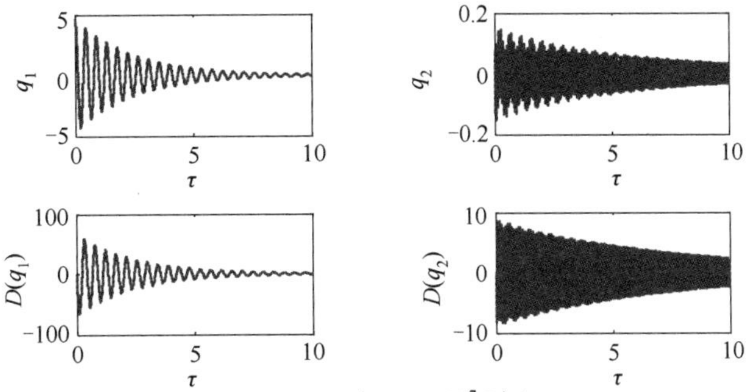

(e) U=1m/s(K_h=1×10^{7}N/m)

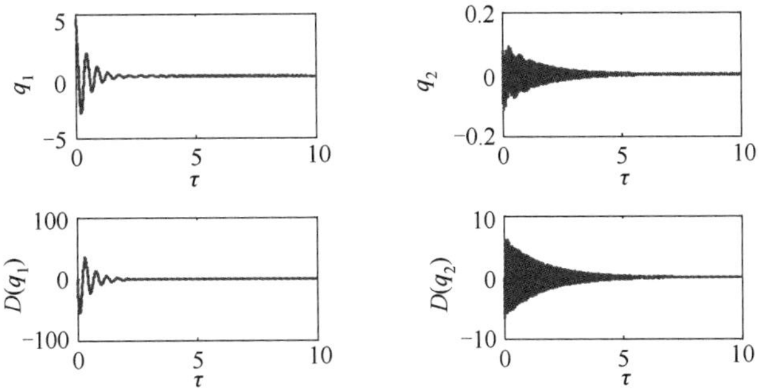

(f) U=5m/s(K_h=1×10^{7}N/m)

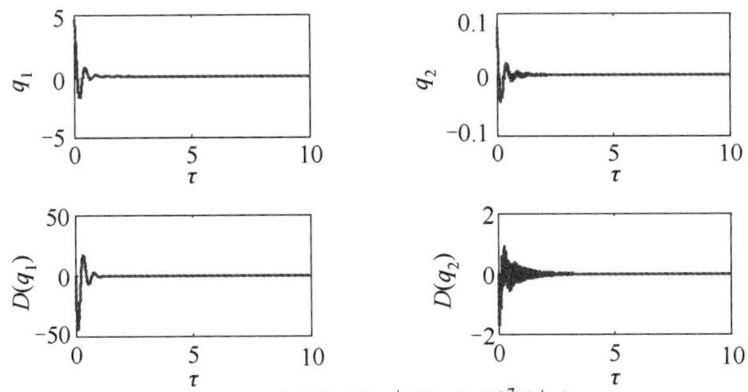

(g) U=10m/s(K_h=1×10^{7}N/m)

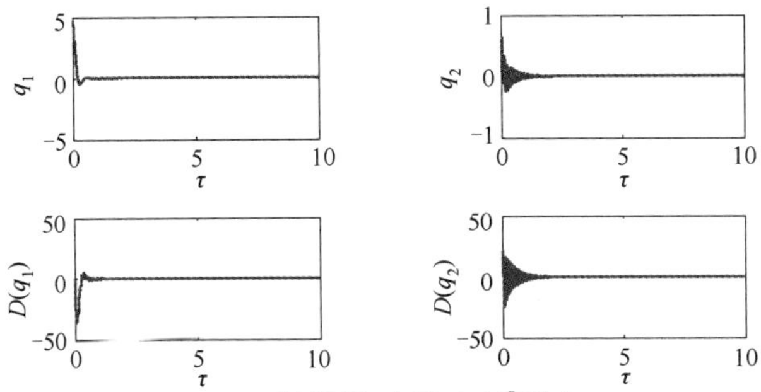

(h) U=20m/s(K_h=1×10^{7}N/m)

图 8.8

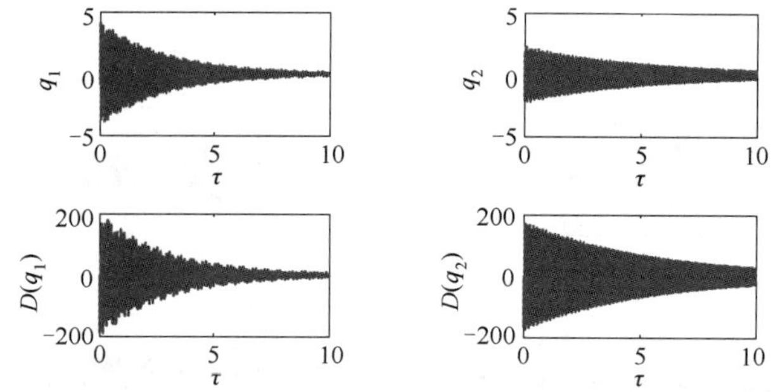

(i) U=1m/s(K_h=1×10^{9}N/m)

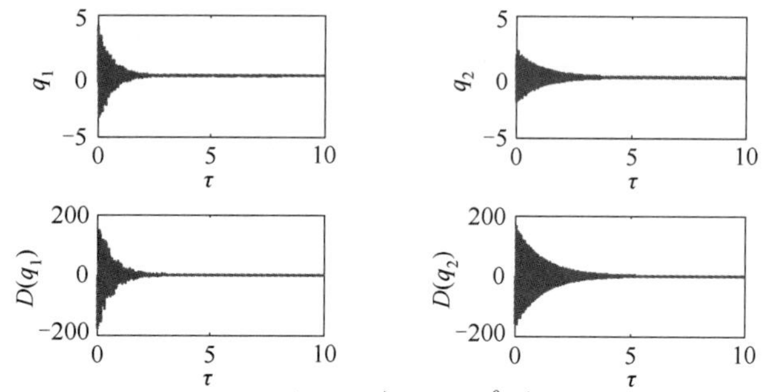

(j) U=5m/s(K_h=1×10^{9}N/m)

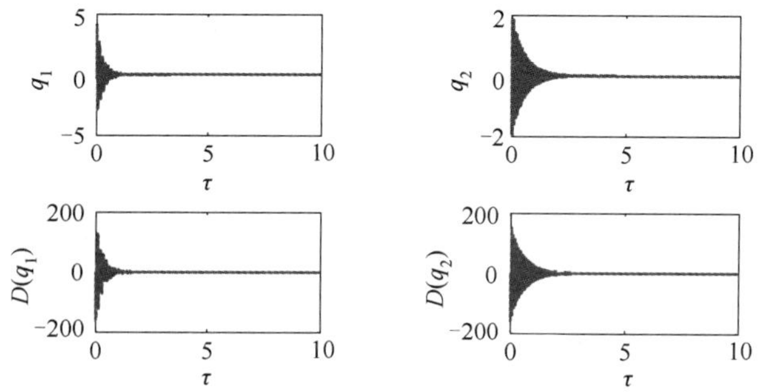

(k) U=10m/s(K_h=1×10^{9}N/m)

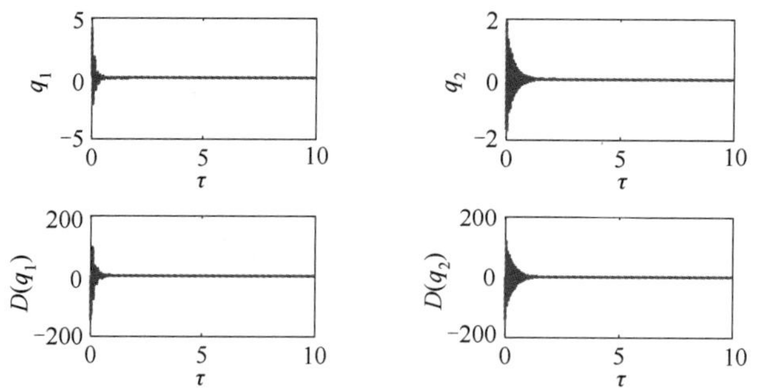

(l) U=20m/s(K_h=1×10^{9}N/m)

图 8.8　基于 MSTMM 舵系统时域模型仿真结果

基于 MSTMM 预测整个舵系统的线性颤振速度和动力学响应效率非常高，计算一个流固耦合工况只需几秒到十几秒的时间，改变参数，很快可以得出新的计算结果，从而可以进行参数研究，也可以进行规律性探索。然而，同等计算条件下，采用 CFD/CSD 尽管计算精度高，考虑因素全，但是计算 1s 往往需要 10 天以上的时间，难以满足工程上快速计算的需求。

本节所介绍的基于 MSTMM 的多刚柔体系统流固耦合快速建模和仿真的方法，可以为工程上类似问题提供参考。由于舵系统模型中不便研究舵叶的结构参数对舵系统水弹性的影响规律，因此在下一节中提出了舵系统简化为二元颤振模型的具体方法，并研究舵叶结构参数和间隙非线性对舵系统水弹性的影响规律。

8.3　结构参数和间隙非线性对舵系统水弹性的影响规律

8.3.1　基于 MSTMM 的舵系统二元颤振模型建模方法和参数获取

作用在舵系统的两个舵叶上面的水动力是完全一致的。操纵系统对舵叶提供的相当于是扭矩，使舵叶可以转动。从仿真结果可以看出，舵系统的 2、4 阶反对称模态和舵机提供的刚度大小没有关系，属于局部模态。因此可以将舵系统简化为一根扭簧连接一个舵叶来捕捉整个舵系统的动力学行为。如图 8.9（a）所示，在舵轴两端施加单位扭矩，即可通过有限元静力学分析得到操纵系统的等效扭簧（扭转）刚度。简化后的舵系统如图 8.9（b）所示。基于 MSTMM 建立简化后舵系统的动力学模型，如图 8.9（c）所示，链式系统由一个扭簧和 7 段弯扭耦合梁组成。

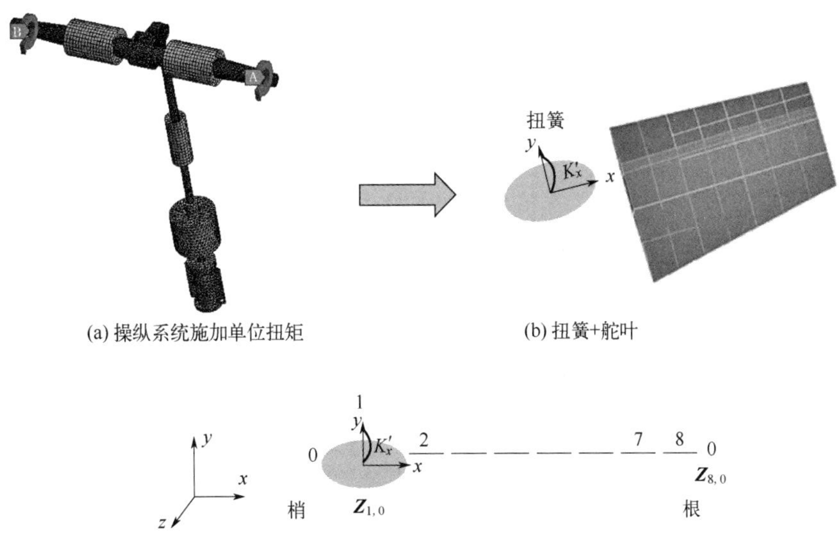

(a) 操纵系统施加单位扭矩　　(b) 扭簧+舵叶

(c) 舵系统简化模型的动力学模型

图 8.9　舵系统的等效模型

当液压弹簧刚度取 $K_h = 4\times10^8\,\mathrm{N/m}$，对应的操纵系统等效扭簧刚度为 $K_{\alpha\_\mathrm{actuator}} = 1.23\times10^7\,\mathrm{N\cdot m/rad}$。基于 MSTMM，状态矢量写为 $[X,Y,\Theta_z,M_z,Q_x,Q_y,\Theta_x,M_x]^{\mathrm{T}}$，总传递方程为

$$\boldsymbol{Z}_{8,0} = \boldsymbol{U}_8\boldsymbol{U}_7\boldsymbol{U}_6\boldsymbol{U}_5\boldsymbol{U}_4\boldsymbol{U}_3\boldsymbol{U}_2\boldsymbol{U}_1\boldsymbol{Z}_{1,0} = \boldsymbol{U}_{\mathrm{pla}}^{\mathrm{R}}\boldsymbol{U}_1\boldsymbol{Z}_{1,0} = \boldsymbol{T}_{1-8}\boldsymbol{Z}_{1,0} \tag{8.18}$$

边界条件为：

$$\boldsymbol{Z}_{1,0} = [0,0,0,M_{z1},Q_{x1},Q_{y1},0,M_{x1}]^{\mathrm{T}}，\quad \boldsymbol{Z}_9 = [X_9,Y_9,\Theta_{z9},0,0,0,\Theta_{x9},0]^{\mathrm{T}}$$

求解特征方程，得到舵叶内部不含水和充满水两种情况下舵系统的等效模型的圆频率值如图 8.10 所示。

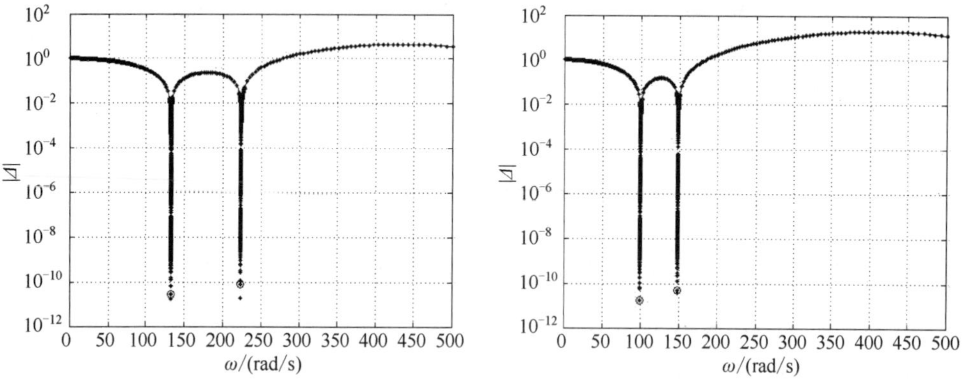

(a) 舵叶内部不含水　　(b) 舵叶内部充满水

图 8.10　舵系统的等效模型的圆频率

采用 MSTMM 和 FEM 对简化后的舵系统进行动力学特性计算。从表 8.4 可以看出，MSTMM 和 FEM 仿真结果非常接近，且 MSTMM 的计算效率远远高于 FEM。

表 8.4　基于 MSTMM 和 FEM 的舵系统简化模型的频率计算结果对比

方法	舵叶内部不含水/Hz		舵叶内部充满水/Hz	
	f_1	f_2	f_1	f_2
FEM	20.36	28.528	15.484	24.191
MSTMM	20.9	29.4	15.708	23.582

表 8.5 中为舵叶中充满水情况下的舵系统简化模型的振型，并对比了 ANSYS 有限元软件的仿真结果（即 FEM 结果），显示振型及频率均一致，说明 MSTMM 的仿真效果较好。对比表 8.5 和表 8.6 可以看出，舵系统简化模型的第 1 阶模态和未简化的舵系统模型第 1 阶模态接近，舵系统简化模型的第 2 阶模态和未简化的舵系统模型第 3 阶模态接近。说明简化后的舵系统可以捕捉到整个舵系统的动力学特性，同时也说明了全舵系统简化为一根扭簧和一个舵叶组成的系统是合理的。

表 8.5　基于 MSTMM 和 ANSYS 有限元软件的舵系统简化模型的模态仿真结果对比

模态	MSTMM	FEM
1	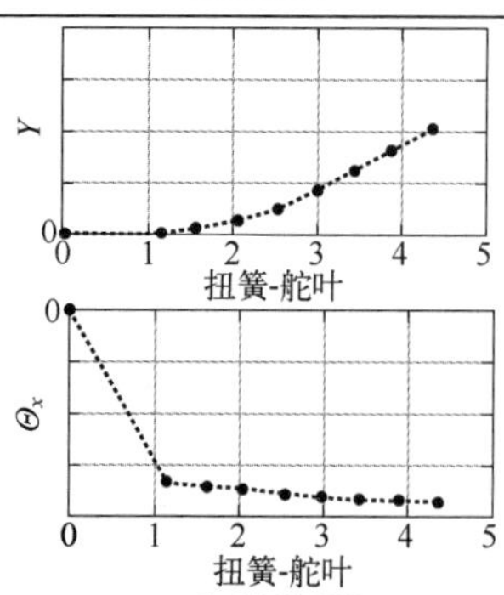 f_1=15.7075Hz	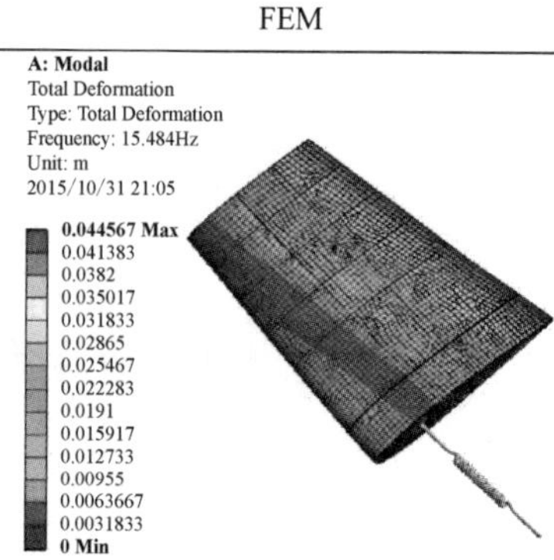 f_1=15.484Hz
	f_1 = 15.384Hz （表 6.6）	

续表

<table>
<tr><th>模态</th><th>MSTMM</th><th>FEM</th></tr>
<tr><td>2</td><td>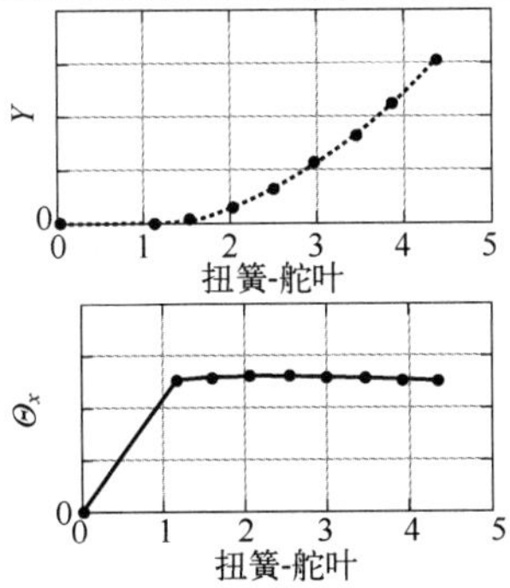
f_2=23.5818Hz</td><td>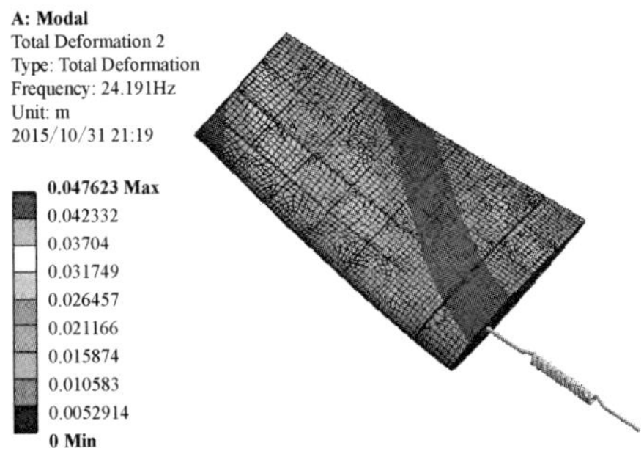
f_2=24.191Hz</td></tr>
<tr><td></td><td colspan="2">$f_3 = 23.666\text{Hz}$（表 6.6）</td></tr>
</table>

表 8.6　基于 MSTMM 的舵系统简化模型的非耦合振型

<table>
<tr><th>第 1 阶-纯扭转</th><th>第 2 阶-纯弯曲</th></tr>
<tr><td>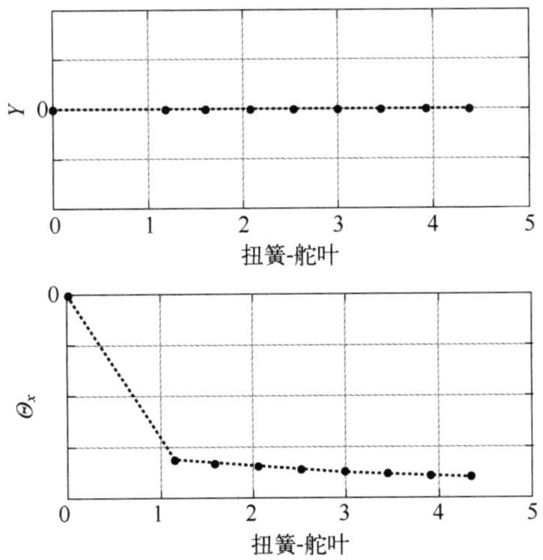</td><td>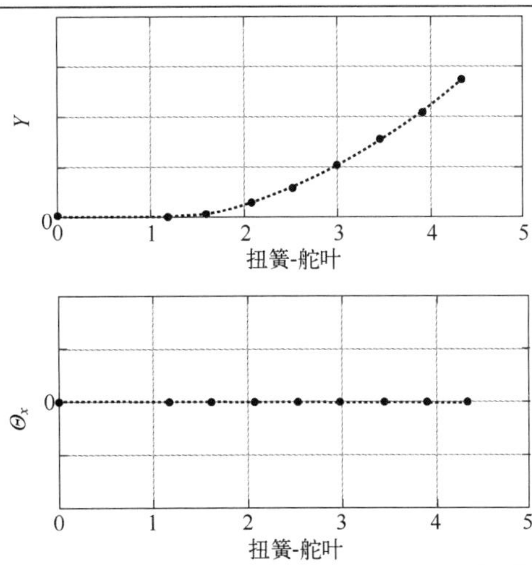</td></tr>
</table>

对于舵系统线性、非线性颤振模型的仿真计算，最重要的两个参数即舵系统的纯弯、纯扭频率。如何获得舵系统的非耦合频率是建立舵系统二元颤振模型的关键。基于 MSTMM 将图 8.9（c）中的弯扭耦合梁的质心到弹性轴的距离都改为 0（$x_\alpha \approx 0$），即将弯扭耦合梁中的耦合项去掉，便可以很方便地计算出舵系统的非耦合频率。

舵系统不同液压弹簧刚度 K_h 可以等效出不同操纵系统的扭转刚度 $K_{\alpha\_\text{actuator}}$。基于 MSTMM 求解舵系统简化后模型的纯弯、纯扭频率，计算结果如图 8.11 所示。图 8.11（a）为不同液压弹簧刚度情况下舵系统纯弯、纯扭频率分布图，随着液压弹簧刚度的增加，即操纵系统扭转刚度增加，舵系统的纯扭频率随之增加，但增大幅度慢慢变小；从图 8.11（a）、（b）都可以看到舵系统的纯弯频率没有改变，说明增大系统的扭转刚度对系统的纯弯频率不产生影响。当液压弹簧刚度大于$1.5\times10^9\,\text{N/m}$时，舵系统简化模型的第一阶纯扭模态切换成了纯弯曲模态。这也符合实际。液压弹簧刚度以及拉杆、传动杆等连接部件只改变操纵系统的等效扭转刚度，并不改变操纵系统的弯曲刚度，所以舵系统简化模型的纯弯频率一直不变。

舵系统的弯曲刚度大于扭转刚度，这是由舵叶小展弦比决定的，当操纵系统的等效扭转刚度达到一定值时，第一阶振型会变成纯弯曲。液压弹簧刚度为 $K_h = 4\times10^8 \text{N/m}$（即 $K_{\alpha\_\text{actuator}} = 1.23\times10^7 \text{N}\cdot\text{m/rad}$）时的振型如表 8.6 所示。从表 8.6 中可以看出，第 1 阶振型是纯扭转，第 2 阶振型是纯弯曲。

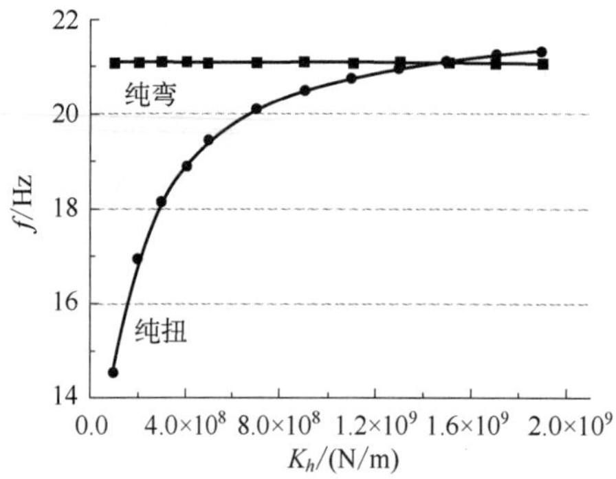

(a) 不同液压弹簧刚度

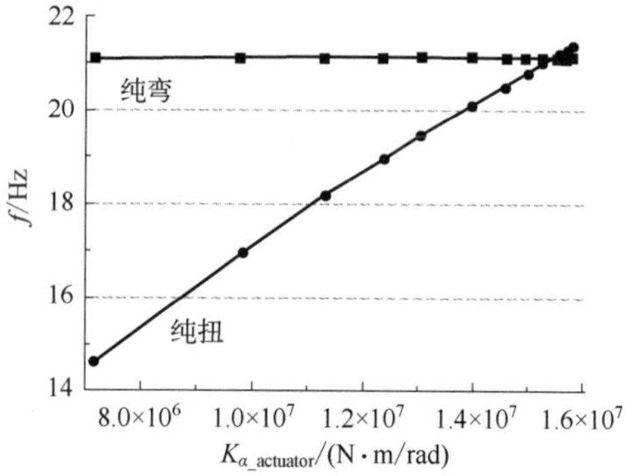

(b) 不同操纵系统等效扭转刚度

图 8.11　舵系统的等效模型的非耦合频率计算结果

8.3.2　舵系统的二元颤振模型建模

图 8.12（a）为舵叶的示意图，取 3/4 舵叶展长处的截面，建立的二元水翼颤振模型

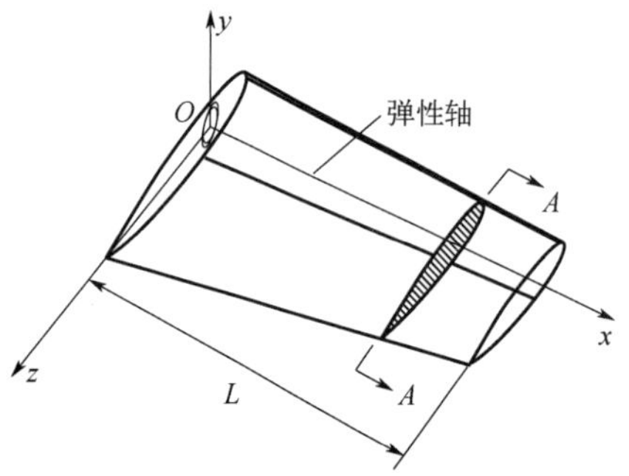

(a) 舵叶示意图

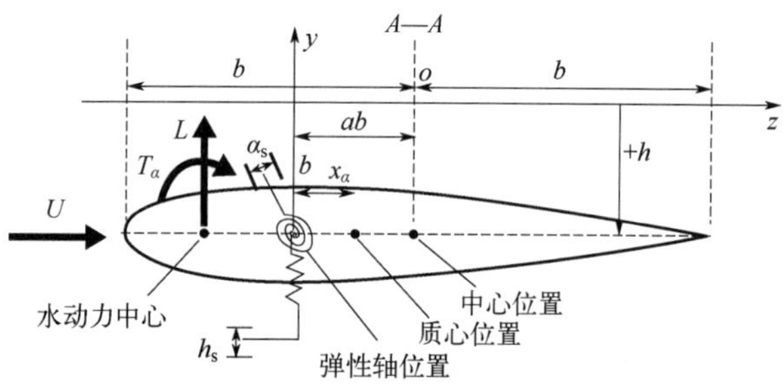

(b) 二元水翼颤振模型

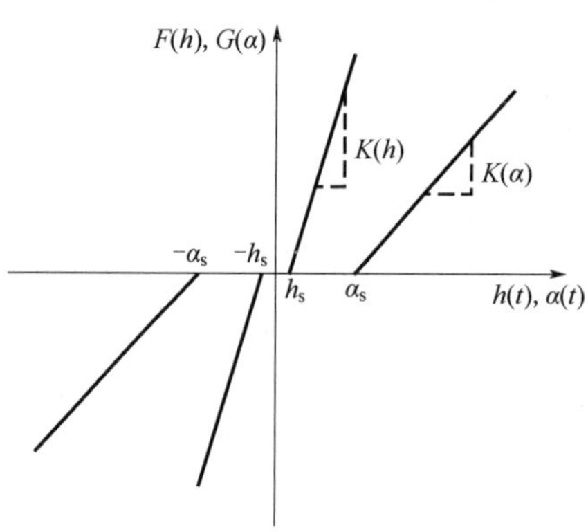

(c) 沉浮、俯仰间隙非线性示意图

图 8.12　二元颤振模型几何示意图

如图8.12（b）所示。在水翼弹性轴处固定一根刚度为K_h的弹簧以及一根刚度为K_α的扭簧，弹性轴在翼弦中点前ab处，质心到弹性轴的距离为$x_\alpha b$，水翼弦长为$2b$。水翼有两个自由度，即随弹性轴的沉浮运动h（向下为正）和绕弹性轴的俯仰转动α（抬头为正）。二元颤振模型里面考虑的非线性是间隙非线性。如图 8.12（b）、（c）所示，h_s是沉浮间隙，α_s是俯仰间隙。

两自由度舵叶水弹性控制方程：

$$\begin{aligned} m\ddot{h}+mx_\alpha b\ddot{\alpha}+c_h\dot{h}+F(h)&=-L(t)\\ mx_\alpha b\ddot{h}+I_\alpha\ddot{\alpha}+c_\alpha\dot{\alpha}+G(\alpha)&=T_\alpha(t)\end{aligned} \tag{8.19}$$

式中，m为单位展长舵叶的质量；$I_\alpha=mb^2r_\alpha^2$，为相对于弹性轴的单位展长转动惯量；r_α是水翼对刚心的回转半径；c_h和c_α分别是沉浮和俯仰阻尼；L为升力，取向上的方向为正方向；T_α为对弹性轴的水动力矩，以抬头为正；非线性项$F(h)$、$G(\alpha)$分别表示回复力和回复力矩，根据图 8.12（c），其表达式为：

$$F(h)=\begin{cases}K_h(h-h_s),h>h_s\\ 0,-h_s\leqslant h\leqslant h_s\\ K_h(h+h_s),h<h_s\end{cases};G(\alpha)=\begin{cases}K_\alpha(\alpha-\alpha_s),\alpha>\alpha_s\\ 0,-\alpha_s\leqslant\alpha\leqslant\alpha_s\\ K_\alpha(\alpha+\alpha_s),\alpha<\alpha_s\end{cases} \tag{8.20}$$

（1）二元线性颤振模型频域分析

式（2.19）为 Theodorsen 水动力理论，将式（2.19）重新整理为更加简洁的形式，以方便推导：

$$\begin{aligned} &L(t)=L_A(t)+L_C(t)=(L_{Ah}+L_{AU}+L_{A\alpha})+(L_{Ch}+L_{CU}+L_{C\alpha})\\ &T_\alpha(t)=T_A(t)+T_C(t)=[ab\,L_{Ah}-(b/2-ab)L_{AU}+\\ &(b^2/8+a^2b^2)L_{A\alpha}]/ab+(b/2+ab)(L_{Ch}+L_{CU}+L_{C\alpha})\end{aligned} \tag{8.21}$$

式中，$L_{Ah}=\pi\rho b^2\ddot{h}$，$L_{AU}=\pi\rho b^2U\dot{\alpha}$，$L_{A\alpha}=-\pi\rho b^2ab\ddot{\alpha}$，均是由水流的附加质量引起的，是与舵叶的环量分布无关的升力组成部分；$L_{Ch}=C_{L\alpha}\rho bUC(k)\dot{h}$，$L_{CU}=C_{L\alpha}\rho bU^2C(k)\alpha$，$L_{C\alpha}=C_{L\alpha}\rho bUC(k)(b/2-ab)\dot{\alpha}$，是与环量分布有关的升力组成部分，主要表现为与升力线斜率有关；升力线斜率$C_{L\alpha}$=5.995。

同样基于U-g法，忽略非线性项，建立二元水翼频域上的颤振方程。当来流速度等于颤振速度时，水翼做简谐运动，令$h=\overline{h}e^{i\omega t}$，$\alpha=\overline{\alpha}e^{i\omega t}$。在这个方法中，需要引入人工阻尼。首先假定系统的阻尼为零，引入人工阻尼，在式（8.19）右边添加耗散结构阻尼力$D_h=\overline{D}_he^{i\omega t}=-igm\omega_h{}^2\overline{h}e^{i\omega t}$，$D_\alpha=\overline{D}_\alpha e^{i\omega t}=-igI_\alpha\omega_\alpha{}^2\overline{\alpha}e^{i\omega t}$。$\omega_h$、$\omega_\alpha$、$g$分别为舵系统的非耦合纯弯、纯扭频率及人工阻尼。通过方程推导可以将式（8.19）写为如下形式：

$$\begin{bmatrix}A_1&A_2\\A_3&A_4\end{bmatrix}\begin{bmatrix}\overline{h}/b\\\overline{\alpha}\end{bmatrix}=\mathbf{0} \tag{8.22}$$

式中，$A_1=\dfrac{1}{\mu}L_1+1-\dfrac{1+ig}{\Omega^2}\overline{\omega}^2$；$A_2=\dfrac{1}{\mu}\left[L_2-(\dfrac{1}{2}+a)L_1\right]+x_\alpha$；$A_3=\dfrac{1}{\mu}\left[M_1-(\dfrac{1}{2}+a)L_1\right]+x_\alpha$；$A_4=\dfrac{1}{\mu}\left[M_2-\left(\dfrac{1}{2}+a\right)(L_1+M_1)+\left(\dfrac{1}{2}+a\right)^2L_1\right]+r_\alpha^2-\dfrac{1+ig}{\Omega^2}r_\alpha^2$；$L_1=1-i\dfrac{C_{L\alpha}}{\pi}C(k)\dfrac{1}{k}$；$L_2=\dfrac{1}{2}-i\dfrac{1+\dfrac{C_{L\alpha}}{\pi}C(k)}{k}-\dfrac{\dfrac{C_{L\alpha}}{\pi}C(k)}{k^2}$；$M_1=\dfrac{1}{2}$；$M_2=\dfrac{3}{8}-i\dfrac{1}{k}$；$\mu=m/(\pi\rho_{water}b^2)$；$\Omega^2=\omega^2/\omega_\alpha^2$；$\overline{\omega}=\omega_h/\omega_\alpha$；

ρ_{water}、μ 分别为流体的密度、质量比；ω_h 和 ω_α 分别为无耦合沉浮和俯仰固有频率；$\bar{\omega}$ 为舵系统纯弯纯扭频率比。

因为 A_1、A_4 中都包含 $\dfrac{1+\mathrm{i}g}{\Omega^2}$ 项，可以将式（8.22）写成求解广义特征值问题，特征值为 $\lambda=\dfrac{1+\mathrm{i}g}{\Omega^2}=\dfrac{(1+\mathrm{i}g){\omega_\alpha}^2}{\omega^2}=\lambda_{\text{Re}}+\mathrm{i}\lambda_{\text{Im}}$，因此有：

$$\omega=\omega_\alpha\sqrt{\frac{1}{\lambda_{\text{Re}}}};\qquad g=\frac{\lambda_{\text{Im}}}{\lambda_{\text{Re}}};\qquad U=\frac{\omega_\alpha b}{k\sqrt{\lambda_{\text{Re}}}} \tag{8.23}$$

U-g 的使用方法同前文一样。

（2）二元间隙非线性颤振模型时域分析

介绍了 Theodorsen 任意运动水动力计算公式，为了方便推导非线性颤振方程，将升力和力矩整理为如下简洁形式：

$$\begin{aligned}
L(t)&=L_{\text{A}}(t)+L_{\text{B}}(t)=(L_{\text{A}h}+L_{\text{A}U}+L_{\text{A}\alpha})+(L_Q+L_{\text{J}})\\
T_\alpha(t)&=T_{\text{A}}(t)+T_{\text{B}}(t)=[ab\,L_{\text{A}h}-(b/2-ab)L_{\text{A}U}\\
&\quad+\frac{1}{ab}(b^2/8+a^2b^2)L_{\text{A}\alpha}]+(b/2+ab)(L_Q+L_{\text{J}})
\end{aligned} \tag{8.24}$$

式中，$L_Q=C_{L\alpha}\rho bU[Q_{3/4}(0)\phi_\omega(\hat{\tau})]$；$L_{\text{J}}=C_{L\alpha}\rho bU\int_0^{\hat{\tau}}\dfrac{\mathrm{d}Q_{3/4}(\sigma)}{\mathrm{d}\sigma}\phi_\omega(\hat{\tau}-\sigma)\mathrm{d}\sigma$；$Q_{3/4}(\hat{\tau})=U\alpha+\dot{h}+b(1/2-a)\dot{\alpha}$；$\phi_\omega(\hat{\tau})=1-A_{\text{a}}\mathrm{e}^{-b_1\hat{\tau}}-A_{\text{b}}\mathrm{e}^{-b_2\hat{\tau}}$；$\hat{\tau}=\dfrac{Ut}{b}$；$A_{\text{a}}=0.165$；$A_{\text{b}}=0.335$；$b_1=0.0455$；$b_2=0.3$。

由于式（8.24）中存在积分项，引入新的状态变化量如下：

$$\begin{aligned}
\omega_{\text{r}1}&=\int_0^{\hat{\tau}}\mathrm{e}^{-b_1(\hat{\tau}-\sigma)}\alpha(\sigma)\mathrm{d}\sigma,\omega_{\text{r}2}=\int_0^{\hat{\tau}}\mathrm{e}^{-b_2(\hat{\tau}-\sigma)}\alpha(\sigma)\mathrm{d}\sigma,\\
\omega_{\text{r}3}&=\int_0^{\hat{\tau}}\mathrm{e}^{-b_1(\hat{\tau}-\sigma)}\xi(\sigma)\mathrm{d}\sigma,\omega_{\text{r}4}=\int_0^{\hat{\tau}}\mathrm{e}^{-b_2(\hat{\tau}-\sigma)}\xi(\sigma)\mathrm{d}\sigma
\end{aligned} \tag{8.25}$$

根据式（8.19）、式（8.20）、式（8.24）和式（8.25）可以推导出状态空间中两自由度二元非线性水翼无量纲形式的水弹性方程为

$$\begin{aligned}
\begin{bmatrix}\boldsymbol{q}'(\hat{\tau})\\ \boldsymbol{q}''(\hat{\tau})\\ \boldsymbol{\omega}_{\text{r}}'(\hat{\tau})\end{bmatrix}&=\begin{bmatrix}\boldsymbol{0}_{2\times2} & \boldsymbol{I}_{2\times2} & \boldsymbol{0}_{2\times2}\\ -\boldsymbol{M}^{-1}\boldsymbol{K} & -\boldsymbol{M}^{-1}\boldsymbol{D} & -\boldsymbol{M}^{-1}\boldsymbol{G}\\ \boldsymbol{E}_q & \boldsymbol{0}_{4\times2} & \boldsymbol{E}_\omega\end{bmatrix}\begin{bmatrix}\boldsymbol{q}(\hat{\tau})\\ \boldsymbol{q}'(\hat{\tau})\\ \boldsymbol{\omega}_{\text{r}}(\hat{\tau})\end{bmatrix}\\
&\quad+\begin{bmatrix}\boldsymbol{0}_{2\times1}\\ -\boldsymbol{M}^{-1}\boldsymbol{S}\boldsymbol{q}_\eta(\hat{\tau})\\ \boldsymbol{0}_{4\times1}\end{bmatrix}+\begin{bmatrix}\boldsymbol{0}_{2\times1}\\ -\boldsymbol{M}^{-1}\boldsymbol{f}(\hat{\tau})\\ \boldsymbol{0}_{4\times1}\end{bmatrix}
\end{aligned} \tag{8.26}$$

式中，$\boldsymbol{M}=\begin{bmatrix}c_0 & c_1\\ d_0 & d_1\end{bmatrix}$；$\boldsymbol{D}=\begin{bmatrix}c_2 & c_3\\ d_2 & d_3\end{bmatrix}$；$\boldsymbol{K}=\begin{bmatrix}c_{44} & c_5\\ d_4 & d_{55}\end{bmatrix}$；$\boldsymbol{S}=\begin{bmatrix}c_4 & 0\\ 0 & d_5\end{bmatrix}$；$\boldsymbol{G}=\begin{bmatrix}c_6 & c_7 & c_8 & c_9\\ d_6 & d_7 & d_8 & d_9\end{bmatrix}$；$\boldsymbol{f}(\hat{\tau})=\begin{bmatrix}f(\hat{\tau})\\ g(\hat{\tau})\end{bmatrix}$；$\boldsymbol{q}(\hat{\tau})=\begin{bmatrix}\xi(\hat{\tau})\\ \alpha(\hat{\tau})\end{bmatrix}$；$\boldsymbol{q}_\eta(\hat{\tau})=\begin{bmatrix}\eta_{\text{s}}(\hat{\tau})\\ \eta_\alpha(\hat{\tau})\end{bmatrix}$；$c_0=1+\dfrac{1}{\mu}$；$c_1=x_\alpha-\dfrac{a}{\mu}$；$c_2=2\zeta_\xi\dfrac{\bar{\omega}}{V_{\text{non}}}+\dfrac{2}{\mu}(1-$

$A_{\mathrm{a}}-A_{\mathrm{b}})$；$c_3=\dfrac{1+2(0.5-a)(1-A_{\mathrm{a}}-A_{\mathrm{b}})}{\mu}$；$c_4=(\overline{\omega}/V_{\mathrm{non}})^2$；$c_{44}=\dfrac{2}{\mu}(A_{\mathrm{a}}b_1+A_{\mathrm{b}}b_2)$；$c_5=\dfrac{2}{\mu}[1-A_{\mathrm{a}}-$
$A_{\mathrm{b}}+(0.5-a)(A_{\mathrm{a}}b_1+A_{\mathrm{b}}b_2)]$；$c_6=\dfrac{2}{\mu}A_{\mathrm{a}}b_1[1-(0.5-a)b_1]$；$c_7=\dfrac{2}{\mu}A_{\mathrm{b}}b_2\left[1-\left(\dfrac{1}{2}-a\right)b_2\right]$；$c_8=-\dfrac{2}{\mu}A_{\mathrm{a}}b_1^2$；
$c_9=-\dfrac{2}{\mu}A_{\mathrm{b}}b_2^2$；$d_0=\dfrac{x_\alpha}{r_\alpha^2}-\dfrac{a}{\mu\overline{r}_\alpha^2}$；$d_1=1+\dfrac{1+8a^2}{8\mu r_\alpha^2}$；$d_2=-\dfrac{(1+2a)(1-A_{\mathrm{a}}-A_{\mathrm{b}})}{2\mu r_\alpha^2}$；$d_3=2\zeta_\alpha\dfrac{1}{V_{\mathrm{non}}}+$
$\dfrac{1-2a}{2\mu r_\alpha^2}-\dfrac{(1-2a)(1+2a)(1-A_{\mathrm{a}}-A_{\mathrm{b}})}{2\mu r_\alpha^2}$；$d_4=\dfrac{(1+2a)(A_{\mathrm{a}}b_1+A_{\mathrm{b}}b_2)}{\mu r_\alpha^2}$；$d_5=\dfrac{1}{V_{\mathrm{non}}^2}$；$d_{55}=-\dfrac{(1+2a)(1-A_{\mathrm{a}}-A_{\mathrm{b}})}{\mu r_\alpha^2}-$
$\dfrac{(1-2a)(1+2a)(A_{\mathrm{a}}b_1+A_{\mathrm{b}}b_2)}{2\mu r_\alpha^2}$；$d_6=-\dfrac{(1+2a)A_{\mathrm{a}}b_1[1-(0.5-a)b_1]}{\mu r_\alpha^2}$；$d_7=-\dfrac{(1+2a)A_{\mathrm{b}}b_2[1-(0.5-a)b_2]}{\mu r_\alpha^2}$；
$d_8=\dfrac{(1+2a)A_{\mathrm{a}}b_1^2}{\mu r_\alpha^2}$；$d_9=\dfrac{(1+2a)A_{\mathrm{b}}b_2^2}{\mu r_\alpha^2}$；$f(\hat{\tau})=\dfrac{C_{L\alpha}/\pi}{\mu}[(0.5-a)\alpha(0)+\xi(0)](A_{\mathrm{a}}b_1\mathrm{e}^{-b_1\hat{\tau}}+A_{\mathrm{b}}b_2\mathrm{e}^{-b_2\hat{\tau}})$；
$g(\hat{\tau})=-\dfrac{1+2a}{2r_\alpha^2}f(\hat{\tau})$；$\boldsymbol{\omega}_{\mathrm{r}}(\hat{\tau})=[\omega_{\mathrm{r}1}(\hat{\tau})\quad\omega_{\mathrm{r}2}(\hat{\tau})\quad\omega_{\mathrm{r}3}(\hat{\tau})\quad\omega_{\mathrm{r}4}(\hat{\tau})]^{\mathrm{T}}$；$\boldsymbol{\omega}_{\mathrm{r}}'(\hat{\tau})=\boldsymbol{E}_\omega\omega_{\mathrm{r}}(\hat{\tau})+\boldsymbol{E}_q q(\hat{\tau})$；

$\boldsymbol{E}_\omega=\begin{bmatrix}-b_1&0&0&0\\0&-b_2&0&0\\0&0&-b_1&0\\0&0&0&-b_2\end{bmatrix}$；$\boldsymbol{E}_q=\begin{bmatrix}0&1\\0&1\\1&0\\1&0\end{bmatrix}$；$\xi=h/b$；$k_h=m\omega_h^2$；$k_\alpha=mr_\alpha^2\omega_\alpha^2$；$V_{\mathrm{non}}=U/(\omega_\alpha b)$；

$\zeta_\alpha=c_\alpha/(2\sqrt{mr_\alpha^2k_\alpha})$；$\zeta_\xi=c_h/(2\sqrt{mk_h})$；$\xi_{\mathrm{s}}=h_{\mathrm{s}}/b$；$\eta_{\mathrm{s}}=\begin{cases}\xi-\xi_{\mathrm{s}},\xi>\xi_{\mathrm{s}}\\0,-\xi_{\mathrm{s}}\leqslant\xi\leqslant\xi_{\mathrm{s}}\\\xi+\xi_{\mathrm{s}},\xi<-\xi_{\mathrm{s}}\end{cases}$；$\eta_\alpha=\begin{cases}\alpha-\alpha_{\mathrm{s}},\alpha>\alpha_{\mathrm{s}}\\0,-\alpha_{\mathrm{s}}\leqslant\alpha\leqslant\alpha_{\mathrm{s}}\\\alpha+\alpha_{\mathrm{s}},\alpha<-\alpha_{\mathrm{s}}\end{cases}$。

ξ、α，ζ_ξ、ζ_α，ξ_{s}、α_{s} 分别为沉浮和俯仰两个方向上的无量纲位移、阻尼比系数、间隙；V_{non} 为无量纲来流速度，$\hat{\tau}$ 为无量纲时间。

采用龙格-库塔法求解式（8.26）及给定合适的初始条件（一般给 α 一个较小的初值），可以得到二元水翼的时域响应。

8.3.3 舵系统二元颤振模型建模合理性验证

8.3.3.1 基于 CFD/FEM 双向流固耦合的舵系统建模及计算

为了验证舵系统模型简化方法的合理性，采用 CFD/FEM 双向耦合模型计算舵系统水弹性响应，查看两边舵叶的响应是否完全对称。

既考虑流场计算出的压力对结构场的影响，又考虑结构变形对流场的影响，先通过稳态的 CFD 计算获得舵叶表面压力分布，并作为 FEM 分析的初始边界条件，然后进行瞬态计算。在每个时间步长内，通过数据交换平台，采用全局守恒型插值方法，传递 CFD 网格和 FEM 网格数据。首先把 FEM 计算出来的位移传递到 CFD 计算的流场网格上，并采用动网格技术使网格变形，再通过 CFD 计算出新的压力分布，相互迭代，进行水弹性时域仿真，该方法称为双向耦合方法。仿真过程中网格运动通过弹簧比拟法实现，为了避免流场中心域和环绕域之间的变形过于迅速造成计算失败，采取修改网格刚度系数，靠大体积网格吸收变形的做法。舵系统双向流固耦合流程图如图 8.13（a）所示。图 8.13（b）为舵叶表面的 CFD 计算网格，图 8.13（c）为舵系统去除蒙皮后的内部有限元网格展示图。

舵系统双向流固耦合数值模拟步骤如下：

① 利用 CFD 解算器 CFX 获得舵叶的水动力参数。

② 通过 ANSYS Workbench 数据交换平台将水动力载荷参数传递到用于有限元分析的 CSD 解算器中的舵叶表面单元上。

③ 将 CFD 模块计算出来的节点压力值插值到 CSD 模块中的单元网格节点上。

④ 通过 CSD 解算器计算出舵系统上的舵叶表面每个单元网格节点的位移。

⑤ 通过 ANSYS Workbench 数据交换平台将 CSD 计算出的单元网格节点的位移传递到用于 CFD 计算的表面网格上。

⑥ 利用动网格技术使流场网格变形。

⑦ 利用 CFD 解算器计算出变形后舵叶的水动力参数。

⑧ 重复①～⑦步，进行流固双向耦合时域仿真。

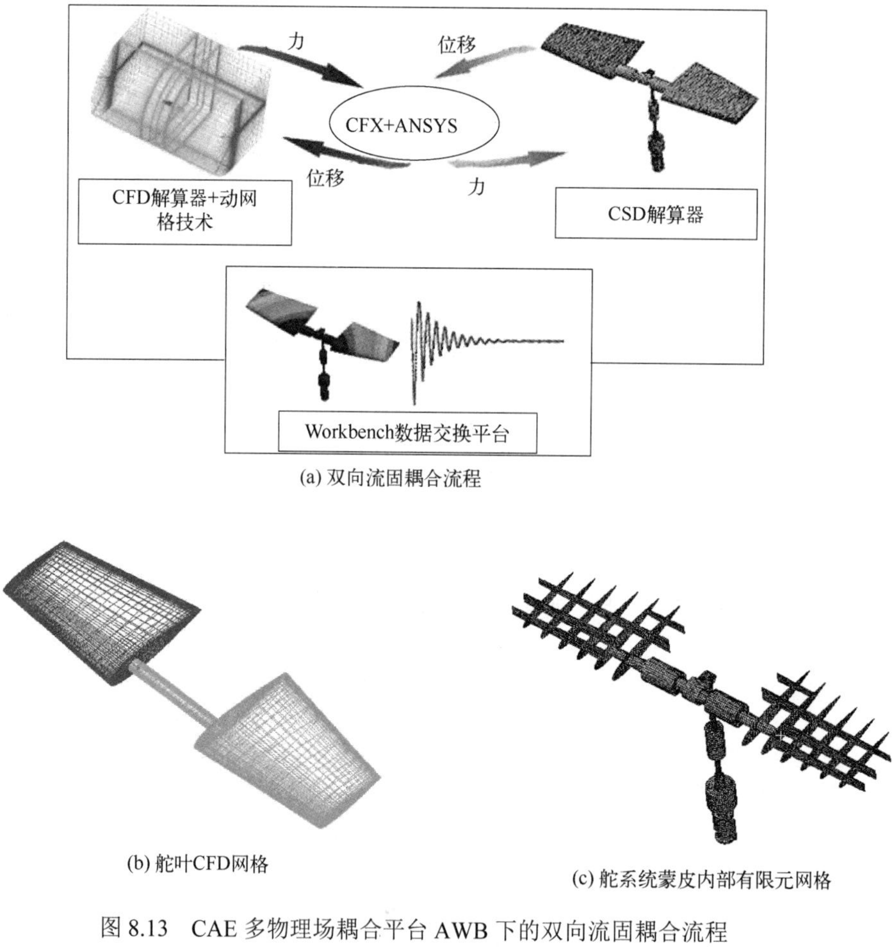

(a) 双向流固耦合流程

(b) 舵叶CFD网格

(c) 舵系统蒙皮内部有限元网格

图 8.13　CAE 多物理场耦合平台 AWB 下的双向流固耦合流程

（1）双向流固耦合模型验证

采用 AGARD 445.6 模型作为流固耦合时域仿真验证计算的例子。AGARD 445.6 机翼是美国兰利研究中心风洞颤振实验验证的一个国际上公认的标准颤振计算模型。该模型的风洞颤振实验结果一般用于考察数值方法的准确性。AGARD 445.6 机翼的结构参数见第 6 章。CFD 网格和 CSD 网格以及双向流固耦合流程图如图 8.14 所示。颤振速度系数为：

$$V_{\mathrm{non}} = U\Big/\left(b_{\mathrm{s}}\omega_{\alpha}\sqrt{\bar{\mu}}\right) \tag{8.27}$$

式中，U 为来流速度；b_{s} 为参考长度，一般取翼根处的半弦长；ω_{α} 为参考频率，一般取机翼的第一阶扭转频率；$\bar{\mu}$ 为质量比，$\bar{\mu}=\bar{m}/\rho v$，v 为以翼根弦长作为底面直径，翼梢弦长作为顶面直径，半展长为高的锥台体积。分别计算了 Ma=0.499、0.678、0.901、0.960、1.072、1.141 对应的颤振速度系数。图 8.15（a）、（b）为 Ma=1.072、1.141 时监测机翼翼梢的两个端点的响应曲线，从图中可以看出，振动响应都处于等幅振动状态，说明此时达到颤振临界点。图 8.15（c）为双向流固耦合仿真计算出的颤振速度系数与实验数据的对比图，从图中可以看出，仿真数据与实验数据大体趋势一致，在个别点上略有偏差，但是都出现了跨声速段“凹坑”现象，说明机翼在跨声速段飞行具有更大的危险性。

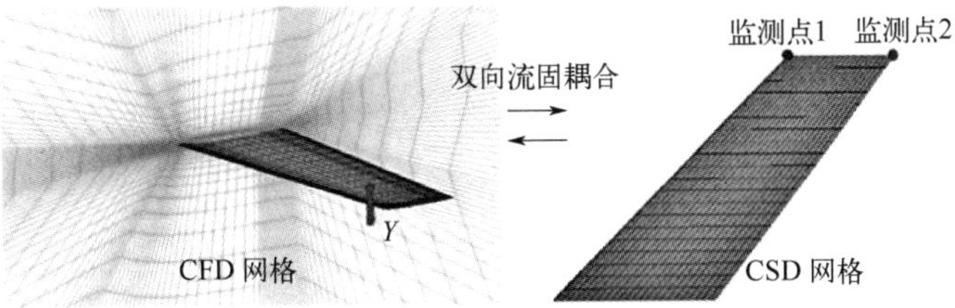

图 8.14　网格及双向流固耦合流程图

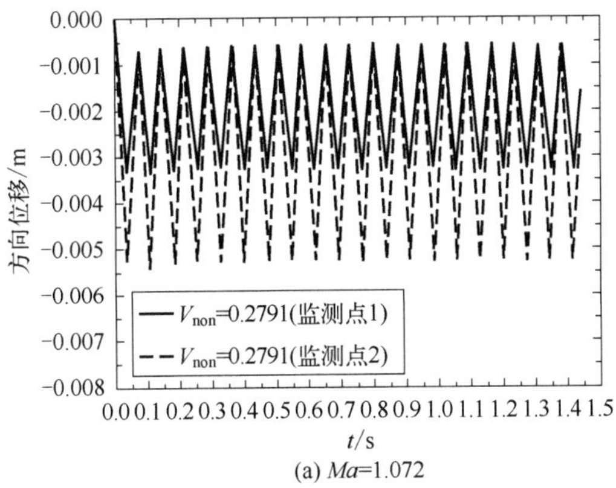

(a) Ma=1.072

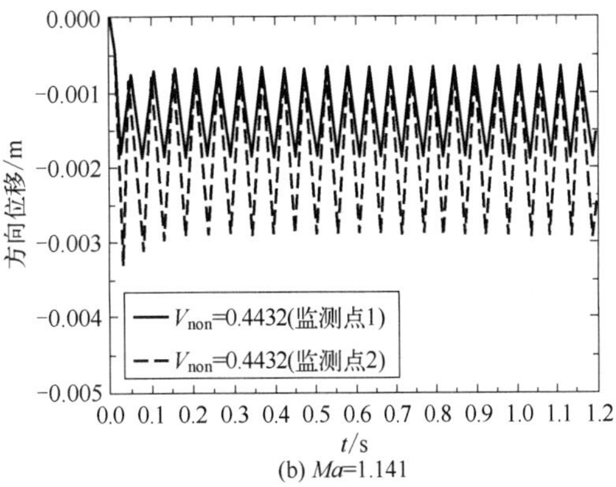

(b) Ma=1.141

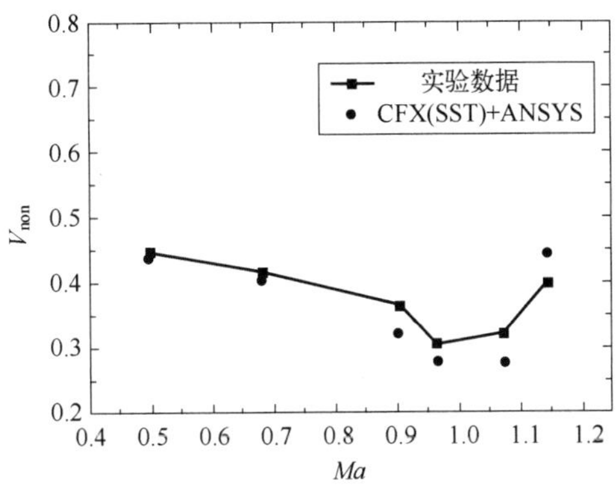

(c) 颤振速度系数与实验数据的对比图

图 8.15　AGARD 445.6 双向流固耦合仿真与实验数据图

本节仿真结果与实验数据对比，误差较小，说明本章所采用的双向流固耦合方法可行。

（2）双向流固耦合模型计算结果

基于 CFD/CSD 双向耦合的方法计算来流速度分别为 1m/s、5m/s，攻角都为 0°，且液压弹簧刚度为$4\times10^8\mathrm{N/m}$时的舵系统的水弹性响应。图 8.16 中标注的字母 *A*、*B*、*C*、*D*、*E*、*F*、*G*、*H* 为舵叶根部和梢部的监测点。图 8.17（a）、（c）为监测点的 *Y* 方向线位移 *y*，图 8.17（b）、（d）为 *X* 方向角位移θ_x的动力学响应，从图中可以看出，两个舵叶的动力学响应完全对称，即 *A* 和 *E*、*B* 和 *F*、*C* 和 *G*、*D* 和 *H* 的响应完全一致，并且逐渐衰减。从图 8.17 还可以看出，当来流速度增大，舵系统的水弹性响应加速收敛。这是由于水的速度增加，相当于增大了外部阻尼力。

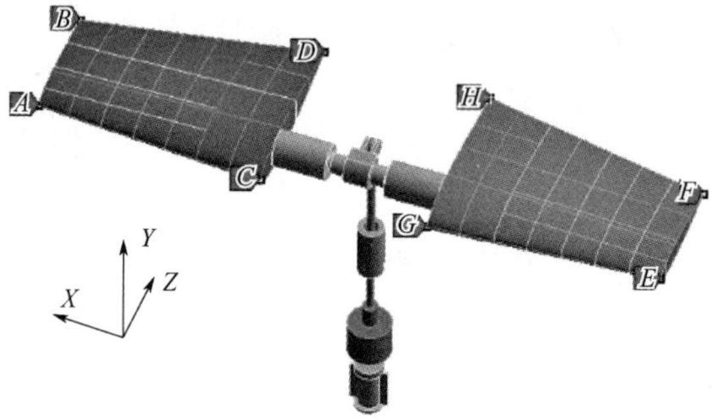

图 8.16　监测点位置

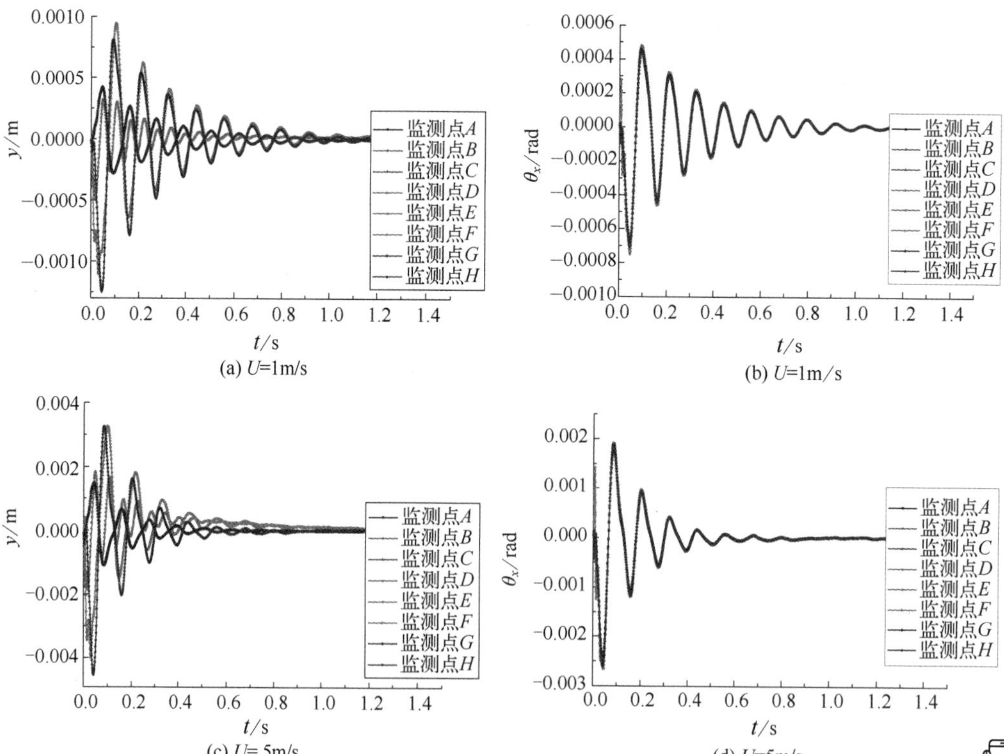

图 8.17　舵叶监测点上的水弹性响应

舵系统的两个舵叶的水弹性响应完全对称，说明了舵系统可以简化为单个舵叶加一个扭簧的简化模型。采用 CFD/CSD 双向耦合方法对整个舵系统进行水弹性分析非常耗时，采用单个 CPU 计算仿真 1s 需要 10 天以上的时间，无法满足工程快速分析的需求。

8.3.3.2　Goland+机翼二元线性颤振模型验证

以 Goland+机翼模型为例，其结构参数详见表 8.1。首先基于 MSTMM，只需令 $x_\alpha \approx 0$，就可以很方便地计算出 Goland+机翼的纯弯频率和纯扭频率，计算结果如图 8.18 所示。图 8.18（a）为 Goland+机翼前 4 阶非耦合圆频率，对应的频率见表 8.7。从图 8.18（b）、（c）可以看出，所计算出的 Goland+机翼第 1 阶为纯弯曲振型，第 2 阶为纯扭转振型。

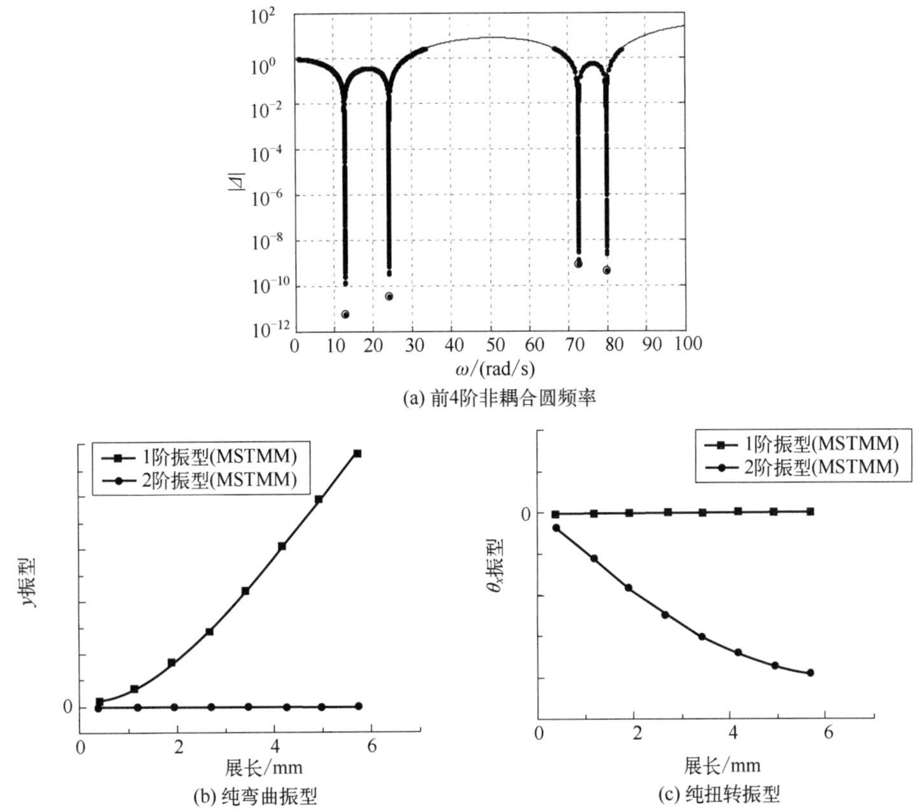

图 8.18　基于 MSTMM 的 Goland+机翼的圆频率和振型

表 8.7　基于 MSTMM 的 Goland+机翼的非耦合频率

阶数	1 阶	2 阶	3 阶	4 阶
非耦合频率/Hz	2.0283	3.8518	11.5553	12.7114

采用二元水翼线性颤振模型，通过以上的 MSTMM 计算得到颤振程序计算所需的重要参数，即 $\omega_h = 2.0283\text{Hz}$，$\omega_\alpha = 3.8518\text{Hz}$。其他参数可从表 8.1 获得。图 8.19 为计算得到的速度-人工阻尼、速度-频率图，颤振速度为 179.7ft/s，与文献[228]计算得出的 180ft/s 非常接近，验证了本章二元水翼线性颤振模型的准确性。同时，也验证了采用非耦合频率建模的正确性。

8.3.3.3　二元水翼线性、非线性颤振模型验证

美国做过大量的船舶和水下航行器的舵叶、水翼的水弹性实验与仿真，积累了大量的实

验和仿真数据。本章二元水翼线性颤振程序所使用的方法与该研究中心对舵叶水弹性计算所使用的方法一致。在文献[142,143]中做了 A、B、C、D 四组仿真和实验，选取 B 组参数作为本章二元水翼颤振程序验证模型的计算参数，给出的 B 组无量纲参数为 $\mu = 3.25$，$r_\alpha = 0.703$，$\bar{\omega} = 0.9623$，$a = -0.5$，$x_\alpha = 0.180$、0.192、0.203、0.213、0.221、0.229、0.234、0.243。为了和文献实验数据及仿真数据对比，本章采用和文献一致的单位。图 1.12（a）为文献所采用的实验装置，图 1.12（b）为文献的 B 组仿真结果。图 8.20、图 8.21 为采用本章的二元水翼线性颤振程序的仿真结果，分别为速度-人工阻尼、速度-频率图。对比图 1.12（b），仿真结果基本上吻合，验证了二元水翼线性颤振仿真程序的准确性。然后从 B 组数据找一组参数采用本章的二元水翼非线性颤振程序计算（将程序中沉浮和俯仰间隙设置为 0），如图 8.22（a）～（c）所示，计算 $x_\alpha = 0.234$ 时，不同速度下的二元水翼流固耦合响应。当速度 $U = 157.48\text{in/s}$ 时，响应收敛；当 $U = 234.25\text{in/s}$，响应发生等幅振荡；当 $U = 314.96\text{in/s}$，响应发散。所以可以判定速度 $U = 234.25\text{in/s}$ 时，水翼发生颤振。同样的方法，采用二元水翼非线性颤振程序，计算出不同 x_α 情况下的颤振速度。如图 8.23 所示，采用本章的二元水翼线性、非线性颤振仿真程序的计算结果与文献仿真结果十分接近，相比实验数据误差略小，从而验证了本章建立的二元水翼线性、非线性颤振仿真程序的正确性。

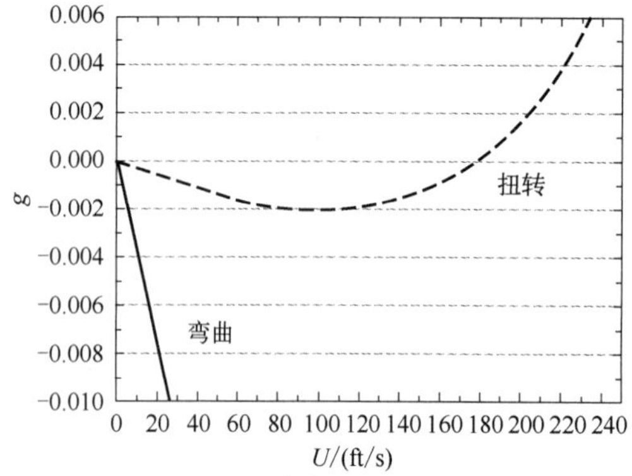

(a) 速度-人工阻尼图

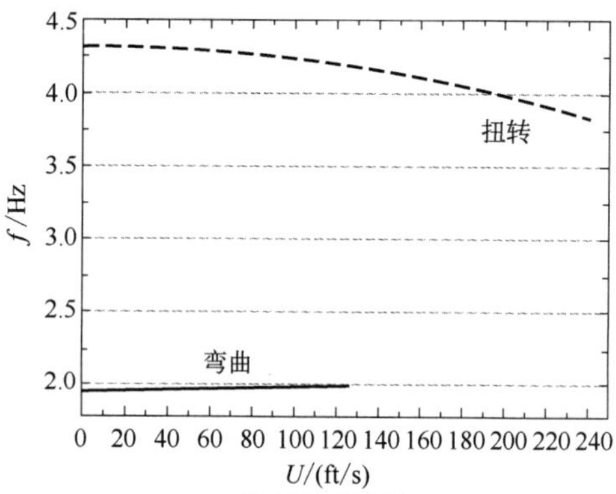

(b) 速度-频率图

图 8.19　基于 MSTMM 的二元水翼线性颤振程序计算结果

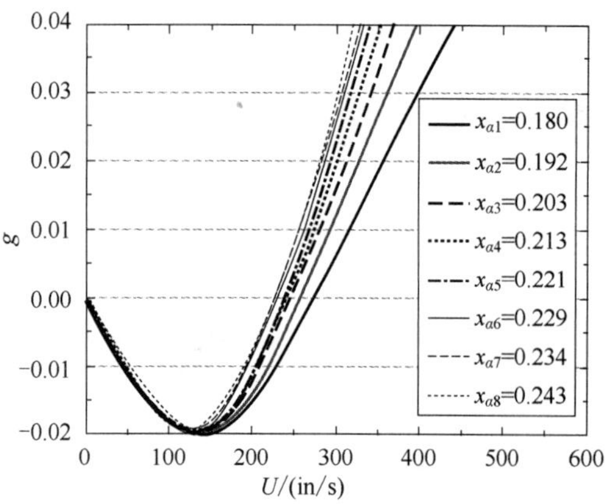

图 8.20　速度-人工阻尼图

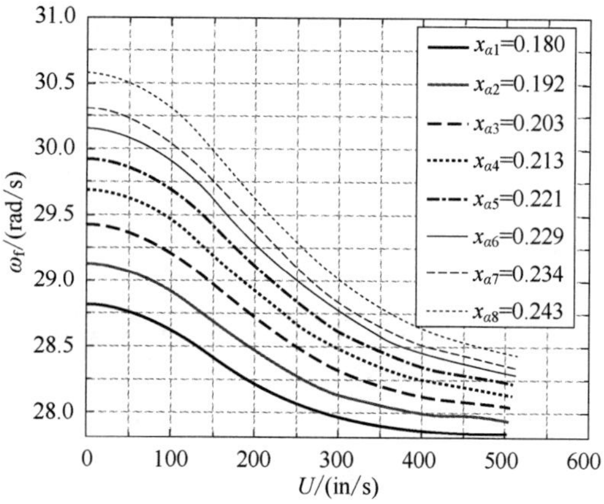

图 8.21　速度-频率图

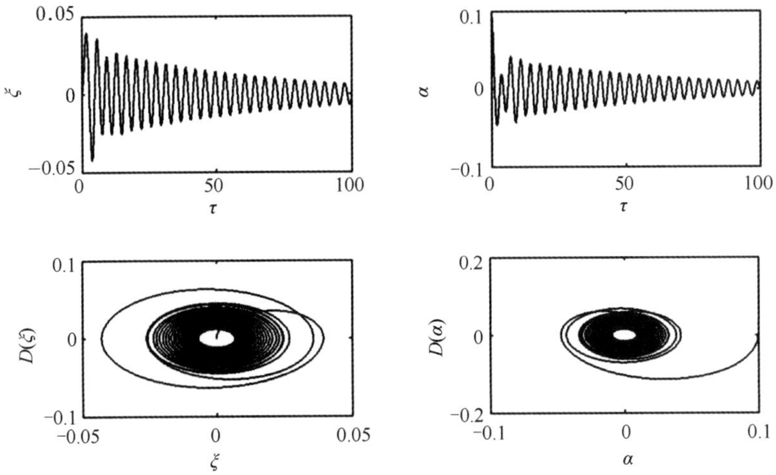

(a) $x_{\alpha7}$=0.234, U=157.48in/s

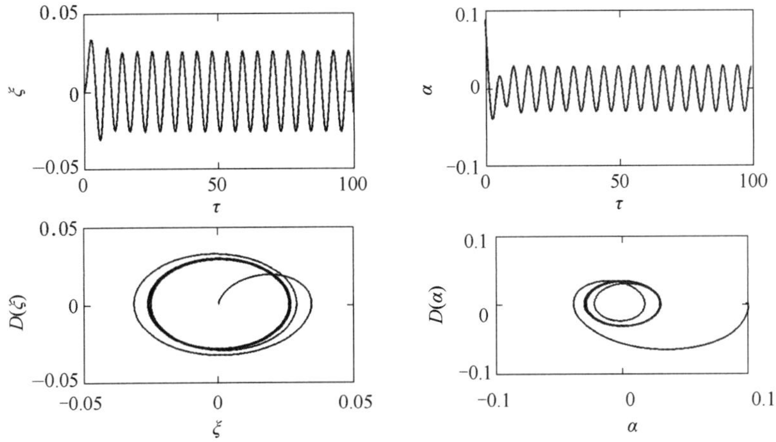

(b) $x_{\alpha7}$=0.234, U=234.25in/s

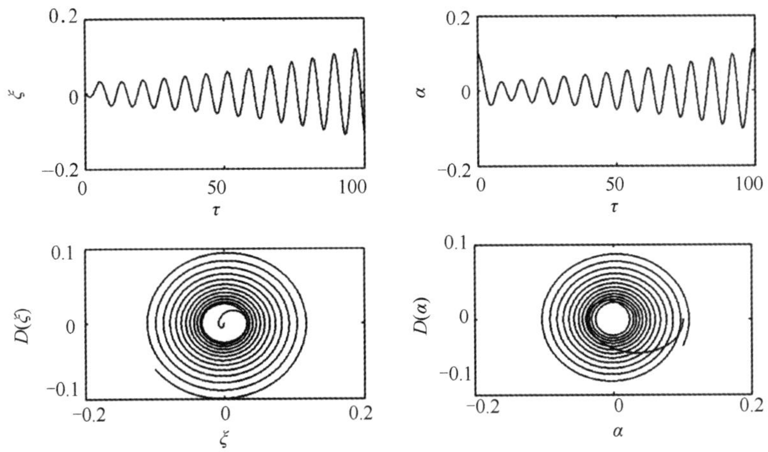

(c) $x_{\alpha7}$=0.234, U=314.96in/s

图 8.22　二元水翼非线性颤振程序仿真结果

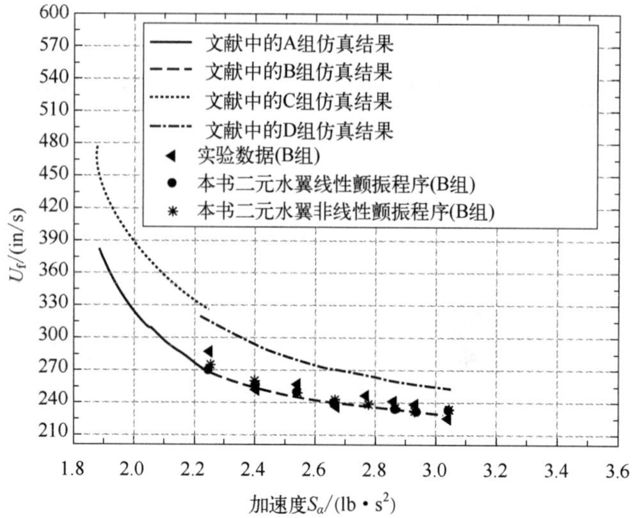

图 8.23　二元水翼线性、非线性颤振程序计算结果与文献实验数据、仿真数据对比

8.3.4　计算结果讨论

二元线性颤振程序对舵系统颤振边界预测需要五个无量纲参数，即 μ 、a 、r_α^2 、$\bar{\omega}^2$ 、x_α 。其中，$\bar{\omega}^2$ 是纯弯、纯扭频率之比的平方，主要由基于 MSTMM 的计算获得。已知当液压弹簧刚度 $K_h = 4\times10^8 \mathrm{N/m}$ 时，舵系统的非耦合纯弯频率为 21.094Hz，非耦合纯扭频率为 18.931Hz，其他参数均可以通过几何软件测得。整理得到二元水翼颤振模型的计算参数如表 8.8 所示。

表 8.8　二元水翼颤振模型计算参数

参数	参数值
$C_{L\alpha}$	5.995
x_α	0.2889 （变量）
r_α^2	0.405 （变量）
ω_h	21.094Hz （变量）
ω_α	18.931Hz （变量）
$\bar{\omega}^2$	1.2414 （变量）
b	0.9m
μ	0.403 （变量）
a	–0.48 （变量）
a_s	0～0.0065rad
ξ_s	0～0.0005

将舵系统的结构参数代入二元水翼线性颤振程序，计算结果如图 8.24 所示。从图中可以看出，舵系统并未发生线性经典颤振。

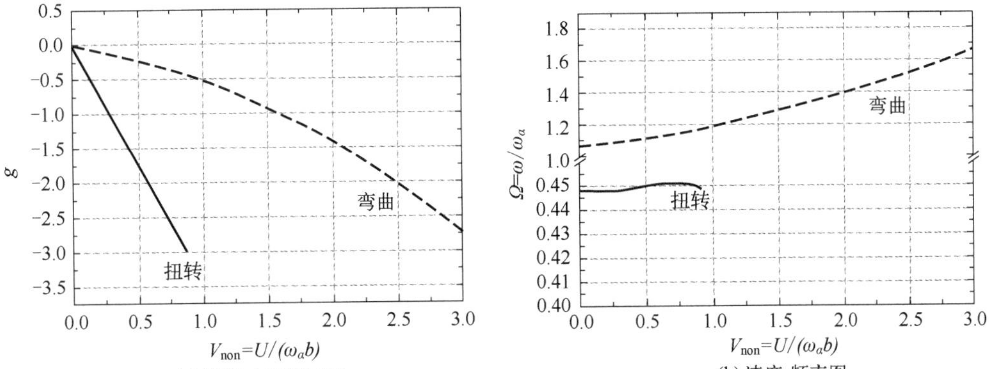

(a) 速度-人工阻尼图　　(b) 速度-频率图

图 8.24　二元水翼线性颤振程序计算结果

在舵系统的设计中，各结构参数都有一个可能发生变化的范围。本节首先研究线性颤振的五个参数对舵系统线性颤振边界的影响规律。根据舵系统的实际结构，给定各参数的变化范围为：$\mu=0.2\sim2$、$x_\alpha=0.2\sim0.6$、$\bar{\omega}^2=0.01\sim4$、$a=-0.6\sim-0.1$、$\bar{r}_\alpha^2=0.09\sim0.64$。质量比的变化一般是由舵叶材料改变或者舵叶内部结构改变造成的，同时舵叶质量改变也可能导致质心前移或者后移、回转半径变大或者变小。另外，频率比的改变主要和系统的结构刚度有关，当液压刚度足够大，舵系统的第 1 阶纯扭模态转变为第 1 阶纯弯模态，频率比由大于 1 变成了小于 1。弹性轴位置的确定不够十分准确也会导致 a 的值有所变化。采用二元水翼线性颤振程序，研究每个参数对舵系统的颤振速度的影响，计算出大量的数据，并绘制成云图，如图 8.25 所示。

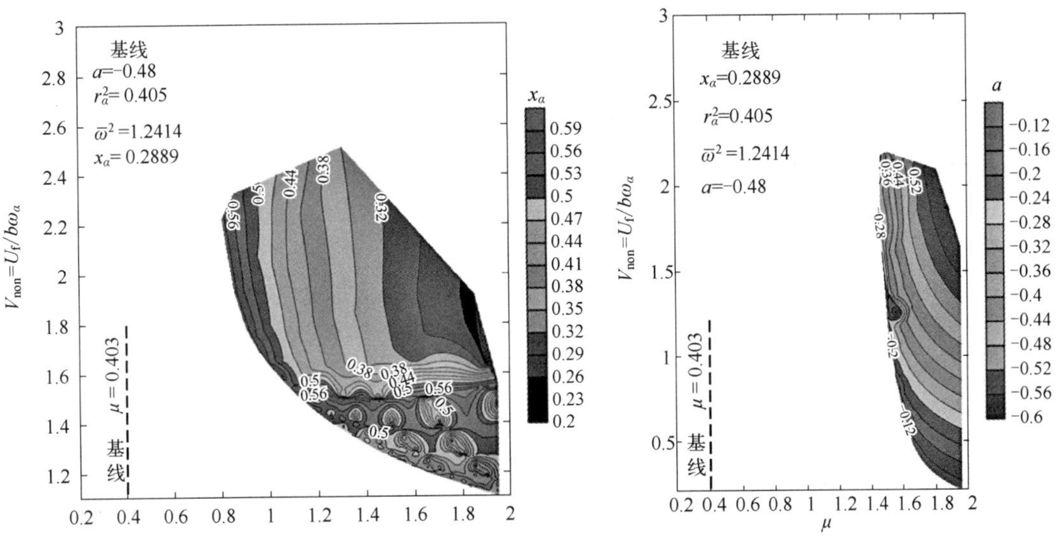

(a) 不同的x_α　　(b) 不同的α

图 8.25

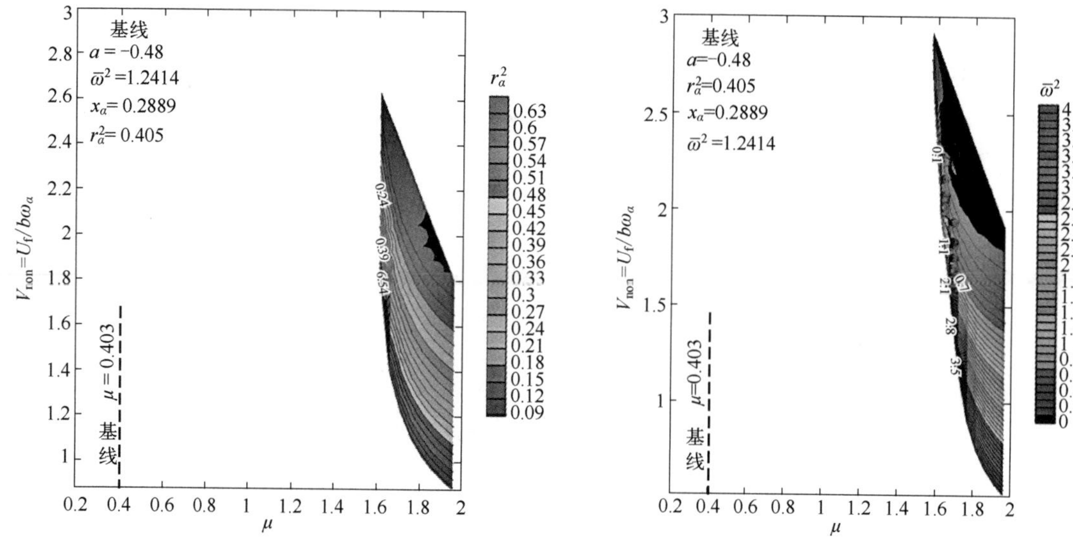

(c) 不同的r_α^2

(d) 不同的ϖ^2

图 8.25　结构参数对舵系统线性颤振的影响规律

x_α 是表示质心位置距离弹性轴的距离大小的无量纲量，x_α 的值越大说明质心与弹性轴距离越大，x_α 的值越小说明质心与弹性轴距离越小，从图 8.25（a）可以看出，在同等质量比 μ 的情况下，x_α 的值越大，颤振速度越小，越容易发生颤振。即质心前移可以提高颤振速度，通常可以采用在水翼前缘增加配重来使质心前移。a 的绝对值越大，说明弹性轴位置与翼弦中心的距离越大，说明弹性轴越往翼的前缘移动。从图 8.25（b）可以看出，a 的绝对值越大，舵系统的颤振速度越大，说明越不容易发生颤振。图 8.25（a）、（b）也说明了弹性轴、质心位置尽量都向水动力中心靠近，可以提高颤振速度。从图 8.25（c）可以看出，水翼回转半径越大，颤振速度越低，越容易发生颤振，说明转动惯量越大越容易发生颤振。从图 8.25（d）可以看出，频率比的值越大，颤振速度越小，越容易发生颤振。频率比越小，说明舵系统的扭转刚度越大，颤振速度越大，越不容易发生颤振。因此，增加舵系统的扭转刚度可以降低舵系统发生线性经典颤振的危险。从图 8.25 的四个图中都可以看出，当质量比 μ 的值小于 0.8，没有线性经典颤振发生，也就是说舵叶越轻，质量比越小，越不容易发生颤振。一旦质量比大于 1，且舵叶的结构设计不合理，就很可能发生线性经典颤振，从而导致舵系统结构发生破坏。

在图 6.1 所示的舵系统中，活塞筒、球铰、柱铰、轴承之间可能存在间隙。因此，舵系统可能存在间隙非线性。工程实践中，测得该舵系统的活塞筒、球铰、柱铰的间隙总和不大于 3mm。由于拉杆、传动杆垂直运动，带动舵轴和舵叶转动，因此这些球铰和柱铰的间隙引起的是舵叶俯仰运动方向的间隙，根据舵柄的长度推算出俯仰间隙范围为 0～0.0065rad。工程实际中，测得该舵系统轴承内部的间隙不大于 0.5mm。因此沉浮间隙无量纲量 ξ_s 的范围为 0～0.0005。同样，工程实际中，该水下航行器的航行速度小于 20m/s，因此 $V_{\rm non}$<0.2（以下的 $V_{\rm non}=U/b\omega_\alpha$，表示速度系数）。仿真时间统一为 20s，无量纲时间表达式为 $\tau=tU/b$。二元非线性颤振程序的计算参数见表 8.8，初始条件都设置为 $\xi(0)=0$，$\alpha(0)=0.01\mathrm{rad}$。沉浮和俯仰振幅随着 $V_{\rm non}$ 的变化如图 8.26 所示。从图 8.26（a）、（b）可以看出，当俯仰间隙和沉浮间隙的值为 $\alpha_s=0.0065$，$\xi_s=0.0005$ 时，$V_{\rm non}$<0.07 舵系统发生极

限循环振动（LCO）现象，这种持续的振动可能诱发水噪声，降低水下航行器的隐蔽性；当V_{non}>0.07 时，舵系统只是发生了静变形，可能会降低舵面的操纵效率；在$V_{non}\approx 0.08$时，舵系统的静变形发生跳跃现象。因此，舵系统在包含间隙非线性的情况下，可能发生 LCO 和静变形等现象。图 8.26（c）、（d）是沉浮和俯仰间隙都为 0 时随着速度变化的振幅分布图。从图中可以看出，沉浮和俯仰振幅一直维持在 0，既没有发生 LCO 现象，也没有静变形现象发生。

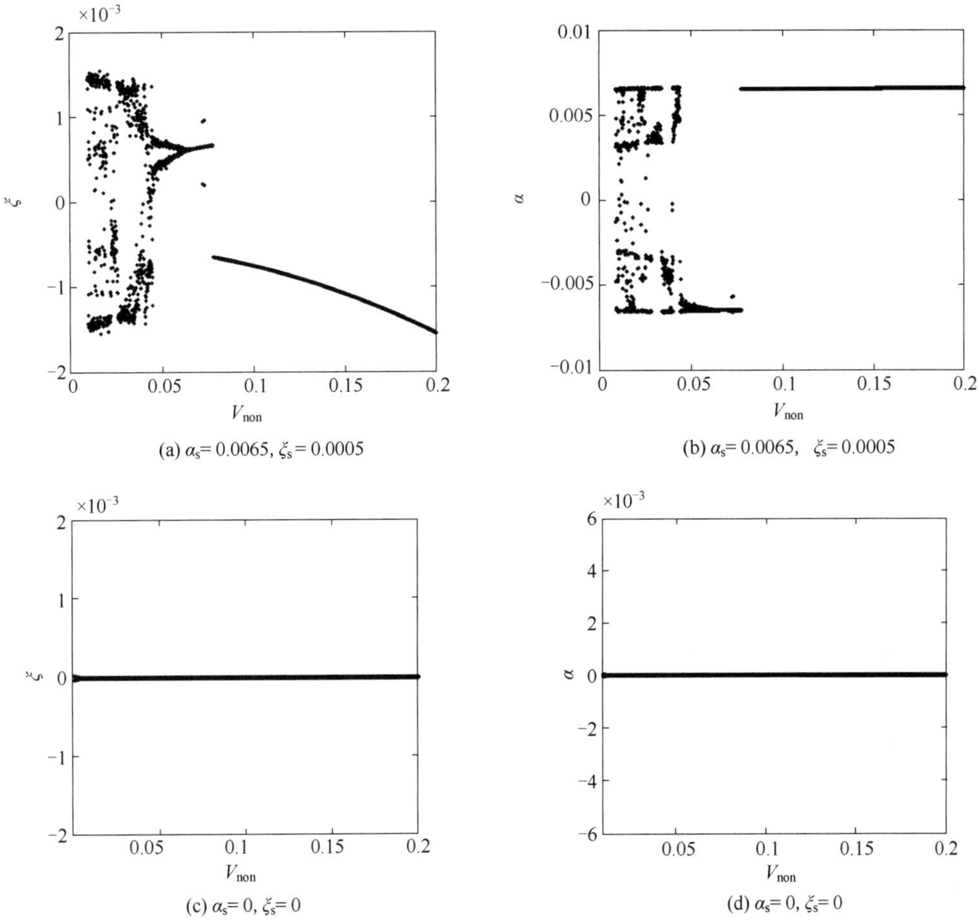

图 8.26　沉浮和俯仰振幅随着速度变化的示意图

为了说明图 8.26 中的计算结果，给出了图 8.26 中的部分响应计算结果图。如图 8.27（a）、（b）所示，当间隙都为 0 时，舵系统的响应迅速收敛，且当来流速度增加，响应收敛加速。说明速度增大，相当于增大了流体阻尼，从而加速抑制舵叶的振动。从图 8.27（c）可以看出，当$\alpha_s = 0.0065$，$\xi_s = 0.0005$，来流速度为$V_{non} = 0.01$，舵系统发生了 LCO 现象，对应的频谱如图 8.27（d）所示，在频率为 10.09Hz 左右有一个离散峰，离散峰处的能量相比其他处要高，表明此处容易激发出水噪声。

对图 8.26（a）、（b）工况下计算出的响应做频谱分析，获得响应频率，绘制出不同来流速度下响应频率的分布图，如图 8.28 所示。从图中可以看出，随着速度的增加，系统的响应频率逐渐降低。

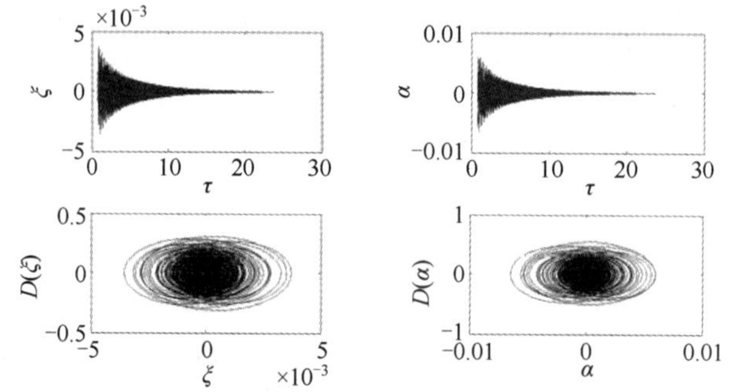

(a) V_{non}= 0.01, α_s=ξ_s= 0

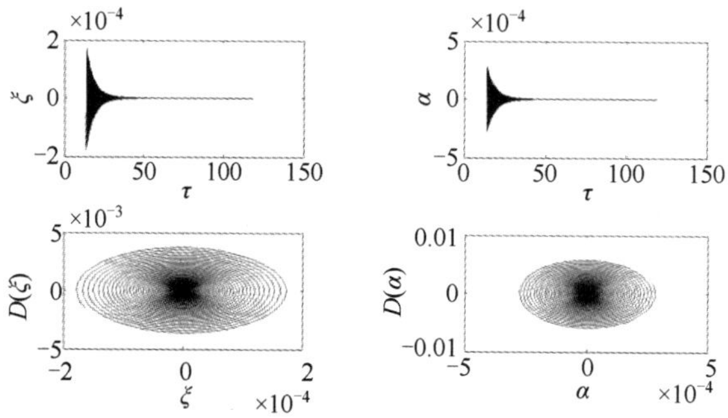

(b) V_{non}= 0.05, α_s= 0, ξ_s= 0

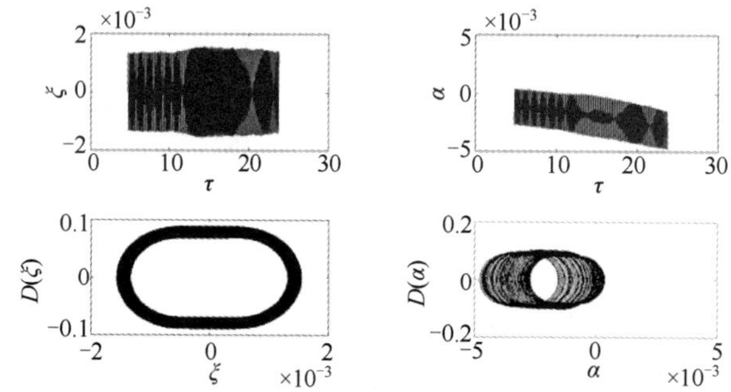

(c) V_{non}= 0.01, α_s= 0.0065, ξ_s= 0.0005

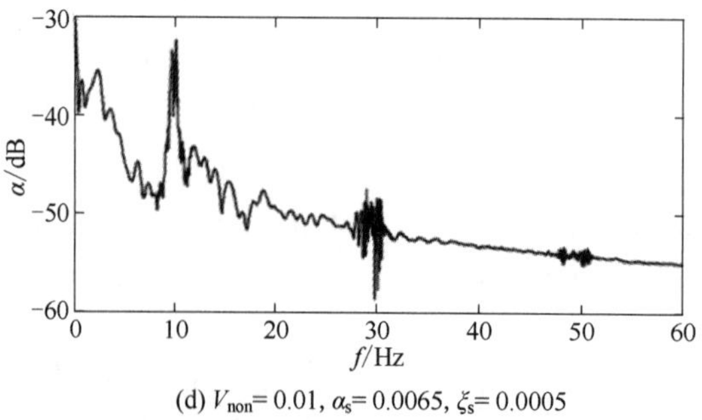

(d) V_{non}= 0.01, α_s= 0.0065, ξ_s= 0.0005

图 8.27　舵系统动力学响应、相轨图、频谱图

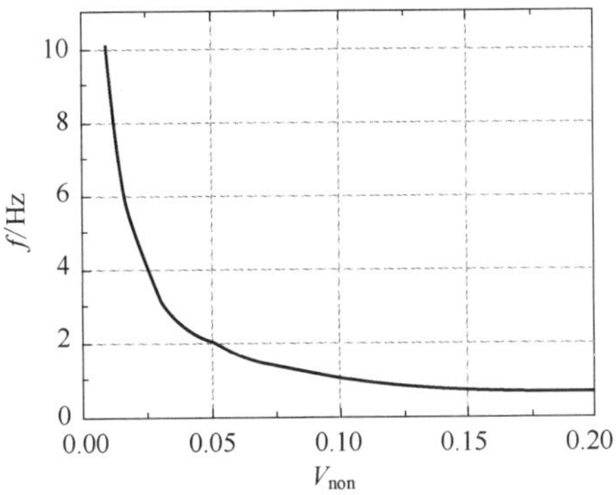

图 8.28　不同来流速度下的响应频率分布

本节针对间隙非线性对 LCO 幅值的影响做了大量的计算，并绘制成云图。当沉浮间隙 $\xi_s = 0$，不同来流速度情况下俯仰间隙（α_s<0.0065）对舵系统 LCO 幅值的影响规律如图 8.29 所示。计算结果表明，沉浮和俯仰方向的 LCO 幅值都小于 0.005。当 V_{non}>0.07 时，不存在 LCO 现象，舵系统将只发生静变形。从图 8.30 可以看出，当 $\alpha_s = 0$，ξ_s<0.0005 时，舵系统

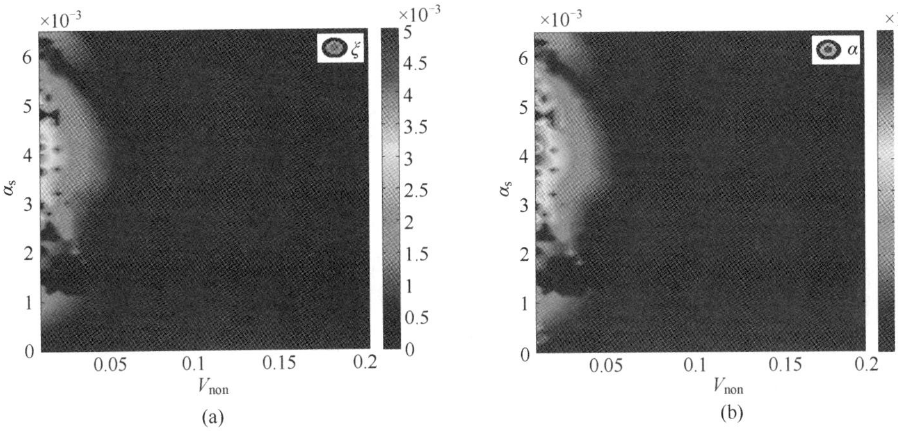

图 8.29　$\xi_s = 0$ 时，不同来流速度情况下俯仰间隙对舵系统 LCO 幅值的影响

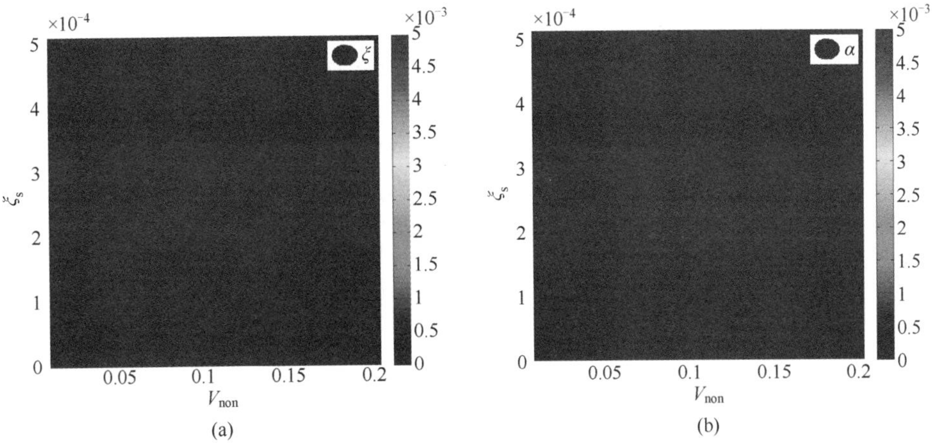

图 8.30　$\alpha_s = 0$ 时，不同来流速度情况下沉浮间隙对舵系统 LCO 幅值的影响

没有发生 LCO 现象，只存在静变形。当 $V_{\text{non}}=0.01$ 时，不同的沉浮和俯仰间隙对舵系统振幅的影响规律如图 8.31 所示。从图中可以看出，当存在俯仰间隙时，沉浮间隙越大发生 LCO 的可能性越大。俯仰间隙对舵系统的 LCO 振动幅值影响比沉浮间隙大。

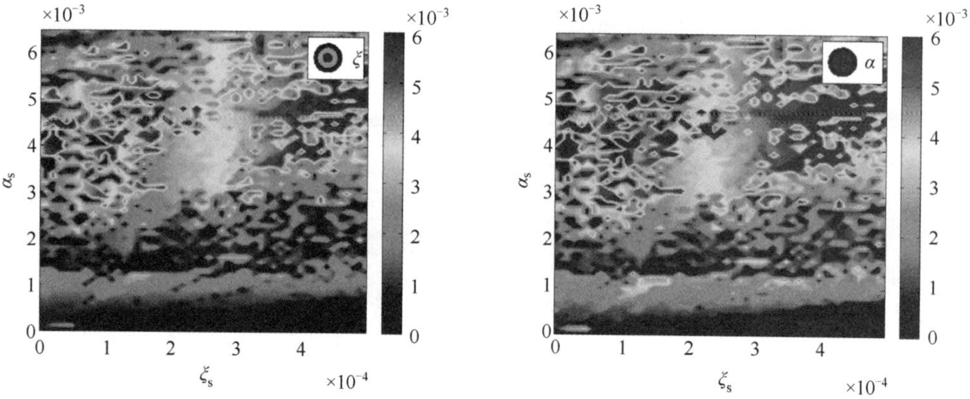

(a) (b)

图 8.31　$V_{\text{non}}=0.01$ 时，不同的沉浮和俯仰间隙对舵系统振幅的影响

8.4　全三维舵系统非线性颤振建模与仿真分析

（1）连接式-X 型艉舵系统流固耦合建模思路

为了计算传动装置间的间隙、摩擦等非线性因素对连接式-X 型艉舵系统传动装置以及舵面流固耦合振动响应的影响规律，首先采用 CFD 计算舵面水动力布局的影响，修正势流理论（势流理论拟采用西奥道森任意水动力理论）；然后基于 MSTMM，只需按序列写系统的体元件动力学方程，就可得到系统的体动力学方程。体元件 i 的动力学方程为：

$$\boldsymbol{M}_i\boldsymbol{v}_{i,tt}+\boldsymbol{C}_i\boldsymbol{v}_{i,t}+\boldsymbol{K}_i\boldsymbol{v}_i=\boldsymbol{f}_i \tag{8.28}$$

式中，$\boldsymbol{M}_i$、$\boldsymbol{C}_i$、$\boldsymbol{K}_i$、$\boldsymbol{v}_i$、$\boldsymbol{f}_i$ 称为体元件 i 的参数矩阵。$\boldsymbol{M}_i$ 表征该体元件的质量分布，称为质量参数矩阵；$\boldsymbol{v}_i$ 表征体元件的运动状态，是由体元件的位移（含角位移）变量组成的列阵，称为元件的位移列阵，下标 t 表示对时间求导数；$\boldsymbol{K}_i$ 作用于 $\boldsymbol{v}_i$，表示该体元件上的除阻尼力外的所有内力及其作用位置，称为刚度参数矩阵；$\boldsymbol{C}_i$ 作用于 $\boldsymbol{v}_{i,t}$，表示该体元件上的阻尼力及其作用位置，称为阻尼参数矩阵；$\boldsymbol{f}_i$ 为体元件 i 所受的外力（含外力矩）列阵，主要是势流理论计算出的作用在第 i 个元件上的流体力。将传统系统内部的间隙、摩擦等非线性因素分段线性化处理。舵机、球铰、柱铰、轴承处的间隙处理为三个线性段，同样系统内部的摩擦因素也可以分段线性化。

联立各元件的体动力学方程，可得到整机系统的体动力学方程为：

$$\boldsymbol{M}\boldsymbol{v}_{tt}+\boldsymbol{C}\boldsymbol{v}_t+\boldsymbol{K}\boldsymbol{v}=\boldsymbol{f} \tag{8.29}$$

式中，$\boldsymbol{M}$、$\boldsymbol{C}$、$\boldsymbol{K}$ 称为增广算子；$\boldsymbol{v}$ 为系统的位移坐标列阵；$\boldsymbol{f}$ 为系统的外力列阵。采用模态叠加进行 MSTMM 模型和势流理论模型的数据耦合，评估考虑间隙、摩擦等非线性因素情况下系统的振动水平。建模技术路线如图 8.32 所示，令 $i=1$，计算出当前时刻的舵面水动力作为边界条件代入总传递矩阵中，求出 t_i 时刻的边界状态矢量；利用元件传递矩阵，求出 t_i 时刻各个元件的状态矢量，模态叠加计算，得出总体结构在 t_i 时刻的振动响应；令 $i=i+1$，重复上述过程，直到到达时刻 T 为止，即得出系统在这段时间中的运动参量。

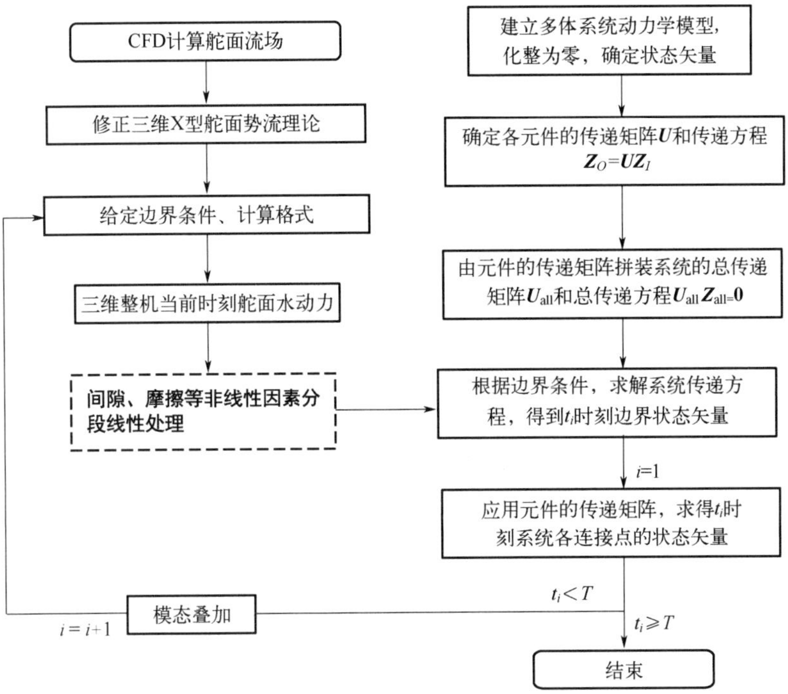

图 8.32　连接式-X 型艉舵系统流固耦合建模技术路线

通过该技术途径，可以快速计算出不同结构线性、非线性参数影响情况下的连接式-X 型艉舵系统流固耦合振动响应，从而达到探索系统非线性振动特征、传递路径和关键影响因素的目的，并将其用于研究流固耦合振动控制的方法和效果。

全三维连接式-X 型艉舵系统动力学模型以及不同部件位置处的间隙如图 8.33 和图 8.34 所示。

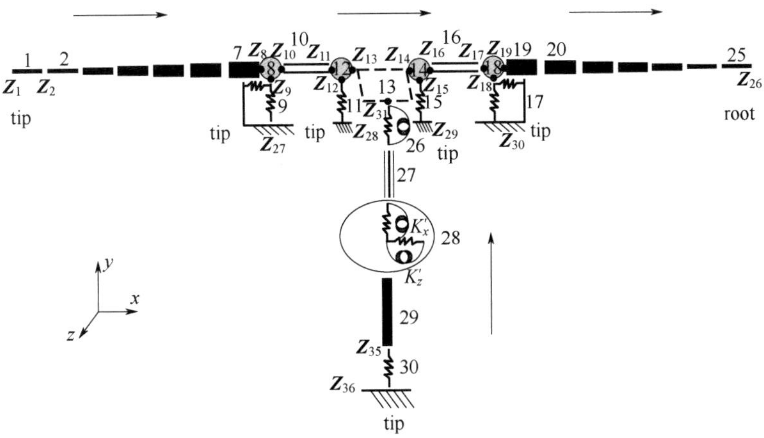

图 8.33　全三维连接式-X 型艉舵系统动力学模型

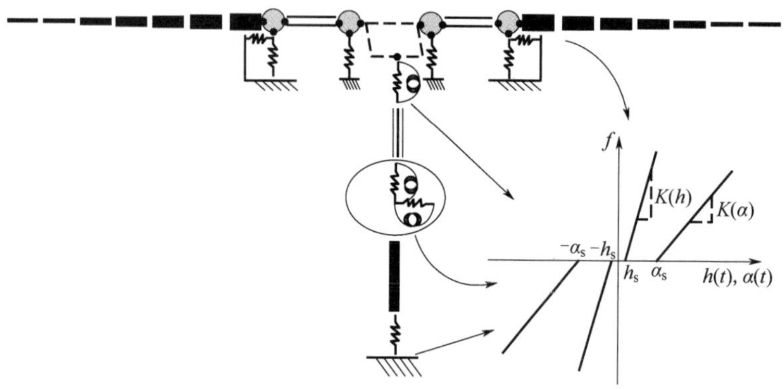

图 8.34　全三维连接式-X 型艉舵系统中不同部件位置处的间隙

（2）连接式-X 型艉舵系统流固耦合振动响应及动力学参数控制后减振效果

图 8.35～图 8.38 展示了不同间隙情况下非线性舵系统的流固耦合振动响应，从图中可以看出，轴承处的间隙对系统振动响应影响较小；而球铰、舵机处的间隙对系统振动响应影响较大，且影响趋势一致。球铰、舵机处的间隙累计叠加等效于导致舵面扭转方向振动的间隙。当球铰、舵机处的间隙累计小于 0.0005m 时，振动响应幅值大幅度降低，最大降低幅度约 72%。以上振动响应是结构间隙非线性引起的非线性极限循环振荡，该现象不会引起结构发生破坏，但容易激发流激噪声。等效扭转间隙更容易加剧振幅是因为扭转方向更容易产生空回。

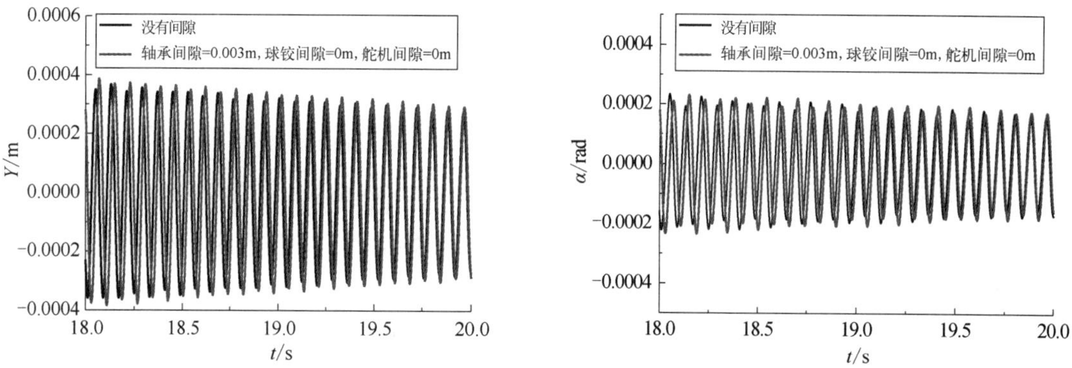

(a) 沉浮方向振动响应　　(b) 扭转方向振动响应

图 8.35　不同轴承自由间隙下的舵系统非线性振动响应（1m/s）

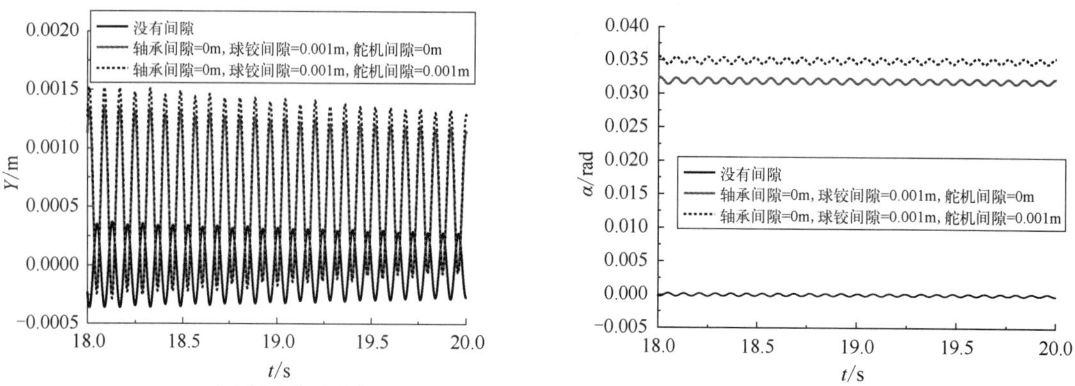

(a) 沉浮方向振动响应　　(b) 扭转方向振动响应

图 8.36　不同球铰、舵机自由间隙下的舵系统非线性振动响应（1m/s）

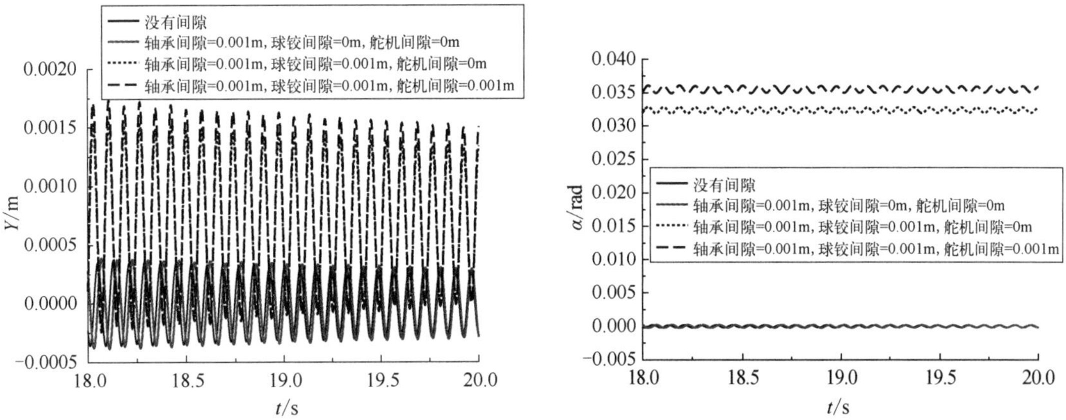

(a) 沉浮方向振动响应　　(b) 扭转方向振动响应

图 8.37　不同球铰、舵机自由间隙下的舵系统非线性振动响应（存在轴承间隙，来流速度 1m/s）

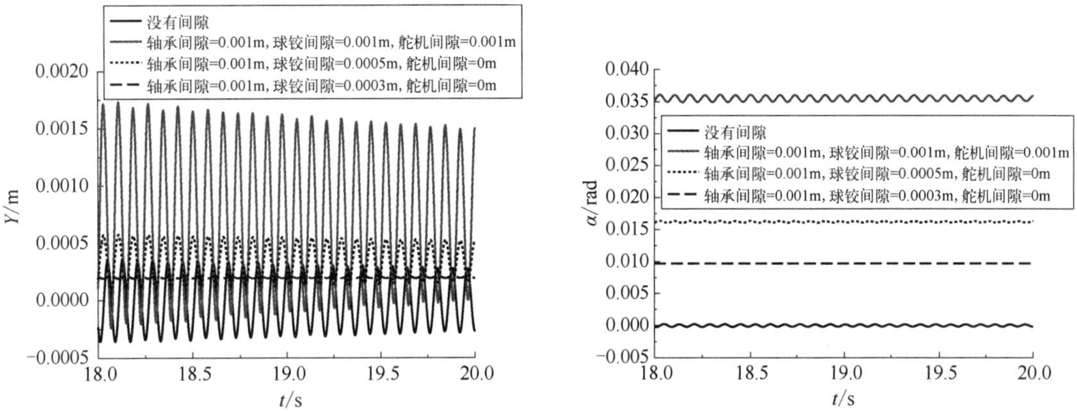

(a) 沉浮方向振动响应　　(b) 扭转方向振动响应

图 8.38　振动控制（存在轴承间隙，来流速度 1m/s）

8.5　本章小结

本章首先基于 MSTMM 建立了舵系统线性颤振模型，并进行频域和时域分析，快速计算了整个舵系统的动力学响应。计算结果表明，该舵系统未发生线性经典颤振。为了研究舵叶的结构参数对舵系统的水弹性的影响规律，提出了舵系统到二元颤振模型的具体建模方法，研究了结构参数和间隙非线性对舵系统水弹性的影响规律。计算结果说明，如果舵系统结构设计不当，可能会发生线性经典颤振，导致舵系统结构破坏。质心前移，增加舵系统的扭转刚度，减小舵叶的质量都可以增大颤振速度，降低发生线性经典颤振的危险。舵系统内部存在的间隙可能诱发舵系统发生极限循环振荡引起水噪声，舵系统也可能会发生静变形，降低舵系统的操纵效率。

参考文献

[1] Feng C. The measurement of vortex induced effects in flow past stationary and oscillating circular and d-section cylinders [D]. Vancouver: University of British Columbia, 1968.

[2] Bearman P W. Vortex shedding from oscillating bluff bodies [J]. Annual Review of Fluid Mechanics, 1984, 16: 195-222.

[3] Brika D, Laneville A. Vortex induced vibrations of long flexible circular cylinder [J]. Journal of Fluid Mechanics, 1993, 250: 481-508.

[4] Khalak A, Williamson C. Dynamics of a hydroelastic cylinder with very low mass and damping [J]. Journal of Fluids and Structures, 1996, 10 (5): 455-472.

[5] Williamson C H K, Govardhan R. Vortex-induced vibrations [J]. Annual Review of Fluid Mechanics, 2004, 36 (1): 413-455.

[6] Wu X, Ge F, Hong Y. A review of recent studies on vortex-induced vibrations of long slender cylinders[J]. Journal of Fluids and Structures, 2012, 28: 292-308.

[7] Bearman P W. Circular cylinder wakes and vortex-induced vibrations [J]. Journal of Fluids and Structures, 2011, 27 (5/6): 648-658.

[8] Lennie M, Selahi-Moghaddam A, Holst D, et al. Vortex shedding and frequency lock in on stand still wind turbines: A baseline experiment [C] // Turbo Expo: Power for Land, Sea, and Air. 2017: V009T49A007.

[9] Mohammadi E, Fadaeinedjad R, Moschopoulos G. Implementation of internal model based control and individual pitch control to reduce fatigue loads and tower vibrations in wind turbines [J]. Journal of Sound and Vibration, 2018, 421: 132-152.

[10] Fujino Y, Yoshida Y. Wind-induced vibration and control of Trans-Tokyo Bay crossing bridge [J]. Journal of Structural Engineering, 2002, 128 (8): 1012-1025.

[11] Heller Jr S, Abramson H N. Hydroelasticity: A new naval science[J]. Journal of the American Society for Naval Engineers, 1959, 71 (2): 205-209.

[12] Bishop R E D, Hassan A. The lift and drag forces on a circular cylinder oscillating in a flowing fluid [J]. Proceedings of the Royal Society of London. Series A. Mathematical and Physical Sciences, 1964, 277 (1368): 51-75.

[13] Chen X, Wu Y, Cui W, et al. Review of hydroelasticity theories for global response of marine structures [J]. Ocean Engineering, 2006, 33 (3/4): 439-457.

[14] Williamson C H K, Govardhan R. A brief review of recent results in vortex-induced vibrations [J]. Journal of Wind Engineering and Industrial Aerodynamics, 2008, 96 (6): 713-735.

[15] Rashidi S, Hayatdavoodi M, Esfahani J A. Vortex shedding suppression and wake control: A review [J]. Ocean Engineering, 2016, 126: 57-80.

[16] Williamson C H K, Roshko A. Vortex formation in the wake of an oscillating cylinder[J]. Journal of Fluids and Structures, 1988, 2 (4): 355-381.

[17] Williamson C H K. Vortex dynamics in the cylinder wake[J]. Annual Review of Fluid Mechanics, 1996, 28 (1): 477-539.

[18] Blevins R D. Flow-induced vibration [M]. [Van Nostrand Reinhold], 1977.

[19] Vandiver J K, Jong J Y. The relationship between in-line and cross-flow vortex-induced vibration of cylinders [J]. Journal of Fluids and Structures, 1987, 1 (4): 381-399.

[20] Anagnostopoulos P, Bearman P W. Response characteristics of a vortex-excited cylinder at low reynolds numbers [J]. Journal of Fluids and Structures, 1992, 6 (1): 39-50.

[21] Vandiver J K. Drag coefficients of long flexible cylinders [C] // Offshore Technology Conference. 1983: OTC-4490-MS.

[22] Vandiver J K, Allen D, Li L. The occurrence of lock-in under highly sheared conditions [J]. Journal of Fluids and Structures, 1996, 10 (5): 555-561.

[23] Chaplin J R, Bearman P W, Cheng Y, et al. Blind predictions of laboratory measurements of vortex-induced vibrations of a tension riser [J]. Journal of Fluids and Structures, 2005, 21 (1): 25-40.

[24] Chaplin J R, Bearman P W, Huera-Huarte F J, et al. Laboratory measurements of vortex-induced vibrations of a vertical tension riser in a stepped current [J]. Journal of Fluids and Structures, 2005, 21 (1): 3-24.

[25] Trim A D，Braaten H，Lie H，et al. Experimental investigation of vortex-induced vibration of long marine risers[J]. Journal of Fluids and Structures，2005，21（3）：335-361.

[26] Vandiver J K，Marcollo H，Swithenbank S，et al. High mode number vortex-induced vibration field experiments [C] // Offshore Technology Conference. 2005：OTC-17383-MS.

[27] Vandiver J K，Jaiswal V，Jhingran V. Insights on vortex-induced，traveling waves on long risers [J]. Journal of Fluids and Structures，2009，25（4）：641-653.

[28] Huera-Huarte F J，Bearman P W. Wake structures and vortex-induced vibrations of a long flexible cylinder—Part 2：Drag coefficients and vortex modes [J]. Journal of Fluids and Structures，2009，25（6）：991-1006.

[29] Huera-Huarte F J，Bearman P W. Wake structures and vortex-induced vibrations of a long flexible cylinder—Part 1：Dynamic response [J]. Journal of Fluids and Structures，2009，25（6）：969-990.

[30] Dahl J M，Hover F S，Triantafyllou M S. Two-degree-of-freedom vortex-induced vibrations using a force assisted apparatus [J]. Journal of Fluids and Structures，2006，22（6）：807-818.

[31] Dahl J M，Hover F S，Triantafyllou M S，et al. Dual resonance in vortex-induced vibrations at subcritical and supercritical Reynolds numbers [J]. Journal of Fluid Mechanics，2010，643：395-424.

[32] Dai K，Huang Y，Gong C，et al. Rapid seismic analysis methodology for in-service wind turbine towers [J]. Earthquake Engineering and Engineering Vibration，2015，14（3）：539-548.

[33] Newman D J，Karniadakis G E. A direct numerical simulation study of flow past a freely vibrating cable [J]. Journal of Fluid Mechanics，1997，344：95-136.

[34] Zhou C Y，So R M C，Lam K. Vortex-induced vibrations of an elastic circular cylinder[J]. Journal of Fluids and Structures，1999，13（2）：165-189.

[35] Chen D，Abbas L K，Wang G，et al. Numerical study of flow-induced vibrations of cylinders under the action of nonlinear energy sinks（NESs）[J]. Nonlinear Dynamics，2018，94（2）：925-957.

[36] Holmes S，Oakley O H，Constantinides Y. Simulation of riser VIV using fully three dimensional CFD simulations [C] // 25th International Conference on Offshore Mechanics and Arctic Engineering. 2006：563-570.

[37] Cheng Y，Xue Z，Jiang T，et al. Numerical simulation on dynamic response of flexible multi-body tower blade coupling in large wind turbine [J]. Energy，2018，152：601-612.

[38] Herfjord K，Drange S O，Kvamsdal T. Assessment of vortex-induced vibrations on deepwater risers by considering fluid-structure interaction [J]. Journal of Offshore Mechanics and Arctic Engineering，1999，121（4）：207-212.

[39] Yamamoto C T，Meneghini J R，Saltara F，et al. Numerical simulations of vortex-induced vibration on flexible cylinders [J]. Journal of Fluids and Structures，2004，19（4）：467-489.

[40] Belver A V，Ibán A L，Lavín Martín C E. Coupling between structural and fluid dynamic problems applied to vortex shedding in a 90m steel chimney [J]. Journal of Wind Engineering and Industrial Aerodynamics，2012，100（1）：30-37.

[41] Belver A V，Koo K，Ibán A L，et al. Enhanced vortex shedding in a 183m industrial chimney [J]. Advances in Structural Engineering，2014，17（7）：951-960.

[42] Marshall J，Imregun M. A review of aeroelasticity methods with emphasis on turbomachinery applications [J]. Journal of Fluids and Structures，1996，10（3）：237-267.

[43] Hartlen R T，Currie Iain G. Lift-oscillator model of vortex-induced vibration [J]. Journal of the Engineering Mechanics Division，1970，96（5）：577-591.

[44] Iwan W D，Blevins R D. A model for vortex induced oscillation of structures [J]. Journal of Applied Mechanics，1974，41（3）：581-586.

[45] Iwan W D. The vortex-induced oscillation of non-uniform structural systems [J]. Journal of Sound and Vibration，1981，79（2）：291-301.

[46] Vickery B J，Basu R I. Across-wind vibrations of structures of circular cross-section. Part Ⅰ. Development of a mathematical model for two-dimensional conditions [J]. Journal of Wind Engineering and Industrial Aerodynamics，1983，12（1）：49-73.

[47] Larsen A. A generalized model for assessment of vortex-induced vibrations of flexible structures [J]. Journal of Wind Engineering and Industrial Aerodynamics，1995，57（2/3）：281-294.

[48] Facchinetti M L，De Langre E，Biolley F. Vortex-induced travelling waves along a cable [J]. European Journal of Mechanics - B/Fluids，2004，23（1）：199-208.

[49] Facchinetti M L，De Langre E，Biolley F. Coupling of structure and wake oscillators in vortex-induced vibrations [J]. Journal of Fluids and Structures，2004，19（2）：123-140.

[50] Qu Y，Metrikine A V. A single van der pol wake oscillator model for coupled cross-flow and in-line vortex-induced vibrations [J]. Ocean Engineering，2020，196：106732.

[51] Srinil N，Zanganeh H. Modelling of coupled cross-flow/in-line vortex-induced vibrations using double Duffing and van der Pol oscillators [J]. Ocean Engineering，2012，53：83-97.

[52] Postnikov A，Pavlovskaia E，Wiercigroch M. 2DoF CFD calibrated wake oscillator model to investigate vortex-induced vibrations [J]. International Journal of Mechanical Sciences，2017，127：176-190.

[53] Vandiver J K，Lee L，Leverette S，et al. User guide for SHEAR7 version 4. 4 [M]. Massachusetts：Department of Ocean Engineering，Massachusetts Institute of Technology，2005.

[54] Triantafyllou M S. VIVA extended user's manual [M]. [S. l.：s. n.]，2003.

[55] Passano E，Larsen C M，Lie H，et al. VIVANA—theory manual version 4.8 [M]. [S. l.：s. n.]，2016.

[56] Finn L，Lambrakos K，Maher J. Time domain prediction of riser VIV [C] // 4th international conference on advances in riser technology. Ab erdeen，1999.

[57] Artana G，Sosa R，Moreau E，et al. Control of the near-wake flow around a circular cylinder with electrohydrodynamic actuators [J]. Experiments in Fluids，2003，35（6）：580-588.

[58] Tao J S，Huang X Y，Chan W K. A flow visualization study on feedback control of vortex shedding from a circular cylinde [J]. Journal of Fluids and Structures，1996，10（8）：965-970.

[59] Chen W，Xin D，Xu F，et al. Suppression of vortex-induced vibration of a circular cylinder using suction-based flow control [J]. Journal of Fluids and Structures，2013，42：25-39.

[60] Zhang H，Fan B C，Chen Z H，et al. Numerical study of the suppression mechanism of vortex-induced vibration by symmetric Lorentz forces [J]. Journal of Fluids and Structures，2014，48：62-80.

[61] Flinois T L B，Colonius T. Optimal control of circular cylinder wakes using long control horizons [J]. Physics of Fluids，2015，27（8）.

[62] Chatterjee D，Sinha C. Influence of thermal buoyancy on vortex shedding behind a rotating circular cylinder in cross flow at subcritical Reynolds numbers [J]. Journal of Heat Transfer，2014，136（5）.

[63] 陆泽琦，陈立群. 非线性被动隔振的若干进展 [J]. 力学学报，2017，49（03）：550-564.

[64] Zhou B，Wang X，Gho W M，et al. Force and flow characteristics of a circular cylinder with uniform surface roughness at subcritical Reynolds numbers [J]. Applied Ocean Research，2015，49：20-26.

[65] Pinar E，Ozkan G M，Durhasan T，et al. Flow structure around perforated cylinders in shallow water [J]. Journal of Fluids and Structures，2015，55：52-63.

[66] Zhu H，Yao J. Numerical evaluation of passive control of VIV by small control rods [J]. Applied Ocean Research，2015，51：93-116.

[67] Lee S J，Kim H B. The effect of surface protrusions on the near wake of a circular cylinder[J]. Journal of Wind Engineering and Industrial Aerodynamics，1997，69-71：351-361.

[68] Wang W，Wang X，Hua X，et al. Vibration control of vortex-induced vibrations of a bridge deck by a single-side pounding tuned mass damper [J]. Engineering Structures，2018，173：61-75.

[69] 鲁正，王自欣，吕西林. 非线性能量阱技术研究综述 [J]. 振动与冲击，2020，39（04）：1-16，26.

[70] Tumkur R K R，Calderer R，Masud A，et al. Passive suppression of laminar vortex induced vibration of a circular cylinder [J]. ENOC，2011，2011：24-29.

[71] Tumkur R K R，Calderer R，Masud A，et al. Computational study of vortex-induced vibration of a sprung rigid circular cylinder with a strongly nonlinear internal attachment [J]. Journal of Fluids and Structures，2013，40：214-232.

[72] Tumkur R K R，Domany E，Gendelman O V，et al. Reduced-order model for laminar vortex-induced vibration of a rigid circular cylinder with an internal nonlinear absorber [J]. Communications in Nonlinear Science and Numerical Simulation，2013，18（7）：1916-1930.

［73］俞国华．水平轴风力机叶片失速问题研究 ［D］．上海：上海交通大学，2013．

［74］Wang Y，Li G，Shen S，et al．Influence of an off-surface small structure on the flow control effect on horizontal axis wind turbine at different relative inflow angles ［J］．Energy，2018，160：101-121．

［75］Wang L Y，Wang C，Qin S，et al．A boundary surrogate model for micro/nano grooved surface structure applied in turbulence flow control over airfoil ［J］．Chinese Journal of Aeronautics，2022，35（2）：62-73．

［76］Zhang M，Zhang Y N，Cai C，et al．A review on modeling of bionic flow control methods for large-scale wind turbine blades ［J］．Journal of Thermal Science，2021，30（3）：1-15．

［77］Tebbiche H，Boutoudj M S．Active flow control by micro-blowing and effects on aerodynamic performances．Ahmed body and NACA 0015 airfoil ［J］．International Journal of Fluid Mechanics Research，2021，48（2）：29-46．

［78］陈珺，孙晓晶，黄典贵．一种叶片前缘前带微小圆柱的垂直轴风力机 ［J］．工程热物理学报，2015，36（01）：75-78．

［79］Choudhry A，Arjomandi M，Kelso R．Methods to control dynamic stall for wind turbine applications ［J］．Renewable Energy，2016，86：26-37．

［80］Zhong J，Li J，Guo P．Effects of leading-edge rod on dynamic stall performance of a wind turbine airfoil ［J］．Proceedings of the Institution of Mechanical Engineers，Part A：Journal of Power and Energy，2017，231（8）：753-769．

［81］钟骏薇，王钰，郭朋华，等．上游小圆柱对翼型气动性能的影响研究 ［J］．工程热物理学报，2019，40（12）：2822-2829．

［82］Zhong J，Li J，Guo P，et al．Dynamic stall control on a vertical axis wind turbine aerofoil using leading-edge rod ［J］．Energy，2019，174：246-260．

［83］徐帅，黄典贵．前缘静止及振动微小圆柱对 S809 翼型气动性能的影响 ［J］．热能动力工程，2017，32（08）：37-42，146-147．

［84］Wang Y，Li G，Luo D，et al．Influence of microcylinders with different vibration laws on the flow control effect of a horizontal axis wind turbine ［J］．Wind Energy，2019，22（12）：1800-1824．

［85］Wiser R，Millstein D．Evaluating the economic return to public wind energy research and development in the United States ［J］．Applied Energy，2020，261：1-14．

［86］Veers P，Dykes K，Lantz E，et al．Grand challenges in the science of wind energy ［J］．Science，2019，366（6464）：1-10．

［87］Chou J S，Ou Y C，Lin K Y，et al．Structural failure simulation of onshore wind turbines impacted by strong winds ［J］．Engineering Structures，2018，162：257-269．

［88］李本立．风力机结构动力学 ［M］．北京：北京航空航天大学出版社，1999．

［89］Dimitrios L．Investigation of vortex induced vibrations in wind turbine towers ［D］．Delft：Delft University of Technology，2018．

［90］Ke S，Wang T，Ge Y，et al．Wind-induced fatigue of large HAWT coupled tower–blade structures considering aeroelastic and yaw effects ［J］．The Structural Design of Tall and Special Buildings，2018，27（9）：1-14．

［91］Xu W，Ji C，Sun H，et al．Flow-induced vibration of two elastically mounted tandem cylinders in cross-flow at subcritical Reynolds numbers ［J］．Ocean Engineering，2019，173：375-387．

［92］Nguyen V T，Ronald Chan W H，Nguyen H H．Numerical investigation of wake induced vibrations of cylinders in tandem arrangement at subcritical Reynolds numbers ［J］．Ocean Engineering，2018，154：341-356．

［93］Assi G R S．Wake-induced vibration of tandem and staggered cylinders with two degrees of freedom ［J］．Journal of Fluids and Structures，2014，50：340-357．

［94］Mysa R C，Kaboudian A，Jaiman R K．On the origin of wake-induced vibration in two tandem circular cylinders at low Reynolds number ［J］．Journal of Fluids & Structures，2016，61：76-98．

［95］Wang E，Xiao Q，Zhu Q，et al．The effect of spacing on the vortex-induced vibrations of two tandem flexible cylinders ［J］．Physics of Fluids，2017，29（7）：1-25．

［96］张建书．新版多体系统传递矩阵法相关问题研究 ［D］．南京：南京理工大学，2017．

［97］Abbas L K，Li M J，Rui X T．Transfer matrix method for the determination of the natural vibration characteristics of realistic thrusting launch vehicle-part I ［J］．Mathematical Problems in Engineering，2013，2013（2）：388-400．

［98］Tang W，Rui X，Wang G，et al．Dynamics design for multiple launch rocket system using transfer matrix method for multibody system ［J］．Proceedings of the Institution of Mechanical Engineers，Part G：Journal of Aerospace Engineering，

2016，230（14）：2557-2568.

[99] Wang L，Quant R，Kolios A．Fluid structure interaction modelling of horizontal-axis wind turbine blades based on CFD and FEA［J］．Journal of Wind Engineering and Industrial Aerodynamics，2016，158：11-25.

[100] Stuurman B S．Simulating flutter for a 100-m wind turbine blade using a CFD-CSD coupled method in OpenFOAM［D］．Delft：Delft University of Technology，2016.

[101] Chen D Y，Abbas L K，Rui X T，et al．Dynamic modeling of sail mounted hydroplanes system-part Ⅱ：Hydroelastic behavior and the impact of structural parameters and free-play on flutter［J］．Ocean Engineering，2017，131：322-337.

[102] 李媛．风力机叶片流固耦合数值模拟［D］．北京：华北电力大学，2013.

[103] Sun X S，Tan V B C，Chen Y，et al．An efficient analytical failure analysis approach for multilayered composite offshore production risers［J］．Materials Science Forum，2015，813：3-9.

[104] Post N L，Case S W，Lesko J J．Modeling the variable amplitude fatigue of composite materials：A review and evaluation of the state of the art for spectrum loading［J］．International Journal of Fatigue，2008，30（12）：2064-2086.

[105] 张玉川，王德禧，吴念．增强热塑性塑料（RTP）复合管材的发展［J］．上海建材，2007（1）：20-22.

[106] 王大鹏，孙岩，张友强，等．增强热塑性塑料复合管的现状及进展［J］．塑料，2017（4）：69-72.

[107] 张玉川．高压增强热塑性塑料管［J］．国外塑料，2008，26（10）：42-45.

[108] Mathelin L，Langre E D．Vortex-induced vibrations and waves under shear flow with a wake oscillator model［J］．European Journal of Mechanics - B/Fluids，2005，24（4）：478-490.

[109] 蔡杰，尤云祥，李巍，等．均匀来流中大长径比深海立管涡激振动特性［J］．水动力学研究与进展，2010，25（1）：50-58.

[110] 秦伟．涡激振动的非线性振子模型研究［D］．哈尔滨：哈尔滨工程大学，2011.

[111] 唐世振，黄维平，刘建军，等．不同频率比时立管两向涡激振动及疲劳分析［J］．振动与冲击，2011，30（9）：124-128.

[112] Srinil N．Analysis and prediction of vortex-induced vibrations of variable-tension vertical risers in linearly sheared currents［J］．Applied Ocean Research，2011，33（1）：41-53.

[113] 王艺．均匀来流条件下的圆柱涡激振动研究［D］．北京：中国科学院研究生院，2010.

[114] 娄敏．海洋输流立管涡激振动试验研究及数值模拟［D］．青岛：中国海洋大学，2007.

[115] Skop R A，Griffin O M．On a theory for the vortex-excited oscillations of flexible cylindrical structures［J］．Journal of Sound & Vibration，1975，41（3）：263-274.

[116] 陈伟民，张立武，李敏．采用改进尾流振子模型的柔性海洋立管的涡激振动响应分析［J］．工程力学，2010，27（5）：240-246.

[117] 秦伟．双自由度涡激振动的涡强尾流振子模型研究［D］．哈尔滨：哈尔滨工程大学，2013.

[118] 李骏，李威．基于 SST k-ω 湍流模型的二维圆柱涡激振动数值仿真计算［J］．舰船科学技术，2015，37（2）：30-34.

[119] 赵婧，郭海燕．两自由度不同截面形式柱体涡激振动的 CFD 数值模拟［J］．船舶力学，2016，20（5）：530-539.

[120] 龚慧星．大跨度桥梁主梁涡激振动展向效应试验研究［D］．长沙：湖南大学，2016.

[121] 赵宗文．立管模型涡激振动的数值模拟研究［D］．杭州：浙江海洋大学，2016.

[122] 刘勇，陈炉云．涡激振动对管道液固两相流流场的影响［J］．上海交通大学学报，2017，51（4）：485-489.

[123] Liu J W，Guo H Y，Zhao J，et al．Design and CFD analysis of the flow field of the VIV experiment of marine riser in deepwater［J］．Periodical of Ocean University of China，2013，43（4）：106-111.

[124] Kamble C，Chen H C．3D VIV fatigue analysis using CFD simulation for long marine risers［C］// The 26th International Ocean and Polar Engineering Conference．2016.

[125] How B V E，Ge S S，Choo Y S．Active control of flexible marine risers［J］．Journal of Sound and Vibration，2009，320（4）：758-776.

[126] Wang C，Tang H，Yu S C M，et al．Active control of vortex-induced vibrations of a circular cylinder using windward-suction-leeward-blowing actuation［J］．Physics of Fluids，2016，28（5）：053601.

[127] Muddada S，Patnaik B S V．Active flow control of vortex induced vibrations of a circular cylinder subjected to non-harmonic forcing［J］．Ocean Engineering，2017，142：62-77.

[128] Kang L，Ge F，Wu X，et al．Effects of tension on vortex-induced vibration（VIV）responses of a long tensioned cylinder

in uniform flows [J]. Acta Mechanica Sinica，2017，33（1）：1-9.

[129] Zhu H，Yao J，Ma Y，et al. Simultaneous CFD evaluation of VIV suppression using smaller control cylinders[J]. Journal of Fluids and Structures，2015，57：66-80.

[130] Song Z，Duan M，Gu J. Numerical investigation on the suppression of VIV for a circular cylinder by three small control rods [J]. Applied Ocean Research，2017，64：169-183.

[131] Holland V，Tezdogan T，Oguz E. Full-scale CFD investigations of helical strakes as a means of reducing the vortex induced forces on a semi-submersible [J]. Ocean Engineering，2017，137：338-351.

[132] Zheng H，Wang J. Numerical study of galloping oscillation of a two-dimensional circular cylinder attached with fixed fairing device [J]. Ocean Engineering，2017，130：274-283.

[133] Gao Y，Fu S X，Ren T，et al. VIV response of a long flexible riser fitted with strakes in uniform and linearly sheared currents [J]. Applied Ocean Research，2015（52）：102-114.

[134] 邱吉宝，向树红，张正平. 计算结构动力学 [M]. 合肥：中国科学技术大学出版社，2009.

[135] 唐友刚. 高等结构动力学 [M]. 天津：天津大学出版社，2002.

[136] Jeon M，Yoon H K，Park J，et al. Analysis of maneuverability of X-rudder submarine considering environmental disturbance and jamming situations [J]. Applied Ocean Research，2022，121：103079.

[137] 廖健，何琳，陈宗斌，等. 潜艇操舵系统噪声综述 [J]. 中国舰船研究，2022，17（5）：74-84.

[138] Chen D Y，Abbas L K，Rui X T，et al . Dynamic modeling of sail mounted hydroplanes system-part Ⅰ：modal characteristics from a transfer matrix method [J]. Ocean engineering，2017，130：629-644.

[139] 徐野，熊鹰，黄政. 基于流固耦合的弹性水翼流致噪声数值分析 [J]. 华中科技大学学报，2017，45（11）：87-91.

[140] Zhang J，Huang Z. Transient flow and noise characteristics of accelerated flow past a hydrofoil with special emphasis on vortex-turbulence-noise interaction [J]. Ocean Engineering，2023，268：1-12.

[141] 张效慈，司马灿，吴有生. 潜艇舵低速颤振现象及其预报 [J]. 船舶力学，2001，5（1）：70-72.

[142] Jewell D A，Michael E M. Hydroelastic instability of a control surface [R]. David Tarlor Model Basin，Department of the Navy，Research and Development Report 1442，1961.

[143] Mccormick M E，Caracoglia L. Hydroelastic instability of low aspect ratio control surfaces [J]. Journal of Offshore Mechanics & Arctic Engineering，2004，126（1）：84-89.

[144] Huang S，Jiao J，Soares C G. Uncertainty analyses on the CFD–FEA co-simulations of ship wave loads and whipping responses [J]. Marine Structures，2022，82：103129.

[145] Gu N，Liang D，Zhou X，et al. A CFD-FEA method for hydroelastic analysis of floating structures[J]. Journal of Marine Science and Engineering，2023，11（4）：737.

[146] Zhao A，Chen H Y，Bosser C，et al. FEM and CFD thermal modeling of an axial-flux induction machine with experimental validation [J]. Case Studies in Thermal Engineering，2024，53：103879.

[147] Jiao J，Huang S，Wang S，et al. A CFD–FEA two-way coupling method for predicting ship wave loads and hydroelastic responses [J]. Applied Ocean Research，2021，117：102919.

[148] Li H，Han B，Liu S，et al. A review of the numerical strategies for solving ship hydroelasticity based on CFD-FEM technology [J]. Ships and Offshore Structures，2024：1-19.

[149] Sun Z，Liu G J，Zou L，et al. Investigation of non-linear ship hydroelasticity by CFD-FEM coupling method[J]. Journal of Marine Science and Engineering，2021，9（5）：511.

[150] Rui X T，Lu Y Q，Wang G P，et al. Simulation and test methods of launch dynamics of multiple launch rocket system [M]. Beijing：National Defence Industry Press，2003.

[151] Bestle D，Abbas L，Rui X. Recursive eigenvalue search algorithm for transfer matrix method of linear flexible multibody systems [J]. Multibody System Dynamics，2014，32（4）：429-444.

[152] Rui X，Zhang J，Zhou Q. Automatic deduction theorem of overall transfer equation of multibody system [J]. Advances in Mechanical Engineering，2014，2014（2）：1-12.

[153] Rui X，Wang G，Zhang J，et al. Study on automatic deduction method of overall transfer equation for branch multibody system [J]. Advances in Mechanical Engineering，2016，8（6）：1-16.

[154] He B，Rui X，Zhang H. Transfer matrix method for natural vibration analysis of tree system[J]. Mathematical Problems

in Engineering，2012，2012（1）：59-63.

[155] 刘飞飞，芮筱亭，于海龙，等. 自行火炮行进间发射动力学研究［J］. 振动工程学报，2016，29（3）：380-385.

[156] 芮筱亭. 多体系统传递矩阵法［M］. 北京：科学出版社，2008.

[157] 王勖成，邵敏. 有限单元法基本原理和数值方法［M］. 2版. 北京：清华大学出版社，1997.

[158] 主伯芬. 有限单元法原理与应用［M］. 北京：中国水利电力出版社，1979.

[159] 王新敏. ANSYS工程结构数值分析［M］. 北京：人民交通出版社，2007.

[160] 龚曙光. ANSYS参数化编程与命令手册［M］. 北京：机械工业出版社，2009.

[161] 赵永辉. 气动弹性力学与控制［M］. 北京：科学出版社，2007.

[162] 赵婧. 海洋立管涡致耦合振动CFD数值模拟研究［D］. 青岛：中国海洋大学，2012.

[163] 张杰. 深海立管参激-涡激联合振动与疲劳特性研究［D］. 天津：天津大学，2014.

[164] 宋芳，林黎明，凌国灿. 圆柱涡激振动的结构-尾流振子耦合模型研究［J］. 力学学报，2010，42（3）：357-365.

[165] Blevins R D，Saunders H. Flow-induced vibration［M］. New York：Van Nostrand Reinhold Co.，1977.

[166] 于勇，张俊明，姜连田. FLUENT入门与进阶教程［M］. 北京：北京理工大学出版社，2008.

[167] 温正，石良辰，任毅如. FLUENT流体计算应用教程［M］. 北京：清华大学出版社，2009.

[168] 陈东阳. 超音速旋转弹箭气动特性及流固耦合计算分析［D］. 南京：南京理工大学，2014.

[169] Menter F R. Two-equation eddy-viscosity models for engineering applications［J］. AIAA Journal，1994，32（8）：1598-1605.

[170] Chen D，Abbas L K，Rui X，et al. Aerodynamic and static aeroelastic computations of a slender rocket with all-movable canard surface［J］. Proceedings of the Institution of Mechanical Engineers Part G Journal of Aerospace Engineering，2018，232（6）：1103-1119.

[171] Abbas L K，Chen D，Rui X. Numerical calculation of effect of elastic deformation on aerodynamic characteristics of a rocket［J］. International Journal of Aerospace Engineering，2014，2014（3/4）：1-11.

[172] Akcabay D T，Chae E J，Yin L Y，et al. Cavity induced vibration of flexible hydrofoils［J］. Journal of Fluids & Structures，2014，49（8）：463-484.

[173] Khalak A，Williamson C H K. Fluid forces and dynamics of a hydroelastic structure with very low mass and damping［J］. Journal of Fluids and Structures，1997，11（8）：973-982.

[174] Stappenbelt B，Lalji F，Tan G. Low mass ratio vortex-induced motion［C］// The 16th Australasian Fluid Mechanics Conference. 2007：1491-1497.

[175] Pan Z Y，Cui W C，Miao Q M. Numerical simulation of vortex-induced vibration of a circular cylinder at low mass-damping using RANS code［J］. Journal of Fluids & Structures，2007，23（1）：23-37.

[176] Mehmood A，Nayfeh A H，Hajj M R. Effects of a non-linear energy sink（NES）on vortex-induced vibrations of a circular cylinder［J］. Nonlinear Dynamics，2014，77（3）：667-680.

[177] Dai H L，Abdelkefi A，Wang L. Vortex-induced vibrations mitigation through a nonlinear energy sink［J］. Communications in Nonlinear Science and Numerical Simulation，2017，42：22-36.

[178] Shin W H，Lee S J，Lee I，et al. Effects of actuator nonlinearity on aeroelastic characteristics of a control fin［J］. Journal of Fluids and Structures，2007，23（7）：1093-1105.

[179] Pipes L. Analysis of a nonlinear dynamic vibration absorber［J］. Journal of Applied Mechanics-Transactions of the ASME，1953，20（4）：515-518.

[180] Haris A，Motato E，Mohammadpour M，et al. On the effect of multiple parallel nonlinear absorbers in palliation of torsional response of automotive drivetrain［J］. International Journal of Non-Linear Mechanics，2017，96：22-35.

[181] Yang K，Zhang Y W，Ding H，et al. Nonlinear energy sink for whole-spacecraft vibration reduction［J］. Journal of Vibration and Acoustics，2017，139（2）.

[182] Zhang Y W，Zhang H，Hou S，et al. Vibration suppression of composite laminated plate with nonlinear energy sink［J］. Acta Astronautica，2016，123：109-115.

[183] Saeed A S，Al-Shudeifat M A，Vakakis A F. Rotary-oscillatory nonlinear energy sink of robust performance［J］. International Journal of Non-Linear Mechanics，2019，117：103249.

[184] Sanaati B，Kato N. Vortex-induced vibration（VIV）dynamics of a tensioned flexible cylinder subjected to uniform

cross-flow [J]. Journal of Marine Science & Technology，2013，18（2）：247-261.

[185] Banerjee J R. Coupled bending–torsional dynamic stiffness matrix for beam elements [J]. International Journal for Numerical Methods in Engineering，1989，28（6）：1283-1298.

[186] Banerjee J R，Fisher S A. Coupled bending–torsional dynamic stiffness matrix for axially loaded beam elements [J]. International Journal for Numerical Methods in Engineering，1992，33（4）：739-751.

[187] Naguleswaran S. Transverse vibration of an uniform Euler–Bernoulli beam under linearly varying axial force[J]. Journal of Sound and Vibration，2004，275（1/2）：47-57.

[188] Wright A D，Smith C E，Thresher R W，et al. Vibration modes of centrifugally stiffened beams [J]. Journal of Applied Mechanics，1982，49（1）：197-202.

[189] Wang G，Wereley N M. Free vibration analysis of rotating blades with uniform tapers [J]. AIAA Journal，2004，42（12）：2429-2437.

[190] Hashemi S M，Richard M J. A dynamic finite element（DFE）method for free vibrations of bending-torsion coupled beams [J]. Aerospace Science and Technology，2000，4（1）：41-55.

[191] Hallauer W L，Liu R Y L. Beam bending-torsion dynamic stiffness method for calculation of exact vibration modes [J]. Journal of Sound and Vibration，1982，85（1）：105-113.

[192] Eslimy-Isfahany S H R，Banerjee J R，Sobey A J. Response of a bending-torsion coupled beam to deterministic and random loads [J]. Journal of Sound and Vibration，1996，195（2）：267-283.

[193] Kaya M O，Ozgumus O O. Energy expressions and free vibration analysis of a rotating uniform timoshenko beam featuring bending—torsion coupling [J]. Journal of Vibration and Control，2010，16（6）：915-934.

[194] Jonkman J，Butterfield S，Musial W，et al. Definition of a 5-MW reference wind turbine for offshore system development [R]. Golden：National Renewable Energy Lab，2009：75.

[195] Jeong M S，Cha M C，Kim S W，et al. Effects of torsional degree of freedom，geometric nonlinearity，and gravity on aeroelastic behavior of large-scale horizontal axis wind turbine blades under varying wind speed conditions[J]. Journal of Renewable and Sustainable Energy，2014，6（2）：023126.

[196] Qu X，Tang Y，Gao Z，et al. An analytical model of floating offshore wind turbine blades considering bending-torsion coupling effect [C] // ASME 2018 37th International Conference on Ocean，Offshore and Arctic Engineering. 2018.

[197] Li Z，Wen B，Dong X，et al. Aerodynamic and aeroelastic characteristics of flexible wind turbine blades under periodic unsteady inflows [J]. Journal of Wind Engineering and Industrial Aerodynamics，2020，197:104057.

[198] 黄巍，王理，吕品，等. 基于传递矩阵法的风力发电机组整机模态分析 [J]. 机械科学与技术，2013，32（10）：1492-1498.

[199] 钟灿堂. 基于多体模型的水平轴风力机固有特性分析 [D]. 广州：广东工业大学，2015.

[200] Shur M L，Spalart P R，Strelets M K，et al. A hybrid RANS-LES approach with delayed-DES and wall-modelled LES capabilities [J]. International Journal of Heat and Fluid Flow，2008，29（6）：1638-1649.

[201] Gritskevich M S，Garbaruk A V，Schütze J，et al. Development of DDES and IDDES formulations for the k-ω shear stress transport model [J]. Flow，Turbulence and Combustion，2011，88（3）：431-449.

[202] Spalart P R，Jou W H，Strelets M，et al. Comments on the feasibility of LES for wings，and on a hybrid RANS/LES approach [C] // International conference; 1st，Advances in DNS/LES：Direct numerical simulation and large eddy simulation. 1997：137-148.

[203] Spalart P R，Deck S，Shur M L，et al. A new version of detached-eddy simulation，resistant to ambiguous grid densities [J]. Theoretical and Computational Fluid Dynamics，2006，20（3）：181-195.

[204] Lawson S J，Barakos G N. Computational fluid dynamics analyses of flow over weapons-bay geometries [J]. Journal of Aircraft，2010，47（5）：1605-1623.

[205] Jeong J，Hussain F. On the identification of a vortex [J]. Journal of Fluid Mechanics，1995，285：69-94.

[206] Murtagh P J，Ghosh A，Basu B，et al. Passive control of wind turbine vibrations including blade/tower interaction and rotationally sampled turbulence [J]. Wind Energy，2008，11（4）：305-317.

[207] Chen G L，Rui X T，Yang F F，et al. Study on the natural vibration characteristics of flexible missile with thrust by using riccati transfer matrix method [J]. Journal of Applied Mechanics，2016，83（3）：031006.

[208] Li M J，Rui X T，Abbas L K. Elastic dynamic effects on the trajectory of a flexible launch vehicle [J]. Journal of Spacecraft & Rockets，2015，52（6）：1-17.

[209] Wang E，Xiao Q. Numerical simulation of vortex-induced vibration of a vertical riser in uniform and linearly sheared currents [J]. Ocean Engineering，2016，121：492-515.

[210] Chandrashekhara K，Bangera K M. Free vibration of composite beams using a refined shear flexible beam element [J]. Computers & Structures，1992，43（4）：719-727.

[211] Franciosi C，Masi A. Free vibrations of foundation beams on two-parameter elasticsoil [J]. Computers and Structures，1993，47（3）：419-426.

[212] Rosa M A，Maurizi M J. The influence of concentrated masses and Pasternak soilon the free vibrations of Euler beams-exact solution [J]. Journal of Sound and Vibration，1998，212（4）：573-581.

[213] Chen W Q，Lu F，Bian Z G. A mixed method for bending and free vibration of beams resting on a Pasternak elastic foundation [J]. Applied Mathematical Modelling，2004，28（10）：877-890.

[214] 尹云玉. 三阶活塞理论在翼面气弹分析中的应用 [C] // 中国空气动力学学会空气弹性力学专业委员会，中国力学学会流固耦合力学专业委员会. 第十一届全国空气弹性学术交流会会议论文集. 2009：116-121.

[215] Yates E C. AGARD standard aeroelastic configurations for dynamic response [J]. European Psychiatry，1987，25（10）：1596-1597.

[216] Theodorsen T. General theory of aerodynamic instability and the mechanism of flutter [R]. Technical Report Archive & Image Library，1949.

[217] Theodorsen T，Garrick I E. Mechanism of flutter a theoretical and experimental investigation of the flutter problem [R]. National Aeronautics and Space Administration Washington DC，1940.

[218] Abramson H N. Hydroelasticity review of hydrofoil flutter [J]. Applied Mechanics Reviews，1969，22（2）：115-121.

[219] Besch P K，Liu Y N. Hydroelastic design of subcavitating and cavitating hydrofoil strut systems [R]. David W Taylor Naval Ship Research and Development Center，Bethesda MD，1974.

[220] Ducoin A，Yin L Y. Hydroelastic response and stability of a hydrofoil in viscous flow[J]. Journal of Fluids & Structures，2013，38（3）：40-57.

[221] Chae E J，Akcabay D T，Yin L Y. Dynamic response and stability of a flapping foil in a dense and viscous fluid [J]. Physics of Fluids，2013，25（10）：115-121.

[222] Abbas L K，Chen Q，Marzocca P，et al. Aeroelastic behavior of lifting surfaces with free-play，and aerodynamic stiffness and damping nonlinearities [J]. International Journal of Bifurcation and Chaos，2008，18（4）：1101-1126.

[223] Li D，Guo S，Xiang J. Study of the conditions that cause chaotic motion in a two-dimensional airfoil with structural nonlinearities in subsonic flow [J]. Journal of Fluids and Structures，2012，33（5）：109-126.

[224] Taner B B. Flutter analysis and simulated flutter test of wings[D]. Natural and Applied Sciences of Middle East Technical University，2012.

[225] Marzocca P，Librescu L，Chiocchia G. Aeroelastic response of 2-D lifting surfaces to gust and arbitrary explosive loading signatures [J]. International Journal of Impact Engineering，2001，25（1）：41-65.

[226] Scanlan R H，Rosenbaum R A. Introduction to the study of aircraft vibration and flutter [M]. New York：Dover Publications，1951.

[227] Dimitriadis G，Cooper J E. Flutter prediction from flight flutter test data [J]. Journal of Aircraft，2001，38（38）：355-367.

[228] Beran P S，Strganac T W，Kim K，et al. Studies of store-induced limit-cycle oscillations using a model with full system nonlinearities [J]. Nonlinear Dynamics，2004，37（4）：323-339.

[229] MSC. Flight loads and dynamics user's guide [M]. 68th ed. [S.l.：s.n.]，1994.

[230] Jacobs E N，Sherman A. Airfoil section characteristics as affected by variations of the Reynolds number [J]. Technical Report Archive & Image Library，1937，8（2）：286-290.